"十二五"普通高等教育本科国家级规划教材

土木工程施工

下册 第三版

应惠清 曾进伦 谈至明 魏红一 编著

U0336837

同济大学 出版社
TONGJI UNIVERSITY PRESS
·上海·

内 容 提 要

本教材根据 21 世纪土木工程专业人才培养目标于 2002 年前后组织编写,2009 年修编出版了第二版,先后被教育部评为"十一五"和"十二五"国家级规划教材。编者根据我国土木工程的发展和新的技术规范,在第二版的基础上作了全面的修订,以飨读者。

教材分上、下两册:上册主要研究土木工程施工中具有共性的基本原理与规律,包括土方工程、桩基础工程、基坑工程、混凝土结构工程、预应力混凝土工程、砌筑工程、钢结构工程、结构吊装工程、脚手架工程、装饰和防水工程以及流水施工原理、网络计划技术和施工组织设计等;下册主要研究各专业个性的施工技术及原理,主要从房屋建筑工程、地下工程、桥梁工程和道路工程等四个专业方向进行具体介绍。

本教材可作为高等院校土木工程专业、建筑工程管理专业、房地产专业及其他相关专业的教学用书,也可供土木类科研、设计、施工和管理等工程技术人员学习和参考。

图书在版编目(CIP)数据

土木工程施工. 下册/应惠清主编. —3 版. —上海:
同济大学出版社,2018.5(2023.11重印)
ISBN 978-7-5608-7802-7

Ⅰ. ①土… Ⅱ. ①应… Ⅲ. ①土木工程－工程施工—高等学校—教材 Ⅳ. ①TU7

中国版本图书馆 CIP 数据核字(2018)第 064597 号

土木工程施工 下册 第三版

应惠清 曾进伦 谈至明 魏红一 编著
责任编辑 杨宁霞 李 杰 **责任校对** 徐春莲 **封面设计** 陈益平

出版发行	同济大学出版社 www.tongjipress.com.cn	
	(地址:上海市四平路 1239 号 邮编:200092 电话:021—65985622)	
经 销	全国各地新华书店	
印 刷	启东市人民印刷有限公司	
开 本	787mm×1092mm 1/16	
印 张	27.5	
字 数	686 000	
版 次	2018 年 5 月第 3 版	
印 次	2023 年 11 月第 3 次印刷	
书 号	ISBN 978-7-5608-7802-7	

定 价 58.00 元

第三版前言

　　"土木工程施工"是土木工程专业的一门主要的专业课。它在培养学生独立分析和解决土木工程施工中有关施工技术与组织计划的基本能力方面起着重要作用。

　　本教材是在土木类专业调整及课程体系改革的基础上,根据 21 世纪土木工程专业人才培养目标于 2002 年前后编写的,2009 年修订出版了第二版,先后被教育部评为"十一五"和"十二五"国家级规划教材。作为本科教学用书,经过多年的使用,得到广大师生的好评。根据土木工程技术的发展和新的教学需求,编者在第二版的基础上作了全面的修订。

　　"土木工程施工"是研究土木工程施工主要工种工程的施工技术与组织计划的基本规律,以及各专业方向(包括建筑工程、桥梁工程、地下工程、道路工程、水利工程、港口工程等)的专业施工技术的学科。按照专业指导委员会对课程设置的意见,将本教材分为上、下两册。上册主要研究土木工程施工中具有共性的基本理论与规律;下册主要研究土木工程各专业方向具有个性的施工技术及其原理,编写时选择了房屋建筑工程、地下工程、桥梁工程和道路工程四个专业。根据我国土木工程的发展,在下册第三版修订过程中,每篇都增添了近年来土木工程施工的新技术、新工艺、新材料、新设备方面的内容,去除或调整了较为陈旧的内容或被国家列为限制与淘汰的技术,如房屋建筑工程篇中删除了多层混合结构施工,部分内容融入其他章节,增加了我国近年来大力发展的装配式建筑施工方面的内容。在总体编排上增加了大量图片及工程实例,加强教材与实际工程的联系,便于学生更好地进行课程内容的学习和理解。

　　"土木工程施工"具有涉及面广、实践性强、发展迅速等特点,为提高本课程的教学质量,在教学中可结合工程实践,综合运用本专业的基础理论,结合生产实习、现场参观等实践教学环节,以期收到更好的效果。有关现代施工技术和特殊施工技术则可通过开设选修课进行教学。

　　作者在编写过程中力求综合运用有关学科的基本理论与知识,以反映土木工程施工的先进水平;编写内容贯彻最新工程设计及施工规范、规程与标准,以利于学生综合能力和工程概念的培养,熟悉相关标准的技术要求;努力做到图文并茂、深入浅出、通俗易懂,并在每章后面附有思考题,便于组织教学和学生自学。

　　本教材下册由同济大学各专业教师组织编写,参与编写者:应惠清(第一篇 房屋建筑工程施工);曾进伦、曾毅(第二篇 地下工程施工);魏红一(第三篇 桥梁工程施工);谈至明(第四篇 道路工程施工)。全书最后由应惠清进行了统一整理和审校。

　　由于土木工程技术的发展日新月异,又因编者的水平有限,编写不足之处在所难免,诚挚地希望读者提出宝贵意见,予以赐教。

编　者
2018 年 5 月

第二版前言

"土木工程施工"是土木工程专业一门主要的专业课,它在培养学生独立分析和解决土木工程施工中有关施工技术与组织计划的基本能力方面起着重要作用。

本教材是在土木类专业调整及课程体系改革的基础上,根据 21 世纪土木工程专业人才培养目标于 2002 年前后编写的。作为本科教学用书,经过多年的应用,得到了广大师生的好评,并在 2007 年被教育部评为"普通高等院校'十一五'国家级规划教材"。本版在第一版的基础上作了修订,增添了近年土木工程施工领域内新技术、新工艺、新材料、新设备方面的内容,删除或调整了较为陈旧的内容或被国家列为限制与淘汰的技术。在总体编排上则增加了一些工程照片,加强了理论与实际工程的联系,便于学生更好地进行课程内容的学习和理解。

"土木工程施工"主要研究土木工程施工中主要工种工程的施工技术与组织计划的基本规律,以及各专业方向(包括建筑工程、桥梁工程、地下工程、道路工程、水利工程、港口工程等)的专业施工技术的学科。按照专业指导委员会对课程设置的意见,编写时将教材分为上、下两册。上册主要研究土木工程施工中具有共性的基本理论与规律;下册主要研究土木工程各专业方向上具有个性的施工技术及其原理。

"土木工程施工"主要具有涉及面广、实践性强、发展迅速等特点,因此在教学时间有限的条件下,为提高本课程的教学质量,必须结合工程实践,综合运用本专业的基础理论,有重点地讲述基本的重要内容,对一些操作性较强的内容,则主要通过生产实习、现场参观等教学环节进行,有关现代施工技术和特殊的施工技术则可通过开设选修课进行教学。

作者在编写时力求综合运用有关学科的基本理论与知识,做到理论联系实践;反映土木工程施工的先进水平;编写内容贯彻最新工程设计及施工规范、规程与标准,以利于学生的综合能力和工程概念的培养,熟悉相关标准的技术要求。同时,努力做到图文并茂、深入浅出、通俗易懂,并在每章后面附有思考题,便于组织教学和学生自学。

本书下册第一篇(房屋建筑工程施工)由应惠清编写;第二篇(地下工程施工)由曾进伦、曾毅编写;第三篇(桥梁工程施工)由魏红一编写;第四篇(道路工程施工)由谈至明编写。本教材插图由周太震负责绘制。全书最后由应惠清进行了统一整理和审校。

由于土木工程技术的发展日新月异,又因编者的水平有限,编写不足之处在所难免,诚挚地希望读者提出宝贵意见,予以赐教。

编　者
2009 年 7 月

第一版前言

"土木工程施工"是土木工程专业的一门主要的专业课。它在培养学生独立分析和解决土木工程施工中有关施工技术与组织计划的基本能力方面起着重要作用。

本教材是在土木类专业调整及课程体系改革的基础上,根据21世纪土木工程专业人才培养目标组织编写的。按照专业指导委员会对课程设置的意见以及本课程教学大纲的要求,本教材分为上、下两册,上册主要研究土木工程施工中具有共性的基本理论与规律,在教学中可作为土木工程专业基础平台课全面讲述;下册主要研究土木工程各专业方向上具有个性的施工技术及其原理,在教学中则可作为专业课讲述。

《土木工程施工》下册分为4篇,分别讨论房屋建筑工程、地下工程、桥梁工程、道路工程的施工技术、施工工艺原理及有关机械设备。它与上册相互补充,构成土木工程施工学完整的教学内容。下册内容在教学中可采取较灵活的讲授计划,根据各专业方向的教学要求及课时安排,重点讲述其中相关篇章,同时兼顾其他篇章,或选择部分内容作为专题讲授。通过教学使学生在土木工程施工方面得到较系统的知识与全面的能力培养,以适应21世纪土木工程专业人才的要求及实际工程的需求。

本教材在编写过程中力求理论联系实际,编写内容符合现行设计施工的规范、规程与标准,努力做到图文并茂、深入浅出、通俗易懂,并在每章后面附有思考题,便于组织教学和自学。本教材较全面地反映了当今土木工程施工的先进水平及科技成果,对土木工程专业的工程技术人员也是一本有益的参考书。

本书下册第一篇(房屋建筑工程施工)由应惠清编写;第二篇(地下工程施工)由曾进伦、曾毅、姚坚及沈水龙编写;第三篇(桥梁工程施工)由魏红一编写;第四篇(道路工程施工)由谈至明、李立寒、朱剑豪编写。本书插图由周太震负责绘制。全书最后由应惠清进行了统一整理和审校。

我国建设事业发展迅猛,土木工程施工技术日新月异,需要我们不断学习,乃至用毕生精力去求索。本书的编写限于编者的水平,不足之处难免,诚挚地希望读者提出宝贵意见,不吝赐教。

编　者
2003 年 5 月

目　　录

第三版前言
第二版前言
第一版前言

第1篇　房屋建筑工程施工

1　单层大跨结构施工 ……………………………………………………………… 3
  1.1　独立基础施工 ………………………………………………………………… 3
    1.1.1　基础定位与放线 ……………………………………………………… 4
    1.1.2　土方开挖 ……………………………………………………………… 6
    1.1.3　基坑验收 ……………………………………………………………… 6
    1.1.4　基础施工 ……………………………………………………………… 7
    1.1.5　回填土 ………………………………………………………………… 7
  1.2　吊装前的准备工作 …………………………………………………………… 8
    1.2.1　结构构件吊装工作量计算 …………………………………………… 8
    1.2.2　构件的检查和弹线 …………………………………………………… 8
    1.2.3　构件的吊装验算及临时加固 ………………………………………… 8
    1.2.4　基础准备 ……………………………………………………………… 15
  1.3　一般单层厂房施工 …………………………………………………………… 16
    1.3.1　结构吊装 ……………………………………………………………… 16
    1.3.2　围护结构与屋面防水施工 …………………………………………… 28
  1.3　单层轻钢结构安装 …………………………………………………………… 29
    1.3.1　单层轻钢结构的特点 ………………………………………………… 29
    1.3.2　单层轻钢结构的结构形式 …………………………………………… 29
    1.3.3　单层轻钢结构施工 …………………………………………………… 30
  1.4　网架结构施工 ………………………………………………………………… 35
    1.4.1　网架的制作与拼装 …………………………………………………… 35
    1.4.2　网架的安装施工 ……………………………………………………… 36

2　高层建筑施工 …………………………………………………………………… 42
  2.1　施工控制网 …………………………………………………………………… 42
  2.2　桩基工程施工 ………………………………………………………………… 44
    2.2.1　施工前的准备工作 …………………………………………………… 44
    2.2.2　沉桩方法选择 ………………………………………………………… 46

　　2.2.3　桩机(钻机)及其选择 ……………………………………… 47

　2.3　基坑工程施工 …………………………………………………… 53
　　2.3.1　概述 ………………………………………………………… 53
　　2.3.2　基坑支护结构方案选择 …………………………………… 54
　　2.3.3　基坑土方开挖及地下水处理 ……………………………… 59

　2.4　地下室结构施工 ………………………………………………… 64
　　2.4.1　地下室底板施工 …………………………………………… 65
　　2.4.2　地下室墙及楼(顶)板的施工 ……………………………… 70

　2.5　起重运输设备 …………………………………………………… 71
　　2.5.1　高层建筑施工运输体系 …………………………………… 71
　　2.5.2　塔式起重机 ………………………………………………… 72
　　2.5.3　施工电梯 …………………………………………………… 77
　　2.5.4　混凝土泵和泵车 …………………………………………… 78

　2.6　现浇混凝土结构施工 …………………………………………… 81
　　2.6.1　爬升模板 …………………………………………………… 82
　　2.6.2　整体钢平台 ………………………………………………… 84
　　2.6.3　楼盖结构施工 ……………………………………………… 86

　2.7　高层钢结构施工 ………………………………………………… 88
　　2.7.1　高层钢结构施工特点 ……………………………………… 88
　　2.7.2　高层钢结构分类 …………………………………………… 88
　　2.7.3　钢结构柱、梁截面 ………………………………………… 89
　　2.7.4　高层钢结构安装 …………………………………………… 90
　　2.7.5　防火工程 …………………………………………………… 93

3　装配式建筑施工 ……………………………………………………… 96
　3.1　混凝土装配式框架结构施工 …………………………………… 96
　　3.1.1　吊装方法 …………………………………………………… 97
　　3.1.2　节点构造 …………………………………………………… 98

　3.2　装配式剪力墙结构施工 ………………………………………… 105
　　3.2.1　预制墙板的制作 …………………………………………… 106
　　3.2.2　构件的运输与堆放 ………………………………………… 106
　　3.2.3　预制墙板的安装施工 ……………………………………… 107
　　3.2.4　装配-现浇密柱结构 ……………………………………… 108
　　3.2.5　盒子卫生间 ………………………………………………… 110
　　3.2.6　节点构造 …………………………………………………… 111

　3.3　升板结构施工 …………………………………………………… 114
　　3.3.1　升板结构的特点 …………………………………………… 114
　　3.3.2　升板结构的施工 …………………………………………… 115

第 2 篇　地下工程施工

1　地下连续墙施工 ·· 121

　1.1　概述 ·· 121

　　1.1.1　地下连续墙施工概要 ·· 121

　　1.1.2　地下连续墙施工方法简述 ·· 121

　　1.1.3　地下连续墙施工工艺流程 ·· 121

　1.2　施工机具设备 ·· 122

　1.3　地下连续墙成槽 ·· 125

　　1.3.1　导墙施工 ·· 125

　　1.3.2　护壁泥浆 ·· 126

　　1.3.3　成槽施工 ·· 133

　1.4　钢筋笼施工 ·· 136

　　1.4.1　钢筋笼加工 ·· 136

　　1.4.2　钢筋笼吊放 ·· 137

　1.5　混凝土水下浇筑 ·· 137

　　1.5.1　地下连续墙对混凝土的要求 ·· 137

　　1.5.2　混凝土浇灌前的准备工作 ·· 138

　　1.5.3　槽段内混凝土浇灌 ·· 138

　　1.5.4　地下连续墙施工质量要求 ·· 139

　1.6　地下连续墙接头施工 ·· 139

　　1.6.1　接头形式 ·· 139

　　1.6.2　地下连续墙接头施工 ·· 140

　　1.6.3　结构接头 ·· 143

2　地下建筑逆作法施工 ·· 145

　2.1　概述 ·· 145

　　2.1.1　逆作法概要 ·· 145

　　2.1.2　逆作法的特点 ·· 146

　　2.1.3　逆作法施工的适用范围 ·· 146

　2.2　逆作法施工 ·· 147

　　2.2.1　逆作法施工顺序与工艺流程 ·· 147

　　2.2.2　逆作法施工内容 ·· 148

3　沉井施工 ·· 153

　3.1　概述 ·· 153

　3.2　沉井施工准备 ·· 154

　　3.2.1　地质勘查和制订施工方案 ·· 154

　　3.2.2　沉井制作准备 ·· 154

　　3.2.3　测量控制和沉降观察 ·· 157

3.3　沉井制作 ……………………………………………………… 157
　3.3.1　刃脚支设 ………………………………………………… 157
　3.3.2　沉井制作 ………………………………………………… 158
　3.3.3　单节式沉井混凝土浇筑 ………………………………… 158
　3.3.4　多节式沉井混凝土浇筑 ………………………………… 159
3.4　沉井下沉 ……………………………………………………… 159
　3.4.1　制作与下沉顺序 ………………………………………… 159
　3.4.2　承垫木拆除 ……………………………………………… 160
　3.4.3　下沉方法选择 …………………………………………… 160
　3.4.4　下沉挖土方法 …………………………………………… 161
　3.4.5　测量控制与观测 ………………………………………… 165
3.5　沉井封底 ……………………………………………………… 165
　3.5.1　排水封底 ………………………………………………… 165
　3.5.2　不排水封底 ……………………………………………… 166

4　盾构法隧道施工 ………………………………………………… 168
4.1　概述 …………………………………………………………… 168
　4.1.1　盾构法施工概要 ………………………………………… 168
　4.1.2　盾构法施工的特点 ……………………………………… 169
　4.1.3　盾构法的主要施工程序 ………………………………… 169
4.2　盾构法隧道施工准备工作 …………………………………… 170
　4.2.1　盾构选型 ………………………………………………… 170
　4.2.2　盾构拼装和拆卸井 ……………………………………… 174
　4.2.3　盾构基座 ………………………………………………… 174
　4.2.4　盾构进出洞方法 ………………………………………… 175
4.3　盾构推进与衬砌拼装 ………………………………………… 176
　4.3.1　盾构开挖方法 …………………………………………… 176
　4.3.2　盾构纠偏与操纵 ………………………………………… 178
　4.3.3　隧道衬砌拼装 …………………………………………… 179
　4.3.4　衬砌壁后压浆 …………………………………………… 180
　4.3.5　盾构法施工的运输、供电、通风和排水 ……………… 181
4.4　盾构掘进中的辅助施工法 …………………………………… 183
　4.4.1　稳定开挖面的辅助施工方法 …………………………… 183
　4.4.2　盾构进出洞的辅助施工方法 …………………………… 183
　4.4.3　特殊情况下的辅助施工方法 …………………………… 183
4.5　盾构隧道衬砌与防水 ………………………………………… 184
　4.5.1　衬砌断面的形式与选型 ………………………………… 184
　4.5.2　衬砌分类 ………………………………………………… 184
　4.5.3　衬砌防水 ………………………………………………… 185

5 顶管法管道施工 ···································· 188
  5.1 概述 ···································· 188
  5.2 顶管法管道施工准备 ···································· 189
    5.2.1 工程地质与环境调查 ···································· 189
    5.2.2 工具管的形式与选型 ···································· 189
    5.2.3 工作井的设置 ···································· 193
    5.2.4 顶力估算 ···································· 196
    5.2.5 后背土体稳定验算 ···································· 197
  5.3 顶管法管道施工 ···································· 200
    5.3.1 主要施工机具设备 ···································· 200
    5.3.2 挖土与顶进 ···································· 201
    5.3.3 测量与纠偏 ···································· 202
  5.4 顶管法施工技术措施 ···································· 204
    5.4.1 穿墙管与止水 ···································· 204
    5.4.2 管段接口处理 ···································· 204
    5.4.3 触变泥浆减阻 ···································· 205
    5.4.4 中继环 ···································· 206
    5.4.5 顶管法施工的主要技术 ···································· 206

6 沉管法隧道施工 ···································· 208
  6.1 概述 ···································· 208
    6.1.1 沉管隧道的定义 ···································· 208
    6.1.2 沉管隧道的特点 ···································· 209
    6.1.3 沉管截面类型 ···································· 209
    6.1.4 沉管隧道施工流程 ···································· 211
  6.2 管段制作 ···································· 212
    6.2.1 临时干坞 ···································· 212
    6.2.2 管段制作 ···································· 213
    6.2.3 管段防水与接缝处理 ···································· 214
  6.3 管段浮运与沉放 ···································· 216
    6.3.1 浮力设计 ···································· 216
    6.3.2 管段浮运 ···································· 218
    6.3.3 管段沉放 ···································· 218
    6.3.4 管段水下连接 ···································· 222
  6.4 基槽浚挖与基础处理 ···································· 223

第3篇 桥梁工程施工

1 桥梁下部结构施工 ···································· 232
  1.1 基础施工 ···································· 232

   1.2　墩台施工 ……………………………………………………… 233
     1.2.1　现浇钢筋混凝土桥墩施工 ………………………………… 233
     1.2.2　装配式墩台施工 …………………………………………… 236

2　梁式桥施工 …………………………………………………………… 240
   2.1　概述 ……………………………………………………………… 240
   2.2　固定支架整体就地浇筑施工法 ……………………………… 241
     2.2.1　支架和模板的分类 ………………………………………… 241
     2.2.2　支架、模板的设计 ………………………………………… 242
     2.2.3　施工要点 …………………………………………………… 243
   2.3　预制安装施工法 ……………………………………………… 246
     2.3.1　预制构件的划分和预制 …………………………………… 247
     2.3.2　预制梁的安装 ……………………………………………… 247
     2.3.3　结构的连接措施 …………………………………………… 251
   2.4　悬臂施工法 …………………………………………………… 252
     2.4.1　墩顶梁段(0号块)施工 …………………………………… 252
     2.4.2　悬臂拼装法 ………………………………………………… 254
     2.4.3　悬臂浇筑法 ………………………………………………… 260
     2.4.4　悬臂施工挠度控制 ………………………………………… 261
     2.4.5　合龙段施工 ………………………………………………… 263
     2.4.6　结构体系转换 ……………………………………………… 264
   2.5　逐孔施工法 …………………………………………………… 264
     2.5.1　预制节段逐孔组拼施工 …………………………………… 265
     2.5.2　移动模架逐孔施工法 ……………………………………… 267
   2.6　顶推施工法 …………………………………………………… 270
     2.6.1　顶推施工设备 ……………………………………………… 271
     2.6.2　顶推设备和顶推力的确定 ………………………………… 274
     2.6.3　顶推施工法工艺 …………………………………………… 275

3　拱桥的施工 …………………………………………………………… 280
   3.1　概述 ……………………………………………………………… 280
   3.2　拱桥的有支架就地砌筑和浇筑施工 ………………………… 280
     3.2.1　拱架的类型 ………………………………………………… 280
     3.2.2　预拱度的设置 ……………………………………………… 281
     3.2.3　拱桥的砌筑施工 …………………………………………… 282
     3.2.4　拱桥的就地浇筑施工 ……………………………………… 285
     3.2.5　劲性骨架施工法 …………………………………………… 286
   3.3　预制安装施工法 ……………………………………………… 288
     3.3.1　装配式钢筋混凝土拱桥的缆索吊装施工 ………………… 288

    3.3.2　桁架拱桥的施工 ……………………………………………………… 290

    3.3.3　钢管混凝土拱桥的施工 …………………………………………… 292

  3.4　悬臂施工法 ……………………………………………………………… 293

    3.4.1　斜拉扣挂法 ………………………………………………………… 293

    3.4.2　斜吊桁架式悬臂浇筑法 …………………………………………… 293

    3.4.3　斜压桁架式悬臂拼装法 …………………………………………… 294

    3.4.4　桁架桥悬臂拼装施工 ……………………………………………… 294

  3.5　转体施工法 ……………………………………………………………… 295

    3.5.1　有平衡重平面转体施工 …………………………………………… 295

    3.5.2　无平衡重平面转体施工 …………………………………………… 300

    3.5.3　竖向转体施工 ……………………………………………………… 304

4　斜拉桥和悬索桥的施工 …………………………………………………… 307

  4.1　斜拉桥的施工要点 ……………………………………………………… 307

    4.1.1　主塔施工 …………………………………………………………… 307

    4.1.2　主梁施工 …………………………………………………………… 308

    4.1.3　斜拉索的制造与安装 ……………………………………………… 309

    4.1.4　斜拉桥的施工控制 ………………………………………………… 311

  4.2　悬索桥的施工要点 ……………………………………………………… 312

    4.2.1　鞍座 ………………………………………………………………… 313

    4.2.2　猫道 ………………………………………………………………… 313

    4.2.3　主缆架设 …………………………………………………………… 314

    4.2.4　加劲梁架设 ………………………………………………………… 315

    4.2.5　悬索桥的施工控制 ………………………………………………… 316

5　桥梁支座和伸缩缝施工 ………………………………………………… 317

  5.1　桥梁支座 ………………………………………………………………… 317

    5.1.1　支座的类型 ………………………………………………………… 317

    5.1.2　支座的安装施工要点 ……………………………………………… 317

  5.2　桥梁伸缩缝 ……………………………………………………………… 319

    5.2.1　伸缩缝类型 ………………………………………………………… 319

    5.2.2　伸缩缝的安装施工 ………………………………………………… 319

第4篇　道路工程施工

1　一般路基 …………………………………………………………………… 325

  1.1　土质路堤与路堑 ………………………………………………………… 325

    1.1.1　路堤 ………………………………………………………………… 325

    1.1.2　路堑 ………………………………………………………………… 330

  1.2　石质路堤与路堑 ………………………………………………………… 333

  1.2.1 石质路堤 ・・・ 333

  1.2.2 石质路堑 ・・・ 335

 1.3 路基压实 ・・・ 336

  1.3.1 影响压实的主要因素 ・・・・・・・・・・・・・・・・・・・・・・・・・・・・・・・・・・ 336

  1.3.2 压实度标准 ・・ 337

  1.3.3 压实前的准备 ・・ 337

  1.3.4 压实工艺 ・・・ 339

 1.4 冬季与雨季的路基施工 ・・・・・・・・・・・・・・・・・・・・・・・・・・・・・・・・・・・・ 339

  1.4.1 冬季路基施工 ・・ 339

  1.4.2 雨季路基施工 ・・ 340

2 特殊路基 ・・ 342

 2.1 高路堤 ・・・ 342

  2.1.1 高路堤的工程特征 ・・・・・・・・・・・・・・・・・・・・・・・・・・・・・・・・・・・ 342

  2.1.2 高路堤填筑要点 ・・・・・・・・・・・・・・・・・・・・・・・・・・・・・・・・・・・・ 343

 2.2 特殊土质路基 ・・ 343

  2.2.1 盐渍土路基 ・・・ 343

  2.2.2 黄土路基 ・・ 344

  2.2.3 膨胀土路基 ・・・ 345

  2.2.4 杂填土路基 ・・・ 345

 2.3 软土路基和软基处理 ・・・・・・・・・・・・・・・・・・・・・・・・・・・・・・・・・・・・・ 346

  2.3.1 软土路基的工程特征 ・・・・・・・・・・・・・・・・・・・・・・・・・・・・・・・・ 346

  2.3.2 软土路基施工要点 ・・・・・・・・・・・・・・・・・・・・・・・・・・・・・・・・・・ 346

  2.3.3 软基处理措施 ・・・・・・・・・・・・・・・・・・・・・・・・・・・・・・・・・・・・・・ 347

  2.3.4 软基处理措施的施工要点 ・・・・・・・・・・・・・・・・・・・・・・・・・・ 348

 2.4 特殊地区路基 ・・ 351

  2.4.1 水网和水稻田地区路基 ・・・・・・・・・・・・・・・・・・・・・・・・・・・・ 351

  2.4.2 沿河和过水路基 ・・・・・・・・・・・・・・・・・・・・・・・・・・・・・・・・・・・ 351

  2.4.3 岩溶地区路基 ・・・・・・・・・・・・・・・・・・・・・・・・・・・・・・・・・・・・・・ 352

  2.4.4 崩坍与岩堆地段路基 ・・・・・・・・・・・・・・・・・・・・・・・・・・・・・・ 352

  2.4.5 滑坡地段路基 ・・・・・・・・・・・・・・・・・・・・・・・・・・・・・・・・・・・・・・ 353

  2.4.6 冻土地基路基 ・・・・・・・・・・・・・・・・・・・・・・・・・・・・・・・・・・・・・・ 353

  2.4.7 风沙地区路基 ・・・・・・・・・・・・・・・・・・・・・・・・・・・・・・・・・・・・・・ 354

3 路基排水、防护、加固 ・・・・・・・・・・・・・・・・・・・・・・・・・・・・・・・・・・・・ 356

 3.1 路界地表排水 ・・ 356

  3.1.1 地表排水的组成 ・・・・・・・・・・・・・・・・・・・・・・・・・・・・・・・・・・・ 356

  3.1.2 排水结构物 ・・・ 357

  3.1.3 施工技术要点 ・・・・・・・・・・・・・・・・・・・・・・・・・・・・・・・・・・・・・・ 360

　　3.2　地下水排水 ··· 361
　　　3.2.1　地下水排水方式 ·· 361
　　　3.2.2　地下水排水设施 ·· 361
　　　3.2.3　施工技术要点 ··· 363
　　3.3　坡面防护 ··· 364
　　　3.3.1　植物防护 ·· 364
　　　3.3.2　工程防护 ·· 365
　　3.4　冲刷防护 ··· 366
　　　3.4.1　直接防护 ·· 366
　　　3.4.2　导流构造物 ··· 367
　　3.5　加筋土挡土墙 ·· 368
　　　3.5.1　加筋土挡土墙的组成和工作原理 ······························ 368
　　　3.5.2　施工技术 ·· 369

4　路面基层 ·· 371
　　4.1　半刚性基层 ··· 371
　　　4.1.1　半刚性材料分类 ·· 371
　　　4.1.2　原材料的技术要求 ··· 371
　　　4.1.3　半刚性材料的配合比设计 ·· 372
　　　4.1.4　施工准备 ·· 373
　　　4.1.5　路拌法施工工艺 ·· 373
　　　4.1.6　厂拌法施工 ··· 375
　　　4.1.7　接缝处理与养生 ·· 377
　　4.2　柔性基层 ··· 378
　　　4.2.1　柔性基层材料类型 ··· 378
　　　4.2.2　原材料的基本要求 ··· 379
　　　4.2.3　级配碎(砾)石基层的施工技术 ··································· 379
　　　4.2.4　填隙碎石基(垫)层的施工技术 ··································· 381
　　4.3　基层的施工质量控制 ·· 382
　　　4.3.1　事先控制 ·· 382
　　　4.3.2　施工过程控制 ··· 382
　　　4.3.3　检查验收 ·· 383

5　沥青路面 ·· 384
　　5.1　热拌热铺沥青混合料路面 ··· 384
　　　5.1.1　沥青混合料分类 ·· 384
　　　5.1.2　原材料的技术要求 ··· 384
　　　5.1.3　沥青混合料组成设计 ··· 386
　　　5.1.4　普通热拌沥青混合料路面的施工技术 ·························· 387

　　5.1.5　改性沥青混合料路面的施工特点 ┄┄┄┄┄┄┄┄┄┄┄ 393
　5.2　其他类型的沥青路面 ┄┄┄┄┄┄┄┄┄┄┄┄┄┄┄┄┄ 395
　　5.2.1　沥青表面处治路面 ┄┄┄┄┄┄┄┄┄┄┄┄┄┄┄┄ 395
　　5.2.2　沥青贯入式路面 ┄┄┄┄┄┄┄┄┄┄┄┄┄┄┄┄┄ 396
　　5.2.3　乳化沥青碎石混合料路面 ┄┄┄┄┄┄┄┄┄┄┄┄┄ 397
　5.3　封层 ┄┄┄┄┄┄┄┄┄┄┄┄┄┄┄┄┄┄┄┄┄┄┄┄ 398
　　5.3.1　稀浆封层与微表处 ┄┄┄┄┄┄┄┄┄┄┄┄┄┄┄┄ 398
　　5.3.2　雾状封层 ┄┄┄┄┄┄┄┄┄┄┄┄┄┄┄┄┄┄┄┄ 400
　5.4　透层和黏层 ┄┄┄┄┄┄┄┄┄┄┄┄┄┄┄┄┄┄┄┄┄ 400
　　5.4.1　透层 ┄┄┄┄┄┄┄┄┄┄┄┄┄┄┄┄┄┄┄┄┄┄ 400
　　5.4.2　黏层 ┄┄┄┄┄┄┄┄┄┄┄┄┄┄┄┄┄┄┄┄┄┄ 401
　5.5　沥青路面的质量控制 ┄┄┄┄┄┄┄┄┄┄┄┄┄┄┄┄┄ 401
　　5.5.1　施工准备阶段质量控制内容 ┄┄┄┄┄┄┄┄┄┄┄┄ 402
　　5.5.2　施工过程中的质量检查及控制 ┄┄┄┄┄┄┄┄┄┄┄ 402

6　水泥混凝土路面 ┄┄┄┄┄┄┄┄┄┄┄┄┄┄┄┄┄┄┄┄┄┄ 404
　6.1　普通混凝土路面 ┄┄┄┄┄┄┄┄┄┄┄┄┄┄┄┄┄┄┄ 404
　　6.1.1　铺筑方法和特点 ┄┄┄┄┄┄┄┄┄┄┄┄┄┄┄┄┄ 404
　　6.1.2　施工准备 ┄┄┄┄┄┄┄┄┄┄┄┄┄┄┄┄┄┄┄┄ 405
　　6.1.3　模板或基准线设置 ┄┄┄┄┄┄┄┄┄┄┄┄┄┄┄┄ 405
　　6.1.4　混凝土的拌和和运输 ┄┄┄┄┄┄┄┄┄┄┄┄┄┄┄ 406
　　6.1.5　混凝土摊铺、振捣和表面整修 ┄┄┄┄┄┄┄┄┄┄┄ 407
　　6.1.6　接缝施工 ┄┄┄┄┄┄┄┄┄┄┄┄┄┄┄┄┄┄┄┄ 411
　　6.1.7　养生和早期裂缝的防止 ┄┄┄┄┄┄┄┄┄┄┄┄┄┄ 413
　　6.1.8　高温、低温和雨季的施工 ┄┄┄┄┄┄┄┄┄┄┄┄┄ 414
　6.2　水泥混凝土块料路面 ┄┄┄┄┄┄┄┄┄┄┄┄┄┄┄┄┄ 415
　　6.2.1　块料路面的特点和用途 ┄┄┄┄┄┄┄┄┄┄┄┄┄┄ 415
　　6.2.2　联锁块路面 ┄┄┄┄┄┄┄┄┄┄┄┄┄┄┄┄┄┄┄ 415
　　6.2.3　独立块路面 ┄┄┄┄┄┄┄┄┄┄┄┄┄┄┄┄┄┄┄ 416
　6.3　其他混凝土路面 ┄┄┄┄┄┄┄┄┄┄┄┄┄┄┄┄┄┄┄ 416
　　6.3.1　钢筋混凝土路面 ┄┄┄┄┄┄┄┄┄┄┄┄┄┄┄┄┄ 416
　　6.3.2　连续配筋混凝土路面 ┄┄┄┄┄┄┄┄┄┄┄┄┄┄┄ 417
　　6.3.3　钢纤维混凝土路面 ┄┄┄┄┄┄┄┄┄┄┄┄┄┄┄┄ 418
　　6.3.4　碾压混凝土路面 ┄┄┄┄┄┄┄┄┄┄┄┄┄┄┄┄┄ 418
　　6.3.5　复合式混凝土路面 ┄┄┄┄┄┄┄┄┄┄┄┄┄┄┄┄ 419
　6.4　质量控制和检验 ┄┄┄┄┄┄┄┄┄┄┄┄┄┄┄┄┄┄┄ 419
　　6.4.1　施工过程的检验 ┄┄┄┄┄┄┄┄┄┄┄┄┄┄┄┄┄ 419
　　6.4.2　成品质量控制 ┄┄┄┄┄┄┄┄┄┄┄┄┄┄┄┄┄┄ 419

参考文献 ┄┄┄┄┄┄┄┄┄┄┄┄┄┄┄┄┄┄┄┄┄┄┄┄┄┄┄ 421

第 1 篇
房屋建筑工程施工

˅

˅

˅

˅

˅

1　单层大跨结构施工
2　高层建筑施工
3　装配式建筑施工

1 单层大跨结构施工

工业厂房、仓库、剧场、体育场馆、会展中心等建筑通常为单层建筑,其建筑特点是建筑内部空间大,因此,结构的柱网尺寸和跨度均很大,同时,房屋的屋面面积大,构造也较为复杂。

单层大跨度结构涵盖范围广,包括形式也很多,究竟多大的跨度称为大跨度结构,这随着建筑材料和建筑技术的不断进步而有不同的定义。大跨度结构最早可以追溯到公元前700年,人们用石、砖砌筑穹顶,如我国南京的无梁殿,是一个十分著名的大跨砖拱结构。中世纪以来,人们还用木材建造穹顶,跨度可达20~40 m。在混凝土诞生后,钢筋混凝土薄壳结构被广泛应用,20世纪五六十年代钢筋混凝土薄壳得到很大发展,一般可以做到30~50 m跨度,如同济大学大礼堂的屋盖就是采用钢筋混凝土薄壳结构,其跨度达到50 m。钢材、钢索以及增强纤维等高强、轻质材料应用于大跨度结构,显示出更大的优越性。在材料、结构发展的同时,计算机技术以及结构计算理论的发展为建筑师和结构工程师提供了更大的发展空间,出现了一系列新型大跨度的结构,如网架结构、网壳结构、索结构、膜结构以及由它们组合成的结构。世界各国建成了一批大跨度结构工程,如美国的耶鲁大学溜冰场、日本的代代木体育馆、苏联的乌斯契-伊利姆斯克汽车库、我国的上海浦东机场候机楼等都是非常典型的优秀大跨度结构工程。过去一般定义大于24 m的结构为大跨度结构,而当前,结合我国实际情况,一般认为达到30 m的结构为中跨度结构,跨度超过60 m为大跨度结构。

一般的单层厂房多采用排架结构,常用钢筋混凝土结构或钢结构,也有少量采用砖、木结构。排架结构一般均采用预制装配式,因此,在施工中以结构吊装为主。钢-混凝土结构与混凝土结构及钢结构的单层厂房的构件类似,因此,二者的施工方法也类似。钢结构的单层厂房构件重量较小,在结构安装时对起重机械要求相对较低。

轻钢结构是近几年发展很快的一种结构,其重量很轻,可以做成大跨度结构,用途也很广,可用于轻型厂房、仓库等。轻钢结构的构件形式与普通的钢筋混凝土及钢结构单层厂房不同,因此,在施工中也有很大区别。由于构件重量轻、安装方便,一般只需小型起重设备甚至依靠人力就可安装。

剧场、体育场馆及会展中心等建筑的结构特点是:屋面的跨度很大,结构形式也不是一般的梁板结构或屋架结构,常用的结构形式有网架、刚架、拱结构及悬索结构等。

单层大跨结构施工大致可分为以下几个阶段:基础施工、准备工作、构件预制(加工)工程、结构吊装工程、围护结构工程、屋面工程、地面工程及装饰工程等,其中吊装工程是主导工程。本章主要讨论的内容为结构吊装工程的施工。

1.1 独立基础施工

单层大跨度结构柱网的间距大,因此多采用独立基础。当地基的强度和沉降能满足结构要求时,一般采用天然地基,如不能满足,则可进行地基处理或采用桩基础。必要时,独立基础之间也可设置连系梁。

1.1.1 基础定位与放线

1.1.1.1 基础定位

房屋建筑的定位根据建筑总平面图确定,基础定位时一般先确定主轴线,建筑物的细部则可根据主轴线确定。建筑总平面图中会给出定位依据,通常有:

1. 根据建筑红线确定主轴线

如图 1-1-1 所示,图中规划红线为Ⅰ—Ⅱ及Ⅱ—Ⅲ,拟建建筑主轴线 AB,BC。a,b 分别是 AB 轴线与Ⅰ—Ⅱ红线及 BC 轴线与Ⅱ—Ⅲ红线之间的距离,依此可确定基础 $ABCD$ 的位置。

2. 根据已有建筑物等确定主轴线

如图 1-1-2 (a)所示,已有建筑 $ABCD$,在其左侧拟建建筑 $EFGH$,根据它们的相对位置关系 a 和 b 即可确定拟建建筑的位置。图 1-1-2 (b)则是根据已有道路中心线以及 a,b 和建筑轴线 AB 与道路中心线的夹角 α 来定位。

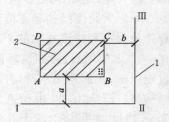

1—规划红线;2—拟建建筑。

图 1-1-1 由建筑红线测设主轴线

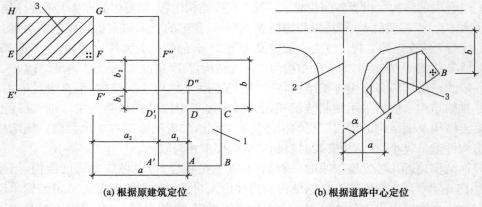

(a) 根据原建筑定位   (b) 根据道路中心定位

1—已有建筑;2—已有道路中心线;3—拟建建筑。

图 1-1-2 由已有建筑等测设主轴线

3. 根据建筑方格网确定主轴线

对于大型建筑群,建筑总平面图上通常会绘出测量方格网及建筑与方格网的关系,此时建筑基础的定位可根据现场方格网来确定。

4. 根据坐标确定主轴线

有些单层建筑形体复杂,曲线较多,这种情况下一般根据坐标来定位。

上述定位方法在多、高层建筑等施工中也适用。

1.1.1.2 基础施工

1. 基础放线

根据定位的主轴线及控制点,将房屋外墙轴线的交点用木桩测定于地面上,在木桩上钉一小钉作为轴线交点的标志,再根据基础平面图确定独立基础及连系梁的边线,如是桩基,则应确定桩位。所有定位桩设置确定后,应进行复核。

根据轴线桩放出基槽(坑)开挖的边线,基槽(坑)的开挖宽度除基础底部宽度外,应增加模板支撑及施工作业面的宽度。开挖边线一般用石灰粉在地面上撒出,故通常称为"放灰线"。放灰线有时在标志板设置后进行。

2. 标志板(龙门板)及引桩的设置

土方开挖后,轴线桩要被挖除,这对以后基础定位带来麻烦。由于这类基础的埋置深度较浅,施工中常在基槽(坑)外一定距离设置标志板或引桩。标志板亦称龙门板,它对基础定位比较方便,可确定轴线位置及基础标高,但它在开挖基槽(坑)边缘时,易被碰动。因此,工程中亦常采用引桩,引桩只能确定轴线,标高则需另外测定。

(1) 标志板的设置

标志板的设置如图 1-1-3 所示。

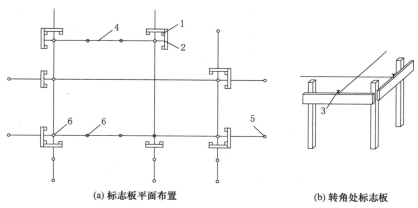

(a) 标志板平面布置 **(b) 转角处标志板**

1—龙门桩;2—标志板;3—轴线钉;4—线绳;5—引桩;6—轴线桩。

图 1-1-3 标志板设置

标志板设置的步骤和要求如下:

① 在建筑的四角与基槽(坑)外侧先打设对应轴线的龙门桩,龙门桩应离开基槽(坑)开挖外边线 1～1.5 m,具体根据基槽(坑)开挖深度及土质而定。

② 将水准点引至龙门桩上,同一建筑宜用同一标高,如遇地形起伏较大而选用两个标高时,应做好标记,以防开挖基槽(坑)及基础施工时发生差错。

③ 根据龙门桩上的标高标记钉上标志板,标志板的标高误差不应大于 5 mm。

④ 用经纬仪引测或拉线后,通过轴线桩将轴线引至标志板的顶面上,并在其上钉上小钉作为标志,该钉称为轴线钉。轴线钉的容许偏差为 3 mm。

⑤ 在轴线钉之间拉线,复核检查控制轴线之间的距离。如龙门板在同一标高上,则只要测量拉线交点间的间距;如标志板在不同标高上,则丈量时应注意保持钢尺的水平,防止引起测量误差。

(2) 引桩的设置

根据轴线桩或龙门板上的轴线钉,将轴线延长至建筑外若干距离,在轴线的延长线上设置定位桩,这种桩称为"引桩"[图 1-1-3(a)]。

引桩一般设在建筑外 5～10 m 的位置,如该引桩还需作为向上层投测轴线的依据,则应设在较远的地方,以免向上投测时经纬仪的仰角过大而不便测量。如采用全站仪进行轴线投测则更方便。引桩应设在不易被碰撞的位置,并应妥善保护。如附近有永久性建(构)筑物,也可将轴线延伸至永久建(构)筑物上画出标志备用。

1.1.2　土方开挖

土方开挖前应先计算土方工程量,包括挖、填土方量,并根据原地面标高及设计±0.000标高,确定土方的弃留。开挖土方量不大时,可堆置在基坑边,但堆土不宜过高,堆土坡脚至基坑上方边缘不宜太近,以防止松土滚落基坑内及坑壁塌方;如土方量较大,则应外运至弃土场地。

独立基础的基坑土方可采用反铲或抓铲挖土,土方量较小时,也可用人工开挖。挖土接近基底时应进行基底找平。基底找平用水准仪进行,其方法是在基坑侧壁打设一排小竹桩,其标高一致,一般离坑底 500 mm 左右,竹桩间距 2 m 左右;基底标高以上应预留一层土(厚度根据挖土机械确定)用于人工修底,在人工修底时,以竹桩为基准找平基底(图 1-1-4)。

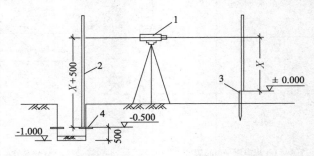

1—水准仪;2—水准尺;3—龙门板;4—小竹桩。

图 1-1-4　基底找平

雨季施工或基坑挖好后不能及时进行下一工序时,可在基底标高以上留150～300 mm厚的一层土不挖,待下一工序开始前再挖除。在基坑开挖时,应设置若干集水井,以抽取坑内的积水,从而保证基础工程顺利进行。

1.1.3　基坑验收

基坑开挖后的验收内容包括基坑的标高及平面位置,基坑的断面尺寸,地基土有无异常,如软硬点、空洞、旧基、暗浜等。质量检验的主控项目包括标高、长度与宽度、边坡等,检验的一般项目为开挖表面的平整度及基底土性。

基坑验收时,施工单位必须会同设计勘察单位及建设(监理)单位共同进行,检查基底土质是否符合要求,并做好隐蔽工程记录,如有异常应会同设计单位确定处理方法。

如果原地基土进行过地基加固,则应根据地基加固设计进行相应的检测;如果采用桩基础,则应对桩基进行有关检测。

对采用桩基础的单层大跨度结构,放线后先进行桩基施工。桩基施工详见"2.2　桩基工程施工",此处仅介绍独立基础承台的施工。

1.1.4 基础施工

独立基础的施工流程为：弹线→钢筋绑扎→支设模板→相关专业施工（如避雷接地）→清理→隐蔽工程验收→混凝土浇筑→混凝土养护→拆除模板。

基坑验收后应及时浇筑垫层，以防止水扰动基底或遇水浸泡。在垫层上应弹出设计的基础外边线，基础弹线仍利用标志板或引桩拉线，再用激光投线仪或线锤引至垫层，然后用墨斗弹线。

独立基础的钢筋绑扎主要包括底板及基础短柱两部分。对有预埋件的基础，在钢筋绑扎时还应做好预埋件的安置工作。

矩形底板双向配置的钢筋应考虑受力状况，底部钢筋按长向设置在下、短向设置在上的原则放置。基础短柱钢筋底部做成90°弯钩，并伸入基础底板绑扎牢固、准确定位。

独立基础模板主要有底板侧模、阶梯或棱台坡面侧模及杯口芯模几种。

阶梯形独立基础先依据施工图制作各阶梯侧模，再按由下至上的顺序进行安装。安装时应注意侧模组拼尺寸正确及形状方正，并应支撑牢固[图1-1-5(a)]。棱台形独立基础底部的侧模安装与阶梯形基础相同，如棱台坡面的坡度较小，则坡面不必设置模板，但当坡度较大（＞30°）时，则应在坡面上设置斜向的模板，如基础面积较大，坡面模板应根据混凝土的分层浇筑逐段设置[图1-1-5(b)]。

带有杯口的基础还应安放芯模，芯模可做成整体式。为拆模方便，杯口芯模外可包一层薄铁皮。芯模的安放都应牢固定位，防止混凝土浇筑时发生位移。

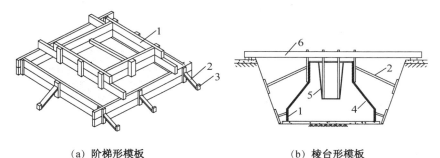

（a）阶梯形模板 （b）棱台形模板

1—侧模板；2—斜撑；3—木桩；4—坡面模板；5—芯模；6—支承横梁。

图1-1-5　独立基础模板支撑

独立基础的混凝土浇筑应注意以下几点：

① 混凝土应按台阶分层浇筑；

② 基础上段混凝土浇筑时，应防止混凝土从侧模底部溢出，形成"吊脚"现象（即基础上段的混凝土形成空洞），必要时应增设坡面模板；

③ 杯口附近的混凝土应对称均匀浇筑，防止杯口芯模发生位移。

1.1.5 回填土

基础施工完成后，应及时进行土方回填。填土时应与地下管线埋设工作统筹安排，宜先进行管线的埋设工作，再进行土方回填，这样可以避免土方的二次开挖，但回填土方时应注意防止管线受损。

回填土应选择好的土料和合适的压实机具,确保填土的密实度;注意分层回填,并在基础两侧同时回填,使两侧回填土的高差不要太大。

1.2 吊装前的准备工作

为保证单层房屋结构吊装施工的质量和施工速度,应在吊装前做好以下几项准备工作。

1.2.1 结构构件吊装工作量计算

装配式单层结构由不同类型的构件(如柱、吊车梁、屋面系统和支撑等)组成,吊装构件应选用哪种型号的起重机械,吊装工程需要安排多少时间,都需要进行预先设计,而要解决这些问题,就必须计算出结构构件的数量、长度、重量和安装标高等。

各种构件的数量、长度和安装标高,可从施工图中查得。

各种构件的重量,如在结构施工图上已经注出,则不必重复计算;如未注明,则应根据构件的几何尺寸,计算出重量。

1.2.2 构件的检查和弹线

钢筋混凝土结构吊装前应使构件达到一定强度,进入现场的预制构件其外观、尺寸偏差等应符合设计要求。构件在安装时的混凝土强度不应低于设计所要求的强度,并不低于设计混凝土强度标准值的 75%;对于预应力混凝土构件,孔道注浆的强度,如设计无规定时,不应低于 15.0 N/mm²。

钢构件一般在工厂加工,进场前重点应检查其加工质量和运输中是否受损伤。对大型构件无法整体出厂的,必要时应在厂内进行预组装。

构件吊装前,应检查构件底座平整度和构件挠曲状况;混凝土构件还应检查其表面是否有蜂窝、麻面、露筋等缺陷,如有这些缺陷,则应及时处理。

预制构件吊装前,应在构件和相应的支承结构上标志中心线、标高等控制尺寸,也就是构件弹线。如柱的弹线包括柱身三面中心线、牛腿面与顶面中心线、水平标高线等,吊车梁、屋架、天窗架等构件均应在顶面及端面弹出安装中心线,并标明吊装方向,屋架上弦还应弹出屋面板的安装位置等(图 1-1-6),钢结构安装前还应检查螺栓孔的规格与位置等。

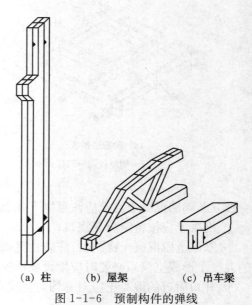

(a) 柱   (b) 屋架   (c) 吊车梁

图 1-1-6 预制构件的弹线

1.2.3 构件的吊装验算及临时加固

由于构件吊装时的受力情况与使用阶段的不同,因此,构件设计时一般均已完成吊装验算。但实际吊装时,由于某些原因,吊点的配置、吊装的方法与设计规定的吊点和起吊要求不相符,或者安装顺序与设计工况有差异,此时在吊装前,还需另做吊装验算,这对钢筋混凝土构件尤为重要。以下叙述有关钢筋混凝土构件的吊装验算。

1.2.3.1 钢筋混凝土柱子吊装验算

钢筋混凝土柱子的吊点位置和吊装验算包括两个内容:① 确定吊点位置;② 验算柱子在吊装时的强度和裂缝宽度是否符合要求。

1. 确定吊点位置

钢筋混凝土柱子是按轴心受压或偏心受压构件设计的,一般均为对称配筋。在运输和吊装过程中,柱子处于受弯状态,为此,需确定合理的吊点位置,即柱子在此吊点吊装时,由自重力产生的最大弯矩等于最大负弯矩。对整根柱子来说,这种情况下产生的弯矩绝对值最小。

对等截面柱,经推导可知:在一点起吊时,当吊点至柱顶距离为 $0.293l$(l 为柱子长度)时,柱身的最大正弯矩等于最大负弯矩,即柱子的起吊弯矩最小。当两点起吊时,此距离为 $0.207l$(图 1-1-7)。

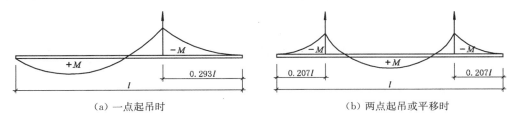

(a) 一点起吊时   (b) 两点起吊或平移时

图 1-1-7 柱子吊装由自重产生的弯矩

对非等截面柱,可按弯矩相等原则用数学方法推导,但较繁杂。工程中可用换算长度方法,该方法虽有一定误差,但简便易行,其计算方法如下(图 1-1-8):

(a) 柱子原有长度   (b) 柱子换算后长度

l—柱子原有长度(m);l_1—柱子标准截面的长度(m)。

图 1-1-8 柱子的长度换算

$$l_2' = \frac{a}{A} l_2 K \qquad (1-1-1)$$

式中 l_2'——柱子换算截面的换算长度(m);

a——柱子换算截面的面积(m^2);

A——柱子标准截面的面积(m^2);

l_2——柱子换算截面的长度(m);

K——考虑换算后力臂变化的系数:当 $\frac{a}{A} < 1$ 时,K 取 1.10~1.30,当 $\frac{a}{A} > 1$ 时,K 取

0.90~0.70,$\frac{a}{A}$ 比值大时取小值。

2. 吊装验算

柱子的吊装验算包括强度与裂缝宽度的验算,可按混凝土结构计算方法进行。

例 计算图 1-1-9 所示柱子的合理吊点。

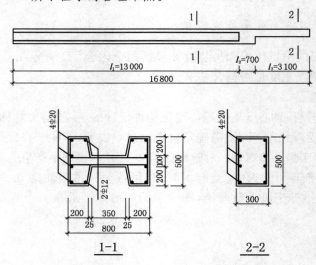

图 1-1-9 柱子的截面尺寸(单位:mm)

解

下柱工字形截面的面积:

$$A = 0.10 \times 0.35 + 0.20 \times 0.50 \times 2 + \frac{1}{2} \times 0.20 \times 0.025 \times 4 = 0.245 \text{ m}^2$$

下柱矩形截面的面积:

$$a_1 = 0.50 \times 0.80 = 0.40 \text{ m}^2$$

上柱矩形截面的面积:

$$a_2 = 0.50 \times 0.30 = 0.15 \text{ m}^2$$

换算长度:

$$l_2' = \frac{a_1}{A} l_2 K_1 + \frac{a_2}{A} l_3 K_2 = \frac{0.40}{0.245} \times 0.70 \times 0.9 + \frac{0.15}{0.245} \times 3.10 \times 1.1 = 3.12 \text{ m}$$

换算后的柱身全长:

$$l' = l_1 + l_2' = 13.00 + 3.12 = 16.12 \text{ m}$$

① 柱子两点平移时:

下吊点至柱脚的距离为 $16.12 \times 0.207 = 3.34$ m

上吊点至柱顶的距离为 $3.34 + (3.10 + 0.70 - 3.12) = 4.02$ m

② 柱子一个吊点起吊时:

吊点至柱脚的距离为 $16.12 \times (1 - 0.293) = 11.40$ m

吊点位置如图 1-1-10 所示。

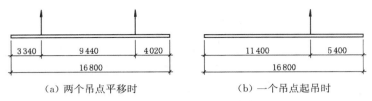

| (a) 两个吊点平移时 | (b) 一个吊点起吊时 |

图 1-1-10　柱子吊点位置(单位:mm)

1.2.3.2　钢筋混凝土屋架的扶直与吊装验算

钢筋混凝土屋架在扶直和吊装阶段的受力情况和使用时不同,设计时须进行屋架扶直和吊装阶段的验算。如施工吊装时绑扎位置或吊点数量等工况与设计有所改变,则应根据实际情况重新进行验算。

1. 屋架扶直阶段的验算

验算前必须先确定吊点的数量和位置。屋架扶直时绕下弦转起,下弦不离地,此时上弦在屋架平面外受力最不利,因此,扶直验算就是验算上弦在屋架平面外的强度。验算上弦时,荷载除上弦自重外,还假定腹杆的一半重力作用于上弦,作为节点荷载。腹杆由于其自重力产生的弯矩很小,通常不需要验算。

验算屋架扶直时,应根据吊索的布置情况,求出上弦杆的弯矩,然后按受弯构件进行验算。

一般情况下,吊索由一根钢丝绳通过若干滑车或通过横吊梁组成。如不计摩擦力,吊点上各钢丝绳中的张力是相等的,因而,可以此求出钢丝绳上的拉力及上弦杆两端支点的支座反力,进而计算屋架上弦杆的弯矩。计算荷载除屋架自重力外,还应考虑吊装的动力影响。

2. 屋架吊装阶段的验算

吊装阶段吊点位置确定后,求出吊索内的拉力,然后以吊索的拉力和屋架自重(化为节点荷载作用于屋架下弦)作为荷载,把屋架作为平面铰接桁架,用结构力学的方法求出屋架各杆件的内力,以此进行强度和裂缝宽度的验算。由于把屋架视作平面铰接桁架,因而各杆件以轴心受力构件验算,此外也应进行裂缝宽度验算。

例　计算下列 18 m 跨度的钢筋混凝土折线形屋架在扶直与起吊时的内力。屋架各杆件的截面尺寸见图 1-1-11 及表 1-1-1。

表 1-1-1　　　　　　　　　　屋架各杆件的截面尺寸

杆　　件		截面积 A/mm^2	长度 l/mm
上弦杆	S_1	$220 \times 220 = 48\,400$	3 070
	S_2	$220 \times 220 = 48\,400$	3 090
	S_3	$220 \times 220 = 48\,400$	3 090
下弦杆	X_1	$220 \times 160 = 35\,200$	4 250
	X_2	$220 \times 160 = 35\,200$	4 500
腹杆	F_1	$100 \times 100 = 10\,000$	1 880
	F_2	$100 \times 100 = 10\,000$	2 410
	F_3	$140 \times 120 = 16\,800$	3 550
	F_4	$140 \times 120 = 16\,800$	2 640

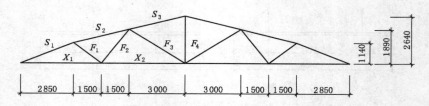

图 1-1-11　屋架的轴线尺寸(单位:mm)

解　① 屋架扶直阶段的验算:

该屋架拟采用三吊点扶直,其吊点布置如图 1-1-12 所示。

荷载计算考虑动力系数 1.50,则

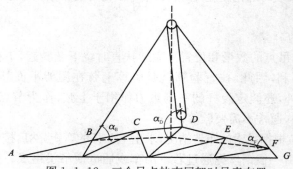

图 1-1-12　三个吊点扶直屋架时吊索布置

上弦杆自重:

$$q_s = A\gamma K_{动} = 0.0484 \times 25 \times 1.5 = 1.82 \text{ kN/m}$$

腹杆自重的 1/2 作为集中荷载作用于上弦杆节点上:

$$F_B = F_F = \frac{1}{2} \times 0.01 \times 1.880 \times 25 \times 1.5 = 0.35 \text{ kN}$$

$$F_C = F_E = \frac{1}{2}(0.01 \times 2.410 + 0.0168 \times 3.55) \times 25 \times 1.5 = 1.57 \text{ kN}$$

$$F_D = \frac{1}{2} \times 0.0168 \times 2.640 \times 25 \times 1.5 = 0.83 \text{ kN}$$

荷载分布与计算简图如图 1-1-13 所示。

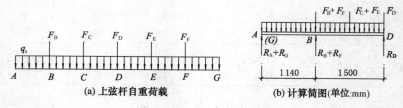

(a) 上弦杆自重荷载　　　　　　(b) 计算简图(单位:mm)

图 1-1-13　屋架扶直验算

各吊点的垂直分力 R 与钢丝绳的张力 T 的关系,由图 1-1-13 可知:

$$R = nT\sin\alpha \qquad\qquad (1\text{-}1\text{-}2)$$

式中　n——吊点上钢丝绳的根数；

　　　T——钢丝绳的张力（N）；

　　　α——钢丝绳与水平面的夹角（°）。

本例取 $\alpha_B = \alpha_F \approx 45°,\alpha_D \approx 90°$，则

$$R_B = R_F = T\sin 45° = \frac{\sqrt{2}}{2}T$$

$$R_D = 2T\sin 90° = 2T$$

对下弦杆轴线取矩，并由"钢丝绳中的张力相等"，可求出 R_D，R_B，R_F，并由 $\sum Y = 0$，求得屋架两端支座反力 R_A，R_G。

$$\sum M = 0$$

$$(R_B + R_F) \times 1.140 + R_D \times 2.640 = 2 \times 0.35 \times 1.140 + 2 \times 1.57 \times 1.890 + 0.83 \times 2.64 +$$
$$2 \times 1.82 \times 3.07 \times \frac{1}{2} \times 1.140 + 2 \times 1.82 \times$$
$$(3.09 + 3.09) \times 1.890$$

将 $R_B = R_F = \dfrac{\sqrt{2}}{2}T$ 及 $R_D = 2T$ 代入，得

$$T = \frac{57.81}{\sqrt{2} \times 1.140 + 2 \times 2.640} = 8.39 \text{ kN}$$

$$R_D = 2T = 16.78 \text{ kN}$$

$$R_B = R_F = \frac{\sqrt{2}}{2}T = 5.93 \text{ kN}$$

$$\sum Y = 0$$

$$R_A = R_G = \frac{1}{2}[0.35 \times 2 + 1.57 \times 2 + 0.83 + 1.82 \times (2 \times 3.07 + 4 \times 3.09) - 16.78 -$$
$$2 \times 5.93] = 4.85 \text{ kN}$$

由此计算出上弦杆的弯矩，其结果如图 1-1-14 所示。

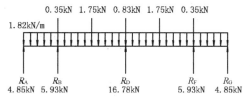

（a）扶直时的支座反力

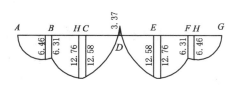

（b）上弦杆的吊装弯矩（单位：kN·m）

图 1-1-14　三个吊点扶直屋架时上弦杆的支座反力及吊装弯矩

如改为四个吊点扶直（图1-1-15），重复上述计算，此时取$\alpha_1 \approx 45°$，$\alpha_2 \approx 63°$，可求得上弦杆的弯矩（图1-1-16）。由此可知，当采用四个吊点扶直时，上弦杆吊装弯矩仅为三个吊点扶直时的50%左右，大大改善了上弦杆的受力状况。

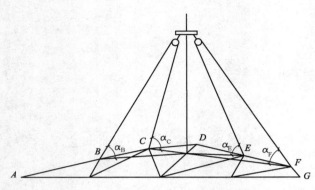

图1-1-15　四个吊点扶直屋架的吊索位置

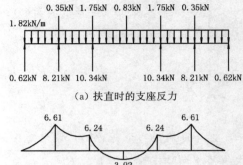

（a）扶直时的支座反力

（b）上弦杆的吊装弯矩（单位：kN·m）

图1-1-16　四个吊点扶直屋架时上弦杆的
支座反力及吊装弯矩

② 屋架吊装阶段的验算

屋架吊装时拟采用两吊点起吊，假定屋架的自重力作用于下弦节点上，计算简图如图1-1-17所示。整个屋架自重为48.00 kN，动力系数取1.50。

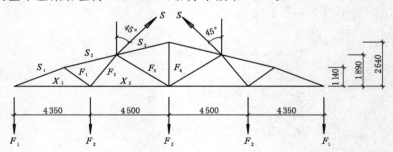

图1-1-17　屋架吊装时的计算简图（单位：mm）

下弦中间节点上的荷载为

$$F_2 = \frac{48.00 \times 1.5}{18} \times 4.5 = 18.00 \text{ kN}$$

端节点上的荷载近似取

$$F_1 = \frac{F_2}{2} = \frac{18.00}{2} = 9.00 \text{ kN}$$

两吊点位置如图1-1-17所示。吊索与水平面夹角为45°，每根吊索中的拉力为

$$S = \frac{48.00 \times 1.5}{2} \times \frac{1}{\sin 45°} = 51.00 \text{ kN}$$

将F_1，F_2和S作为节点荷载施加于屋架下弦和上弦，以此求出屋架各杆件的内力。然后按轴心受拉构件验算。

14

1.2.3.3　构件的临时加固

大跨度钢筋混凝土屋架和钢屋架、钢托架吊装时,其稳定性需特别注意;当稳定验算不能满足时,吊装时需考虑临时加固措施。加固方法一般按杆件受力情况用加固杆件绑在屋架杆件上。

钢筋混凝土天窗架翻身、起吊时,也应考虑临时加固措施,如采用工具式夹板加固。图 1-1-18 为天窗架所用的夹板加固示意图。

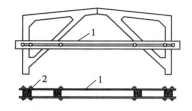

1—工具式夹板;2—夹紧螺栓。

图 1-1-18　天窗架的临时加固

1.2.4　基础准备

1. 杯形基础施工时的弹线

结构吊装前需在独立基础上进行弹线,即顶面中心线和杯口平水线。

独立基础混凝土灌注后,需在其上面弹出中心线(图 1-1-19),即柱子安装的中心线,作为结构柱吊装时临时固定及校正位置的依据。

对杯形基础,还应在杯口内侧面弹出一标高控制线,即杯口平水线,用以控制杯底找平的标高。一般先根据±0.000 标高的控制点,在杯口内各侧面弹出标高线,它通常设在杯口面下 50~100 mm 位置处(图 1-1-20)。

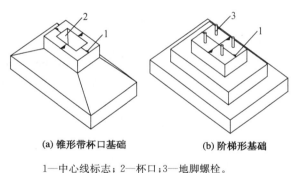

(a) 锥形带杯口基础　　　**(b) 阶梯形基础**

1—中心线标志;2—杯口;3—地脚螺栓。

图 1-1-19　基础顶面弹线

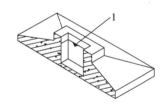

1—杯口平水线。

图 1-1-20　杯口平水线

2. 找平

杯形基础在杯底设计时均留有 50 mm 细石混凝土找平层。在灌注基础混凝土时要注意将杯底混凝土振捣密实,并加强检查,以防止杯口模板上浮。

杯底施工完成面的标高由于施工误差会有偏差,找平层厚度需要调整,以图1-1-20所示的杯形基础为例,设杯口面设计标高为一0.500 m,杯底设计标高为一1.350 m。灌注混凝土时,由于混凝土振捣时杯口木模及杯芯发生下沉或上浮,杯底实际标高与设计标高一1.350 m 会发生偏差。此外,还必须考虑预制柱长度的施工偏差,若柱制作稍长了,则找平层的厚度应该相应减少。杯底找平应根据每个杯形基础的实际施工情况及柱的实际长度一一对应地来确定。杯底找平时,用一根样棒,从杯口水平标高线往下量测,用以控制找平层的厚度。

钢柱与钢筋混凝土基础支承面找平有两种做法:当基础顶面预埋钢板(或支座)作为柱的

15

支承面时，应先找平，后安装，即基础表面先浇筑到设计标高以下20～30 mm处，然后设置导架，测准其标高，再以导架为依据用水泥砂浆仔细找平支座表面；另一种是预留标高，在柱安装后再进行灌浆，这种做法将基础表面先浇筑至设计标高下50～60 mm处，柱子吊装时，在基础面上放置钢垫板或调节螺栓以调整标高，待柱子吊装就位后，再在钢柱脚底板下灌注细石混凝土。

3. 地脚螺栓埋设

钢结构工程柱基一般设置地脚螺栓，其埋置方法有直埋法、套管法及钻孔法三种。

直埋法是用套板控制地脚螺栓之间的距离，设立固定支架控制地脚螺栓群的位置。在柱基底板绑扎钢筋时埋入螺栓，使其同钢筋连成一体，然后整浇混凝土，一次固定。采用此法施工方便，但易产生偏差，并难以调整。

套管法是先按套管(内径比地脚螺栓大2倍左右)外径制作套板，焊接套管并设立固定架，将其埋入浇筑的混凝土中，待柱基和柱轴线检查无误后，再在套管内插入螺栓，使其对准中心线，通过附件或焊接加以固定，最后，在套管内进行水泥注浆或化学注浆以锚固螺栓。

钻孔法是在结硬的混凝土基础上用金刚钻头钻孔，再用和套管法类似的方法埋入螺栓，该方法定位精确，施工方便。

1.3 一般单层厂房施工

1.3.1 结构吊装

1.3.1.1 起重机械

在单层厂房结构吊装准备工作完成以后，便可进行结构吊装工作。为保证吊装工作的顺利进行，应做好结构吊装方案的选择，其中一项主要内容便是起重机械的选择，即起重机类型、型号及数量的选择。

起重机类型、型号、数量等的选择应根据结构具体情况和场地条件，因地制宜地进行。

1. 起重机型号的选择

起重机型号的选择取决于起重量、起重高度和起重半径3个基本工作参数，有时还应考虑最小把杆长度。工作参数均应满足结构吊装的要求。

(1) 起重量

起重机的起重量必须大于所吊装构件的重量与索具重量之和：

$$Q \geqslant Q_1 + Q_2 \qquad (1-1-3)$$

式中　Q——起重机的起重量(kN)；

Q_1——构件的重量(kN)；

Q_2——索具的重量(kN)。

(2) 起重高度

起重机的起重高度必须满足构件的吊装高度要求(图1-1-21)：

$$H \geqslant h_1 + h_2 + h_3 + h_4 \qquad (1-1-4)$$

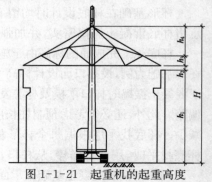

图1-1-21　起重机的起重高度

式中　H——起重机的起重高度(m)，从停机面起至吊钩中心的距离；

　　　h_1——安装支座表面高度(m)，从停机面算起，当安装支座表面低于停机面时，取$h_1=0$；

　　　h_2——安装间隙(m)，一般不小于 0.3 m；

　　　h_3——绑扎点至所吊构件底面的距离(m)；

　　　h_4——索具高度(m)，自绑扎点至吊钩中心的垂直距离，视具体情况而定。

（3）起重半径

当起重机可以不受限制地开到所吊装构件附近，并不受限制地靠近安装位置时，在满足起重机最小起重半径的前提下，可不验算起重半径。但当起重机受限制不能任意靠近构件或安装位置去吊装时，则应验算起重机的起重半径，即在一定起重半径下起重量与起重高度能否满足构件吊装的要求。

（4）最小杆长

当起重机的起重杆须跨过已安装好的结构（或其他障碍）进行构件吊装，例如跨过屋架安装屋面板时，为了避免起重杆与屋架相碰，须确定起重机的最小杆长。最小杆长计算简图如图 1-1-22 所示，最小杆长可由式(1-1-5)计算确定。

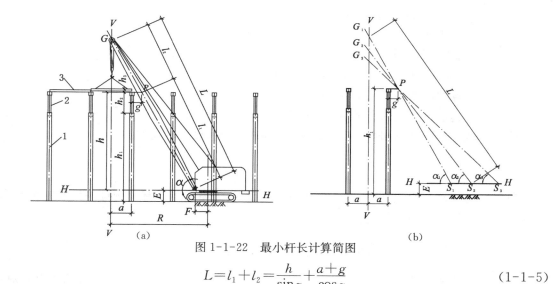

图 1-1-22　最小杆长计算简图

$$L=l_1+l_2=\frac{h}{\sin\alpha}+\frac{a+g}{\cos\alpha} \tag{1-1-5}$$

式中　L——起重杆的长度(m)；

　　　h——起重杆底铰至构件安装支座的高度(m)，$h=h_1-E+h_2$；

　　　a——起重钩需跨过已吊装结构的距离(m)；

　　　g——起重杆轴线与已吊装屋架间的水平距离(m)，不小于 1 m；

　　　E——起重杆底铰至停机面的距离(m)；

　　　α——起重杆的仰角(°)。

为求得最小杆长，可对式(1-1-5)进行微分，并令$\dfrac{\mathrm{d}L}{\mathrm{d}\alpha}=0$，即

$$\frac{\mathrm{d}L}{\mathrm{d}\alpha}=\frac{-h\cos\alpha}{\sin^2\alpha}+\frac{(a+g)\sin\alpha}{\cos^2\alpha}=0 \tag{1-1-6a}$$

得
$$\alpha=\arctan\left(\frac{h}{a+g}\right)^{\frac{1}{3}} \tag{1-1-6b}$$

将 α 值代入式(1-1-5),即可得出所需起重杆的最小长度。据此,结合拟选择的起重机,确定实际采用的起重杆长 L 及起重杆仰角 α,计算起重半径 R:

$$R=F+L\cos\alpha \tag{1-1-7}$$

根据起重半径 R 和起重杆长 L,查起重机性能表或性能曲线,复核起重量 Q 及起重高度 H,即可根据 R 值确定起重机吊装屋面板时的停机位置。

按照上述计算结果,根据起重机性能曲线(性能表)最终确定合适的起重机。同一型号的起重机常有几种不同长度的起重杆(按起重机的性能规定,起重杆可以接长)。当采用分件吊装法时,如各种构件工作参数相差较大,可选用几种不同长度的起重杆对不同的构件进行吊装。

2. 确定起重机台数

起重机台数,根据工程量、工期和起重机的台班产量,按式(1-1-8)计算确定:

$$N=\frac{1}{TCK}\sum\frac{Q_i}{P_i} \tag{1-1-8}$$

式中　N——起重机台数(台);

　　　　T——工期(d);

　　　　C——每天工作班数(班/d);

　　　　K——时间利用系数,一般取 0.8~0.9;

　　　　Q_i——各种构件的安装工程量(件或 kN);

　　　　P_i——起重机相应的产量定额(件/台班或 kN/台班)。

此外,决定起重机台数时,还应考虑构件装卸、拼装和就位的需要。

1.3.1.2　构件吊装工艺

单层厂房构件一般包括柱、吊车梁、屋架、屋面板、天窗架等。有关构件的吊装工艺在本教材上册已作讨论,在此不再赘述。

1.3.1.3　单层厂房结构吊装方法

对于预制装配式结构的吊装方法,常用分件吊装法和综合吊装法。两种方法各有特点,可根据工程情况及场地条件来合理选用。下面即针对单层厂房结构介绍这两种吊装方法的特点及适用范围。

1. 分件吊装法

分件吊装法是起重机每开行一次,仅吊装一种或几种构件。通常分三次开行吊装完全部构件。

第一次开行,吊装全部柱子,经校正及最后固定,灌注杯口混凝土,待混凝土强度达到70%设计强度后,即可进行下一工序施工。

第二次开行,吊装全部吊车梁、连系梁及柱间支撑。

第三次开行,依次按节间吊装屋架、天窗架、屋面板及屋面支撑等。

吊装的顺序如图 1-1-23 所示。分件吊装法具有如下优点:①由于每次基本是吊装同类型构件,索具不需要经常更换,操作方法也基本相同,所以其吊装速度快;②可选用不同把杆长度适应不同的构件,可充分发挥起重机性能(用较小型起重机安装相对较大的构件),构件可以分批供应,现场平面布置比较简单;③能为构件校正、接头焊接、灌注混凝土、养护提供充分的时间。它的缺点是不能为后续工序及早提供工作面,起重机的开行路线较长。分件吊装法是目前装配式单层工业厂房结构吊装广泛采用的一种方法。

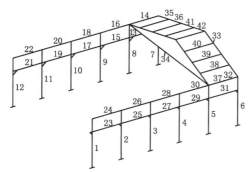

图 1-1-23　分件吊装时的构件吊装顺序

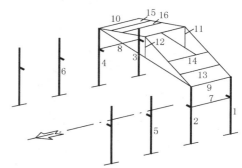

图 1-1-24　综合吊装时的构件吊装顺序

2. 综合吊装法

综合吊装法是起重机在厂房内每开行一次,以节间为单位,吊装完该节间各种类型的构件。吊装的顺序如图 1-1-24 所示。该吊装法一般先吊装 4~6 根柱子,并加以校正和最后固定,随后吊装该节间内的吊车梁、连系梁、屋架和屋面板等构件。一个节间的全部构件吊装完后,起重机移至下一个节间进行吊装,直至整个厂房结构吊装完毕。综合吊装法的优点是:①开行路线短,停机点少;②吊完一个节间,其后续工种就可进入该节间内工作,使各工种进行交叉平行流水作业,有利于缩短工期。它的缺点是:①须在同一设备条件下吊装不同类型的构件,吊装效率较低;②对起重机性能要求高(即选用的设备须同时满足所有构件的吊装要求);③构件供应和平面布置复杂;④构件的校正、最后固定时间紧迫。因此,此法已较少采用。对于工期紧张,或某些有特殊要求的结构,或起重机移动比较困难时,才采用综合吊装法。

1.3.1.4　起重机开行路线与构件平面布置

对于采用分件吊装法进行吊装的单层厂房结构,起重机每次开行只吊装一种或几种构件,因此,需要在吊装施工之前进行起重机开行路线的确定及构件的平面布置工作,以便提高起重机的工作效率。以下以某单层厂房工程为例介绍起重机开行路线与构件的平面布置。

1. 起重机开行路线

起重机的开行路线与厂房的平面尺寸及高度、构件的尺寸及重量、构件的平面布置、起重机的性能、吊装方法等有关,以下分别介绍吊装柱、吊车梁、屋盖构件时起重机的开行路线。

（1）吊装柱的开行路线

设起重机吊装柱时的回转半径为 R,厂房跨度为 S,柱距为 b,起重机开行路线至跨边的最小距离为 a(图 1-1-25)。

当 $R < \dfrac{S}{2}$ 时,起重机需沿跨边开行,一般起重机每停一点吊一根柱[图 1-1-25(a)],若满足 $R \geqslant \sqrt{a^2 + \left(\dfrac{b}{2}\right)^2}$,则每停一点可吊两根柱[图 1-1-25(b)]。

当 $R \geqslant \dfrac{S}{2}$ 时,起重机可沿跨中开行,一般起重机每停一点吊两根柱[图1-1-25(c)],若满足 $R \geqslant \sqrt{\left(\dfrac{S}{2}\right)^2 + \left(\dfrac{b}{2}\right)^2}$,则每停一点可吊四根柱[图1-1-25(d)]。

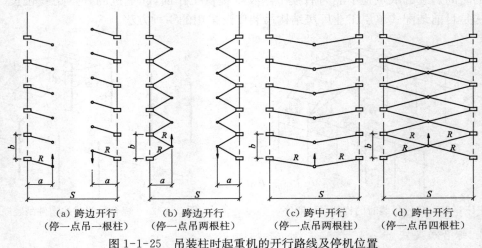

(a) 跨边开行	(b) 跨边开行	(c) 跨中开行	(d) 跨中开行
(停一点吊一根柱)	(停一点吊两根柱)	(停一点吊两根柱)	(停一点吊四根柱)

图1-1-25 吊装柱时起重机的开行路线及停机位置

当柱布置在跨外时,则起重机一般在跨外沿跨边开行,与上述在跨内沿跨边开行一样,可停一点吊一根柱或两根柱。

某单层厂房工程采用履带式起重机吊装柱,起重把杆长25 m,工作时的回转半径 R 为7.8 m,相应的最大起重量为120 kN,根据该厂房的具体条件和构件布置的情况(图1-1-31),吊装柱时起重机的开行路线如图1-1-26(a)所示:在跨外沿跨边开行吊装 A 轴柱→在跨内沿跨边开行吊装 B(C)轴柱→在跨外沿跨边开行吊装 D 轴柱。

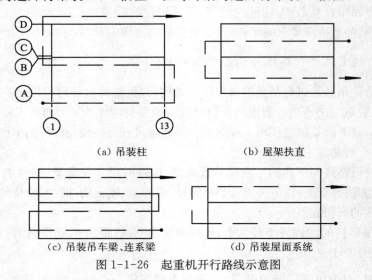

(a) 吊装柱	(b) 屋架扶直
(c) 吊装吊车梁、连系梁	(d) 吊装屋面系统

图1-1-26 起重机开行路线示意图

(2) 吊装吊车梁的开行路线

吊车梁吊装时,起重机一般是在跨内沿跨中或沿跨边开行,在特殊情况下,也可在跨外开行。

图 1-1-26(c)所示为某单层厂房工程中起重机吊装吊车梁时的开行路线。吊车梁在预制厂预制,由汽车运送至现场就位后吊装,起重机在 A 轴、B(C)轴及 D 轴均是沿跨边开行。

(3)吊装屋盖结构的开行路线

屋盖结构吊装时,起重机一般都在跨内沿跨中开行。

图 1-1-26(d)所示为起重机沿跨中开行的示意图。吊装屋架与扶直屋架的起重机开行路线应相反。由于扶直的屋架需靠放在柱边,为防止倾倒,扶直后屋架需要前后依次相互连接固定(临时),因此,后扶直的屋架应先吊装,而先扶直的屋架后吊装,开行路线也应与之相适应[图 1-1-26(d),(b)]。

2. 现场预制构件的平面布置

构件布置是吊装工程中需要考虑的主要问题之一,这对混凝土结构尤为重要。由于混凝土柱、屋架(有时还有吊车梁)一般在现场预制,因此,构件布置主要考虑这些构件的预制与吊装。预制前,应确定构件的布置,绘出构件布置图,并标注主要尺寸。

构件布置实际上应与选择吊装机械、吊装方法等同时考虑。构件布置既要考虑吊装的方便,也要考虑构件制作和扶直就位。

进行现场预制构件布置时,应注意以下几点:

① 各跨构件宜布置在本跨内预制,如有些构件在本跨内预制确有困难时,也可布置在跨外便于吊装或运输的地方。

② 应满足吊装工艺的要求。首先考虑重型构件,应尽可能将其布置在起重机的工作半径之内,以缩短起重机负荷行走的距离并减少起重杆的起降次数。

③ 对混凝土构件应便于支模和浇筑混凝土。若为预应力构件还应考虑抽管、穿筋等操作所需的场地。

④ 构件的布置应力求占地最小,保证起重机、运输车辆的道路畅通,防止起重机回转时与建筑物或构件相碰。

⑤ 构件的布置要注意安装时的方向,避免吊装时在空中调头,影响吊装进度和施工安全。

⑥ 现浇混凝土构件均应在坚实的地基上浇筑,新填土要加以夯实,并铺垫通长的木板,以防下沉。

(1)柱的布置

现场预制或排放柱时,柱可以斜向布置[图 1-1-27(a)],也可以纵向布置[图 1-1-27(b)],以斜向布置为多。斜向布置与纵向布置相比较,前者起吊方便,后者柱预制时占地面积较小。在特殊情况下,还可以采用横向布置[图 1-1-27(c)],但其占地面积最大,一般很少采用。

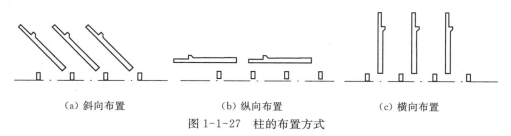

(a)斜向布置　　　　　(b)纵向布置　　　　　(c)横向布置

图 1-1-27　柱的布置方式

21

① 斜向布置

预制或排放的柱子应与厂房纵轴线成一斜角。这种布置方式主要是为了配合旋转起吊。根据旋转起吊法的工艺要求,柱子宜按图1-1-28所示的要求进行布置,即满足杯形基础中心 M、柱脚 K、绑扎点 S 三者均能位于起重机吊柱时的同一起重半径为 R 的圆弧上。为此,可采用以下方法确定柱子预制或排放时的位置(图1-1-28)。

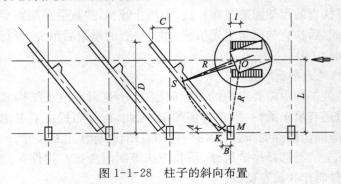

图 1-1-28　柱子的斜向布置

a. 确定起重机的开行路线至柱基中心线的距离。

起重机的开行路线至柱基中心线的距离 L 与起重机的性能及柱的尺寸、重量等有关。确定 L 时,应考虑如下几个条件:L 不得超过吊装柱所确定的起重机回转半径 R,即 $L \leqslant R$;L 不小于起重机的最小回转半径;起重机的履带不压在柱基回填土上,以免起重机失稳;起重机尾部和履带不应碰到其他预制构件。

b. 确定起重机的停机位置。

以柱基中心 M 为圆心,以吊装柱时的回转半径 R 为半径画圆弧,交起重机开行路线于 O 点,O 点即为停机位置。

c. 确定柱的位置。

从 O 点为圆心,以 OM 为半径(R)画圆弧,然后在靠近柱基的弧上定一点 K(K 尽可能不要位于柱基回填土上),再在圆弧上定一点 S,S 至 K 的距离即为柱脚至吊点的距离。以 SK 为中心线画出柱模板的外形尺寸,并量出柱顶、柱脚与柱列纵横轴线的距离 D,C,A,B 作为柱支模的依据。

需注意,柱子牛腿位置应使其吊升后与设计方向一致,以免在空中旋转。一般情况下,若柱子布置在跨内,则牛腿应面向起重机;若柱子布置在跨外,则牛腿应背向起重机。

如果混凝土柱子采用两层叠浇,采用"停一点吊两根柱"的方法时,其布置应使吊点、柱底与两个相应的柱基中心共弧,即停机点布置在相应两柱基中心连线的垂直平分线上。

某单层厂房工程柱预制时采用斜向布置,采用"停一点吊两根柱"的方法,如图 1-1-31 所示。

② 纵向布置

柱子与厂房的轴线平行的布置(图 1-1-29)称为纵向布置。纵向布置主要是为了减小构件占地面积,它适应滑行法起吊。可考虑将起重机停机点布置在柱距中间,每停机一次吊装两根柱子。柱子的绑扎点与杯口中心应布置在起重机起重臂的工作圆弧上。

(2)屋架的布置

现场预制混凝土屋架一般采用平卧重叠制作,扶直就位后再吊装,而钢屋架则在工厂加

22

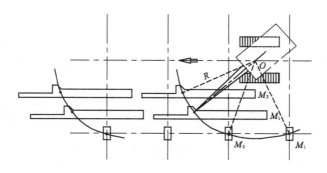

图 1-1-29 柱子的纵向布置

工吊装前、卸车后临时放置在合适位置即可。以下分别叙述屋架预制与临时放置。

① 混凝土预制屋架的布置

现场预制屋架时,屋架的布置有同方向斜向布置[图 1-1-30(a),(b)]和纵向布置[图 1-1-30(c)]两种方式,应优先考虑同方向斜向布置,因为它便于扶直。纵向布置则占地较少。

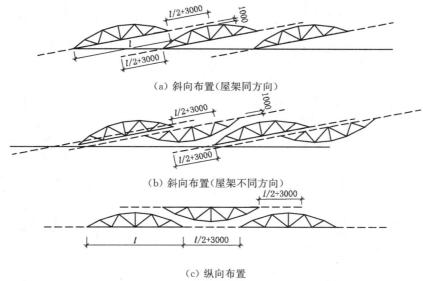

（a）斜向布置（屋架同方向）

（b）斜向布置（屋架不同方向）

（c）纵向布置

图 1-1-30 屋架布置的方式(单位:mm)

屋架布置时应考虑下列因素:

a. 尽可能同方向预制,并采用正向扶直屋架。

b. 预应力屋架布置时,在屋架的一端或两端需留出抽管及预应力筋施工所需要的位置。若用钢管抽芯,需留出的长度为抽芯钢管全长 $l/2$(l 为屋架孔道长度)另加抽管时所需工作场地(3 m 左右)(图 1-1-30);若用预埋波纹管,则屋架两端所留长度可适当减小。

c. 为便于支模和浇筑混凝土,屋架之间的间距不宜小于 1 m(图 1-1-30)。

d. 平卧重叠浇筑时,先扶直的屋架应放在上层。

e. 要注意屋架两端的朝向,即两端对应的轴线。

f. 当采用斜向布置时,应注意倾斜的方向不影响起重机开行。

某单层厂房工程 AB 跨及 CD 跨预应力屋架采用同方向斜向布置,如图 1-1-31 所示。

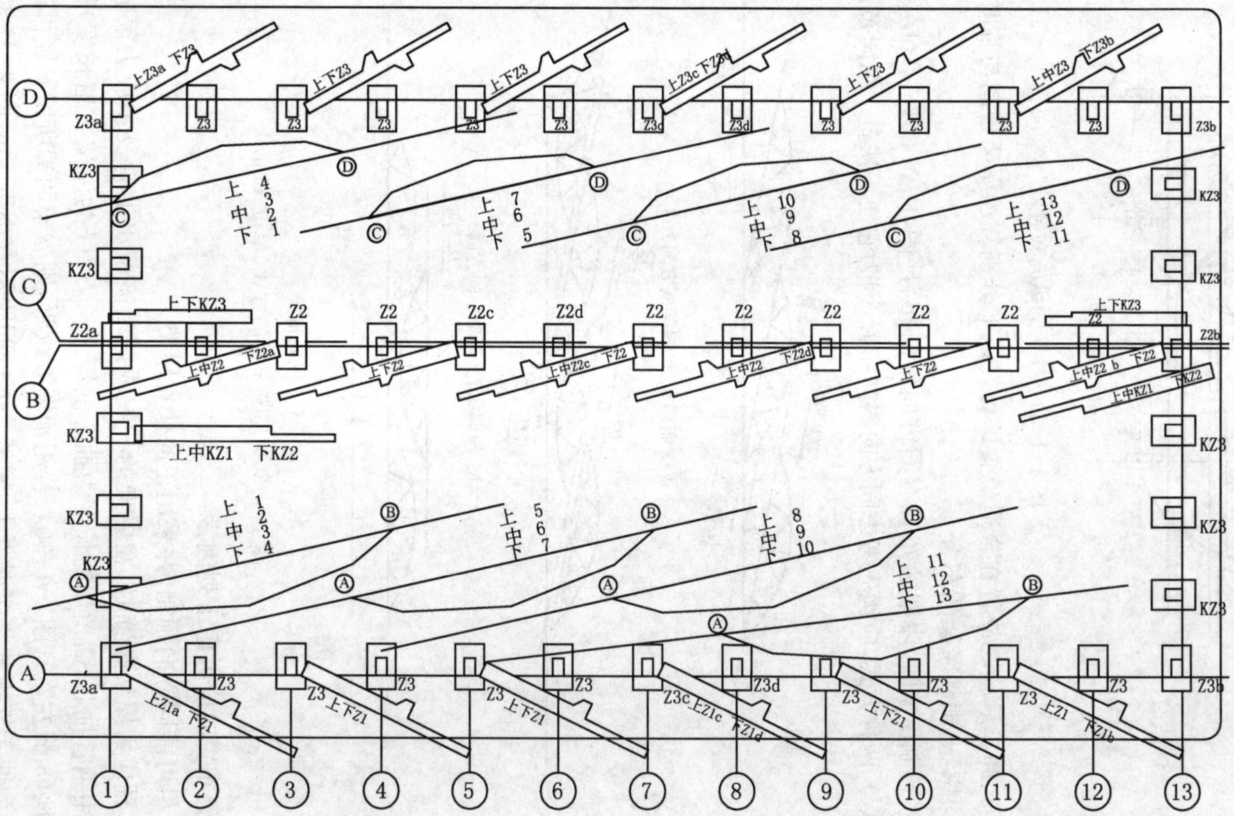

图 1-1-31 某单层厂房工程预制构件布置图

该布置图中,柱子是采用旋转法停一点吊两根柱的吊升方法。

② 屋架扶直与临时放置

平卧预制的混凝土屋架,吊装前需将其扶直,并安放在一定的位置上,以便于吊装。屋架扶直可采用正向扶直与反向扶直两种方法。正向扶直时起重机的作业状态为:升钩、起臂[图1-1-32(a)];反向扶直时起重机的作业状态为:升钩、降臂[图1-1-32(b)]。正向扶直有利于起重机的作业,但屋架要同方向布置,构件占地面积较大;反向扶直则可将构件布置成不同方向[图1-1-30(b),(c)],这样可减少占地面积。

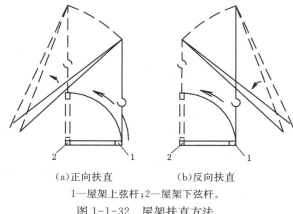

(a)正向扶直　　(b)反向扶直
1—屋架上弦杆;2—屋架下弦杆。
图1-1-32　屋架扶直方法

根据屋架扶直后放置的位置不同,屋架就位分为同侧就位和异侧就位。当屋架临时就位的位置与预制位置在起重机同一侧时称为同侧就位;当屋架临时就位的位置与预制位置在起重机两侧时称为异侧就位。

屋架扶直就位时,应尽可能使屋架放置位置的中点与该屋架设计所在位置的中点同在以起重机停机点为圆心、以吊装时回转半径为半径的圆弧上(图1-1-33)。这样,起吊后可直接旋转、就位,可避免安装时起重机负荷开行。

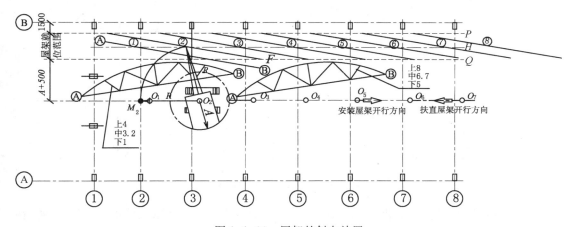

图 1-1-33　屋架的斜向放置

屋架扶直放置可采用图 1-1-33 所示的斜向放置,或图 1-1-34 所示的纵向放置。各榀屋架之间应保持不小于 200 mm 的间距,各榀屋架都相互支撑牢靠,防止倾倒。

对钢屋架可在工厂运至工地后,按屋架布置图吊至临时就位位置以备吊装。

屋架斜向放置位置的确定。屋架斜向放置可以用以下方法确定:

a. 确定起重机的开行路线与停机位置。

先在图上画出起重机的开行路线,然后确定停机位置。吊装屋架时,起重机的开行路线为跨内中心线,停机位置位于开行路线上,与屋架设计所在位置的中点的距离为吊装屋架的回转半径(R)。如图1-1-33所示,某单层厂房②轴线屋架设计位置的中点为 M_2,吊该屋架时起重机的停机位置为 O_2，O_2 在起重机的开行路线上，O_2 距 M_2 点的距离为 R。

b. 确定屋架放置的范围。

图 1-1-33 注出了屋架放置的范围（P 线与 Q 线之间），因为吊装屋架前要吊装吊车梁及连系梁，所以，一般考虑 P 线距轴线 1.5 m 左右；为避免起重机吊装屋架时碰撞扶直放置的屋架，Q 线距起重机开行路线一般取 $A+0.5$ m 左右（A 为起重机尾部至回转中心的距离，0.5 m 为作业的间隙距离）。

c. 确定屋架放置的位置。

各屋架的放置位置应在上述屋架放置的范围内，彼此大致平行，且各屋架放置位置的中点至相应的停机位置的距离为吊装屋架时的回转半径（R）。因此，可以吊装时的停机点为圆心，以回转半径 R 为半径做一圆弧，交 P，Q 线之间的中线 H，交点即是相应轴线位置屋架的中心。再以此为圆心，以 1/2 屋架跨度为半径作弧，交 P，Q 线，这两个交点间的连线即为屋架放置的位置。对混凝土屋架，斜向放置的方向还应考虑"先扶直，后吊装"的施工顺序。

屋架纵向放置位置的确定。屋架的纵向放置，一般以 3～5 榀为一组，集中在一起或相互错开，顺纵向轴线放置。布置时应注意避免在已吊装好的屋架下面绑扎、吊装屋架，且确保屋架起吊后不与已吊装的屋架相碰，因而每组屋架的放置中心线可大致安排在该组屋架倒数第二榀吊装轴线之后的 2 m 处，如图 1-1-34 所示。纵向放置的屋架在吊装时，起重机负荷开行是不可避免的。

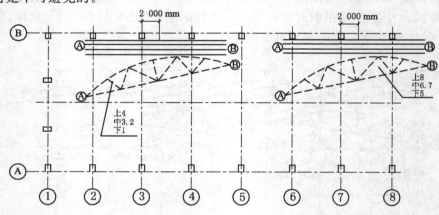

图 1-1-34 屋架的纵向放置

屋架斜向放置有利于吊装，屋架纵向放置的占地面积较小，且屋架临时支撑较方便，在工程中可根据实际情况选用不同的施工方案。

某单层厂房工程屋架临时放置位置如图 1-1-35 所示，该屋架采用的是斜向布置方法。

（3）吊车梁、连系梁、屋面板和天窗架等的布置

吊车梁和连系梁一般在工厂制作，吊装前运至场内放置或随运随吊。若在场内堆放，其位置应靠近吊装位置的柱列轴线，跨内跨外均可。

有时，混凝土吊车梁也在场内预制，其位置应靠近吊装位置的柱列轴线。

屋面板一般在工厂制作，吊装前运至场内放置或随运随吊。若在场内堆放，其位置可布置在跨内或跨外，并考虑适应于吊装屋面板时的回转半径。某单层厂房工程 AB 跨及 CD 跨屋面板布置如图 1-1-35 所示。

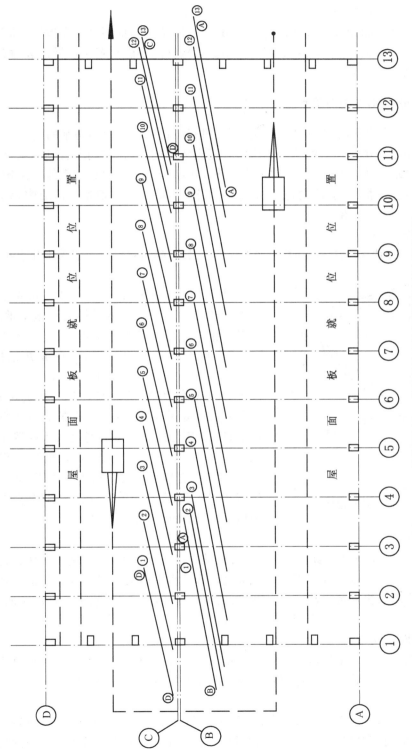

图 1-1-35 某单层厂房工程架扶直放置及屋面板放置示意图

27

天窗架可在场内或场外预制,吊装前应拼装扶直,立放在吊装的柱列轴线附近。

3.构件布置平面图设计

单层厂房构件平面图设计包括柱的平面布置图、屋架现场预制平面布置图、屋架扶直放置平面布置图及吊车梁、连系梁、屋面板和天窗架等构件的平面布置图以及吊装时起重机开行路线设计等内容。

1.3.2 围护结构与屋面防水施工

一般单层厂房施工不仅包括结构吊装,还需进行围护结构和屋面防水的施工。

钢筋混凝土结构单层厂房的围护结构常采用砌体结构,包括柱间墙、山墙等。也有的采用预制混凝土外墙挂板,并用安装方法施工。普通钢结构单层厂房有用砌体作围护结构,也有用压型钢板等作围护结构,后者也用机械进行安装。单层厂房砌体围护结构施工有一些特殊性,下面做一简单介绍。

1. 垂直运输设备

一般单层厂房围护结构在施工时,根据工程情况及现场机械情况,一般采用井架或起重机。

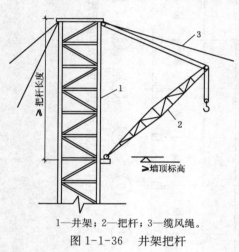

1—井架;2—把杆;3—缆风绳。

图 1-1-36 井架把杆

（1）井架

井架只能完成垂直运输,由于一般单层厂房的长度较长,因此,为将墙体材料运到施工地点,还需配合手推车或翻斗车来完成水平运输。有时如果条件许可,可在井架上另设把杆,形成井架把杆(图1-1-36),以进行小范围的水平运输。

井架把杆为简易设备,其起重量可达 10～30 kN。在确定井架高度时,把杆的底铰不低于墙顶高度;底铰以上的井架高度则应大于或等于把杆的长度。井架的稳定一般靠缆风绳保证,一般缆风绳为 5～6 根,它与地面的夹角不宜大于60°。井架的优点是费用低、设备简单、搭设方便,但它效率较低、缆风绳多,会影响施工和交通。

（2）起重机

当单层厂房的长度较长,场地条件和现有机械设备条件许可时,应优先采用行走式起重机或轨道式塔式起重机以完成施工材料的垂直运输和水平运输。采用起重机的工作效率较高。轨道式塔式起重机需铺设轨道,机械台班费用相对较高。起重机可根据所需起重量、起重高度和工作半径等工作参数选用合适的型号。

2. 围护结构材料

单层厂房围护结构常采用砂浆砌筑多孔砖、蒸压灰砂砖和粉煤灰砖、普通混凝土和轻骨料混凝土小型砌块等。装配式墙体材料有预制混凝土挂板、压型钢板等。

3. 屋面防水

当单层厂房屋面板吊装完成后,还需进行屋面防水施工。单层厂房采用预制钢筋混凝土屋面板时,常采用卷材屋面防水工艺或涂膜防水,当采用瓦楞板或其他防水屋面板材时,只需安装完成。

1.3 单层轻钢结构安装

1.3.1 单层轻钢结构的特点

轻钢结构由型钢或钢板焊接成的柱、梁、薄壁冷弯屋面、墙梁（也称墙面檩条）等组装而成，外盖以轻质、高强、美观耐久的压型钢板或其他压型金属板组成墙体和屋面围护结构。这类建筑的构件轻质高强，结构抗震性能好，建造跨度可达50 m，甚至更大，柱距可达 15 m以上，并且建筑美观、屋面排水流畅、防水性能好。由于构件在工厂制造，成品精确度高。构件采用高强螺栓、电焊或连接件连接，在现场吊装拼接，具有施工简单方便、产品质量好、安装速度快等特点。

此外，轻钢结构轻巧，与混凝土结构建筑比较，轻钢结构自重可减少70%～80%，大大减轻了对地基的压力，减少基础造价；轻钢结构的用钢量仅为20～30 kg/m²，投资少，故广泛应用于各类轻型工业厂房、仓储、公共设施、娱乐场所和体育场馆等建筑的建造。

1.3.2 单层轻钢结构的结构形式

单层轻钢结构可分为无铰刚架、二铰刚架和三铰刚架等（图 1-1-37），以后两者居多。它主要由钢柱，屋面钢梁或屋架，屋面檩条、墙梁及屋面、柱间支撑系统，屋面、墙面压型钢（金属）板组装而成。图 1-1-38 是某轻钢结构单层厂房的结构示意图。

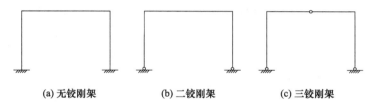

(a) 无铰刚架　　　(b) 二铰刚架　　　(c) 三铰刚架

图 1-1-37　单层轻钢结构的结构形式

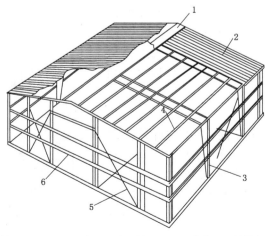

1—屋脊盖板；2—压型屋面板；3—钢刚架；4—C 型檩条；5—钢拉杆；6—墙梁。

图 1-1-38　轻钢结构单层厂房构造

1.3.3 单层轻钢结构施工

1.3.3.1 安装施工准备

轻钢结构安装准备工作的内容和要求与普通钢结构安装工程相同。钢柱基础施工时，应做好地脚螺栓的定位和保护工作，控制基础顶面标高和地脚螺栓顶面标高。基础施工后应对轴线位置、基础顶标高、地脚螺栓的位置及标高等进行检查验收。

构件在吊装前还应根据有关标准进行构件的外形和截面几何尺寸检验，并弹出安装中心标记和标高标记；丈量柱长，其长度误差应详细记录，以备在基础顶面标高二次灌浆层中调整。

构件进入施工现场，应按构件的种类、型号及安装顺序在指定区域堆放。构件底层垫木要有足够的支承面以防止支点下沉；相同型号的构件叠层时，每层构件的支点要在同一直线上；对变形的构件应及时矫正，检查合格后方可安装。

1.3.3.2 单层轻钢结构安装机械选择

单层轻钢结构的构件相对自重轻、安装高度不大，因而，构件安装所选择的起重机械多以行走灵活的自行式（如汽车式）起重机为主。对大跨度轻钢结构采用多机作业时，臂杆要有足够的高度，保证吊升的安全运转空间，防止碰撞其他构件。

对重量比较轻的小型构件，如檩条、压型钢（金属）板等，也可采用小型起重设备，如手拉葫芦等进行吊升，施工时，工人作业应采用升降机，形成良好的作业空间，以保证施工质量，并确保施工安全。

机械选用及数量，可根据工程规模、安装工程量大小及工期要求合理确定。

1.3.3.3 单层轻钢结构的安装施工

1. 轻钢结构连接节点

（1）钢柱

钢柱一般为 H 形截面，采用热轧薄壁 H 型钢或用薄钢板经机器自动裁板、自动焊接制成，其截面可制成等截面和变截面。钢柱通过地脚螺栓与钢筋混凝土基础连接，根据结构形式，有铰接式和刚接式两种（图 1-1-39）。

（2）屋面梁

屋面梁一般也为 H 形截面，根据构件各截面的受力情况及运输安装条件，可制成不同截面的若干段，运至施工现场后，在地面拼装并用高强螺栓相互连接，并通过高强螺栓与屋面钢梁连接。其连接形式有斜面连接[图 1-1-40（a）]和直面连接[图 1-1-40（b）]两种。

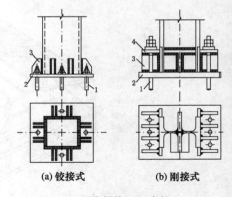

1—地脚螺栓；2—底板；
3—加劲肋；4—螺栓支承托板。

图 1-1-39 轻钢结构柱脚形式

30

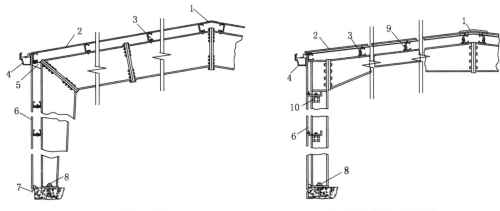

(a) 钢柱、钢梁斜面连接　　　　　　　　(b) 钢柱、钢梁直面连接

1—屋脊盖板；2—屋面板；3—C 型钢楞条；4—天沟；5—屋檐托架；

6—墙板；7—基础封板；8—地脚螺栓；9—楞条挡板；10—墙筋托架。

图 1-1-40　轻钢构件连接大样图

（3）屋面檩条、墙梁

轻型屋面檩条、墙梁采用高强镀锌压型钢（金属）板经辊压成型，其截面形状有 C 形和 Z 形（图 1-1-41），其规格应根据国家标准《冷弯薄壁型钢结构技术规范》（GB 50018—2002）而定。檩条可通过螺栓直接连接在屋面梁翼缘上，也可连接固定在屋面梁上的檩条挡板上（图 1-1-42）。

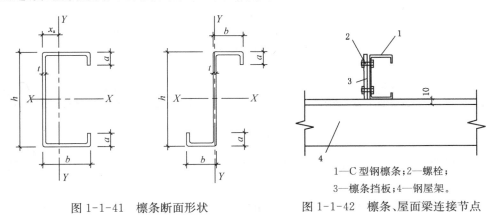

1—C 型钢檩条；2—螺栓；

3—檩条挡板；4—钢屋架。

图 1-1-41　檩条断面形状　　　　图 1-1-42　檩条、屋面梁连接节点

（4）压型钢（金属）板

压型钢（金属）板是用高强优质薄钢卷板（热镀锌钢板、镀铝锌钢板），经连续热浸合金化镀层处理和特殊工艺的连续烘涂各彩色涂层，再经机器辊压而制成。压型钢（金属）板常见的几种宽度及形状如图 1-1-43 所示，长度可根据实际情况而定。压型钢（金属）板厚度有 0.5 mm，0.7 mm，0.8 mm，1.0 mm，1.2 mm 等多种。

压型钢（金属）板安装有隐藏式连接和自攻螺丝连接两种。隐藏式连接适用于图 1-1-42(c)，(d) 两种型号的压型钢（金属）板，通过支架将其固定在檩条上，压型钢（金属）板横向之间用咬口机将相邻压型钢（金属）板搭接口咬接（图 1-1-44），或用防水黏结胶黏结（这种做法仅适用于屋面）。自攻螺丝连接是将压型钢（金属）板直接通过自攻螺丝固定在屋面檩条或墙梁上，在螺丝处涂防水胶封口，如图 1-1-45 所示。这种方法可用于屋面或墙面压型钢（金属）板的连接。

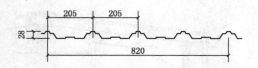

(a) YX28-205-820(展开宽度1 000)

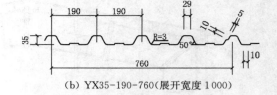

(b) YX35-190-760(展开宽度1 000)

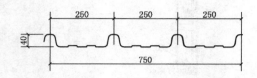

(c) YX40-250-750(展开宽度1 000)

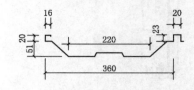

(d) YX51-360(展开宽度500)

图1-1-43 压型钢(金属)板几种形状和规格(单位:mm)

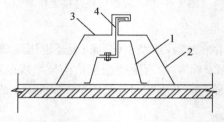

1—固定支架;2—下层屋面压型钢(金属)板;3—上层屋面压型钢(金属)板;4—防水隔板。

图1-1-44 隐藏式连接压型钢(金属)板

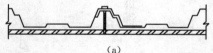

(a)

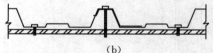

(b)

图1-1-45 自攻螺丝连接压型钢(金属)板

压型钢(金属)板在纵向需要接长时,其搭接长度不应小于100 mm,并用自攻螺丝连接、防水胶封口。

压型钢(金属)板安装中,几个关键部位的节点构造如下:

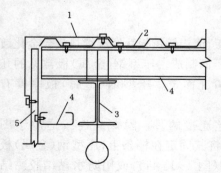

1—檐口包角板;2—屋面板;3—屋架梁;
4—C型钢檩条;5—墙面板。

图1-1-46 檐口节点做法

① 山墙檐口。用檐口包角板连接屋面和墙面压型钢(金属)板,如图1-1-46所示。

② 屋脊。在屋脊处盖上屋脊盖板。当屋面坡度大于等于10°时,可按图1-1-47(a)施工。当屋面坡度小于10°时,为防止在横向风的作用下雨水顺屋面板和屋脊盖板之间的缝隙流入室内,应按图1-1-47(b)施工。在屋面板下凹处,将屋脊板端部剪成齿口状并向下翻,以封闭屋脊板端部与屋面板之间的缝隙,同时,将屋面板端部向上翻,以封闭屋面板端部与屋脊盖板之间的缝隙,通过两道封闭构造,达到防水效果。

图1-1-48是保温屋面屋脊盖板做法。对于保

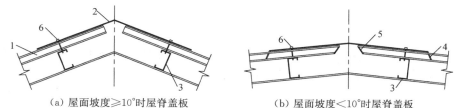

(a) 屋面坡度≥10°时屋脊盖板　　　　(b) 屋面坡度<10°时屋脊盖板

1—屋面板;2—屋脊盖板;3—C型钢檩条;4—下翻的屋面板板端;5—上翻的屋面板板端;6—自攻螺丝。

图1-1-47　屋脊处节点做法

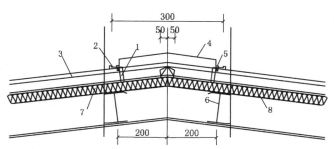

1—支架;2—密封胶;3—屋面压型钢(金属)板;4—屋脊盖板;5—自攻螺丝;6—檩条;7—保温层材料;8—钢丝网格。

图1-1-48　保温屋面屋脊板做法(单位:mm)

温屋面,压型钢(金属)板应安装在保温棉上。施工时,在屋面檩条上拉通长钢丝网,钢丝网格为250～400 mm方格。保温棉在钢丝网上顺着排水方向垂直铺向屋脊,在保温棉上再安装压型钢(金属)板。铺保温棉与安装压型钢(金属)板依次交替进行,从房屋的一端向另一端施工。施工中应注意保温材料每幅宽度间的搭接,搭接的长度宜控制在50 mm左右。保温棉铺设完成后,应立即安装压型钢(金属)板,以防雨水淋湿。

③门窗位置。按窗的宽度在窗两侧设窗边立柱,立柱与墙梁连接固定;在窗顶、窗台处设墙梁,安装压型钢(金属)板墙面时,在窗顶、窗台、窗侧分别用不同规格的连接板做包角处理,如图1-1-49所示。

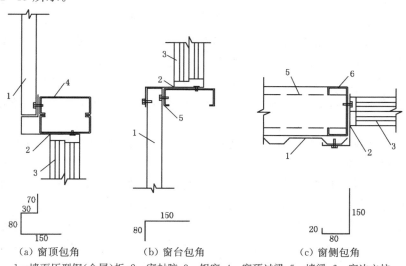

(a) 窗顶包角　　　　(b) 窗台包角　　　　(c) 窗侧包角

1—墙面压型钢(金属)板;2—密封胶;3—铝窗;4—窗顶过梁;5—墙梁;6—窗边立柱。

图1-1-49　窗口包角做法

④ 墙面转角处。用包角板连接外墙转角处的接口压型钢（金属）板，如图 1-1-50 所示。

（5）天沟

天沟多采用不锈钢制品，用不锈钢支撑架固定在檐口的边梁（檩条）上，支撑架的间距约500 mm，用螺栓连接，如图 1-1-51 所示。

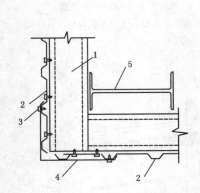

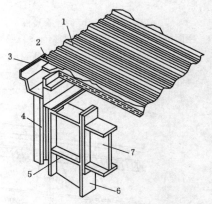

1—墙梁；2—墙面压型钢（金属）板；3—自攻螺丝；
4—包角板；5—钢柱。

图 1-1-50　墙面转角节点做法

1—屋面压型钢（金属）板；2—连接支架；3—天沟；4—墙面
压型钢（金属）板；5—加劲肋；6—刚架柱；7—刚架梁。

图 1-1-51　天沟节点

2. 单层轻钢结构构件吊装工艺及流程

（1）钢柱的吊装

钢柱起吊前应搭设攀登柱顶的直爬梯，以便钢柱安装后施工人员作业。钢柱可采用单点绑扎吊装，绑扎点应设软垫，以免吊装时损伤钢柱表层。当柱比较长时，也可采用两点绑扎吊装。

钢柱宜采用旋转法吊升，吊升时宜在柱脚底部拴好拉绳并垫以垫木，以防止钢柱起吊时柱脚拖地和碰坏地脚螺栓。

钢柱对位时，应使柱中心线对准基础顶面安装中心线，并与地脚螺栓对孔，钢柱垂直度基本达到要求后，方可落下就位。经过初校，待上下中心线偏差控制在 20 mm 以内，拧上四角地脚螺栓临时固定后，使起重机脱钩。钢柱标高及平面位置在基面设垫板及柱吊装对位过程中完成，柱就位后进行钢柱垂直度校正。垂直度校正用两台经纬仪在两个方向对准钢柱两个面上的中心线标记，同时检查，如有偏差，可用千斤顶、斜顶杆等器具校正。

钢柱校正后，应将地脚螺栓紧固，并将垫板与预埋板及柱脚底板焊接牢固。

（2）屋面梁的吊装

屋面梁在地面拼装并用高强螺栓连接紧固起吊。屋面梁宜采用两点对称绑扎吊装，绑扎点亦应设软垫，以免损伤构件表面。屋面梁吊装前应设好安全绳，以方便施工人员高空操作。屋面梁吊升宜缓慢进行，吊升过柱顶后由操作工人扶正对位，用螺栓穿过连接板与钢柱临时固定，并进行校正。屋面梁跨中垂直度偏差不大于 $H/250$（H 为屋面梁高），并不得大于20 mm。屋架校正后应及时进行高强螺栓紧固，做好永久固定。高强螺栓的紧固、检测应按有关标准的要求进行。

（3）屋面檩条、墙面梁的安装

薄壁轻型钢檩条，由于重量轻，可用起重机或小型起重设备吊升安装。当安装完一个单元的钢柱、屋面梁后，即可进行屋面檩条和墙梁的安装。墙梁也可在整个钢框架安装完毕后进行。檩条和墙梁安装比较简单，直接用螺栓连接在檩条挡板或墙梁托板上。檩条的安装偏差应不大于 5 mm，弯曲偏差应不大于 $L/750$（L 为檩条跨度），且不大于 20 mm。墙梁安装后应用拉杆螺栓调整平直度，按由上向下的顺序逐根进行。

（4）屋面和墙面压型钢（金属）板的安装

屋面檩条、墙梁安装完毕，就可进行屋面、墙面压型钢（金属）板的安装。一般是先安装墙面压型钢（金属）板，后安装屋面压型钢（金属）板，以便于檐口部位的连接。最后进行天沟安装。

压型钢（金属）板安装应做到可靠牢固，防腐涂料及密封材料完好，连接件的数量与间距应符合设计要求及有关标准。压型钢（金属）板在支承构件上的搭接应可靠，搭接长度应符合要求，安装应平整顺直，板面不应有施工残留物与污物，檐口及墙下端应呈直线，错位的孔洞必须进行处理。

（5）涂装

轻钢结构安装完工后，需进行节点补漆和最后一遍涂装，涂装所用材料与基层的涂层材料相同。

1.4　网架结构施工

大跨度结构分为平面结构和空间结构两大类型。本章前面两节讨论的结构属于平面结构，一般有排架、平面刚架、拱等几种形式。空间结构根据受力特点可以分三大体系：刚性体系、柔性体系以及组合结构体系。

大跨度结构施工有其特殊性，各种不同的结构施工方法不尽相同，其中网架结构在工程中应用较为普遍，不仅用于大跨度结构，中跨度结构中也有很多应用。本节以网架结构施工为重点进行讨论。

1.4.1　网架的制作与拼装

1.4.1.1　网架的制作

网架的制作均在工厂进行，一般根据网架的杆件和节点编制各种零部件加工，并通过计划、分类分批进行加工制作。

1. 准备工作

制作前的准备工作包括：根据网架设计图编制零部件加工图、统计数量；制订零部件制作的工艺规程；对进厂材料进行复查，如钢材的材料性能、规格等。

2. 零部件及其质量检验

根据网架节点连接方式的不同，零部件加工方法也不同。空心球节点和螺栓球节点是两种常见节点。焊接空心球节点的零部件有杆件和空心球；焊接螺栓球节点网架的零部件主要有杆件（包括锥头或封板、高强螺栓）、钢球、套筒等。

网架的零部件都必须通过加工质量和几何尺寸的检查,经检查后打上编号钢印。检验应按有关规范及标准进行。

1.4.1.2 网架的拼装

网架的拼装一般在现场进行。对于螺栓球节点网架,在出厂前应进行预拼装,以检查零部件尺寸和偏差情况。

网架拼装前应复核零部件数量和品种。网架的拼装应根据施工安装方法的不同,采用分条拼装、分块拼装或整体拼装。拼装应在平整的刚性平台上进行。

对于焊接空心球节点的网架,在拼装时应选择合适的拼装顺序,以减少焊接变形和焊接应力。拼装焊接顺序应从中间向两边或四周发展,最佳顺序是由中间向两边发展。因为网架在向前拼接时,两端及前边均可自由收缩,而且在焊完一个节段后,便于检查安装质量,若发生偏差,可在下一节段定位施工时予以调整。网架拼装过程中应避免形成封闭圈,在封闭圈中施焊,焊接应力将很大。

对焊接拼装网架,拼装时一般先焊下弦,使下弦因收缩而向上拱起,可达到预起拱的效果。下弦施工后焊接腹杆和上弦杆。焊接节点网架总拼完成后所有焊缝必须进行外观检查。

对螺栓球节点的网架拼装时,一般也先拼装下弦,将下弦的标高和轴线校正后,拧紧全部螺栓,使之起定位作用。以后连接腹杆时,应将腹杆与下弦节点处的螺栓拧紧,而其他螺栓不宜拧紧,以避免下弦节点周边的其他螺栓拧紧后,腹杆与下弦节点的螺栓发生偏差而无法拧紧。上弦初始连接时不宜将节点螺栓拧得过紧,应在上弦杆安装若干节段后再拧紧。在整个网架拼装完成后,必须对螺栓拧紧程度进行一次全面检查。

1.4.2 网架的安装施工

网架的常用安装方法有高空散装法、条分块安装法、高空滑移法、整体吊装法、整体提升法和整体顶升法等,各种安装方法所用的安装技术及适用性如表 1-1-2 所列。

表 1-1-2　　　　　　　　　　网架典型安装方法一览表

安装方法	安装技术	适用网架类型
高空散装法	单杆件拼装	螺栓连接节点
	小拼单元拼装	
分条分块安装法	条状单元组装	两向正交、正放四角锥
	块状单元组装	
高空滑移法	单条滑移法	正放四角锥、两向正交正放
	逐条积累滑移法	
整体吊装法	单机、多机吊装	各类网架
	多根把杆吊装	
整体提升法	利用把杆提升	周边支承的多支点网架
	利用结构提升	
整体顶升法	利用结构柱作为顶升时的支承结构	支承点较少网架
	在原支点或附近设置临时顶升支架	

1.4.2.1 高空散装法

高空散装法是将网架的杆件和节点(或小拼单元)直接在高空按设计位置拼成整体的方法。高空散装法有:满堂支架法和悬挑法两种。满堂支架法多用于散件拼装,而悬挑法则多用于小拼单元在高空总拼,或者球面网壳三角形网格的拼装。

由于散件在高空拼装,垂直运输无需起重机或其他大型机械。一般采用轻型起重设备在脚手架上进行安装,施工安全可靠,网架就位变形小,质量易于控制。高空散装法的缺点是:必须搭设满堂脚手架,搭拆工作量很大,而且脚手架占用了网架下面的作业面,不利于其他工作的展开,工期较长。

为了减少网架安装时的误差积累,网架的总体安装流程应遵循以下原则:

① 横向安装,纵向推进;

② 沿建筑物的纵向,从一端开始向另一端延伸;

③ 由中间节点向两边延伸;

④ 先安装下弦节点,再安装上弦节点;

⑤ 先安装下弦杆件,再安装腹杆,最后安装上弦杆件(图 1-1-52)。

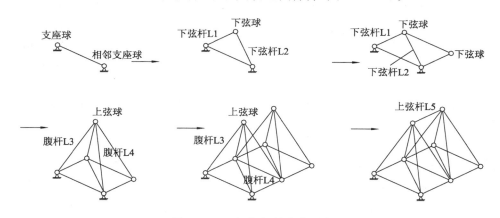

图 1-1-52 网架杆件安装顺序

高空散装法工艺流程是:施工放线→安装支座→安装下弦平面网格→安装上弦倒三角形网格→安装下弦正三角形网格→调整、紧固→支座焊接→安装支托→验收。

1.4.2.2 分条或分块安装法

分条或分块安装法又称小片安装法,是指将结构从平面分割成若干条状或块状单元,分别在地面拼装,由起重机械吊装至高空设计位置总拼成整体的安装方法。当网架结构跨度较大,无法一次整体吊装时,须将其分成若干段。网架等结构可沿跨度方向分成若干条状区段或沿纵、横两个方向划分为条形或矩形块状单元。

分条或分块方法的特点是:大部分焊接、拼装工作在地面进行,高空作业较少,可省去大部分拼装脚手架。分条或分块法采用地面拼装,脚手架数量较小,但组拼成条状或块状单元的重量较大,须有大型起重机,高空拼装工作量大,安装时易发生网架的变形,质量控制难度较大。

分条安装法适用于正放类网架,安装条状单元网架时能形成一个吊装整体,而斜放类网架在安装条状单元网架时,需要设置大量临时加固杆件,才能使之形成整体后进行吊装。因此,斜放类网架一般很少采用分条安装法。

分条或分块安装的主要技术问题有:

① 分条、分块的单元重量应与起重机的起重能力相适应。

② 结构分段后,在安装过程中需要考虑临时加固措施,在后拼杆件、单元接头处需要搭设拼装胎架。

③ 网架结构划分单元应具有足够刚度,并保证几何不变性。

④ 当网架等结构划分为条状单元时,受力状态在吊装过程中近似为平面结构体系,其挠度值往往会超过设计值,因此条状单元合拢前必须在合拢部位用支撑调整结构的标高,使条状单元挠度与已安装的网架结构的挠度相符。

⑤ 单元拼装的尺寸、定位要求准确,以保证高空总拼时节点吻合并减少偏差,一般可以采用预拼装的方法进行尺寸控制。

1.4.2.3 高空滑移法

高空滑移法类似分条安装法,但不是在地面拼装,也不用大型起重机吊装,而是在建筑物的一端高空安装网架条状单元,然后在建筑物上由一端滑移到另一端,就位后总拼成整体。高空滑移法的优点是:网架的安装与滑移均在高空进行,不占地面的作业面,可以与其他土建工程平行或立体交叉作业,从而可缩短工期。图1-1-53就是一个剧院利用二层看台的结构搭设脚手架,大大减少了脚手架工程量,又便于其他工作的平行作业。其次,高空滑移法还具有网架滑移设备简单,无需大型起重设备,成本低的优点。特别适合场地狭小或大型起重设备无法进出的工程。

1. 网架滑移方法

高空滑移法可分下列两种滑移方法。

(1) 单条滑移法[图1-1-54(a)]

将条状单元一条一条地分别从一端滑移到另一端就位安装,各条状单元之间在高空连接。

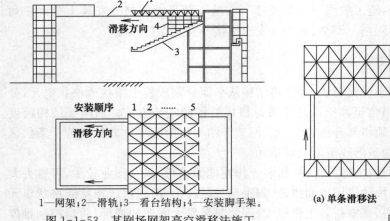

1—网架;2—滑轨;3—看台结构;4—安装脚手架。

图1-1-53 某剧场网架高空滑移法施工

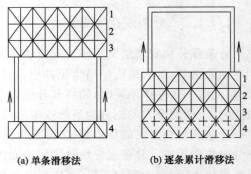

(a) 单条滑移法　　　　(b) 逐条累计滑移法

图1-1-54 滑移方法

38

（2）逐条累计滑移法[图 1-1-54(b)]

先将条状单元滑移一段距离后（能连接上第二单元的宽度即可），连接第二单元。两条单元一起再滑移一段距离，连接第三条单元，三条单元又一起滑移一段距离，再连接第四条单元……，依次循环操作直至连接上最后一条单元为止。

网架滑移的牵引设备可以采用卷扬机。

根据网架的杆件承载力及牵引力的大小可以采用一点牵引或多点牵引，牵引速度一般不大于 1.0 m/min，两端牵引时的不同步偏差不应大于 50 mm。

牵引力根据支座形式进行计算。滑轮式支座为滚动摩阻，而滑板式支座为滑动摩阻。启动时的牵引力为最大，牵引力计算应考虑最后滑移时全部网架的荷载。

2. 整体吊装法

整体吊装法是指网架在地面总拼后，采用把杆或起重机进行整体吊装就位的施工方法。整体吊装法网架的总拼可以就地进行，也可在场外总拼。

就地总拼是就地将网架与柱错位布置，网架起升后在空中平移 1~2 m 或转动一个角度，然后再下降就位。采用整体吊装法时结构柱一般是穿在网架的网格中的，因此，凡与柱相连接的框架梁均应临时断开，在网架吊装完成后再施工框架梁。就地与柱错位总拼的方法适合用把杆吊装，也可用起重机吊装。

（1）多机抬吊法

多机抬吊适用于吊装高度不大、重量较小的网架。一般采用若干台起重机同时工作，起重机多用履带式，也可用汽车式或轮胎式。图 1-1-55 是某工程

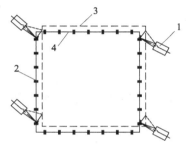

1—起重机；2—柱；3—拼装时的网架位置；
4—安装后的网架位置。
图 1-1-55 多机抬吊进行网架整体吊装

采用 4 台起重机进行网架整体吊装的示意图。在该工程中，将 4 台履带式起重机分别布置在网架的两侧。当起重机同步起吊，将网架吊至安装高度后，4 台起重机同时回转，即可完成网架空中移位的要求。

（2）把杆提升法

大型网架常用把杆提升法安装。采用这种方法提升前，网架的拼装应采用错位法。网架拼装后利用把杆进行提升，并在空中进行移位安装。

把杆吊装网架时，网架空中移位是利用力的平衡与不平衡交换作用而实现的。

网架提升时[图 1-1-56(a)]，把杆两侧卷扬机如完全同步启动，则网架匀速上升。由于把杆两侧滑轮组夹角相等，两侧钢丝绳受力相等（$F_1 = F_2$），则水平分力也相等，网架处于平衡状态。

当网架空中移位时[图 1-1-56(b)]，将每根把杆的相同一侧滑轮组钢丝绳放松，如对应 F_2 的钢丝绳放松，而另一侧滑轮组不动，则 F_1 增大，此时因放松一侧的钢丝绳而使拉力 F_2 大大减小，虽然吊索与水平面的夹角也发生变化（$\alpha_1 > \alpha_2$），但水平分力 H_1 仍大于 H_2，故网架朝较大水平分力 H_1 的方向移动。

当网架移动至设计位置上空时[图 1-1-56(c)]，F_2 一侧滑轮组的钢丝绳重新收紧，使把杆两侧钢丝绳的水平分力相同，则网架恢复平衡，即可将网架逐渐下降就位。

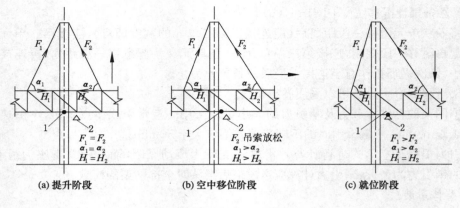

(a) 提升阶段   (b) 空中移位阶段   (c) 就位阶段

1—就位基准点；2—支座。

图 1-1-56　网架空中移位

网架提升的总荷载除包括网架自重、设备荷载、吊具自重等外，还应考虑由升差引起的附加力。

采用把杆提升法施工时，缆风绳的设置对把杆的安全性起着决定性作用。把杆的缆风绳分为水平缆风绳和斜缆风绳。水平缆风绳将把杆连成整体，增强把杆的整体性，而斜缆风绳则保证把杆的垂直度和稳定性。每个把杆的缆风绳设置数量不得少于 6 根，缆风绳下部的地锚应受力可靠。

1.4.2.4　整体提升法

整体提升法是指网架在设计位置的地面总拼后，利用安装在结构柱上的提升设备提升网架。整体提升法与整体吊装法基本相同，二者的区别仅在于：整体提升法只能作垂直起升，不能水平移动或转动，而整体吊装法则可以通过起重机回转或调整把杆吊索拉力使网架作水平移动或转动。

整体提升法的提升装置一般采用液压千斤顶，必要时设置辅助承力支架。整体提升法适用于周边支承的多支点支承网架。其优点主要表现在以下几方面：

① 提升设备较小，可利用小机群安装大网架，成本较低。

② 除用专用支架外，提升均利用结构柱，网架在提升阶段的支承情况与使用阶段基本相同，故不需要考虑提升阶段的加固措施等。

③ 由于提升设备能力较大，可将网架屋面板、防水层、天棚、采暖通风及电气设备等在地面或有利的高度进行安装，减少高空作业量。

1.4.2.5　整体顶升法

网架整体顶升法是将网架在设计位置的地面拼装成整体，然后用千斤顶将网架整体顶升到设计标高。顶升时，可以利用结构柱作为顶升支架，也可另设专门支架。顶升法与提升法的施工类似，但顶升千斤顶是安置在网架下面，适用于支承点较少的网架。

整体顶升法施工中应注意以下问题：

① 导轨设置。导轨是顶升时的导向装置，可防止顶升过程中发生结构偏转。当柱为格构式钢柱时，四角的角钢即可作为顶升导轨，其他结构柱应设置专用导轨。在顶升过程中如

40

果发生偏差,可采用千斤顶通过导轨进行调整。

②同步顶升。顶升是否同步会影响网架结构的内力及提升设备的负载,有时还会产生难以纠正的结构偏移,因此,操作上应严格控制各顶升点同步上升,尽量减少偏差。

③柱的缀板处理。双肢柱或格构式柱适合顶升法施工,但其缀板往往会影响网架的顶升。在网架顶升时,可在网架顶升至该缀板时,把妨碍顶升的缀板暂时去除,待网架结构通过后立即重新安装。

思 考 题

1. 房屋定位一般有哪几种方式?
2. 基础施工阶段标志板和引桩如何设置?
3. 单层大跨结构吊装前应做好哪些准备工作?
4. 混凝土柱在吊装前如何进行吊装验算?
5. 混凝土屋架的吊装验算有何特点? 如何进行吊装验算?
6. 何时需要计算起重机的起重半径? 何时需要计算最小杆长? 如何计算最小杆长?
7. 如何根据起重机作业的基本参数确定起重机的型号?
8. 试布置如下条件下的柱子与屋架:
   ① 柱采用旋转法,起重机在跨外开行,起重机停一点吊两根柱;
   ② 屋架采用多层叠浇、斜向布置、正向扶直、异侧就位。
9. 分件吊装法与综合吊装法有何区别? 它们各有何优、缺点?
10. 混凝土构件吊装时,预制阶段布置应考虑哪些问题? 吊装前的布置又应注意哪些问题?
11. 构件布置时如何综合考虑构件的形状、重量与起重机起重半径、开行路线的协调问题?
12. 单层厂房的围护结构有哪几种形式? 如何施工?
13. 单层轻钢结构有何特点?
14. 熟悉单层轻钢结构的各种节点,分析组成节点的各构件安装顺序。
15. 单层轻钢结构吊装机械如何选择? 如何进行单层轻钢结构的吊装?
16. 网架拼装顺序应遵循哪些原则?
17. 网架安装可采用哪些方法? 它们分别适用于什么形式的网架?
18. 高空散装法有何优点? 叙述其施工工艺流程。
19. 高空滑移法分为哪几种滑移方法? 施工中有何特点?
20. 把杆提升法是如何实现网架空中移位的?
21. 试比较网架的整体提升法和整体顶升法两种施工方法的异同点?

2 高层建筑施工

在城市建设中,由于人口密集而土地有限,人们便向空中及地下发展,建造了大量高层建筑,以获得更大的活动空间;同时,由于现代科学技术的发展及新技术、新材料、新工艺、新设备的涌现,也为高层建筑设计与施工奠定了基础。

20世纪八九十年代,美国曾是世界上拥有高层建筑最多的国家,当时其高层建筑的数量占世界高层建筑的45%,其中高度160 m以上的就有100多栋,较著名的有1931年建成的102层的帝国大厦(高度381 m),1973年建成的110层的世界贸易中心(高411 m)以及1974年建成的109层的西尔斯大厦(高433 m)。近30年来,亚洲各国高层建筑发展很快,如马来西亚高450 m的双塔大厦,迪拜高828 m的哈利法塔,均为标志性建筑。这一阶段,我国高层建筑也迅猛发展,如上海高495 m的环球金融中心,高度达到508 m的台北101大楼,以及建筑高度已超过600 m的武汉绿地中心(606 m)、上海中心(632 m)、深圳平安金融中心(660 m)和在建的苏州中南中心(729 m)等。在这些高层建筑施工中形成了一系列新技术,我国的高层建筑施工技术已达到或接近国际先进水平。

我国《民用建筑设计通则》(GB 50352—2005)中规定:十层及十层以上的住宅建筑、除住宅建筑之外的高度大于24 m的民用建筑(不包括建筑高度大于24 m的单层公共建筑)为高层建筑。建筑高度大于100 m的民用建筑为超高层建筑。

高层建筑的施工主要包括基础结构施工与主体结构施工两个方面,此外还有装饰工程、防水工程等。由于高层建筑高度大,从结构设计角度考虑其基础必须有一定的埋深,因此,高层建筑的施工具有"高""深"的特点,即上部结构施工高度大、基础施工的深度大,由此也带来施工难度大的特点。

2.1 施工控制网

高层建筑层数多、高度大、结构复杂,且一般都带有裙房,其建筑平面及立面变化多,施工测量的难度大,特别是竖向投测精度要求高。因此,在施工前必须建立施工控制网,以便在基础、结构、装饰等各施工阶段做好测量定位及复测工作。建立施工控制网,对提高测量精度也有很大的作用。

施工控制网的建立应考虑施工全过程,包括打桩、基础支护、土方开挖、地下室施工、主体结构施工、裙房及辅助用房施工、装饰工程等,保证控制网在各施工阶段均能发挥作用。此外,施工控制网的标桩应设在施工影响范围之外,特别应防止打桩、挖土等影响,避免标桩受损,影响测量的精度。

施工控制网一般包括平面控制网和高程控制网两类。

1. 平面控制网

在施工区内应建立方格网,以后可根据方格网对建筑进行放样定位。

在施工区内设置方格网,便于施工控制测量。由于方格网控制点、线多,可适应建

筑平面的变化,也有利于从不同角度或在不同施工阶段进行复测与校核,以保证测量的
精度。

图1-2-1是某48层建筑工程平面控制方格网布置的示意图。图中▼为红三角标志,用
于控制方向,〇为施工控制点。打桩期间建立A×1,A×16,K×1,K×16施工方格网。
挖土过程中,K轴上的控制点不能再利用,故将K轴上所有控制点延至南边道路的N线外。
当建筑向上施工时再利用远处标志作为引测依据。在建筑施工至一定高度后,外部标志亦
失去作用,此时利用±0.000层面上设置的轴线控制点形成的内控制网进行测量,该工程以
H×8中心"十"字控制点为整个工程的主要中心,在此基础上逐步进行放样。而48层的主
楼,则在施工至±0.000时,利用D×8中心"十"字控制点测定4个主轴线(8,11,B,D
轴),形成矩形内控制网,并在±0.000以上的每层楼板施工时,在与4个主轴线点相应的位
置处留出200 mm×200 mm的预留孔,作为该4个轴线点向上垂直传递用。

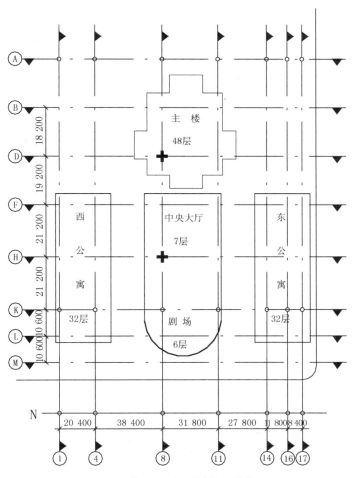

图1-2-1 某工程平面控制网(单位:mm)

为便于建筑的定位放线,方格网控制线的方向宜平行于建筑的主轴线,或平行于施工区
道路中心线,或平行于设计基准线。方格网间距根据建筑平面形状大小及控制数量而定。
方格网的布置还应与建筑总平面图相协调,并应覆盖全部建筑。方格网控制点应设在施工

影响区外,并妥善保护。根据方格网便可确定高层建筑施工各阶段的轴线。

2. 高程控制网

高层建筑施工中水准测量的工作量很大,因而周密地布置高程控制水准点,建立高程控制网,对结构施工、立面布置及管道敷设的顺利进展都有重要意义。

为保证水准网能得到可靠的起算依据,检查水准点的稳定性,应在场地建立水准基点组,其点数不应少于 3 个。标桩要求坚固稳定,防止受到外界影响,每隔一定时间或发现有变动可能时,应将水准网与水准基点组进行联测。水准网一般为环形,且网中只有唯一的高程起算点。

高层建筑的高程控制点要联测到国家水准标志或城市水准点上,高层建筑的外部水准点标高系统必须与城市水准点标高系统统一,以便使建筑的管道、电缆等与城市总线路衔接。

2.2 桩基工程施工

高层建筑的基础常采用筏形基础、箱形基础及桩基等,尤以桩基(桩-筏、桩-箱)为多。同时,高层建筑通常设有地下室,故在施工前需先进行基坑支护,以保证土方开挖及地下室结构施工的顺利进展。

按施工方法的不同,桩可分为预制桩和灌注桩两大类。预制桩用锤击、静压、振动或水冲等方法沉桩入土。灌注桩则就地成孔,而后在孔中放置钢筋笼、灌注混凝土成桩。工程中一般根据土层情况、周边环境状况及上部荷载等确定桩型与施工方法。

2.2.1 施工前的准备工作

在桩基础施工前,应做好现场踏勘、技术准备与资源准备工作,以保证打桩施工的顺利进行。桩基础施工前的一般准备工作包括以下几个方面。

2.2.1.1 施工现场及周边环境的踏勘

在施工前,应对桩基施工的现场进行全面踏勘,为编制施工方案提供必要的资料,也为机械选择、成桩工艺的确定及成桩质量控制提供依据。

现场踏勘调查的主要内容如下:

① 查明施工现场的地形、地貌、气候及其他自然条件;

② 查阅地质勘察报告,了解施工现场成桩深度范围内土层的分布情况、形成年代以及各层土的物理力学指标;

③ 了解施工现场地下水的水位、水质及其变化情况;

④ 了解施工现场区域内人为和自然地质现象、地震、溶岩、矿岩、古塘、暗浜以及地下构筑物、障碍物等情况;

⑤ 了解成桩施工影响范围内建筑物的位置、距离、结构性质、现状以及目前使用情况;

⑥ 了解成桩影响区域地下管线(煤气管、上水管、下水管、电缆线等)的分布及距离、铺设年代、埋置深度、管径大小、结构情况等。

2.2.1.2 技术准备

技术准备主要包括：

① 施工方案的编制。施工前应编制施工方案，明确成桩机械、成桩方法、施工流程、邻近建筑物或地下管线的保护措施等。

② 施工进度计划。根据工程总进度计划确定桩基施工计划，该计划应包括进度计划、劳动力需求计划及材料、设备需求计划。

③ 制定质量保证、安全技术、绿色环保及文明施工等措施。

④ 进行工艺试桩。为确定合理的施工工艺，在施工前应进行工艺试桩，由此确定工艺参数。

2.2.1.3 机械设备准备

施工前应根据设计的桩型及土层状况，选择好相应的机械设备，并进行工艺试桩。

2.2.1.4 现场准备

1. 清除现场障碍物

成桩前应清除现场妨碍施工的高空和地下障碍物，如施工区域内的电杆、跨越施工区的电线、旧建筑基础或其他地下构筑物等，这对保证顺利成桩是十分重要的。

2. 场地平整

高层建筑物的桩基通常为密布的群桩，在桩机进场前，必须对整个作业区进行平整，以保证桩机的垂直度，便于其稳定行走。

对于预制桩，不论是锤击、静压或是振动打桩法，打桩机械自重均较大，在场地平整时还应考虑铺设一定厚度（通常为 200 mm 左右）的碎石，以提高地基表面的承载力，防止打桩作业时桩机产生不均匀沉降而影响打桩的垂直度。一般履带式打桩机的接地压力为 100～130 kPa。如铺设碎石仍不能满足要求，则可采用铺设走道板（亦称路基箱）的方法，以减小对地基土的压力。

对于灌注桩应根据不同成孔方法做好场地平整工作。如采用人工挖孔方法，则在场地平整时需考虑挖孔后的运土道路。当采用钻孔灌注桩时，则应考虑泥浆池、槽及排水沟的设置。近年来，在上海等大城市实行了钻孔灌注桩硬地施工法，即在灌注桩施工区先做混凝土硬地，同时布置好泥浆池、槽及排水沟等，然后在桩位处钻孔成桩。该方法使泥浆有序排放，做到了文明施工，同时也大大提高了施工效率。在沉管灌注桩施工时，场地平整的要求与预制打入桩类似，由于灌注桩沉管时亦需用锤击或振动法，桩机对地基土的承载力也有较高的要求。

2.2.1.5 现场放线定位

桩基础施工现场轴线应经复核确认，施工现场轴线控制点不应受桩基施工影响。

1. 定桩位

先根据设计的桩位图，将桩逐一编号，在现场依桩号所对应的轴线、尺寸施放桩位，并设置标志（一般用小木桩定位），以供桩机就位。定出的桩位必须再经一次复核，以防定位差错。

2. 水准点

桩基施工的标高控制,应遵照设计要求进行,每根桩的桩顶、桩端均须做好标记,在施工区附近设置水准点,一般要求不少于2个。该水准点应不受施工影响,并在整个施工过程中予以保护,不使其受损坏。桩基施工中的水准点,可利用建筑高程控制网的水准基点,也可另行设置。

2.2.2 沉桩方法选择

1. 预制混凝土桩与钢桩的沉桩

预制混凝土桩的形式有方桩和管桩两类,钢桩则有H型钢桩及钢管桩等,它们的沉桩方法主要有锤击打入法、静力压桩法及水冲沉桩法,有时,也采用振动沉桩方法。

锤击打入法施工速度快、费用较低、易于管理,但施工中有噪声、振动等公害,锤击力对桩身特别是桩顶影响较大。

静力压桩方法没有振动与噪声,对桩身也没有冲击力的影响,但桩机自重大,一般需大于桩的设计承载力2倍以上,且施工效率较低。静力压桩适用于较软弱的土层,当桩长范围内存在厚度大于2m的中密以上夹砂层或坚硬土层时,不宜采用此法。

振动沉桩法施工速度较快,但噪声大,一般适用于钢桩,这种沉桩方法在大型工程桩施工中应用较多。

上述三种方法在沉桩过程中均有挤土现象,应采取措施减少挤土或减少挤土对周围环境的影响。

水冲沉桩法适用于砂土和碎石土。水冲法可采用内射水法(如敞口混凝土管桩、敞口钢管桩等)或外射水法(如混凝土方桩、H型钢桩等),要求在离设计标高1～2m时停止射水,并用锤击至设计标高。水冲沉桩法噪声、振动均很小,且挤土也较小,但施工较为复杂,水冲法施工对桩的承载力有一定影响。

2. 灌注桩成桩

灌注桩成孔方法主要有泥浆护壁成孔、沉管成孔及干作业成孔等几种。在成孔后放置钢筋笼、浇筑混凝土,形成灌注桩。

泥浆护壁成孔通常有循环泥浆护壁成孔与冲击成孔两种。前者适用于淤泥及淤泥质土、一般黏性土、粉土等,在砂性土中也可使用,但应注意泥浆护壁,防止护壁倒塌;后者主要用于黏性土及碎石土,也可用于淤泥质土、粉土及砂土。

沉管成孔法通常采用锤击法、振动法或振动冲击法等。它们沉管施工时都有振动、噪声、挤土等现象,选择时应注意环境保护。

干作业成孔法则可用钻孔或人工挖孔两种方法。钻孔法可用于黏性土及粉土,在砂土中也可能采用;人工挖孔法一般适用于地下水位黏性土,在淤泥质土及粉土中应视具体条件而定,而在砂土及碎石土中不可采用。在地下水位以下采用人工挖孔也应有可靠的排水或止水措施。螺旋钻孔压灌桩是我国近年来开发且应用较广的一种干作业新工艺,适用于黏性土、粉土、砂土、填土、非密实的碎石类土、强风化岩等。该工艺具有穿透力强、噪声低、无振动、无泥浆污染、施工效率高等优点。这种工艺不会产生塌孔现象,成孔质量稳定。

灌注桩的几种施工方法中,泥浆护壁成孔及干作业成孔方法都无挤土,施工中振动与噪声较小,因而在城市的高层建筑桩基中经常采用。

2.2.3 桩机(钻机)及其选择

2.2.3.1 锤击沉桩机

锤击沉桩机由桩锤、桩架及动力装置三部分组成,选择时主要考虑桩锤与桩架。

1. 桩锤

桩锤有落锤、柴油锤、蒸汽锤、液压锤及振动锤等。

落锤装置简单,使用方便,费用低,但施工速度慢,效率低,且桩顶易被打坏。落锤适用于施打桩径较小的钢筋混凝土预制桩或钢桩,在一般土层中均可使用。

柴油锤体积小、锤击能量大、速度快、施工性能好。它的缺点是振动大、噪声高、润滑油飞散等。它适用于各种土层及各类桩型,也可打斜桩,是目前各类桩锤中应用较为广泛的一种。

蒸汽锤分为单作用和双作用两种。国内多用单作用蒸汽锤,它结构简单、工作可靠、操作与维修均较容易,但打桩的辅助设备多,运输量大,此外,落距不能调节,效率较低。它适用于各种土层,并可打斜桩及水中作业。

液压锤具有很好的工作性能,且无烟气污染,噪声较低,软土中启动性能比柴油锤有很大改善,但它结构复杂,维修保养的工作量大,价格高,作业效率比柴油锤低。液压锤的适用范围与柴油锤相同。

2. 桩架

桩架的作用是悬吊桩锤,并为桩锤导向,还能起吊桩并可在小范围内作水平移动。

桩架按导杆固定方式的不同可分为固定导杆式桩架[图1-2-2(a)]、桅杆式桩架[图1-2-2(b)]及悬挂式桩架[图1-2-2(c)]三种。其中,桅杆式导杆桩架应用最为普遍。

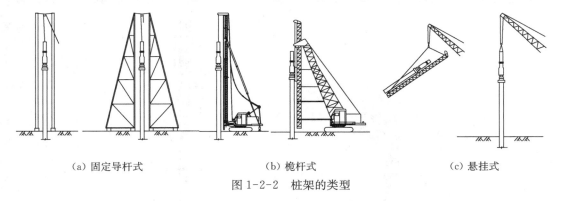

(a) 固定导杆式　　　　　　(b) 桅杆式　　　　　　(c) 悬挂式

图 1-2-2　桩架的类型

(1) 几种常用的桩架

桩架按行走方式可分为滚管式、轨道式、步履式及履带式四种。

① 滚管式。滚管式打桩架靠两根滚管在枕木上滚动及桩架在滚管上的滑动完成打桩架的行走及移位。这种桩架的优点是结构简单、制作容易、成本低;缺点是平面转向不灵活、操作人员多(图1-2-3)。

② 轨道式。轨道式打桩架可在轨道上行走,采用电机驱动,集中控制,这种桩架能吊桩、吊锤、行走、回转移位,导杆能水平微调和倾斜打桩,并装有升降电梯为打桩人员提供良好的操作条件(图1-2-4)。但其机动性能较差,需铺设枕木和钢轨,施工不便。这种桩架在工程中较少采用。

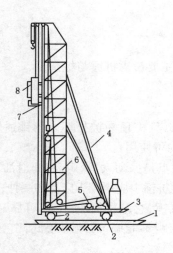

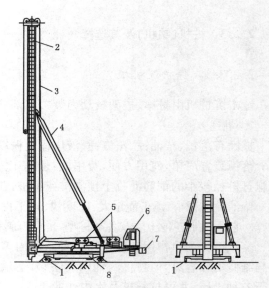

1—枕木;2—滚管;3—底盘;4—斜撑;
5—卷扬机;6—立柱;7—桩帽;8—桩锤。
图 1-2-3　滚管式打桩架

1—轨道;2—立柱;3—起吊用钢丝绳;4—斜撑;
5—卷扬机(吊锤和桩用);6—操作室;7—配重;8—底盘。
图 1-2-4　轨道式打桩架

　　③ 步履式。液压步履式打桩架是通过两个可相互移动的底盘互为支撑、交替走步的方式前进(图 1-2-5),它不需要铺枕木和钢轨,机动灵活,移动就位方便,打桩效率高,是我国常用的一种打桩架底盘。

　　④ 履带式。履带式打桩架是以履带式起重机机体为主机的一种多功能打桩机,图 1-2-6 是三点支承式履带打桩架的示意图。三点支承式履带打桩架是以专用履带式机械为

图 1-2-5　步履式打桩架

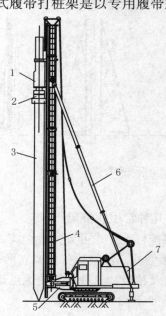

1—桩锤;2—桩帽;3—桩;4—立柱;
5—立柱支撑;6—斜撑;7—车体。
图 1-2-6　三点支承式履带打桩架

48

主机,配以钢管式导杆和两根后支撑组成,它是目前最先进的一种桩架,一般采用全液压传动,具有履带的中心距可调节及360°回转等功能。这种打桩机具有垂直精度调节灵活,稳定性好,适用于各种导杆并可悬挂各类桩锤,并可施打斜桩,装拆方便,转移迅速等一系列优点。

（2）桩架的选择

桩架的选择应考虑下述因素:

① 桩的材料、桩的截面形状及尺寸大小、桩的长度及接桩方式;

② 桩的数量、桩距及布置方式;

③ 选用桩锤的形式、重量及尺寸;

④ 工地现场条件、打桩作业空间及周边环境;

⑤ 投入桩机数量及操作人员的素质;

⑥ 施工工期及打桩速度。

桩架的高度是选择桩架时需考虑的一个重要问题,桩架的高度应满足施工要求。计算时应考虑桩长、滑轮组高度、桩锤高度、桩帽高度、起锤落距(取 $1 \sim 2$ m)等。

2.2.3.2　振动沉桩机

振动沉桩机是将振动锤激振力及其自重通过专用夹具传给待沉的桩体,使桩克服阻力下沉。振动锤是振动沉桩机的主要部件,振动沉桩机的桩架与锤击打桩机类似。

振动锤是利用高频振动激振桩身,使桩身周围的土体产生液化而减小沉桩阻力,并靠桩锤及桩体的自重将桩沉入土中。

振动锤施工速度快、使用方便、费用低、结构简单、维修方便,但耗电量大、噪声大,在硬质土层中不易贯入。它适用于 H 型钢桩及钢管桩,并常用于沉管灌注桩施工。振动锤可适用于软土、粉土、松砂等土层,不宜于密实的粉性土、砾石及岩石。

2.2.3.3　静力压桩机

静力压桩机避免了锤击的冲击运动,故在施工中无振动、无噪声、无空气污染,同时对桩身产生的应力也大大减小。因此,它广泛应用于城市中建筑较密集的地区,但它对土的适应性有一定局限,通常适用于软土地层。

静力压桩机分为机械顶压式与液压式(顶压或抱压)两种。液压压桩机采用液压传动,动力大、工作平稳,还可在压桩过程中直接从液压表中读出沉桩压力,故可实时了解沉桩全过程的压力状况,推算桩的承载力。

2.2.3.4　干作业成孔灌注桩机

1. 沉管灌注桩机

沉管灌注桩机是利用振动锤在竖直方向上的振动,使桩管也在竖直方向以一定频率和振幅往复振动。在桩管振动作用下,土体产生共振而发生结构破坏,如砂土产生液化,同时在激振力和振动锤自重的作用下沉管入土,形成桩孔,待达到设计标高后,再利用振动锤边振动、边拔管,同时向桩管内灌注混凝土,最终成桩。

此外,还可采用振动-冲击锤对桩管复加冲击力以加速沉管,它的拔管和混凝土灌注与振动沉管相同。

振动沉管机的外形如图 1-2-7 所示,它的顶端设有挑梁,用以悬吊桩锤、桩管,同时还用于混凝土料斗的提升。在混凝土浇筑过程中,一边拔管,一边提升料斗,将混凝土从喂料口中倒入桩管。

沉管灌注桩机的选择主要考虑两个方面:一是桩架高度应满足桩长(桩管的长度);二是振动锤或振动-冲击锤的技术性能。

沉管灌注桩由于立柱高度的限制(16～32 m),故桩长也有限制,多控制在 24 m 以内。振动锤则应考虑其激振力,根据桩的长度及桩径等进行选择。此外,振动锤的振动频率应利于沉桩,对于砂土,振动频率可取 900～1 200 r/min,对于黏性土,振动频率可取 600～700 r/min。

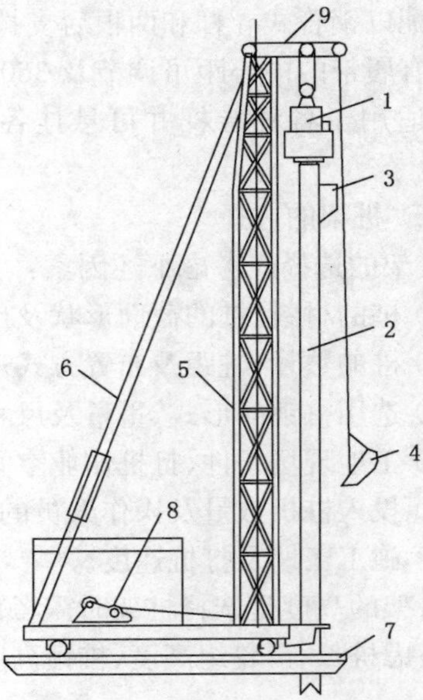

2. 螺旋钻孔机

螺旋钻孔机主要由桩架、螺旋钻杆、钻头、出土装置等组成。其中,桩架一般均采用步履式。

螺旋钻孔机的钻头是钻进取土的关键装置,它有多种类型,分别适用于不同土质,常用的有锥式钻头、平底钻头及耙式钻头(图 1-2-8)。锥式钻头适用于黏性土;平底钻头适用于松散土层;耙式钻头适用于杂填土,其钻头边镶有硬质合金刀头,能将碎砖等硬块切削成小颗粒。

1—振动锤;2—桩管;3—灌混凝土漏斗;4—料斗;5—立柱;6—斜撑;7—底盘;8—卷扬机;9—挑梁。

图 1-2-7　振动沉管桩机

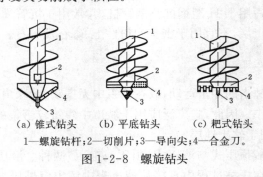

(a) 锥式钻头　　(b) 平底钻头　　(c) 耙式钻头

1—螺旋钻杆;2—切削片;3—导向尖;4—合金刀。

图 1-2-8　螺旋钻头

成孔施工时,利用螺旋钻头钻进切削土体,被切的土块随钻头旋转并沿钻杆上的螺旋叶片提升而被带出孔外,最终形成所需的桩孔。

螺旋钻孔机适用于地下水位以上的匀质黏性土、砂性土及人工填土。这类钻孔机结构简单、使用可靠、成孔效率高、质量较好,且具有用钢量小、无振动、无噪声等一系列优点,因此在无地下水的匀质土中广泛采用。

3. 螺旋钻孔压灌桩机

螺旋钻孔压灌桩机的形式与普通螺旋钻孔机类似,但其钻杆是空心的,并需与混凝土泵配套使用。当钻杆钻至设计孔深位置时,启动混凝土泵,向钻杆中央孔道压灌混凝土,同时提升钻杆,提升钻杆的速度与压灌混凝土速度相匹配。压灌至桩顶标高后,在桩内插入钢筋笼。

螺旋钻孔压灌桩机桩架的选择与普通螺旋钻孔桩机类同。

2.2.3.5 泥浆护壁灌注桩机

泥浆护壁灌注桩施工的成孔机械主要有以下几种。

1. 冲击钻机

冲击钻机是将冲锤式钻头用动力提升,以自由落下的冲击力来掘削岩层,然后排除碎块,钻至设计标高形成桩孔。它适用于粉质黏土、砂土及砾石、卵漂石及岩层等。

冲锤式钻头有十字形、一字形、工字形、Y形及圆形等多种形式(图1-2-9)。钻头一般用锻制或铸钢制成,用合金钢焊在端部,形成具有破岩能力的钻刃。冲钻质量一般为0.5~3 t,并可按不同孔径制作。

冲击钻机施工中需以护筒、掏渣筒及打捞工具等辅助作业,其桩架可采用井架式、桅杆式或步履式等,一般均为钢结构。

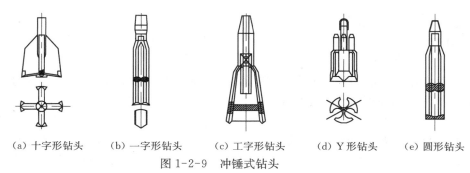

(a) 十字形钻头　　(b) 一字形钻头　　(c) 工字形钻头　　(d) Y形钻头　　(e) 圆形钻头

图1-2-9　冲锤式钻头

2. 旋挖钻机

旋挖钻机由桩架、方形钻杆、传动装置及桶状土斗等组成。其桩架一般为履带式,钻杆由2节可伸缩的方形空心钢管(170 mm×170 mm 与 130 mm×130 mm)及1节实心方钢(90 mm×90 mm)芯杆组成。内芯杆的下端以销轴与取土斗相连。钻取土时,随着钻孔深度的不断增加,中间的空心管与其内部的实心芯杆逐节伸出,钻杆提起时,中、内钻杆逐节收缩。旋挖土斗的结构形式有多种,如图1-2-10所示。在软土地区成孔时,较多采用钻削式取土斗;对卵石或多砂砾则可用冲切式钻头;对大孤石或岩石层一般可用锁定式钻头。在地下水位较高的软土地区,应采用泥浆护壁。

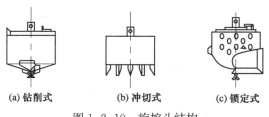

(a) 钻削式　　　(b) 冲切式　　　(c) 锁定式

图1-2-10　旋挖斗结构

旋挖钻机成孔设备安装简单、施工效率高、无振动、无噪声、泥浆排量少,在土质好时还可干挖,具有相当的优越性,但桩侧摩阻力有所减小,一般开挖后桩孔直径往往会比钻头大10%左右,此外,它在硬地层难以钻挖。

3. 潜水钻机

潜水钻机由潜水电钻(图1-2-11)、钻头、钻杆、机架等组成。施工时钻头安装在潜水电钻上共同潜入水中钻进成孔,因此,钻杆不需旋转,噪声低,钻孔效率高,可减少钻杆截面,还可避免钻杆折断等易发事故,是近年来应用较广的钻机。

与潜水电钻配套使用的钻头根据不同土层可选用不同形式的钻头,常用的为笼式钻头(图1-2-12)。

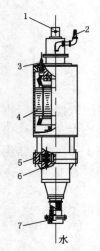

1—提升盖;2—进水管;3—电缆;
4—潜水电钻机;5—减速器;
6—中间进水管;7—钻头接箍;

图 1-2-11 潜水电钻

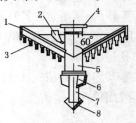

1—护圈;2—钩爪;3—腋爪;4—钻头接箍;
5—钢管;6—小爪;7—岩芯管;8—钻头。

图 1-2-12 笼式钻头

一般的潜水钻机适用于地下水位较高的软土层、轻硬土层,如淤泥质土、黏土及砂质土。如更换合适钻头,还可钻入岩层。通常钻进深度可达50 m左右,钻孔直径为600~5 000 mm。

4. 工程地质钻机

工程地质钻机由机械动力传动,可多挡调速或液压无级调速,带动置于钻机前端的转盘旋转。方形钻杆插在带方孔的转盘内被强制旋转,其下安装钻头钻进成孔(图1-2-13)。钻头一般采用笼式钻头。工程地质钻机设备性能可靠,噪声和振动小,钻进效率高,钻孔质量好。它适用于松散土层、黏土层、砂砾层、软硬岩层等多种地质条件,在我国许多地区广泛应用。

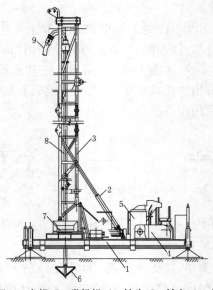

1—底盘;2—支腿;3—塔架;4—电机;5—卷扬机;6—钻头;7—转盘;8—方形钻杆;9—泥浆输送管。

图 1-2-13 工程地质钻机

52

2.3 基坑工程施工

高层建筑一般均设有地下室,在地下结构施工前,均需进行基坑开挖。基坑工程是一个系统工程,包括基坑支护结构、坑内加固、降低地下水位、土方开挖及工程监测等多项工作,且基坑支护结构的工况与施工顺序、施工方法均有直接关系。在基坑工程设计与施工中,必须综合考虑各方面的因素来选择合理的方案。

2.3.1 概述

根据基坑支护结构周边环境条件,将基坑工程分为3级(表1-2-1)。基坑支护结构设计应综合考虑基坑周边环境和地质条件的复杂程度、基坑深度等因素,按表1-2-1采用支护结构的安全等级。对同一基坑的不同部位,可采用不同的安全等级。基坑工程施工中,应特别注意大部分基坑工程事故主要还是岩土类型的破坏形式。

表 1-2-1　　　　　　　　　　　基坑侧壁安全等级及重要性系数

安全等级	破　坏　后　果	重要性系数
一级	支护结构失效、土体过大变形对基坑周边环境或主体结构施工的安全影响很严重	1.10
二级	支护结构失效、土体过大变形对基坑周边环境或主体结构施工的安全影响一般	1.00
三级	支护结构失效、土体过大变形对基坑周边环境或主体结构施工的安全影响不严重	0.90

基坑支护结构极限状态分为下列两类:

1.　承载能力极限状态

① 支护结构构件或连接因超过材料强度而破坏,或因过度变形而不适于继续承受荷载,或出现压屈、局部失稳;

② 支护结构及土体整体滑动;

③ 坑底因隆起而丧失稳定;

④ 对支挡式结构,挡土构件因坑底土体丧失嵌固能力而推移或倾覆;

⑤ 对锚拉式支挡结构或土钉墙,锚杆或土钉因土体丧失锚固能力而拔动;

⑥ 对重力式水泥土墙,墙体倾覆或滑移;

⑦ 对重力式水泥土墙、支挡式结构,其持力土层因丧失承载能力而破坏;

⑧ 地下水渗流引起的土体渗透破坏。

2.　正常使用极限状态

① 造成基坑周边建(构)筑物、地下管线、道路等损坏或影响其正常使用的支护结构位移;

② 因地下水位下降、地下水渗流或施工因素而造成基坑周边建(构)筑物、地下管线、道路等损坏或影响其正常使用的土体变形;

③ 影响主体地下结构正常施工的支护结构位移;

④ 影响主体地下结构正常施工的地下水渗流。

当场地内有地下水时,应根据场地及周边区域的工程地质条件、水文地质条件、周边环境情况和支护结构与基础形式等因素,确定地下水控制方法。当场地有承压水或周围有地表水汇流、排泻或地下水管渗漏时,应对基坑采取保护措施。

2.3.2 基坑支护结构方案选择

2.3.2.1 支护结构方案选择的依据

常见的支护结构形式包括放坡、土钉墙、重力式水泥土墙、支挡式结构。支挡式结构由围护墙和支锚系统组成,围护墙一般有排桩(钢板桩、型钢水泥土搅拌墙、灌注桩排桩等),支锚结构则分设置于基坑内部的混凝土或钢支撑和设置于外部的拉锚和土层锚杆。

基坑支护结构方案的选择主要依据以下几个方面。

① 基坑深度、平面尺寸及形状;

② 土的性状及地下水条件;

③ 基坑周边环境对基坑变形的承受能力及支护结构失效的后果;

④ 主体地下结构和基础形式及其施工方法;

⑤ 支护结构施工工艺的可行性;

⑥ 施工场地条件及施工季节;

⑦ 经济指标、环保性能和施工工期。

2.3.2.2 支护方案

高层建筑基坑支护结构设计与施工方法二者密不可分:基坑支护方案须按施工方法来布置;基坑开挖又须按已支护结构设计的工况进行。支护结构选型应考虑其受力和变形的空间效应和时间效应,采用有利于支护结构受力性状的形式。

支护结构可选用支挡式结构、土钉墙、重力式水泥土墙、原状土放坡或采用上述形式的组合(表1-2-2)。

表1-2-2　　　　　　　　　　　　支护结构的适用条件

结构类型		适用条件	
		安全等级	基坑深度、环境条件、土类和地下水条件
支挡式结构	锚拉式结构	一级二级三级	适用于较深的基坑	① 排桩适用于可采用降水或截水帷幕的基坑; ② 地下连续墙宜兼作主体地下结构外墙,可同时用于截水; ③ 锚杆不宜用在软土层和高水位的碎石土、砂土层中; ④ 当邻近基坑有建筑地下室、地下构筑物等,锚杆有效锚固长度不足时,不应采用锚杆; ⑤ 当锚杆施工会造成基坑周边建(构)筑物的损害或违反城市地下空间规划等规定时,不应采用锚杆
	支撑式结构		适用于较深的基坑	
	悬臂式结构		适用于较浅的基坑	
	双排桩		当锚拉式、支撑式和悬臂式结构不适用时,可考虑采用双排桩	
	支护结构与主体结构结合的逆作法		适用于基坑周边环境条件很复杂的深基坑	

结构类型		适用条件	
	安全等级	基坑深度、环境条件、土类和地下水条件	
土钉墙	单一土钉墙	适用于地下水位以上或降水的非软土基坑，且基坑深度不宜大于 12 m	当基坑潜在滑动面内有建筑物、重要地下管线时，不宜采用土钉墙
	预应力锚杆复合土钉墙	适用于地下水位以上或降水的非软土基坑，且基坑深度不宜大于 15 m	
	水泥土桩复合土钉墙	二级三级	用于非软土基坑时，基坑深度不宜大于 12 m；用于淤泥质土基坑时，基坑深度不宜大于 6 m；不宜用在高水位的碎石土、砂土层中	
	微型桩复合土钉墙		适用于地下水位以上或降水的基坑，用于非软土基坑时，深度不宜大于 12 m；用于淤泥质土基坑时，深度不宜大于 6 m	
重力式水泥土墙		二级三级	适用于淤泥质土、淤泥基坑，且基坑深度不宜大于 7 m	
放坡		三级	① 施工场地满足放坡条件；② 放坡与上述支护结构形式结合	

2.3.2.3 支撑（拉锚）设置

平面支撑体系有两类：一是支撑类，一般布置在基坑内部；二是拉锚类，一般布置在基坑外部。支撑类由围檩、支撑及立柱三部分组成。拉锚类包括围檩和拉锚，锚碇式拉锚还设有锚桩或锚碇。

1. 支撑（拉锚）的布置

（1）内支撑

① 支撑形式

常用的内支撑布置形式有对撑、角撑、桁架式对撑、边桁架、环形布置等。

a. 对撑［图1-2-14(a)］。对撑具有受力明确直接、安全稳定、有利于支护结构的位移控制等优点。但这种形式的支撑较密，坑内支撑会使挖土机作业面受到限制，对支撑下层土方开挖影响较大。

b. 角撑［图1-2-14(b)］。角撑对土方开挖较为有利，主体结构施工也较方便，但角撑的整体稳定性及变形控制方面不如正交式对撑，特别是钢支撑，由于它是由杆件组合安装而成，整体性较差。

c. 桁架式对撑［图1-2-14(c)］。桁架式对撑通过将单个对撑成组集中形成桁架的方式，具有较大的挖土空间，便于土方开挖及地下室的施工。但由于支撑集中，桁架式对撑间距放大，使支护结构的冠梁或围檩的跨度增加，内力明显增大，因此，需要设八字撑以减小冠梁或围檩的跨度。在基坑角部，往往需结合角撑进行布置。

d. 边桁架［图1-2-14(d)］。边桁架一般布置在基坑内部四周，也有将边桁架设置在坑外（但仅限于最上面一道）。土压力传递到边桁架，并在桁架内部平衡。由于边桁架可减少或不设对撑，挖土空间更大，对土方开挖及主体结构施工十分方便。边桁架一般应采用钢筋

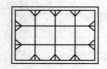 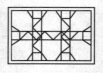

|（a）对撑|（b）角撑|（c）桁架式对撑|（d）边桁架|（e）环形布置|

图 1-2-14　内支撑布置形式

混凝土结构。

e. 环形支撑[图 1-2-14（e）]。当基坑形状接近正方形，又采用钢筋混凝土支撑时，将边桁架中间设计为环状，使受力状况更为合理，也可减小支撑截面，降低造价。环形布置对挖土及主体结构施工带来很大方便。环形支撑的稳定十分重要，由于全部荷载均集中在环形支撑上，一旦失去平衡，会造成支护结构的整体破坏。当坑外荷载不均匀、土质差异较大时，这种布置方式会使环形支撑上的力产生很大的差异，甚至会造成环形支撑的失稳，故应慎用。

在实际工程中，由于地下室平面形状不规则，甚至同一基坑中开挖深度也会不同（如局部二层、局部三层等），因此，支撑布置应因地制宜地选择各种方案，必要时可将几种形式加以组合，使支撑结构安全可靠，并方便土方开挖和主体结构的施工。

② 立柱的设置

立柱的设置应根据支撑的长度、截面及竖向荷载确定，通常设在纵横向支撑的交点处或桁架式对撑的节点处，并应避开主体工程的梁、柱及承重墙的位置。立柱间距不宜大于15 m。立柱下端应插入立柱桩内，立柱桩桩端应支承在较好的土层上，并满足立柱承载力和变形的要求。工程中立柱桩一般采用灌注桩（图 1-2-15），并应尽量利用工程桩以降低造价。立柱多为格构式钢结构或钢管，在浇筑混凝土支撑或安装钢支撑时，将立柱与支撑连接成整体。

由于立柱需在支撑全部拆除后方可割去，因此，在浇筑底板混凝土时，在立柱上还应设置止水片，以防止以后发生渗漏。止水片可用钢板焊接在立柱的主肢上或钢管外，根据底板厚度设 1～2 道。

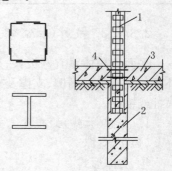

（a）立柱截面形式　（b）立柱支承
1—钢立柱；2—立柱桩；
3—地下室底板；4—止水片。

图 1-2-15　立柱的设置

（2）拉锚体系

① 拉锚。锚碇式拉锚体系包括围檩、拉杆、锚桩等，它设于自然地面上或浅埋于地下，通常只能设置一道。作用于支护结构的土压力通过围檩传递至拉杆，再传至锚桩，并由锚桩前面的被动土压力与其平衡。这种拉锚施工简单、造价低，但支护结构的位移较大，此外，拉锚占地也较大。因此，此法适用于基坑不太深、对位移控制要求不高以及基坑四周场地具有拉锚条件的工程。图 1-2-16 是两种拉锚结构的示意图。

② 土层锚杆。土层锚杆是一种深层拉锚形式（图 1-2-17）。它的一端与支护结构连接，另一端锚固在土体中，将支护结构的荷载通过拉杆传递到周围稳定的土层中。用于基坑工程的土层锚杆一般为临时拉锚，但它在永久性工程中亦得到广泛的应用。

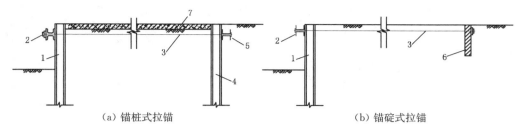

(a) 锚桩式拉锚　　　　　　　　　　　　(b) 锚碇式拉锚

1—板桩墙；2—围檩；3—拉杆；4—锚桩；5—锚梁；6—锚碇；7—加强层。

图 1-2-16　拉锚体系

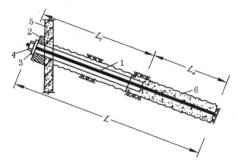

1—锚杆；2—锚杆台座(围檩)；3—垫板；4—螺栓；5—挡土结构；6—锚固体。

L_f—自由段；L_a—锚固段。

图 1-2-17　土层锚杆

2. 支撑及拉锚的拆除

支撑及拉锚的拆除在基坑工程整个施工过程中是十分重要的工序，必须严格按照设计要求的程序进行，应遵循"先换撑、后拆除"的原则，即将原支撑的荷载设法转移到主体结构或另设置的替代支撑上。最上面一道支撑拆除后，支护墙一般处于悬臂状态，位移较大，应采取措施以防止对周围环境带来不利影响。

钢支撑拆除通常采用起重机并辅以人工进行，钢筋混凝土支撑则可用人工凿除、机械切割或爆破方法。

(1) 支撑拆除应遵循的原则

在支撑拆除过程中，支护结构受力发生很大的变化，支撑拆除程序应考虑支撑拆除后对整个支护结构的受力不产生过大突变，一般可遵循以下原则：

① 分区分段设置的支撑，宜分区分段拆除；

② 整体支撑宜从中央向两边分段逐步拆除，这对最上一道支撑尤为重要，它对减小悬臂段位移较为有利；

③ 先分离支撑与围檩，再拆除支撑，最后拆除围檩。

(2) 支撑拆除的顺序

① 基坑开挖至基底标高；

② 地下室底板及换撑完成后，拆除下道支撑；

③ 地下室中楼板及换撑完成后，拆除上道支撑；

④ 拆除钢立柱，完成地下室全部结构及室外防水层。

图 1-2-18 所示是一个两道支撑的工程支撑在竖向的拆除顺序。

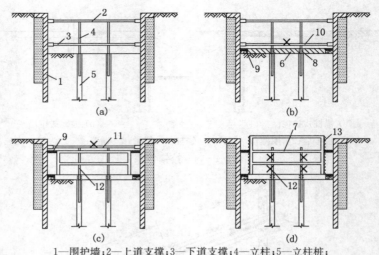

1—围护墙；2—上道支撑；3—下道支撑；4—立柱；5—立柱桩；

6—地下室底板；7—中楼板；8—止水片；9—换撑混凝土传力带；

10—下道支撑拆除；11—上道支撑拆除；12—钢立柱拆除；13—外墙防水层。

图 1-2-18　支撑拆除过程

3. 换撑方法

支撑在拆除前一般都应先进行换撑，使支撑力得以转换到替代的支撑上。换撑应尽量利用地下主体结构，这样既方便施工，又可降低造价。换撑可设在地下室底板位置、地下室中楼板或顶板位置。对无楼板等横向结构的部位则应另行加固。

在利用主体结构换撑时，应符合下列要求：

① 主体结构的楼板或底板混凝土强度应达到设计强度的 80% 以上；

② 在主体结构与围护墙之间设置可靠的换撑传力构造；

③ 在主体结构楼盖局部缺少的部位，应在该处设置临时支撑系统，支撑截面应按换撑传力要求，由计算确定；

④ 当主体结构的底板和楼板分块施工或设置后浇带时，应在分块或后浇带的适当部位设置可靠的传力构件。

地下室底板部位的换撑比较方便，通常在地下室底板边与支护墙间的空隙中用砂回填振实，或用素混凝土填实形成传力带。对较厚的底板，可先回填素土，在素土上浇筑 200～300 mm 厚的素混凝土，素混凝土的上表面与地下室底板面应平齐。对钢板桩支护墙，常采用回砂方法，以利于钢板桩的拔出，对灌注桩等排桩式支护墙或地下连续墙支护墙则常用混凝土填实的方法（图 1-2-19）。若用填砂的方法，支护墙底部会产生一定的位移，用混凝土填实引起的换撑位移很小。

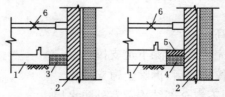

1—地下室底板；2—围护墙；3—回砂或素混凝土；4—回土或砂；5—素混凝土；6—待拆除支撑。

图 1-2-19　地下室底板部位的换撑

地下室中楼板或顶板部位的换撑多采用钢筋混凝土换撑,其形式有两种:①采用间隔布置的短撑,如对灌注桩等排桩形式的支护墙可采用一桩一撑的形式,短撑的浇筑可与地下室中楼板或顶板整体浇筑[图1-2-20(a)]。②换撑也可采用平板式,即在楼(顶)板位置处向外浇筑一块平板,厚度为200~300 mm,平板与支护挡墙顶紧,起到支撑作用[图1-2-20(b)]。这两种方法都可避免重新设置围檩。

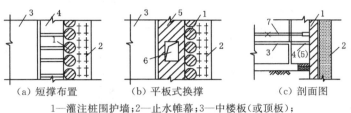

(a)短撑布置　　　　(b)平板式换撑　　　　(c)剖面图

1—灌注桩围护墙;2—止水帷幕;3—中楼板(或顶板);
4—短撑(换撑);5—平板(换撑);6—上下人孔;7—待拆支撑。

图1-2-20　地下室中楼板及顶板部位的换撑

地下室墙板外的换撑应考虑地下室外墙的防水及回填土工程的施工。如采用一桩一撑的短撑形式,或间隔布置的支撑,在支撑之间可以形成人员上下的通道,便于施工;如采用平板式换撑,在平板上应留出人员及材料、土方的出入口,以便于施工。一般说来,在平板式换撑下的防水、回土等工程作业较困难。

2.3.3　基坑土方开挖及地下水处理

基坑工程开挖常用的方法有放坡开挖、无内支撑支护开挖、有内支撑分层开挖、盆式开挖、岛式开挖及逆作法开挖等,工程中可根据具体条件选用。在无内支撑的基坑中,土方开挖应遵循"土方分层开挖"的原则;在有支撑的基坑中,应遵循"开槽支撑、先撑后挖、分层开挖、严禁超挖"的原则。基坑开挖到底,则应随即浇筑垫层。

2.3.3.1　基坑土方开挖

1. 放坡开挖

放坡开挖适合基坑四周空旷、有足够的放坡场地、周围没有建筑设施或地下管线的情况。放坡坡度一般根据"条分法"计算滑动稳定后确定。在软弱地基条件下,不宜开挖过深,一般控制在6~7 m,在坚硬土中,则不受此限制。当地下水位高于基坑底面标高时,应考虑地下水的处理;当开挖深度不大或地下水位较低时,可采用集水井降水法;当开挖深度较大或地下水位较高或在易出现流砂的土层中,宜采用井点降水的方法。在有些不可采用井点降水的工程中,也可用水泥土截水帷幕的方法将地下水隔离在基坑截水帷幕之外。

放坡开挖施工方便,挖土机作业时没有障碍,工效高,可根据设计要求分层开挖或一次挖至坑底。基坑开挖后主体结构施工作业空间大,施工工期短。由于放坡开挖无需支护结构,其造价较低。但放坡开挖土方量大,如施工现场无堆土区则往往还需外运,而且在主体结构完成后放坡范围内还得回填土方并做压实工作,否则放坡范围内的回填土会引起沉降,造成不良后果。放坡开挖的另一个缺点是占用施工场地大,因此,在闹市区的工程中一般难以实现。

2. 无内支撑支护的基坑开挖

无内支撑支护的土壁可垂直向下开挖,因此,不需要在基坑边留出很大的场地,便于在基坑边较狭小、土质又较差的条件下施工。此外,在地下结构完成后,基坑边回填土方工作量小。无内支撑支护可分为土钉墙、重力式、悬臂式、拉锚式和土层锚杆等几种[图1-2-21(a)—(e)]。

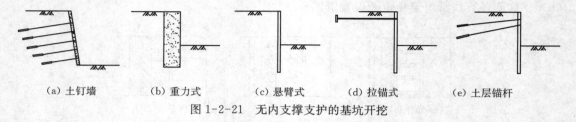

（a）土钉墙　　　（b）重力式　　　（c）悬臂式　　　（d）拉锚式　　　（e）土层锚杆

图1-2-21　无内支撑支护的基坑开挖

图1-2-21所示的几种无内支撑支护的基坑土方开挖与放坡开挖类似,可在完全敞开的条件下挖土,因此,工效高、施工方便。但由于这种基坑有支护结构,故是否采用降水措施应根据地下水、土质及支护结构的截水性能来确定。如果地下水位较低,且支护结构具有很好的隔水性能,则通常可不用降水措施,或只在基坑内设置降水设备抽去坑内的滞留水。

3. 有内支撑支护的基坑开挖

在基坑较深、土质较差的情况下,支护结构一般要设置支点,而当不可采用拉锚或土层锚杆时,需在基坑内设置支撑。内支撑对控制支护结构位移、保护周边环境有很大的作用。这种基坑也是沿支护结构直壁开挖,是多层地下室深基坑最常见的开挖方式。

有内支撑支护的基坑土方开挖比较困难,土方开挖需要与支撑施工相协调,工序较多,施工较复杂,工期也较长。此外,当上层支撑设置后,开挖下层土方时挖土机械作业会受到支撑的限制,工效低。图1-2-22是一个两道支撑的基坑工程土方开挖及支撑设置的施工过程示意图,从图中可见在有内支撑支护的基坑中进行土方开挖,其施工较复杂。

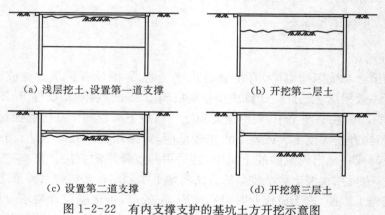

（a）浅层挖土、设置第一道支撑　　　　　　（b）开挖第二层土

（c）设置第二道支撑　　　　　　（d）开挖第三层土

图1-2-22　有内支撑支护的基坑土方开挖示意图

在土质较差的地质条件下,这类基坑开挖一般设置栈桥,大型挖土机械在栈桥上作业,坑底放置小型挖土机械,将土翻挖聚集在大型挖土机边,由栈桥上的挖土机将土方提升至栈桥面,并装车外运[图1-2-23(a)]。

当土质较好时,可在坑内设置坡道,这样挖土机和运土车辆可直接下坑开挖,这种挖土方式效率高,但需确保坑内坡道的稳定,必要时应做坡道加固。图 1-2-23(b)所示是南京紫峰大厦深 24 m 的基坑土方开挖的实况。

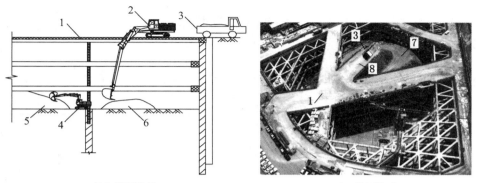

(a) 设置栈桥 　　　　　　　　　　　(b) 设置坡道
1—栈桥;2—大型挖土机;3—运土卡车;4—小型挖土机;
5—待挖的土体;6—聚集的土方;7—土坡道;8—混凝土坡道。

图 1-2-23　有内支撑支护的土方开挖

4. 盆式开挖

盆式开挖适合基坑面积大、不宜设置拉锚且无法放坡的基坑。它的开挖过程是先开挖基坑中央部分,形成盆式[图 1-2-24(a)],此时可以利用留置的土坡,相当于"土支撑",有利于支护结构的稳定。随后再施工中央区域内的基础底板或地下室结构[图 1-2-24(b)],形成"中心岛",在地下室结构达到一定强度后按"随挖随撑,先撑后挖"的原则,在支护结构与"中心岛"之间设置支撑[图 1-2-24(c)],开挖留坡部位的土方,最后再施工边缘部位的地下室结构[图 1-2-24(d)]。这种方法一般利用后浇带或在地下结构中留设施工缝,以便地下结构分段,先后施工。

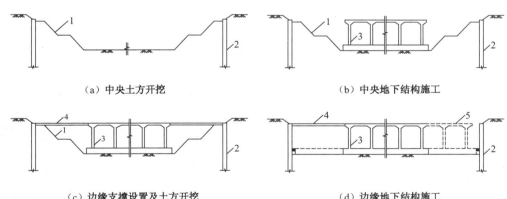

(a) 中央土方开挖 　　　　　　　　　　(b) 中央地下结构施工

(c) 边缘支撑设置及土方开挖 　　　　　　(d) 边缘地下结构施工

1—边坡留土;2—围护墙;3—先施工的中央结构;4—支撑;5—后施工的边缘结构。
图 1-2-24　盆式开挖方法

盆式开挖方法在大型基坑中可大大减少支撑的工程量。这种开挖方法支撑用量小、费用低,盆式部位土方开挖方便,这在基坑面积很大的情况下尤其显出优越性,因此,在大面积基坑施工中非常适用。但这种施工方法也存在不足之处,主要是地下结构需设置后浇带或在施工中留设施工缝,将地下结构分两阶段施工,对结构整体性及防水性有一定的影响。盆式开挖方法在支撑设置时应验算主体结构并做好构造处理。

5. 岛式开挖

当基坑面积较大,而且地下室底板设计有后浇带或可以留设施工缝时,还可采用岛式开挖的方法(图1-2-25)。

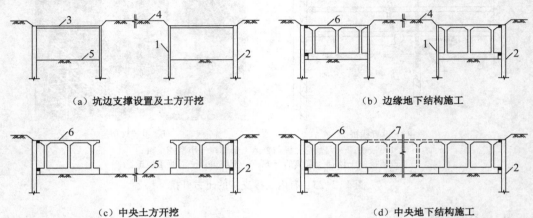

  (a) 坑边支撑设置及土方开挖   (b) 边缘地下结构施工

  (c) 中央土方开挖   (d) 中央地下结构施工

1—临时分区围护墙;2—外围围护墙;3—支撑;4—地面;5—开挖面;6—先施工的边缘结构;7—后施工的中央结构。

图 1-2-25　岛式开挖方法

岛式开挖的方法与盆式开挖类似,但先开挖边缘部分的土方,将基坑中央的土方暂时留置,该土方具有反压作用,可有效地防止坑底土的隆起,有利于支护结构的稳定。必要时还可以在留土区与围护墙之间架设支撑。在边缘土方开挖到基底以后,先浇筑该区域的地下结构,以主体结构作为围护墙的支承,然后再开挖中央部分的土方。

盆式开挖和岛式开挖在采用拉锚或土层锚杆支护的基坑中更为合适,此时,不必设置支撑,而拉锚和土层锚杆均可按常规方法施工。

6. 逆作法

逆作法是多层地下结构由上至下逐层进行施工的一种施工方法。通常将基坑支护结构的地下连续墙兼作为地下结构外墙的一部分或全部,即所谓的"两墙合一"。这种方法是将主体结构的楼板作为支撑,在地下主体结构完成一层后再向下开挖一层,以后地下主体结构再向下完成一层,挖土也更向下一层,由此逐渐完成全部土方施工。逆作法施工的技术要求较高,它通常用于地下室层数多、城市地区施工现场紧张且地质条件差、周围环境保护要求高的深基坑。用逆作法施工还可采用地上工程与地下工程同步施工的方法,以缩短工期。

逆作法施工的土方开挖难度较大,一般需在已完成的水平结构(如楼板等)上预留若干取土孔,在开挖层用小型挖土机械或人工将土方运至出土孔附近,再用抓铲挖土机将土方提升至地面,而后运出,图1-2-26是采用逆作法进行土方开挖的示意图。该工程采用地上结构与地下结构同时施工的全逆作法,图示施工状态是上部三层结构施工完成,地下三层正进行土方开挖。

2.3.3.2　地下水处理

地下水的处理有两种方法:一是采用截水帷幕,将地下水隔离于坑外;二是采用降低地

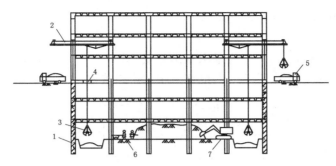

1—支护结构;2—挖土专用横梁;3—电动抓铲;4—楼板预留取土孔;

5—运土卡车;6—人工挖土;7—小型挖土机挖土。

图 1-2-26　逆作法施工中的土方开挖示意图

下水位的方法,将地下水位降至坑底以下。工程中应根据具体情况选择。截水帷幕一般采用水泥土桩,也可采用高压喷射注浆等方法,使土体改性,提高其抗渗性能,从而达到止水效果,但这种方法一般需在基坑四周设置一道水泥土帷幕,或在排桩间用高压喷射注浆法形成隔水屏障,因此,费用都较大;而降低地下水位的方法费用较低,但降水后会对周围环境带来影响,造成地基土固结下沉,引起不良后果。因此,当周围环境不宜降水时应采用截水帷幕的方法。如采用降水方法,可按下述原则选择。

1. 降水方法选择

(1)坑内降水

坑内降水是将井点管布置在基坑内部,这样可减少总的抽水量,缩小降水影响范围,减小坑外的地下水位下降值及相应的地面沉降量。

坑内降水通常是在坑边设有截水帷幕时采用。在坑内设降水设置,抽去坑内滞留水或降低承压水水位,保持坑内干燥,有利于地下结构的施工。

(2)坑外降水

坑外降水适用于下述条件:

① 放坡开挖同时采用坑外降水;

② 当基坑底部以下有承压含水层、基坑无截水帷幕,而又需降低承压水水位时,宜在坑外降水;

③ 当采用电渗井点降水时,应布置在坑外;

④ 当基坑周围环境允许,或坑外降水对邻近影响不大时,可采用坑外降水。

(3)坑内、坑外相结合降水

当基坑面积较大,虽可采用坑外降水,但往往在坑内也需增设降水措施,以保证整个基坑的干燥。

也有另一种情况,即以坑内布置为主,同时在支护结构外许可的位置再布置井点,这样既可保证降水效果,又可减小对支护结构的侧压力。

2. 井点系统的布置

(1)单排布置

对基坑宽度较小(<6 m),降水深度小于 6 m 的情况,一般可采用单排井点[图 1-2-27 (a)],井点总管两端宜适当加密井点间距或将总管延长至基坑外 10～15 m。如基坑的一端

为来水上游,则可将该处做成回转转折状。

（2）双排布置

当基坑宽度大于 6 m 时,一般应采用双排井点[图 1-2-27(b)],如土的渗透系数较大或是粉砂土类,则基坑宽度不大于 6 m 时也宜采用双排布置。

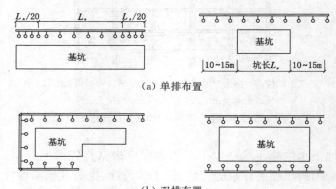

（a）单排布置

（b）双排布置

图 1-2-27 井点系统的布置

（3）环形布置

环形布置适用于基坑平面形状接近方形的情况[图 1-2-28(a)],在个别情况下,如一边无法封闭,或考虑挖土汽车的进出,可采用半环形布置[图 1-2-28(b)]。当采用封闭环形布置时,应注意使每台水泵的总管独立工作,可在离水泵距离相等处设一阀,避免紊流。

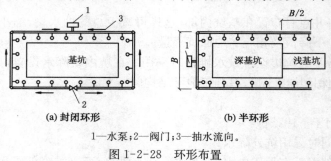

（a）封闭环形   （b）半环形

1—水泵；2—阀门；3—抽水流向。

图 1-2-28 环形布置

如基坑面积较大,则可在中央加设井点,当总管长度超过 100 m 时,须设多台水泵,并使总管断开或设置闸阀,使总管各自与水泵连接。

在实际工程中,由于基坑的平面形状和尺寸有所不同,具体布置仍应因地制宜,将地下结构施工中需降水的部位纳入井点系统范围,尽可能地缩小降水范围及降水对环境的影响。

2.4 地下室结构施工

高层建筑一般采用桩基础,当地质条件较好时,也可采用筏形基础或箱形基础。在很多场合下,设计将桩基础与筏基础或箱形基础结合起来,组成复合基础。随着城市建设的发展,地下空间的利用显得越发重要,同时,考虑到高层建筑的结构特点——高度大,承受的水平荷载大等,基础需要有足够的埋置深度(一般为建筑高度的 1/18～1/15),因此,绝大多数高层建筑均设有地下室,地下室的层数根据使用要求及结构设计而定,一般为 1～3 层,多者可达 5～6 层。

高层建筑地下室施工具有很大的特殊性,主要有以下几点:①施工地点位于地下,不可预见的因素较多,对支护结构及地下水处理有十分严格的要求;②由于地下室底板厚度较大,一般为 1～2 m,更厚者达 3～4 m,混凝土浇筑量大,一般为数千立方米,最大的有数万立方米,同时,地下室外的墙板抗渗要求高;③地下室施工条件较差,特别是基坑开挖造成的作业场地狭小,给设备布置、材料运输及人员作业带来很大困难。

高层建筑地下室结构一般为钢筋混凝土结构,基本的施工技术及工艺与常规的钢筋混凝土结构类似,其施工过程(除逆作法外)都是从下至上逐层进行,其中,地下室底板及外墙板的施工是地下室混凝土结构施工的关键。

2.4.1 地下室底板施工

地下室底板的一般施工过程为:垫层浇筑→桩顶处理、焊接锚固钢筋(如有桩基)→弹线→绑扎钢筋→支撑模板→浇筑混凝土。

2.4.1.1 垫层浇筑

地下室施工时,由于基坑开挖的深度大,大量土方开挖造成坑底土层上覆荷载的减小,同时,由于支护结构会产生一定的水平位移,致使土体回弹。根据工程实测,在软土地区开挖 1～3 层地下室的土方,坑底土体回弹量为 30～50 mm,该值占结构最终沉降量的 10%～20%。这部分回弹量,在结构施工阶段及完工后又会逐渐回复,这对施工中的结构有一定影响。因此,在基坑开挖过程中,应即时浇筑混凝土垫层,这对防止地基土的扰动、约束支护结构的水平位移、减小坑底土体回弹量是十分有利的。

在垫层浇筑的同时,还应做好排水明沟(或盲沟)及集水井,以便及时排除雨水、流入坑内的地下水和地面积水等,保持坑底干燥。

2.4.1.2 桩顶处理、焊接锚固钢筋

桩基础与地下室底板需要可靠连接,桩顶要嵌入底板。对于大直径桩,嵌入长度不小于 100 m;对于中、小直径桩不小于 50 mm。因此,对于灌注桩,则需将桩顶上部超灌部分的混凝土凿去;对于混凝土预制桩,也需将桩顶凿开,以便焊接锚固钢筋。

桩的主筋应伸入底板内,伸入底板的长度不小于 30 倍主筋直径。对于混凝土桩,桩与底板的锚固钢筋一般通过焊接接长主筋的方法连接;对于钢桩,可采用焊接钢筋的方法,有时也采用加焊锅形钣的方法。

2.4.1.3 支撑模板

一般平板式的地下室底板的模板比较简单,主要是周边的侧模,此外,还有地下室的集水井、电梯井等深坑部位的模板。

底板的侧模常用散拼式模板和砖胎模两种形式。散拼式模板用于底板外侧与基坑支护结构之间净距较大(一般≥500 mm)的情况,在混凝土浇筑后可以拆除。散拼式模板的材料可用木材或组合钢模板,其支撑点可直接设置在支护结构上。砖胎模则用于底板外侧与支

护结构之间净距较小的情况,由于模板不便于拆除,故采用这种砖胎模的形式比较方便。砖胎模一般厚 240 mm,用砂浆砌筑,在砖胎模与支护结构之间的空隙用砂、土填实。

地下室的集水井、电梯井等深坑是在底板以下再行开挖而成的,其混凝土浇筑一般是与底板同时进行的,这部分的外模板是无法拆除的,因此,一般垂直面都采用砖胎模,而斜坡面则采用与垫层连同浇筑的混凝土模板。井壁的内侧模板多用木模板。

有的结构设计考虑到受力要求或为了降低造价,往往将地下室底板设计为梁板式,而且梁通常向下翻,称为"反梁",即梁的顶面与板的顶面标高一致,而梁底标高则低于板底标高。类似地,有些承台的设计也多采用向下翻的形式。此时,底板的模板支撑比较复杂,除了要考虑底板侧模、集水井、电梯井等处的模板外,还必须考虑地梁或承台的侧模,而地梁往往纵横交叉、数量较多,会给施工带来诸多不便。

反梁(承台)的施工与集水井、电梯井等类似,其模板也是无法拆除的,但梁的侧面通常均是垂直的,故模板多用砖胎模。在梁槽开挖时,应根据土质的情况及梁槽的深度适当放坡,在砖胎模砌筑后在放坡处回填砂、土等并压实。图 1-2-29 是基础反梁(承台)支模的示意图。

根据结构特点,地下室底板上往往设有后浇带。后浇带有多种形式,如平接式、T 字式及企口式等。图 1-2-30 所示是企口式后浇带的一种支模方法,该后浇带两侧的侧模采用双层钢板网,大孔网与小孔网各一层,大孔网放置在靠先浇混凝土的一侧,小孔网放置在后浇的一侧。后浇带的钢筋与基础底板钢筋是连续贯通的,利用钢板网上的孔洞,将底板钢筋穿过,并用铁丝将网片与钢筋绑牢,使钢板网就位。为了防止钢板网在混凝土浇筑时侧向变形,在两侧的网片间设置木对撑。由于高层建筑的后浇带一般要间隔一定时间后再行施工,这部分的钢筋可能锈蚀或沾上水泥浆等而影响与混凝土的黏结力,因此,在后浇带两侧混凝土浇毕后,应采取措施,如在钢筋上涂刷防锈层(如纯水泥浆),并在后浇带上铺设挡板遮盖,这样既方便人员通行,减少安全隐患,又可防止对后浇带内的污染。

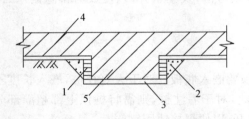

1—砖胎模;2—回填砂石;3—垫层;
4—地下室底板;5—反梁(承台)。

图 1-2-29　基础反梁(承台)支模

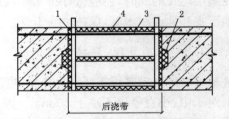

1—双层钢板网;2—通长企口木条;
3—钢筋;4—木顶撑。

图 1-2-30　企口式后浇带支模

2.4.1.4　钢筋绑扎

地下室底板的钢筋具有数量多、直径大的特点,采用合理的连接方式对于提高工效、降低成本具有很大的意义。

通常可根据钢筋直径确定连接方式。对于大直径(如 $d_0 > 28$ mm)的钢筋,宜采用螺纹连接;对于小直径(如 $d_0 < 14$ mm)的钢筋,可采用绑扎连接;介于这二者之间的钢筋则可采用对焊连接或挤压连接等。当然,采用什么连接方法还应根据作业条件及结构要求综合考虑。

底板的钢筋保护层一般较大,有的可达 100 mm,保护层的间隔件可采用混凝土或钢材。应根据设计厚度制作,同时应有足够的强度,控制间隔件的间距,以防间隔件被上部钢筋压坏。

地下室底板钢筋的另一个特点是,由于底板较厚而造成上下皮钢筋的竖向间距也很大,因此,上皮钢筋采用通常的板钢筋的架空方法已不适用,应考虑专用的支承架。目前工程中常用的支承架有以下几种形式:用型钢焊接的支承架、用粗钢筋弯制的支承架、用加密布置的单根粗钢筋作为支承架等。在日本等国家,都采用工厂制作的定型钢筋支承架。支承架的规格主要根据上皮钢筋的荷载、支承高度及支承架间距等确定。图 1-2-31 是型钢焊接的支承架示意图。

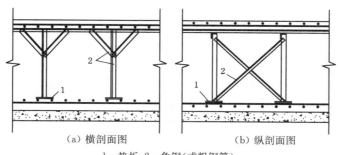

（a）横剖面图　　　　　　　（b）纵剖面图

1—垫板;2—角钢(或粗钢筋)。

图 1-2-31　钢筋支承架

地下室底板钢筋的施工顺序为:钢筋翻样、测量、弹线→排放保护层间隔件→下层钢筋排放、绑扎→设置上层钢筋的支承架→上层钢筋排放、绑扎→墙、柱预留筋绑扎。

2.4.1.5　浇筑混凝土

高层建筑地下室底板一般较厚,具有混凝土的浇筑量大、整体性要求较高、易产生温度裂缝的特点,因此,在混凝土浇筑中应采取必要的措施,以保证施工质量。

1. 泵送混凝土设备的配置

基础底板目前多用预拌混凝土,而现场则用混凝土泵车施工。为确保供料、运输、输送、浇捣等工作的顺利进展,要做好机械设备的部署,主要包括混凝土泵车及混凝土搅拌运输车,此外还有输送管及振捣设备等。

（1）混凝土泵

混凝土泵型号的选择主要根据单位时间的浇筑量以及泵送距离确定。如基础底板面积较小,可采用带布料杆的混凝土泵车。如泵车的布料杆长度不满足泵送距离,则应布置混凝土输送管道,输送管布置通常采用一次安装连接至最远的浇筑处,之后边浇边拆的方式。混凝土如采用铺设管道输送的方法,也可选用固定式混凝土泵。

混凝土泵或泵车的数量按式(1-2-1)计算,重要工程宜配置备用泵。

$$N=\frac{Q}{Q_a t} \qquad (1-2-1)$$

式中　N——混凝土泵(泵车)台数(台);

Q——混凝土总浇筑量(m^3);

Q_a——混凝土泵(泵车)的实际平均输出量(m^3/h);

t——施工作业时间(h)。

（2）混凝土搅拌运输车

供应大体积混凝土结构施工用的预拌混凝土，宜用混凝土搅拌运输车供料。混凝土泵不应间断供应，以保证顺利泵送。混凝土搅拌运输车的台数按式（1-2-2）计算：

$$N_g = \frac{Q'}{Q_b}\left(\frac{L}{v}+T\right) \tag{1-2-2}$$

式中　N_g——混凝土搅拌运输车台数（台）；

Q'——混凝土泵（泵车）计划泵送量（m³/h）；

Q_b——混凝土搅拌运输车的装载量（m³）；

L——混凝土搅拌运输车往返一次的行程（km）；

v——混凝土搅拌运输车的平均车速（km/h）；

T——一次往返过程中因途中装料、卸料、冲洗、作业间歇等的总停歇时间（h）。

混凝土泵（泵车）能否顺利泵送，在很大程度上取决于它在平面上的布置是否合理以及运输道路的畅通状况。如采用泵车，则应使泵车尽量靠近基坑，以扩大布料杆的浇筑范围。混凝土泵（泵车）的受料斗周围宜有能够同时停放两辆混凝土搅拌运输车的场地，这样，可使两辆混凝土搅拌运输车轮流向泵或泵车供料，使供料保持连续。

2. 混凝土的浇捣

混凝土的浇筑可采用全面分层、分段分层或斜面分层等方法。对面积不大的底板，可采用全面分层的方法；对面积较大的底板，目前多采用斜面分层的方法。大面积底板的斜面分层可根据每台混凝土泵的作业面积，对基础底板进行分块，每台混凝土泵承担一定的浇筑面积，多台混凝土泵协调工作、整体浇筑。每一区域做到"斜面分层、薄层浇捣、自然流淌、循序推进、一次到顶、连续浇捣"，混凝土浇捣斜面坡度一般为1：7～1：5，混凝土斜面浇筑厚度以振捣器作用深度控制，并应控制覆盖每层混凝土的时间不大于其初凝时间，保证混凝土的层间不出现冷缝。混凝土浇捣时要均匀布料，覆盖完全。插入振捣间距不应大于振捣器作用半径的1.5倍，振捣器应垂直插入下层混凝土中，使上下混凝土结合良好。

混凝土浇捣后按设计标高用括尺抄平，在混凝土初凝前用铁滚筒纵、横碾压数遍，用木蟹打磨压实，经混凝土收水后，再用木蟹进行第二次搓磨，以防止混凝土表面收水出现裂缝。随后覆盖保温、保湿材料进行大体积混凝土的养护。

后浇带混凝土的封闭时间应满足设计需求。由于该部位要求具有良好的抗渗性和整体性，但因后期施工易形成结构的薄弱点，故应十分重视后浇带的混凝土施工。该处的混凝土在后期浇筑前，应先进行施工缝的处理：清除带内垃圾；凿去结合面的浮浆、浮石；用压力水清洗基底并使之湿润。后浇带浇筑前在结合面用与后浇带混凝土同成分的砂浆进行接浆，后浇带的混凝土强度等级应比基础底板提高一级，并应采取减少收缩的技术措施，避免或减轻混凝土的开裂，使后浇带具有良好的抗渗性和整体性。

3. 混凝土的养护

基础底板混凝土浇筑完毕后，应立即覆盖草包等并洒水养护，养护时间不应少于14 d。基础底板的混凝土养护是一项关键工作，它对控制混凝土内外温差、防止或减少温度裂缝具有十分重要的作用。

底板大体积混凝土的养护主要是保证适当的温度和湿度，常用的保温措施有覆盖保温及蓄水保温两种方法，它们都兼有保湿作用。

覆盖材料的厚度应根据热交换原理计算确定,即从混凝土中心向表面扩散的热量等于混凝土保温材料散发的热量。选择导热系数[导热系数是指厚度为 1 m 的材料,每当温度改变 1 K(或 1℃),在 1 h 时间内通过 1 m² 面积的热量]较小的材料作为覆盖材料,可起到有效的保温作用,同时总的覆盖厚度也可减小,便于施工。工程中常采用草包、砂、炉渣、锯末,并用油布或塑料薄膜与上述材料夹层覆盖,覆盖层厚度通常为 30~100 mm。

蓄水养护的基本原理与覆盖保温类似,由于水的导热系数较小,故具有很好的隔热保温效果,又可起到自然保湿作用。由于底板平面面积一般很大,板面为水平的,且标高基本一致,因此,在底板边缘利用结构边墙或砌筑(浇筑)挡水墙,以形成盆式蓄水池,放水及排水都十分方便。在工程中常采用蓄水养护法进行养护。蓄水养护时蓄水深度也应根据热交换原理计算确定,一般水深 100~200 mm 即可。

当混凝土浇筑体表面温度与环境温度的差值小于 25℃ 时,可结束覆盖养护。由于结束覆盖养护后,便无法测得混凝土的表面温度,以后表面温度用基础表面以内 40~100 mm 位置设置的测点的温度代替表面温度。覆盖养护结束但尚未达到养护时间要求时,还应继续洒水养护,直至养护结束。

4. 混凝土测温及信息化施工

对厚度大、面积大的基础底板应进行混凝土温度监测,以便掌握大体积混凝土内部温度场的分布及温度随时间变化的规律,以监测的数据来指导养护工作,做到信息化施工。

混凝土测温系统分为两大部分:一是传感器——接收、采集混凝土内部温度信息;二是测温仪——将采集的数据进行记录、处理、分析及打印输出。

常用的传感器有热电偶式和铜热电阻两种,后者的效果更好一些。由于这类传感器均属电阻型传感器,采用电桥平衡电路,而在大型工程中测点布置多、间距大、导线长,因此,往往会造成测量误差,影响测量精度。此外,这种传感器的线性和温度重复性都较差,当测量温度范围较大时不够精确。当然,这种电阻型传感器价格较低,取材方便,在一般工程中仍常应用。

较先进的传感器是电流型半导体温度传感器,具有很好的温度特性,非线性误差极小,且热惯性很小,可迅速反映混凝土内的温度变化。由于半导体温度传感器属于电流型传感器,其输出电流仅与温度有关,而与接线长度、电阻及供电电压等因素均无关,适合现场环境复杂的测温工作,测温的精度与可靠性均很好。目前,不少工程已采用了这类传感器,收到良好效果。

混凝土测温仪应与传感器适配。与电阻型传感器配合使用的是温度记录仪,传感器的温度信号馈送到温度记录仪的输入端后,通过记录仪处理,输出各点的温度状况。这种记录仪具有温度巡检功能,可随时逐个检查各测温点的温度状况;同时还具有报警功能,可根据需要设定各点的报警值,以便及时采取相应措施;此外,还可根据需要输出测点的温度数值,以便绘制温度变化曲线。这种温度记录仪在使用中需要人工根据记录纸上的数据进行整理、分析,再绘制曲线,工作较繁琐。近年来开发的混凝土计算机自动监测仪具有技术先进、操作简便、精度高的特点,可根据工程要求设定监测程序,进行循环采样,并可通过计算机系统进行计算分析,打印温度值及温度变化曲线。每次工程所测数据可自动存盘,长期保存。自动监测仪和自流传感器配合使用,是目前较为先进的测温系统。

温度传感器在大体积混凝土中的布置,可根据底板的平面形状、厚度及不同厚度的分界线等作不同的布置。如平面形状是对称的,则可根据对称性布置 1/2 或 1/4 区域。

根据我国规范的要求,大体积混凝土测温点布置时应选择具有代表性的位置,可取通过基础中部区域的两个交叉竖向剖面。每个竖向剖面在周边以及内部位置均应设置测温点（含两剖面交叉处）。表面测温点应设置在保温覆盖层底部或模板内侧表面；剖面的周边测温点应设置在表面以内 40～100 mm 处。环境测温点不应少于 2 处。

每个剖面的测温点宜竖向、横向对齐。每个剖面竖向测温点不应少于 3 处，间距不宜大于 1 m；横向测温点不应少于 4 处，间距不宜大于 10 m。测温点间距竖向与横向均不应小于 0.4 m。

在覆盖养护阶段，混凝土浇筑体表面以内 40～100 mm 处的温度与混凝土浇筑体表面温度（保温覆盖层与混凝土交界面之间测得的温度）的差值不应大于 25℃，当该温差有大于 25℃ 的趋势时，应增加保温覆盖层。此外，混凝土内部相邻测温点的温差也不应大于 25℃。

2.4.2 地下室墙及楼(顶)板的施工

地下室墙及楼(顶)板的施工与上部现浇混凝土结构的施工方法类似，在施工中可采取两种程序：其一是同一层中的墙、柱与楼(顶)板同时浇筑；其二是同一层中的墙、柱先行浇筑，以后再施工楼(顶)板。这两种方法各有优缺点：同时浇筑的方法施工缝少，可避免外墙渗漏，但施工较复杂，模板拆除困难；而分别施工的方法则反之。由于地下室顶板厚度较大，在人防地下室尤其如此，因此，采用先施工竖向结构，后浇筑水平楼板对保证模板支撑稳定更为有利，故在工程中采用分别施工方法更多。

由于地下室层数一般不多，其层高也不尽相同，常用的墙体模板仍以散拼模板居多，或用小型板块拼装成大模板。

地下室墙、楼(顶)板的钢筋直径一般比底板钢筋小，并由于施工时竖向钢筋是逐层接长的，故可采用绑扎连接或电渣压力焊的方法，对柱或其他部位的一些直径较大的竖向钢筋，则宜采用电渣压力焊或气压焊等。

地下室外墙板的抗渗是施工中十分重要的一个问题，施工中应从混凝土的配合比、浇筑、养护等多个环节采取措施，以保证地下室外墙板的抗渗性能满足结构和使用要求。主要的技术措施有：

① 地下室外墙的混凝土等级不应低于 C20，当地下水位高于底板面时，外墙应用具有一定抗渗等级的混凝土。

② 底板与外墙的施工缝以及中楼板（或顶板）与外墙的施工缝，需设置止水带，保证施工缝处的止水效果。

地下室外墙模板的穿墙螺栓不能按通常设置穿墙螺栓孔的方法，因为常规方法在浇筑混凝土后将螺栓拔出，再进行封孔，因此，在孔的位置处很容易形成渗水通道。地下室外墙模板的穿墙螺栓应采用封闭式的，常用的有埋入式穿墙螺栓或带止水片的穿墙螺栓（图 1-2-32）。

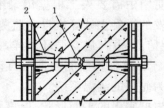
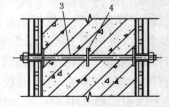

（a）埋入式穿墙螺栓　　　　（b）带止水片的穿墙螺栓

1—埋入的螺栓；2—可拆卸的锥形螺母；3—穿墙螺栓；4—止水片。

图 1-2-32　地下室外墙模板的穿墙螺栓

外墙板混凝土的浇筑宜采用分层交圈的方式,分层厚度为 0.5～1 m,应保证在下层混凝土初凝前浇完上层混凝土,但对厚度较大的墙板在保证下层混凝土不初凝的前提下应尽可能延长上层混凝土与下层混凝土的浇捣间歇时间,使新浇混凝土有更多的散热时间,防止水化热集聚而引起混凝土内部温度过高。

墙板混凝土的养护比较困难,由于竖向结构不易覆盖保温材料,浇水也易流失,目前较为理想的养护方法有带模养护法及养生膜养护法两种。带模养护法是当混凝土强度达到 1.2 MPa 后,将模板松开 3～4 mm 的缝隙,在模板顶部设置带孔水管,水管位于模板与墙板接缝处,不断向墙板面处淋水养护,并在混凝土浇捣后 10～14 d 内不拆除侧模,进行带模养护,这样,既可防止混凝土表面的热量散失而引起过大的降温、造成表面裂缝,也可防止水分过量蒸发,起到养护作用。养生膜养护法是当混凝土模板拆除后,在混凝土表面喷一层混凝土养生膜,可阻止混凝土内的水分蒸发,起到保水养护的作用。此外,还有覆盖塑料薄膜养护等。

地下室墙板的裂缝是一个质量通病,虽然一般裂缝的宽度不大,渗水量很小,对结构并无大的影响,但它对正常使用及结构的耐久性十分不利,在施工中除了可采取上述措施外,还可采取如下方法:

① 运用混凝土后期强度,如以 60 d 或 90 d 龄期强度作为设计强度,从而可减少水泥用量,降低水化热,防止裂缝产生。

② 增加墙体水平钢筋的数量或调整水平钢筋的配置,如采用小直径、小间距的配置方法。

③ 选择良好的混凝土级配,适量掺入磨细粉煤灰,严格控制砂、石中的含泥量。

④ 掺加微膨胀剂。一些工程实践证明,适当掺入微膨胀剂,对改善裂缝有一定帮助。但掺入微膨胀剂后,混凝土的养护应更为注意,必须保持湿润条件,否则微膨胀剂难以起到防止裂缝的作用。

2.5　起重运输设备

2.5.1　高层建筑施工运输体系

高层建筑施工中材料、半成品和施工人员的垂直输送量很大,从而运输作业机械费用高,对工期影响大,因此,合理选择运输体系十分重要。

目前,我国高层建筑中采用最多的是钢筋混凝土结构与钢结构,其施工过程中需要进行运输的物料主要是模板(滑升模板、爬升模板除外)、钢筋和混凝土,此外还有型钢及墙体材料、装饰材料,还需考虑施工人员的上下。

高层建筑施工运输体系主要有以下两种:①塔式起重机＋施工电梯;②塔式起重机＋混凝土泵＋施工电梯。

这两种运输体系各有特点,施工中可根据具体条件选用。

第一种运输体系具有垂直运输的高度高、幅度大、垂直与水平能同时交叉立体作业等优点。但它由塔式起重机承担全部材料、设备的运输,其中混凝土的运输量较大,因此,塔式起重机的作业较频繁,在一定程度上会影响工作效率。

采用塔式起重机与混凝土泵车的组合具有很大的优越性:①混凝土输送作业可连续进

行,输送效率高;②占用场地小,现场文明;③作业安全,大风等环境因素对它的影响小。但它的设备投资大,机械使用台班费高。

2.5.2 塔式起重机

2.5.2.1 塔式起重机的类型及特点

塔式起重机(简称"塔机")的种类很多,根据塔机在工地上架设的方式,可分为行走式、附着式和内爬式(图1-2-33)。

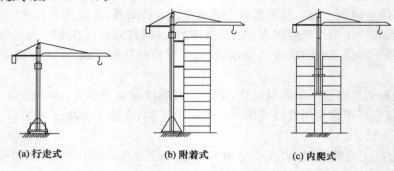

(a) 行走式　　　　　(b) 附着式　　　　　(c) 内爬式

图 1-2-33　塔式起重机按架设方式分类

行走式塔机的优点是可沿轨道两侧进行吊装,作业范围大,装拆方便;其缺点是路基工程量大,占用施工场地大,起重高度受一定限制,只能用于高度不大的高层建筑。

附着式塔机的优点是占地面积小,起重高度大,可自行升高,安装方便;其缺点是塔身高度大,需增设附墙支撑,对建筑物会产生附加力。

内爬式塔机的优点是起重机布置在建筑物上,随建筑建造而爬升,可满足任何建筑高度需求,并适用于施工场地狭小的情况,施工时覆盖建筑范围大,能充分发挥起重机的能力,塔身高度小,整机用钢量少,造价低;其缺点是拆除较为困难。

塔机的起重变幅有动臂变幅式和起重小车变幅式两种(图1-2-34)。

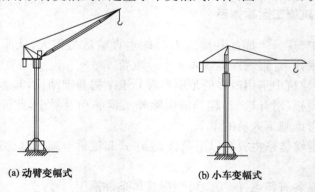

(a) 动臂变幅式　　　　　(b) 小车变幅式

图 1-2-34　塔式起重机按起重变幅形式分类

动臂式塔机可随重臂仰角的改变快速调节起重高度和起重半径,可满足起重机臂杆不超过工地施工作业区的要求。

动臂式塔机也是历史上最早出现的塔机形式,但近年来发展的大型动臂式塔机,已不是传统意义上的"下回转、非自升"的起重机,而是具有更强功能的重型起重机。这种动臂式塔机的最大起重量在32~100 t,能适应工程吊装大型、异型单元的需求。附着式动臂塔机采用了特殊的爬升体系,起升高度大幅度提高,如迪拜的哈利法塔施工所用的动臂式塔机已经达到800 m,负荷起升速度可达100 m/min。

起重小车变幅式的起重小车在臂架下弦杆上移动,变幅就位快,可同时进行变幅、起吊和旋转三个作业,工作效率高,且起重半径变化的幅度较大,故运用较多。但由于臂架受弯,截面较大,此外与动臂变幅式相比,起重高度利用范围较小。

2.5.2.2 塔式起重机的选择

塔式起重机的选择主要根据起重机作业参数、工程情况、施工方法及工期等确定。其中,作业参数包括工作半径、起重量、起重力矩和起重高度。

1. 工作半径

塔机的最大工作半径取决于塔机的形式,选择时应力求使最大工作半径内可覆盖施工建筑物的全部面积,以免二次搬运。

动臂式塔机吊臂起伏角度在17°~83°,大大拓宽了设备的能力和工作范围,其有效工作范围几乎扩展到以吊臂长度为半径的半球体空间。

小车变幅式塔机的最小工作半径一般为2.5~4.0 m,比动臂式起重机小得多,由于塔机靠近塔身进行作业的距离取决于最小工作半径,故这种变幅方式具有很大的优点。

2. 起重量

起重量包括最大起重量和最大工作半径时的起重量两个参数,选择时这两个参数均应满足施工要求。计算起重量时,应包括所吊重物、吊索、吊具等的重量。

3. 起重力矩

工作半径与对应起重量的乘积称为起重力矩。它是表明塔机起重能力的首要指标。施工中在选择塔机时,在确定了起重量和工作半径后,还必须参照塔机的技术性能,核查施工中各种工况是否都满足额定的起重力矩。

4. 起重高度

起重高度是自轨道基础的轨顶表面或混凝土基础的顶面至吊钩中心的垂直距离,应根据所施工建筑物的总高度、吊索高度、构件或部件最大高度、吊装方法等进行选用。

选择塔机时,一般先确定塔机的形式,再根据建筑物体形、平面尺寸、标准层面积和塔机布置情况(单侧、双侧布置等)计算塔机的作业参数并做若干可选方案,进行技术经济分析,从中选取最佳方案。最后,再根据施工进度计划、流水段划分和工程量、吊次的估算,计算塔机的数量,确定其具体的布置。

2.5.2.3 塔式起重机的安装和拆卸

1. 塔式起重机安装位置的选择

在施工总平面图设计时,应慎重选定合适的塔机安设位置,一般应满足下列要求:

① 塔机的工作半径与起重量能适应施工需要并留有充足的安全余量;

② 尽可能位于环形交通道;

③ 应便于辅助机械(如液压伸缩臂汽车吊)的安装与作业;

73

④ 工程竣工后,仍留有充足的空间,便于拆卸并将部件运出现场(这对附着式塔机尤为重要);

⑤ 在使用多台塔机时,要注意其工作面的划分并采取措施防止作业时的相互干扰。

2. 塔式起重机的基础

塔式起重机的基础根据不同的型号及使用条件可采用轨道基础、独立基础及组合式基础等,有关基础形式及设置详见本教材上册第8章相关内容。

3. 塔式起重机与主体结构的连接

(1) 附着式起重机与主体结构的附着

附着式塔机随施工的进行向上逐渐接高超过限定的自由高度后,便应利用锚固装置与建筑物拉结,以减小塔身长细比,改善塔身结构受力,此外,可将塔身上部传来的力矩、水平力等通过附着装置传给已施工的结构。

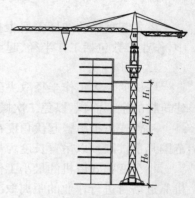

塔身悬臂高度 H_0 根据不同型号为 $30\sim50$ m,超过高度 H_0 后,必须附着于建筑物并加以锚固。在装设第一道锚固后,塔身每增高 $14\sim20$ m 应加设一道锚固装置。根据建筑物高度和塔架结构特点,一台附着式塔机可能需要设置 $3\sim4$ 道或更多道锚固(图 1-2-35),锚固设置的具体位置应按起重机型号确定。

图 1-2-35 附着装置的竖向设置

锚固装置由锚固环、附着杆、固定耳板及连续销轴等附件组成。锚固环通常由型钢和钢板组焊成的箱形断面梁拼装而成,用拉链或拉板挂在塔架腹杆上,并通过楔紧件与塔架主肢卡固。由塔身中心线至建筑物外墙之间的水平距离称为附着距离,多为 $4.1\sim6.5$ m,有时可达 $10\sim15$ m,可用三杆式或四杆式附着装置(图 1-2-36)。

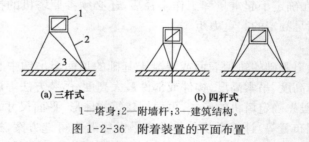

(a) 三杆式　　　　　　　　　**(b) 四杆式**

1—塔身;2—附墙杆;3—建筑结构。

图 1-2-36 附着装置的平面布置

(2) 内爬式起重机在主体结构上的支承

内爬式塔机直接支承在主体结构上,因此需要在主体结构上设置支承梁或支承架。内爬式塔机以安装在筒体结构内部为主,如设置在无水平结构的电梯井内。在这种情况下,一般设置支承梁。图 1-2-37 是两种支承梁的布置形式。其中,平行梁的布置形式适用于筒体结构面积较小的情况,而角部斜梁的布置形式则适用于筒体结构面积较大的部位。塔身部位在水平向通过连杆支撑在建筑筒体上,使起重机形成一个稳定的体系。

随着高层建筑的平面形式和塔机布置的不同,也有许多内爬式塔机安装在筒体结构的外侧,即所谓的外挂内爬方式。

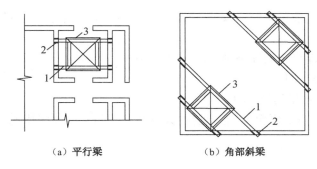

（a）平行梁　　　　　　（b）角部斜梁

1—支承梁；2—墙内预留孔；3—塔身。

图 1-2-37　内置内爬式塔式起重机的支承梁

外挂内爬式起重机的支承系统包括支承架、支撑杆、拉杆、水平斜撑、预埋锚固件等（图 1-2-38）。工作时由上、下两层支承架提供约束，上支承架对塔身提供水平方向的约束，下支承架对起重机提供竖直及水平方向的约束。在爬升阶段，还需设置第三套支承架，它在起重机爬升前预先安装在上支承架的上方。当爬升到预定高度后，将下支承架拆除并转移至上方，由此逐渐向上爬升。

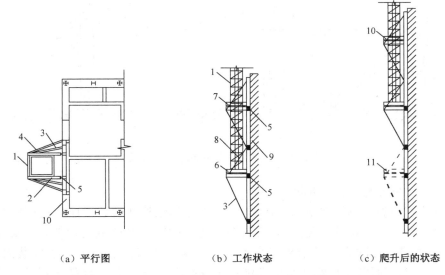

（a）平行图　　　　（b）工作状态　　　　（c）爬升后的状态

1—塔身；2—支承架；3—支撑杆；4—水平斜撑；5—锚固件；6—下支承架；
7—上支承架；8—拉杆；9—墙体；10—第三套支承架；11—待拆除下支承架。

图 1-2-38　外挂内爬式塔式起重机的支承

4. 塔式起重机的安装与拆除

（1）附着式塔机的安装与拆除

附着式塔机的安装顺序如下（图 1-2-39）：

① 平整场地、加固地基 → 安装配重［图（a）］；

② 安装下部塔架［图（b）］；

③ 安装爬升架及液压系统→ 安装旋转装置→ 安装操纵室、电气室等[图(c)];

④ 安装塔头[图(d)];

⑤ 拼接好各节起重臂架段→ 起吊平衡臂[图(e)];

⑥ 安装起重臂架[图(f)];

⑦ 安装平衡箱→ 试运转[图(g)]。

塔机的拆除先将塔机降至地面后进行,其拆卸顺序与安装顺序相逆。

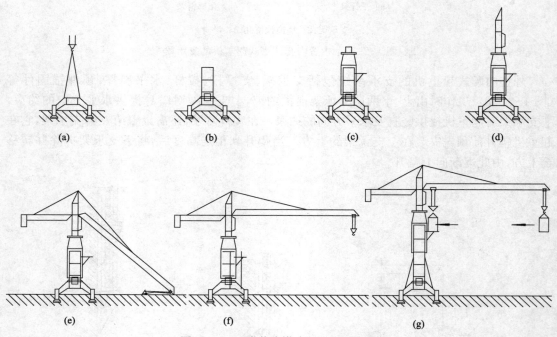

图 1-2-39 附着式塔式起重机的安装

（2）内爬式塔机的安装与拆除

内爬式塔机设置在高层建筑的主体结构上,在主体结构建造若干层后进行安装,以后,随建筑的施工沿建筑结构逐渐爬升,其安装顺序为:安装支承梁（或支承架）→ 安装内塔身底座→ 安装内塔身标准节→ 安装外塔身底座→ 安装外塔身标准节→ 依次安装内塔身、外塔身标准节→ 安装回转支承座→安装驾驶室→ 安装塔帽→ 安装起重臂→ 吊装起升机构→ 试运转。

内爬式塔机拆除时建筑结构已完成,无法直接下降至地面进行拆除,其拆除工序比较复杂且在高空作业,一般有下列三种方式:

① 另设一台附着式塔机来拆除内爬式塔机。

② 在屋面设置小型吊车进行拆除。如采用 600 kN·m 级屋面吊车拆除内爬式塔机。

③ 采用两组或三组把杆,配以慢速卷扬机拆除。其特点是设备简单、费用便宜。

拆除内爬式塔机的施工顺序是:降落塔机使起重臂落到屋面→拆卸平衡重→拆卸起重臂→拆卸平衡臂→拆卸塔帽→拆卸转台、操纵室→拆卸支承回转装置及承台座→逐节顶起塔身标准节并拆卸。

拆除后的起重机部件较小,可用拆除机械吊运至地面。

2.5.3 施工电梯

施工电梯又称人货两用电梯,是一种安装于建筑物外部、施工期间用于运送施工人员及小型建筑器材的垂直提升机械。它是高层建筑施工中垂直运输中不可缺少的重要机械之一。

2.5.3.1 施工电梯的构造

建筑施工电梯(图1-2-40)的主要部件为底笼、梯笼、立柱导轨架、附墙支撑及动力装置与防坠装置。施工电梯可设单梯笼或双梯笼。

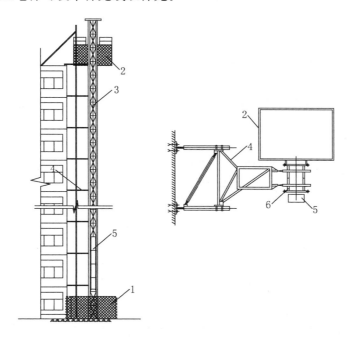

1—底笼及安全栅;2—梯笼;3—立柱;4—附墙支撑;5—对重装置;6—立柱导轨架。

图1-2-40 施工电梯(单梯笼)

1. 基础

电梯的基础一般为现浇钢筋混凝土基础,带有预埋地脚螺栓,与电梯立柱连接。

2. 立柱导轨架

立柱通常由无缝钢管组焊成框架结构,靠近梯笼两侧的螺栓镶有齿条,立柱设标准节段,相互连接。标准节段之间端部四周用螺栓连接。

当电梯架设到一定高度时,必须把立柱导轨架与建筑物用附墙支撑连接起来,附墙支撑的间距必须按规定设置。一般要求最上面锚固点以上的立柱悬臂高度,单笼电梯不大于15 m,双笼电梯不大于12 m。

3. 底笼

电梯的底部主框架上设有网状护围的底笼,该底笼在地平面上把电梯整个围起来,以防止电梯正常升降时闲杂人员进出而发生安全事故。底笼入口门的一端有一个带机械和电气的联锁装置。当梯笼在上方运行时锁住,安全栅上的门无法打开。直至梯笼降至地面后,才能解除联锁装置,打开安全栅。

4. 梯笼

梯笼的骨架由型钢构成,其顶部和周壁都成网栅状,底面一般采用浸过桐油的硬木或钢板,也可用玻璃纤维加强层压板。

梯笼的内、外两侧都装有门,一侧为入口,另一侧通向楼层。笼门都带有机械和电气联锁装置,当笼门打开时,电气联锁使电梯不能上下运行;在电梯运行时门如打开则电梯将自动停止。

梯笼内部尺寸要能容纳拟定运输的建筑器材,它的尺寸一般为长 3 m,宽 1.3 m,高 2.7 m。

5. 机械驱动装置

电梯利用与齿条啮合的齿轮传动机构进行爬升,齿轮安装在电动机驱动的涡轮箱低速轴上。根据所需的提升能力,机械传动部分可带一套或几套驱动机械。

为使电梯制动可靠,在电动机上装有电磁制动器。为确保安全,对于载人电梯应装设防坠紧急制动装置,在发生异常情况时,该装置能起防坠作用,并使电梯马上停止工作。

6. 电气控制及操纵系统

所有电气装置都应重复接地以保证电梯运行的安全。为了便于控制电梯升降和以防万一,一般能在地面、楼层和梯笼内这三个部位独自进行操作,这三个部位都有上升、下降和停止的按钮开关箱,但互不干扰又互相制约。

7. 对重装置

对重钢丝绳通过立柱顶部滑轮绕到钢丝绳均衡装置上去,这个装置位于梯笼顶部,装有钢丝绳限位开关。对重沿固定在立柱上的专设导轨运行,以平衡吊重。

2.5.3.2 安装和拆卸

1. 基座准备

先根据所用电梯导轨架的纵向中心至建筑物的距离和设计要求做好混凝土基础,并在混凝土基础上需预埋锚固螺栓或预留固定螺栓孔后锚固螺栓。

2. 施工电梯安装

外用电梯的安装过程一般为:将部件运至安装地点→安装底笼和两层标准节→安装梯笼→接高标准节并随设附墙支撑→安装配重。

2.5.4 混凝土泵和泵车

在高层建筑施工中,混凝土的垂直运输量大(混凝土垂直运输量占总垂直运输量的50%左右),可见在高层建筑施工中正确选择混凝土的运输设备十分重要。

混凝土泵是在压力推动下沿管道输送混凝土的一种设备,它能一次连续完成水平运输和垂直运输,配以布料机还可有效地进行布料和浇筑,混凝土泵的作业效率高,节省劳动力,在国内外的高层建筑施工中得到了广泛的应用,收到很好的效果。我国高层建筑施工中多数是采用混凝土泵输送混凝土。目前,一次泵送高度超过 200 m 已很普遍,最大泵送高度已超过 600 m。

2.5.4.1 混凝土泵的类型

混凝土泵按其机动性,可分为固定式和移动式。前者是装有行走轮胎、可牵引转移的混凝土泵(或称拖式混凝土泵)。后者是装在载重汽车底盘上的汽车式混凝土泵。

按构造原理分,混凝土泵分为挤压式和柱塞式两种。目前工程中大部分采用的都是柱塞式混凝土泵,其工作原理是通过活塞的推动将混凝土输出。柱塞式混凝土泵的压力一般可达 5~10 MPa,水平运距可达 1 000 m,垂直运距为 300 m 以上,排量为 100~200 m³/h。柱塞式混凝土泵的优点是工作压力大、排量大、输送距离长,因而应用广泛。

2.5.4.2 混凝土布料机

混凝土布料机是输送和摊铺混凝土,并将混凝土浇灌入模的一种专用设备,按构造可分为以下三种。

1. 泵车附装布料杆

附装在泵车上的布料杆由 2 节或 3 节式臂架(包括附装在臂架上的输送配管)、支座、转盘及回转机构组成。为了保持整车工作的稳定性,在汽车底盘适当部位安装有伸缩式活动支腿。布料杆借助液压系统,能自由回转、伸缩、折曲和叠置,在允许幅度范围之内,可将混凝土输送到任意位置并灌注入模。其特点是机动灵活,转移工地方便,无须铺设水平和垂直输送管道。

这种布料杆泵车一般的水平泵送距离约为 30 m,垂直升运高度为 30~50 m。大型泵车的输送高度可达 80 m。

2. 移置式布料机

这是一种置于楼层上的布料机。它由两节臂架输送管、转动支座、平衡臂、平衡重、底架及支腿等组成。其特点是构造简单,制造容易,采用人力操纵,使用方便,价格便宜。

移置式布料机可利用塔式起重机转移到不同楼层的各施工部位。它的两节臂架输送管能在水平向自由折臂,一节可回转 360°,另一节可作 300°左右回转,最大工作半径变幅约为 10 m,最大作业力矩为 15 kN·m,作业面积约为 300 m²(图 1-2-41)。

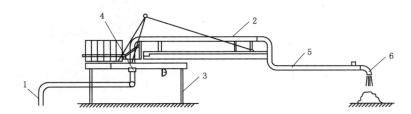

1—混凝土输送管;2—布料杆;3—支承架;4—水平回转轴;5—可水平转折的小臂;6—软管。

图 1-2-41 移置式混凝土布料机

3. 自升式布料机

自升式布料机包括布料系统和支承结构两大部分。布料系统与泵车的布料杆构造类似,支承结构一般用型钢焊接成格构式塔架。利用顶升装置可以自行顶升和接高。布料系统通过支座安装在塔架式或管柱式支承结构的顶部。

自升式布料机可装设在建筑物内部(如电梯井等处),随着混凝土结构的进展,布料机逐层向上爬升,其原理与内爬式塔式起重机类似(图1-2-42)。

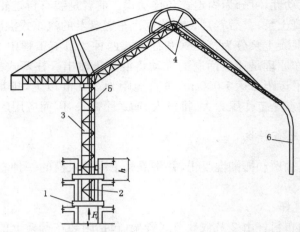

1—支承架;2—提升系统;3—布料机塔身;4—可垂直转折的小臂;5—混凝土输送管;6—软管。

图1-2-42　自升式布料机

　　这种布料机的布料杆为垂直向折臂,布料杆下空间较大,可避免布料杆与竖向钢筋、施工机具的碰撞,使用更为方便。

　　4. 塔式布料机

　　塔式布料机是近几年开发的一种新型布料机(图1-2-43),也称为独立式布料机。它采用360°全回转臂架式布料结构,并能俯仰折臂变幅,可实现三维空间的全方位浇筑。整机操作简便、旋转灵活。

　　塔式布料机最大布料半径可达45 m,塔身独立高度可达50 m,并能与主体结构附着,施工高度可达200 m以上。塔式布料机固定在地面,其安装与普通塔式起重机类似,施工非常方便。

图1-2-43　塔式布料机

2.5.4.3　混凝土泵的选择及配管

　　选择混凝土泵时,应根据工程结构特点、施工组织设计要求、泵的主要参数及技术经济比较等进行选择。

　　一般浇筑基础或高度不大的结构工程,如在泵车布料杆的工作范围内,采用混凝土泵车最为适宜。施工高度大的高层建筑,可用一台高压泵一泵到顶,亦可采用中继泵接力输送的方式。

　　混凝土泵的主要参数有混凝土泵的实际平均输出量和混凝土泵的最大输送距离。

　　混凝土泵的实际平均输出量,可根据混凝土泵的最大输出量、配管情况和作业效率,按式(1-2-3)计算:

$$Q_A = Q_{max}\alpha\eta \qquad\qquad (1-2-3)$$

式中 Q_A——混凝土泵的实际平均输出量（m³/h）；

$\quad\quad Q_{max}$——混凝土泵的最大输出量（m³/h），可从泵的技术性能表中查得；

$\quad\quad \alpha$——配管条件系数，为 0.8～0.9；

$\quad\quad \eta$——作业效率，根据混凝土搅拌运输车向混凝土泵供料的间歇时间、拆装混凝土输送管和布料停歇等情况，可取 0.5～0.7。

混凝土泵的最大水平输送距离，可通过试验确定，或根据混凝土泵产生的最大混凝土压力（从泵的技术性能表中查得）结合配管情况、混凝土性能指标和输出量等确定。

在使用中，混凝土泵设置处应场地平整，道路宽畅，供料方便，做好排水设置。泵设置位置距离浇筑地点近，便于配管及供水、供电，在混凝土泵作业范围内不得有高压线。

进行配管设计时，应尽量缩短管线长度，少用弯管和软管；应便于装拆、维修、排除故障和清洗；应根据骨料粒径、输出量和输送距离、混凝土泵型号等选择输送管。在同一条管线中应用相同直径的输送管，新管应布置在泵送压力较大处。垂直向上配管时，地面水平管折算长度不小于垂直管长度的 1/5，且不宜小于 15 m。垂直泵送高度超过 100 m 时，泵机出料处应设置截止阀，以防止混凝土搅合物反流。倾斜或垂直向下配管且高差大于 20 m 时，应在倾斜或垂直管下端设置弯管或水平管，弯管和水平管折算长度不宜小于 1.5 倍高差。

当用接力泵泵送时，接力泵设置的位置应使上、下泵的输送能力匹配，设置接力泵的楼面应验算其结构所能承受的泵、管等荷载，必要时需进行加固。

混凝土泵启动后，先泵送适量水进行湿润，再以润滑浆液进行润滑，润滑浆液可采用水泥净浆或 1:2 的水泥砂浆，也可采用与混凝土内成分相同配合比的水泥砂浆。润滑用的浆料泵出后应妥善回收，不得作为结构混凝土。泵送速度应先慢后快，逐步加快，宜使活塞以最大行程进行泵送。当出现泵送压力升高且不稳定、油温升高、输送管振动明显时，应查明原因，不得强行泵送。泵送完毕，应及时清洗混凝土泵和输送管。

2.6 现浇混凝土结构施工

钢筋混凝土结构是高层建筑的主要结构形式之一。钢筋混凝土结构具有耐久性和防火性能较好，造价较低的特点。全钢筋混凝土结构体系的高层建筑分为框架结构、剪力墙结构、框架剪力墙结构和筒体结构等。高层建筑钢-混凝土混合结构中的核心筒也都为混凝土结构。

现浇混凝土结构高层建筑施工的关键技术是模板工程，模板工程不仅影响到施工质量、施工进度，而且对工程施工的经济性也有极大的影响。目前，常用的模板体系有组合式定型模板、大模板、爬升模板、整体钢平台等，这些模板可用于施工墙体及柱等竖向结构，其中组合定型模板也可用于楼面水平结构的施工。用于水平结构施工的模板体系还有台模、压型钢板等永久性模板等，其支撑体系则有桁架式支撑、排架式支撑及快拆支撑体系等。

不同的结构形式应选择相应的模板体系，方能取得理想的技术经济效益，表 1-2-3 是几种常用的垂直模板体系及其适用性。水平面模板几种常用的模板形式在不同的结构中一般都能运用，施工中可根据具体条件选择。

各类模板的构造在本教材的上册已有详细叙述,本节着重介绍爬升模板与整体钢平台的施工。

表 1-2-3   常用的垂直模板体系及其适用性

结构形式	垂直模板体系			
	组合模板	大模板	爬升模板	整体钢平台
框架结构	适用	不适用	不适用	不适用
剪力墙结构	可以	适用	适用于外墙外侧	可以
筒体结构	尚可	适用	适用于无水平结构层一侧的墙体	适用

2.6.1 爬升模板

爬升模板(简称"爬模")是一种在结构上自行爬升、不需要起重机吊运的工业化模板体系。由于其板块类似于大模板,所以,它又具有大模板的优点,施工时模板无须拆装,可减少起重机的吊运工作量;而模板可分片或整体自行爬升,又具有滑升模板的优点。大风对爬升模板施工的影响较小,爬升平稳,工作安全可靠;每个楼层的墙体模板安装时可校正其位置和垂直度,施工精度较高;模板与爬架的爬升、安装、校正等工序可与楼层施工的其他工序平行作业,因而可有效地缩短结构施工周期。由于爬升模板有上述优点,因而在我国高层建筑施工中已得到推广。但是,这种模板一般不适用于有水平结构层的部位,由于水平结构层的存在,使模板及爬架不易爬升。

爬升模板分为有爬架爬模和无爬架爬模两种,有爬架爬模在工程中广泛应用。

有爬架爬升模板的构造如图 1-2-44 所示,由模板、爬架和爬升设备三部分组成。

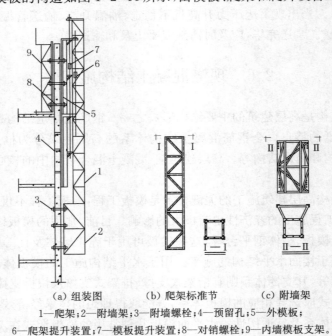

(a) 组装图   (b) 爬架标准节   (c) 附墙架

1—爬架;2—附墙架;3—附墙螺栓;4—预留孔;5—外模板;
6—爬架提升装置;7—模板提升装置;8—对销螺栓;9—内墙模板支架。

图 1-2-44   有爬架爬升模板

1. 模板

爬模的模板与大模板相似,构造亦相同。外墙外模的高度一般为一个层高加 100～300 mm,增加部分为模板与下层已浇筑墙体的搭接高度,以用作模板下端定位和固定。

模板的宽度宜尽量大,这样可提高墙面平整度,但应考虑爬架受力及提升能力,一般可取一个开间、一片墙或一个施工段的宽度(一般不大于 6 m)作为模板的宽度。

2. 爬架

模板爬升以爬架为支承,模板上需有模板爬升装置;爬架爬升以模板为支承,模板上也需有爬架爬升动力装置。

爬架的作用是悬挂模板和爬升模板。爬架由爬架标准节组成的附墙架、支承架、挑横梁、爬升爬架的千斤顶架(或吊环)等组成。

附墙架紧贴墙面,至少用 6 只附墙螺栓将附墙架与墙体连接,以作为整个爬架的支承体。附墙螺栓的位置应尽量与模板的穿墙螺栓孔相符,以便直接利用模板穿墙螺栓孔作为附墙架的螺栓孔。门窗洞口的附墙架可利用窗台作支承或另设支承架。附墙架底部应满铺脚手板,外侧应设置封闭式安全网,以防止人员及工具、螺栓等物件坠落。

支承架是由 4 根角钢组成的格构柱,一般做成 2 个标准节,使用时拼接起来。支承架的尺寸除应满足本身的承载力、刚度、稳定性要求外,还需满足操作要求。支承架的截面尺寸一般为 650 mm×650 mm。爬架顶端一般要超出上一层楼层 0.8～1.0 m,爬架下端附墙架应在拆模层的下一层,因此,爬架的总高度一般为 3～3.5 个楼层高度。由于模板靠在墙面,爬架与墙面的净距为 0.4～0.5 m,以便模板在拆除、爬升和安装时有一定的作业余地。

挑横梁、千斤顶架(或吊环)的位置,要与模板相应装置处于同一竖线上,并使模板或爬架能保持接近竖直状态爬升,减少爬升和校正的困难。

3. 爬升动力装置

爬升动力装置可用液压千斤顶、电动葫芦等,也可采用人力的手拉葫芦,它们各有优缺点。

爬升模板的爬升是爬架和模板相互交替作支承,由爬升设备分别带动爬架和模板逐层向上爬升,以完成钢筋混凝土墙体的浇筑。用爬升模板浇筑墙体的施工顺序和爬升顺序如图1-2-45所示。

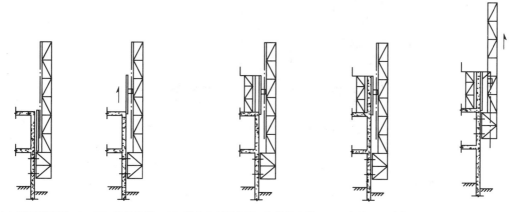

(a) 下层楼板施工　(b) 爬升外模　(c) 绑扎上层墙钢筋、安装墙内模　(d) 浇筑上层墙体混凝土　(e) 爬升爬架

图 1-2-45　爬升模板的施工顺序

为确保模板和爬架在施工中的安全,在爬模体系中必须设置防坠落装置。目前的防坠落装置,大多数是采用预应力锚夹具技术设计的。主要由锚座、锁座、钢绞线及护管等组成。模板的防坠落装置的防坠原理如下:防坠器的上端为固定端(锚座),安装在爬架的顶部,锁紧端(锁座)固定在模板的端部,在模板相对于提升道轨坠落时,弹簧推动夹片楔紧钢绞线锁住模板,而此时,爬架通过附墙螺栓与墙体有可靠的连接,这样就可有效防止模板的坠落。

2.6.2　整体钢平台

高层建筑混凝土核心筒结构采用整体自升式钢平台系统(简称"整体钢平台"),这是近二十年来发展起来的一种新型施工技术,已成功应用在广州电视塔、上海中心等多个超高层建筑项目。整体钢平台系统包括施工平台、模板系统和脚手架系统,通过钢梁等构件组成的钢平台与模板、脚手架连接,形成全封闭的操作环境,利用设置在混凝土筒体内的劲性格构柱承重,通过液压或电动提升机提升。

与液压爬模相比,整体钢平台液压具有以下特点:①以劲性格构柱为支承,能满足较大的施工荷载;②可为核心筒结构施工提供较大的施工平台空间,施工效率高;③可实现模板、脚手架等提升,作业简单,施工工期短。这一模板体系在超高层建筑中得到广泛应用。

2.6.2.1　整体钢平台体系构造

整体钢平台体系利用设置在混凝土筒体内的劲性格构柱承重,利用液压或电动提升机提升,核心筒墙体内外模板及脚手架都设置在钢平台上。整体钢平台体系主要由钢平台、劲性钢格构柱、提升机、大模板及悬挂脚手架等组成(图1-2-46)。

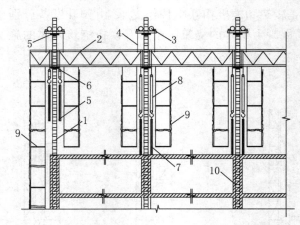

1—格构柱;2—钢平台;3—提升机;4—提升杆*;5—提升机承重销;
6—钢平台承重销;7—大模板;8—模板提升装置;9—悬挂脚手架;10—已施工核心筒壁。
*说明:如采用液压提升机则不需要提升杆。

图1-2-46　整体钢平台体系的构造

1. 钢平台

施工阶段钢平台位于混凝土结构面的顶部，为施工提供操作和材料、机具堆放的平台。

钢平台以沿核心筒墙体两侧布置的连系梁作为骨架，在墙体两侧布置平台板，平台外缘布置防护围栏。图1-2-47是南京紫峰大厦的钢平台照片。

2. 劲性格构柱

劲性格构柱既是施工时整体钢平台系统的支承构件，也是提升时整体钢平台系统的提升导轨。一般埋于混凝土核心筒墙体内，并逐层向上对接。钢格构柱的截面根据墙体的厚度确定，其

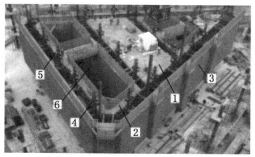

1—作业平台；2—走道；3—悬挂脚手架；
4—提升机；5—格构柱；6—筒体孔。

图1-2-47 南京紫峰大厦整体钢平台平面图

间距则按竖向和水平所受荷载及施工要求确定。钢格构柱一般以等边角钢为主肢。钢平台及提升机都通过承重销搁置在钢格构柱上；在提升整体钢平台及模板、脚手架系统时，通过承重销将提升机固定在格构柱顶部，启动提升机提升钢平台，提升荷载由格构柱承受；在钢筋、模板及混凝土作业过程中，整体钢平台系统通过承重销将支承在格构柱上的竖向荷载传递至格构柱。

3. 提升机

提升机是提升钢平台的动力设备，可采用提升"升板结构"的升板机，即电动提升机，也可采用液压提升机。

当采用电动提升机时，每根劲性格构柱上放置两台电动提升机，丝杆穿过提升机并通过接套和丝杆提升座与钢平台连接。钢平台处于提升状态时，提升机保持不动，通过丝杆的正向旋转带动整个钢平台提升；提升机提升状态时，钢平台提升到位后搁置于承重销上，提升机通过丝杆反向旋转顶升提升机，将提升机顶升至合适位置。由此逐渐提升钢平台。

当采用液压提升机时，与电动提升机类似，在每根劲性格构柱上也放置两台提升机，提升作业只需要通过液压提升机活塞的伸缩即可实现，施工和控制更为方便。

4. 模板

采用整体钢平台施工时，其模板形式和构造与爬模的模板类似，其顶部也设有吊耳，供提升时用。在一层混凝土墙体浇筑完成后，先提升钢平台，然后启动电动倒链或液压千斤顶进行模板的提升。

5. 悬挂脚手架

悬挂脚手架由吊架、上部走道板、底部走道板、底部防坠板、侧向围栏等五部分组成。

2.6.2.2 整体钢平台的施工流程

整体钢平台系统在混凝土结构施工阶段，钢平台供模板（脚手架）提升、钢筋绑扎及混凝土浇筑等作业用。在一层混凝土浇筑完成后，进行钢平台的提升。

整体钢平台标准段的施工流程如下：

① 整体钢平台系统安装完毕，进入标准段施工。在格构柱顶部安装顶段柱，完成校正和焊接工作。

② 利用支承在格构柱上的整体钢平台为支点,提升提升机。提升机沿格构柱提升到预定高度后,通过承重销搁置在格构柱上。

③ 将提升机固定在格构柱上后,通过提升机将钢平台上升到预定位置,并用承重销将其搁置在格构柱上,完成钢平台的一次顶升。

④ 一个标准层的提升根据提升机工作行程需进行若干次,因此在钢平台的一次顶升后重复步骤②和③,完成提升机及钢平台的后续顶升。

⑤ 在钢平台及脚手架上进行钢筋绑扎等工作。

⑥ 利用钢平台钢梁作为吊点,用电动倒链或千斤顶悬吊下面的模板,进行拆除、清理及整修,然后提升大模板到上层位置。

⑦ 模板就位后进行校正、固定,并浇筑核心筒混凝土。

⑧ 再按步骤①—步骤⑦进行整体钢平台提升,施工上一层结构。

2.6.3 楼盖结构施工

高层建筑的层数多、高度大,有的进深和开间尺寸也较大,为满足抗震要求,楼板设计一般均为现浇形式。现浇楼板用的模板体系主要有立柱式模板体系、台模和永久性模板(如混凝土薄板、压型钢板)等。

立柱式模板体系与多层结构施工类似,其面板可采用胶合板、组合模板等材料。

1. 立柱排架式模板

立柱排架式模板的构造如图 1-2-48 所示,其面板可采用定型组合钢模板或多层夹板拼装,为减少缝隙应尽量用大规格的板块。如用组合钢模板,板块之间用 U 形卡和 L 形插销连接。次肋一般采用型钢或方木,主梁常用钢桁架,次肋与主肋之间用紧固螺栓或扣件连接。立柱、水平支撑和斜撑多用钢管,并用扣件相互连接。

2. 台模

台模是一种由平台板、梁、支架(支柱)、支撑和调节支腿等组成的大型工具式模板,它可以整体脱模和转运,借助吊车从浇筑完成的楼板下"飞出"转移至上层重复使用,因此,台模也称"飞模"。它适用于高层建筑大开间、大进深的现浇钢筋混凝土楼盖施工。由于它装拆快、人工省、技术要求低,在许多国家得到推广。

固定式台模结构牢固,转运方便,但制作费用较高。由于其受荷面积较大,为减轻台模重量,各部件可用铝合金材料。图 1-2-49 是一种带支腿的桁架式台模。这种台模主要由桁架、次肋、面板、可调支腿及操作平台等组成。可调支腿用以调节模板板面的高度,使台模可以整体脱模,而后用吊车从浇筑完成的楼板下滑出墙面,翻转到上层重复使用。拆模前先用液压千斤顶将模板向上微微顶紧,再将可调支腿底部的螺旋旋松,然后放松千斤顶,模板便可与混凝土楼板脱开。为将台模推出楼面,每个支腿下部可设置滚轮,用 3~4 个工人就能轻易地将台模向外水平推移。待外侧吊点移出楼层时,将起重机的吊索挂上,随后继续向外推移,至内侧吊点接近楼层边缘时再挂上吊索,接着缓缓提升使台模继续外移,直至台模全部移出楼层,然后提升并向上转移[图 1-2-50(a)]。台模的转移也可采用大型的 C 形吊钩直接将台模移出并转移至上一楼层[图 1-2-50(b)]。

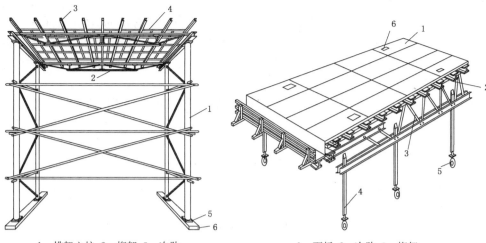

1—排架立柱;2—桁架;3—次肋;

4—面板;5—调整块;6—垫木。

图 1-2-48　组合钢模板楼板模板

1—面板;2—次肋;3—桁架;

4—可调支腿;5—行走轮;6—吊装孔。

图 1-2-49　带支腿的桁架式台模

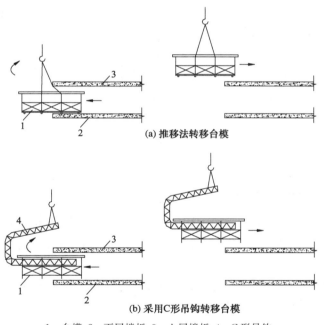

(a) 推移法转移台模

(b) 采用C形吊钩转移台模

1—台模;2—下层楼板;3—上层楼板;4—C形吊钩。

图 1-2-50　台模的转移

3. 永久性模板

（1）混凝土薄板

混凝土薄板分预应力和非预应力两种,通过预制的混凝土薄板和现浇的钢筋混凝土叠合层组成楼板结构。施工时,混凝土薄板作为永久性模板,浇筑混凝土叠合层后即形成整体的楼板。

浇筑叠合层前要将薄板表面清扫干净,宜采用压缩空气吹净,并用水冲洗,使薄板表面充分湿润,以保证薄板与叠合层的黏结力和共同工作。浇筑叠合层时,混凝土布料要均匀,以免荷载集中,同时,施工荷载不应超过混凝土薄板的承载能力,必要时,在混凝土薄板下可设置一定数量的临时支撑。叠合层混凝土应振捣密实,振捣后用木抹抹平。

（2）压型钢板

压型钢板是用厚 1 mm 左右的钢板压制成型的槽形、波浪形、楔形等形状并经过防锈处理的薄钢板（图 1-2-51）。

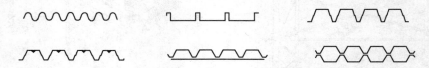

图 1-2-51　各种断面的压型钢板

压型钢板用于楼板结构,有下列两种方式:

① 压型钢板只用作模板,施工时承受混凝土重量和施工荷载,待混凝土达到设计强度后,全部荷载转由楼板混凝土承受,不考虑压型钢板的作用。

② 压型钢板与楼板混凝土通过一定的构造措施形成组合结构,共同承受荷载。压型钢板既是模板,又起到楼板混凝土中受拉钢筋的作用。此时,为确保压型钢板与混凝土能共同作用,二者之间的抗剪构造十分重要。常用的抗剪构造为栓钉连接。

压型钢板用于楼板施工时,省去了大部分模板支撑,铺设方便、施工速度快、工效高,其缺点是钢材消耗较多、造价高。压型钢板在高层建筑中应用较为普遍。

2.7　高层钢结构施工

2.7.1　高层钢结构施工特点

高层钢结构工程施工是将工厂加工和生产的钢构件,经中转、堆放和配套后运到施工现场,再用起重机等设备将钢构件安装到设计预定的位置进行连接、校正和固定,构成空间钢结构。

高层钢结构现场施工特点如下:施工高度大;结构安装是其主导施工过程,而且安装精度要求高;结构表面需进行防火、防腐处理等。

2.7.2　高层钢结构分类

高层钢结构的结构体系包括抗侧力体系和抗重力体系两部分。前者抵抗水平荷载(包括风荷载和地震荷载),后者承受竖向重力。由于水平荷载为高层结构的主要荷载,显然,前者为高层钢结构结构体系的主要部分。

高层钢结构根据结构体系所使用材料的不同可分为三大类,即全钢结构、钢-混凝土混合结构(亦称双重抗侧力体系)和型钢混凝土组合结构,还可根据受力不同细分为若干类型(表 1-2-4)。

表 1-2-4	钢结构分类	
全钢结构	钢-混凝土混合结构	型钢混凝土组合结构
框架体系	钢框架-支撑(剪力墙板)体系	型钢混凝土框架
桁架筒体系	钢框架-混凝土剪力墙体系	型钢混凝土剪力墙
筒中筒	钢框架-混凝土核心筒体系	
束筒体系	钢框筒-混凝土核心筒体系	

2.7.3 钢结构柱、梁截面

钢柱截面有多种,其中宽翼缘工字形截面柱使用率最高。宽翼缘工字型钢[图 1-2-52(a)]即 H 形截面,包括轧制 H 型钢和焊接工字形截面两种。H 形截面的特点是截面抗弯刚度大,两个方向的稳定性接近,构造简单,制造方便,便于连接,因而是高层钢结构钢柱最常用的一种截面形式。在超高层建筑中,常用箱形截面[图 1-2-52(b)],在方管中灌注混凝土,形成钢管混凝土,其受力性能更好。

十字形截面[图 1-2-52(c)]应用较少,但在型钢混凝土结构中,带翼缘的十字形截面运用较多,将其放在柱中,外包混凝土,由于翼缘宽度较小,便于梁的水平钢筋穿过柱子。

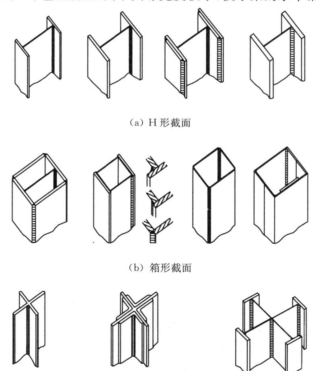

(a) H 形截面

(b) 箱形截面

(c) 十字形截面

图 1-2-52　高层钢结构柱截面形式

高层钢结构中的钢梁分为三类,即实腹式钢梁、格构式钢梁和钢与混凝土板组合梁,如图 1-2-53 所示。

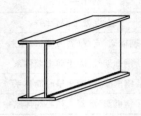
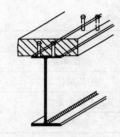

| (a) H 型钢 | (b) 箱形梁 | (c)组合工字形钢梁 |

图 1-2-53 高层钢结构梁截面形式

实腹式钢梁包括轧制 H 型钢梁,焊接组合工字形梁、箱形梁、轧制槽钢梁等,前两者应用最为广泛。

钢与混凝土组合梁的上部楼盖混凝土位于受压区,而钢梁则位于受拉区,可充分利用钢和混凝土材料各自的优点。为使钢梁与混凝土板能有效地协同工作,在钢梁与混凝土交界处必须设置机械连接(如栓钉),以承受接触面的水平剪力。

2.7.4 高层钢结构安装

1. 钢结构安装程序

安装程序应保证钢结构在安装过程中的整体稳定和局部稳定,必要时应进行吊装过程中的结构受力分析。如果发现稳定性不满足要求,则应采取加固措施。合理的安装程序对于减小安装过程中的变形及附加应力,保证结构精确度也有着十分重要的意义,应给予充分重视。

结构平面安装顺序应按照由结构约束较大的中间区域向四周扩展的步骤,尽可能减少累积误差。如高层筒体结构,可先安装内筒,后安装外筒;又如,对称结构可采取由内向外的对称安装方案。结构的空间安装顺序一般分单元逐层进行,先吊装柱,然后组成十字框架,再从中间向四周由下到上逐层进行安装,最后进行节点焊接或螺栓连接。

图 1-2-54 为一般钢结构综合安装流水顺序。

2. 构件安装与连接

(1)柱、梁吊装

高层钢结构梁柱吊装顺序为:在平面上从中心向四周发展,在垂直方向由下而上,这种顺序可使结构安装的累积误差减到最小。

高层钢结构柱安装时,每节柱的定位轴线均应从地面控制轴线直接往上引,不得从下层柱的轴线往上引。结构楼层的标高可以按相对标高或设计标高进行控制。

在吊装第一节钢柱时,应在预埋的地脚螺栓上加设保护套,以免钢柱就位时碰坏地脚螺栓。钢柱吊装前,应预先在地面上将操作挂篮、爬梯等固定在施工需要的柱子部位上。

钢柱的吊点设在吊耳(也称耳板)处,柱子在制作时吊点部位均焊有吊耳,吊装后可利用它将上、下柱临时连接,上、下柱焊接后再将其割去。根据钢柱的长度、重量和起重机的起重性能,可用单机吊装或双机抬吊(图 1-2-55)。单机吊装时需在柱子根部垫以垫木,用回转法起吊,严禁柱根直接拖地。双机抬吊时,钢柱吊离地面后在空中进行回直。

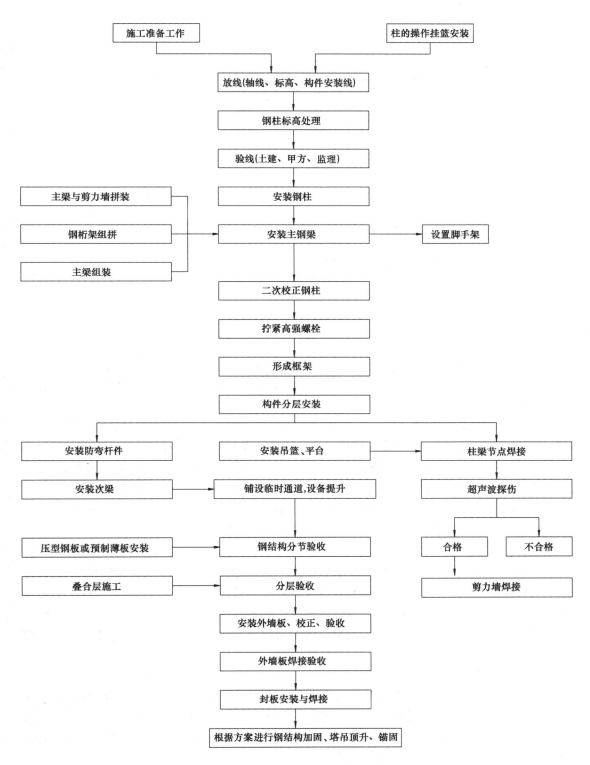

图 1-2-54　钢结构综合安装流水顺序

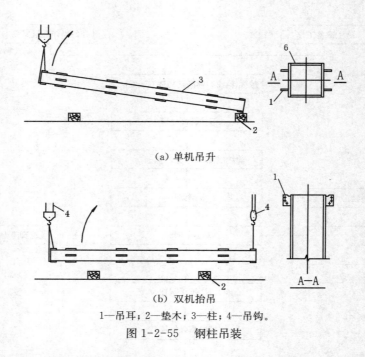

（a）单机吊升

（b）双机抬吊

1—吊耳；2—垫木；3—柱；4—吊钩。

图1-2-55　钢柱吊装

钢柱就位后，先对钢柱的垂直度、轴线、牛腿面标高进行初校，然后，安设临时固定螺栓，再拆除吊索。钢柱起吊回转过程中应注意避免同其他已安装的构件相碰撞，吊索应具有一定的有效高度。

钢梁在吊装前，应检查牛腿处标高和柱子间距。主梁吊装前，应在梁上装好栏杆和安全网，待主梁吊装就位后，将安全网与钢柱系牢，以保证施工人员的安全。

钢梁一般采用两点吊，可在钢梁上翼缘处开孔作为吊点。吊点位置取决于钢梁的跨度。为加快吊装速度，对重量较小的次梁和其他小梁，多利用多头吊索一次串联吊装数根。

有时可将梁、柱在地面组成整体进行吊装，如上海金沙江大酒店就是预组装成4～5层进行整体吊装，这样既减少了高空作业，保证了质量，又加快了吊装速度。

（2）钢柱校正

高层钢结构的柱子长度根据吊装要求可取一层高度或多层高度，其长细比相对较大，在校正时应注意防止日照温差引起的测量偏差。日照温差即柱子受到太阳的照射，在向阳面与背阳面产生温差，在温差的影响下，柱子变形呈弯曲状态，如在这时进行垂直度测量，便会产生误差。为防止日照温差引起测量偏差可采用标准柱法、预留偏差法或在无日照影响的情况下进行校正。

① 标准柱法

标准柱法是先在无日照影响的情况下对部分柱子进行校正，将该柱作为基准，以控制其他柱的安装垂直度。一般选择平面转角柱为标准柱，如正方形框架取4根转角柱；长方形框架当长边与短边之比大于2时可在长边中间增设1根柱；多边形框架取转角柱为标准柱。这样还可以标准柱作为控制框架平面的基准。

② 预留偏差法

预留偏差法是通过分析确定在日照影响下柱子中点偏移与柱顶偏移的关系，在实际校

92

正时先弹出柱身的纵向中心线,使柱身 1/2 长度处的
中点与柱脚中点位于同一铅垂线上[图1-2-56(a)],测
得此时柱顶的偏移值 Δ,再使柱顶向该方向增加偏移值
Δ[图 1-2-56(b)],当日照消失后,该柱子的偏移也就
恢复了[图 1-2-56(c)]。

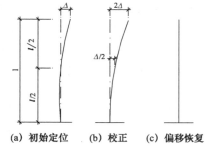

(a) 初始定位　(b) 校正　(c) 偏移恢复
图 1-2-56　柱的预留偏差校正法

柱子校正完毕后要整理数据,进行中间验收,合格
后才能开始高强螺栓的紧固工作。

(3) 连接施工

钢构件的现场连接是钢结构施工中的关键工序。
连接的基本要求是:提供设计要求的约束条件;有足够的强度和规定的延性,并且方便制作
和施工。目前,钢结构的现场连接主要是用焊接和高强螺栓连接。

高层钢结构在施工中的焊接变形会引起次应力,这是连接施工中应注意的问题。焊接
变形主要有:由焊缝纵向收缩引起的纵向变形;由焊缝横向收缩引起的横向变形;由贴角焊
缝在高度方向的收缩不均匀而引起的角变形,以及收缩不均匀引起的扭转和波浪变形等。
焊接变形与应力对结构是不利的,在施工中应采取措施使之尽可能减小。

减小焊接变形与应力可采取以下措施:

① 在材料放样时留足电焊后的收缩余量,对梁、桁架类构件考虑起拱;

② 小型结构可以一次装配,大型结构尽可能分成若干小组件,先进行小组件组装,然后
进行总装;

③ 选择合适的焊接工艺,应先焊接变形较大的焊缝,尽量对称施焊,并经常翻转构件,
使之变形相互抵消;

④ 采用垫高焊缝位置等方法形成"反变形",以抵消焊接变形。

高强螺栓连接时,高强螺栓必须分两次(即初拧和终拧)进行紧固。初拧扭矩值不得小
于终拧扭矩值的 30%,终拧扭矩值应符合设计要求。

同一连接板上的螺栓,应由连接板中部向四周逐渐进行紧固,以使两连接板间隙密贴。
两个构件连接的紧固顺序,应先施工主要构件,后施工次要构件。

2.7.5　防火工程

钢材虽是一种不燃材料,但比热小、热传导快、不耐火,因此,在建造钢结构高层建筑时,
要特别重视火灾的预防。钢结构建筑和钢结构构件的设计,应保证其在一定时间内具有抵
抗火灾的能力。

1. 耐火极限等级

钢结构构件的耐火极限等级,依建筑物的耐火等级和构件种类而定,而建筑物的耐火等
级是根据火灾荷载确定的。火灾荷载是指建筑物内如结构部件、家具和其他物品等可燃材
料燃烧时产生的热量。与一般钢结构不同,高层建筑钢结构的耐火极限还与建筑物的高度
相关,因为建筑物越高,重力荷载也越大,火灾后对结构的影响也越大。

2. 钢构件的防火措施

钢结构构件的防火措施有外包层法、屏蔽法和水冷却法三类。

外包层法[图1-2-57(a)]是应用最多的一种方法。高层钢结构的楼板、梁和内柱的防

火多用外包层法。它又分为湿作业和干作业两类。湿作业分浇筑、抹灰、喷射三种。浇筑方法即在钢构件四周浇筑一定厚度的混凝土,可采用普通混凝土、轻质混凝土或加气混凝土等,以隔绝火焰或高温。为增强混凝土的整体性和防止混凝土遇火剥落,可埋入细钢筋网或钢丝网。抹灰方法则在钢构件四周包以钢丝网,外面再抹以蛭石水泥灰浆、珍珠岩水泥(或石膏)灰浆、石膏灰浆等,其厚度视耐火极限等级而定,一般约为35 mm。喷射方法即用喷枪将混有黏合剂的石棉或蛭石等保护层喷涂在钢构件表面,形成防火的外包层。

干作业是用预制的混凝土板、加气混凝土板、蛭石混凝土板、石棉水泥板、陶瓷纤维板以及矿棉毡、陶瓷纤维毡等包裹钢构件以形成防火层。板材可用化学黏合剂粘贴,棉毡等柔软材料则用钢丝网固定在钢构件表面。

屏蔽法[图1-2-57(b)]是将钢结构构件设置在耐火材料构成的墙或顶棚内,或用耐火材料将钢构件与火焰、高温隔绝开来。这是较经济的防火方法,钢结构高层建筑的外柱常采用这种方法防火。

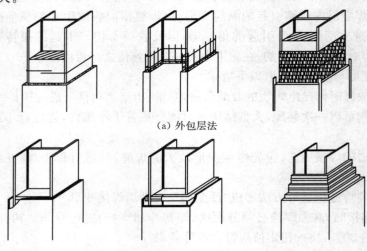

（a）外包层法

（b）屏蔽法

图1-2-57　柱的防火措施

水冷却法,即在呈空心截面的钢柱内充水进行冷却。如发生火灾,钢柱内的水被加热而产生循环,热水上升,冷水自设于顶部的水箱流下,以水的循环将火灾产生的热量带走,以保证钢结构不丧失承载能力。水冷却法已在柱子中应用,亦可用于水平构件。为了防止钢结构生锈,可在水中掺入专门的防锈外加剂。冬季为了防冻,亦可在水中加入防冻剂。匹兹堡64层的美国钢铁公司大厦的钢结构防火即采用水冷却法。

钢结构高层建筑的防火是十分重要的,它关系到使用人员的生命财产安全和结构的稳定。在国外,高层钢结构防火措施的费用一般占钢结构造价的18%～20%,占整个结构造价的9%～10%。

思　考　题

1. 高层建筑平面与高程测量控制网如何布设?
2. 基础施工前应做好哪些准备工作?

3. 如何选择成桩方式？各类成桩机械有哪些特点？

4. 锤击打桩时如何选择锤重？

5. 基坑工程如何分级？

6. 试述基坑支护结构方案选择的依据。如何根据工程条件选择合适的支护形式？

7. 基坑土方开挖应遵循什么原则？基坑开挖有哪几种方法？各有何特点？

8. 基坑支护结构的支撑或拉锚设置应注意哪些问题？各种支撑(拉锚)体系有何特点？

9. 支撑(拉锚)设置与拆除应遵循什么原则？

10. 基坑降水方法有哪些？如何布置降水设施？

11. 地下室底板的后浇带施工应注意哪些问题？

12. 地下室底板大体积混凝土施工应注意哪些问题？混凝土测温的测点应如何布置？

13. 如何防止地下室混凝土墙体的裂缝,提高其抗渗性？

14. 如何选择高层建筑运输体系？各种塔式起重机有何特点？塔式起重机如何安装和拆除？

15. 柱塞泵有何特点？其基本性能如何？

16. 试述各种布料机的工作特性。工程中如何选择与布置布料机？

17. 现浇结构的模板体系有哪些？各有何特点？试述各模板体系的施工要点。

18. 爬升模板和整体钢平台在高层建筑施工中有何异同？

19. 现浇混凝土高层建筑常用的楼面模板有哪几种形式？各有何优缺点？

20. 钢结构安装与校正时应如何控制质量？

21. 如何减小钢结构高层建筑焊接连接的焊接变形？

22. 钢结构防火有哪些方法？

3　装配式建筑施工

　　装配式建筑施工是在施工现场把工厂或现场预制的各种构件,如柱、外墙板、楼板等,按一定顺序用起重设备将它们组装起来,这种施工方法最大的特点就是施工速度快,此外还有现场作业量大大减少、施工占地小、受季节影响小(如冬期施工)等优点。国际上把建筑的工厂化生产作为建筑业的发展方向,即房屋建筑将由"建造"转变为"制造"。装配式建筑在今后必将有很大发展。

　　我国目前正推行住宅产业化,即用工业化生产的方式来建造住宅。住宅产业化可提高住宅建造的劳动生产率;提高整体质量,降低成本;实现节能减排、绿色建造。住宅产业化要求采用工业化的建造方式,建筑所用构件和部品实现标准化和系列化,即采用装配式建筑。

　　由于混凝土装配式结构的整体受力性能与现浇结构相比,相对较差,在地震设防地区影响更大,这一技术局限性一度阻碍了混凝土装配式结构体系的发展。多年来,许多国家的学者和研究人员对装配式结构体系及其节点做了大量研究,预制装配式混凝土结构的抗震问题已经基本得到了解决。如日本和美国的研究人员及工程人员协作完成的方案〔预制抗震结构体系,Precast Seismic Structural Systems(PRESSS)〕提出了适用于多层预制混凝土建筑的新材料和结构体系,满足了抗震的要求。1999 年美国华盛顿大学运用该方案,完成了相似比为 0.6 的 5 层预制混凝土框架结构建筑(单向设置剪力墙)的抗震试验,试验结果表明:通过合理的设计,完全可以提高预制结构的延性,使结构满足抗震的要求。在地震频发的日本,相当数量的混凝土结构高层建筑已成功运用装配式结构。

　　混凝土装配式结构主要有全装配式框架结构、装配-整体式框架结构、装配式剪力墙结构及升板结构等。钢结构建筑均为装配式,其构件一般在工厂加工,而后在现场进行安装。本章主要讨论装配式混凝土建筑的施工。

3.1　混凝土装配式框架结构施工

　　装配式框架结构可分为全装配式和装配-现浇式两种类型。全装配式框架建筑是以柱、梁、板组成的框架承重结构,其内外墙多用轻型墙板,因此也称为"框架轻板"结构,如图 1-3-1 所示。内墙板一般采用空心石膏板、加气混凝土板或纸面石膏板等轻型板材,要求有一定的强度和刚度,还应满足保温、隔热、密闭、美观等要求。外墙板根据材料不同,可分为混凝土类外墙轻板和幕墙两种。混凝土类外墙轻板常用的有加气混凝土板和陶粒混凝土板。幕墙根据外饰面材料的不同分为金属幕墙、玻璃幕墙和水泥薄板类幕墙等。

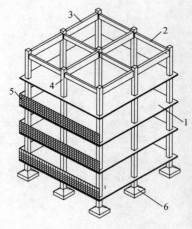

1—楼板;2—纵梁;3—横梁;
4—柱;5—墙板;6—基础。

图 1-3-1　全装配式框架结构

全装配式框架建筑的优点是承重结构与围护结构作用明确,可充分发挥不同材料的特性,且空间分隔灵活,湿作业少,不受季节限制,施工进度快,整体性好,具有良好的抗震性能,特别适用于具有较大建筑空间的多层、高层建筑和大型公共建筑。

装配-现浇框架是现浇柱、预制梁板结构,它是一种由预制和现浇两种构件组合的不完全的装配式结构,其预制化率较低。

装配式框架在现场进行结构吊装组成整体框架。由于多层房屋柱的总高度较大,整根柱子吊装很困难,因此,柱的长度可为一层一节,亦可为二～四层一节,柱长主要取决于起重机械的起重能力。在可能条件下,加大柱的长度,可减少柱的接头,提高效率。

3.1.1 吊装方法

装配式框架结构常用的吊装方法有分件吊装法和综合吊装法(图1-3-2)。

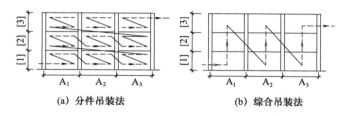

(a) 分件吊装法　　　　　　(b) 综合吊装法

A_1,A_2,A_3—施工段;[1],[2],[3]—施工层(一般与楼层高度相同)。

图1-3-2　装配式房屋结构吊装法

1. 分件吊装法

分件吊装法是按构件种类依次吊装,它也是装配式框架结构最常用的方法。其优点是:可组织吊装、校正、焊接、灌浆等工序的流水作业;容易安排构件的供应和现场布置工作;每次均吊装同类型构件,可减少起重机变幅和吊具更换的次数,从而提高吊装效率;各工序的操作也比较方便和安全。

分件吊装法按流水方式的不同,又分为分层大流水吊装法和分层分段流水吊装法。

对建筑平面较小的工程,常采用分层大流水吊装法;对建筑平面较大的工程多用分层分段流水吊装法。

分层大流水吊装法是以每个施工层为一个施工段,按一个楼层组织各工序的流水,然后逐层向上。

分层分段流水吊装法是以一个柱长(节段)为一个施工层,而每一个施工层再划分成若干个施工段,以便于构件吊装、校正、焊接以及接头灌浆等工序的流水作业。图1-3-2(a)是分层分段流水吊装法施工的情况:起重机在施工段A_1中吊完构件,依次转入施工段A_2,A_3,待施工层[1]构件全部吊装完毕并最后固定后,再吊装上一层[2]中各段构件,然后到[3]层,直至整个结构吊完。施工段的划分主要取决于:建筑物平面形状和尺寸、起重机的性能及其开行路线、完成各个工序所需要的时间和临时固定设备的数量等。

2. 综合吊装法

综合吊装法是以一个柱网(节间)或若干个柱网(节间)为一个施工段,以房屋的全高为一个施工层来组织各工序的流水。起重机把一个施工段的各种构件吊装至房屋的全高,然后移到下一个施工段。这种方法可以较快地形成部分结构，为后续工作提供工作面，有利于缩短总工期。

采用综合吊装法，工人在操作过程中吊具、索具等变动频繁，作业高度也不断变化，结构构件连接处混凝土养护时间紧，稳定性难以得到保证，现场构件的供应与布置复杂，要求也较高，对提高吊装效率与施工管理均有影响，同时需考虑施工过程中形成的不完整结构的稳定性，因此，在工程吊装施工中应用较少。

3.1.2 节点构造

装配式混凝土结构的抗震性能一直是人们关注的问题，早期的装配式混凝土结构整体性较差，特别是节点的抗震性能难以满足抗震设防要求。因此，选择合适的节点构造对装配式混凝土结构抗震十分重要。

3.1.2.1 柱-柱节点

装配式混凝土结构柱-柱连接节点的连接区应能承受轴力、剪力和弯矩，并保证柱的承载力和变形的连续性。在工程中如将柱-柱连接节点设置在反弯点，则节点主要承受轴向压力和剪力，这对提高节点的受力性能十分有利。从节点形成角度来看，柱-柱节点有装配式和浇筑成型两种形式。

1. 装配式节点

装配式柱-柱节点也称为"干式"节点。施工中通过型钢、螺栓、混凝土楔块、齿槽等进行柱间的连接，无须灌浆或浇筑混凝土。这类节点的共同特点是施工方便，无需湿作业，但节点的整体性较弱，抗震性能较差。

（1）焊接节点

① 钢板节点

钢板节点是将上、下柱通过钢板进行连接。上、下柱预制时在连接部位设置钢柱帽，并将柱内主筋与柱帽焊接连成整体，柱吊装对位后在柱帽外焊接连接钢板，将柱连接（图1-3-3）。

② 型钢节点

型钢节点类似于钢板节点，上、下柱预制时在连接部位预埋附加型钢，柱吊装后通过焊接进行对接，在连接处浇筑混凝土，形成节点。型钢节点属钢结构连接，便于施工，又具有良好的结构性能，但应做好预埋段的构造处理。

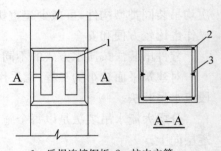

1—后焊连接钢板；2—柱内主筋；
3—柱帽与钢筋焊缝。

图1-3-3 焊接节点

（2）螺栓节点

螺栓节点是通过预埋钢板和预埋螺栓进行连接（图1-3-4）。它有三种连接方式：角部螺栓连接、中部螺栓连接和两边螺栓连接。前两种连接部位截面削弱较多，对承载力、刚度有一定影响。这几种螺栓节点施工都很方便，劳动强度低。

（3）楔块节点

楔块节点是一种铰接节点，上、下柱的主筋不连接，而是通过柱中的高强混凝土楔块

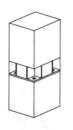 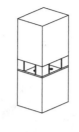 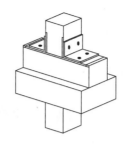

(a) 角部螺栓连接　　　(b) 中部螺栓连接　　　(c) 两边螺栓连接

图 1-3-4　螺栓节点

传递荷载(图 1-3-5)。在安装时先用螺栓将上、下柱做好临时固定,定位校正后进行灌浆,使上、下柱连成整体。这种节点的混凝土楔块的截面不应小于 250 mm×250 mm,强度不应小于 C80。楔块节点无须钢筋连接,安装方便。节点的竖向承载力可与现浇柱接近,但抗震性能较差。

(4) 钢板-齿槽节点

钢板-齿槽节点是利用连接钢板承受柱的弯矩,并实现连接区良好的变形能力,同时利用上、下柱对应齿槽(剪力键)来抵水平荷载,形成刚性节点。钢板-齿槽节点的施工方式类似于钢结构,在上、下柱预制时将预埋钢板与纵向受力钢筋焊接,上、下柱对位后在上、下柱预埋钢板上焊接连接钢板,使二者连成整体。根据柱的截面可采用不同的齿数及齿高。钢板-齿槽节点传力路径明确,能保证结构具有良好的延性。虽然该节点为刚性节点,但连接区域仍宜设置在柱的反弯点附近。

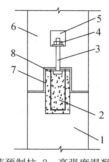

1—下节预制柱;2—高强度混凝土楔块;
3—螺杆;4—螺帽;5—预留孔;
6—上节预制柱;7—灌缝灰浆;8—预埋件。

图 1-3-5　楔块节点

根据齿槽设置数量可分为无齿连接节点、单齿连接节点和多齿连接节点(图 1-3-6)。

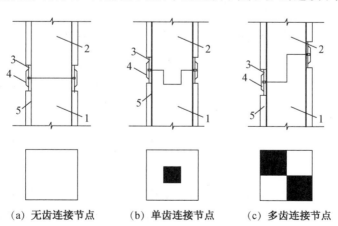

(a) 无齿连接节点　　　(b) 单齿连接节点　　　(c) 多齿连接节点

1—下节柱;2—上节柱;3—预埋钢板;4—连接钢板;5—柱纵向钢筋。

图 1-3-6　钢板-齿槽节点

试验表明,钢板-齿槽节点与现浇柱相比,极限承载力相当,抗震性能略差。增加齿数有利于承载能力的提高(图1-3-7),一般情况下,双齿柱已可满足抗震要求,因此从施工角度看,宜选择双齿柱。只有当柱的截面较大时,可考虑采用三齿及以上的形式。此外,选择与齿数对应的合适齿高是必要的。

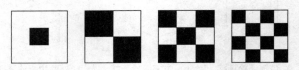

图1-3-7 不同齿数和齿高的柱节点

2. 现浇节点

现浇节点是在上、下预制柱间预留现浇段的空间,将上、下柱的钢筋连接固定,然后浇筑混凝土形成现浇节点,部分现浇节点的抗震性能可与整体现浇结构的抗震性能相当。

(1)砂浆节点

砂浆节点用于铰接柱接头,适用于全截面不出现拉力的小偏心受压柱。这种节点的上柱预埋钢销,下节柱顶设置钢销孔及定位钢板(图1-3-8)。施工时将上柱钢销插入销孔,以此定位。而后将上、下柱对齐,灌注环氧砂浆,砂浆溢出并均布在节点面上,不足处再进行补浆。这种节点构造简单,施工方便,但上、下柱的纵向钢筋不连接,因此整体性较差,不能用于抗震设防地区。

(2)榫节点

榫节点的上、下柱都预留主筋,并在上柱下端设置榫、下柱顶面设置榫槽,待上柱的榫插入榫槽后,将上、下柱的预留钢筋对接,支撑模板后浇筑混凝土,形成榫节点(图1-3-9)。这种节点的抗震性能较好。

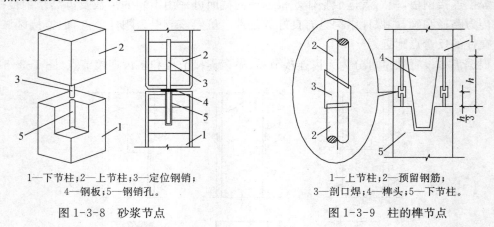

1—下节柱;2—上节柱;3—定位钢销;
4—钢板;5—钢销孔。

图1-3-8 砂浆节点

1—上节柱;2—预留钢筋;
3—剖口焊;4—榫头;5—下节柱。

图1-3-9 柱的榫节点

(3)浆锚节点

浆锚节点先将上柱预留的插筋插入下柱预留孔,采用硫黄胶泥或快凝砂浆注浆(图1-3-10)。硫黄胶泥是一种热塑冷硬性材料,需在现场熬制后浇筑,工艺较为复杂,质量不易控制,且具有一定毒性,而且硫黄胶泥节点的抗震性能较差,现已很少使用。现代工程中采用化学注浆,化学注浆节点的强度和整体性大大提高,从而有效改善了节点的抗震性能。

（5）浇筑型节点

浇筑型节点是在上、下柱的连接位置预留后浇柱段，柱子安装就位后将钢筋连接，并支撑模板，浇筑混凝土形成整体节点。

① 无支撑后浇节点

无支撑后浇节点在上节柱吊装后需设置临时支撑，将外露的节点钢筋采用螺纹连接（或挤压连接，或剖口焊连接）（图1-3-11），并在节点处用模板封闭，进行混凝土浇筑。

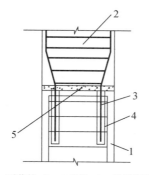

1—下节柱；2—上节柱；3—锚固钢筋；
4—浆锚孔；5—座浆砂浆。

图1-3-10 柱的浆锚节点

图1-3-11 无支撑后浇节点

② 型钢支撑节点

我国江苏省开发了一种型钢支撑的现浇节点（图1-3-12），利用预埋的型钢或钢管对上节柱作临时支撑，因此上节柱吊装后仅需加设一些系杆便可保持上节柱的稳定，施工更为方便。这种节点在下节柱中预埋型钢或密封钢管（宜采用波纹钢管），型钢或钢管的预留长度应大于柱主筋的搭接长度。上柱吊装就位后进行节点处的钢筋连接、模板安装和混凝土浇筑。

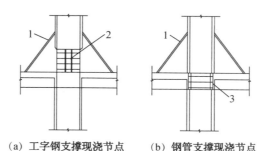

(a) 工字钢支撑现浇节点　　(b) 钢管支撑现浇节点
1—临时斜撑；2—型钢；3—钢管。

图1-3-12 型钢支撑现浇节点

3.1.2.2 柱-梁节点

柱-梁节点从施工角度可分为装配和现浇两种成型方法，装配成型的节点亦称为"干法"节点。

101

1. 装配式节点

(1) 焊接节点

柱-梁的焊接节点是在柱、梁交接处的柱侧和梁端分别设置预埋钢板,吊装就位后通过焊接连成整体(图1-3-13)。这种节点的施工与钢结构相同,只需进行节点焊接即可。

(2) 明牛腿节点

明牛腿节点施工方便,但对建筑外观有一定影响,又需占据较大空间,因此主要用于工业建筑。明牛腿节点通过牛腿承担竖向荷载及支座剪力,大部分牛腿节点为铰接节点,柱-梁连接可采用螺栓连接,也可采用焊接连接(图1-3-14)。

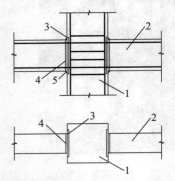

1—柱;2—梁;3—柱侧预埋钢板;4—梁端预埋钢板;5—焊缝。

图 1-3-13　焊接节点

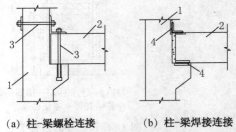

(a) 柱-梁螺栓连接　　　　(b) 柱-梁焊接连接

1—柱;2—梁;3—连接螺栓;4—焊缝。

图 1-3-14　明牛腿节点

(3) 暗牛腿节点

① 普通暗牛腿节点

用型钢或混凝土做成暗牛腿连接(图1-3-15),可以减小牛腿所占空间,不影响建筑美观。梁和牛腿间通过螺栓连接形成铰接节点。暗牛腿可采用预埋型钢或企口式的混凝土暗牛腿外伸,梁端则做成缺口,以便搁置牛腿。

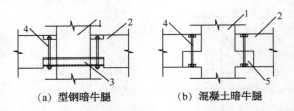

(a) 型钢暗牛腿　　　　(b) 混凝土暗牛腿

1—柱;2—梁;3—型钢暗牛腿;4—连接螺栓;5—混凝土暗牛腿。

图 1-3-15　暗牛腿节点

② 抗震暗牛腿节点

为使暗牛腿具有良好的整体性和抗震性能,通过加强梁柱之间的连接形成刚性节点,使牛腿不仅为预制梁提供支座反力,而且能满足梁端所承受的负弯矩。为保证节点在地震作用下不失效,将塑性铰设置在距柱边一定距离的梁内,或设置在柱-梁节点处,或设置在预制梁中。通过发挥焊接钢板或连接钢筋的延性,可使节点产生塑性变形而保证结构变形的连续性。图1-3-16是这类抗震暗牛腿节点的几种构造。图1-3-16(c)中的混凝土外伸企口式节点将柱、梁的连接部位向柱边外移动一定距离,可有效保护节点核心区的受力性能,也有利于节点侧面连接钢板的加强。

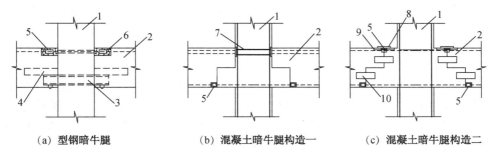

（a）型钢暗牛腿　　　　（b）混凝土暗牛腿构造一　　　　（c）混凝土暗牛腿构造二

1—柱；2—梁；3—型钢暗牛腿；4—预埋型钢；5—钢筋接驳器；6—后浇混凝土；
7—预埋钢筋连接板；8—连接板；9—预埋钢板；10—侧面连接钢板。

图 1-3-16　抗震暗牛腿节点

2. 现浇节点

现浇柱-梁节点可分为灌浆型和浇筑型。前者在梁、柱间留出一定的缝隙进行灌浆，形成现浇节点；后者则是预留一定的后浇柱段或梁段，绑扎钢筋后浇筑混凝土，形成现浇节点。

（1）灌浆型节点

柱-梁的灌浆型节点一般为刚性节点，其形式有明牛腿节点、暗牛腿节点、齿榫式节点等（图 1-3-17）。

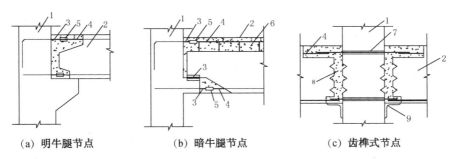

（a）明牛腿节点　　　　（b）暗牛腿节点　　　　（c）齿榫式节点

1—预制柱；2—梁；3—柱的预埋钢筋；4—梁的外伸钢筋；
5—钢筋接驳器；6—叠合层混凝土；7—预留孔；8—齿槽；9—角钢支座。

图 1-3-17　柱-梁的灌浆型节点形式

图 1-3-17(c)所示的齿榫式节点先在柱上设置钢筋穿孔和齿槽，在预制梁的端面也留有齿槽，将梁搁置在临时牛腿上，节点处的柱、梁的钢筋通过剖口焊或机械连接起来，并用膨胀混凝土灌浆，形成齿榫式节点。

（2）浇筑型节点

浇筑型节点在节点处将梁和柱的钢筋全部伸出并进行连接，在节点内浇筑混凝土后形成整体接头。浇筑型柱-梁节点可分为柱端节点、梁端节点、柱-梁节点。浇筑型节点的强度、刚度变化及抗震性能都与全现浇节点相当。

① 柱端节点

柱端节点施工时先在预制柱中段预留一段后浇柱段，将预制梁端的预留钢筋插入其中，现场配置箍筋，浇筑混凝土，形成节点［图 1-3-18(a)］。

103

② 梁端节点

梁端节点施工时在柱、梁相交处的柱端预留钢筋,并将预制梁的预留钢筋与其叉接,配置箍筋,浇筑混凝土,形成节点[图 1-3-18(b)]。

③ 柱-梁节点

a. 明牛腿柱-梁节点

图 1-3-19 是浇筑型柱-梁节点的一种形式。在预制柱上设置牛腿,将梁搁置在牛腿上后把梁底部钢筋焊在牛腿上面的预埋钢板上,保证底部钢筋的连续性,同时,梁的上部放置钢筋并穿过预留后浇柱段,浇筑叠合层,形成梁、柱的整体连接。节点的后浇部分与叠合梁后浇部分一并浇筑,形成叠合梁,这种节点也称为"叠合节点"。

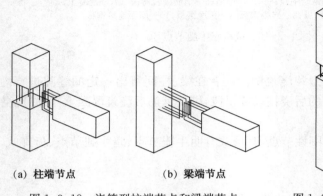

(a) 柱端节点　　　　(b) 梁端节点

图 1-3-18　浇筑型柱端节点和梁端节点

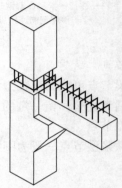

图 1-3-19　浇筑型柱-梁节点

b. 整体柱-梁节点

图 1-3-20 所示是无焊接浇筑节点,是整体柱-梁节点。

(3) 钢管混凝土柱-梁节点

钢管混凝土柱的柱-梁节点先在管壁上焊接法兰环及上、下环板,现场将预制梁的纵筋焊接在环板的翼缘部分,再后浇混凝土形成整体(图 1-3-21)。这种节点具有良好的抗震耗能性能,梁的塑性铰均出现在节点区外的翼缘板边缘,达到极限荷载时节点区域能保持完好,体现"强柱弱梁、强剪弱弯、强节点弱构件"的抗震设计原则。

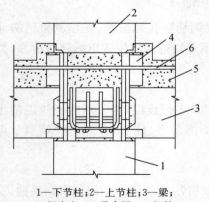

1—下节柱;2—上节柱;3—梁;
4—钢支座;5—叠合层;6—钢筋。

图 1-3-20　无焊接浇筑节点

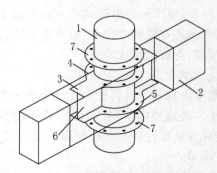

1—管壁;2—梁的混凝土;3—梁内 H 型钢;
4—上环板;5—下环板;6—穿心腹板;7—法兰环。

图 1-3-21　钢管混凝土梁-柱节点

由于钢管混凝土柱对柱身接长几乎没有限制,因此该节点适用于钢管混凝土高层建筑梁、柱的连接。

3.1.2.3 梁-梁节点

1. 装配式节点

图1-3-22所示是螺栓连接的两种梁-梁节点。[图1-3-22(a)]将梁的连接处做成企口形,企口处采用螺栓进行连接。[图1-3-22(b)]是在梁的侧面设置夹板并用螺栓进行连接。螺栓连接节点的承载能力多取决于混凝土、钢板和螺栓的材料性能,夹板连接主要靠钢板和混凝土表面的摩擦力。在荷载较大时,这种连接容易开裂,抗震性能较差。

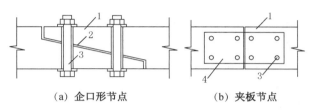

(a) 企口形节点　　　　(b) 夹板节点

1—预制梁;2—预留企口;3—连接螺栓;4—连接钢板。

图1-3-22　装配式节点

2. 浇筑型节点

类似于柱-梁连接,梁-梁连接亦可采用现浇节点(图1-3-23),连接部位可设置在梁的跨中或靠近梁端部分。这种节点的抗震性能与整体现浇结构的抗震性能相当。

(a) 梁的跨中连接　　　　(b) 梁端连接

图1-3-23　浇筑型节点

3.2　装配式剪力墙结构施工

装配式剪力墙是由预制的大型内、外墙板和楼板、屋面板、楼梯等构件装配组合而成的建筑。装配式剪力墙建筑的构件是由工厂预制或在施工现场预制,然后在施工现场装配。因此,与传统的砖混结构和现浇混凝土结构相比,装配式剪力墙建筑省去了绝大部分湿作业,有利于改善劳动条件、提高工效和缩短工期。此外,板墙的厚度可以减小,增加使用面积。考虑到结构的整体性和抗震性能的要求,全装配剪力墙结构的应用有一定限制,近些年,装配-整体剪力墙结构发展较快,已形成了各种不同的体系。如预制混凝土叠合剪力墙

(Prefabricated Concrete Form，PCF)体系。PCF 体系的外墙为厚 80~100 mm 的预制墙板（可附有装饰层），安装后作为外墙的外侧模板，在内侧现浇 140~180 mm 厚的混凝土，并与楼板及部分现浇的内墙形成整体，承受竖向荷载和水平荷载。楼板可采用预制、现浇或叠合的方式，而不受力的内墙都采用轻质墙体材料。

3.2.1 预制墙板的制作

预制墙板的施工应从预制构件的制作及现场施工安装两个大环节进行质量控制。

预制墙板在构件厂采用工厂化流水生产。一般都采用定型模板，生产时采用平卧浇筑的方式，以便于钢筋和混凝土施工。墙板成型后再利用专用夹具翻转 90°呈正立位置放置。

预制墙板应做到形状、尺寸及位置准确，表面平整光滑、观感质量好，因此，模板应有足够的刚度，最大限度地减少模板的变形，并注意模板表面质量，使混凝土与其密贴成型。预制墙板的模板均采用钢模板。预制外墙板的设计与施工除应满足一般的建筑、结构和构造要求外，还应满足防水保温等功能要求。因此，对外墙板侧面的边、角，防水的槽、台等构造，一定要制作精细并注意成品保护。

预制墙板的养护采用蒸汽养护，可在混凝土浇筑后用蒸养罩进行表面遮盖、内通蒸汽的方法进行。蒸养罩与混凝土表面隔开一定距离（一般为 300 mm），以形成蒸汽循环的空间。蒸养分为静停、升温、恒温和降温四个阶段。目前，构件的蒸养都采用自动温控系统，以便及时掌握和控制蒸养构件温度和周围环境温度。

预制外墙板还可以将外墙门窗、饰面砖在混凝土浇筑时一并完成，实现装饰施工工厂化。这不仅可大大提高工程质量和工效，而且对降低能耗、减少污染、实现绿色施工都具有很大意义。

预制墙板上饰面砖可采用"浇筑铺贴法"，与常规施工工艺不同，施工时先将模具清理干净，按设计的整体饰面砖位置和排列在模板上设置标记，将整体饰面砖按标记放置并加以临时固定，而后进行预制构件的混凝土浇筑，使整体饰面砖与混凝土直接粘牢，即形成预制装饰混凝土外墙板。在混凝土浇筑时，应控制模板支架、钢筋骨架、整体饰面砖、门框、窗框和预埋件等的位置，防止它们发生位移和扭转。

外墙装饰面层"浇筑铺贴法"的 PCF 板的制作流程如下：

拼装底模→铺贴底面整体饰面砖→扎面砖钢筋网片→浇筑黏结层→合龙侧模板→放入结构层钢筋笼→浇筑混凝土→养护混凝土→拆除模板→吊出预制墙板→装饰面清理，如图 1-3-24(a)—(i)所示。

在预制外墙板中预安装门、窗框，在混凝土浇筑前将门、窗框限位架安装到模板上，门、窗框直接固定在限位架上，这样可使门、窗框精确定位并防止其受到擦划或撞击。限位架与整体大模板之间则通过活动的连接件加以固定，连接件应具有拆卸方便、定位可靠的功能。

3.2.2 构件的运输与堆放

装配式剪力墙结构预制板的运输多采用低跑垫平板车，采用竖直立放式运输（图 1-3-25）。运输车上安装运输架，以防墙板倾覆。

(a) 拼装底模　　　　　　　(b) 铺贴底面面砖　　　　　　(c) 扎面砖钢筋网片

(d) 浇筑黏结层　　　　　(e) 放入结构层钢筋笼　　　　　(f) 浇筑混凝土

(g) 拆除模板　　　　　　(h) 吊出预制墙板　　　　　　(i) 装饰面清理

图 1-3-24　面砖"浇筑铺贴法"的 PCF 板制作流程

　　预制板的堆放场地须平整、结实，并有排水措施。预制构件运至施工现场后，应堆放在起重机有效作业范围内，并按吊装顺序和型号分区配套堆放。预制板可采用梯形支架作临时支承，带装饰面的预制墙板放置时宜将装饰面朝外、对称靠放，倾斜度保持在 5°～10°之间（图 1-3-26）。

图 1-3-25　预制板的运输

图 1-3-26　带装饰面的预制外墙板的堆放

3.2.3　预制墙板的安装施工

1. 预制墙板的吊装与校正

装配式剪力墙结构施工流程为：预制墙板进场→吊装外墙板→吊装内墙板→楼面板吊

装→接点板缝与接点的钢筋、模板与混凝土施工→(楼面叠合层施工)。

装配-整体式剪力墙结构的外墙板由预制与现浇两层组成,其内墙和楼板也常为现浇或叠合式。施工流程为:预制墙板进场→吊装外墙板→外墙内侧钢筋与模板施工→吊装内墙板(安装内墙模板)→现浇部分墙体混凝土浇筑→楼面模板支撑→楼面钢筋与混凝土(或叠合层混凝土)施工。其中,墙体的混凝土也可在楼面模板支撑完成后与楼面混凝土一起浇筑。

预制墙板吊装时采用专用的吊具,吊至结构安装位置后随即设置固定限位器与临时支撑系统。外墙板与楼层面的固定一般采用型钢制成的限位器,用可拆卸螺栓固定。临时支撑系统一般附有可调节螺杆的斜撑杆(图1-3-27),定位后还可进行垂直度调节。

预制墙板的校正以放线时弹出的墙板边线为依据,进行平面位置、垂直度及高差调整。一般可用吊索进行平面位置的校正,用带调节螺杆的支撑进行垂直度的校正,墙板的高差则可用千斤顶顶升的方法校正。预制墙板安装的轴线偏差应不大于3 mm,垂直度偏差(用2 m靠尺检查)不大于5 mm。

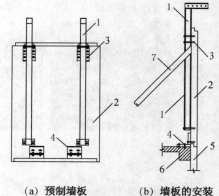

(a) 预制墙板　　(b) 墙板的安装

1—吊具;2—预制墙板;3—固定螺栓;4—限位器;
5—下层墙板;6—楼板;7—带调节螺杆的斜撑杆。

图1-3-27　预制墙板的吊升与安装

2. 后浇结构施工

高层结构对整体性要求较高,节点构造比较复杂,此外还要做好防水、保温等处理。因此,不仅对构件生产的要求较高,而且吊装后的后浇部分的施工质量也十分重要。

后浇结构主要有三方面的工作:其一是叠合墙板的混凝土施工;其次是预制墙板之间的连接;第三是现浇(或叠合)楼板的施工。

当采用装配-整体式板式结构时,便需要进行叠合墙板的混凝土施工。在外墙的预制外墙板安装后,绑扎现浇部分的钢筋,此时应注意现浇墙体的钢筋应和预制墙板钢筋进行绑扎,形成整体。在内侧设置常规的外墙内模板后,进行混凝土浇筑。

预制墙板之间的竖向连接又称"整体连接",是将墙板预留锚固钢筋和附加钢筋互相连接,然后浇筑混凝土。每层内、外墙板吊装就位后,对伸出墙板的预留锚固钢筋进行整形校正,插入竖缝附加钢筋,并与下层附加钢筋拉连接。设置竖缝模板、浇筑混凝土,连成上下贯通的小柱。由于竖缝截面较小,混凝土的坍落度宜适当增加,一般取120~150 mm,并振捣密实,必要时可采用微膨胀混凝土。

墙板与墙板之间的水平缝,靠墙板底部预留凹槽内的钢筋搭接焊接后,浇灌混凝土,形成键块以抗水平剪力。

现浇(或叠合)楼板的施工与现浇混凝土结构的楼面施工类似,一般施工方法可参考"2.6　现浇混凝土结构施工"的内容,但应注意:在楼板与外墙节点上还需做好防水与保温的措施。

3.2.4　装配-现浇密柱结构

装配-现浇密柱结构是同济大学研究的一种采用装配-现浇的施工方法实现剪力墙体系

建筑的新型结构（图 1-3-28）。它适用于剪力墙体系的多层和小高层住宅建筑，也可用于其他工业与民用建筑的剪力墙结构。

装配-现浇式密柱结构通过在预制空心墙模的空腔内设置密柱并与现浇角柱、现浇梁、楼板及其他构件连接构成整体结构。在施工中，实现了现浇混凝土墙体无需传统墙体模板，预制化率可达到 90% 以上，有效地改变了目前装配式混凝土剪力墙结构存在的预制化率较低、现浇部分施工落后的状况。

根据建筑使用功能及结构受力的需要，预制空心墙模可以由预制钢筋混凝土、石膏玻璃纤维、轻质混凝土材料制成。而楼面则可采用多种形式，如预制楼板、叠合楼板或全现浇混凝土楼板。

同济大学土木工程学院对该体系的结构性能做了系列的试验研究，对比了不计空心墙模作用的纯密柱墙、空心墙模共同作用的密柱墙以及现浇实心剪力墙三种结构的受力特性。研究表明，

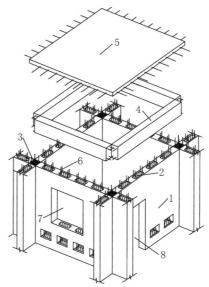

1—预制空心墙模；2—浇筑密柱；
3—现浇角柱；4—现浇梁；5—叠合楼板；
6—空腔内的密柱钢筋；7—窗洞；8—门洞。

图 1-3-28 现浇密柱结构

这一体系在高度为 50 m 以下、层数不超过 14 层的建筑中具有良好的抗震性能。

装配-现浇式密柱结构的内、外墙模均为预制的空心墙模。空心墙模的厚度为建筑墙体厚度，空腔壁及横隔的厚度为 30~60 mm。空心墙模的制作采用抽芯法生产，其表面平整光滑，无须批嵌，可直接进行涂料的涂饰。与 PCF 体系类似，在外墙模预制的同时可完成外墙的保温施工，采用"浇筑粘贴法"进行装饰面砖铺贴，使空心外墙模的制作与装饰、保温的施工实现一体化。

现场的施工以结构安装为主，通过大型机械安装空心墙模，在空腔内安放钢筋骨架并浇筑混凝土，密柱的钢筋与现浇角柱、现浇梁、预制楼板及其他结构构件的钢筋按常规方法连接，现浇混凝土后便形成稳定的整体结构。

预制空心墙模为永久性模板，它的面积相当于单片剪力墙，其高度和宽度按建筑的层高、开间、进深确定。空腔内安放的钢筋骨架则通过设置的用于密柱钢筋绑扎的孔（图 1-3-29）将上、下楼层的钢筋骨架连接成整体。

当采用预制楼板或叠合式楼板时，楼板直接搁置于梁模上，现浇角柱、梁和叠合板的混凝土。如采用全现浇楼板，则应设置楼面模板。

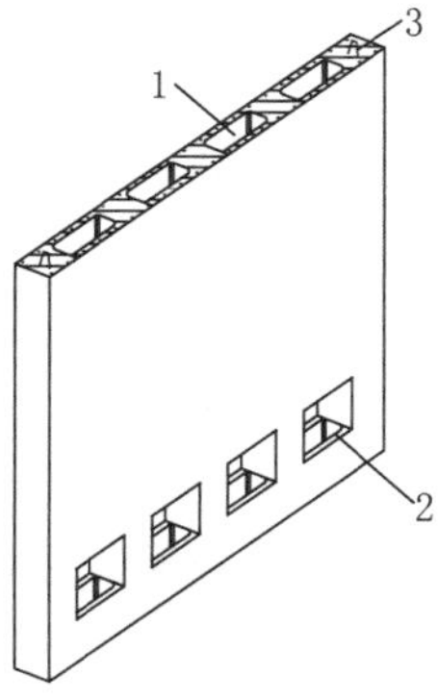

图 1-3-30 所示为装配-现浇密柱结构的施工顺序。

第一步：预制空心墙模运到工地后，用起重机将空心墙模安装到设计位置，并进行定位、临时固定和校正[图 1-3-30(a)]。

第二步：类似第一步的作业，逐块将所有的空心墙模安装完成，进行板侧现浇角柱的钢

1—空腔；2—密柱钢筋绑扎孔；
3—起重吊环。

图 1-3-29 预制空心墙模

筋绑扎[图1-3-30(b)]。

第三步:在预制空心墙模的空腔内安放密柱钢筋笼,上、下楼层的密柱钢筋通过钢筋绑扎孔连接[图1-3-30(c)]。

第四步:绑扎梁的钢筋并安装梁模[图1-3-30(d)]。

第五步:安装叠合楼板的预制板(或现浇楼板的楼面模板支撑)、绑扎钢筋,浇筑角柱、现浇梁以及楼板混凝土[图1-3-30(e)]。

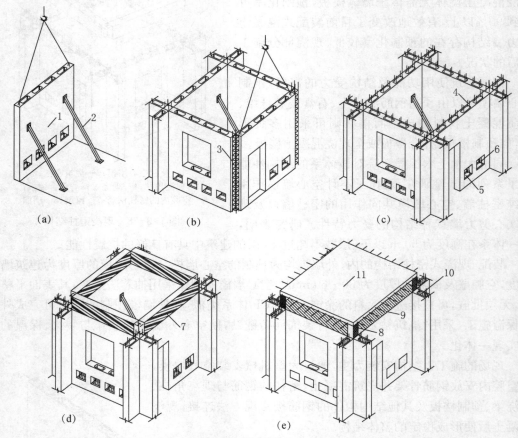

1—空心墙模;2—校正与固定装置;3—角柱钢筋;4—密柱钢筋;5—密柱钢筋绑扎孔;
6—上、下楼层密柱钢筋的连接;7—现浇梁模板;8—角柱;9—梁;10—密柱;11—楼板。

图1-3-30 装配-现浇密柱结构的施工顺序

3.2.5 盒子卫生间

卫生间是现代建筑中不可缺少的部件。近年来,国际上发达国家在装配式高层建筑中普遍采用盒子卫生间——预制装配式卫生间,我国近年来正逐渐推广使用。盒子卫生间是将浴缸、坐便器、盥洗盆等预先安装在一个预制的盒子间(或直接做成的卫生间)内,然后在结构吊装时,按图纸设计的位置,整体吊装就位,连通管道后即可使用。盒子卫生间是一种工业化的产品,可实现标准化、工业化、系列化和多样化,很好地解决了建筑空间与设备之间的协调问题,并具有轻质、清洁、不易渗漏、组装便捷等优点。这种卫生间的构件材料具有轻质高强、防水保温、收缩率小、可锯可钻、组合性强等特性。目前，一般采用塑料或芯材等有机类材料，而外表面为无机类材料的复合材料。

3.2.6 节点构造

装配式剪力墙结构中主要是墙-墙的连接，墙-墙节点分为外墙板连接节点、内外墙之间的连接和内墙板连接节点。外墙的节点不仅要满足结构的强度、刚度、延性等力学性能，还要满足抗腐蚀、防水、保温等构造要求。

1. 装配式节点

（1）焊接节点

焊接节点是由墙板上的预埋钢板通过连接角钢（板）等焊接而成（图1-3-31）。这类节点在建筑构造上可设置减压空腔的竖向立缝，对部分渗入的水予以排出。

（2）螺栓节点

采用螺栓节点的墙板在制作时先预埋与连接螺栓相应的螺母及铁件，墙板就位后用螺栓连接固定（图1-3-32）。螺栓连接要求连接件的位置准确，因此墙板的制作和安装要求精确。与焊接节点相比，这种节点对变形的适应性差，常用于非承重内墙板与承重外墙板的连接。

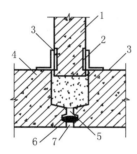

1—内墙板；2—连接角钢；3—预埋件；4—外墙板；5—减压空腔；6—防水油膏；7—防水砂浆。

图1-3-31　装配式大板的焊接节点

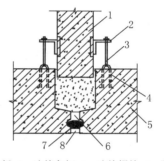

1—内墙板；2—连接角钢；3—连接螺栓；4—预埋件；5—外墙板；6—减压空腔；7—防水油膏；8—防水砂浆。

图1-3-32　螺栓节点

2. 现浇节点

（1）暗柱节点

暗柱节点在预制墙板的端部预留暗柱节点，并留出板的水平钢筋，墙板安装就位后，通过附加钢筋将节点上的各墙板钢筋连接在一起，然后浇筑混凝土，形成混凝土"湿接头"（图1-3-33）。

（2）齿槽节点

齿槽节点的构造如图1-3-34所示，在内、外墙板节点的外墙板做成T形，在与内墙板连接的T形的端面做一排齿槽，内墙板的连接端的端面也做一排齿槽，通过附加钢筋将内、外墙板钢筋连成一体，浇筑混凝土后形成节点。这种节点适用于非外墙连接处。齿槽节点的接缝宽度和接缝钢筋增大，可提高延性，节点的承载力和抗震性能也相应提高。

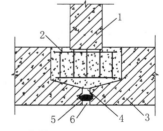

1—内墙板；2—暗柱钢筋；3—外墙板；4—减压空腔；5—防水油膏；6—防水砂浆。

图1-3-33　暗柱节点

（3）叠合墙板连接

叠合剪力墙是装配式剪力墙结构常用的墙体结构形式，在预制墙板（PC 或 PCF 墙板）一侧现浇叠合墙，大大提高了墙体的受力性能。这类预制墙板与叠合墙的连接可采用图 1-3-35 所示的形式。

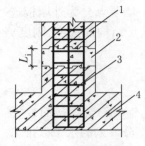

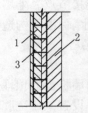

1—内墙板；2—齿槽结合区（L_i）；
3—连接钢筋；4—外墙板。

图 1-3-34　齿槽节点

1—预制外墙模；2—现浇剪力墙；
3—预埋抗剪钢筋。

图 1-3-35　叠合墙板连接

图 1-3-36 为叠合墙板的构造图，如不设装饰层，则去除上表面的装饰层即可。

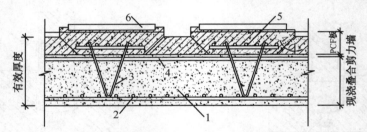

1—现浇叠合混凝土；2—剪力墙钢筋；3—叠合筋；
4—拼缝补强筋；5—PCF 板分布钢；6—装饰面砖。

图 1-3-36　PCF 叠合墙板的构造

叠合剪力墙预制墙板端部节点如图 1-3-36 所示。为保证墙板连接的整体性，节点处需设置拉结钢筋，板端可做成锯齿形。锯齿形截面会使拉结钢筋的绑扎和混凝土的浇捣比较困难，尤其在节点钢筋较密集的情况下，会影响绑扎和混凝土浇捣的密实度，容易出现边角空鼓，施工中应注意浇捣密实。为提高预制墙板端部表面粗糙度，一些工程采用了高压水枪冲毛板端的方法做成外露骨料的粗糙面（图 1-3-37），具有施工方便、质量易于保证的优点。

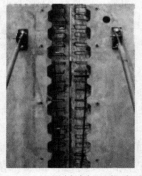

图 1-3-37　预制墙板的锯齿形边

图 1-3-38　高压水枪冲毛预制墙板边

按上述方法连接的叠合墙板,在结构分析中一般不计入预制墙板的作用。为发挥预制墙板的作用,考虑预制墙板和现浇板的共同工作,降低工程造价,应从板厚、板面处理、板端形式、拼缝构造、分布钢筋、叠合筋构造等方面采取加强措施,保证预制墙板与现浇板的整体性,并能协调共同工作。

为保证预制墙板与现浇板的共同工作,可采取以下措施:

① 控制现浇板厚度

叠合剪力墙的现浇部分厚度应不小于 120 mm,当设置边缘构件及连梁时,不应小于 160 mm。

② 增加预制板板面的粗糙度

预制板的板面应做成凹凸不小于 4 mm 的粗糙面,以增加预制板和现浇混凝土之间的咬合力,提高叠合剪力墙的整体性。

③ 叠合筋构造(图 1-3-39)

叠合筋断面高度 h 应不小于 70 mm,且不大于 240 mm;叠合筋断面宽度 d 应取 80~100 mm。斜筋和上、下弦筋的焊接节点间距 l 取 200 mm。

叠合筋断面高度应保证预制墙板安装就位后上弦筋至预制墙板内表面的最小距离不小于 20 mm。当预制墙板和梁、柱相交时,应保证与梁、柱平行的上弦筋处于梁、柱箍筋的内侧。

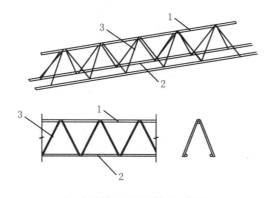

1—上弦筋;2—下弦筋;3—斜筋。

图 1-3-39　叠合筋的构造

④ 预制墙板的拼缝构造

预制墙板安装时垂直拼缝宽宜控制在 10~25 mm,水平拼缝宽宜控制在 20~30 mm。

拼缝处应设置补强钢筋,其位置处于预制墙板内侧和叠合筋上弦筋之间,拼缝补强钢筋面积应和拼缝处截断的预制墙板板内分布的钢筋面积相同,补强钢筋拼缝一侧长度应不小于 30 d(d 为补强钢筋的直径)及高层建筑混凝土结构要求的剪力墙分布钢筋的搭接长度。

预制板的板端可做成 30°,45°或 90°切角(图 1-3-40),预制板拼接时,切角处填充混凝土,形成拼缝补强钢筋的保护层,可增加预制叠合剪力墙的有效厚度。为防止搬运及安装的损坏,切角后板端厚度不应小于 20 mm。

(4) 现浇墙与预制墙板节点

现浇墙与预制墙板节点主要解决现浇墙与预制墙板的连接,可在预制墙板中预留拉结钢筋、采用植筋或预埋钢筋接驳器等方法设置拉结钢筋(图 1-3-41)。

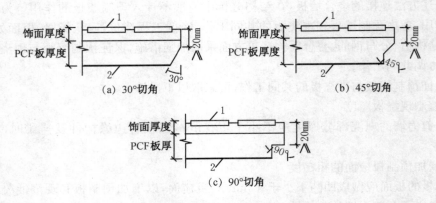

(a) 30°切角　　　　　　(b) 45°切角

(c) 90°切角

图 1-3-40　预制板的板端切角

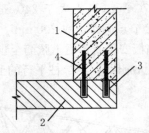

1—现浇剪力墙；2—预制外墙板；
3—预埋接驳器；4—植筋。

图1-3-41　现浇墙与预制墙板的钢筋连接

3.3　升板结构施工

3.3.1　升板结构的特点

升板法施工是装配式钢筋混凝土板柱结构(无梁楼盖)的一种特殊施工方法,当装配式板柱结构采用升板法施工时,也称为升板结构。升板法施工是在地面重叠浇筑装配式钢筋混凝土楼板(可整体或分块浇筑),然后利用建筑的承重柱或另行安装工具式柱作为支承结构,并借助悬挂在柱子上或安放在柱顶上的提升机械——升板机,将地面叠层浇筑的楼板依次按照规定的提升程序提升到设计标高,并加以永久固定(图 1-3-42)。

在升板施工的基础上还发展有升层施工法,它可按组装提升方法提升,即先在地面上

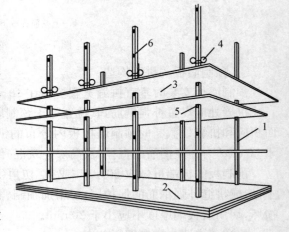

1—柱；2—叠层浇筑的楼板；3—提升的楼板；
4—升板机；5—承重销；6—停歇孔。

图 1-3-42　升板结构的施工

的叠浇楼板上装配楼层,完成后逐层进行楼层整体提升,最后建成房屋[图1-3-43(a)]。升层施工法也可按铰接提升法施工,它是将墙板和楼板在地面制作[图1-3-43(b)],二者之间做成铰接,在楼板提升后将墙板旋转成垂直状态,就位后将楼板与柱通过柱帽连接、楼板和墙板固结,形成完整的建筑。图1-3-43(c)所示是升层施工法的提升程序。

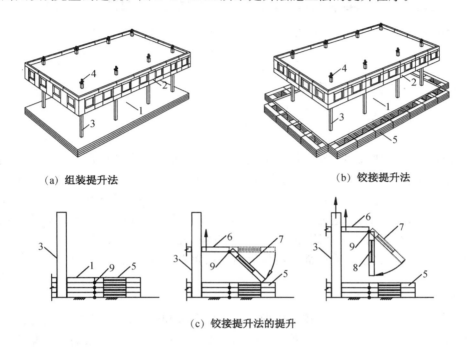

(a) 组装提升法　　　　　　　　　　　　(b) 铰接提升法

(c) 铰接提升法的提升

1—叠浇楼板;2—提升的楼层;3—结构柱;4—提升千斤顶;5—叠浇的墙板;
6—提升的楼板;7—提升的墙板;8—提升垂直的墙板;9—楼板和墙的铰。

图1-3-43　升层施工法

升板法施工技术的主要优点是高空作业减少,模板工程量小(可节约95％的楼面模板),施工用地小,受季节影响小等。此外,如合理布置施工机械,可不设塔式起重机进行多层和高层结构施工。由于升板法在施工方面具有良好的技术经济性,故在国内外均有不少建筑采用升板法施工,最高的已达63层。但由于升板结构用钢量大,结构抗震性能差,故目前这种施工法已较少使用。近来,人们开始研究钢-混凝土混(组)合结构及钢结构中应用升板技术,今后升板施工法仍有其发展前景。

3.3.2　升板结构的施工

3.3.2.1　施工流程

升板结构施工的基本流程如下:

基础施工→预制柱吊装→地坪施工→叠浇各层楼板和屋面板→安装升板设备→按程序提升各层楼板和屋面板至设计标高→施工板、柱节点→拆除升板机(图1-3-44)。

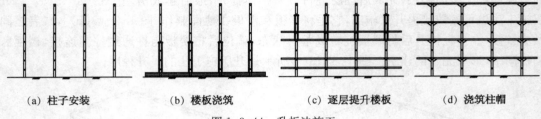

| (a) 柱子安装 | (b) 楼板浇筑 | (c) 逐层提升楼板 | (d) 浇筑柱帽 |

图 1-3-44　升板法施工

3.3.2.2　升板法施工的要点

1. 升板结构构件制作

(1) 柱

升板结构的柱一般采用预制钢筋混凝土柱,其施工方法与常规柱没有很大的区别,但其施工的质量要求更高,特别是柱的平整度、预留孔(槽)的精确度,以确保板的正常提升。

升板柱上的留孔分为三种:①就位孔,它是每层楼板提升到设计标高后为放置承重销最后承载楼板的孔;②停歇孔,这是升板机沿柱自升和各层楼板顺序提升所需要的孔,它可利用就位孔,但也往往需增设一些附加的停歇孔;③附加孔,这是为了满足板的第一次提升、群柱稳定和最后安装工具柱提升屋面板就位等需要而留置的孔。这三种孔在预制时均应按设计留设。

(2) 楼板

升板法的楼板(包括屋面板)按结构形式可采用平板和密肋板,可施加预应力。

楼板在提升阶段承受柱上升板及提升杆的集中力,吊点范围内楼板的应力集中,因此需要布置提升环。通常采用型钢提升环对该区域进行加固,以满足升板阶段的抗弯、抗剪和抗冲切的要求。

楼板的配筋除应考虑使用阶段的荷载,还应考虑施工阶段和永久搁置的提升差所引起的附加内力。相邻两柱间的提升差对楼板提升(包括临时搁置)取 10 mm;永久就位取 5 mm。

2. 提升程序

为了确保楼(屋面)板的正常安全提升,施工前应做好提升程序设计,这是升板工程设计与施工的主要内容。提升程序设计的基本原则是:①提升过程应满足升板机械提升行程并使各层板处于尽可能低的位置;②板提升至设计标高后,应及时浇筑柱帽,以形成整体。总之,要尽可能减小提升阶段柱的长细比,以保证柱的稳定。图 1-3-45 是两点提升方法施工的提升程序图。

3. 施工注意事项

(1) 楼板隔离层

升板法的楼板均采用叠浇,下层板就是上层板的胎模,上、下板面相对直接接触。为在初次提升时使上、下层板顺利分离,需要在上、下层板之间设置隔离层。

隔离剂按施工方法的不同分为铺贴类和涂刷类。铺贴类常用的隔离剂有塑料薄膜、油毡,局部还可以使用铁板。涂刷类隔离剂有皂角滑石粉、纸筋灰等。

在大气压力下,地面叠浇的各层楼板之间板具有相当大的吸附力,整块楼板同时提升很

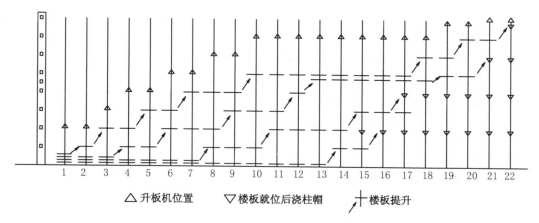

图 1-3-45　两点提升程序图

△升板机位置　　▽楼板就位后浇柱帽　　╫楼板提升

困难,为此,须首先将隔离层破离,再整块同步提升。隔离层的破离方法可按角柱→边柱→中柱的顺序,也可采用逐排进行的顺序。依次提升高度不宜大于 5 mm,以保证上、下板顺利脱开。图1-3-46是角柱至中柱的破离方法的示意图,图中编号为开启升板机的先后顺序。

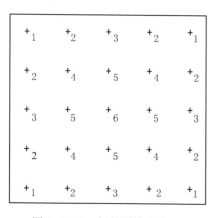

图 1-3-46　板的脱模顺序

（2）同步提升

同步提升就是力求使楼板保持水平状态进行提升,避免在提升阶段产生附加内力而产生裂缝。楼板的隔离层破开后,逐一开动升板机,按原测定的标高差将楼板各点初步校正到原始状态,并使升板机保持正常状态,启动全部升板机,同步提升整块楼板。现代液压同步控制系统为升板法同步提升的实现提供了技术支撑。

（3）群柱稳定

群柱稳定是升板法的关键技术,也是保证升板法安全施工的重要保证。群柱工作状态并非简单地将楼板荷载和施工荷载均分到各柱上,而需考虑群柱的协调工作。

板的提升一般以整块板进行,当板块较大时,可分为若干小块进行提升,每次提升的板块,称为一个提升单元。对各个提升单元都应进行群柱的稳定性验算。

选择合理的提升程序是群柱稳定的最基本的措施,在提升中还可因地制宜地采取必要的措施,主要有:

① 在提升过程中,应将已提升的临时搁置的板与柱楔紧,对已达到设计标高的板应尽早浇筑板柱节点柱帽,形成刚接。

② 如有现浇的电梯井、楼梯间等,其结构宜先行施工,以增加抗侧力。在提升与搁置时,尽可能使板与先施工的抗侧力结构形成可靠的连接。

③ 在提升阶段遇有大风时,应停止提升并采取有效措施进行临时固定,如加设柱间支撑、板与柱间设置楔块、与相邻的已有可靠建筑连接等。

117

思 考 题

1. 框架结构柱与柱的装配式连接节点有哪几种形式？各有何特点？

2. 框架结构柱与柱的现浇节点有哪几种形式？各有何特点？

3. 试比较框架结构柱-梁装配式连接节点的几种形式。

4. 试比较框架结构柱-梁装配式连接节点的抗震性能，并简述它们的施工方法。

5. 钢管混凝土梁-梁节点施工中应注意哪些问题？

6. 简述 PCF 板的预制流程。

7. 装配-现浇式密柱结构的施工流程有何特点？

8. 装配式剪力墙结构的主要节点如何施工？

9. 试述升板结构提升程序设计应遵循的基本原则。

10. 升板结构柱和楼板构造有何特点？其施工应注意哪些问题？

11. 如何确保升板结构楼板提升过程中的群柱稳定？

第 2 篇
地下工程施工

1　地下连续墙施工
2　地下建筑逆作法施工
3　沉井施工
4　盾构法隧道施工
5　顶管法管道施工
6　沉管法隧道施工

1 地下连续墙施工

1.1 概　述

1.1.1 地下连续墙施工概要

地下连续墙施工是地下工程的一种施工方法,其特点是在拟建地下建筑物的地面上,用专门的成槽机械沿着设计边(轴)线,在泥浆护壁的条件下,分段开挖一条狭长的深槽、清基,在槽内沉放钢筋笼并浇灌水下混凝土,筑成一段钢筋混凝土墙幅,将若干墙幅连接成整体,形成一条连续的地下墙,可作为地下建筑、地铁车站、高层建筑地下室的外墙,也可作为深基坑工程的围护结构,起支挡水土压力、承重与截水防渗之用。

地下连续墙的刚度大,既挡土,又止水,施工时噪声低,无振动,无挤土,可适用于各类地层,也可用于逆作法施工。对于邻近有重要建筑物、地下管线的地下工程,采用地下连续墙作为支护结构能起到防止和减少对工程环境危害的良好效果,因而特别适用于施工场地受到限制的城市建筑群中的施工。地下连续墙的缺点是施工技术复杂,需配备专用设备,施工中使用的泥浆有一定的污染性,需要妥善处理,施工成本高。

1.1.2 地下连续墙施工方法

地下连续墙的施工内容包括准备工作与墙体施工。

1. 准备工作

① 平整场地,挖导沟,施作导墙;

② 制备护壁泥浆,将泥浆注入导沟;

③ 组装挖槽机械。

2. 墙体施工

地下连续墙均采用逐段(单元槽段)施工方法(图 2-1-1),其施工顺序为:

① 在始终充满泥浆的沟槽中,利用专门的挖槽机械进行挖槽。

② 槽段清淤及节点刷洗。

③ 槽段两端放入接头管(又称锁口管或接头箱)。

④ 将已制备的钢筋笼下沉到设计标高。如果钢筋笼太长,或一次吊沉有困难,也可在导墙上进行分段连接,逐段下沉。

⑤ 在槽段内插入灌注水下混凝土的导管后,即可进行水下混凝土灌注。

1.1.3 地下连续墙施工工艺流程

地下连续墙由多幅槽段组成,其施工工艺流程如图 2-1-2 所示。流程框图表示一个槽段施工中的各工序流程,各槽段以此周而复始地进行施工。

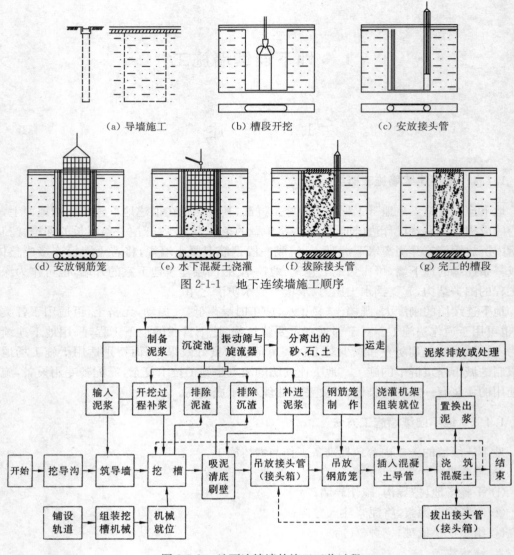

(a) 导墙施工   (b) 槽段开挖   (c) 安放接头管

(d) 安放钢筋笼 (e) 水下混凝土浇灌 (f) 拔除接头管 (g) 完工的槽段

图 2-1-1   地下连续墙施工顺序

图 2-1-2   地下连续墙的施工工艺过程

1.2 施工机具设备

　　机械挖槽是地下连续墙施工中的关键工序。要高质量、高效率地开挖成设计要求的深槽,选择合适的施工机械是非常重要的。由于地质情况千变万化,地下连续墙的深度、宽度、形状和技术要求也各不相同,所以,目前还没有能够适用于各种情况的万能机械。研制高效的挖槽机械是地下连续墙施工工艺发展的重要课题。国内外用于地下连续墙施工挖槽的机械很多,归纳起来,大体可分为抓斗式、冲击式和回转式三大类。目前,我国常用的挖槽设备有抓斗式成槽机(图 2-1-3)、冲击式钻进挖槽机(图 2-1-4)和回转式成槽机。回转式成槽机可细分为垂直式单头、多头(图 2-1-5)成槽机及水平式双轮铣槽机(图 2-1-6、图 2-1-7)等类型。表 2-1-1 列出了采用多头钻成槽机成槽施工的配套机具设备。

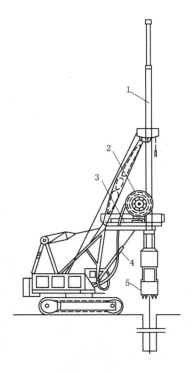
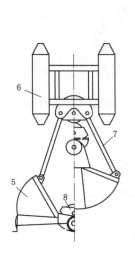

（a）导杆液压抓斗成槽机外形　　（b）中心提拉式导板抓斗

1—导杆；2—液压管线回收轮；3—作业平台；4—倾斜度调节千斤顶；
5—抓斗；6—导板；7—支杆；8—滑轮座。

图 2-1-3　抓斗式成槽设备

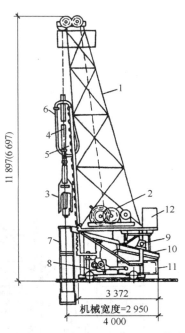

1—机架；2—卷扬机（19 kW）；3—钻头；
4—钻杆；5—中间输浆管；6—输浆软管；
7—导向套管；8—泥浆循环泵（22 kW）；
9—振动筛电动机；10—振动筛；11—泥浆
槽；12—泥浆搅拌机（15 kW）。

图 2-1-4　ICOS 型冲击式钻进挖槽机

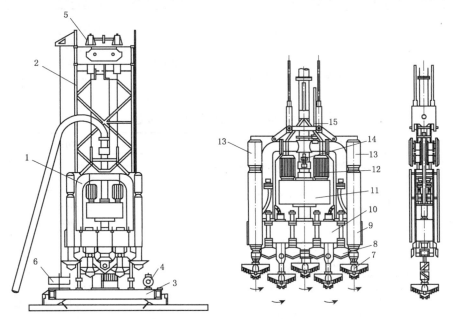

（a）SF 型多头钻成槽机外形　　　　　（b）SF 型多头钻的钻头

1—多头钻；2—机架；3—底盘；4—空气压缩机；5—顶梁；6—电缆收线盘；7—钻头；8—侧刀；
9—导板；10—齿轮箱；11—减速箱；12—潜水电机；13—纠偏装置；14—高压进气管；15—泥浆管。

图 2-1-5　SF 型多头钻成槽机

图 2-1-6 双轮铣槽机

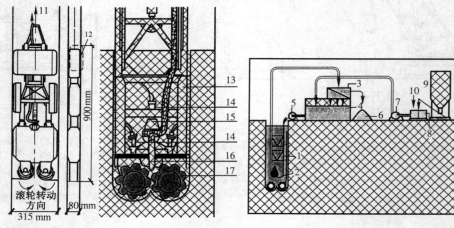

(a) 铣槽机结构图　　　(b) 切削原理图　　　(c) 施工过程图

1—铣槽机;2—离心吸泥泵;3—除砂机;4—泥浆箱;5—供浆泵;6—分离出的钻渣;
7—补浆泵;8—泥浆搅拌机;9—膨润土筒仓;10—水源;11—平衡重;12—纠偏装置;
13—钢框架;14—液压马达;15—离心泵;16—吸渣口;17—铣削轮。

图 2-1-7　双轮铣槽机工作原理图

表 2-1-1　　　　　　　　　　　多头钻成槽机施工的主要机具设备

序号	机具设备名称	规格型号	用途	配备数量
1	多头钻孔	钻头直径 φ600～800 mm;带导板及可调导板	成槽	1 台
2	泥浆搅拌机	容量 2 m³	泥浆制作	1 台
3	真空吸力泵	UPS-70-2520;抽吸深度 50 m	泥浆反循环	1 台
4	振动筛	BD-3-6;6 m³/min	土渣分离	1 台
5	旋流器	606 型锥型除渣器	泥水分离	1 套
6	砂泵	BP-50B	泥浆循环	2 套
7	潜水砂泵	GPT-15,GPT-20B	泥浆循环	2 套
8	泥浆泵	φ75 mm 农用泵	泥浆循环	10 套
9	泥浆检测仪器	包括比重计、漏斗黏度计、砂分计、压力滤器等	泥浆检测	1 套
10	超声波探测器	DM-682;最大测深 108 m;测试范围 4 m	槽壁探测	1 台
11	混凝土导管	φ150～250 mm;每节长 2 m,3 m	混凝土浇灌	总长 100 m
12	接头管	φ550～1200 mm;每节长 2 m,4 m,6 m	槽段接头	总长 150 m
13	液压拔管机	拔力 1 600 kN;包括液压泵机	引拔接头管	2 套
14	吊机	150 kN 以上	吊钢筋笼等	2 台
15	特种运输车	6 m³ 以上罐车	泥浆运输	4 台
16	土渣运输车	翻斗车(车斗后门密封)	土渣运输	4 台

我国自行设计制造的 SF 型多头钻成槽机具有动力下放钻头、泥浆反循环排渣、电子测斜纠偏和自动控制成槽等功能,是一种十分有效的成槽机械。

1.3　地下连续墙成槽

1.3.1　导墙施工

1. 导墙的作用

导墙的作用是划分挖槽位置,控制地下连续墙的施工精度,支挡侧向土压力,容蓄泥浆和减少泥浆污染,支持施工设备,防止槽顶坍塌及用作施工测量基准等。导墙要求构筑在坚实的地基上,不得漏浆。

2. 导墙形式

根据成槽设备荷载分布特点,导墙一般采用现浇钢筋混凝土或预制拼装件,深度为 1～2 m(图 2-1-8)。常用导墙结构形式主要有 L 形及倒 L 形。倒 L 形结构的主要优点是墙背土体为原状土,且与导墙结合严密,不易漏浆,宜优先采用。

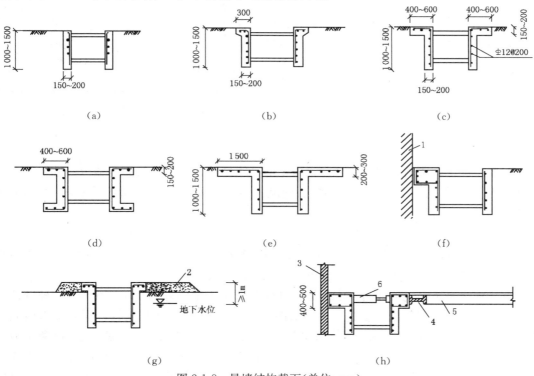

图 2-1-8　导墙结构截面(单位:mm)

3. 导墙施工

导墙一般采用 C20 混凝土浇筑,配筋通常为 ⏀ 12～⏀ 14@200。当表土较好,在导墙施工期间能保持外侧土壁垂直自立时,则以土壁代替外模板,避免回填土,以防槽外地表水渗入槽内。如表土开挖后外侧土壁不能垂直自立,则外侧需设模板。导墙外侧的回填土应用黏土回填密实,防止地面水从导墙背后渗入槽内,引起槽段塌方。

地下墙两侧导墙内表面之间的净距应比地下连续墙厚度略宽,一般为 40 mm 左右。导墙顶面应高出地面 100～200 mm,以防雨水流入槽内稀释泥浆或泥浆溢出造成污染。

导墙必须筑于坚实的地基上,不得以杂填土等透水土层为地基。导墙背部若需回填,应以黏性土料分层夯实。导墙拆模后,应及时进行墙间支撑,支撑间距一般为 1.5 m,上、下两道。支撑可用 100 mm×100 mm 的方木,也可用单管可调试支撑。在导墙混凝土达到设计强度之前,禁止任何重型机械和运输设备在导墙旁边行驶,以防导墙受压变形。

导墙设计时应考虑拆除方便,一般可采用导墙分段、接头设铁件连接的方法。拆除时将接头连接铁件断开,即可分段将导墙吊出。

导墙允许偏差应符合表 2-1-2 的规定。

表 2-1-2 导墙允许偏差

项目	允许偏差	检查频率		检查方法
		范围	点数	
宽度(设计墙厚 30～300 mm)	±10 mm	每幅	1	尺量
垂直度	<H/500	每幅	1	线锤
墙面平整度	≤5 mm	每幅	1	尺量
导墙平面位置	±10 mm	每幅	1	尺量
导墙顶面标高	±20 mm	每幅	1	水准仪

注:H 为导墙的深度。

1.3.2 护壁泥浆

泥浆是保证地下连续墙槽壁稳定最根本的措施之一。泥浆应根据地基土的性质和施工的其他因素选配。其主要组成为膨润土、纯碱、水及添加剂。视不同类型的成槽设备,泥浆储备量为 1.5～2 倍。

1. 泥浆的作用

在地下连续墙挖槽过程中,泥浆的作用是护壁、携渣、冷却机具和润滑切土,其中护壁是最重要的功能。泥浆的正确使用是保证挖槽成败的关键。

由于泥浆具有一定的密度,因此在槽内对槽壁有一定的静水压力,相当于一种液体支撑。泥浆能渗入土壁形成一层透水性很低的泥皮,有助于土壁的稳定性。泥浆具有较高的黏性,能在挖槽过程中将土渣悬浮起来,这样就可以使钻头时刻钻进新鲜土层,避免土渣堆积在工作面上影响挖槽效率,也便于土渣随同泥浆排出槽外。泥浆既可以降低钻具因连续冲击或回转而上升的温度,又可以减轻钻具的磨损消耗,有利于提高挖槽效率并延长钻具的使用时间。

地下连续墙所用的泥浆不仅要有良好的护壁性能,而且要便于灌注混凝土。如果泥浆的膨润土浓度不够、密度太小、黏度不大,则难以形成泥饼、难以固壁、难以保证泥浆的携渣作用。但黏度过大,也会发生泥浆循环阻力过大、携带在泥浆中的泥砂难以除去、灌注混凝土的质量难以保证,以及泥浆不易从钢筋笼上去除等弊病。泥浆还应有一定的稳定性,保证

126

在一定时间内不出现分层现象。

2. 泥浆循环

（1）泥浆制作

泥浆的制作包括新配置泥浆与泥浆循环过程中的再生处理。

泥浆制作的基本流程如图 2-1-9 所示。主要施工机械及设备有：①搅拌设备，包括清水池、给水设备、搅拌器、新鲜泥浆储存池、送浆泵等；②再生处理设备，分为物理再生处理与化学再生处理，主要有振动筛、旋流器、沉淀池、送浆泵等；③再生调制设备，主要有搅拌器与储浆池；④循环泥浆储浆池，分为新鲜泥浆储备池、回收可用泥浆储存池及泥浆沉淀池等；⑤出渣设备，包括出渣槽、皮带运输机、料斗；⑥废弃设施，包括废弃泥浆处理机及出渣设备等。

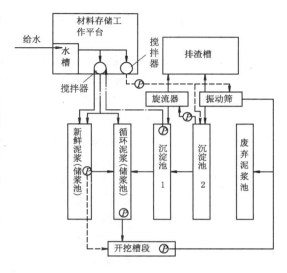

图 2-1-9 泥浆制作的基本流程

泥浆拌制前应先做好药剂配制。如采用纯碱液配制，其浓度为 1∶5 或 1∶10。采用 CMC 液配置时，对高黏度泥浆的配制浓度为 1.5％，搅拌时先将水加至 1/3，再缓慢撒入 CMC 粉，然后用软轴搅拌器将大块 CMC 搅拌成小颗粒，继续加水搅拌。CMC 配制后静置 6 h 后使用。硝腐碱液配置时先将烧碱或烧碱液和一半左右的水在贮液筒里搅拌，待烧碱全部溶解后，放进硝基腐殖酸，继续搅拌 15 min。

泥浆搅拌前先将水加至搅拌筒的 1/3 高后开动搅拌机。在定量水箱不断加水的同时，加入陶土粉、纯碱液，搅拌 3 min 后，加入 CMC 液及硝腐碱液继续搅拌。

一般情况下泥浆搅拌后应静置 24 h 后使用。

搅拌泥浆的方法有胶质灰浆搅拌、螺旋桨式搅拌、压缩空气搅拌（把压缩空气喷入膨润土和水的混合物中，引起充分搅动）及离心泵重复循环（离心泵将膨润土和水的混合物以高速送回料斗，在料斗底部形成漩涡）等。

（2）泥浆循环

泥浆循环分为正循环及反循环两种。

泥浆正循环施工法是从地面向钻管内注入一定压力的泥浆，待泥浆压送至槽底后，与钻切产生的泥渣搅拌混合，然后经由钻管与槽壁之间的空腔上升并排出槽外，混有大量泥渣的泥浆水经沉淀、过滤并作适当处理后，可再次重复使用。这种方法由于泥浆的流速不大，所以出渣率较低。

泥浆反循环法是将新鲜泥浆由地面直接注入槽段，槽底混有大量土渣的泥浆用砂石泵将其从钻管内孔抽吸到地面。反循环排渣法有三种方式，即空气排渣法、泵举反循环和泵吸反循环。前两种方法较常用。反循环的出渣率较高，对于较深的槽段，效果更为显著。

（3）泥浆再生处理

通过沟槽循环及混凝土置换而排出的泥浆，因与混凝土接触，膨润土、CMC 等主要成分的消耗以及土渣和电解质离子的混入,其质量比原泥浆显著恶化,恶化程度因挖槽方法、地基条件和混凝土灌注方法等施工条件而异。应根据泥浆的恶化程度,决定舍弃或进行再生处理。

对于携带土渣的泥浆,一般采用重力沉降和机械处理这两种方法。最好是将这两种方法组合使用。

重力沉降处理是利用泥浆和土渣的密度差使土渣沉淀的方法。沉淀的容积越大或停留时间越长,沉淀分离的效果越显著。所以,最好采用大沉淀池,其容积一般为一个单元槽段有效容积的2倍以上。沉淀池设在地上或地下均可,要考虑循环、再生、舍弃、移动等操作的方便,再结合现场条件进行合理配置。

机械处理方法通常是使用振动筛和旋流器。振动筛是通过强力振动将土渣与泥浆分离的设备。经过振动筛除去较大土渣的泥浆,还带有一定量的细小砂粒。旋流器是使泥浆产生旋流,使砂粒在离心力作用下集聚在旋流器内壁,再在自重作用下沉落排渣。给浆压力一般控制在$0.25\sim0.35$ MPa。旋流器的尺寸取决于泥浆的处理量、黏度、密度、土颗粒的混入率等,通过底部阀门来调节处理效果。

无法再回收使用的废弃泥浆,在运走以前,应对泥浆进行预处理,通常是进行泥水分离。废弃泥浆的泥水分离是在现场或指定的场所通过化学方法和机械方法,将含水量较大的废弃泥浆分离成水和泥渣两部分,水可排入下水道,泥渣可用作填土,从而减少废弃泥浆的运输量。图2-1-10是泥浆反循环及土渣处理的施工流程。

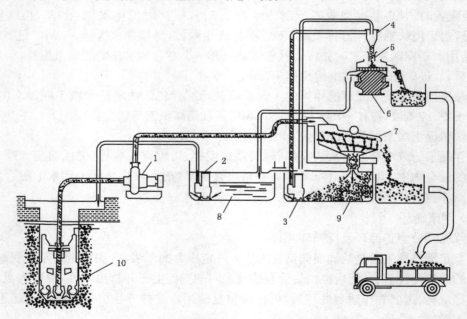

1—砂石泵;2—泥浆回流泵;3—旋流器供给泵;4—旋流器;5—排渣管;
6—脱水机;7—振动筛;8—沉淀池1;9—沉淀池2;10—开挖的槽段。
图2-1-10　泥浆反循环及土渣处理流程

3. 护壁泥浆的成分

地下连续墙挖槽护壁用的泥浆除通常使用的膨润土泥浆外,还有聚合物泥浆、CMC泥浆及盐水泥浆,表2-1-3所列为护壁泥浆的种类和主要成分。

表 2-1-3 护壁泥浆的种类和主要成分

泥浆种类	主要成分	常用的外加剂
膨润土泥浆	膨润土,水	分散剂、增黏剂、加重剂、防漏剂
聚合物泥浆	聚合物,水	—
CMC 泥浆	CMC,水	膨润土
盐水泥浆	膨润土,盐水	分散剂、特殊黏土

目前,工程中使用最多的是膨润土泥浆。膨润土泥浆的成分为膨润土、水及外加剂。膨润土是一种颗粒极其细小、遇水显著膨胀(在水中膨胀后的重量可增到原来干重量的 $600\%\sim700\%$)、黏性和可塑性都很大的特殊黏土。

膨润土并不是单一的黏土矿物,而是由几种黏土矿物所组成,其中最主要的是蒙脱石。膨润土的矿物成分如表 2-1-4 所列。

表 2-1-4 膨润土等矿物成分

产地	SiO_2	Al_2O_3	Fe_2O_3	CaO	MgO	硅铝率
吉林九台	75.46%	13.23%	1.52%	1.49%	2.09%	5.1
浙江临安	64.09%	15.21%	2.57%	0.96%	0.19%	3.6
南京龙泉	61.75%	15.68%	2.15%	2.21%	2.57%	3.4

注:硅铝率是指土壤黏粒的 SiO_2 与 Al_2O_3 的摩尔比率。硅铝率≥ 4,称膨润土;硅铝率<4,称高岭土。

膨润土分散在水中,其片状颗粒表面带负电荷,端头带正电荷。如膨润土的含量足够多,则膨润土水溶液呈固体状态。这种水溶液一经触动(摇晃、搅拌、振动或通过超声波、电流),膨润土水溶液就随之而变为流体状态。如果外界因素停止作用,该溶液又恢复到固体状态。这种特性称作触变性,这种水溶液称之为触变泥浆。

制备泥浆的水一般选用纯净的自来水,水中的杂质和 pH 值过高或过低,均会影响泥浆的质量。为了使泥浆的性能满足地下连续墙挖槽施工的要求,通常要在泥浆中加入适当的外加剂。

外加剂按其功能可分为四类:

(1)加重剂

有时为了对付很松软的土层、高地下水位或承压水的压力,需要加大泥浆的密度,以维护槽壁的稳定性,单靠增大膨润土的浓度是不行的。因为泥浆太浓难以运送也影响挖槽速度。可加入一些密度较大的物质,以增大泥浆的密度,这类外加剂称为"加重剂",如重晶石、珍珠岩、方铅矿粉末和铁砂等。

(2)增黏剂

有时为了增大泥浆黏度,可掺入适量的"增黏剂"。增黏剂一般用 CMC。这是一种白色粉末状的掺合物,其主要成分是羧甲基钠纤维素。在泥浆中掺入少量的 CMC,可提高泥浆的黏度,增大屈服值,防止沉淀,维护槽壁的稳定性。

如果单独使用 CMC,会降低钢筋与混凝土间的握裹力,故宜与分散剂共同使用,常用量为:增黏剂 CMC 为水重的 $0.05\%\sim0.10\%$,分散剂 FCL(商品名为泰钠特)为水重的 $0.10\%\sim0.50\%$。

（3）分散剂

由于水泥中的钙离子、地下水中的钠离子、锰离子混入泥浆，从而使泥浆的密度增大，pH 值增大，凝胶化倾向增大，黏性增大，形成泥皮的能力降低，膨润土颗粒凝聚，影响挖槽精度，甚至可能导致槽壁坍塌。分散剂的作用一般是增多膨润土颗粒表面吸附的负电荷，以便有阳离子混入与之中和，使有害的离子产生惰性，对有害的离子进行置换。

分散剂大体有四类：

① 木质素矾酸盐类。一般采用铁铬木质素矾盐钠（FCL），这是以纸浆废液为原料的特殊木质素矾酸盐，黑褐色，易溶于清水或盐水。

② 复合磷酸盐类。所用为六甲基磷酸钠（$Na_6P_6O_{18}$）、板状硅藻盐（$Na_5P_3O_{10}$）。过去主要用于石油钻井，能置换有害离子，用量一般为水重的 0.1%～0.5%。

③ 腐殖酸系。一般采用腐殖酸钠（商品名为泰尔钠特 B）。这是在黑煤等原料中加入稀硝酸，再用苛性钠与之中和而获得的，易溶于清水，但不溶于盐水，在盐水中会发生沉淀，具有提高膨润土颗粒的电位和置换有害离子的作用。

④ 碱类。一般用碳酸钠（Na_2CO_3）、碳酸氢钠（$NaHCO_3$）。这样能使 Ca 离子产生惰性而不使 Na 离子产生惰性。混入海水易使膨润土颗粒凝聚。若用量适当，对防止水泥污染泥浆效果很好。但若过量反会降低效果。其限值依膨润土种类而异，一般为水重的 0.05%～0.1%。

（4）防漏剂

开挖沟槽时，如槽壁为透水性较大的砂或砂砾层，或由于泥浆黏度不够、形成泥皮的能力较弱等因素，会出现泥浆漏失现象。此时，需在泥浆中掺入一定量的防漏剂，如锯末（用量为水重的 1%～2%）、蛭石粉末、稻草末、水泥（用量在 17 kg/m³ 以下）、有机纤维素聚合物等。

4. 泥浆质量的控制指标

在施工过程中，要保证泥浆的物理、化学的稳定性和合适的流动特性。既要使泥浆在长时间静置情况下，不致产生离析沉淀，又要使泥浆有很好的触变性。因此，要对泥浆的各项控制指标进行监控，以便及时调整。通常可对以下指标进行测定和控制：

（1）泥浆比重

在地下连续墙施工方法中，泥浆的比重是一项极为重要的指标，必须严格控制。通常每 2 h 用密度计量测一次。在保证正常工作的前提下，泥浆比重应尽量低（小于 1.15），否则既影响混凝土灌注工作，又会因为黏度大、流动性差而消耗循环设备的能量。

（2）泥浆黏度和切力

黏度是液体内部阻碍其相对流动的一种特性。黏度可用漏斗黏度计进行量测。泥浆中的黏土颗粒由于形状不规则，表面带电性质和亲水性不均匀，常形成网状结构。破坏泥浆中网状结构单位面积上所需的力，称为泥浆极限静切力，也简称泥浆切力。泥浆切力常用符号 θ 表示，其单位常采用 N/mm^2。

（3）泥浆失水量和泥饼厚度

泥浆在沟槽内受压差的作用，部分水渗入土层，这种现象叫作泥浆失水。滤失的数量称为泥浆的失水量。泥浆失水的同时，槽壁上形成一层固体颗粒的胶结物，这种胶结物称为泥饼。若泥浆失水量小，泥饼薄而且密，则有利于稳定槽壁。泥饼厚度的测量通常和泥浆失水量的测定一起进行,即利用泥浆失水量测定器,在其下部架设滤纸,30 min 后取出滤纸和泥饼,量其厚度即可。

(4) 泥浆含砂量

泥浆含砂量是指泥浆中不能通过 200 号筛孔,即直径大于 0.074 mm 的砂子所占泥浆体积的百分数。泥浆含砂量高,易磨损钻具,影响泥饼质量,并易产生过多沉渣,根据土质情况,一般含砂量应控制在 4%～8%。

(5) 泥浆 pH 值

泥浆 pH 值也称泥浆酸碱度。泥浆 pH 值的大小表示了泥浆碱性的强弱。pH 值＝7 时,泥浆为中性;pH 值＞7 时,泥浆为碱性;pH 值越大,碱性越强。pH 值一般以 7.5～8.5 为宜。

(6) 泥浆胶体率和稳定性

① 胶体率

将 100 mL 泥浆倾入 100 mL 的量筒中,用玻璃片盖上静置 24 h 后,观察量筒上部澄清液的体积。如澄清液为 5 mL,则该泥浆的胶体率为 95%,沉淀率为 5%。泥浆胶体率一般应大于 95%。

② 稳定性

沉降稳定性是衡量泥浆在地心吸引力作用下是否容易下沉的性质。若下沉速度很小,甚至可以忽略不计,则称此泥浆具有沉降稳定性。进行稳定性试验时,对已静置 1 h 以上的泥浆,从容器的上部 1/3 处和下部 1/3 处各取出泥浆试样,分别测定其密度,如这二者没有差别,则认为泥浆质量合格。

(7) 泥浆配合比与质量控制标准

工程开工前,应由试验室根据工程地质条件及设计要求,进行泥浆原材料检测和配合比试验。

泥浆配合比应按土层情况试配确定。通常泥浆的配合比可根据表 2-1-5 选用。遇土层极松散、颗粒粒径较大、含盐或受化学污染时,应配制专用泥浆。

表 2-1-5 泥浆配合比

土层类型	膨润土	增黏剂 CMC	纯碱 Na_2CO_3
黏性土	8%～10%	0～0.02%	0～0.5%
砂性土	10%～12%	0～0.05%	0～0.5%

在施工中应加强泥浆质量管理,因为护壁泥浆质量的好坏直接影响地下连续墙的质量。新拌泥浆、循环泥浆管理的质量控制标准如表 2-1-6 所示。

表 2-1-6 泥浆性能指标

项次	项目		新拌泥浆性能指标	循环泥浆性能指标	检验方法
1	比重		1.03～1.10	1.05～1.20	泥浆比重秤
2	黏度	黏性土	19～25 s	19～30 s	500 mL/700 mL 漏斗法
		砂性土	30～35 s	30～40 s	
3	胶体率		＞98%	＞98%	量筒法

项次	项目		新拌泥浆性能指标	循环泥浆性能指标	检验方法
4	失水量		<30 mL/30 min	<30 mL/30 min	失水量仪
5	泥皮厚度		<1 mm	1～3 mm	失水量仪
6	pH 值		8～9	8～10	pH 试纸
7	含砂量	黏性土	—	<4%	洗砂瓶
		砂性土	—	<7%	

5. 成槽临界深度与泥浆需要量估算

(1) 成槽临界深度估算

成槽的允许深度与土质情况,开槽的形状、长度、宽度以及施工方法等诸多因素有关,也与护壁泥浆的性能密切相关。成槽临界深度一般应根据经验或通过现场试验确定。在缺乏经验的情况下可由梅耶霍夫(G. G. Meyehof)公式估算:

$$H_{cr} = \frac{NC_u}{K_0(\gamma' - \gamma_1')} \tag{2-1-1}$$

式中 H_{cr}——成槽临界深度(mm);

C_u——土的不排水抗剪强度(N/mm^2);

K_0——静止土压力系数;

γ'——土的浮重度(N/mm^3);

γ_1'——泥浆的浮重度(N/mm^3);

N——条形基础的承载力系数,对于矩形槽 $N = 4(1 + B/L)$,其中,B 为沟槽宽度(m),L 为沟槽的平面长度(m)。

对于黏性土,沟槽的坍塌安全系数为

$$K = \frac{NC_u}{P_{0m} - P_{1m}} \tag{2-1-2}$$

对于无黏性的砂土(黏聚力 $c = 0$),沟槽的坍塌安全系数为

$$K = \frac{2(\gamma - \gamma_1)^{\frac{1}{2}} \tan \varphi}{\gamma - \gamma_1} \tag{2-1-3}$$

式中 P_{0m}——沟槽开挖面外侧的土压力和水压力之和(N/mm^2);

P_{1m}——沟槽开挖面内侧的泥浆压力(N/mm^2);

γ——砂土的重度(N/mm^3);

γ_1——泥浆的重度(N/mm^3);

φ——砂土的内摩擦角(°)。

(2) 泥浆的需要量估算

地下连续墙施工中所需的泥浆量取决于单元开挖槽段的大小、泥浆的各种损失及制备、回收处理泥浆的机械能力。一般是参考类似工程的经验决定。作为参考,可用经验公式(2-1-4)估算:

$$Q = \frac{V}{n} + \frac{V}{n}\left(1 - \frac{K_1}{100}\right)(n-1) + \frac{K_2}{100}V \tag{2-1-4}$$

式中 Q—— 泥浆总需求量(m^3);

V——设计总挖土量(m^3);

n——单元槽段数量;

K_1——浇筑混凝土时的泥浆回收率,一般为 60%～80%;

K_2——泥浆消耗率,一般为 10%～20%,包括泥浆循环、排土、形成泥皮、漏浆等泥浆损失。

槽段内泥浆液位一般高于地下水位 0.5 m。工程地质条件差时,宜考虑加大泥浆液位与地下水位高低差,以利于槽壁稳定,采用的主要方法有:导墙顶部加高,利用集水坑、排水泵降低槽段附近地下水位及井点降水等。

槽段清底后,应立即对槽底泥浆进行置换和循环。置换时采用真空吸力泵从槽底抽出质量指标差的泥浆,同时在槽段上口补充一定量的新浆。新浆补充量可由式(2-1-5)计算:

$$Q_1 = \frac{d_1 - d_0}{d_1 - d_2} V_1 \qquad (2\text{-}1\text{-}5)$$

式中 Q_1—— 新浆补充量(m^3);

V_1——槽段容积(m^3);

d_1——槽内原浆液密度(kN/m^3);

d_2——新浆液密度(kN/m^3);

d_0——泥浆密度期望值,一般取 1.15。

清底后对槽底泥浆密度及渣厚进行测定,保证清底达到有关规范规定的要求。

再生泥浆受水泥、泥砂等污染,经检测有三项指标达到废弃值时,应予废弃。

1.3.3 成槽施工

挖槽是地下连续墙施工中的主要工艺,约占工期的一半。挖槽精度决定了地下连续墙墙体的制作精度,因此,挖槽是决定施工精度和质量的关键工序。地下连续墙通常是分段施工的,每一段称为地下连续墙的一个槽段,一个槽段是一次混凝土灌注单位。槽宽取决于设计墙厚,一般为 600 mm,800 mm,1 000 mm,1 200 mm。根据土质情况和地下连续墙的深度选择相应的成槽机具。规划好单元段的挖槽次序及每一单元段的幅序,明确槽段走向,以便制作钢筋笼。若成槽机型选择不当,停机位置不妥或操作不慎等,则可能引起槽壁失稳坍塌,应十分注意。

1. 槽段长度确定

槽段长度的选择从理论上说,除了小于钻机长度的尺寸不能施工外,各种长度均可施工,且越长越好。这样能减少地下墙的接头数,以提高地下连续墙的防水性能和整体性。但实际上槽段长度的确定是由许多因素决定的,一般应考虑以下因素:

① 地质情况的好坏。当地层很不稳定时,为了防止槽壁坍塌,应减小槽段长度,以缩短成槽时间。

② 周围环境。如果近旁有高大建筑物或较大的地面荷载时,为了确保槽壁的稳定,也应缩减槽段长度,以缩短槽壁暴露时间。

③ 工地所具备的起重机能力。根据工地所具备的起重机能力是否能方便地起吊钢筋笼等重物来决定槽段长度。

④ 单位时间内供应混凝土的能力。通常可规定每个槽段长度内全部混凝土量须在4h内灌注完毕。即

$$L = \frac{Q_4}{BH} \tag{2-1-6}$$

式中　L——地下连续墙的槽段长度(m)；

　　　Q_4——4h内混凝土的最大灌注量(m^3)；

　　　B, H——地下连续墙的宽度和深度(m)。

⑤ 工地上所具备的稳定液池容积。稳定液池的容积一般取每一槽段沟槽容积的2倍。

⑥ 工地所占用的场地面积以及能够连续作业的时间。

根据地下连续墙的施工经验，一般槽段长度以6m左右为宜。

2. 成槽顺序

槽段挖掘应根据槽段平面划分图合理安排成槽作业顺序，不论是按"顺槽法"还是"跳槽法"安排成槽作业顺序，都应力求使钻机在施钻时两侧有相同的临界条件。

为了减少墙体接头，加快施工速度，应尽可能采用较大长度的槽段。在施工中常用"跳槽法"安排作业顺序(图2-1-11)。采用"跳槽法"施工时，后继槽段施工没有"放接头管"和"拔接头管"工序。

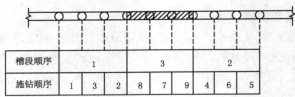

图 2-1-11　跳槽法成槽作业顺序

3. 槽段平面形状和接头位置

作为地下结构外墙或深基坑围护结构的地下连续墙，一般为纵向连续一字形。但为了成槽槽壁的稳定，增加地下连续墙抗挠曲刚度，也可采用 L 形、T 形及 Π 形槽段，如图2-1-12所示。

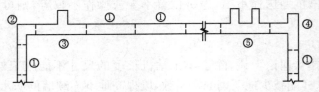

图 2-1-12　地下连续墙平面形状与槽段划分

4. 成槽质量控制

(1) 成槽速度

为了保证成槽作业系统的协调，成槽时应考虑振动筛的土渣排除情况，保持适当速度，

一般钻进速度以 5 m/h 为宜。

（2）槽段清底及节点刷洗

当槽段开挖到设计标高后，要测定槽底残留的土渣厚度。沉渣过多会使钢筋笼插不到设计位置或降低地下连续墙的承载力，增大墙体的沉降。所以清除沉渣的工作非常重要。清除沉渣的工作称为清底或清淤。为了保证槽底沉渣有效地清除，在成槽完毕放入钢筋笼之前，必须清除槽底沉渣至规定要求，并认真刷除节点连接处吸附的泥皮。清底的方法，一般有沉淀法和置换法两种。沉淀法是在土渣基本都沉淀到槽底之后再进行清底；置换法是在挖槽结束之后，对槽底进行认真清理，然后在土渣沉淀之前用新泥浆将槽内的泥浆置换出来，使槽内泥浆的比重在 1.15 以下。通常采用置换法进行清底。

常用的清除沉渣的方法有砂石吸力泵排泥法，压缩空气升液排泥法，带搅动翼的潜水泥浆泵排泥法，抓斗直接排泥法等。

清底后应对槽段泥浆进行检测，每个槽段检测 2 处。取样点距离槽底 0.5～1.0 m，泥浆指标应符合表 2-1-7 的要求。

表 2-1-7　　　　　　　　　　　清底后的泥浆指标

项目		清底后的泥浆	检测方法
比重	黏性土	≤1.15	比重计
	砂性土	≤1.20	
黏度/s		20～30	漏斗计
含砂量		≤7%	洗砂瓶

（3）成槽作业垂直度控制

槽壁垂直精度的高低关系到钢筋笼吊装、接头管安装及整个工程结构的质量。因此，应以高于工程设计要求的标准控制。导墙及开挖成槽施工质量应符合有关规定。

（4）槽段成槽质量检测

应以超声波槽壁探测仪对槽壁进行扫描检测，并做好书面记录以备验收。

地下连续墙成槽允许偏差应符合表 2-1-8 的规定。

表 2-1-8　　　　　　　　　　　地下连续墙成槽允许偏差

序号	项目		测试方法	允许偏差
1	深度	临时结构	测绳，2 点/幅	0～100 mm
		永久结构		0～100 mm
2	槽位	临时结构	钢尺，1 点/幅	0～50 mm
		永久结构		0～30 mm
3	墙厚	临时结构	20%超声波，2 点/幅	0～50 mm
		永久结构	100%超声波，2 点/幅	0～50 mm
4	垂直度	临时结构	20%超声波，2 点/幅	≤1/200
		永久结构	100%超声波，2 点/幅	≤1/300
5	沉渣厚度	临时结构	100%测绳，2 点/幅	≤200 mm
		永久结构		≤100 mm

1.4 钢筋笼施工

1.4.1 钢筋笼加工

钢筋笼须按地下连续墙设计施工图的要求制作。钢筋笼成型作业须在符合设计要求的台架上进行。台架根据工程施工条件可分为固定式和移动式两种。台架的钢筋定位卡须准确放线确定。钢筋笼须按单元槽段做成一个整体。如果地下连续墙很深或受起重设备的起重能力限制,可分段制作,然后在吊放时再逐段连接。钢筋笼的拼接一般应采用焊接,且宜用绑条焊,不宜采用绑扎搭接接头。

钢筋笼端部与接头管或混凝土接头面间应留有 150～200 mm 的空隙。主筋净保护层厚度通常为 70～80 mm,保护层垫块厚 50 mm,在垫块和墙面之间留有 20～30 mm 的间隙。由于用砂浆制作的垫块容易在吊放钢筋笼时破碎,又易擦伤槽壁面,所以,一般用薄钢板制作垫块,焊于钢筋笼上。

制作钢筋笼时,要在密集的钢筋中预留出导管的位置,以便浇筑水下混凝土时导管的插入。由于横向钢筋有时会阻碍导管插入,所以纵向主筋应放在内侧,横向钢筋放在外侧。纵向钢筋的底端应距离槽底面 100～200 mm。纵向钢筋底端应稍向内弯折,以防止吊放钢筋笼时擦伤槽壁,但向内弯折的程度亦不影响浇灌混凝土时导管的插入。

加工钢筋笼时,要根据钢筋笼重量、尺寸以及起吊方式和吊点布置,在钢筋笼内布置一定数量的纵向桁架(图 2-1-13)。钢筋笼的钢筋、埋设件连接采用电焊,纵横向钢筋交点接头除主要结构部须全部焊接外,其余接头可按 50% 间隔焊接。钢筋笼的临时绑扎铁丝在入槽前必须全部拆除,避免在绑扎铁丝上凝成泥球而影响混凝土质量。如有具体设计要求,则应按设计要求进行。

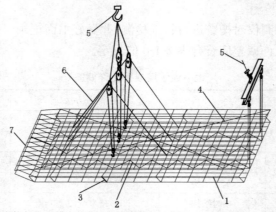

1—主筋;2—纵向桁架;3—横向桁架;4—斜拉条;5—吊钩;6—钢丝绳;7—底部向内弯折。

图 2-1-13 钢筋笼构造及起吊方法

地下连续墙与基础底板以及内部结构板、梁、柱、墙的连接,如采用预留锚固钢筋的方式,锚固筋一般用光圆钢筋,直径不宜超过 20 mm。

钢筋笼加工场地应尽量设置在工地现场,以便于运输,可减少钢筋笼在运输途中的变形或损坏的可能性。

钢筋笼制作允许偏差应符合表 2-1-9 的规定。

表 2-1-9　　　　　　　　　　　　　　　　钢筋笼制作允许偏差

项目	允许偏差/mm	检查方法	检查范围	检查频率
钢筋笼长度	±100	用钢尺量,每片钢筋网检查上、中、下三处	每幅钢筋笼	3
钢筋笼宽度	0,−20			3
钢筋笼保护层厚度	0,+10			3
钢筋笼安装深度	+50			3
主筋间距	±10	任取一断面,连续量取间距,取平均值作为一点,每片钢筋网上测四点		4
分布筋间距	±20			
预埋件中心位置	±10	用钢尺量		20%
预埋钢筋和接驳器中心位置	±10	用钢尺量		20%

1.4.2　钢筋笼吊放

钢筋笼吊放入槽前,必须对已开挖槽段侧边的垂直面进行刷壁及槽底清孔。

钢筋笼应根据场地、起重条件,分若干段吊装,各段钢筋笼在入槽时连接成整体。钢筋笼在搬运、堆放及吊装过程中,不应产生不可恢复的变形、焊点脱离及散架等现象。

开工前应做好钢筋笼吊装作业设计,以设置好吊点、加工好吊具,并选定吊机和起吊方式。在主吊机将钢筋笼吊入槽段前,可另配一台副吊机配合抬吊将钢筋笼由水平放置状态直立起来。

钢筋笼起吊时,顶部要用一根横梁(常用工字钢),其长度要和钢筋笼尺寸相适应。钢丝绳须吊住四个角。为了不使钢筋笼在起吊时产生很大的弯曲变形,通常采用两台吊车同时操作,其中一主吊钩吊住顶部,另一副吊钩吊住中间部位(图 2-1-13)。为了不使钢筋笼在空中晃动,钢筋笼下端可系绳索用人力控制。起吊时不允许钢筋笼下端在地面上拖行,以防造成下端钢筋弯曲变形。

插入钢筋笼时,吊点中心必须对准槽段中心,然后徐徐下降,垂直而又准确地将钢筋笼吊入槽内。在钢筋笼进入槽段内时,必须注意不要使钢筋笼产生横向摆动,造成槽壁坍塌。钢筋笼插入槽内后,检查其顶端高度是否符合设计要求,然后用槽钢等将其搁置在导墙上。

如果钢筋笼是分段制作,吊放时需要接长时,下段钢筋笼要垂直悬挂在导墙上,然后将上段钢筋笼垂直吊起,上段钢筋笼的下端与下段钢筋笼的上端用电焊直线连接。

如果钢筋笼不能顺利插入槽内,应该重新吊出,查明原因并加以解决。如有必要,可在修槽之后再吊放。不能将钢筋笼作自由坠落状强行插入基槽,否则会引起钢筋笼变形或使槽壁坍塌,产生大量沉渣,影响地下墙体质量。

1.5　混凝土水下浇筑

1.5.1　地下连续墙对混凝土的要求

地下连续墙槽段内的混凝土浇筑过程具有一般水下混凝土浇筑的施工特点。混凝土强度等级一般不应低于 C20。混凝土的级配除了满足结构强度要求外,还要满足水下混凝土施工的要求,其配合比应按重力自密式流态混凝土设计,水灰比不应大于 0.6,水泥用量不宜小于 400 kg/m³,入槽坍落度以 15~20 cm 为宜。混凝土应具有良好的和易性和流动性。工程实践证明,如果水灰比大于 0.6,则混凝土抗渗性能将急剧下降。因此,水灰比为 0.6 是一个临界值。水下混凝土配置强度等级应先进行试验,然后参照表 2-1-10 确定。

表 2-1-10 　　　　　　　　　　水下混凝土强度等级对照

项目	标准试块强度等级					
设计强度等级	C25	C30	C35	C40	C45	C50
水下混凝土强度等级	C30	C35	C40	C50	C55	C60

1.5.2　混凝土浇灌前的准备工作

混凝土浇灌前应按作业设计规定的位置安装好混凝土导管。导管的数量与槽段长度有关,槽段长度小于 4 m 时,可使用 1 根导管。导管内径约为粗骨料粒径的 8 倍,不得小于粗骨料粒径的 4 倍。导管间距与导管内径的关系一般是:内径 150 mm 的导管间距取 2 m 以下;内径 200 mm 的导管间距取 2.5 m 以下;内径 250 mm 导管间距取 3 m 以下。

混凝土导管接口应密封不漏浆,导管底部应与槽底相距约 200 mm。导管内应放置用于混凝土与泥浆隔离的管塞。

混凝土浇灌前,应利用混凝土导管进行 15 min 以上的泥浆循环,以改善泥浆质量。

1.5.3　槽段内混凝土浇灌

地下连续墙的混凝土是在泥浆中采用导管浇灌的。槽段内混凝土浇灌如图 2-1-14 所示。

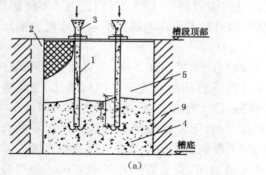
(a)

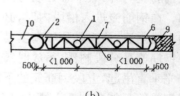
(b)

1—导管;2—接头管;3—漏斗;4—混凝土;5—泥浆;
6—施工槽段;7—纵向桁架;8—横向桁架;9—已完成槽段;10—未完成槽段。

图 2-1-14　槽段中混凝土导管的布置(单位:mm)

在混凝土浇筑过程中,导管下口插入混凝土的深度应控制在 2~4 m,不宜过深或过浅。插入太深,容易使下部沉积过多的粗骨料,而混凝土面层聚积较多的砂浆。导管插入太浅,则泥浆容易混入混凝土,影响混凝土的强度。只有当混凝土浇灌到地下连续墙墙顶附近,导管内混凝土不易流出的时候,方可将导管的埋入深度减为 1 m 左右,并可将导管适当地作上下运动,促使混凝土流出导管。导管须全长度水密。

值得注意的是,在钢筋笼入槽后须尽快浇灌混凝土,混凝土要连续浇灌,不能长时间中断。一般可允许中断 5～10 min,最长也只允许中断 20～30 min,以保持混凝土的均匀性。混凝土搅拌好之后,以 1.5 h 内灌注完毕为原则。在夏天由于混凝土凝结较快,所以必须在搅拌好之后 1 h 内尽快浇完,否则应掺入适量的缓凝剂。多根导管进行混凝土浇灌时,应注意浇灌的同步性,保持混凝土面呈水平状态上升,混凝土面上各点混凝土高度差不得大于300 mm。

混凝土加水搅拌至入槽的时间不宜超过 1 h。分次往导管内供应混凝土的时间间隔不得超过 0.5 h。槽段内混凝土面上升速度宜达到 3～4 m/h,并做好混凝土浇灌深度的测量和记录。

在浇灌过程中,要经常量测混凝土灌注量和上升高度。量测混凝土上升高度可用测锤,由于混凝土上升面一般都不是水平的,所以要在三个以上的位置进行量测。

在浇筑完成后的地下连续墙墙顶存在一层浮浆层,因此混凝土顶面需要比设计高度超浇 0.5 m 以上。凿去该浮浆层后,地下连续墙墙顶才能与主体结构或支撑相连,成为整体。

1.5.4 地下连续墙施工质量要求

地下连续墙混凝土抗压强度和抗渗压力应符合设计要求,墙面应无露筋和夹泥现象。永久地下连续墙混凝土的密实度宜采用超声波检查,经防水处理后不应有渗漏、线流,平均渗水量应小于 0.1 L/(m²/d)。地下连续墙各部位允许偏差应符合表 2-1-11 的规定。

表 2-1-11 地下连续墙各部位允许偏差值

项目	允许偏差	
	临时结构	永久结构
平面位置	±30 mm	+30 mm 0
平整度	50 mm	50 mm
垂直度	1/200	1/300
预留孔洞	30 mm	30 mm
预埋件	30 mm	30 mm
预埋连接钢筋	30 mm	30 mm

1.6 地下连续墙接头施工

接头形式有地下连续墙单元槽段之间的施工接头、地下连续墙与内部主体结构之间的结构接头两类。单元槽段的分缝接头形式有多种,可采用分缝面自由贴合的单圆接头管(锁口管)、接头箱、隔板等接头,也可采用能承受拉剪荷载的钢板接头。结构接头有直接接头和间接接头。

1.6.1 接头形式

地下连续墙是分成若干个单元槽段分别施工后再连成整体的,各槽段之间的接头就成为挡土止水的薄弱部位。此外,地下连续墙与内部主体结构之间的连接接头,要承受弯、剪、扭等各种内力。因此必须保证连接接头的受力可靠。研究如何解决好接头连接问题,既是地下连续墙施工方法进一步发展的难点,也是研究的重点。

目前所采用的地下连续墙接头形式很多,通常可分为两大类:施工接头和结构接头。施工接头是浇筑地下连续墙时纵向连接两相邻单元墙段的接头;结构接头是已竣工的地下连续墙在水平向与其他构件(地下连续墙内部结构的梁、柱、墙、板等)相连接的接头。

1.6.2 地下连续墙接头施工

接头施工应满足受力和防渗的要求,并要求施工简便、质量可靠,并对下一槽段的成槽不会造成困难。但目前尚缺少既能满足结构要求又方便施工的最佳方法。接头施工有多种形式可供选择。

1. 直接连接构成接头

单元槽段挖成后,随即吊放钢筋笼,浇灌混凝土。混凝土与未开挖土体直接接触。在开挖下一单元槽段时,用冲击锤等将与土体相接触的混凝土改造成凹凸不平的连接面,再浇灌混凝土,形成所谓的"直接接头",如图2-1-15所示。黏附在连接面上的沉渣与土可采用抓斗的斗齿或射水等方法来清除,但难以清除干净,受力与防渗性能均较差,故目前已很少使用。

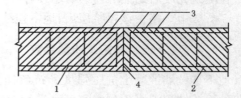

1—先施工槽段;2—后施工槽段;3—钢筋;4—接缝。

图 2-1-15 直接接头

2. 接头管接头

使用接头管(也称锁口管)形成槽段间的接头,其施工过程如图2-1-16所示。

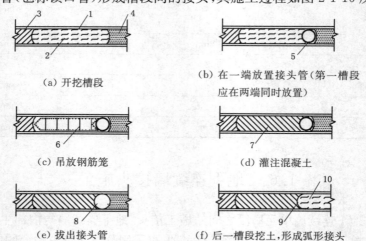

(a) 开挖槽段	(b) 在一端放置接头管(第一槽段应在两端同时放置)
(c) 吊放钢筋笼	(d) 灌注混凝土
(e) 拔出接头管	(f) 后一槽段挖土,形成弧形接头

1—导墙;2—开挖的槽段;3—已浇混凝土的槽段;4—未开挖槽段;5—接头管;
6—钢筋笼;7—浇筑的混凝土;8—拔管后的圆孔;9—形成的弧形接头;10—新开挖槽段。

图 2-1-16 接头管接头的施工过程

为了使施工时每个槽段纵向两端受到的水、土压力大致相等,一般可沿地下连续墙纵向将槽段分为一期和二期两个槽段。先开挖一期槽段,待槽段内土方开挖完成后,在该槽段的两端用起重设备放入接头管,然后吊放钢筋笼和浇筑混凝土。这时两端的接头管相当于模板的作用,将刚浇筑的混凝土与还未开挖的二期槽段的土体隔开。待浇筑的混凝土开始初凝时,用机械将接头管拔起。这时,已施工完成的一期槽段的两端和还未开挖土方的二期槽段之间分别留有一个圆形孔。继续二期槽段施工时,与其两端相邻的一期槽段的混凝土已经结硬,只需开挖二期槽段内的土方。当二期槽段完成土方开挖后,应对一期槽段已浇筑的混凝土半圆形端头表面进行处理。将附着的水泥浆与稳定液混合而成的胶凝物除去。否则接头处止水性很差。胶凝物的铲除须采用专门设备,例如电动刷、刮刀等工具。

在接头处理后,即可进行二期槽段的钢筋笼吊放和混凝土浇筑。这样,二期槽段外凸的半圆形端头和一期槽段内凹的半圆形端头相互嵌套,形成整体。

除了上述将槽段分为一期和二期跳格施工外,也可以按序逐段进行各槽段的施工。这样每个槽段的一端与已完成的槽段相邻,只需在另一端设置接头管,但地下连续墙槽段两端会受到不对称水、土压力的作用,所以两种处理方法各有利弊。

由于接头管形式的接头施工简单,已成为目前最广泛使用的一种接头方法。

接头管一般用钢制成,且大多数采用圆形。圆形接头管的直径一般要比墙厚小 50 mm。管身壁厚一般为 19～20 mm。每节长度一般为 3～10 m,可根据要求,拼接成所需长度,在施工现场的高度受到限制的情况下,管长可适当缩短。钢管式接头管的构造如图 2-1-17 所示。

接头管大多为圆形,此外还有缺口圆形及带凸榫形等多种。接头管的外径应不小于设计混凝土墙厚的 93%。除特殊情况外,一般不用带翼的接头管。因为使用带翼的接头管时,泥浆容易淤积在翼的旁边影响工程质量。带凸榫的接头管也很少使用。

值得注意的一个问题是如何掌握起拔接头管的时间。如果接头管起拔时间过早,新灌注的混凝土还处于流态,混凝土将从接头管下端流入相邻槽段,对下一个槽段的施工造成困难。如果起拔时间太晚,浇筑的混凝土与接头管胶粘在一起,造成起拔接头管很困难,若强行起拔有可能损伤刚浇筑的混凝土。

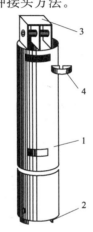

1—管体;2—下内销;
3—上外销;4—月牙垫块。

图 2-1-17 钢管式接头管构造

接头管用起重机吊放入槽段内预先设定的接头位置。为了便于以后起拔,管身外壁必须光滑,还应在管身上涂抹黄油。开始灌注混凝土 1 h 后,旋转半圆周,或提起 100 mm。接头管宜在混凝土终凝后起拔,混凝土浇筑后 6～8 h 拔除。具体起拔时间,应根据水泥品种、标号、混凝土的初凝时间等来决定。起拔时一般用 30 t 起重机。但也可另备 100 t 或 200 t 千斤顶提升架,做应急之用。

3. 接头箱接头

接头箱接头可以使地下连续墙形成整体接头,接头的刚度较好。

接头箱接头的施工方法与接头管接头相似,只是以接头箱代替接头管。一个单元槽段开挖结束后,吊放接头箱,再放钢筋笼。由于接头箱在浇筑混凝土的一面是开口的,所以钢筋笼端部的水平钢筋可插入接头箱内。浇筑混凝土时,由于接头箱的开口面被焊在钢筋笼端部的钢板封住,因而浇筑的混凝土不能进入接头箱,混凝土初凝后,与接头管一样逐步吊出接头箱,待后一个单元槽段再浇灌混凝土时,由于两相邻单元槽段的水平钢筋交错搭接,从而形成整体接头,其施工过程如图 2-1-18 所示。图 2-1-19 是一种滑板式接头箱的示意图。

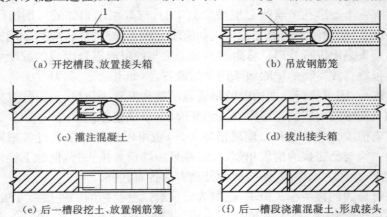

（a）开挖槽段、放置接头箱　　　　　　　（b）吊放钢筋笼

（c）灌注混凝土　　　　　　　（d）拔出接头箱

（e）后一槽段挖土、放置钢筋笼　　　　（f）后一槽段浇灌混凝土、形成接头

1—接头箱;2—焊在钢筋笼上的封口钢板。

图 2-1-18　接头箱接头施工过程

4. 隔板式接头

隔板式接头按隔板的形状分为平隔板、V 形隔板和榫形隔板,如图 2-1-20 所示。由于隔板与槽壁之间难免有缝隙,为防止浇筑的混凝土渗入,要在钢筋笼的两边铺贴维尼龙等化纤布。

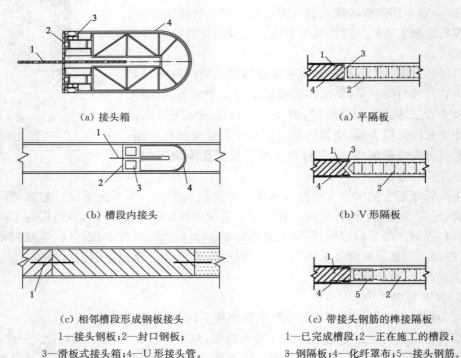

（a）接头箱

（b）槽段内接头

（c）相邻槽段形成钢板接头

1—接头钢板;2—封口钢板;
3—滑板式接头箱;4—U 形接头管。

图 2-1-19　滑板式接头箱

（a）平隔板

（b）V 形隔板

（c）带接头钢筋的榫接隔板

1—已完成槽段;2—正在施工的槽段;
3—钢隔板;4—化纤罩布;5—接头钢筋。

图 2-1-20　隔板式接头

带有接头钢筋的榫形隔板式接头,能使各单元墙端连成一个整体,是一种受力较好的接头方式。但插入钢筋笼较困难,施工时须特别注意。

1.6.3 结构接头

地下连续墙与内部结构的底(顶)板、楼板、梁、柱、墙连接的结构接头,常用的有下列几种。

1. 直接连接接头

在浇筑地下连续墙墙体之前,在连接部位预先埋设连接钢筋。将该连接钢筋的一端直接与地下墙的主筋连接,另一端弯折后与地下连续墙墙面平行且紧贴墙面。待开挖地下连续墙内侧土体,露出此墙面时,除去预埋件(一般为泡沫塑料),或凿去该处墙面的混凝土面层,露出预埋钢筋,然后弯成所需的形状与后浇主体结构受力筋连接,如图 2-1-21 所示。预埋连接钢筋一般选用 HPB235,直径不宜大于 22 mm。为方便弯折,预埋钢筋时可采用加热方法。如果能避免急剧加热并精心施工,钢筋强度几乎可以不受影响。但考虑到连接处往往是结构薄弱环节,故钢筋数量可比计算需要增加一定的余量。

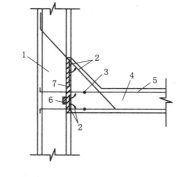

1—地下连续墙;2—预埋钢筋;3—焊接接头;
4—后浇结构;5—后浇结构钢筋;
6—剪力槽;7—泡沫塑料。
图 2-1-21　直接连接接头

采用预埋钢筋的直接接头,施工容易,受力可靠,是目前用得最多的结构接头形式。

2. 间接接头

间接接头是通过钢板或钢构件作媒介,连接地下连续墙和地下工程内部构件的接头。一般有预埋钢筋接驳器、预埋连接钢板以及预埋剪力块三种方法,分别如图 2-1-22(a),(b),(c)所示,图 2-1-22(d)为剪力件示意图。

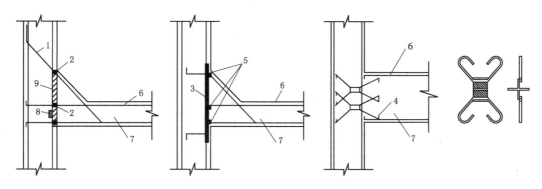

(a) 预埋接驳器连接法　　(b) 预埋钢板连接法　　(c) 预埋剪力件连接法　　(d) 剪力件

1—预埋钢筋;2—钢筋接驳器;3—预埋连接钢板;4—预埋剪力连接件;
5—焊接接头;6—后浇结构钢筋;7—后浇梁板;8—剪力槽;9—泡沫塑料。
图 2-1-22　地下连续墙与梁、楼板的连接

预埋钢筋接驳器需预先加工一个螺纹连接器(称接驳器),两端内表面车有一正一反向的螺纹,而被连接的地下连续墙中的钢筋端部及地下工程内部构件的钢筋端部也车有相应的螺纹,当连接器拧转时,就可将二者钢筋连接起来。在地下连续墙施工中将埋在墙中的钢筋螺纹妥善保护,土方开挖后将后浇结构的钢筋通过接驳器与其连接。

预埋连接钢板法是将钢板事先固定在地下连续墙钢筋笼的相应部位,待浇筑混凝土以及内墙面土方开挖后,将面层混凝土凿去露出钢板,然后用焊接方法将后浇的内部构件中的受力钢筋焊接在该预埋钢板上。

预埋剪力块法与预埋钢板法是类似的。剪力块连接件也需事先预埋在地下连续墙内,剪力钢筋弯折放置于紧贴墙面处。待凿去面层混凝土,预埋剪力块外露后,再与后浇的构件相连接。剪力块连接件一般主要承受剪力。

思 考 题

1. 地下连续墙有何特点? 主要施工程序有哪些?

2. 简述地下连续墙的施工方法与施工工艺流程。

3. 地下连续墙施工为什么要先设置导墙? 导墙的形式有哪几种?

4. 泥浆起什么作用? 泥浆的主要成分有哪些? 如何控制泥浆标准?

5. 简述泥浆制作的基本流程及泥浆的再生处理方法。

6. 简述成槽开挖的临界深度及泥浆需要量估算公式,以及公式中各种符号的意义和取值方法。

7. 地下连续墙的钢筋笼加工有什么特点? 如何吊放钢筋笼?

8. 地下连续墙对混凝土有什么要求? 如何在槽段内浇筑混凝土?

9. 地下连续墙工法施工地下工程有哪几类接头? 试述各类接头的构造形式、施工方法与其优缺点。

10. 地下连续墙施工有哪些主要机具设备? 各有何特点? 技术性能如何?

2 地下建筑逆作法施工

2.1 概 述

2.1.1 逆作法概要

逆作法是地下建筑的一种施工方法。在地下建筑结构施工时以结构本身既作挡墙又作内支撑,不架设临时支撑,其施工顺序与顺作法相反。地下结构从上往下依次开挖和构筑结构本体的施工方法,称为逆作法。逆作法可分为"全逆作法"与"半逆作法"。全逆作法是从地面开始,地上、地下同时进行立体交叉施工的方法;半逆作法是将地下结构自地面往下逐层施工的方法,地面以上结构在地下结构完成后再进行施工。逆作法施工工艺原理如图2-2-1所示。

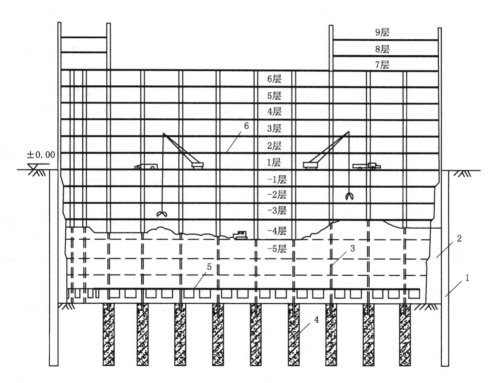

1—地下连续墙;2—复合墙;3—中间支承柱;4—立柱桩;5—底板;6—楼面结构。

图 2-2-1 逆作法施工工艺原理

2.1.2 逆作法的特点

1. 逆作法的优点

① 由于地下结构本身作为支撑,且具有相当大的刚度,使支护结构变形减小,提高了工程施工的安全性,能有效控制周围土体的变形和地表的沉降,减小了对周边环境的影响,有利于保护邻近建(构)筑物及地下管线的安全等。

② 逆作法适用于形状不规则或大面积的地下建(构)筑物。

③ 地下、地上结构可以同时施工,有利于缩短工程的施工总工期。

④ 一层结构平面可作为工作平台,不必另外架设开挖工作平台与内撑,这样就大幅度削减了支撑和工作平台等大型临时设施,减少了施工费用。

⑤ 由于开挖和主体结构施工的交叉进行,逆作结构的自身荷载由立柱直接承担并传递至地基,减少了大开挖时卸载对持力层的影响,降低了基坑内地基回弹量。

2. 逆作法的缺点

① 施工中设置的中间支撑立柱及立柱桩承受地下结构及同步施工的上部结构的全部荷载,又由于土方开挖引起的土体隆起易产生立柱的不均匀沉降,对结构带来不利影响。

② 逆作法所设立柱内钢骨与梁主筋、基础梁主筋节点构造复杂,施工难度大。

③ 为运送开挖出的土方与施工材料,需在顶板多处设置临时施工洞。必须对顶板采取加强措施。

④ 地下工程在楼板的覆盖下进行施工,闭锁的空间使大型机械设备难以进场,作业不便,施工难度大。

⑤ 在逆作施工的各个阶段浇筑的混凝土都分先浇和后浇两种,产生的交接处(缝),不仅给施工带来不便,而且为保证结构、防水等质量问题,给施工计划及质量管理提出了很高的要求。

在支撑形式上,逆作法与顺作法有本质的差异。顺作法施工是在基坑支护墙施工完毕、对挡墙作必要的支撑后,开挖土方至设计标高,浇筑混凝土垫层及地下结构底板,接着依次由下自上进行施工。一边浇筑地下结构本体,一边拆除临时支撑。支撑形式通常有型钢支撑、钢管支撑、钢筋混凝土支撑以及土锚杆等。而在逆作法施工中,地下结构由上往下逐层施工,地下结构本体的梁和板即可作为支撑(图 2-2-2)。

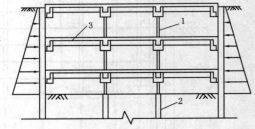

1—中间支承柱;2—立柱桩;3—逆作的水平结构层。

图 2-2-2 逆作结构的支撑

2.1.3 逆作法施工的适用范围

逆作法常用于埋藏较深的地下工程,以及对周边环境保护要求很严格地区的地下工程施工,可适用于各类土层条件,包括饱和含水的软土地层。尤其适用于城市密集建筑物街区的地下(基础)工程施工,如地下厂房、地下车库、高层建筑下的深基础、地下贮库、地下变电站、地铁车站等工程。

2.2 逆作法施工

2.2.1 逆作法施工顺序与工艺流程

图 2-2-3 以地下四层的结构施工为例,说明逆作法的施工顺序,具体如下:

① 地下连续墙支护结构施工;

② 立柱桩的施工,插入钢立柱;

③ ±0.00 层结构施工;

④ 第一次开挖,地下一层楼板施工,地上一层结构同步施工;

⑤ 第二次开挖,地下二层楼板施工,地上二层结构同步施工;

⑥ 第三次开挖,地下三层楼板施工,地上三层结构同步施工;

⑦ 最终开挖,基础底板及地上结构继续施工。

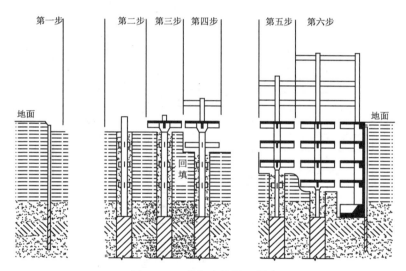

图 2-2-3 逆作法的施工顺序

由于逆作法先施工地下结构顶板,之后逐层往下施工,所以需要先设置立柱才能支撑结构的重量,又由于在进行地下结构逆作法施工的同时,也进行着地上结构的施工,因此,所设置立柱的承载力必须大于逆作结构的荷载及逆作期间上部结构的荷载之和,通常这两部分荷载统称为逆作荷载。

对于型钢混凝土结构的建筑物,可利用其自身的型钢柱作为立柱,而对于钢筋混凝土结构的建筑物,则在逆作施工阶段需设置临时立柱,虽然这种立柱在将来逆作施工完成后也永久留在建筑物中,但一般称这种附加设置的立柱为临时立柱。

图 2-2-4 所示是某工程全逆作法施工的工艺流程。当采用全逆作法施工时,如中间支承柱的沉降或抬升差值过大,不能满足结构设计的要求,则上部结构的施工应暂停,待地下结构施工至一定层数,预计沉降或抬升差值可满足要求后,方可继续上部结构的施工。

147

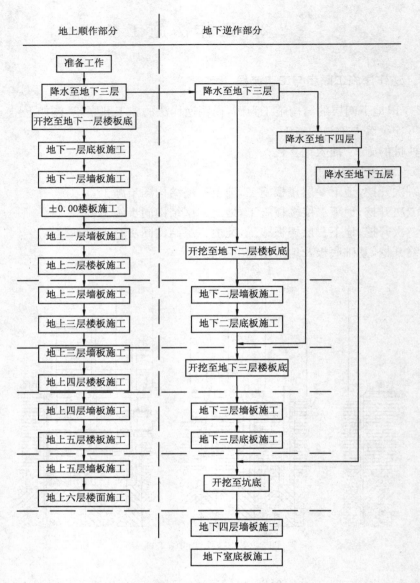

图 2-2-4　逆作法的施工工艺流程

2.2.2　逆作法施工内容

逆作法施工包括地下连续墙、中间支承柱和地下室结构的施工。其中,地下连续墙已在"1　地下连续墙施工"中作了详细介绍,下面介绍中间支承柱和地下室结构的施工。

1. 中间支承柱施工

(1) 中间支承柱的作用

中间支承柱在逆作法施工期间,在地下室底板未浇筑之前与地下连续墙一起承受逆作荷载;在地下室底板浇筑之后,与底板连接成整体,作为地下室结构的一部分,将上部结构及其承受的荷载传递给地基。

（2）中间支承柱设置

支承柱应根据地下室结构布置和制定的施工方案经设计计算确定。一般布置在纵、横墙相交处及工程桩位置。中间支承柱所受的最大荷载必须大于等于地下室已建造至最下一层和地面上已建造至规定的最高层数时的荷载。因此,中间支承柱的直径一般都设计得较大。通常底板以下为钻孔灌注桩,以便与地下室底板结为整体。底板以上的中间支承柱多为钢管混凝土柱或 H 型钢柱,其截面较小而承载力大,便于与地下室的梁、柱、墙、板等连接。

中间支承柱下部的立柱桩通常采用钻孔灌注桩方法施工,在有条件时,可采用挖孔桩方法施工。在各种方法的施工中,要求中间支承柱(桩)位置必须准确,以便与水平向及竖向结构连接。灌注桩可在泥浆护壁下用反循环或正循环钻孔成孔后吊放钢管或型钢,其位置要十分准确,否则对结构受力以及梁、柱等施工均十分不利,因此钢管吊放后要用定位装置调整其位置。用钢管内的导管浇筑混凝土时,钢管底端埋入混凝土不能很深,一般为 1 m 左右,钢管的内径要比导管接头处的外径大 50～100 mm。为使钢管下部与现浇混凝土能较好地结合,可在钢管下端加焊竖向锚固钢筋。混凝土柱的顶端一般高出底板面标高 300 mm左右,高出部分在浇筑底板时将其凿除,以保证底板与中间支承柱连成整体。混凝土浇筑完毕后吊出导管。由于钢管外面不浇筑混凝土,需将钻孔上段中的泥浆进行固化处理,以便在清除开挖的土方时,防止泥浆到处流淌,恶化施工环境。通常是在泥浆中掺入 10% 的水泥,利用空气压缩机的高压空气,通过软管进行吹拌,使水泥与泥浆拌和均匀,使其自凝固化。图 2-2-5 是采用钢管混凝土作中间支承柱的施工过程示意图。

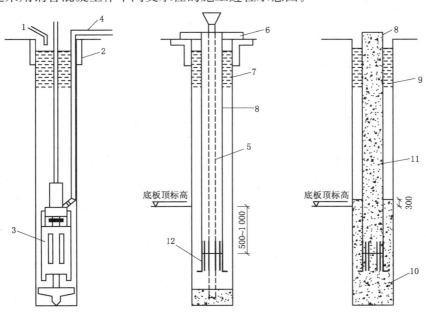

（a）钻孔　　　　（b）吊放钢管　　　　（c）形成支承柱

1—泥浆输入管;2—护筒;3—潜水电钻;4—排浆管;5—混凝土导管;6—定位装置;

7—泥浆;8—钢管;9—自凝泥浆;10—立柱桩;11—钢管混凝土;12—锚固钢筋。

图 2-2-5　中间支承柱(桩)的施工(单位:mm)

在施工期间要注意观察中间支承柱的沉降和抬升的数值。由于上部结构的不断加荷,会引起中间支承的沉降;由于基坑土方的开挖,其卸载作用会引起坑底土体的回弹,使中间支承柱抬升。中间支承柱沉降与抬升差异过大,对主体结构会造成一定的影响,因此,必须予以重视。但事先精确地计算和确定中间支承柱最终沉降或抬升的数值,以及在施工中有效地控制过大的沉降与抬升差异,目前还有一定困难,还需进行理论研究与工程实践。

2. 地下室结构浇筑

根据逆作法的施工特点,地下室结构由上而下分层浇筑,常用的浇筑方法有两种。

(1) 土基支承模板

对于地面梁、板或地下各层梁、板的混凝土浇筑,开挖土方至梁、板的设计标高后,将土面整平夯实,浇筑一层厚约50 mm的素混凝土。如果土质尚好,可抹一层砂浆,然后刷一层隔离层,即成楼板模板。对于梁模板,如土质好可用土胎模,按梁截面挖出槽穴即可,如土质较差,可用模板搭设梁模板(图2-2-6)。

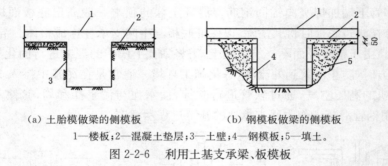

(a) 土胎模做梁的侧模板　　　(b) 钢模板做梁的侧模板

1—楼板;2—混凝土垫层;3—土壁;4—钢模板;5—填土。

图2-2-6　利用土基支承梁、板模板

柱子模板施工时先把柱子处的土挖出至梁底以下500 mm左右处,设置柱子的施工缝模板(图2-2-7),为使下部柱子易于浇筑,该模板宜呈斜面安装,柱子钢筋穿通模板向下伸出接头长度,在施工缝模板上面立柱子模板与梁模板相连接。如土质好,柱子模板可用土胎模,否则用模板搭设。下部柱子则在开挖后搭设模板进行浇筑。

(2) 用常规支模方式施工

施工时,先挖去地下结构施工层以下一层高的土层,然后按常规方法搭设梁、板的模板,浇筑梁、板混凝土,再向下延伸柱或墙板的施工。为此,需解决两个问题:设法减少梁、板支撑的沉降和结构的变形以及解决竖向构件的上、下连接和混凝土浇筑。

为了减少楼板支撑的沉降和结构变形,施工时需对土层采取措施进行临时加固。加固的方法有:

① 在支撑下部的土层上浇筑一层素混凝土,以提高土层的承载能力和减少沉降,待墙、梁浇筑完毕,开挖下层土方时随土一同挖去,此方法会多耗费一些混凝土;

② 铺设砂垫层,上铺枕木以扩大支承面积。上层柱子或墙板的钢筋可插入砂垫层,以便与下层后浇筑结构的钢筋连接。有时还采取吊模板的措施来解决模板的支撑问题。

逆作法浇筑混凝土时,由于混凝土是从顶部的侧面入模,为便于浇筑和保证连接处的密实性,除对竖向钢筋间距适当调整外,构件顶部的模板需做成喇叭形(图2-2-8)。

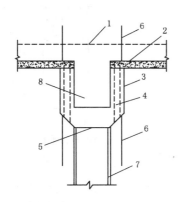 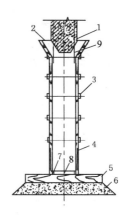

1—楼板；2—混凝土垫层；3—柱子模板；
4—预留浇筑孔；5—施工缝；6—柱子钢筋；
7—中间支承柱；8—梁。

图 2-2-7　柱子模板与施工缝

1—已浇筑的上层墙；2—浇筑口；3—对销螺栓；
4—模板；5—垫木；6—砂垫层；7—插筋预留木条；
8—钢模板；9—上层预留插筋。

图 2-2-8　墙、柱模板支撑

（3）逆作法的接头施工

逆作法的接头施工是逆作法施工的关键环节之一。逆作法接头施工要求在接头处使先浇混凝土和后浇混凝土具有整体性，而且在受力性能、均质性、水密性、气密性等方面应与整体混凝土达到同样的质量要求。

以上要求即使对顺作法的接头部位也是有难度的，因为按顺作法施工接头，接头部位也容易成为薄弱环节。而在逆作法施工中，上、下层结构的结合面在上层构件的底部，接头缝是采取后填法施工，由于模板的沉降、新浇混凝土的下沉和收缩，往往在结合面上形成空隙，并在接头表面产生离析或聚集气泡，便容易成为结构和防水性能上的缺陷。此外，由于混凝土的流动压力和浇筑速度不足，造成填充不良，易使钢立柱的阴角部分及后立模板的结合部位容易产生较大的混凝土裂缝，因此，施工中应采用合理的施工方法，防止裂缝的产生。目前的施工技术大致将逆作法的接头施工分为直接法、注入法及填充法三类。

① 直接法。在施工缝下部继续浇筑混凝土时，仍然浇筑相同的混凝土，有时添加一些微膨胀剂（如铝粉）以减少收缩。为浇筑密实可做假牛腿，混凝土硬化后可凿去[图 2-2-9（a）]。

② 填充法。在施工缝处留出填充接缝，待混凝土面处理后，在接缝处填充膨胀混凝土或无浮浆混凝土[图 2-2-9（b）]。

③ 注浆法。注浆法是待浇筑混凝土体硬化后用压力压入水泥浆填充浇筑混凝土体之间留出的施工缝隙的施工方法[图 2-2-9（c）]。

以上三种方法一般都能达到上述要求，而从实际施工情况看，填充法施工的接头性能最好，其次是注浆法，再次是直接法。但直接法施工最简单，成本也最低，施工时可对接缝处混凝土进行二次振捣，以进一步排出混凝土中的气泡，以确保混凝土的密实，减少收缩。

3. 垂直运输孔洞的预留

逆作法施工是在顶部楼盖封闭的条件下进行，在地下各层结构施工时，需进行施工设备、土方、模板、钢筋、混凝土等的上下运输。为此，在设计时需在适当部位预留一定量的垂

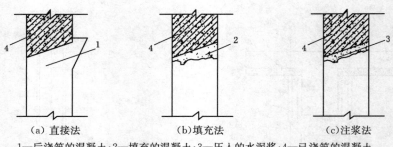

(a) 直接法   (b)填充法   (c)注浆法

1—后浇筑的混凝土；2—填充的混凝土；3—压入的水泥浆；4—已浇筑的混凝土。

图 2-2-9　施工接头处理

直运输通道，以满足逆作法施工的需要。也可利用楼梯间、电梯井或无楼板处作为垂直运输通道。必要时，可将部分水平结构层暂缓施工，设置临时洞口。此时，应在洞口的后浇结构与先浇结构接头部位预留连接钢筋，以便在后浇部分施工后形成整体。

思 考 题

1. 简述"全逆作法""半逆作法"的定义。它们之间有何区别？各有何特点？

2. "逆作法"与"顺作法"有什么不同点？

3. "逆作法"有什么优缺点？

4. 简述"逆作法"的施工工艺流程和施工顺序。

5. 简述"中间柱"的作用。常用何种方法施工？

6. 简述"逆作法"浇筑地下结构（梁、板、柱）的常用施工方法。

7. 在"逆作法"施工中主要有哪几种施工缝？施工缝的处理方法有几种？

8. 简述在"逆作法"施工中垂直运输通道留设的原则及其作用。

3 沉 井 施 工

3.1 概　述

沉井施工法是将位于地下一定深度的地下建筑物或建（构）筑物基础,先在地面以上制作,形成一个井状结构,然后在井内不断挖土,借助井体自重而逐步下沉,下沉到预定设计标高后,进行封底,构筑井内底板、梁、楼板、内隔墙、顶板等构件,最终形成一个地下建（构）筑物或建（构）筑物基础。

沉井的施工顺序（图 2-3-1）为:浇筑首节井壁 → 接高井壁 → 初沉 → 边挖土下沉、边接高井壁 → 下沉至设计标高 → 封底 → 沉井内部施工。

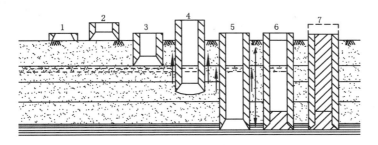

图 2-3-1　沉井施工顺序

按制作材料分类,沉井有混凝土、钢筋混凝土、钢、砖、石等多种类型。应用最多的是钢筋混凝土沉井。

按平面形状分类,沉井有圆形、方形、矩形、椭圆形、端圆形、多边形及多孔井字形等形式。

按竖向剖面形状分类,沉井有圆柱形、阶梯形及锥形等形式。为了减少下沉摩阻力,刃脚外缘常设 20～30 cm 间隙,井壁表面作成 1/100 坡度。

此外,沉井按其排列方式,又可分为单个沉井与连续沉井。连续沉井是由若干个沉井并排组成,通常用在构筑物呈带状、施工场地较窄的地段。上海黄浦江下的打浦路越江隧道、延安东路越江隧道、泰和路沉管隧道、大连路隧道、复兴东路隧道等工程的引道段均采用多节连续沉井施工而成。同时,在隧道两端的盾构拼装井也采用大型沉井施工而成。

沉井一般由刃脚、井壁（侧壁）、封底、内隔墙、纵横梁、框架和顶盖板等组成（图 2-3-2）。

沉井广泛应用于地下工业厂房、大型设备基础、地下仓（油）库、人防掩蔽所、盾构拼装井、船坞坞首、桥梁墩台基础、取水构筑物、污水泵站、矿用竖井、地下车道与车站、地下建（构）筑物的围壁和大型深埋基础等。

沉井在施工中具有独特优点:占地面积小,不需要板桩围护,与大开挖相比较,挖土量

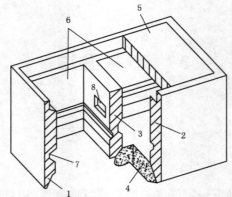

1—刃脚；2—井壁；3—内墙；4—封底；5—顶板；6—井孔；7—凹槽；8—人孔。

图 2-3-2　沉井的构造

少,对邻近建筑物的影响比较小,操作简便,无需特殊的专业设备。近年来,沉井的施工技术和施工机械都有很大改进。为了降低沉井施工中井壁侧面摩阻力,出现了触变泥浆润滑套法、壁后压气法等施工方法。在密集的建筑群中施工时,为了确保地下管线和建筑物的安全,创造了"钻吸排土沉井"施工技术和"中心岛式下沉"施工工艺。这些施工新技术的出现,可以将地表的沉降和位移控制在很小的范围内。

3.2　沉井施工准备

沉井施工前应做好下列准备工作:
① 对施工场地进行勘察;
② 熟悉工程地质、水文地质、施工图纸等资料;
③ 敷设水电管线,修筑临时道路,平整场地,即"三通一平";
④ 搭建必要的临时设施,集中必要的材料、机具设备和劳动力;
⑤ 应事先编制施工组织设计与施工方案。

3.2.1　地质勘查和制订施工方案

工程地质和水文地质资料是制订沉井施工方案、编制施工组织设计的重要依据。施工前,应在沉井施工地点进行钻孔,熟悉场地的地质情况(包括土的力学指标、安息角、摩阻力、地层构造、分层情况)、地下水情况以及地下障碍物情况等,此外还应做好现场查勘工作,查清和排除地面及地下 3 m 以内的障碍物(如房屋构筑物、管道、树根、电缆线路等)。根据工程结构特点、地质水文情况、施工设备条件和技术可行性,编制切实可行的施工方案或施工技术措施,以指导施工。

3.2.2　沉井制作准备

1. 不开挖基坑制作沉井

当沉井制作高度较小或天然地面较低时可以不开挖基坑,只需将场地平整夯实,以免在浇筑沉井混凝土过程中或撤除支垫时发生不均匀沉陷。如场地高低不平,应加铺一层厚度不小于 50 mm 的砂层,必要时应挖去原有松软土层,然后铺设砂层。

2. 开挖基坑制作沉井

应根据沉井平面尺寸决定基坑底面尺寸、开挖深度及边坡大小,定出基坑平面的开挖边线。整平场地后根据设计图纸上的沉井坐标定出沉井中心桩以及纵横轴线控制桩,并测设控制桩的攀线桩作为沉井制作及下沉过程的控制桩。亦可利用附近的固定建筑物设置控制点。以上施工放样完毕,须经技术部门复核后方可开工。

刃脚外侧面至基坑底边的距离一般为 1.5~2.0 m,以能满足施工人员绑扎钢筋及树立外模板为原则。

基坑开挖的深度视水文、地质条件和第一节沉井要求的浇筑高度而定。为了减少沉井的下沉深度也可加深基坑的开挖深度,但若挖出表土硬壳层后坑底为很软弱淤泥,则不宜挖除表面硬土。应通过综合比较确定合理的深度。

当不设边坡支护的基坑,开挖深度在 5 m 以内且坑底在降低后的地下水位以上时,基坑最大允许边坡根据土质状况确定。

基坑底部若有暗浜、土质松软的土层,应予以清除。在井壁中心线两侧各 1 m 的范围内回填砂性土并整平振实,以免沉井在制作过程中发生不均匀沉陷。开挖基坑应分层按顺序进行,底面浮泥应清除干净并保持平整和疏干状态。

基坑及沉井挖土一般应外运,如条件许可在现场堆放时,堆放点距离基坑边缘的距离一般不宜小于沉井下沉深度的 2 倍,并不得影响现场交通、排水及下一步施工。用钻吸法下沉沉井时从井下吸出的泥浆须经过沉淀池沉淀和疏干后,用封闭式车斗外运。

基坑底部四周应挖出一定坡度的排水沟与基坑四周的集水井相通。集水井比排水沟低500 mm 以上,将汇集的地面水和地下水及时用潜水泵、离心泵等抽除。基坑中应防止雨水积聚,保持排水通畅。

基坑面积较小,坑底为渗透系数较大的砂质含水土层时可布置土井降水。土井一般布置在基坑周围,其间距根据土质而定。一般用直径 800~900 mm 的渗水混凝土管,四周布置外大内小的孔眼,孔眼直径一般为 40 mm,用木塞塞住,混凝土管下沉就位后由内向外敲去木塞,用旧麻袋布填塞。在井内填 150~200 mm 厚的石料和 100~150 mm 厚的砾石砂,防止或减少抽汲时细砂被水带走。

采用井点降水时井点距井壁的距离按井点入土深度确定,当井点入土深度在 7 m 以内时,一般为 1.5 m;井点入土深度为 7~15 m 时,一般为 1.5~2.5 m。

3. 地基处理后制作沉井

制作沉井的场地应预先清理、平整和夯实,使地基在沉井制作过程中不致发生不均匀沉降。制作沉井的地基应具有足够的承载力,以免沉井在制作过程中发生不均匀沉陷,以致倾斜甚至井壁开裂。在松软地基上进行沉井制作,应先对地基进行处理,以防止由于地基不均匀下沉引起井身裂缝。处理方法一般是采用砂、砂砾、混凝土、灰土垫层或人工夯实、机械碾压等措施加固。

4. 人工筑岛制作沉井

如沉井在浅水(水深小于 5 m)地段下沉,可填筑人工岛制作沉井,岛面应高出施工期的最高水位 0.5 m 以上,四周留出护道,当有围堰时,护道宽度不得小于 1.5 m;无围堰时,不得小于 2.0 m(图 2-3-3)。筑岛材料应采用低压缩性的中砂、粗砂或砾石,不得用黏性土、细砂、淤泥和泥炭等,也不宜采用大块砾石。当水流速度超过表 2-3-1 所列数值时,须在边坡用草袋堆筑或用其他方法防护。当水深在 1.5 m、流速在 0.5 m/s 以内时,亦可直接用土填筑,而不用设围堰。

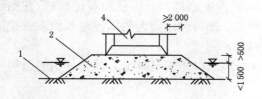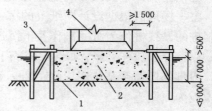

(a) 无围堰的人工筑岛　　　　　　　　(b) 有围堰的人工筑岛

1—河底;2—人工筑岛;3—围堰;4—沉井。

图 2-3-3　人工筑岛(单位:mm)

表 2-3-1　　　　　　　　　　　　　　筑岛土料与容许流速

土 料 种 类	粒径/mm	容许流速/(m·s⁻¹)	
		土表面处流速	平均流速
粗砂	1.0~2.5	0.65	0.8
中等砾石	25~40	1.0	1.2
粗砾石	40~75	1.2	1.5

围堰的选择根据水深、河水的流速及施工条件确定,实际工程中可按表 2-3-2 选择。筑岛的填料应以砂、砂夹卵石或小砾石填筑,不应采用黏性土、淤泥、泥炭及大块砾石填筑。岛面标高应高出最高施工水位或地下水位至少 0.5 m。水面以上部分的填筑应分层夯实或碾压密实,每层厚度控制在 300 mm 以下。岛面容许承压应力一般不宜小于 0.1 MPa 或按设计要求。护道最小宽度对于土岛为 2 m,围堰筑岛为 1.5 m,当需要设置暖棚或其他施工设施时,须另行加宽。外侧边坡控制在 1:1.75~1:3 之间。如果在冬季筑岛,应清除冰层,填料中不应含冰块;在水中筑岛则须妥善做好防护措施。对倾斜河床筑岛,围堰要坚实,防止筑岛滑移。

表 2-3-2　　　　　　　　　　　　　各种围堰筑岛的选择条件

围堰名称	适 用 条 件		
	水深/m	流速/(m·s⁻¹)	说 明
草袋围堰	<3.5	1.2~2.0	淤泥质河床或沉陷较大的地层
笼石围堰	<3.5	≤3.0	未经处理者,不宜使用
木笼围堰			水深流急,河床坚实平坦,不能打桩;有较大流冰,围堰外侧无法支撑者用之
木板桩围堰	3~5		河床应为能打入板桩的地层
钢板桩围堰			能打入硬层,适宜做深水筑岛围堰

3.2.3 测量控制和沉降观察

按沉井平面设置测量控制网,进行抄平放线,并布置水准基点和沉降观测点。在原有建筑物附近下沉的沉井,应在沉井周边的原有建筑物上设置变形(位移)和沉降观测点,对其进行定期变形及沉降观测。

3.3 沉井制作

3.3.1 刃脚支设

制作沉井下部刃脚的支设可视沉井重量、施工荷载和地基承载力情况,采用垫架法、半垫架法、砖垫座或土底模等方法(图 2-3-4)。较大较重的沉井,在较软弱地基上制作,常采用垫架或半垫架法,以免造成地基下沉或刃脚裂缝。直径(或边长)在 6 m 以内的较轻沉井,当土质好时,可采用砖垫座,沿周长分成 6～8 段,中间留 20 mm 空隙,以便拆除。重量较轻的小型沉井,土质好时,可采用砂垫层、灰土垫层或在地基中挖槽做成土模,其内壁用 1∶3 的水泥砂浆抹平。

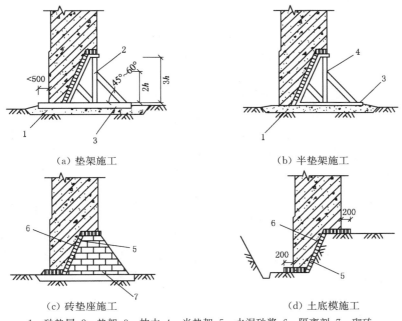

(a) 垫架施工　　　　　　　　　　(b) 半垫架施工

(c) 砖垫座施工　　　　　　　　　(d) 土底模施工

1—砂垫层;2—垫架;3—枕木;4—半垫架;5—水泥砂浆;6—隔离剂;7—砌砖。

图 2-3-4　刃脚支设方法(单位:mm)

采用垫架或半垫架法时,垫架数量根据第一节沉井的重量和地基及砂垫层的容许承载力计算确定,间距一般为 0.5～1.0 m。垫架应对称铺设。一般先设 8 组定位垫架,每组由 2～3 个垫架组成,矩形沉井常设 4 组定位垫架,其位置设在长边两端 0.15L(L 为长边边长)处,在定位垫架中间支设一般垫架,垫架应垂直于井壁铺设。圆形沉井沿刃脚圆弧部分对准圆心铺设。在垫木上支设刃脚、井壁模板。铺设垫木应使顶面保持在同一水平面上,用水准仪找平,使高差在 10 mm 以内,并在垫木间用砂填实,垫木埋深为垫木厚度的一半,在垫架内外设置排水沟。

3.3.2 沉井制作

沉井制作一般有三种方法:
① 在修建构筑物地面上制作。适用于地下水位高和净空允许的情况。
② 人工筑岛制作。适用于浅水中制作。
③ 在基坑中制作。适用于地下水位低、净空不高的情况,可减少下沉深度、摩阻力及作业高度。

以上三种沉井制作方法可根据不同情况采用,使用较多的是在基坑中制作。

采取在基坑中制作的方法时,基坑应比沉井宽 2～3 m,四周设排水沟、集水井,使地下水位降至比基坑底面低 0.5 m,挖出的土方在周围筑堤挡水,要求护堤宽度不小于 2 m(图 2-3-5)。

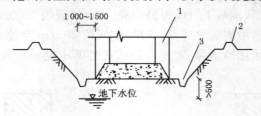

1—沉井;2—挡水坝;3—排水沟。

图 2-3-5　制作沉井的基坑(单位:mm)

沉井过高常常不够稳定,下沉时易倾斜,一般高度大于 12 m 时,宜分节制作,可以在沉井下沉过程中或在井筒下沉各个阶段间歇时间,继续加高井筒。

井壁模板采用钢组合式定型模板或木定型模板组装而成。若有抗渗要求,则在螺栓中间设止水板。第一节沉井筒壁应按设计尺寸在周边加大 10～15 mm,第二节相应缩小一些,以减少下沉摩阻力。对高度大的大型沉井,亦可采用滑模方法制作。沉井内隔墙可与井壁同时浇筑或在井壁与内隔墙连接部位预留插筋,下沉完成后,再施工隔墙。

沉井混凝土浇筑可采取以下几种方式:在沿沉井周围搭设脚手平台,用手推车沿沉井进行浇灌,或者采用塔式起重机或履带式起重机及混凝土料斗浇灌。如采用混凝土泵进行混凝土浇灌则施工更为方便。混凝土施工中,应分层、均匀、对称地进行浇筑。当采用手推车或混凝土料斗浇筑时,还应放置串筒,防止混凝土的自由倾落超过规定的高度而产生分层离析现象。

3.3.3 单节式沉井混凝土浇筑

对于高度在 10 m 以内的沉井,可用单节式沉井一次浇筑完成。此时浇筑混凝土应沿井壁四周均匀对称地进行施工,避免高低悬殊、压力不均,产生地基不均匀沉降而造成沉井断裂,一般在浇筑第一节井壁时,须保证沉井均匀沉降。对有防水要求的沉井结构,要处理好井壁分节处的施工缝,以防漏水。当井壁较薄且防水要求不高时,可采用平缝;当井壁厚度较大又有防水要求时,可采用凸式或凹式施工缝,也可采用止水带施工缝。施工缝形式如图2-3-6 所示。

158

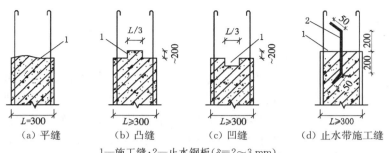

1—施工缝;2—止水钢板($\delta = 2 \sim 3$ mm)。

图 2-3-6　施工缝形式(单位:mm)

对于不承受混凝土重量的侧模,应在混凝土达到设计强度的 25% 以上方可拆除;对于刃脚斜面的支撑及模板,则应根据井壁的厚度与高度,在混凝土达到设计强度的 70%~90% 以上方可拆除。

3.3.4　多节式沉井混凝土浇筑

多节式沉井混凝土浇筑时,第一节混凝土的浇筑与单节式混凝土浇筑相同。当第一节混凝土达到设计强度的 70% 以上时,可浇筑第二节沉井的混凝土。先后浇筑的混凝土接触面处须进行凿毛、清洗等处理。分节浇筑分节下沉时,第一节沉井顶端应在距离地面 0.5~1 m 处停止下沉,开始接高施工。每次接高增加一节的高度一般为 4~5 m。接高的模板不可支撑在地面上。

3.4　沉　井　下　沉

3.4.1　制作与下沉顺序

沉井按其制作与下沉的顺序分为三种形式:一次制作,一次下沉;分节制作,多次下沉;分节制作,一次下沉。

(1)一次制作,一次下沉

一般中小型沉井,高度不大,地基很好或者经过人工加固后获得较大的地基承载力时,最好采用一次制作,一次下沉方式。一般来说,以该方式施工的沉井在 10 m 以内为宜。

(2)分节制作,多次下沉

将井墙沿高度分成几段,每段为一节,制作一节,下沉一节,循环进行。该方案的优点是沉井分段高度小,对地基要求不高。缺点是工序多,工期长,而且在接高井壁时易产生倾斜和突沉,需要进行稳定验算。

(3)分节制作,一次下沉

这种方式的优点是脚手架和模板可连续使用,下沉设备一次安装,有利于滑模。缺点是对地基条件要求高,高空作业困难。我国目前采用该方式制作的沉井,全高已达 30 m 以上。

沉井下沉应具有一定的强度,第一节混凝土或砌体砂浆应达到设计强度的 100%,其上各节强度达到 70% 以后,方可开始下沉。

3.4.2 承垫木拆除

大型沉井混凝土应达到设计强度的 100%，小型沉井达到 70% 以上，便可拆除承垫木。抽除刃脚下的垫木应分区、分组、依次、对称、同步进行。抽除次序：圆形沉井先抽一般承垫木，后抽除定位垫木；矩形沉井先抽内隔墙下的垫木，然后分组对称地抽除外墙两短边下的定位垫木，再后抽除长边下的一般垫木，最后同时抽除定位垫木（图 2-3-7）。抽除方法是将垫木底部的土挖去，利用人工或机具将相应垫木抽出。每抽出一根垫木后，应立即用砂、卵石或砾石将空隙填实，同时在刃脚内外侧应填筑成小土堤，并分层夯实（图 2-3-8）。抽除垫木时要加强观测，注意下沉是否均匀。

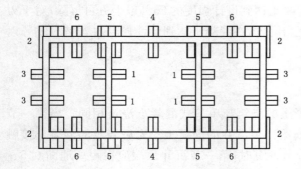

图 2-3-7　矩形沉井垫木抽除顺序
（图中 1，2，3，…表示垫木抽除顺序）

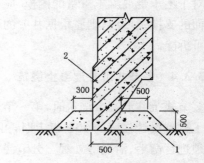

1—砂（或砂卵石）；2—刃脚。
图 2-3-8　刃脚回填砂或砂卵石（单位：mm）

3.4.3 下沉方法选择

沉井下沉有排水下沉和不排水下沉两种方法，前者适用于渗水量不大（每平方米不大于 1 m³/min）、稳定的黏性土（如黏土、粉质黏土以及各种岩质土）或砂砾层中渗水量虽很大，但排水并不困难的情况。后者适用于流砂严重的地层和渗水量大的砂砾地层，以及地下水无法排除或大量排水会影响附近建筑物安全的情况。

排水下沉常用的排水方法有以下三种：集水井排水、井点排水及集水井与井点排水相结合的方法。

集水井排水是在沉井周围距离刃脚 2～3 m 处挖一圈排水明沟，设置 3～4 个集水井，深度比地下水深 1～1.5 m，沟和井底的深度随沉井挖土而不断加深，在井内或井壁上设水泵，将水抽出井外排走。为了不影响井内挖土操作和避免经常搬动水泵，一般采取在井壁上预埋铁件，焊接钢结构操作平台来安设水泵 [图 2-3-9（a）]，或设吊架安设水泵，用草垫或橡皮承垫避免振动，水泵抽吸高度控制在 5 m 以内。如果井内渗水量很少，则可直接在井内设高扬程小潜水泵将地下水抽出井外。

如采用井点排水法，则可在沉井周围设置轻型井点、电渗井点或喷射井点以降低地下水位 [图 2-3-9（b）]，使井内保持干挖土。

采用井点排水与集水井相结合的排水方法，一般在沉井上部周围设置井点降水，下部挖明沟集水井设泵排水 [图 2-3-9（c）]。

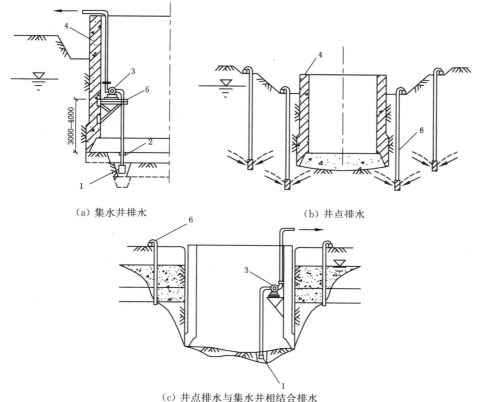

（a）集水井排水　　　　　　　　　（b）井点排水

（c）井点排水与集水井相结合排水

1—集水井；2—排水沟；3—水泵；4—井壁；5—钢支架；6—井点管。

图 2-3-9　沉井排水方法（单位：mm）

不排水下沉方法有：用抓斗在水中取土下沉；用水力冲射器冲刷土，用空气吸泥机吸泥或水力吸泥机抽吸水中泥土；用钻吸排土沉井工法下沉施工。钻吸排土沉井工法是通过特制的钻吸机组，在水中对土体进行切削破碎，并同时完成排泥工作，使沉井下沉到设计标高。该方法具有水中破土排泥效率高、劳动强度低、安全可靠等优点。

3.4.4　下沉挖土方法

1. 排水下沉挖土方法

排水下沉挖土方法常用人工或风动工具，或在井内用小型反铲挖土机，在地面用抓斗挖土机分层开挖。挖土必须对称、均匀进行，使沉井均匀下沉。挖土方法随土质情况而定。

（1）普通土层

从沉井中间开始逐渐挖向四周，每层挖土厚 0.4～0.5 m，在刃脚处留 1～1.5 m 台阶，然后沿沉井壁每 2～3 m 一段，向刃脚方向逐层全面、对称、均匀地开挖土层，每次挖去 5～10 cm，当土层经不住刃脚的挤压而破裂，沉井便在自重作用下均匀破土下沉［图 2-3-10（a）］。当沉井下沉很少或不下沉时，可再从中间向下挖 0.4～0.5 m，并继续按图 2-3-10（a）向四周均匀掏挖，使沉井平稳下沉。当在数个井孔内挖土时，为使沉井下沉均匀，孔格内挖土高差不得超过 1.0 m。刃脚下部土方应边挖边清理。

（2）砂夹卵石或硬土层

可按图2-3-10（a）方法挖土，当土垅挖至刃脚，沉井仍不下沉或下沉不平稳时，则须按平面布置分段的次序逐段对称地将刃脚下挖空，并挖出刃脚外壁约10 cm，每段挖完用小卵石填塞夯实，待全部挖空回填后，再分层去掉回填的小卵石，可使沉井减少承压面而平衡下沉〔图2-3-10（b）〕。

（3）岩层

风化岩石或软质岩层可用风镐或风铲等按图2-3-10（a）的次序开挖。较硬的岩层可按图2-3-10（c）的顺序进行开挖，在刃口打炮孔，进行松动爆破，炮眼深1.3 m，以1 m×1 m梅花形交错排列，使炮眼伸出刃脚口外15～30 cm，以便开挖宽度可超出刃口5～10 cm。下沉时，按刃脚分段顺序，每次挖1 m宽即进行回填，如此逐段进行，使沉井平稳下沉。

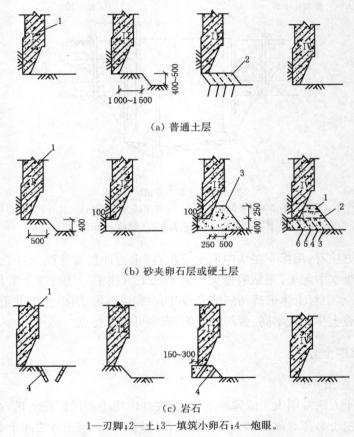

（a）普通土层

（b）砂夹卵石层或硬土层

（c）岩石

1—刃脚；2—土；3—填筑小卵石；4—炮眼。

图2-3-10　排水下沉开挖方法（单位：mm）

（图中1，2，3，…表示刷坡次序）

在开始5 m以内下沉时，要特别注意保持平面位置与垂直度正确，以免继续下沉时不易调整。在距离设计标高20 cm左右应停止取土，依靠沉井自重下沉到设计标高。在沉井开始下沉和将要下沉至设计标高时，周边开挖深度应小于30 cm或更少一些，避免发生倾斜、超沉。

2. 不排水下沉挖土方法

不排水下沉挖土方法通常采用抓斗、水力吸泥机或水力冲射空气吸泥机等在水下挖土。

（1）抓斗挖土

用吊车吊住抓斗挖掘井底中央部分的土,使井底形成锅底。在砂或砾石类土中,一般当锅底比刃脚低 1～1.5 m 时,沉井即可靠自重下沉,而将刃脚下的土挤向中央锅底,再从井孔中继续抓土,沉井即可继续下沉。在黏质土或紧密土中,刃脚下的土不易向中央坍落,则应配以射水管松土(图 2-3-11)。沉井由多个井孔组成时,每个井孔宜配备一台抓斗。当采用一台抓斗抓土时,应对称逐孔轮流进行,使沉井均匀下沉,各井孔内土面高差应不大于 0.5 m。

（2）水力机械冲土

高压水泵将高压水流通过进水管分别送进沉井内的高压水枪和水力吸泥机中,利用高压水枪射出的高压水流冲刷土层,使其形成一定稠度的泥浆汇流至集泥坑,然后用水力吸泥机(或空气吸泥机)将泥浆吸出,从排泥管排出井外(图 2-3-12)。冲黏性土时,宜使喷嘴接近 90°角冲刷立面,将立面底部冲成缺口使之塌落。取土顺序为先中央后四周,并沿刃脚留出土台,最后对称分层冲挖,不得冲空刃脚踏面下的土层。施工时,应使高压水枪冲入井底的泥浆量和渗入的水量与水力吸泥机吸出的泥浆量保持平衡。

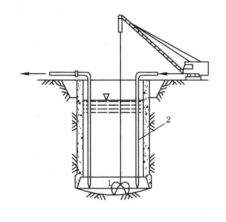

1—抓斗;2—水枪。

图 2-3-11　水枪冲土、抓斗抓土

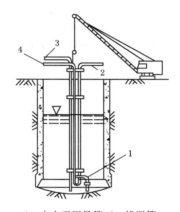

1—水力吸泥导管;2—排泥管;
3—冲刷管;4—供水管。

图 2-3-12　水力吸泥机水中冲土

水力机械冲土的主要设备包括吸泥器(水力吸泥机或空气吸泥机)、吸泥管、扬泥管和高压水管、离心式高压清水泵、空气压缩机(采用空气吸泥时使用)等。吸泥器内部高压水喷嘴处的有效水压与扬泥所需要的水压的比值平均约 7.5。使各类土成为适宜稠度的泥浆比重,对于砂类土为 1.08～1.18;黏性土为 1.09～1.20。吸入泥浆所需的高压水流量,约与泥浆量相等,吸入的泥浆和高压水混合以后的稀释泥浆,在管路内的合适流速应不超过 2～3 m/s。喷嘴处的高压水流速一般为 30～40 m/s。

实际应用的吸泥机的射水管与高压水喷嘴截面的比值为 4～10,而吸泥管与喷嘴截面的比值为 15～20。水力吸泥机的有效作业量为高压水泵效率的 0.1～0.2,如每小时压入水量为 100 m³,可吸出泥浆含土量为 5～10 m³,高度为 35～40 m,喷射速度为 3～4 m/s。吸泥器配备数量视沉井大小及土质而定,一般为 2～6 套。

水力吸泥机冲土,适用于粉质黏土、粉土、粉细砂土,使用时不受水深限制,但出土率则随水压、水量的增加而提高,必要时应向沉井内注水,以加高井内水位。在淤泥或浮土中使用水力吸泥时,应保持沉井内水位高出井外水位 1～2 m。

3. 沉井的辅助下沉方法

(1) 射水下沉法

射水下沉法一般作为以上两种方法的辅助方法,它是用预先安设在沉井外壁的水枪,借助高压水冲刷土层,使沉井下沉。射水所需水压:在砂土中,冲刷深度在 8 m 以下时,需要 0.4～0.6 MPa;在砂砾石层中,冲刷深度在 10～12 m 时,需要 0.6～1.2 MPa;在砂卵石层中,冲刷深度在 10～12 m 时,则需要 8～20 MPa。冲刷管的出水口口径为 10～12 mm,每一管的喷水量不得小于0.2 m³/s(图 2-3-13)。但本法不适用于在黏土中下沉沉井。

(2) 触变泥浆护壁下沉法

沉井外壁制成宽度为 10～20 cm 的台阶作为泥浆槽。泥浆是用泥浆泵、砂浆泵或气压罐通过预埋在井壁体内或设在井内的垂直压浆管压入(图 2-3-14),使外井壁泥浆槽内充满触变泥浆,其液面接近自然地面。为了防止漏浆,在刃脚台阶上宜钉一层 2 mm 厚的橡胶皮,同时在挖土时注意不要使刃脚底部脱空。在泥浆泵房内要储备一定数量的泥浆,以便下沉时不断补浆。在沉井下沉到设计标高后,泥浆套应按设计要求进行处理,一般采用水泥浆、水泥砂浆或其他材料来置换触变泥浆,即将水泥浆、水泥砂浆或其他材料从泥浆套底部压入,使压进的水泥浆、水泥砂浆等凝固材料挤出泥浆,待凝固材料凝固后,沉井即可稳定。

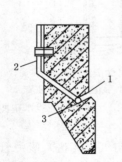

1—冲刷出口;2—高压水管;
3—环形水管。

图 2-3-13　沉井预埋冲刷管

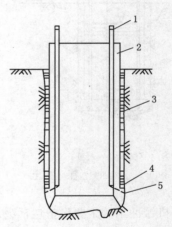

1—压浆管;2—沉井;3—触变泥浆护壁;
4—压浆孔;5—橡胶圈。

图 2-3-14　触变泥浆护壁下沉法

(3) 抽水下沉法

不排水下沉的沉井,抽水降低井内水位,减少浮力,可使沉井下沉。当遇有翻砂涌泥时,不宜采用此法。

(4) 井外挖土下沉法

若上层土中有砂砾或卵石层,井外挖土下沉就很有效。

(5) 压重下沉法

可利用铁块,或用草袋装沙土,以及接高混凝土筒壁等加压配重,使沉井下沉,但特别要注意均匀对称加重。

164

（6）炮震下沉法

当沉井内土已经挖出掏空而沉井不下沉时,可在井中央的泥土面上放药起爆,一般用药量为1～2 N。同一沉井,同一地层不宜多于4次。

3.4.5 测量控制与观测

沉井平面位置与标高的控制是在沉井四周的地面上设置纵横十字中心控制线、水准基点进行控制。沉井垂直度的控制,是在井筒内按4等分或8等分标出垂直轴线,以吊线锤对准下部标板进行控制(图2-3-15)。在挖土时,应随时观测垂直度,当线锤偏离墨线达50 mm,或四面标高不一致时,应及时纠正。沉井下沉的控制,通常在井外壁两侧用白油漆或红油漆画出标尺,可采用水平尺或水准仪来观测沉降。在沉井下沉时,应加强平面位置、垂直度和标高(沉降值)的观测,每班至少测量两次,可在班中及每次下沉后检查一次,并做好记录,如有倾斜、位移和扭转,应及时通知值班负责人,指挥操作人员纠偏,使偏差控制在允许范围以内。

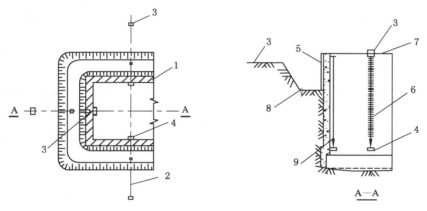

1—沉井;2—沉井中心线;3—控制点;4—钢标板;5—下沉标尺;
6—壁外下沉标尺;7—沉降观测点;8—沉降控制点;9—线锤。

图2-3-15 沉井下沉测量控制

3.5 沉 井 封 底

当沉井下沉至设计标高,经过观测在8 h内累积下沉量不大于10 mm或沉降率在允许范围内,沉井下沉已经稳定时,即可进行沉井封底。通常封底方法有排水封底和不排水封底两种。

3.5.1 排水封底

在沉井底面平整的情况下,刃脚四周经过处理后无渗、漏水现象,然后将新老混凝土接触面冲刷干净或打毛,对井底进行修整,使之呈锅底形。如有少量渗水现象时,可采用排水沟或排水盲沟,把水集中到井底中央集水坑内抽除。一般将排水沟或排水盲沟挖成由刃脚向中心的放射形,沟内填以卵石做成滤水暗沟,在中部设2～3个集水井,深1～2 m,井间用

165

盲沟相互连通,插入$\phi 600 \sim 800$四周带孔眼的钢管或混凝土管,管周填以卵石,使井底的水流汇集在井中,用泵排出(图2-3-16),并保持地下水位低于井内基底面0.3 m。

封底前应进行基底清理。清底深度应满足设计要求,并将基底土层做成锅底坑,以便于封底(图2-3-17)。

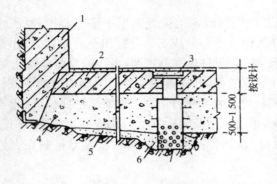

1—沉井;2—底板;3—法兰盘;
4—封底混凝土;5—盲沟;6—集水井。
图2-3-16 沉井封底构造(单位:mm)

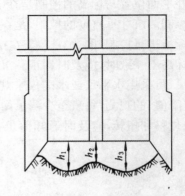

图2-3-17 清底深度示意图

在不扰动刃脚下面土层的前提下清理基底土层,可采用人工清理或射水清理,也可采用吸泥或抓泥清理。

清理基底风化岩可用高压射水、风动凿岩工具,以及小型爆破等办法,配合吸泥机清除。

封底一般先浇一层$0.5 \sim 1.5$ m的素混凝土垫层,达到50%设计强度后,进行钢筋绑扎,两端伸入刃脚或凹槽内,浇筑上层底板混凝土。浇筑应在整个沉井面积上分层、同时不间断地进行,由四周向中央推进,每层厚$300 \sim 500$ mm,并用振捣器捣实。当井内有隔墙时,应前后左右对称地逐孔浇筑。混凝土采用自然养护,养护期间应继续抽水。待底板混凝土达到70%设计强度后,对集水井逐个停止抽水,逐个封堵。封堵方法是,将滤水井中的水抽干,在套筒内迅速用干硬性的高标号混凝土进行堵塞并捣实,然后盖上法兰盘,用螺栓拧紧或焊牢,上部用混凝土填实捣平。

3.5.2 不排水封底

不排水封底即在水下进行封底。要求将井底浮泥清除干净,新老混凝土接触面用水冲刷干净,并铺碎石垫层。封底混凝土用导管法灌注。待水下封底混凝土达到所需要的强度后,即一般养护$7 \sim 10 d$,方可从沉井中抽水,按排水封底法施工上部钢筋混凝土底板。

沉井水下封底常常采用导管法灌注混凝土。施工中可根据导管的作用半径确定每根导管的浇灌范围。导管的作用半径一般为$2.5 \sim 4$ m,在混凝土流动坡度不大于1:5时,导管作用半径为3 m时,每根导管可灌注$10 \sim 20$ m²;导管作用半径为4 m时,每根导管可灌注$20 \sim 30$ m²。

导管安置高度是保证混凝土施工质量的重要环节,其控制标准可参考表2-3-3。

表 2-3-3   导管安置高度

导管的作用半径/m	管底混凝土柱的最小超压力/kPa	管顶高出水面的最小高度/m	管底埋入混凝土的深度/m
3.0	100	$4-0.6h_2$	0.9~1.2
3.5	150	$6-0.6h_2$	1.2~1.5
4.0	250	$10-0.6h_2$	1.5~1.8

注:h_2为导管周围混凝土面距离水面的深度(m)。

思 考 题

1. 简述沉井施工法的定义。它有何特点?包括哪些主要施工工序?

2. 沉井由哪几部分构成?各部分起什么作用?

3. 沉井施工前应做哪些准备工作?

4. 简述沉井施工的工序流程。

5. 简述沉井制作的常用方法、施工顺序。在制作沉井时应注意什么问题?

6. 沉井下沉通常采用哪几种施工方法?

7. 简述沉井下沉的辅助施工方法。

8. 试述沉井下沉施工的测量控制方法。

9. 简述沉井常用的封底方法与各封底方法的工序流程及其特点。

10. 沉井制作、下沉质量标准有哪些?如何检测、控制质量?

11. 沉井施工有哪些新工艺、新技术?

12. 简述沉井下沉施工引起土体移动的因素。如何控制沉井周边地表变形?

4 盾构法隧道施工

4.1 概 述

4.1.1 盾构法施工概要

盾构法施工是在盾构保护下建造隧道的一种施工方法。其特点是掘进地层、出土运输、衬砌拼装、接缝防水和盾尾间隙注浆充填等主要作业都在盾构保护下进行。同时,需要解决隧道衬砌结构(管片、砌块)制造、衬砌防水、施工布置、施工测量、排除地下水和控制地面沉降等问题。因而是一项施工工艺技术要求高、综合性强的施工方法。盾构是这种施工方法中最主要的施工机具,它是一个既能支承地层压力又能在地层中推进的钢筒结构体——隧道掘进机。

目前,盾构法建造的隧道主要用于水底公路隧道、地铁区间隧道、电力电信隧道、市政管线隧道和进水排水隧道等地下工程。其断面形式一般为圆形,也有采用矩形、马蹄形、双圆形和多圆形等形状。工程中常常采用圆形断面,我国上海长江隧道最大直径已达到15.0 m。采用盾构法施工隧道,其埋设深度较深,基本上不受地面建(构)筑物、深基础、市政设施与交通的影响。近年来,随着国家经济建设的腾飞,越来越多的盾构法隧道相继建成,盾构法施工技术也得到了快速发展。盾构法隧道施工概貌如图 2-4-1 所示。

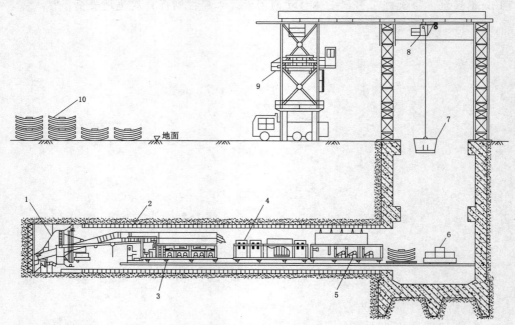

1—盾构;2—衬砌环;3—液压泵站;4—配电柜;5—辅助设备;6—电瓶车;7—装土箱;8—行车;9—出土架;10—管片。

图 2-4-1 盾构法隧道施工概貌

图 2-4-2 所示为上海长江隧桥工程南港隧道断面。上海长江隧道采用了由我国与德国联合制造的泥水气压平衡盾构机"长江 1 号""长江 2 号"掘进隧道。长江隧道施工创造了盾构最大直径 15.43 m,初砌外径 15.0 m,衬砌厚度 0.65 m,盾构一次性掘进最长距离 7.5 km,盾构最深处埋深 55 m 的三项世界纪录。它代表了当代世界盾构技术的最高水平,在我国软土盾构法隧道施工中具有里程碑意义。

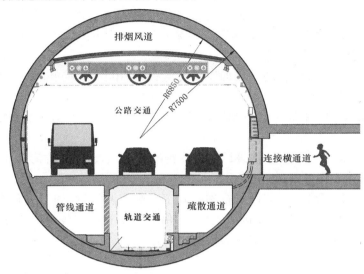

图 2-4-2　上海长江隧桥工程南港隧道断面(单位:mm)

4.1.2　盾构法施工的特点

1. 盾构法施工的优点

盾构法施工的优点是:地面作业少,隐蔽性好,噪声、振动引起的公害小;隧道施工的费用和技术难度基本上不受覆土深浅的影响,特别适宜于建造覆土深的隧道;隧道穿越河底、海底、地面建筑群和地下管线密集区的下部时,隧道施工可完全不影响航道通航和地面建筑及市政管线的正常使用,也完全不受气候的影响;隧道施工自动化程度高、劳动强度低、施工速度快;盾构法适用于各类软土地层和软岩地层的隧道施工,尤其适用于市区地下铁道和水底隧道的施工。

2. 盾构法施工的缺点

盾构法施工的缺点是:不能完全防止盾构施工区域内的地表变形;当工程对象规模较小时,工程造价相对较高;盾构一次掘进长度有限,国内外施工一般为 1 400～2 500 m;当隧道覆土小于 $0.5D_s$(D_s 为盾构外径)时,盾构开挖面土体稳定较困难;当采用气压盾构施工时,工作面周围 100 m 范围内会发生缺氧和枯井的情况,并且有隧道冒顶和施工人员因减压不当而患减压病(沉箱病)的危险;当盾构的曲线半径 $R<20D$(D 为隧道外径)时,盾构转向比较困难,需在曲线外侧作辅助施工。

4.1.3　盾构法的主要施工程序

盾构法的主要施工程序为:

建造竖井或基坑(作为工作井)→盾构出洞口处、盾构接收井(进洞口处)的土体加固处理→盾构掘进机安装就位→初推段盾构掘进施工→盾构掘进机设备转换→隧道连续掘进施工→盾构进入接收井,并运出地面。

在盾构法隧道施工中,须遵循以下原则:

① 隧道应根据设计高程及平面位置,在起始工作井内正确定位;设置盾构基座、导轨;按顶力大小、合力重心、隧道轴线方向等,在井内设置纵向传力的刚性后座。

② 根据工程现场条件,正确选用降水、注浆或其他土体加固等盾构出洞的施工方案,减少对周围土体的扰动。

③ 施工中应采取灵活、合理的正面支护方法;控制出土量,防止超挖;纠偏中应尽量减少盾构轴线与隧道轴线的夹角,以减少对土层的扰动。

④ 选用高质量的盾尾密封装置和压浆设备,确保及时、适量、均匀地充填盾尾与衬砌环外建筑空隙。

⑤ 衬砌运至施工现场前,应按设计要求进行尺寸、外形、强度、抗渗等质量检验。搬运、堆放应严格按操作规程进行,防止破损。

⑥ 在盾构推进初始阶段,应设置合理的施工参数观测段,在施工过程中还应进行必要的施工监测,并随时分析各种施工因素的影响,借以调整和改进各项施工参数,以便把对邻近地面建筑及地下设施的影响控制在容许范围内。

4.2 盾构法隧道施工准备工作

4.2.1 盾构选型

1. 盾构的基本构造

盾构的种类繁多,其外形一般为圆筒形,也有与矩形、半圆形、马蹄形等隧道断面相似的特殊形状。盾壳内径取决于隧道衬砌环的外径,盾构长度由地质条件、开挖方式、出土方式、衬砌工艺和操作方法等因素确定。盾构由盾壳、推进系统、正面支撑系统、衬砌拼装系统、液压系统、操作系统和盾尾装置等组成(图2-4-3)。

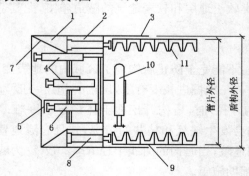

1—切口环;2—支承环;3—盾尾;4—支撑千斤顶;5—活动平台;6—活动平台千斤顶;
7—切口;8—盾构推进千斤顶;9—盾尾间隙;10—管片拼装器;11—管片。

图2-4-3 盾构构造

2. 盾构的分类与适用范围

隧道施工按开挖方式分为手掘系统盾构(包括手掘式盾构、挤压式盾构、网格式盾构等);半机械系统盾构(半机械式盾构)以及机械系统盾构(机械式盾构、泥水加压盾构、土压平衡盾构等)。按挡土方式可分为开放式与密闭式。按工作加压的方式则可分为气压式、泥水加压式、削土加压式、加水式、加泥式及高浓度泥水加压式等。

在淤泥质软黏土层中建造隧道常用的盾构有以下两种。

(1) 泥水加压盾构

泥水加压盾构就是在机械式盾构大刀盘的后面设置一道隔板,隔板与大刀盘之间作为泥水室,在开挖面和泥水室中充满加压的泥水,通过压力保持机构的加压作用,保证开挖面土体的稳定。盾构推进时开挖下来的土体进入泥水室,由搅拌装置进行搅拌,搅拌后的高浓度泥水用流体输送系统送出地面,把送出的浓泥水进行水土分离,然后把分离后的泥水再送入泥水室,不断地循环使用,泥水加压盾构(图 2-4-4)的全部作业过程均由中央控制台综合管理,可实现施工自动化。

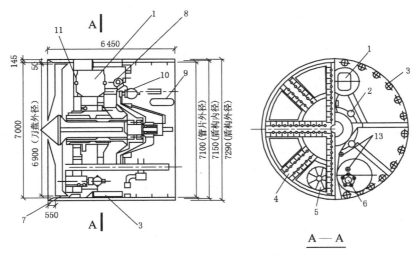

1—气闸;2—刀盘滑道千斤顶;3—盾构千斤顶;4—刀头;5—搅拌器叶片;6—搅拌器;
7—刀盘滑道;8—刀盘旋转千斤顶;9—送泥水;10—刀盘液压马达;11—泥水;12—排泥水;13—泥水管。

图 2-4-4 泥水加压盾构(单位:mm)

泥水加压盾构是利用泥水压力的特性对开挖面起稳定作用。泥水具有如下三个作用:

① 泥水的压力和开挖面水土压力平衡;

② 泥水作用到开挖面后,形成一层不透水的泥膜,使泥水产生有效的压力稳定地层;

③ 加压泥水可渗透到开挖面内的某一深度,使得开挖面稳定。

泥水加压盾构通常适用于以下土层:土的粒径在 0.074 mm 以下的细粒土,含有率在粒径加积曲线的 10% 以上;粒径在 2 mm 以上的砾石类土,含有率在粒径加积曲线的 60% 以上;天然含水量是 18% 以上;无粒径为 200~300 mm 的粗砾石;渗透系数 $K < 1 \times 10^{-2}$ cm/s。

(2) 土压平衡盾构

土压平衡盾构又称削土密闭式或泥土加压式盾构(图 2-4-5)。这类盾构的前端有一个

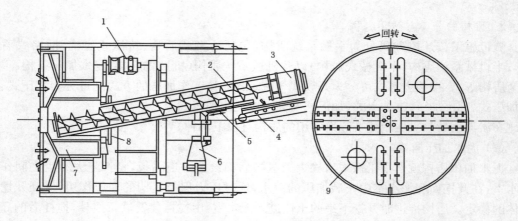

1—刀盘液压马达；2—螺旋运输机；3—螺旋运输机液压马达；4—皮带运输机；
5—闸门千斤顶；6—管片拼装器；7—刀盘支架；8—隔壁；9—紧急出入口片。

图 2-4-5　土压平衡式盾构

全断面切削刀盘，盾构的中心或下部有长筒形螺旋运输机的进土口，而出土口则在密封舱外。所谓土压平衡，就是用刀盘切削下来的土，如同用压缩空气或泥水一样充满整个密封舱，并保持一定压力来平衡开挖面的土压力。螺旋运输机的出土量（用它的转速控制）要密切配合刀盘的切削速度，以保持密闭舱内始终充满泥土，而又不致过于饱满。土压平衡盾构在日本已得到广泛运用，这类盾构的形式很多。它适用于变形大的淤泥、软弱黏土、黏土、粉质黏土、粉砂、粉细砂等土层。

土压平衡盾构通常适用于以下土层：土的粒径在 0.074 mm 以下的细粒土，含有率在粒径加积曲线的 7% 以上；粒径在 2 mm 以上的砾石类土，含有率在粒径加积曲线的 70% 以下；黏性土（粉砂含有率在 4% 以上）的标准贯入试验锤击数在 15 以下；天然含水量：对砂性土为 18% 以上，对黏性土为 25% 以上；渗透系数 $K < 5 \times 10^{-2}$ cm/s。

3. 盾构选型

盾构选型一般应根据拟建隧道的规模、特征、施工场地的工程水文地质条件、施工人员的技术水平、隧道施工区域内的环境保护要求、经济性等因素，综合考虑选择盾构的类型。

通常，当地下水位低于盾构下部的地层时，应优先考虑选用半机械式盾构，因其设备较少，费用低，劳动强度也不高，易于投入使用。即使在固结条件并不理想的土层中，也能通过简单的工作面支撑，达到稳定工作面的要求。在地下水位高的沿海城市，大多数为软土地层，此时的盾构选型较为复杂，应通过可行性方案研究后决定。盾构选型相当程度上取决于盾构的造价，但并不是选择越先进的盾构越合理。应综合考虑各种因素，选择可行、实用、合理、经济的盾构类型。按地表沉降控制要求选择盾构的类型可参考表 2-4-1。根据工程地质条件进行盾构选型的基本流程如图 2-4-6 所示。

泥水加压盾构与土压平衡盾构是目前世界上最先进、最常用的盾构，它们各自代表了不同出土方式和不同工作面土体平衡的特点。泥水加压盾构适用于以砂性土为主的洪积地层，也较适用于以黏性土为主的冲积地层，但泥水处理费用较高，施工时引起的地表沉降可控制在 10 mm 以内；土压平衡盾构适用于软弱冲积土层，也较适用于砂土及砾石土层，施工时引起的地表沉降可控制在 20 mm 以内。

172

表 2-4-1

盾构选型参考

土类别	土名称	N	S_u/kPa	灵敏度	k/(cm·s⁻¹)	ω/%	手掘式 降水	手掘式 气压	手掘式 注浆	手掘式 沉降程度	网格式 降水	网格式 气压	网格式 注浆	网格式 沉降程度	半机械化 降水	半机械化 气压	半机械化 注浆	半机械化 沉降程度	加泥式土压平衡 气压	加泥式土压平衡 注浆	加泥式土压平衡 沉降程度	刀盘削土压平衡 沉降程度注浆	泥水平衡 稳定土层法	泥水平衡 沉降程度	土压平衡盾构（闭胸螺旋器出土）沉降程度	全挤压式出土 沉降程度	可调正面开孔部分面积 沉降程度
黏性土	硬塑黏性土	18~35	<100	<2	$<10^{-7}$	20~30				小/小				—/—				小									
黏性土	可塑黏性土	4~7	50~100	<2	$<10^{-7}$	30~35				小~中/小~中				小~中/小~中				小~中/小~中			小			小			
黏性土	软塑黏性土	2~4	30~50	2~4	$<10^{-6}$	35~40				中/中				中/中				中			小	小		小	小~中		
黏性土	流塑黏性土	0~2	20~30	>4	$<10^{-6}$	40~45		○	○	中~大/中~大		○	○	中~大/中~大		○	○	大/大			小	小		小	小~中		
黏性土	淤泥	0	<200	>4	$<10^{-7}$	>50	○	○	○	大/大	○	○	○	大/大	○	○	○	大			小	小		小	小~中		
粉性土	黏质粉土	0~5	—	—	$<10^{-5}$	<50	○	○	○	中	○	○	○	中	○	○	○	中			小~中	小		小	小~中		
粉性土	砂质粉土	5~10	—	—	10^{-4}	<50	○	○	○	中	○	○	○	小~中	○	○	○	中			小~中	小		小	小~中		
砂性土	粉砂	5~15	—	—	$<10^{-4}$	<50	×	○	○	中	×	○	○	小~中	×	○	○	中			小~中	小		小	小~中		
砂性土	细砂	15~30	—	—	$<10^{-3}$	<50	×	○	○	中	×	○	○	小~中	×	○	○	大			中~大	中	○	小	中~大		
砂性土	中粗砂	40~60	—	—	$<10^{-3}$	<50	×	○	○	中	×	○	○	中	×	○	○	大		○	中~大	中		小~中	中中		
砂性土	砾石	40~60	—	—	$<10^{-2}$	<50	×	○	○	中	×	○	○	小~中	×	○	○	中		○	中		○	小~中	小		
软弱岩石	泥岩	>50	—	—	—	<20												小			中		○		小		

注：1. 每格内的上一行为无地下水，下面一行为浸于地下水；
2. "○"表示可以使用；"×"表示不能用；
3. "沉降程度"中"小"表示沉降槽最大沉降量 S_{max}<3cm，"中"表示 S_{max}>15cm，"小~中"或"中~大"表示施工因素变化而造成的波动范围；
4. 沉降程度是指 6m 直径中等盾构在 6m 覆土深的沉降量。

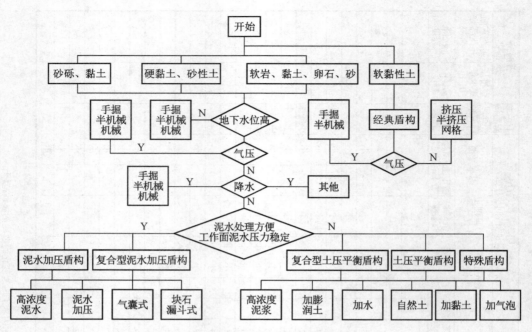

图 2-4-6　盾构选型基本流程

4.2.2　盾构拼装和拆卸井

在盾构施工段的始端和终端,要建造竖井或基坑,用以进行盾构安装和拆卸。如果盾构推进线路特别长,还应设置检修工作井。这些竖井或基坑都应尽量结合隧道规划线路上的通风井、设备井、地铁车站、排水泵房、立体交叉、平面交叉、施工方法转换处等需要来设置。作为拼装和装卸使用的竖井,其建筑尺寸应根据盾构装、拆及施工要求来确定。其宽度一般应比盾构结构大 1.6～2.0 m,以满足安装时铆、焊等工作的要求。采用整体吊装的小型盾构,井的宽度可酌情减小。井的长度方向(沿推进方向)要考虑盾构设备安装的要求。目前,中、小盾构的动力、配电设备大部分布置在盾构后面的设备车架上。若考虑安装全部设备车架会使工作井尺寸过长,一般盾构可采用临时操作措施安装部分车架。但确定井的长度时也要考虑将来能方便地转换成全套车架。从施工要求考虑,井的宽度具有盾构安装尺寸已够,而长度则要考虑在盾构前面拆除洞门封板、在盾构后面布置后座和垂直运输所需的尺寸。此外,为便于进行洞门与衬砌间空隙的充填、封板工作及临时后座衬砌环与盾构导轨间的填实工作,在盾构下部至少应留有 1 m 左右的高度。

盾构拆卸井要满足起吊、拆卸工作的方便,其要求一般比拼装稍低,但应考虑进行洞门与隧道外径间空隙充填工作的余地。

4.2.3　盾构基座

盾构基座在井内的作用是安装及稳妥地搁置盾构,更重要的是通过设在基座上的导轨使盾构在施工前获得正确的导向。因此,导轨需要根据隧道设计、施工要求定出平面及高程位置后再进行测量定位。基座可以采用现浇钢筋混凝土或钢结构。导轨一般布置在盾构下部的 90°范围内,由两根或多根钢轨组成。基座除承受盾构自重外,还应考虑盾构切入地层后,进行纠偏时产生的集中荷载。

4.2.4 盾构进出洞方法

盾构进、出洞是盾构法施工的重要环节,涉及竖井洞门的形式和盾构切口内设备的布置,对地面沉降及隧道的防水都有很大的影响。进、出洞问题处理得好,能减少许多"后患",保证施工速度和安全。

1. 盾构进出洞方法

根据施工方案,选择相应的进出洞方法。通常有以下几种方法。

(1)临时基坑法

先在用板桩(也可以用明挖)围成的临时基坑中进行盾构安装、后座安装及垂直运输进出口施工,然后把基坑全部回填,仅留垂直运输的进出口。拔除原基坑板桩后,盾构就在回填土中开始掘进。临时基坑法没有洞门拆除问题,但一般只用于埋深较浅的盾构始发端。

(2)逐步掘进法

用盾构法进行纵坡较大的、与地面直接连通的斜隧道(如越江隧道等)施工时,其后座可由敞开式引道承担,盾构由浅入深进行掘进,直至全断面进入地层而形成洞口。这种方法使整个隧道施工单一化,但由于目前盾构法施工造价偏高,一般从洞口起的一段较浅的暗埋隧道采用明挖法施工,在较深处才开始采用盾构法施工。

(3)工作井进出洞法

在沉井或沉箱壁上设置预留洞及临时封门,盾构在井内安装就位。所有掘进准备工作结束后,即可拆除临时封门,使盾构进入地层。这是目前使用较多的方法(图 2-4-7)。

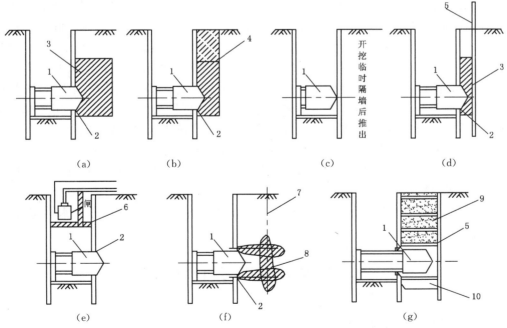

1—盾构;2—密封胀圈;3—化学注浆;4—替换改良;5—钢板桩;
6—气压顶板;7—冻结管;8—冻土壁;9—回填土;10—止水混凝土。

图 2-4-7 盾构出洞示意图

2. 临时封门的构造形式

(1) 钢结构封门

工程上已用过的有横向钢板梁封门、竖向钢板梁封门及整块圆钢板封门等。

横向钢板梁封门是由横向钢梁(板梁或桁架梁)与梁间钢封板组成。钢梁支承在洞门圈板的钢牛腿上。拆门一般由下而上进行,土质差、洞门直径大时还应对土体作临时支撑。拆除进洞临时封门时,由于盾构已靠近洞口,土压力基本消除,可以由上而下进行。这种封门,做在井壁内侧时,拆起来比较方便。

竖向钢板梁封门是根据施工现场的起吊能力,由型钢和钢板组成,通过支承牛腿或预埋螺栓固定在井壁上。拆门时,盾构可以靠近封门,型钢可逐根抽除,比拆除水平钢封门方便迅速,而为此竖向钢封门往往突出内井壁,为避免沉井下沉时井外塌方,井壁的洞门圈内还需填实。

整块圆钢板封门固定于井壁预留洞门圈板上,只适用于小直径盾构。拆除时只要割除封板四周连接部分,就可以整块吊走。

(2) 砖石或混凝土封门

盾构施工时,也可在沉井洞门内用砖石砌体作封门结构,还可以直接在井壁上凿孔出洞(设计时应考虑井壁开孔强度或在洞前加固)。大直径盾构采用这种洞门时,要加临时支承以承受较大的水、土压力。拆除可采用凿岩机或爆破的方法,拆除程序与横向钢封门相类似。这种方法费工费时,目前除小型盾构外,一般不用。

关于盾构进、出洞方面的施工准备工作,除合理选用洞门结构形式外,在直径大、土层差、隧道埋深较大的情况下,还应考虑降水、局部冻结、局部地层化学加固、加气压等辅助措施,以临时减小水、土压力,稳定洞口暴露面土体和防止涌水。

3. 盾构后座

盾构刚开始掘进时,其推力要靠工作井井壁来承担。因此,在盾构与井壁之间需要传力设施,此设施称为后座。通常采用隧道衬砌管片或专用顶块与顶撑作后座。利用管片作后座有很多优点:可以利用管片拼装器,迅速安装后座,满足快速掘进要求;井内后座衬砌与隧道衬砌连接方便;井底车场与隧道内有轨运输连接方便等。使用管片作后座时,要设计专用的人行洞门,在井内留出垂直运输的开口,故不能拼成整环。为保证后座的刚度,环与环之间的纵向螺栓要全部拧紧,开口部分不影响垂直运输的区段最好加支承。采用无螺栓连接的砌块作后座时,砌块要与预埋铁件或凿出的钢筋用电焊连接牢固,以保证施工安全。

工作井平面位置的施工误差会影响隧道轴线与后座壁的垂直度。后座衬砌与后座井壁之间的空隙,一般采用浇筑低标号混凝土来填平,使盾构推力均匀地传给后座壁,以便将来拆除后座衬砌也较方便。

当盾构向前掘进达到一定距离,盾构顶力可由隧道衬砌与地层间摩阻力来承担时,后座衬砌即可拆除。

4.3 盾构推进与衬砌拼装

4.3.1 盾构开挖方法

盾构按开挖方式可分为敞开式、网格式、挤压式、机械切削式和全自动机械式等。通常,软土地层盾构掘进的基本过程是先借助千斤顶驱动盾构使其切口贯入土层,然后在切口内进行土体开挖与运输。这样可减少盾构施工对地层的扰动变形。

1. 敞开式开挖

手掘式及半机械式盾构均为敞开式开挖。这种方式适用于地质条件好、开挖面在掘进过程中能维持稳定或在有辅助措施时能维持稳定的情况。其开挖程序一般是从顶部开始逐层向下挖掘。若土质较差,还可以借助支撑千斤顶加撑板对开挖面进行临时支撑。根据盾构切口长度,每环可分几次开挖和推进。支撑千斤顶常设计成差压式,即在保持支撑力的条件下可以缩回,以确保支撑性能。

采用敞开式开挖,处理孤石障碍物、纠偏、超挖均比其他方式容易。施工时,为尽量减少对地层的扰动,要适当控制超挖量与暴露时间,土质较差时尤其应重视。

2. 网格式开挖

网格式开挖由网格梁与隔板将开挖面分成许多格子。开挖面的支撑作用是由土的黏聚力和网格厚度范围内的阻力(与主动土压力相等)产生的。当盾构推进时,为克服这项阻力,土体就从格子里呈条状挤出来。要根据土的性质,调节网格的开孔面积。格子过大会丧失支撑作用,格子过小则会引起对地层的挤压扰动等不利影响。网格式开挖一般不能超前开挖,全靠调整千斤顶编组进行纠偏。

采用网格式开挖时,在所有千斤顶缩回之后,会产生较大的盾构后退现象,导致地表沉降。因此,施工时务必采取有效措施,防止盾构后退。根据施工经验,每环推进结束后应采取维持顶力(使盾构不进不退)屏压5~10 min,可有效防止盾构后退。此外,拼装管片时,要使一定数量的千斤顶轴对称地轮流维持顶力,以防盾构后退。

在确定网格式盾构的推力时,还应计及开挖面土体主动土压力引起的阻力以及网格梁、隔板切入土层的阻力。

3. 挤压式开挖

全挤压式和局部挤压式开挖,由于不出土或只部分出土,对地层有较大的扰动,在考虑施工轴线时,应尽量避开地面建筑物。局部挤压施工时,要严格控制出土量(土质不同,出土量也不同,一般宜作实地试验),以减少和控制地表变形。全挤压施工时,盾构把四周一定范围内的土体挤密实。由于只有上部有自由面,所以大部分土体被挤向地表面,部分土体则被挤向盾尾及盾构下部。因此,盾尾建筑空隙可以自然得到充填,不需要再进行衬砌壁后注浆。根据施工的观察与测量,挤向盾尾的土体对初出盾尾的衬砌产生的环荷载是不小的。

挤压施工时,由于可以把开挖面全部封闭起来,在盾尾密封效果良好的条件下,可以不采取其他辅助施工措施,而且不出土、不压浆,能在土质塑性大、空隙比大、有流动性的地层中达到较高的施工速度。挤压推进时,盾构有明显的上浮趋势,正面又不能超挖,只能凭调整千斤顶编组来进行纠偏。遇到纠偏困难时,在正面阻力较大处,可以打开封板挤出部分土体来调整阻力。因此,常在正面封板的各个方位设置可启闭的出土闸门。

4. 机械切削开挖

在手掘式盾构的切口环部分,安装与盾构直径大小相同的旋转大刀盘,对土体进行全断面开挖的盾构,称为机械式盾构。它适用于各类土层,尤其适用于极易坍塌的砂性土层中的长隧道,可连续掘进挖土。由旋转刀盘切削产生的碴土经过刀盘上的预留槽口进入土舱,提升和流入漏斗后,再通过传送带运入出土车。这类盾构有作业环境好、省力、省时、省工、效率高、后续设备多、发生偏差时纠偏难等特点。

过去也使用过一些由多个小盘组成的所谓行星式刀盘,以及由千斤顶操纵的摆动式刀盘,但目前大都采用以液压或电动机作为动力的可双向转动切削的大刀盘。根据地质条件的好坏,大刀盘可分为刀架间无封板及有封板两种。前者适用于土质较好的情况。大刀盘切削开挖配合运土机械(皮带机、刮板机、转盘、螺旋运输机等)可使土方从开挖到装车运输都实现机械化。这种开挖方式,在弯道施工或纠偏时不如敞开式便于超挖(有些刀盘装有周边超挖刀来弥补其不足)。此外,清除障碍物也显得困难些,特别是装有封板的大刀盘更显不便。使用大刀盘的盾构,机械构造复杂,消耗动力也较大。但这种盾构实现了隧道施工由电脑自动控制的机械化,大大减轻了体力劳动的强度。目前采用的泥水加压盾构、土压平衡式盾构是这种开挖方式的典型例子。

5. 水力机械开挖

若在水源充沛地区施工,可采用水力机械开挖。以水枪代替人工或机械挖土,用水力扬水器或泥浆泵组成管道运输代替常规隧道的运输方法,可以加快施工速度。开挖土体时产生的泥浆可直接用作回填土。

4.3.2　盾构纠偏与操纵

盾构脱离工作井导轨,进入地层后,主要依靠调整千斤顶编组及辅助措施来控制位置与方向。盾构在地层中推进时,导致其偏离隧道设计轴线的因素很多。①地质条件方面,主要是土层不均匀,地层中有孤石或其他障碍物,造成正面及四周的阻力不一致。②机械设备方面,有各千斤顶顶出的阻力不一致、盾构壳体的安装误差、设备的重心偏于一侧等因素。③施工操作方面的某些因素影响较大,如长期开启某部分千斤顶导致衬砌环缝的防水材料压密量不一致,累积起来使推进的后座面不平;挤压式盾构推进时有明显的标高上浮趋势;盾构下部土体的过量流失,引起盾构的下沉等。

盾构偏离设计轴线的数据,具体记录在计算机信息系统内。根据施工要求,该信息系统主要反映:盾构切口里程(以始发井中心为零);切口、举重臂中心、盾尾的各点高程及水平偏位值;盾构纵坡以及盾构的自转角。操纵盾构时,还可以随时通过连通管、千斤顶的伸出长度差来大致估计纠偏效果。根据激光在靶板上的位置,能比较直观地反映纠偏效果(当然必须除去盾构自转的影响)。

盾构操作主要包括调整千斤顶编组、调整开挖面阻力、控制盾构推进纵坡等几项。考虑施工后的沉降,盾构实际施工轴线一般均略高于设计轴线。

1. 千斤顶编组的调整

千斤顶是沿盾构内周均匀布置的。根据盾构控制系统反映的"盾构现状"表,确定盾构轴线在地下空间的位置之后,再根据施工中每次纠偏量的要求,决定下次推进时开启千斤顶的编号。由于常常是高程与平面位置均需纠偏,所以,在确定千斤顶编组时,一般要停开与偏离方位相反处的几只千斤顶,但在满足纠偏要求的前提下,停开的千斤顶应尽可能少,以利于提高推进速度,减少液压设备的损坏。盾构每推进一环的纠偏量应有限制,以免引起衬砌拼装困难,以及对地层产生过大的扰动。

2. 盾构纵坡的控制

盾构在推进中的纵向坡度也是靠调整千斤顶编组来控制的。控制盾构纵坡,为的是纠正其高程偏差。为减少拼装衬砌的困难,一般要求每次推进结束时的盾构纵坡尽量接近隧道纵坡。盾构纵坡控制常采用变坡或稳坡两种方法。变坡推进即在推进一环时,采用不同的纵坡,有先压后抬和先抬后压两种,分别用于盾构高程偏高和偏低的情况。由于变坡法对土层扰动大,故很少采用。稳坡推进则在每环推进中盾构纵坡始终不变,这样既满足纠偏要求,对地层扰动也小。

3. 开挖面阻力的调整

有意识地使开挖面阻力不均匀,也能得到很好的纠偏效果。当采用调整千斤顶编组方法仍不能达到纠偏要求时,宜考虑此项措施。盾构的开挖形式不同,调整的方法也有所不同。敞开式盾构可用超挖或欠挖来调整;挤压式盾构以调整进土孔位置及开孔率来调整;大刀盘机械开挖,有的用超挖刀来实现超挖,也有的用伸出盾构壳体左右两侧的鳍状翼板或阻力板来调整推进阻力,以达到纠偏目的。

4. 盾构自转的控制

盾构在施工过程中还有绕其本身轴线旋转的现象。当转动角度很大时,会对盾构的操纵、液压系统的正常运转、隧道衬砌的拼装以及隧道的施工测量等带来很多困难。盾构产生旋转的原因主要有:盾构两侧的土层有明显差别;施工时对某一方位的超挖环数过多;盾构重心不通过轴线;大型旋转设备如举重臂、切削大刀盘、提土转盘等的旋转;推进千斤顶的轴线与盾构轴线不平行;隧道衬砌拼装时的左右程序(主要是先纵后环的拼装方法);等等。针对这些原因,过去在施工过程中曾采取过一些措施,如经常改变大设备的转向;管片拼装时注意调换左右程序;减少纠偏超挖量及环数等,但其效果只在旋转角度小(1°左右)时较为明显。控制盾构自转的简单而行之有效的方法是,在旋转方向的反侧加压重。压重根据盾构大小及要求纠正的速度而定,可以从几十吨到上百吨。此外,盾构装有水平鳍板,也可用来控制旋转。

4.3.3 隧道衬砌拼装

软土地层盾构施工的隧道衬砌,通常采用预制拼装的形式,对于防护要求甚高的隧道,也有采用整体浇筑混凝土的。整体浇筑衬砌施工繁琐,进度较慢,目前已逐渐被复合式衬砌取代。复合式衬砌在成洞阶段先采用较薄的预制衬砌,然后再浇筑混凝土内衬,以满足防护要求。

预制拼装式衬砌是由称为"管片"的多块弧形预制构件拼装而成。管片可采用铸铁、铸钢、钢筋混凝土等材料制成各种构造所需的形式。通常,盾构及衬砌结构形式确定之后,管片的拼装方法也就大致决定了。

管片拼装方法根据结构受力要求,分为通缝拼装和错缝拼装两种(图 2-4-8)。

通缝拼装,即管片的纵缝要环环对齐,拼装较为方便,容易定位,衬砌环施工应力小。其缺点是环面不平整的误差容易累积起来,特别是采用较厚的现浇防水材料时,更是如此。若结构设计中需要利用衬砌本身来传递圆环内力时,则宜选用错缝拼装,即衬砌圆环的纵缝在相邻圆环环间错开 1/3～1/2 管片。这种管片的环纵缝可设计成榫形连接,以利拼装。错缝拼装的隧道比通缝拼装的隧道整体性好,但由于环面不平整,常引起较大的施工应力,以及防水材料压密不够引起日后渗漏水。

管片拼装方法按其程序,又可分为"先纵后环"和"先环后纵"两种。先环后纵法是,拼

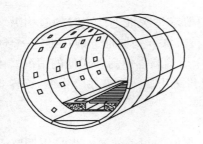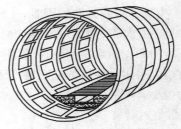

（a）通缝拼装　　　　　（b）错缝拼装

图 2-4-8　衬砌的拼装

装前将所有盾构千斤顶缩回,管片先拼装成圆环,然后用千斤顶使拼好的圆环纵向靠拢,与已成环的衬砌连接成一体。这种方法拼装的环面较为平整,纵缝拼接质量好。但对易产生后退现象的盾构,不宜采用。先纵后环的拼装方法,可以有效地防止盾构后退。即拼装某一块管片时,只要缩回该管片部分的千斤顶,其他千斤顶则轴对称地支撑或升压。这样逐块轮流缩回与伸出部分千斤顶,直至拼装成环。在整个拼装过程中,要求控制盾构位置不变。

管片拼装常用举重臂来进行。举重臂可以根据拼装要求完成旋转、径向伸缩、纵向移动等动作。有的还装有微动调节的装置。无论是采用先纵后环还是先环后纵的方法,举重臂均能迅速、方便地完成作业,其操作顺序是自下而上,左右交叉,最后封顶成环。若采用将封顶管片纵向插入封顶的方法,举重臂沿隧道轴向的移动距离要加长。

4.3.4　衬砌壁后压浆

为防止地表沉降,必须将盾尾和衬砌之间的空隙及时压浆充填。压浆还可以改善隧道衬砌的受力状态,增强衬砌的防水性能,因此是盾构施工的关键工序。

1. 压浆方法

压浆方法有二次压注法和一次压注法两种,主要应根据地层条件选用。

（1）二次压注法

二次压注法是当盾构推进一环后,立即用风动压注机通过衬砌管片的压注孔向衬砌壁后的建筑空隙注入豆粒砂,防止地层坍塌。继续推进 5～8 环后,再用压浆泵将水泥类浆体灌入砂间空隙,使之固结。

这种压注工艺施工繁琐,压注豆粒砂不易保证密实,尤其是拱顶部分,即使灌注水泥浆也难填满,地表沉降量略大,后期常需进行补充压浆。但此法对保护盾尾密封装置有利。

（2）一次压注法

若地层条件较差,盾尾一出现空隙就会发生坍塌,则希望盾尾空隙内始终保持一定的压力。在这种情况下宜采取一次压注法。即随着盾尾空隙的出现,立即压注水泥砂浆,并保持一定压力。一旦压浆出现故障,盾构就要暂停推进。这种工艺对盾尾密封装置要求较高,容易产生盾尾漏浆,须准备有效的堵漏措施。

根据施工经验,压浆数量与注入压力及要求控制的地表沉降量有关,一般为建筑空隙体积理论计算值的 110%～180%。

压浆要对称于衬砌环进行,尽量避免单点超压注浆,以减少衬砌环的不均匀施工荷载。注浆压力一般为 0.6~0.8 MPa。

若发现较明显的地表沉陷趋势或隧道严重渗漏时,可在相应区间进行补充压浆。

2. 压浆材料

要求压浆材料的凝结时间可以调节,材料应具有一定的触变性,在压注过程中和易性好,不离析,不堵塞管路。压浆材料的强度应相当于或略高于土层的抗压强度,以利于减少扰动土的固结变形。但注浆后,要求浆体在盾构向前推进一段距离后才增加强度,这样既起到充填作用,又可保护盾尾密封装置。此外,还要求浆体的收缩量小,并具有一定的抗渗能力。

压注的豆粒砂材料,常采用粒径为 3~5 mm 的石英砂或卵石,形成的孔隙率约为 69%。二次注浆法宜采用以水泥为主要胶结材料的浆体,其配合比为水泥:黄泥=1:1(水灰比为0.40),或水泥:黄泥:细砂=1:2:2(水灰比为 0.45),其延散度为 15~18 cm。

一次压注可采用水泥、黏土砂浆为主的压浆材料,其配合比(质量比)为水泥:黏土:中砂:水=1:1:2:1.2。此外,应掺入石灰浆及氯化钙,掺量分别为水泥重量 5% 及 3%~5%。这种浆体的延散度为 80~120 mm,初凝时间为 4 h,终凝时间为 24 h,终凝强度不低于0.2 MPa。

目前通常采用无水泥的压浆材料,它是以石灰、膨润土(或黏土)、磨细粉煤灰和砂配制而成,其配合比可参见表 2-4-2。

表 2-4-2 无水泥压浆材料配合比

材料名称		石灰	黏土	磨细粉煤灰	砂	水	水玻璃
配合比(质量比)	A	1	1~2	3~4	4~5	适量	0.1~0.3
	B	1	—	4~5	4~5	适量	0.1~0.3

3. 压浆设备

隧道内的压浆设备由压浆泵、软管、连接管片压浆孔的旋塞注浆嘴组成。压浆泵要根据压浆材料来选择。一次压注方式可选用 HP-013 型活塞式注浆泵。使用时,在出料口与储料斗之间要加接回浆管路,通过人工操纵可达到变量压注效果。也有以调节活塞行程实现变量压注的。

目前已出现装在平板车上的以压缩空气为动力的流动式压浆泵,其储料筒较大,并装有搅拌设备。

4.3.5 盾构法施工的运输、供电、通风和排水

1. 运输

隧道内需运输的材料有开挖的土方、管片、压浆材料,以及隧道延伸所需的枕木、钢轨、走道板、管道等。运输方式分为水平运输与垂直运输(图 2-4-1,图 2-4-9)。

水平运输大都采用轻型窄轨(轨距 600 mm),以蓄电池式电机车牵引。在运距长、坡度陡的情况下,可采用内燃机车。

隧道内的水平运输线,通过竖井内的罐笼或货运电梯等垂直运输工具与地面联系。

整个运输系统要根据施工现场的具体条件,进行合理的设计与布置。

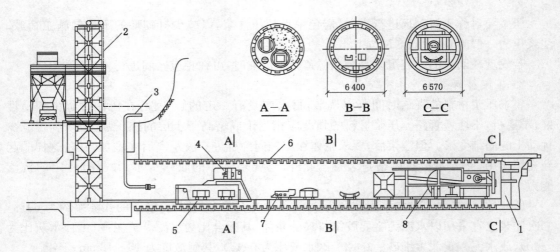

1—盾构；2—罐笼；3—压缩空气管；4—人行闸；5—材料间；6—衬砌；7—机电车；8—车架。

图 2-4-9　手掘式气压盾构（单位：mm）

2. 供电

盾构施工时，除了要重视盾构本身及井下设备的供电外，对地面降水所用水泵、气压所用空压机等的供电也务必充分保证，否则会因断电引发重大工程事故。供电系统要考虑足够的备用量系数，还应采用多路电源供电的办法。供电线路及设备要有良好的安全措施，并经常维修检查。如果外电源供电参数不足时，工地上要采取补偿措施，必要时要设置临时发电站，其发电量以保证工程及人身安全为主。例如，维持降水的水泵用电量；气压盾构维持工作面气压的空压机用电量；隧道内照明以及维持工程安全的设备用电量；保证撤出施工人员的电梯、罐笼、信号用电量等。这些保证供电项目，要明确地反映到工程的施工组织设计中去。

3. 通风

盾构施工均为独头巷道的形式，为此，应根据工作面实际操作人数，供给新鲜空气，并注意调节工作面的温度与湿度。隧道内使用电焊、气割、化学灌浆堵漏时应加大通风。一般采用矿用通风机，考虑一定距离的接力，送到开挖面。气压盾构直接利用加压管路接往开挖面，以保证空气清新。大断面隧道的工作面还可布置若干排风扇。气压盾构隧道的排气管宜布置在隧道后部，以利于隧道内换气。

4. 排水

隧道施工用水、渗漏水以及工作面涌水要迅速排除，以保证盾构机械的安全操作。可将隧道内积水先排入工作井，再用专设的抽水系统排至地面。为减少隧道施工所需的排水设备，可将盾构推进线路设计成上坡推进，使积水能自动流入工作井的集水坑。对于有上下纵坡转换的隧道，要在最低点布置临时水泵，通过管道将水排往工作井的集水坑。使用气压盾构时，可利用压力差排除气压段积水。若闸墙处于隧道低端，要在常压段闸墙附近另设排水设施。

盾构施工的排水是保证工程质量和进度的重要环节，进行施工组织设计时，务必进行周密的筹划和安排。

4.4 盾构掘进中的辅助施工法

在软弱地层,尤其是在饱和含水地层中采用盾构法施工时,常须根据实际情况合理选择和实施必要的辅助施工。按适用范围将可供采用的辅助施工方法分为三类:用于稳定开挖面的辅助施工方法,用于盾构进、出洞的辅助施工方法和遇有特殊状况时使用的辅助施工方法。

4.4.1 稳定开挖面的辅助施工方法

在盾构法隧道施工中,当采用开放型盾构、挤压网格盾构和半机械化盾构掘进隧道时,常需采用降水法、气压法、化学注浆法或冰冻法等辅助施工方法,使开挖面保持稳定,防止产生涌水、涌砂和随之发生的土体塌落及地表沉降。而泥水加压盾构和土压平衡盾构自身具有使开挖面保持稳定的功能。

4.4.2 盾构进出洞的辅助施工方法

一般采用水泥土深层搅拌法、高压旋喷法、化学注浆法或冰冻法等加固洞口周围的土体,或采用降水法提高进、出洞段土体的强度(图 2-4-7),以免开启钢封门时发生涌水和土体倒塌现象,引起地表过量沉降和影响周围环境。

4.4.3 特殊情况下的辅助施工方法

盾构掘进穿越建筑物、街区、道路和地下市政管线,或遇到急曲线施工、双向盾构在地层中对接等情况时,需要采取以下几种辅助施工方法,以免影响周围环境。

1. 二次压浆法

这种方法是在盾尾同步注浆或及时注浆结束后,对衬砌环壁后进行补压浆,以充填第一次注浆后存在的空隙,其作用是加固周围地层,控制地表沉降。主要用于保护重要建筑物和地下管线。

2. 基础托换

盾构穿越建(构)筑物或遇到基础桩时,需切断桩体,并在外围打入托换桩基承受转嫁的荷载。

3. 承压板法

盾构穿越建(构)筑物前,先在建(构)筑物下浇筑一层刚度较大的钢筋混凝土底板,在板上设置液压千斤顶支承建(构)筑物。盾构通过时需要经常监测建(构)筑物发生的沉降,及时调整千斤顶高度。这类方法成本高、工期长,一般仅在遇到大型建(构)筑物并对沉降控制有较高要求时采用。

4. 地层加固

地层加固有化学注浆法和高压旋喷法等。一般在需要保护的建(构)筑物近旁作业时采用,或用于加固盾构隧道急曲线施工段和盾构对接施工地点周围的地层。

5. 管棚法

管棚法是指在开挖断面上沿周边顶入钢管并对地层注浆,通过形成管棚防止地层塌落的一类施工技术,用于保障施工安全和减少建(构)筑物沉降。该施工方法难度较大,一般仅在施工条件受到限制时采用。

此外,可供盾构施工时选用的辅助施工方法还有隔断法和冻结法等。

4.5 盾构隧道衬砌与防水

4.5.1 衬砌断面的形式与选型

1. 衬砌断面的形式

隧道衬砌断面形状虽然可以采用半圆形、马蹄形、长方形等形式,但最普遍的还是采用圆形。因为圆形隧道衬砌断面有以下优点:

① 可以等同承受各方向的外部压力。尤其是在饱和含水软土地层中修建地下隧道,由于顶压、侧压较为接近,更可显示出圆形隧道断面的优越性。

② 施工中易于盾构推进。

③ 便于管片的制作、拼装。

④ 盾构即使发生转动,对断面的利用也毫无妨碍。

2. 单双层衬砌的选用

隧道衬砌是直接支承地层、保持规定的隧道净空、防止渗漏、同时又能承受施工荷载的结构。通常它是由管片拼装的一次衬砌和必要时在其内面灌注混凝土的二次衬砌所组成。一次衬砌是承重结构的主体,二次衬砌主要是为了一次衬砌的补强和防止漏水与浸蚀而修筑的。近年来,由于钢筋混凝土管片制作精度的提高和新型防水材料的应用,管片衬砌的渗漏水显著减少,故已经可以省略二次衬砌。采用单层的一次衬砌,既承重又防水。对于有压力的输水隧道,为了承受较大的内水压力,需做二次衬砌。

综上所述,应根据隧道的功能、外围土层的特点、隧道受力等条件,分别选用单层装配式衬砌,或在单层装配式衬砌内再浇筑整体式混凝土、钢筋混凝土内衬的双层衬砌等。

双层衬砌施工周期长,造价贵,且它的止水效果在很大程度上还是取决于外层衬砌的施工质量、渗漏情况,所以只有当隧道功能有特殊要求时,才选用双层衬砌。通常在满足工程使用要求的前提下,应优先选用单层装配式钢筋混凝土衬砌。单层预制装配式钢筋混凝土衬砌的施工工艺简单,工程施工周期短,节省投资。

用于圆形隧道的拼装式管片衬砌一般由若干块组成,分块的数量由隧道直径、受力要求、运输和拼装能力等因素确定。管片类型分为标准块、邻接块和封顶块三类。管片的宽度一般为 700~1 200 mm,厚度为隧道外径的 5%~6%,块与块、环与环之间用螺栓连接。

4.5.2 衬砌分类

衬砌按其材料可分为铸铁管片、钢管片、钢筋混凝土管片、钢与混凝土复合型管片、混凝土管片、砌块等多类(图 2-4-10)。

由于铸铁管片和钢管片制作复杂、造价高,一般仅在特殊部位采用。目前大量采用的是钢筋混凝土管片衬砌。

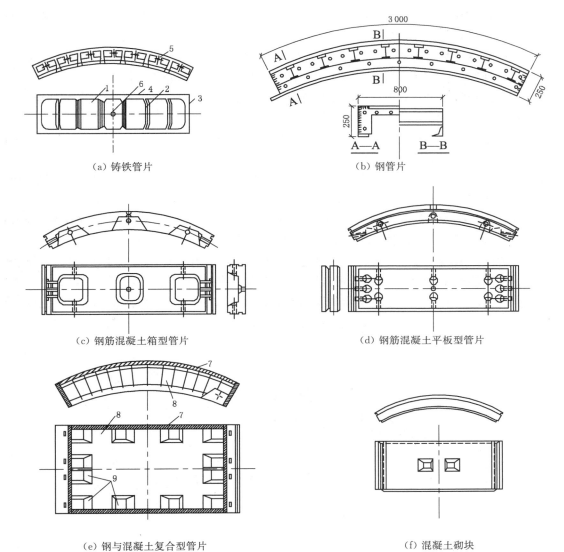

(a) 铸铁管片　　　　　　　　　　　　　　(b) 钢管片

(c) 钢筋混凝土箱型管片　　　　　　　　　(d) 钢筋混凝土平板型管片

(e) 钢与混凝土复合型管片　　　　　　　　　(f) 混凝土砌块

1—管片;2—加劲肋;3—纵向突缘;4—环向突缘;5—螺栓孔;6—压浆孔;7—钢板;8—钢筋混凝土;9—手孔。

图 2-4-10　衬砌构造(单位:mm)

　　隧道预制衬砌管片或砌块与整体式现浇衬砌相比较,其优点为:安装后能立刻承受荷载;易于机械化施工;由于在工厂预制,易于保证质量,但其接缝处的防水处理需要采取特别有效的措施。

　　钢筋混凝土管片有箱型和板型两种。箱型钢筋混凝土管片呈肋板型结构,手孔大、重量轻、螺栓安装方便,通常用于大直径隧道;板型钢筋混凝土管片呈曲板型结构,手孔小,宜用企口连接,结构强度大,通常用于中、小直径隧道,钢筋混凝土管片一般采用高精度钢模分块浇筑。

4.5.3　衬砌防水

　　隧道建造在含水地层中,采用盾构法施工的装配式管片、砌块衬砌结构,除应满足结构强度和刚度要求外,合理地解决好隧道衬砌的防水也是盾构法隧道设计与施工的非常重要

185

的技术问题,否则就会因渗漏水而导致结构破坏、设备腐蚀、照明减弱、危害行车安全、影响外观等一系列问题。

不论是单层衬砌还是双层衬砌,防水应包括衬砌管片自身防水和拼装接缝处的防水。拼装接缝处的防水包括密封垫(条)防水、嵌缝防水和螺栓孔等部位防水。

管片自身防水主要靠提高混凝土抗渗能力和管片制作精度实现,接缝防水则靠设置弹性防水条和嵌缝以满足防水要求。

钢筋混凝土管片的抗渗标号应根据隧道埋深及地下水压力确定,一般要求达到 $S_4 \sim S_8$,混凝土级配需选用干硬性密实级配,且可掺入塑化剂,调整级配,增加混凝土的和易性,严格控制水灰比,一般不大于 0.4。浇筑、养护、堆放和运输中应严格执行质量管理。近年来研制成功的渗透型外防水涂料,可用于改善管片混凝土的抗渗性能。

为提高衬砌管片的制作精度,可采用高精度钢模。单块管片主要尺寸制作误差应不超过 ± 1.0 mm。管片需用钢模浇筑,钢模制作精度要求达到 ± 0.5 mm。

接缝防水措施过去一般是在管片之间的接触面上涂刷环氧树脂。由于这类材料对接缝变形的适应能力差,防水效果不理想,目前已普遍改用弹性密封橡胶条防水,并以黏结力强、延伸性好、耐久、能适应一定变形量的防水材料嵌缝。弹性密封防水条由天然橡胶、合成橡胶等制作,近年来又出现了防水性能好的遇水膨胀橡胶。防水条在管片拼装前先粘贴于接缝面的预留沟槽内(图 2-4-11)。

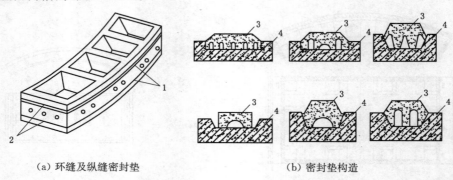

(a) 环缝及纵缝密封垫   (b) 密封垫构造

1—环缝密封垫;2—纵缝密封垫;3—硫化橡胶密封垫;4—衬砌。

图 2-4-11 衬砌管片防水构造

嵌缝防水作业一般在管片拼装完成和变形已达到相对稳定时进行。管片内弧面边缘留有嵌缝槽,嵌缝材料可选用乳胶水泥、环氧树脂和焦油聚氨酯等。近年来研制成功的遇水膨胀嵌缝膏是一种较好的嵌缝材料。

管片上的螺栓孔也易渗漏水,需要采取措施加以密封。常见的做法是在螺栓上穿上由合成树脂或合成橡胶类材料制作的圆环形密封圈,然后拧紧螺母,使其充填或覆盖螺孔壁与螺杆之间的空隙,堵塞漏水通道。

思 考 题

1. 简述盾构法隧道施工的定义。它有何特点? 适用于何种地下工程?
2. 盾构由哪几部分组成? 各部分的作用如何?

3. 盾构分为几类？各有什么特点？适用于何种场合？

4. 如何进行盾构选型？在盾构选型时应重点考虑哪些问题？

5. 简述盾构法施工的主要施工工序。

6. 简述盾构法隧道施工前的准备工作及其各自的特点。

7. 盾构进、出洞方法有哪几种？各有何特点？

8. 临时封门有哪几种构造形式？各有什么优、缺点？

9. 盾构推进有哪几种开挖方法？各适用于何种条件的地层？

10. 盾构推进施工中导致偏离隧道轴线的因素有哪些？如何进行盾构纠偏？

11. 隧道衬砌（管片）拼装有几种形式？各有何特点？

12. 隧道衬砌壁后为什么要压浆？通常选用何种压浆材料？如何控制压浆质量？

13. 衬砌分为哪几类？各有什么特点？适用条件如何？

14. 隧道衬砌有哪些防水方法（措施）？防水由哪几部分组成？如何保证隧道衬砌不渗漏水？

15. 简述盾构法隧道施工中的辅助施工方法及各自特点。应根据什么原则选用？

16. 在盾构法隧道施工中，引起地表变形的主要因素有哪些？如何控制地表变形与环境保护？

5 顶管法管道施工

5.1 概 述

顶管法是指在软土层中敷设地下管道的一种施工方法。顶管法施工的主要内容是:先在管道设计线路上施工一定数量的小基坑作为顶管工作井(大多采用沉井),也可作为一段顶管施工的起点与终点工作井。根据需要,工作井的一面或两面侧壁设有圆孔作为预制管节的出口与入口。顶管出口后面侧墙为承压壁,其上安装液压千斤顶和承压垫板。千斤顶将带有切口和支护开挖装置的工具管顶出工作井出口孔壁,然后以工具管为先导,将预制管节按设计轴线逐节顶入土层中,直至工具管后第一节管段的前端进入接收工作井的进口孔壁,这样就施工完了一段管道,不断继续上述施工过程,直至一条管线施工完成。

对于长距离顶管,由于主油缸的顶力不足,常将管道分段,在每段之间设置由一些中继油缸组成的移动式顶推站即中继环,且在管壁四周加注减摩剂,以此克服管壁四周的土体摩阻力和迎面阻力,进行长距离管道的顶推。顶管法管道施工概貌如图 2-5-1 所示。

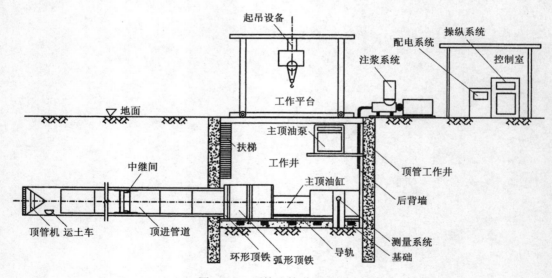

图 2-5-1 顶管法管道施工概貌

在各类地下通道工程和城市市政管道工程中,普遍采用明挖法施工。但在软土地区,开挖沟槽需要有围护措施和降水措施,这不仅影响市区繁忙的交通,还危及临近管线和建筑物的安全。为减少对邻近建筑物、管线和道路交通的影响,可采用顶管法施工。因为在埋深较大、交通干线附近和周围环境对位移、地下水有严格限制的地段采用顶管法施工更为安全与经济。例如地下引水、排污、煤气等市政管道及地下过江、过街、过铁路通道等工程均成功地采用了顶管法施工。

通常如果管道内径大于 4 m,则顶管法不如盾构法经济合理。对内径小于等于 4 m 的管道,特别适用于城市市政工程的管道,使用顶管法有其独特的优越性。

随着顶管技术的发展,顶管法和盾构法的施工技术相互渗透,基本原理和施工工艺越来越趋向一致。

顶管法施工分普通(直线)顶管施工与曲线顶管施工两种,由于普通顶管施工方法的施工工艺、施工技术相对曲线顶管容易,具有工期较短、工程造价较经济等优点,故常被人们使用;而曲线顶管法由于施工难度大,一般在特殊情况下才被使用。

5.2 顶管法管道施工准备

顶管法施工一般在软土地区或饱和软土地区进行,常需穿越道路、各种地下管线、防洪墙、铁路、江堤、建筑物和交通干线等障碍物,为减少顶管施工对沿线环境的影响,必须先进行以下几方面的准备工作。

5.2.1 工程地质与环境调查

① 提供沿顶管线路的土层分类、分布的地质纵剖面图、必要数量的勘探点和地层柱状图,以取得准确的工程水文地质资料。勘探取土深度 H 应满足式(2-5-1)的要求,在必要时还需做原位测试。

$$H \geqslant h + D + h' \tag{2-5-1}$$

式中 h——顶管上覆土深度(m);

　　　　D——管道外径(m);

　　　　h'—— 附加深度,对于黏性土一般取 3 m;对于含水砂性土一般取 5 m。

② 提供足够的供地基稳定及变形计算分析所需的土性参数及现场测试资料。

③ 提供各土层的透水性、与附近大水体连通的透水层分布,各层砂性土层承压水压力和渗透系数、地下贮水层水流速度以及地下水位升降变化等水文地质资料。

④ 提供地基承载力和地基加固等方面的地质勘探及土工试验资料。

⑤ 提供各种类型的地上地下建筑物、构筑物、地下管线、地下障碍物及其使用状况和变形控制要求等方面的勘察资料,然后对采用顶管法施工引起的地层位移及对周围环境的影响程度作出充分估算。当预计影响程度难以确保建筑物、构筑物、管线和道路交通的正常使用时,应制订有效的技术措施进行监测、保护与加固,必要时应采取拆除、搬迁和停用等措施。

5.2.2 工具管的形式与选型

1. 工具管形式

工具管也叫顶管机头。顶管工具管的形式有手掘式、挤压式、局部气压水力挖土式、泥水平衡式、多刀盘土压平衡式等几种。对于地质条件复杂、周围环境要求严格、长距离大口径顶管,必须采用气压、泥水或土压平衡式工具管。

（1）手掘式工具管

这种工具管正面敞胸，采用人工挖土，适用于有一定自立性的硬质黏土（图2-5-2）。

（2）挤压式工具管

这种工具管正面有网格切土装置或将切口刃脚放大，以减小开挖面。它一般采用挤土顶进方式，适用于沿海淤泥质黏土（图2-5-3）。

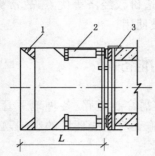

L—工具管长度（约1.0 m）。

1—切土刃脚；2—纠偏千斤顶；3—法兰圈。

图2-5-2　手掘式顶管工具管

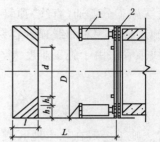

L—工具管长度（约1.6 m）；D—工具管外径；

l—喇叭口长度；h_1—土斗车轮高度；

d—喇叭口小口直径；h_2—纠偏千斤顶高度。

1—纠偏千斤顶；2—法兰圈。

图2-5-3　挤压式顶管工具管

（3）局部气压水力挖土式顶管工具管

这种工具管正面设有网格，并在其后设置密封舱，在密封舱中加适当气压以支承正面土体，密封舱中设置高压水枪和水力扬升机用以冲挖正面土体，将冲下的泥水吸出并送入通过密封舱隔墙的水力运泥管道排放至地面的贮泥水池（图2-5-4）。

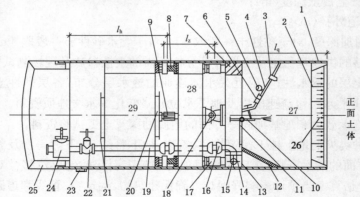

l_q—前段；l_z—中段；l_h—后段。

1—刃脚；2—格栅；3—照明灯；4—胸板；5—真空压力表；6—观察窗；7—高压水仓；8—垂直铰链；9—左右纠偏油缸；
10—水枪；11—小水密门；12—吸口格栅；13—吸泥门；14—阴井；15—吸管进口；16—双球活接头；
17—上下纠偏油缸；18—水平铰链；19—吸泥管；20—气闸门；21—大水密门；22—吸泥管闸阀；23—泥浆环；
24—清理阴井；25—管道；26—气压；27—冲泥舱；28—操作室；29—控制室。

图2-5-4　三段双铰型局部气压水力挖土式顶管工具管

（4）泥水平衡式顶管工具管

这种工具管正面设置刮土刀盘，其后设置密封舱，在密封舱中注入稳定正面土体的护壁泥

190

浆,刮土刀盘刮下的泥土沉入密封舱下部的泥水中,并通过水力运输管道排放至地面的泥水处理装置(图2-5-5)。

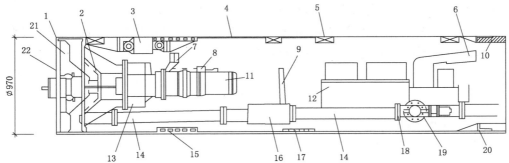

1—切口;2—封板;3—纠偏千斤顶;4—壳体;5—吊盘;6—摄像机;7—前后倾斜仪;8—切土口控制油缸;
9—测量仪表;10—管道;11—电动机;12—液压泵装置;13—减速装置;14—泥浆排放管;15—密封带;
16—泥浆储存器;17—橡胶垫板;18—法兰接头;19—旁通阀;20—垫板;21—泥浆;22—削土刀盘。

图2-5-5 泥水平衡式顶管工具管(单位:mm)

（5）多刀盘土压平衡式顶管工具管

这种工具管头部设置密封舱,密封隔板上装设数个刀盘切土器,顶进时螺旋器出土速度与工具管推进速度相协调(图2-5-6)。

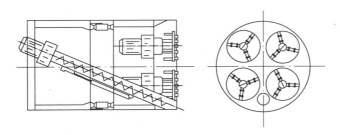

图2-5-6 多刀盘土压平衡式顶管工具管

2. 工具管的选型

根据地质勘探和环境调查资料,结合本地区的顶管施工经验,合理选择工具管是保证顶管顺利施工的关键,应详细分析工具管(顶管机头)所穿越土层的土壤参数,主要有:

① 表示土的固有特征的参数,如颗粒组成、限位粒径、有效粒径、不均匀系数、液限、塑限、塑性指数等;

② 表示土的状态特征的参数,包括含水量、饱和度、液性指数、孔隙比、渗透系数、土的天然重度等;

③ 表示土的力学性质特征的参数,如不排水抗剪强度、黏聚力、内摩擦角、标准贯入度、原状土无侧限抗压强度、重塑土无侧限抗压强度、灵敏度、压缩系数、压缩模量等。

根据土壤参数分析土层工程特性进行工具管(顶管机头)选型时,应主要参照以下几条:

① 按土壤颗粒组成及塑性指数分成的9种类别的土,可确定工具管穿越的最有代表性的土层及土壤参数。

② 按土的有效粒径 d 和土壤渗透系数 K 等参数,可确定工具管穿越的最有代表性的土层及土壤参数。

③ 对于环境保护要求较高的砂性土层中的顶管，根据经验，当地下水压力大于 98 kPa，黏粒含量小于 10%，不均匀系数小于 10，渗透系数大于 10^{-1} cm/s，并且有严重流砂时，宜采用泥水平衡或开挖面加高浓度泥浆的土压平衡工具管掘进机施工。

④ 应结合土体稳定系数 N_t 和地面沉降控制要求，选定顶管掘进机正面装置形式及应该采取的地面沉降控制技术措施。土体稳定系数 N_t 按式(2-5-2)计算：

$$N_t = \frac{(\gamma h + q)^n}{S_u} \qquad (2\text{-}5\text{-}2)$$

式中　γ——土的天然重度(kN/m³)；

h——地面至工具管中心的高度(m)；

q——地面超载(kPa)；

n——折减系数，一般取 $n=1$；

S_u——土的不排水抗剪强度(kPa)，$\varphi=0$ 时，$S_u=c$；$\varphi \neq 0$ 时，$S_u=\tan\varphi+c$；

φ——土的内摩擦角(°)；

c——土的黏聚力(kPa)。

工具管(顶管机头)的选用也可参考表 2-5-1。

表 2-5-1　　　　　　　　　　　　　工具管(顶管机头)选用参数

编号	机头形式	适用管道内径 D/mm 管道预覆土厚度 h/mm	地层稳定措施	适用地质条件	适用环境条件
1	手掘式	$D=1\,000\sim1\,650$ $h \geqslant 3\,000$，且 $h \geqslant 1.5D$	遇砂性土用降水法疏干地下水；管道外周压浆形成泥浆套	黏性或砂性土；在软塑和流塑黏土中慎用	允许管道周围地层和地面有较大变形，正常施工条件下变形量为100～200 mm
2	挤压式	$D=1\,000\sim1\,650$ $h \geqslant 3\,000$，且 $h \geqslant 1.5D$	适当调整推进速度和进土量；管道外压浆，形成泥浆套	软塑、流塑黏性土，软塑、流塑黏性土夹薄层粉砂	允许管道周围地层和地面有较大变形，正常施工条件下变形量为100～200 mm
3	网格式(水冲)	$D=1\,000\sim2\,400$ $h \geqslant 3\,000$，且 $h \geqslant 1.5D$	适当调整开孔面积，调整推进速度和进土量，管道外周压浆形成泥浆套	软塑、流塑黏性土，软塑、流塑黏性土夹薄层粉砂	允许管道周围地层和地面有较大变形，精心施工条件下，地面变形量小于 150 mm
4	斗铲式	$D=1\,800\sim2\,400$ $h \geqslant 3\,000$，且 $h \geqslant 1.5D$	气压平衡正面土压，管道外周压浆形成泥浆套	地下水位以下的黏性土、砂性土，但黏性土的渗透系数不大于 10^{-4} cm/s	允许管道周围地层和地面有中等变形，精心施工条件下，地面变形量可小于 100 mm

注：1. 表中所列 D 和 h 等数值是考虑上海一般条件，特殊情况下可采取妥善措施以适应表列以外的 D 和 h 值。

2. 当采用简易的手掘或网格形工具管时，如需要将地面沉降控制到小于 50 mm 时，可采用精心施工的气压法和压浆法。

5.2.3 工作井的设置

1. 选址

顶管工作井是顶管施工时在现场设置的临时性设施,工作井包括后背、导轨和基础等,工作井是人、机械、材料较集中的活动场所,因此,选择工作井的位置时应注意:尽可能利用坑壁原状土作后背;尽量选择在管线上的附属构筑物(如检查井)处;工作井处应便于排水、出土和运输,并具备堆放少量管材及暂存土的场地;工作井尽量远离建筑物;单向顶进时工作井宜设在下游一侧。

2. 工作井种类

从工作井的使用功能上分为单向顶进井、双向顶进井、多向顶进井、转角顶进井及接收井(图2-5-7)。

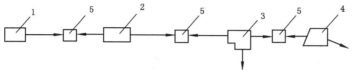

1—单向顶进井;2—双向顶进井;3—多向顶进井;4—转角顶进井;5—接收井。

图2-5-7 工作井种类

工作井实质上是一方形或圆形小基坑,其支护形式有地下连续墙、劲性水泥土墙、柱列式钻孔灌注桩、钢板桩、沉井、树根桩和搅拌桩等形式,与一般基坑不同的是其平面尺寸较小。在管径大于等于1.8 m或顶管埋深大于等于5.5 m时,常采用钢筋混凝土沉井作为顶进工作井。当采用沉井作为工作井时,为减少顶管设备的转移,一般采用双向顶进;而当采用钢板桩工作井时,为确保后座土体稳定,一般采用单向顶进。

3. 工作井尺寸

一般开挖工作井,其底部的平面尺寸应根据管径大小、管节长度、操作设备、出土方式以及后背长度等不同情况确定。

当上、下游管线的夹角大于170°时,一般采用直线顶进工作井,即矩形工作井。普遍采用的矩形工作井平面尺寸应根据表2-5-2选用;当上、下游管线的夹角小于或等于170°时,一般采用圆形工作井。

表2-5-2　　　　　　　　　　　矩形工作井平面尺寸选用

顶管内径/mm	顶进井宽×长/(m×m)	接收井宽×长/(m×m)	顶管内径/mm	顶进井宽×长/(m×m)	接收井宽×长/(m×m)
800~1 200	3.5×(6.5~7.5)	3.5×(4.0~5.0)	1 800~2 000	4.5×(7.0~8.0)	4.5×(5.0~6.0)
1 350~1 650	4.0×(7.9~8.0)	4.0×(4.0~5.0)	2 200~2 400	5.0×(8.0~9.0)	5.0×(5.0~6.0)

工作井的平面位置应符合设计管位要求,尽量避让地下管线,减小施工扰动的影响。工作井与周围建筑物及地下管线的最小平面距离应根据现场地质条件及工作井施工方法而定。采用钢板桩或沉井法施工的工作井,其地面影响范围一般按井深的1.5倍计算,在此范围内的建筑物和管线等设施应采取必要的技术措施加以保护。

顶管工作井的长、宽、深度可按式(2-5-3)—式(2-5-5)计算。

(1) 最小长度

$$L = L_1 + L_2 + L_3 + S_1 + S_2 + S_3 \qquad (2\text{-}5\text{-}3)$$

式中　L——工作井最小长度(m)；

　　　L_1——顶管机或管段长度,取大者(m)；

　　　L_2——千斤顶长度(m)；

　　　L_3——后座及扩散段厚度(m)；

　　　S_1——顶进管段留在导轨上的最小长度,可取 0.5 m；

　　　S_2——顶铁厚度(m)；

　　　S_3——考虑顶进管段回缩及便于安装管段所留附加间隙,可取 0.2 m。

(2) 最小宽度

$$B = D + 2S \qquad (2\text{-}5\text{-}4)$$

式中　B——工作井的最小宽度(m)

　　　D——管道外径(m)；

　　　S——施工操作空间,可取 0.8~1.5 m。

(3) 最小深度

$$H = H_1 + D + h \qquad (2\text{-}5\text{-}5)$$

式中　H——工作井深度(m)；

　　　H_1——管顶覆盖层厚度(m)；

　　　D——管道外径(m)；

　　　h——管底操作空间,钢管可取 0.7~0.8 m,钢筋混凝土管可取 0.4~0.5 m。

接收井的最小长度应满足顶管机在井内拆除和吊出的要求,其最小宽度应满足顶管机外径加两侧至少 1.0 m 的操作空间,其最小深度计算与工作井类似。

4. 工作井基础

工作井基础的形式取决于基底的土质、管节的重量以及地下水位情况。一般有以下三种形式可供参考。

(1) 土基木枕基础

适用于土质较好、无地下水的工作井。这种基础施工操作简便、用料少,可在方木上直接铺设导轨(图 2-5-8)。

(2) 卵石木枕基础

适用于地下水位不高,但地基土为细粉砂或砂质粉土近饱和状,安装过程中有可能被扰动的工作井,可采用卵石木枕基础(图 2-5-9)。

(3) 混凝土木枕基础

适用于地下水位高,同时地基土质又差的工作井。混凝土的强度等级不低于 C20 级,厚度为 20 cm(不应小于该处井室的基础加垫层厚度),浇筑宽度较枕木长 50 cm 为宜。并在混凝土内部埋设 15 cm×15 cm 的方木作轨枕(方木埋入混凝土的面包油毡)。这种基础不扰动地基土,能承受较大的荷载(图 2-5-10)。

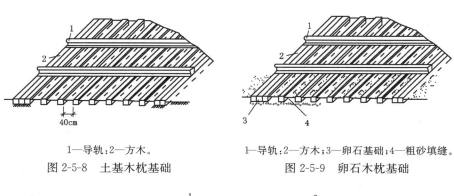

1—导轨；2—方木。

图 2-5-8　土基木枕基础

1—导轨；2—方木；3—卵石基础；4—粗砂填缝。

图 2-5-9　卵石木枕基础

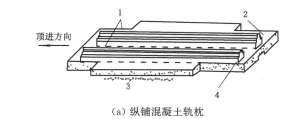

（a）纵铺混凝土轨枕

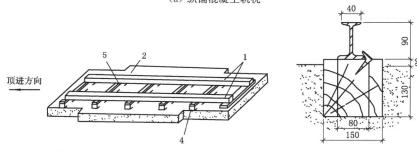

（b）横铺混凝土轨枕　　　　（c）木枕基础详图

1—导轨；2—混凝土基础；3—加铺卵石；4—木枕基；5—导轨钉。

图 2-5-10　混凝土木枕基础（单位：mm）

5．导轨

导轨安装是顶管施工中的一项重要工作，安装准确与否直接影响管节的顶进质量，因此，导轨宜选用钢质材料制作，并应有足够的刚度，其安装要求如下：

① 两导轨应平行、等高或略高于该处管道的设计高程，其坡度应与管道坡度一致。

② 安装后的导轨应牢固，不得在使用中产生位移，并应经常检查校核。

③ 两导轨的间距可按式(2-5-6)计算，计算示意图如图 2-5-11 所示。

④ 导轨可用钢轨或木轨，钢轨及其附件规格参见有关专业手册。

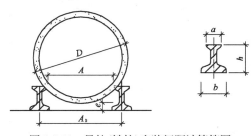

图 2-5-11　导轨（铁轨）安装间距计算简图

$$A_0 = A + a \qquad [2\text{-}5\text{-}6(a)]$$

$$A = 2\sqrt{(D-h+e)(h-e)} \qquad [2\text{-}5\text{-}6(b)]$$

式中 A_0—— 两导轨的中心距(mm);

A——两导轨上部的净距(mm);

a——导轨的上顶宽度(mm);

D——管外径(mm);

h——导轨高度(mm);

e——管外底距枕木的距离(一般为 10~25mm)。

5.2.4 顶力估算

顶管顶力是为了克服顶管管壁与土的摩阻力和顶管机的正面阻力而把管道推入土体中,其计算结果与实际施工顶力有一定差距。实际施工顶力与土层情况、施工技术水平、施工时间、顶管机类型等均相关。还应控制顶力小于工作井允许反力以及管材允许顶力。

(1) 顶管总顶力计算

$$F = F_1 + F_2 \qquad [2\text{-}5\text{-}7(a)]$$

$$F_1 = \pi D L' f \qquad [2\text{-}5\text{-}7(b)]$$

式中 F——总顶力(kN);

F_1——管道与土层的摩阻力(kN);

D——管道外径(m);

L'——管道顶进长度(m);

f——管道外壁与土的平均摩阻力(kN/m^2),宜取 2~7,正常情况下,f 为 4~6,表 2-5-3
为 f 的工程实测值;

F_2——顶管机的迎面阻力(kN)。

表 2-5-3　　　　　　　　　　　实测管壁平均摩阻力

工程名称	武钢 3 号管	武钢 3 号管	甬江越江管	宝钢 1 号管	宝钢 2 号管	宝钢 3 号管
地层	稍密粉细砂(夹黏性土薄层)	稍密粉细砂(夹黏性土薄层)	粉细砂,部分淤泥质粉质黏土	淤泥质粉质黏土	淤泥质粉质黏土	淤泥质粉质黏土
管道外径/m	2.652	2.652	2.648	3.056	3.056	3.056
计算情况	顶出岸坡;正面阻力为零	顶出岸坡;正面阻力为零	主油缸顶推管段;正面无阻力	顶出岸坡;悬臂长 10 cm	顶出岸坡;悬臂长 7.15 cm	顶出岸坡;悬臂长 4.34 m
顶进长度/m	105.34	107.26	255.67	161.94	165.75	167.34
直读顶力/kN	6 600	5 200	12 500	7 000	6 400	6 800
顶力损失/kN	800	800①	1 000②	400②	400③	400③
无浆段阻力/kN	740	740	—	—	—	—
平均单位摩阻力/(kN·m^{-2})	6.1	4.3	4.5	4.5	3.9	4.1

注:①指油路损失,穿墙管摩阻力;②指穿墙管摩阻力,中继环回缩阻力;③仅指穿墙管摩阻力。

196

根据武钢、甬江、宝钢三个典型顶管工程的实测资料(表 2-5-3)分析,采用触变泥浆以后,管壁外周的摩擦阻力与管道的覆土深度基本无关,与土层的物理力学性能关系也不大。管壁外周摩阻力增大的主要原因在于管道的弯曲,管道弯曲时,管壁局部对土体产生较大的附加压力,管壁与土体之间的触变泥浆被挤掉,局部摩阻力迅速增加。

(2)顶管机的迎面阻力按表 2-5-4 选用

表 2-5-4 顶管机的迎面阻力选用

顶管机机型	迎面阻力/N	式中符号
网格式	$F_2 = \dfrac{\pi}{4} D'^2 cR$	D'——顶管机的外径(m);
土压、泥水平衡式	$F_2 = \dfrac{\pi}{4} D'^2 R_1$	c——网格截面参数,可取 0.6~0.8; R——风格抗压阻力,可取 300~500 kN/m²; R_1——顶管机下部 1/3 处的被动土压力(kN/m²);
气压平衡式	$F_2 = \dfrac{\pi}{4} D'^2 (cR + R_2)$	R_2——气压(kN/m²)

(3)钢筋混凝土管允许顶力计算

$$F_{dc} = K_{dc} f_c A_p \tag{2-5-8}$$

式中 F_{dc}——混凝土管允许顶力(N);

K_{dc}——混凝土管综合系数,取 $K_{dc} = 0.391$;

f_c——混凝土抗压强度设计值(N/mm²);

A_p——管道的最小有效传力面积(mm²)。

(4)钢管允许顶力计算

$$F_{ds} = K_{ds} f_s A_p \tag{2-5-9}$$

式中 F_{ds}——钢管允许顶力(N);

K_{ds}——铜管综合系数,一般可取 $K_{ds} = 0.277$,当顶进长度小于 300 m,且穿越土层又均匀时,可取 0.346;

f_s——钢管轴向抗压强度设计值(N/mm²);

A_p——管道的最小有效传力面积(mm²)。

5.2.5 后背土体稳定验算

顶管工作井普遍采用沉井结构和钢板桩支护结构两种形式,对这两种形式的工作井都应验算结构的强度及顶管后背土体的稳定性,以确保顶管工作井的稳定,防止大幅度的土体移动。

1. 沉井工作井的后背土体稳定验算

采用沉井结构作为顶管工作井时,可按图 2-5-12 所示的顶管顶进时的荷载计算图示验算沉井结构的强度和沉井后背土体的稳定性。沉井结构强度验算此处忽略。沉井后背土体在不能承受顶管顶力后会产生滑动,由图 2-5-12 可见,沉井后背土体的稳定条件为水平向合力 $\sum F = 0$,即

$$P = 2F_1 + F_2 + F_p - F_a \tag{2-5-10}$$

197

式中 P——顶管最大计算顶力(kN)；

　　　　F_1——沉井侧面摩阻力(kN)，$F_1 = \frac{1}{2}P_aHA_1\mu$，其中 P_a 为主动土压力；

　　　　F_2——沉井底面摩阻力(kN)，$F_2 = W_\mu$，

　　　　F_p——沉井后背井壁总被动土压力(kN)，

$$F_p = A\left[\frac{1}{2}\gamma H^2\tan^2\left(45°+\frac{\varphi}{2}\right)+2cH\tan\left(45°+\frac{\varphi}{2}\right)+1-\gamma hH\tan\left(45°+\frac{\varphi}{2}\right)\right],$$

　　　　其中 h 为沉井顶至地面的距离(m)；

　　　　F_a——沉井顶向井壁总主动土压力(kN)，

$$F_a = A\left[\frac{1}{2}\gamma H^2\tan^2\left(45°-\frac{\varphi}{2}\right)-2cH\tan\left(45°-\frac{\varphi}{2}\right)+\gamma H\tan\left(45°-\frac{\varphi}{2}\right)\right];$$

　　　　W——沉井底面总压力(kN)；

　　　　A_1——沉井一侧面面积(m²)；

　　　　A——沉井后背井壁面积(m²)；

　　　　μ——混凝土与土体的摩擦系数，视土体而定；

　　　　A——沉井后背井壁的总面积(m²)；

　　　　H——沉井深度(m)；

　　　　$\gamma，\varphi，c$——土的重度(kN/m³)、内摩擦角(°)和黏聚力(kPa)，一般取各层土的加权平
　　　　　　　　　均值。

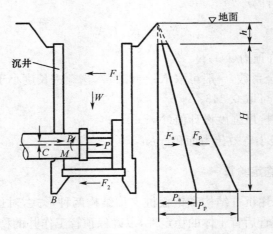

图 2-5-12   沉井工作井计算示意图

　　值得注意的是，在实际顶管工程中验算沉井后背土体稳定性时，要仔细分析沉井侧面摩擦阻力 F_1 及底面摩阻力 F_2 是否有效。因为实际工程中由于顶管顶力 P 的反复作用，沉井后背土体反复产生压缩变形，孔隙水压力增大，有效应力降低。沉井侧面与土体之间的空隙未填实或空隙中注入的触变泥浆尚未完全固结，这种情况下沉井侧面摩阻力不能计入。当后背井壁与两侧井壁连接结构的抗剪强度及抗拉强度小于沉井侧面摩阻力而被剪断或拉断时，沉井侧壁摩阻力亦不能发挥作用。此外，当顶管顶推合力与沉井后背井壁上土压力的合力

198

有偏心时,沉井井壁及底面会发生转动,这样底面摩阻力 F_2 也有所减小。因此,在实际工程中,在无绝对把握的前提下,式(2-5-10)中 F_1 及 F_2 均不予考虑。由此一般采用式(2-5-11)进行沉井后背土体的稳定验算。

$$P \leqslant \frac{F_p - F_a}{S} \qquad (2\text{-}5\text{-}11)$$

式中 S——沉井稳定系数,一般取 $S=1.0\sim1.2$,土质越差,S 取值越大。

在中压缩黏性土层至低压缩黏性土层或孔隙比小于等于1的砂性土层中,沉井侧面井壁与土体的空隙经密实填充且顶管力作用中心基本不变的情况下,可在进行后背土体稳定验算时考虑 F_1 及 F_2 的部分作用。

2. 钢板桩支护工作井的后背土体稳定验算

图 2-5-13 所示为钢板桩支护的顶管工作井,顶管顶力 P 通过承压壁传至板桩后的后背土体,因板桩自身刚度较小,承压壁后面的土压力一般假设为均匀分布,而板桩两端的土压力为零,则总的土体抗力呈梯形 $ABCD$,即图中阴影部分,且板桩静力平衡条件为水平向合力为零,即 $\sum F = 0$,也即:

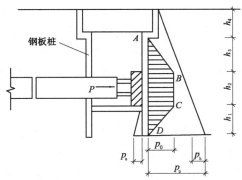

图 2-5-13 钢板桩支护顶管工作井计算示意图

$$p_0 \left(h_2 + \frac{h_1}{2} + \frac{h_3}{2} \right) = p h_2 \qquad (2\text{-}5\text{-}12)$$

式中 p_0——承压壁后背土体反力(kPa);
p——承压壁承受顶力 P 后的平均压力(kPa),$p = P/(bh_2)$;
b——承压壁宽度(m)。

从图中可见,当 B 点在后背土体被动土压力线上或在其左侧时,则后背土体是稳定的,由此推导出后背土体的稳定条件为

$$\gamma \lambda_q (h_3 + h_4) \geqslant S \frac{2P}{b(h_1 + 2h_2 + h_3)} \qquad (2\text{-}5\text{-}13)$$

式中 λ_q——被动土压力系数;
γ——土的重度(kN/m³);
S——稳定系数,一般取 $S=1.0\sim1.2$,后背土体土质条件越差,S 取值越大。

上述推导是基于单向顶进的情况,若是双向顶进,即后背板桩上留有通过管道的孔口时,则平均压力应修改为 $q = \dfrac{P}{bh_2 - \dfrac{1}{4}\pi D^2}$,其中,$D$ 为管道外径(m)。

同理，双向顶进后背工作稳定条件为

$$\gamma\lambda_q(h_3+h_4)\geqslant S\left[\frac{2P}{(h_1+2h_2+h_3)}\cdot\frac{h_2}{h_2b-\frac{1}{4}\pi D^2}\right] \qquad (2\text{-}5\text{-}14)$$

由于顶管工作井后背土体的滑动易引起周围土体的大幅度位移，严重影响周围环境，并且影响顶管的正常施工。所以，在工作井设置前，首先必须验算后背土体的稳定性。并在顶管顶进时密切观测后背土体的隆起和水平位移，以确定顶进时的极限顶力，按极限顶力适当安排中继环的间距，最好另外采取降水、注浆加固地基和在后背土体地面上增加超载等办法以提高土体所能承受的极限顶力。

5.3　顶管法管道施工

5.3.1　主要施工机具设备

1. 液压千斤顶

液压千斤顶的构造形式分活塞式和柱塞式两种。其作用方式有单作用液压千斤顶及双作用液压千斤顶。由于单作用液压千斤顶在顶管使用中回镐不便（卧用回镐时，需用外力压回），所以一般采用双作用活塞式液压千斤顶。液压千斤顶由控制箱和千斤顶组成，有手动控制及电动控制两种。

2. 顶铁

顶铁是顶管过程中传递顶力的工具，它可延长千斤顶的行程，并且扩大管节端部的承压面积。顶铁由各种型钢制成，其强度和刚度应经过核算。

顶铁根据安放位置与使用作用的不同，可分成顺铁、横铁和立铁。顺铁在顶进过程中与顶镐的行程长度配合传递顶力，在顶镐与管子之间陆续安放。

顶铁的形式一般有矩形、圆形、弧形等，其截面形式如图 2-5-14 所示。

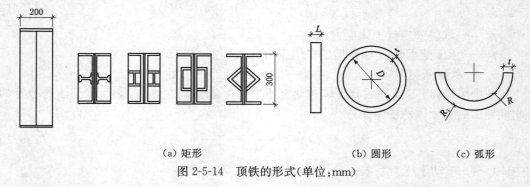

（a）矩形　　　　　　　　　（b）圆形　　　　　（c）弧形

图 2-5-14　顶铁的形式（单位：mm）

圆形或弧形顶铁，主要用于保护管子端面，使端面传力均匀，其材料可用铸钢或用钢板焊接成型，内灌注 C30 混凝土。圆形或弧形顶铁的端面必须与管子端面形状吻合（企口或平口）。

3. 工作台及棚架

（1）工作台

工作台搭设在工作井的顶面，主梁采用型钢，上面铺设 15 cm×15 cm 方木，作为承重平台,中间留作下管和出土的方孔为平台口,在平台口上设活动盖板,装有滚动轮与导轨。

承重平台主梁必须根据荷载(管重、人重及其他附加荷载)计算选用,主梁两端伸出工作井壁搭地不得小于1.2 m。

平台口的长度(L)及宽度(B)尺寸为:

$$L = l_1 + 0.8 \qquad\qquad [2\text{-}5\text{-}15(a)]$$
$$B = D_1 + 0.8 \qquad\qquad [2\text{-}5\text{-}15(b)]$$

式中　l_1—— 管子长度(m);

　　　D_1——管外径(m)。

(2) 棚架

棚架即起重架与防雨(雪)棚合成一体,罩以防雨棚布作为工作棚。起重用卷扬机、滑轮或电葫芦门式架,应根据起重量核算配备起重设备(图 2-5-15)。

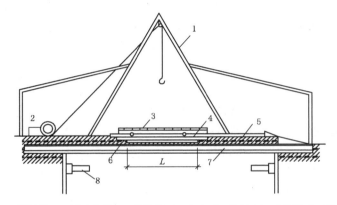

1—棚架;2—卷扬机;3—活动盖板;4—滚轮轨;5—方木;6—槽钢;7—工字钢;8—工作坑撑木。

图 2-5-15　卷扬机起重台与棚架

5.3.2　挖土与顶进

管前挖土是控制管节顶进方向和高程、减少偏差的重要作业,是保证顶管质量及管上构筑物安全的关键。因此,管前挖土顶进有如下要求:

1. 管前挖土的长度

在一般顶管地段,土质良好,管前挖土的长度可超前管端30～50 cm。在铁路道轨下不得超前管端以外10 cm,并随挖随顶,在道轨以外最大不得超过30 cm,同时应遵守铁路管理单位的规定。

2. 管子周围的超挖

在不允许土体下沉的顶管地段(如上面有重要构筑物或其他管道),管子周围一律不得超挖。在一般顶管地段,上面允许超挖1.5 cm,但在下面135°范围内不得超挖,一定要保持管壁与土基表面吻合(图 2-5-16)。

3. 安装管帽

在土层松散或有流砂的地段顶管时,为了防止土方坍落、保证安全和便于挖土操作,在首节管前端可安装管帽[帽檐伸出的长度取决于土质情况(图 2-5-17)]。将管帽顶入土中后便可在帽檐下挖土。

201

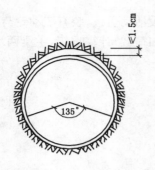

图 2-5-16　管子周围的超挖

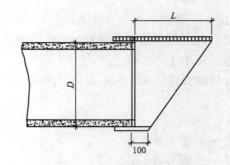

图 2-5-17　管帽(单位:mm)

帽檐的长度 L 应根据土质情况定,有关的经验计算公式为

$$L=\frac{D}{\tan \varphi} \tag{2-5-16}$$

式中　L—— 帽檐的长度(mm);

　　　D——管子的外径(mm);

　　　φ——土的内摩擦角(°)。

4. 顶进

① 顶进开始时,应缓慢进行,待各接触部位密合后,再按正常顶进速度顶进。

② 顶进中若发现油路压力突然增高,应停止顶进,检查原因并处理后方可继续顶进,回镐时,油路压力不得过大,速度不得过快。

③ 挖出的土方要及时外运,及时顶进,使顶力限制在较小的范围内。

5. 工具胀圈安装

为了防止钢筋混凝土管段在顶管中错口,有利于导向,顶进的前数节管中,在接口处应安装内胀圈,通过背楔或调整螺栓,使胀圈与管壁胀紧成为一个刚体。胀圈一定要对准接口缝隙,安装牢固,并在顶进中随时检查调整。工具胀圈如图 2-5-18 所示。

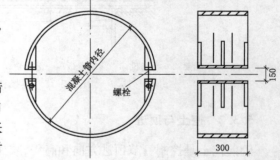

图 2-5-18　工具内胀圈(单位:mm)

6. 顶进钢管

顶进钢管必须在顶进前根据具体情况制订外防腐层保护措施。其管节接口是在顶进前于工作井内进行。如果采用永久性的焊接需补做防腐与保护层。

5.3.3　测量与纠偏

1. 测量

(1) 初顶测量

在顶第一节管(工具管)时,以及在校正偏差过程中,测量间隔不应超过 30 cm,以便保证管道入土的位置正确;在管道进入土层后的正常顶进时,测量间隔不宜超过 100 cm。

(2) 中心测量

顶进长度在 60 m 范围内,可采用垂球拉线的方法进行测量,要求两垂球的间距尽可能

202

地拉大,用水平尺测量头一节管前端的中心偏差,如图 2-5-19 所示。一次顶进超过 60 m 时,应采用经纬仪或激光导向仪测量(即用激光束定位)。

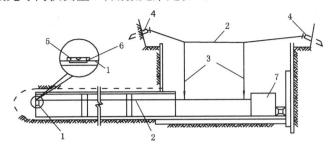

1—中心尺;2—小线;3—垂球;4—中心桩;5—水准仪;6—刻度;7—顶镐。

图 2-5-19　用小线球延长线法测量中心

（3）高程测量

用水准仪及特制高程尺根据工作井内设置的水准点标高(设两个),测量第一节管前端与后端管内底高程,以掌握第一节管的走向趋势。测量后应与工作井内另一水准点闭合。

（4）激光测量

将激光经纬仪(激光束导向)安装在工作井内,并按照管线设计的坡度和方向调整好,同时在管内装上标示牌,当顶进的管道与设计位置一致时,激光点即可射到标示牌中心,说明顶进无偏差,否则根据偏差量进行校正。

（5）顶后测量

全段顶完后,应在每个管节接口处测量其中心位置和高程,有错口时,应测出错口的高差。

2. 纠偏

管道偏离轴线主要是由于作用于工具管的外力不平衡造成的,外力不平衡的主要原因有:①推进管线不可能绝对在一直线上;②管道截面不可能绝对垂直于管道轴线;③管节之间垫板的压缩性不完全一致;④顶管迎土面阻力的合力不与顶管后端推进顶力的合力重合一致;⑤推进的管道在发生挠曲时,沿管道纵向的一些地方会产生约束管道挠曲的附加抗力等。

上述几条原因造成的直接结果就是顶管顶力产生偏心,要了解各接头上实际顶推合力与管道轴线的偏心度,只能随时监测顶进中管节接缝上的不均匀压缩情况,从而推算接头端面上应力分布状况及顶推合力的偏心度,并以此调整纠偏幅度,防止因偏心度过大而使管节接头压损或管节中部出现环向裂缝。

顶管误差校正是逐步进行的,形成误差后不可立即将已顶好的管子校正到位,应缓慢进行,使管子逐渐复位,不能猛纠硬调,以防产生相反的结果。常用的方法有以下三种:

（1）超挖纠偏法

偏差为 1～2 cm 时,可采用此法,即在管子偏向的反侧适当超挖,而在偏向侧不超挖甚至留坎,形成阻力,使管节在顶进中向阻力小的超挖侧偏向,逐渐回到设计位置。

（2）顶木纠偏法

偏差大于 2 cm 时,在超挖纠偏不起作用的情况下可用此法。用圆木或方木的一端顶在管子偏向的另一侧内管壁上,另一端斜撑在垫有钢板或木板的管前土壤上,支顶牢固后,即可顶进,在顶进中配合超挖纠偏法,边顶边支。利用顶进时斜支撑分力产生的阻力,使顶管向阻力小的一侧校正。

（3）千斤顶纠偏法

该方法基本同顶木纠偏法，只是在顶木上用小千斤顶强行将管节慢慢移位校正。

5.4 顶管法施工技术措施

5.4.1 穿墙管与止水

穿墙止水是顶管施工最为重要的工序之一。穿墙管的构造除应满足结构的强度和刚度要求外，还需使管道穿墙施工方便快捷、止水可靠。穿墙止水主要由挡环、盘根、轧兰组成，轧兰将盘根压紧后起止水挡土作用（图 2-5-20）。

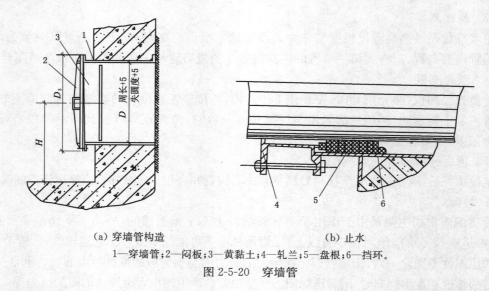

（a）穿墙管构造   （b）止水

1—穿墙管；2—闷板；3—黄黏土；4—轧兰；5—盘根；6—挡环。

图 2-5-20　穿墙管

为避免地下水和泥土大量涌入工作井，一般应在穿墙管内事先填埋经夯实的黄黏土。打开穿墙管闷板后，应立即将工具管顶进。此时穿墙管内的黄黏土受挤压，堵住穿墙管与工具管之间的环缝，起临时止水作用。

钢板桩围护的工作井在工具管出井时根据施工组织设计要求，采取拔桩或割桩成洞的方法进行。在去除板桩前，应考虑去除过程中采取的加固措施，工作井顶部的支撑也应检查与加固。

5.4.2 管段接口处理

（1）钢管

钢管在顶进施工中的连接采用永久性的焊接，并在顶进前于工作井内进行。焊缝经检查合格后，应补做焊口处的防腐层及保护层后再顶进。

（2）钢筋混凝土管

顶进钢筋混凝土管时，在两管的接口处加衬垫，一般是垫麻辫或 3～4 层油毡，企口管应垫于外榫处,平口管应偏于管缝外侧放置,这样使顶紧后管的内缝有1～2 cm的深度,以便顶进完成后进行填缝。

顶进完毕后,拆除临时连接的内胀圈,进行内接口,其接缝处理应按设计规定施工。

5.4.3 触变泥浆减阻

在长距离大直径管道的顶进过程中,有效降低顶进阻力是施工中必须解决的关键问题。顶进阻力主要由迎面阻力和管壁外周摩阻力两部分组成,在超长距离顶管工程中,迎面阻力占顶进总阻力的比例较小。为了充分发挥顶力的作用,达到尽可能长的顶进距离,除了在中间设置若干个中继环外,更为重要的是尽可能降低顶进过程中的管壁外周摩阻力。为了达到此目的,采用管壁外周加注触变泥浆,在土层与管道之间形成一定厚度的泥浆环,使工具管和顶进的管道在泥浆环中向前滑移,以达到减阻的目的。管道外周空隙的形成主要有三个因素:一是顶管工具管比管道外径略大;二是工具管纠偏;三是工具管及管道外周附着黏土而形成。为了达到支承土体和减阻的目的,必须在管道外周空隙形成后,土体落到管体上以及土压力增大至全值之前将触变泥浆填充于空隙中。

在顶管顶进过程中,为使管壁外周形成的泥浆环始终起到支承土体和减阻的作用,在中继环和管道的适当点位还必须进行跟踪补浆,以补充在顶进过程中的触变泥浆损失量。一般压浆量为管道外周环形空隙的1.5～2.0倍。

为了减少顶进阻力,增大顶进长度,并防止塌方,一般采用在管壁与土壁的缝隙间注入触变泥浆,形成泥浆套,减少管壁与土壁之间摩阻力。这种泥浆除了起润滑作用外,静置一定时间后,泥浆便会固结,产生强度。

泥浆在输送和灌注过程中具有流动性、可泵性。施工过程中,泥浆主要从顶管前端进行灌注,顶进一定距离后,可从后端及中间进行补浆。

对泥浆的配方,工程界进行了大量的科研工作。目前使用的泥浆中有膨润土、纯碱、水、CMC、PHP等成分,且在触变泥浆中选用PHP,PAC-141,CPA,PAH树脂作为泥浆处理剂。在长距离顶管施工中,分别配制出工具管压浆所用的A浆和中继环补浆所用的B浆。A浆和B浆的性能对照如表2-5-5所示。

表 2-5-5　　　　　　　　　　　触变泥浆性能对照

配方	膨胀土	碱	掺加药剂	漏斗黏度/s	视黏度/cp	失水量/mL	终切力/($\times 10^{-8}$kPa)	密度/(kN·m^{-3})	稳定性
A浆	12%	6%	CMC、PHP	滴流	30.5	9	130	10.73	0
B浆	8%	4%	CMC、PHP	1'19"2	21	12.5	80	10.48	0～0.001

一般在短距离(100 m左右)顶管施工中常采用同一种普通泥浆。其性能如表2-5-6所示。

表 2-5-6　　　　　　　　　　　普通泥浆性能

配方	膨胀土	纯碱	CMC	漏斗黏度/s	视黏度/cp	失水量/mL	终切力/($\times 10^{-8}$kPa)	密度/(kN·m^{-3})
普通	20%	10%	试验定	塞流～36"	20～45	12～15	160	11.0

5.4.4 中继环

应用中继环是长距离顶管采取的主要技术措施。随着顶进长度的增加,管壁与土层的摩阻力则随之增大,虽然利用触变泥浆可以减阻,加长顶进距离,但有一定限度。因为顶进长度增加以后,管壁的施工应力也将越来越大,管壁承受的施工应力,以及工作井后背结构和顶进设备承受的顶力,都有一定的限度,所以长距离顶管应设置中继环,采用接力技术,来提高一次顶进的长度,减少工作井,降低工程造价。

中继环顶管是将预顶的管道分割成数段,设置中继环,总顶力分散在数个管段之间,减少工作井后背所承受的反力(图 2-5-21)。图中管道分成了 3 段,设置了两个中继环,管段 1,2,3 可分别由中继环Ⅰ、Ⅱ及工作井后背的顶力承担顶进。管段 2,3 是中继环Ⅰ的后座,管段 3 和工作井后背是中继环Ⅱ的后座,最后管段 3 的后座仍是工作井后背。施工时,各管段先后依次向前推进,当工作井前的一段顶进完成后,再从最前一段开始新的一轮循环推顶,直至全部管段顶入。

中继环是由壳体(钢板制)与千斤顶组装成的一种接力顶进设备。千斤顶分布固定在壳体内,可装独立的油路系统和电气系统,或者与工作井顶进油路系统并用(图 2-5-22)。

1—接收坑;2—中继间;3—顶进工作坑。

图 2-5-21　中继环顶管示意图

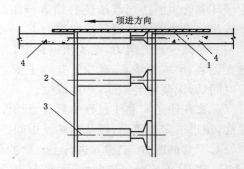

1—护套;2—弧形壳体;3—千斤顶;4—混凝土管。

图 2-5-22　简易中继环示意图

5.4.5 顶管法施工的主要技术

(1)方向控制

方向控制要有一套能准确控制管道顶进方向的导向机构。管道能否按设计轴线顶进,是长距离顶管成败的关键因素之一。顶管方向失去控制会导致管道弯曲,顶力急剧增加,工程无法正常进行。高精度的方向控制也是保证中继环正常工作的必要条件。

(2)顶推力

顶管的顶推力是随着顶进长度的增加而增大的,但因受到顶推动力和管道强度的限制,顶推力不能无限度增大,尤其是在长距离顶管施工中,仅采用管尾推进方式,管道顶进距离必受限制。一般采用中继环接力技术加以解决。此外,顶力的偏心距控制也相当关键,能否保证顶推合力的方向与管道轴线方向一致是控制管道方向的关键。

(3)工具管开挖迎土面的稳定

在开挖和顶进过程中,尽量使迎土面土体保持和接近原始应力状态是防坍塌、防涌水和确保迎土面土体稳定的关键。迎土面土体失稳会导致管道受力急剧变化、顶进方向失去控制,迎土面大量迅速涌水会带来不可估量的损失。

(4) 承压壁的后背结构及土体稳定

顶管工作井一般采用沉井结构或钢板桩支护结构,除需验算结构的强度和刚度外,还应确保后背土体的稳定性。工程中可以采取注浆、增加后背土体地面超载等方式限制后背土体的滑动。若后背土体产生滑动,不仅会引起地面较大的位移,严重影响周围环境,还会影响顶管的正常施工,导致顶管顶进方向失去控制。

思 考 题

1. 何谓"顶管法"? 它有何特点? 适用于何种地层?

2. 简述顶管法施工的工作井布置原则及施工过程。

3. 试述顶管工作井分哪几类。选择其位置时应考虑哪些因素? 其支护形式、基础形式有哪几类? 适用于哪些场合?

4. 简述顶力计算和土体稳定计算公式与各符号的意义及各系数如何取值。

5. 顶管工具管有哪几种形式? 简述其工作原理和适用范围。

6. 普通顶管施工包括哪些机具设备? 挖土顶进时应该注意哪些问题?

7. 简述顶管偏离轴线的主要原因。有哪些常用的纠偏措施?

8. 简述顶管法施工的质量标准。控制顶管施工质量的措施有哪些?

9. 简述触变泥浆减阻的原理。形成管道外周空隙的主要原因有哪些?

10. 触变泥浆分为 A 浆和 B 浆,其性能有何不同? 使用触变泥浆应注意哪些事项?

11. 试述中续环的作用和工作原理。其数量和位置如何确定?

12. 试述顶管法施工的主要技术措施。

6 沉管法隧道施工

6.1 概　　述

6.1.1 沉管隧道的定义

沉管法是跨越江、河、湖、海水域建造隧道的一种地下工程施工方法。沉管法隧道施工的主要内容是：先在隧址以外的船台上或临时干坞内制作隧道管段，管段两端用临时封端墙封闭，制成后用拖轮拖运到按设计要求在水下已浚挖的隧址，待管段准确定位就绪后，向管段水箱内灌水压载下沉，然后进行水下连接。处理好管段接头与基础，经覆土回填后，再进行内部设备的安装与装修，便筑成了隧道。这种建造隧道的方法称为沉管隧道施工法(图 2-6-1)。

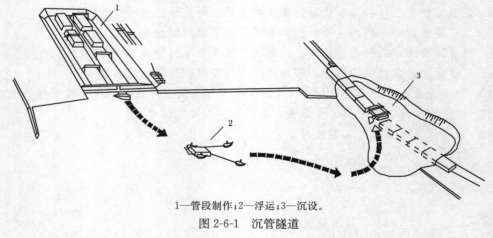

1—管段制作；2—浮运；3—沉设。

图 2-6-1　沉管隧道

沉管隧道的使用历史始于 1910 年美国的底特律河双线铁路隧道，迄今为止世界上已有100 多条沉管隧道，其中横断面宽度最大的是比利时亚珀尔隧道，宽达 53.1 m；沉埋长度最长的是美国海湾地区交通隧道，长达 5 825 m，管段最长为 268 m。

我国修建沉管隧道起步较晚，已建成的隧道有：上海金山供(排)水隧道、上海外环隧道、宁波甬江隧道、广州珠江隧道、香港地铁隧道、香港东港跨港隧道及台湾高雄港隧道。我国台湾、香港在 20 世纪 40 年代、60 年代用沉管法修建了 4 条海湾隧道。位于黄浦江上的上海外环沉管隧道，全长 2 880 m，其中沉管段长 736 m，双向 8 车道，沉管的管段横断面外部尺寸为 9.55 m×43 m，最大埋深 33 m，共设 7 节管段，每节 100~108 m 不等，目前其规模位居全国之首，亚洲第一，于 2003 年 6 月建成通车。我国建造的港珠澳大桥跨海沉管隧道，沉管段全长 5 664 m，沉管横断面外轮廓尺寸为 37.95 m×11.4 m，最大埋深 30.18 m，管段共计33 节，每节管长 112.5~180 m 不等，于 2018 年 7 月建成通车。

沉管隧道与通常的掘进隧道相比有很多优点，如可缩短工期，节约造价，所以采用沉管隧道跨越江河水域的方案日益增多。

用沉管法建造隧道主要包括:地槽浚挖、管段制作、管段的防水、管段的驳运、管段沉放、管段接头与地基处理等施工工序。施工期间受特定的环境条件和工程要求影响大,故在进行环境调查与研究时必须特别注意河道港湾航运状况、水力条件、气候条件和施工技术条件。

6.1.2 沉管隧道的特点

(1)施工质量有保证

由于预制管段是在临时干坞内浇筑,施工场地集中,管理方便,管段结构和防水措施的质量容易得到保证。此外,与盾构法相比,沉管法需要在隧址现场施工的隧道接缝非常少,漏水的机会相应也大大减少,施工质量较易保证。

(2)工程造价较低

首先,采用沉管法进行隧道施工,水底挖沟槽比地下挖土单价低;其次,由于每节管段长度可达 100 m 左右,一般为整体制作,完成后从水面上整体拖运,所需的制作和运输费用比盾构法中大量管片分块制作,完成后用汽车运送到隧址所需的费用要低得多;再次,接缝数量减少,也使费用相应减少。因而沉管隧道比盾构隧道的单位延米单价低。此外,由于沉管所需覆土很薄,甚至可以不覆土,水底沉管隧道的总长比盾构隧道短得多,所以工程总价相应地大幅度降低。

(3)现场施工工期短

沉管隧道的总施工工期短于用其他方法建造的水底隧道。更突出的特点是它的现场施工工期比较短。因为在沉管隧道施工中,构筑临时干坞和浇制预制管段等大量工作均不在现场进行,所以现场工期较短。在市区里建设水底隧道时,城市生活因施工作业而受干扰和影响的时间,以沉管隧道为最短。

(4)操作条件好

沉管法隧道施工基本上没有地下作业,完全不用气压作业,水下作业亦很少,施工较为安全。

(5)对地质条件的适应性强

沉管法能在流砂层中施工而不需要特殊的设备或措施。

(6)适用水深范围较大

沉管法在实际工程中曾达到水下 60 m。如以潜水作业的最大深度为限度,则沉管隧道的最大深度可达 70 m。

(7)断面空间利用率高

沉管隧道结构基本没有多余空间,一个断面内可同时容纳 4~8 个车道,空间利用率大大提高。

6.1.3 沉管截面类型

沉管截面一般可分为圆形钢壳类与矩形混凝土类。它们的基本原理是一样的,但在使用材料与施工方法上有相当大的差别。

(1)圆形钢壳类

钢壳管段通常用双层骨架制成。内壳是预制的短节,在船坞滑台上将它焊接成要求长度的短节,加上辅助的加强板,再安装外部钢壳并焊接好。外壳顶部设有浇筑混凝土用的孔,在管段底部要灌注一定量的混凝土,以便在下水时起镇重和稳定作用。这种形式的隧道管段通常在船坞滑台上侧向下水,并需要灌注较多的混凝土,一般是直接下沉到已充分准备好的破碎砾石垫层上。钢壳管段的另外一种形式是采用单层内钢壳与外层混凝土衬砌,或二者兼有。这种船台型管段的横断面,一般是圆形、八角形或花篮形的。隧管内只能设两个车道,建造四车道隧道时,则需制作两管并列的管段(图 2-6-2)。

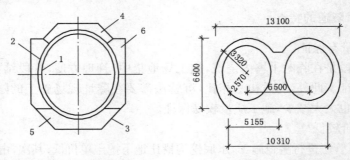

(a) 双层钢壳管段的典型断面   (b) 香港地铁过海隧道(单位:mm)

1—混凝土内环;2—钢壳;3—模板(外钢壳);4—覆盖混凝土;5—龙骨混凝土;6—水下导管浇筑混凝土。

图 2-6-2　钢壳沉管隧道断面

(2) 矩形混凝土类

在这类管段制作之前,一般首先构筑临时干坞。在临时干坞中制作钢筋混凝土管段,制成后在坞内灌水使之浮起并拖运至隧址沉设。

矩形截面管段有以下几个特点:

① 空间是矩形,能够得到充分利用。

② 由于路基面较浅,故可以将隧道全长缩为最短,同时疏浚深度也变浅。

③ 因沉埋管段的大型化,管段的制作可利用废弃的船坞或临时性的干坞,不会影响船厂的生产。

④ 采用矩形截面,管段的底面很宽。为了完全填实基础面与管段底部的空隙,需进行一系列的潜水作业。

⑤ 施工中要严格加强施工管理,控制混凝土的质量,尤其要做好接头防水施工。

⑥ 沉埋管段的防水通常是使用软弱的柔性防水膜,这对浮运、沉放或回填投入土砂等产生的机械冲击抵抗力较差,必须采用木材、钢板或混凝土来保护。

在干坞中制作的矩形钢筋混凝土管段比在船台上制作的钢壳圆形、八角形或花篮形管段经济,自 20 世纪 50 年代以来,已成为最常用的制作方式。

上海黄浦江的外环路沉管隧道断面如图 2-6-3 所示。

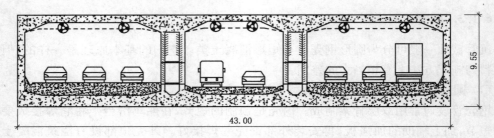

图 2-6-3　上海外环沉管隧道断面(单位:m)

我国建造的港珠澳大桥跨海沉管隧道采用"两孔一管廊"结构,即左、右侧为主行车孔,行车孔净宽为 $0.75+0.5+3\times3.75+1.00+0.75=14.25$ m;净高为 5.1 m。中间管廊从上至下依次设置排烟道、安全通道、电缆通道。充分考虑交通空间、运营设施空间及可浮性要求等,并经施工、使用阶段各工况下的结构分析,针对截面宽、上覆荷载大的难点,为有效减少控制截面内力,降低截面板厚,利于截面预制控裂,采用 Y 型中隔墙构造,外轮廓尺寸为 37.95 m$\times11.4$ m,最终确定沉管隧道管节横断面如图 2-6-4 所示。

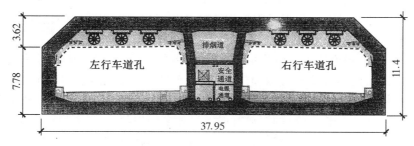

图 2-6-4　港珠澳跨海沉管隧道断面(单位:m)

6.1.4 沉管隧道施工流程

沉管隧道施工的主要工序流程如图 2-6-5 所示。

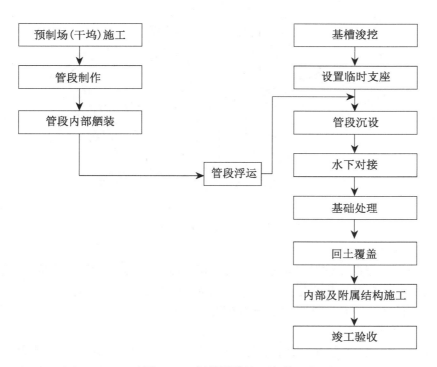

图 2-6-5　沉管隧道施工流程

6.2 管段制作

6.2.1 临时干坞

对于管段的制作场地而言,在工程现场附近如果具有与隧道断面相称、使用条件适宜的造船厂的船坞,当然要利用它,但能利用如此永久性的造船厂作为干船坞的场地是很难得的,一般情况下需要自己在工程现场附近建造一个与工程规模相适应的临时干船坞。

1. 临时干坞的规模

干坞制作场地的规模应根据隧道断面的大小和全长决定,同时还应考虑工期因素。因此,当沉放区间的长度达数千米时,有时需设数个干坞制作场地。例如,荷兰鹿特丹地铁隧道,其中大半是用沉管法施工的,它在沿着约 2 km 长的市街道区间准备了两个船坞制作场地,每次可同时制作两个长 90 m 的沉放管段。又如多摩川隧道和川崎航道隧道共用的干船坞,它一次可容纳 11 个 130 m 左右的管段。所以,对于大断面的公路隧道,一般要求所建造的干坞场地应尽量能同时制作出全部沉放管段。图 2-6-6 是我国上海外环沉管隧道干坞平面图。该工程管段尺寸为 9.55 m×43 m×(100~108)m,其中 A 干坞占地面积约为 4.9 万 m^2,B 干坞占地面积约为 8.1 万 m^2。坞底标高－7.40 m,干坞开挖深度 13.4 m。

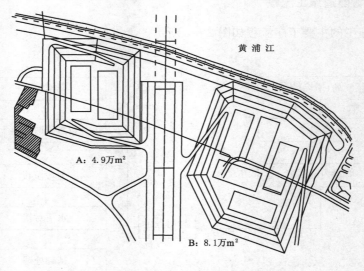

图 2-6-6　上海外环沉管隧道临时干坞平面

2. 临时干坞的深度

干坞场地底面应设在确保有充分水深的标高上,需保证在管段制作完成,向场地内注水后,能使管段浮起来,并能将它拖曳出干坞。因而,干坞底面应位于坞外水位以下相当的深度。同时也要防止干坞在坞外强大水压力作用下浸水的可能性。

3. 坞底与边坡

临时干坞的坞底,常为铺在砂层上的一层 25~30 cm 厚无筋混凝土或钢筋混凝土。在有些实例中,不用混凝土层而仅铺一层 1~2.5 m 厚的黄砂,另于黄砂层上再铺 20~30 cm

厚的一层砂砾或碎石,以防止黄砂乱移,并保证坞室灌水时管段能顺利浮起。在采用混凝土底板时,亦要在管段底下铺设一层砂砾或碎石,以防管段起浮时被"吸住"。

在确定坞边坡坡度时,要进行抗滑稳定性的详细验算。为保证边坡的稳定安全,一般多采用防渗墙及井点系统。防渗墙可由钢板桩、塑料板或黑铁皮构成。在分批浇制管段的中、小型干坞中,要特别注意坞室排水时的边坡稳定问题。

4.坞首和闸门

在大、中型干坞中,可用土围堰或钢板桩围堰作坞首。管段出坞时,局部拆除坞首围堰便可将管段逐一拖运出坞。在分批浇制管段的中、小型干坞中,常用双排钢板桩围堰坞首,而用一段单排钢板桩作坞门。每次拖运管段出坞时,将此段单排钢板桩临时拔除,即可把管段拖出(图2-6-7)。亦有采用浮箱式闸门的,但这种形式的实例不多。例如,上海外环沉管隧道干坞采用爆破法拆除坞首围堰后拖出管段。

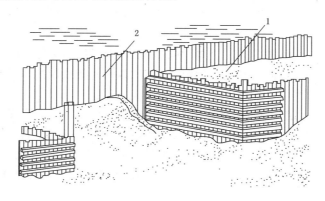

1—坞首;2—坞门。

图2-6-7 埃河隧道临时干坞的坞首与坞门

6.2.2 管段制作

在干坞中制作管段,其工艺与地面钢筋混凝土结构大体相同,但对防水、匀质等要求较高,除了从构造方面采取措施外,必须在混凝土选材、温度控制、模板等方面采取特殊措施。

1.管段的施工缝与变形缝

在管段制作过程中,为了保证管段的水密性,混凝土的防裂问题非常突出,因此对施工缝、变形缝的布置须慎重安排。施工缝可分为两种:一种是横断面上的施工缝,也称为纵向施工缝。纵向施工缝,一般留设在管壁上,在管壁的上、下端各留一道,在施工过程中,往往因管段下的地层不均匀沉陷的影响和混凝土的收缩,造成在纵向施工缝中产生应力集中的现象。另一种是沿管段长度方向分段施工时的留缝,也可称为横向施工缝。在施工过程中,通常把横向施工缝做成间隔15~20 m的变形缝(图2-6-8)。

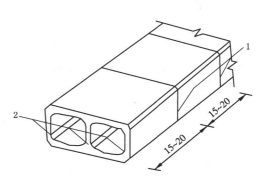

1—变形缝;2—施工缝。

图2-6-8 管段变形缝布置(单位:m)

2. 底板

在船坞制作场地上,如果管段下的地层发生不均匀沉降,有可能引起管段裂缝。一般在船坞底的砂层上铺设一块 6 mm 厚的钢板,往往将钢板和底板混凝土直接浇在一起,这样它不但能起到底板防水的作用,而且在浮运、沉放过程中能防止外力对底板的破坏。也可使用9~10 cm 的钢筋混凝土板来代替这种底部的钢板,在钢筋混凝土板上面贴上防水膜,并将防水膜从侧墙一直延伸到顶板上,这种替代方法的作用与钢板完全相同,但为了使防水膜和混凝土底板能紧密结合,需要用多根锚杆或钢筋穿过防水膜埋到混凝土底板内。

3. 侧墙与顶板

在侧墙的外周也可使用钢板,这时可将它作为外模板(也可作为侧墙的外防水),在施工时应确保焊接的质量。在侧墙的外周也有使用柔性防水膜的情况,此时为了避免在施工时对防水膜的破坏,须对防水膜进行保护。例如,比利时斯海尔德特 E3 隧道,在两侧墙上,防水薄膜通过固定到混凝土上的钢梁木板来防护,木板和薄膜之间有 3 cm 的空间,采用砂浆回填。

在混凝土顶板的上面,通常是铺上柔性防水膜,并在防水膜上面浇捣 15~20 cm 厚的(钢筋)混凝土保护层,保护层一直要包到侧墙的上部,并将其做成削角,以避免被船锚钩住。

4. 临时隔墙

一旦管段的混凝土结构完成,就在离管段的两端 50~100 cm 处安装临时止水用的隔墙。由于在管段浮运与沉放时,临时隔墙端头将承受巨大的水压力,以及在管段水下连接后又要拆除隔墙,因此,它应具有较高的强度与拆装方便的特点。隔墙可用木材、钢材或钢筋混凝土制成,一般使用钢材或钢筋混凝土。另外,在隔墙上还须设置排水阀、进气阀以及供人进出的人孔。

5. 压载设施

由于管段大多是自浮的,因此在管段沉放时需加压下沉。现在多数采用加载水箱。在安装沉放管段两端临时隔墙的同时,在离隔墙 10~15 m 的地方,沿隧道轴线位置上至少对称地设置四个水箱。水箱应具有一定的容量,在水箱充满时,不仅能消除沉放管段的干舷,还应具有 1 000~3 000 kN 的沉降荷重。水箱的另一作用是在相邻两管段连接后,成为临时隔墙间排出水的贮水槽。

管段的制作还包括以下一些辅助工程:橡胶密封垫圈、临时舱板、拖拉设备、起吊环、通道竖井和测量塔等。在管段制作完成后,必须进行检漏和干舷调整,符合要求的管段才能出坞。

6.2.3 管段防水与接缝处理

1. 混凝土自防水

管壁混凝土自身防水的保证措施有以下五个方面:

① 提高混凝土的密实度。选用优良级配,加强振捣。

② 减少混凝土的收缩量。降低水泥用量与水灰比,控制变形缝间距(不超过 20 m)。

③ 减少水化热。选择水泥品种,并掺入低活性胶凝料,或非活性细粉材料。

④ 减少施工缝两侧温差。在离底板 3 m 范围内的竖壁中设置蛇形冷却水管,降低竖壁混凝土的"体温"。

⑤ 充分湿润养护。从混凝土终凝开始,及早进行充分的湿润养护。

2. 接缝防水

(1) 变形缝防水

变形缝的构造如图 2-6-9 所示。由于橡胶-金属止水带与混凝土之间仍可能存在着空隙,因此,在接缝的外表面仍需用聚氨基甲酸酯油灰或称作为"Dubbeldam"的橡胶带进行两次防渗水措施。图 2-6-10 所示的是一种经过改进的橡胶-金属止水带。

把一种泡沫橡胶粘贴在两层金属片的端部,用内径为 8 mm、厚度为 1 mm 的钢管紧紧压住泡沫橡胶条并将其浇在混凝土中。灌注混凝土之前在钢管内插入直径为 5~6 mm 的圆钢穿过金属片并拧紧。这样,在混凝土结硬以后,钢管内仍然是空的,通过钢管把环氧树脂注入混凝土中,填满橡胶-金属止水带周围的所有空隙。这种止水带的防水效果令人满意,可省去外层密封措施。

(2) 管段间接缝防水

在管段间的接缝中通常采用 GINA 橡胶密封垫圈作为第一道防线,"Ω"形橡胶止水带作为第二道防水措施,其构造如图 2-6-11 所示。此外,也可把接头做成装有剪切销的接缝,这种剪切销可以用钢筋混凝土或钢制成(图 2-6-12)。

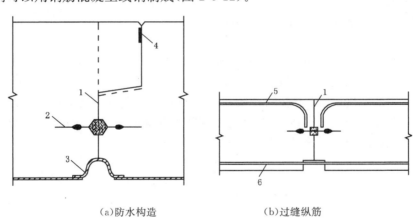

(a)防水构造   (b)过缝纵筋

1—变形缝;2—钢边橡胶止水带;3—钢拔;4—止水填料;5—外排纵筋;6—内排纵筋。

图 2-6-9 变形缝

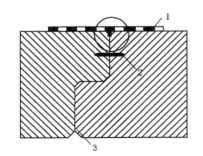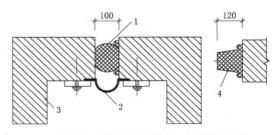

1—异丁橡胶黏结带;2—橡胶-金属止水带;
3—沥青填料。

图 2-6-10 橡胶-金属止水带内外防水措施

1—已压缩的 GINA 橡胶垫圈;2—Ω 橡胶止水带;
3—钢板;4—未压缩的 GINA 橡胶垫圈。

图 2-6-11 GINA 橡胶垫圈与 Ω 密封带(单位:mm)

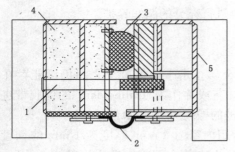

1—钢制剪切销钉;2—Ω密封带;
3—GINA橡胶垫圈;4—注浆;5—钢板薄膜。

图 2-6-12　管段中间接缝的钢制剪切销

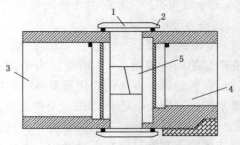

1—钢板层覆盖;2—密封;3—沉放管段;
4—岸边段;5—楔形支撑。

图 2-6-13　隧道闭合接缝

3. 闭合接缝防水

在沉放最后一节隧道管段后,通常要留下宽 1~2 m 的间隙,并且必须将其闭合。闭合接缝是最后一节隧道管段与前面沉放的隧道管段或与引道结构之间的接缝。当在隧道周围安装闭合围板之后,这个间隙即可从隧道内部通过浇筑钢筋混凝土将其闭合(图2-6-13)。闭合接缝的第二道防水措施主要通过安装一副双"Ω"形橡胶止水带来实现。由

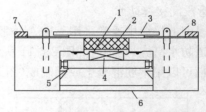

1—双Ω形橡胶止水带;2—永久性密封;3—最初密封;4—垫块;
5—钢支撑;6—防火盖板;7—防水盖层;8—混凝土保护层。

图 2-6-14　侧墙内闭合接头

于空隙具有一定的宽度,这种类型的橡胶止水带对水压的抵抗还不够,因此必须采用垫块(图2-6-14)。在现在的施工实践中,是把有正规隧道断面的一个小段嵌入到闭合接缝中,同时用普通的橡胶金属止水板来达到防水目的。

6.3　管段浮运与沉放

6.3.1　浮力设计

浮力设计的内容包括干舷选定和抗浮安全系数验算。

1. 干舷

由于利用了浮力,使得大断面、大重量的管段移动起来变得相当容易,这是沉管法施工的一个优点。为了利用这个优点,必须使沉放前的管段在其自重及附加压重作用下能够浮起来。管段在浮运时,为了保持稳定,必须使管顶露出水面,露出的高度称为干舷。具有一定高度的干舷管段,当其在风浪作用下发生倾斜后,会产生一个反倾力矩(图2-6-15),使管段恢复平衡。浮游状态管段的干舷大小取决于管段的形状和施工方法,干舷高度应取较小值,以减少永久性和临时性的压载。因为在管段沉放时,首先要灌注一定量的压载水,以消除代表上述干舷的浮力,干舷越大,那么所需的压载水罐的容量就越大,很

图 2-6-15　管段的干舷与反倾力矩

不经济。在极个别情况下,由于大重量的管段结构无法自浮,则须借助浮筒装置,以产生必要的干舷。对于矩形断面的管段,如果管段是在隧址附近建造或在平静的水中浮运,其干舷高度可为5~10 cm;如果管段须在波浪较大的水中浮运,则干舷应保持在10~20 cm;而圆形断面管段的干舷一般为45 cm,也有为20 cm的例子。

由于管段制作时,混凝土重度和断面尺寸均会存在一定幅度的误差,同时水体重度也会有一定变化。所以在进行干舷计算时,应考虑管段外形尺寸、混凝土重度、结构含钢量、水体重度变化、施工荷载及管段制作误差对干舷高度F_H影响。

矩形断面管段干舷高度可近似按式(2-6-1)计算:

$$F_H = H - \frac{G_G + G_0}{B \cdot L_1 \cdot \gamma_w} \tag{2-6-1}$$

式中　F_H——管段干舷高度(m);

　　　H——管段外包高度(m);

　　　G_G——管段自重(kN);

　　　G_0——舾装重量(kN);

　　　B——管段外包宽度(m);

　　　L_1——管段端封墙之间的外包长度(m);

　　　γ_w——水体重度(kN/m³)。

2. 抗浮安全系数

管段的浮力过大,使得以后的加载及沉放作业变得困难,而如果浮力不足,则无法保证管段在施工期间的稳定。

管段的沉放借助于压载水,此时,管段必须具有比排水量重得多的重量,以保持其位置。在管段沉放施工期间,抗浮安全系数一般取值为1.05~1.10。由于在管段沉放完毕进行覆土回填时,会导致周围河水混浊而使河水密度增大,浮力增加,因此,在施工期间的抗浮安全系数应确保在1.05以上,以免导致管段"复浮"。

在覆土完毕后的使用阶段,抗浮安全系数应采用1.2~1.5,应按最小的混凝土重度和体积、最大的河水密度来计算抗浮安全系数。在实际情况中,如果考虑覆土重量与管段侧面的负摩擦力的作用,抗浮安全系数会增大。

管段在施工和运营阶段应按式(2-6-2)进行抗浮验算:

$$G_G + W_0 \geqslant F_s \cdot B \cdot L_2 \cdot H \cdot \gamma_w \tag{2-6-2}$$

式中　G_G——管段结构自重(kN);

　　　W_0——施工阶段舾装、压舱重量,正常运营阶段为覆盖层的有效压重(kN);

　　　B——管段外包宽度(m);

　　　L_2——管段接头之间的外包长度(m);

　　　H——管段外包高度(m);

　　　γ_w——水体重度(kN/m³);

　　　F_s——抗浮安全系数。各阶段抗浮安全系数取值为:

　　　　　① 沉放、对接阶段:1.01~1.02;

　　　　　② 基础处理阶段:1.04~1.05;

③ 压舱混凝土施工完成后：1.10；

④ 回填覆盖完成后：1.20。

6.3.2 管段浮运

当管段制作完成之后，开始向船坞内注水。在这期间，需派检查人员从出入口进入沉放管段的内部，经常不断地检查有无漏水情况，一旦发现漏水现象，须立即停止注水，查明原因并进行修补。当船坞内的水位接近干舷量时，应向压载水箱内注水以防止管段上浮。当管段完全被水淹没后，派人从出入口进入沉放管段，排出压载水箱内的水，使管段上浮。管段在浮运时的干舷量一般取 10～15 cm，在调整完各节沉放管段后，即可打开干船坞的坞门，将沉放管段曳出。将管段曳出船坞的工作，有时只需直接利用拖船即可。

不论干坞与隧址间距离多少，一般应于沉设之日的清晨将舾装完毕的沉管拖运到隧址以便进行沉设作业。拖运时必须符合以下气象条件，即风力小于 6 级，能见度（视距）高于 500 m。

在进行沉设作业之前 12 h，应对水流与气象条件的预报资料作认真的分析，如届时气象条件能符合风力小于 5～6 级，能见度大于 1 000 m 以及气温高于－3℃，则可决定进行沉设作业。但在正式开始沉设作业之前 2 h，还应对以上条件进行复核。

6.3.3 管段沉放

1. 常用沉放方法

管段的沉放方法很多，须根据自然条件、航道条件、管段规模以及设备等因素，因地制宜选取最经济合适的沉放方法。大致可作以下分类：

（1）分吊法

采用分吊法进行沉放的隧道，一般均在管段上预埋 3～4 个吊点，用 2～4 艘 1 000～2 000 kN 的起重船或浮箱提着各吊点，通过卷扬机进行下沉。采用分吊法时要注意的是，各吊力的合力应作用在沉放管段的重心上。早期建成的一些双车道管段，差不多都是用 3～4 艘起重船分吊沉放，因此，分吊法可以说是最早的一种沉放方法。图 2-6-16 为荷兰博特莱克隧道用起重船吊沉法沉放管段的情况。

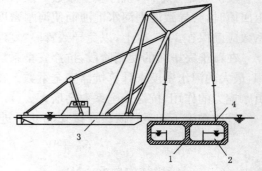

1—沉管；2—压载水箱；3—起重船；4—吊点。

图 2-6-16　起重船吊沉法

20 世纪 60 年代荷兰的科恩隧道和比荷卢隧道首创了以大型浮筒代替起重船的分吊沉放法，其后不久，比利时的斯海尔德特 E3 隧道又以浮箱代替了浮筒（图 2-6-17）。此后，在不少四车道以上的中、大型沉管工程中纷纷采用浮箱吊沉法进行沉放施工。

浮箱分吊法的特点是设备简单，尤其适用于宽度特大的大型沉管。沉放时在管段上方用 4 只 1 000～1 500 kN 的方形浮箱直接将管段吊着。4 只浮箱可分为前后 2 组，每组 2 只浮箱用钢桁架联系起来，并用 4 根锚索定位。起吊卷扬机和浮箱的定位卷扬机安设在定位塔顶部，管段本身则另用 6 根锚索定位。

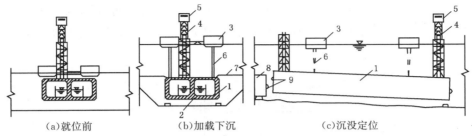

(a)就位前　　　(b)加载下沉　　　(c)沉没定位

1—沉设管段;2—压载水箱;3—浮箱;4—定位塔;

5—指挥室;6—吊索;7—定位索;8—既设管段;9—鼻式托座。

图 2-6-17　浮箱吊沉法

在荷兰科恩隧道与比荷卢隧道以及上海金山沉管隧道工程施工中,将所有定位锚索的卷扬机移设岸上。实行"全岸控"作业,不但将水上作业量减到最低程度,而且使沉放作业对航道的影响范围进一步减少(图 2-6-18)。

(2)扛吊法

这种方法亦称为方驳扛吊法,有双驳扛吊法和四驳扛吊法两种。四驳扛吊法是利用两副"扛棒"来完成沉放作业。每副"扛棒"的两"肩"就是两艘方驳,共 4 艘方驳。左右两艘方驳的"扛棒",一般是型钢梁或钢板梁,在前后两组方驳之间可用钢桁架联系起来,成为一个整体的驳船组(图 2-6-19)。驳船组用 6 根锚索定位,管段本身则另用 6 根锚索定位,所用的定位卷扬机全部安设在驳船上,吊索的吊力通过"扛棒"传到方驳上。起吊卷扬机则安设在方驳上,亦可直接安放在"扛棒"钢梁上。在方驳扛吊

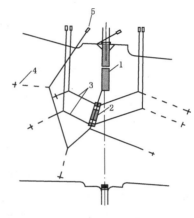

1—既设管段;2—新设管段;3—定位索;
4—地锚;5—卷扬机。

图 2-6-18　"全岸控"作业

法中,由于管段一般的下沉力只有 1 000~4 000 kN,大多数为 2 000 kN,因此每副"扛棒"上仅受力 500~2 000 kN,因此只要用 1 000~2 000 kN 的小型方驳就足够有余了。

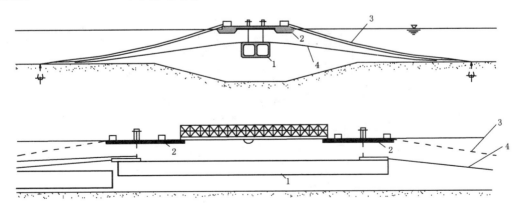

1—沉管;2—方驳;3—船组定位索;4—沉管定位索。

图 2-6-19　船组扛吊法

在美国和日本的沉管隧道工程中,习惯用双驳扛吊法。例如,日本庵治河隧道,将管段跨载在两只驳船上(图 2-6-20),所用方驳的船体尺度比较大,且稳定性好,操作也较为方便。

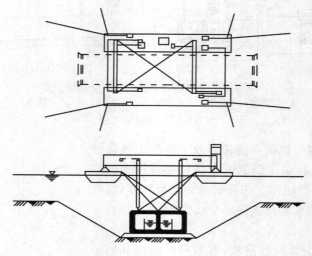

图 2-6-20 双驳扛吊法

(3) 骑吊法

这种方法也可称为顶升平台法,是用水上作业平台"骑"在管段上方,将管段慢慢吊下完成沉放作业(图 2-6-21)。此法是由海洋钻探或开采石油的办法演变而来,适用于宽阔的海湾地带(此处锚索难以固定),其平台部分实际上是矩形钢浮箱。作业平台就位时,可以向浮箱内灌水加荷压载,使平台的四条钢腿插入海底或河底(如需要入土较深时,可在压沉一次后,排水浮起钢平台,而后再灌水加载压沉,如此反复数次,直至达到设计要求的入土深度)。平台移位时,只需连续排水,将 4 条钢腿拔出海底或河底。骑吊法的优点在于不需要抛设锚索,作业时对航道影响较小。然而,由于其设备费用很大,故较少使用。

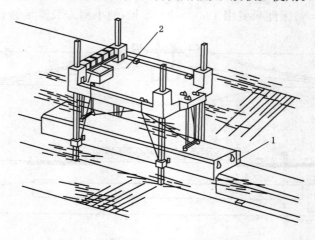

1—沉管;2—水上作业台(SEP)。

图 2-6-21 骑吊法

220

欧洲道路公司最近推出一种介于骑吊法和扛吊法之间的半沉式顶升平台法,它是一种可潜入水下的管段沉入方法(图2-6-22)。此法利用2个浮筒和4个脚柱非自动地推进远洋操作平台,浮筒内装有水泵和砂泵,用于镇重和通过注砂来做基础。在脚柱上装有千斤顶系统以及平衡系统。

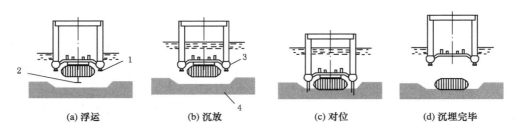

1—千斤顶伸出桩;2—沉埋管段;3—浮筒;4—沟槽。

图 2-6-22 半沉式顶升平台法

（4）拉沉法

这种沉放方法的主要特点是既不用浮吊、方驳,也不用浮箱、浮筒。管段沉放时不是灌注水,即不是以载水的办法来取得下沉力,而是利用预先设置在沟槽底板上的水下桩墩,通过设在管段顶面的钢桁架上的卷扬机和扣在水下桩墩上的钢索,将具有2 000~3 000 kN 浮力的管段慢慢拉下水,沉放到桩墩上,在管段沉放到水底后,亦用同样的方法以斜拉方式进行水下连接。使用拉沉法必须设置水底桩墩,因费用较大而较少使用。

在以上介绍的四种方法中,拉沉法和骑吊法很少采用,所以实际上最常用的是浮箱分吊法和方驳扛吊法。对于一般大、中型管段多采用浮箱分吊法,而小型管段则宜采用方驳扛吊法。

2. 管段沉放主要步骤

管段沉放是整个沉管隧道施工中比较重要的一个环节,它不仅受天气、水路、自然条件的影响,还受到航道条件的制约。沉放作业的主要工序为:

拖运管段到沉放现场→用缆绳定位管段(以便精确施工)→施加镇重物,使管段下沉。

当管段运抵隧址现场后,须将其定位于挖好的基槽上方,管段的中线应与隧道的轴线基本重合,定位完毕后,可开始灌注压载水,管段即开始缓慢下沉。管段下沉的全过程一般需要2~4 h。下沉作业一般分为3个步骤进行,即初次下沉、靠拢下沉和着地下沉(图2-6-23)。

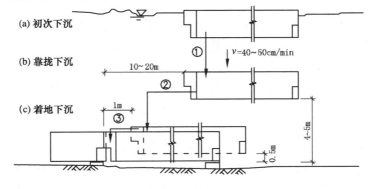

图 2-6-23 管段沉放作业

（1）初次下沉

先灌注压载水使管段下沉力达到规定值的50%，然后进行位置校正，待管段前后左右位置校正完毕后，再继续灌水直至下沉力完全达到下沉的规定值，并使管段开始以40～50 cm/min的速度下沉，直到管底离设计标高4～5 m为止。在管段的下沉过程中，要随时校正管段的位置。

（2）靠拢下沉

先把管段向前面已沉放的管段方向平移，直至距前面已设管段大约1 m处，然后下沉管段，至距离其最终标高的0.5 m处。管段的水平位置要随时测定并予以校正。

（3）着地下沉

在靠拢下沉并校正位置之后，再次下降管段，距离最终位置5～20 cm处（数值的大小取决于涨、落潮的速度）。然后，把管段拉向距前面已设管段约10 cm处，再行检查管段水平位置。着地时，先将管段前端搁上已设管段的鼻托，然后将后端轻轻地搁置到临时支座上。待管段位置校正后，即可卸去全部吊力。

管段的沉放周期（即前后两节管段的沉放时间间隔），视各方配合与准备情况而定。大多数工程采用一个月为一个周期，即一个月沉设一节。

6.3.4 管段水下连接

管段的水下连接方法有两种：一种方法是在管段接头处用水下混凝土加以固结，使接头与外部水隔绝，此谓水下混凝土法；另一种是使用橡胶垫借助水压使其压缩的方法，此谓水力压接法。在后一种方法中，为了暂时支撑住沉放管段，需要设置临时支座。

1. 水下混凝土法

早期船台型圆形沉管隧道管段间的接头，都采用灌注水下混凝土的方法进行连接。在进行水下连接时，先在管段的两端安装矩形堰板，在管段沉放就位、接缝对准拼合、安放底部罩板后，在前后两块平堰板的两侧，安设圆弧形堰板，然后把封闭模板插入堰板侧边，这样就形成了一个由堰板、封闭模板、上下罩板所围成的空间，随后往这个空间内灌注水下混凝土，从而形成管段间的连接。等到水下混凝土充分硬化后，抽掉临时隔墙内的水，再进行管段内部接头处混凝土衬砌的施工。水下混凝土法的主要缺点是潜水工作量大，工艺复杂，而且由于管段接头是刚性的，因此，一旦发生某些误差而需要进行修补，则会非常困难。

2. 水力压接法

在20世纪50年代末，加拿大的迪斯岛隧道首创了水力压接法，在60年代的荷兰鹿特丹地铁隧道中，创造了GINA橡胶垫圈，使水力压接法更加完善，在此以后，几乎所有的沉管隧道都采用了这种简单可靠的水下连接方法。水下压接法是利用作用在管段上的巨大水压力使安装在管段端部周边上的橡胶垫圈发生压缩变形，形成一个水密性良好而又可靠的管段接头。水下压接法的主要工序是对位、拉合、压接、拆除隔墙。

（1）对位

如6.3.3节所述，管段在沉放时基本可分为3个步骤，当管段着地下沉时必须结合管段连接工作的对位。当管段沉放到临时支承上后，首先进行初步定位，而后用临时支承上的垂直和水平千斤顶进行精确定位。对位的精度，一般要求达到表2-6-1的要求。图2-6-24所示的是上海金山沉管工程中所采用的卡式托座，它的对位精度较容易控制。

表 2-6-1		对位精度要求
部　位	水平方向	垂直方向
前　端	±20 mm	±10 mm
后　端	±50 mm	

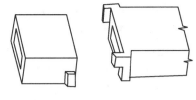

图 2-6-24　沉管工程卡式托座

（2）拉合

对位之后，在已设管段和新铺设管段之间还留有间隙。拉合工序是用一个较小的机械力量，将刚沉放的管段拉向前节已设管段，使 GINA 橡胶垫圈的尖肋部被挤压而产生初步变形，使两节管段初步密贴。拉合时一般只要求 GINA 橡胶垫圈被压缩 20 mm，便能达到初步止水要求。拉合时所需的拉力一般由安装在管段竖壁上的千斤顶来提供（图 2-6-25）。除了拉合千斤顶之外，也可采用定位卷扬机进行拉合作业。在拉合作业中，GINA 橡胶垫圈发生第一次压缩变形。

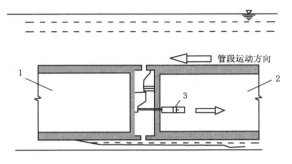

1—已设管段；2—新设管段；3—拉合千斤顶。

图 2-6-25　管段拉合

（3）压接

拉合作业完成之后，就可打开安装在临时隔墙上的排水阀，抽掉临时隔墙内的水。在排水之后，作用在新设管段自由端（后端）的静水压力将达几千吨甚至几万吨，于是巨大的水压力就将管段推向前方，GINA 橡胶再一次被压缩，接头完全封住。这个阶段的压缩量一般为 GINA 橡胶自身高度的 1/3 左右。

（4）拆除隔墙

压接完毕后即可拆除隔墙。拆除隔墙后各沉设管段相通，连成整体，并与岸上相连，辅助工程与内部装饰工程即可开始。

水力压接法具有工艺简单、施工方便、质量可靠、省工省料等优点，目前已在各国的水底沉管隧道工程中普遍采用。

6.4　基槽浚挖与基础处理

在沉管隧道施工中，水底浚挖所需费用在整个隧道工程总造价中，只占一个较小的比例，通常只有 5%～8%。但它却是一个很重要的工程项目，是直接关系到工程能否顺利、迅速开展的关键。沟槽对沉放管段和其下基础设置有特殊的用途。沟槽底部应相对平坦，其误差一般为 ±15 cm。沉管隧道的沟槽是用疏浚法开挖的，需要较高的精度。

1. 沉管基槽断面

沉管基槽的断面主要由三个基本尺度决定，即底宽、深度和（边坡）坡度，这些尺寸应视土质情况、基槽搁置时间以及河道水流情况而定。

沉管基槽的底宽,一般应比管段底宽大 4~10 m,不宜定得太小,以免边坡坍塌后,影响管段沉设的顺利进行(图 2-6-26)。沉管基槽的深度应为覆盖层厚度、管段高度以及基础处理所需超挖深度三者之和。沉管基槽边坡的稳定坡度与土层的物理力学性能有密切关系。因此应对不同的土层分别采用不同的坡度。表 2-6-2 列出了不同土层的稳定坡度概略数值,可供初步设计时参考。

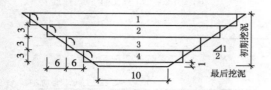

图 2-6-26 基槽各开挖阶段的剖面(单位:m)

表 2-6-2　　　　　基槽坡度要求

地 基 土 分 类	斜 面 坡 度
砂砾、紧密的砂夹有黏土	1:1~1:1.5
砂、砂夹有黏土、粉质黏土、较硬的黏土	1:1.5~1:2
紧密的细砂、软弱的砂夹有黏土	1:2~1:3
软弱黏土和淤泥	1:3~1:5

2. 基槽浚挖方式

基槽浚挖一般都采用分层分段的浚挖方式。在基槽断面上,分为 2~4 层,逐层浚挖。在平面上,沿隧道纵轴方向,划成若干段,分段浚挖。

在基槽断面的上面一(或二)层,厚度较大,土方量也大,一般采用抓斗挖泥船或链斗挖泥船进行粗挖,粗挖层的浚挖精度要求比较低。最下一层为细挖层,厚度较薄,一般为 3 m 左右。进行细挖时,如有条件,最好用吸扬式挖泥船施工,这样平整度较高、速度快,并可争取在管段沉设前及时吸除回淤。

由于沟槽的开挖,从而搅起了河底的沉积物,造成在一定时间、一定区域内河水的浑浊,最终这些悬浮的颗粒物质会散开并重新沉淀下来,这对已开挖完毕的沟槽有一定的负面影响。如果浚挖区有水流或浪潮的影响,沟槽则会成为水流携带的沉积物的积存处。因此,最理想的是在开挖沟槽结束后紧接着进行管段的沉放作业。当然,在沟槽开挖后放置若干时间是难免的,但时间一长,沟槽斜面多少会产生一些坍塌,不仅使沟槽底面不平整,而且还会堆积大量泥类沉积物。因此,有时需在沟槽开挖和管段沉放这两道工序之间进行沟槽的清理,必要时则再次进行疏浚。

3. 基槽回填

一旦管段的沉放和连接作业完毕,需在沉放管段的外围进行砂土的回填工作(图 2-6-27)。

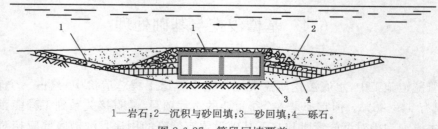

1—岩石;2—沉积与砂回填;3—砂回填;4—砾石

图 2-6-27 管段回填覆盖

对沟槽进行回填,一是防止流水对沉放管段的冲刷,二是防止船和抛锚等对管段的冲击。在管段的顶部一般设有一层 15 cm 左右的钢筋混凝土保护层,它在船锚的直接作用下可对管段进行防护,但它自身在船锚冲力的作用下可能会有些损害。回填所采用的材料通常是砂,也可部分采用从沟槽中开挖出的材料。

4. 沉管基础特点

在一般建筑中,常因地基承载力不足而构筑适当的基础,否则就会发生有害的沉降,甚至有发生坍塌的危险。如有流砂层,施工时还会碰到困难和危险,非采取特殊措施(如疏干等)不可。而在水底沉管隧道中,情况就完全不同。首先,一般不会产生由于土壤固结或剪切破坏所引起的沉降。因为作用在基槽底面的荷载,在设置沉管后并非增加,而是减小。所以沉管隧道很少需要构筑人工基础以解决沉降问题。

此外,沉管隧道施工时是在水下开挖基槽,没有产生流砂现象的可能。地面建筑或以其他方法施工的水底隧道(如明挖隧道、盾构隧道等),遇到流砂时必须采取费用较高的疏干措施,在沉管隧道中则完全不必。

沉管隧道对各种地质条件的适应性很强,几乎没有什么复杂的地质条件能阻碍沉管法施工,这是它的一个很重要的特点。因此,一般水底沉管隧道施工时不必像其他水底隧道施工方法那样,须在施工前进行大量的水下钻探工作。

然而在沉管隧道施工中,仍需进行基础处理。其目的不是为了对付地基土的沉降,而是因为开槽作业后的槽底表面总有相当程度的不平整(不论使用哪一种类型的挖泥船),使槽底表面与沉管底面之间存在很多不规则的空隙。这些不规则的空隙会导致地基土受力不匀而局部破坏,从而引起不均匀沉降,使沉管结构受到较高的局部应力,以致开裂。因此,在沉管隧道中必须进行基础处理,即将其一一垫平,以消除这些有害的空隙。

5. 基础处理主要方法

一般按基础处理作业工序是安排在管段沉放作业之前还是之后,可大致分为先铺法和后填法两大类。先铺法又可以分为先铺刮砂法及先铺刮石法;后填法则有灌砂法、喷砂法、灌囊法、压浆法和压砂法等。

(1) 先铺法

先铺法又称刮铺法,即在已开挖好的沟槽底面上,按规定的坡度精密地均铺上粒径为80 mm以下的砂砾或碎石,沉放的管段可直接搁置在它上面。按铺垫材料的不同,可分为先铺刮砂法与先铺刮石法。

刮铺法作业方式如图2-6-28所示。在基底两侧打数排短桩安设导轨,以控制高程和边坡。在作业船上安设导轨和刮板梁,刮板梁支承在导轨上,钢刮板梁扫过水底时,形成砂砾或碎石基础。为了将作业船固定在水面预定的位置上,可将混凝土锚块吊入水底,并张紧吊索,以消除作业船因潮汐而引起的上下颠簸。用抓斗通过刮铺机的喂料管向海底投放砂石等填料,投入的范围为一节管段的长度,宽度为管段宽加1.5～2 m。投放材料的最佳粒径为13～19 mm的圆形砂砾石(纯砂粒径太细,在水流作用下,基础易遭破坏)。为了保证基础的密实,在管段就位后,加过量的压载水,使砂砾垫层压紧密贴。刮铺垫层的平整度,对于刮砂法,一般控制在±5 cm;对于刮石法则控制在±20 cm。

先铺法的主要特点:

① 需加工特制的专用刮铺设备,否则精度较难控制,作业时间亦较长。

② 导轨的安装要求具有较高的精度,否则会影响基础处理的效果。

③ 需要水下潜水作业,既费时又费工。

④ 在刮铺完成后,对于回淤土必须不断清除,直到管段沉放为止。这在流速大、回淤快

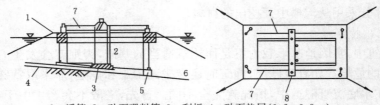

1—浮箱；2—砂石喂料管；3—刮板；4—砂石垫层(0.6～0.9 m)；
5—锚块；6—沟槽底面；7—钢轨；8—移动钢梁。

图 2-6-28　刮铺法

的河道上施工时显得较为困难。

⑤ 刮铺作业时间较长，因而作业船在水上停留时间也较长，对航道影响较大。

（2）后填法

根据三点确定平面的原理，在沟槽底面，按沉放管段的埋置深度，正确地设置临时支座，把沉放管段暂时搁置在临时支座上面，在管段沉放对接完成后，再用适当的材料在管段底部与沟槽面之间进行填充，从而形成永久性的均匀连续基础。

后填法的基本工序为：

浚挖沟槽（先超挖 1 m 左右）→在沟槽底面上安设临时支座→管段沉放对拼→管段底面与沟槽面之间回填垫料。

后填法的主要特点：

① 由于浮力作用，管段沉到水底时不是很重，很少超过 4 000 kN，因此，临时支座多是简易小型的，潜水工作量远少于先铺法作业；

② 根据三点可确定一个平面的原则，高程调节较方便，精度较易控制；

③ 作业时河道上占位时间短，对航道的干扰少。

思 考 题

1. 试述沉管法隧道的定义。它有何特点？

2. 沉管法隧道施工包括哪些主要施工工序？

3. 沉管管段的制作方式分为哪两类？各有何特点？

4. 试述沉管隧道施工的特点和施工流程。

5. 简要说明临时干坞的作用。它由哪几部分组成？如何确定其规模和深度？

6. 钢筋混凝土管段制作应注意哪些问题？

7. 简述管段混凝土自防水的保证措施。其接缝防水应采取哪些措施？

8. 浮力设计中的干舷高度和抗浮安全系数如何确定？

9. 应在怎样的气象条件下浮运和沉放管段？

10. 管段沉放有哪几种常用的方法？各有何特点？

11. 管段下沉作业分为哪几个步骤？每一步骤应达到怎样的要求？

12. 试述管段水下连接方法的种类及水力压接法的主要工序。

13. 在基槽浚挖和回填时应注意哪些问题？

14. 试述沉管隧道基础的特点与基础处理的主要方法。

226

第 3 篇
桥梁工程施工

1 桥梁下部结构施工
2 梁式桥施工
3 拱桥的施工
4 斜拉桥和悬索桥的施工
5 桥梁支座和伸缩缝施工

1. 桥梁施工方法概述

（1）桥梁基础施工

桥梁基础作为桥梁整体结构的组成部分，其结构的可靠性影响着整体结构的力学性能。基础形式和施工方法的选用要针对桥跨结构的特点和要求，并结合现场地形、地质条件、施工条件、施工技术、设备、工期、季节、水力水文等因素统筹考虑安排。

桥梁基础工程的形式大致可以归纳为扩大基础、桩和管柱基础、沉井和沉箱基础、组合基础、地下连续墙基础和特殊基础。

桥梁基础工程由于在地面以下或在水中，涉及水和岩土的问题，从而增加了它的复杂程度，而就基础的施工方法而言，则都是针对具体的结构形式，并无统一的模式。

（2）桥梁墩台施工

桥梁墩台按建筑材料可分为圬工结构、钢筋混凝土结构、预应力混凝土结构、钢结构等多种形式；按施工方法可分为石砌式墩台、就地浇筑式墩台和预制装配式墩台。

（3）桥梁上部结构施工

桥梁上部结构的施工方法总体上可分为就地浇筑法和预制安装法。按照桥梁结构的具体形成方式可将施工方法划分为：以整个桥位为基准的固定支架整体现浇施工法、预制安装法和提升施工法；以桥墩为基准的悬臂施工法和转体施工法；以桥轴端点为基准的逐孔施工法和顶推法施工；以桥横向为基准的横移施工法。针对某一桥梁结构，并不一定严格地按照某一工法和结构形成顺序进行，也可能是多种施工方法的组合。

① 固定支架整体就地现浇施工法

固定支架整体就地现浇施工法是在桥位处搭设支架，在支架上浇筑混凝土，待混凝土达到强度后拆除模板和支架。

就地浇筑施工无须预制场地，而且不需要大型起吊、运输设备，桥跨结构整体性好，无须做梁间或节间的连接工作。它的缺点主要是工期长，施工质量不容易控制，易受季节性气候的影响。对预应力混凝土梁，因受混凝土收缩、徐变的影响将产生较大的预应力损失，施工中的支架、模板耗用量大，施工费用高，搭设支架影响排洪、通航，施工期间可能受到洪水和漂流物的威胁。

② 预制安装施工法

预制安装施工法是在预制工厂或在运输方便的桥址附近设置预制场进行整孔主梁或大型主梁节段的预制工作，然后采用一定的架设方法进行安装、连接，完成桥体结构的施工方法。

预制安装施工方法的主要特点：采用工厂预制，有利于确保构件的质量；采用上、下部结构平行作业，将缩短现场施工工期，由此也可降低工程造价；主梁构件在安装时一般已有一定龄期，故可减少混凝土收缩、徐变引起的变形；对桥下通航能力的影响视采用的架设方式而定。此施工方法对施工起吊设备有较高的要求。

③ 逐孔施工法

逐孔施工法是中等跨径预应力混凝土简支梁和连续梁的一种施工方法，使用一套设备从桥梁的一端逐孔施工，直到对岸。从施工设备、梁体构件制造等方面可将施工方法分为：使用移动支架逐孔组拼预制节段施工和移动模架逐孔现浇施工。

移动式支架或模架的采用，使桥梁施工中不需要设置地面支架，不影响通航和桥下交通，施工安全、可靠；机械化、自动化程度高。但设备的投资大。移动模架逐孔施工宜在桥梁跨径小于 50 m 的多跨长桥上使用。

④ 悬臂施工法

悬臂施工法是从桥梁墩台开始向跨中不断接长梁体构件(包括拼装与现浇)的悬出架桥法。有平衡悬臂施工和不平衡悬臂施工、悬臂浇筑施工和悬臂拼装施工之分。

对梁式桥,如连续梁、悬臂梁、刚构桥等,悬臂施工所表现的特点:桥梁在施工过程中,主梁或与桥墩固接,或在桥墩附近受支承,在主梁上将产生负弯矩,这与桥梁结构营运状态的受力较接近;对非墩梁固接的梁式桥,在施工时需采取措施,使墩、梁临时固接,或设置支承,以保证施工期结构的稳定,这也使整个桥梁的施工过程中存在结构体系转换;对施工中墩梁固接的桥墩可能承受因施工而产生的弯矩。

对大跨度斜拉桥,悬臂施工是主要的施工方法之一。

悬臂施工法在拱桥施工中的运用,主要通过缆索和塔架等与拱肋形成悬吊体系,以实现拱桥的无支架施工。

悬臂施工法的主要特点:悬臂浇筑施工简便,结构整体性好,施工中可不断调整位置;悬臂拼装施工速度快,桥梁上、下部结构可平行作业,但施工精度要求比较高;悬臂施工法可不用或少用支架,施工不影响通航或桥下交通,节省施工费用,降低工程造价。

⑤ 转体施工法

转体施工法是将桥梁构件先在桥位处岸边(或路边及适当位置)进行制作,待混凝土达到设计强度后旋转构件就位的施工方法。

在转体施工中,桥梁结构的支座位置一般设定为施工时的旋转支承和旋转轴,桥梁完工后,按设计要求改变支承情况。

转体施工的主要特点:可利用施工现场的地形安排构件制造的场地;施工期间不断航,不影响桥下交通;施工设备少,装置简单,容易制作和掌握;减少高空作业;施工工序简单,施工迅速。

转体施工适合单跨、双跨和三跨桥梁,既可用于深水、峡谷中的桥梁建设,同时也适用于平原区以及城市跨线桥。

⑥ 顶推施工法

顶推施工法是在沿桥纵轴方向的台后设置预制场地,分节段预制,并用纵向预应力筋将预制节段与施工完成的梁段联成整体,然后通过顶推装置施力,将梁体向前顶推出预制场地,之后在预制场继续进行下一节段梁的预制,循环操作直至施工完成。

顶推施工法的特点:可运用简易的施工设备建造长大桥梁,施工费用低,施工平稳无噪声,可在河海、山谷和高桥墩上采用,也可在曲率相同的弯桥和坡桥上使用;主梁一般为等高度梁,对变坡度、变高度的多跨连续梁桥和夹有平曲线或竖曲线较长的桥梁均难以适应;主梁在固定场地分节段预制,连续作业,便于施工管理,避免了高空作业,结构整体性好;顶推施工时,梁的受力状态变化很大,施工阶段梁的受力状态与运营时期的受力状态差别较大,因此在梁的截面设计和预应力钢束布置时为同时满足施工与运营的要求,将需较大的用钢量。

⑦ 横移施工法

横移施工法是在待安装结构的位置旁预制该结构物,通过横向移动该结构物,将它安置在规定的位置上。

横移施工法的主要特点:在整个操作期间,与该结构有关的支座位置保持不变,即没有改变桥梁的结构体系。在横移期间,以临时支座支承该结构的施工重量。

横移施工法多用于正常通车线路上的桥梁工程的换梁,也可与其他施工方法配合使用。

⑧ 提升施工法

提升施工法是一种采用竖向运动施工就位的方法,即在未来安置结构物以下的地面上预制该结构并将其提升就位。

提升施工法适用于整体结构,重量可达数千吨,使用该方法的要求是:在该结构下面需要有一个适宜的地面;拥有一定起重能力的提升设备;地基承载力需满足施工要求;被提升的结构应保持平衡。

2. 施工方法的选择

选择桥梁的施工方法需要充分考虑桥位的地形、地质、环境、安装方法的安全性、经济性、施工速度等因素。同时,桥梁结构的施工与设计有着十分密切的关系,对不同结构形式的桥梁结构所采用的施工方法不同,对同种结构形式也可采用不同的施工方法,结构运营阶段的受力状况取决于所选用的施工方法。因此,桥梁设计时往往预先假定施工方法,并在设计上考虑施工全过程的受力状态。设计与施工是互相配合、相互约束的。

桥梁施工方法的选定,可依据下列条件综合考虑。

① 使用条件:桥梁的结构形式和规模、梁下空间的限制、平面场地的限制等。

② 施工条件:工期要求、机械设备要求、施工管理能力、材料供应情况、架设施工经验、施工经济核算等。

③ 自然环境条件:山区或平原、地质条件及软弱层状况、对河道的影响、运输线路的限制等。

④ 社会环境影响:对施工现场环境的影响,包括公害、景观、污染、架设孔下的障碍、道路交通的阻碍、公共道路的使用及建筑限界等。

表 3-0-1 列出了典型桥梁上部结构可供选择的主要施工方法。在实际桥梁施工中,根据可选用的施工设备,施工方法还可进行细分,后续各章节将会详细介绍。

表 3-0-1　　　　　　　　　各种类型桥梁上部结构的主要施工方法

施工方法	适用跨径/m	桥梁类型								
		梁桥			刚架桥	拱桥			斜拉桥	悬索桥
		简支梁	悬臂梁	连续梁		圬工拱	标准及组合体系拱	桁架拱		
整体支架现浇、砌筑施工法	20～60	√	√	√	√	√	√		√	
预制安装施工法	20～50	√	√	√			√	√	√	√
逐孔施工法	20～60	√	√	√	√					
悬臂施工法	50～320		√	√			√		√	
转体施工法	20～140		√	√			√	√	√	
顶推施工法	20～70			√						
横移施工法	30～100	√	√	√					√	
提升施工法	10～80	√	√	√			√			

思　考　题

试述桥梁上部结构的基本施工方法及其特点和适用场合。

1　桥梁下部结构施工

1.1　基　础　施　工

　　桥梁上部结构承受的各种荷载通过桥台或桥墩传至基础,再由基础传给地基。基础是桥梁下部结构的重要组成部分,它对桥梁结构的安全、稳定和正常使用有很大的影响,并在整个桥梁的工程造价中占有很大的比重。大量的工程实践表明,桥梁上部结构与地基和基础共同作用并相互影响,地基和基础是桥梁结构荷载的最终归宿,而地基和基础的强度、变形和稳定也会对桥梁上部结构内力造成影响。基础工程为隐蔽工程,如有缺陷也难以发现,更难以修复弥补,这将影响桥梁结构的正常使用和安全。

　　桥梁基础的类型与地基土层的工程地质条件和水文地质条件有密切关系,根据基础的埋置深度可分为浅基础和深基础。一般埋置深度在 5 m 以内的基础称为浅基础;由于浅层土质不良,须埋在较深的良好土层上的基础则称为深基础。根据水文地质条件,当基础置于河道中,则称为水中基础,桥梁的水中基础又有深基础和浅基础之分,一般定义水深在 5~6 m 以上,不能采用一般的土围堰、木板桩围堰等防水技术施工的桥梁基础称为深水基础。刚性扩大基础是桥梁主要的浅基础形式,深基础主要可分为桩与管柱基础、沉井与沉箱基础、地下连续墙、组合基础和特殊基础。目前桥梁中主要采用的组合基础有桩与沉井的组合基础、管柱与沉井的组合基础、桩与钟形基础的组合,而特殊基础的类型主要是锁口钢管桩基础、多柱式基础、深水设置基础和双承台管柱基础等。

　　本章主要介绍水中桩基础、组合基础的施工,其余类型基础的施工可参阅本教材有关章节的内容。

　　1. 桩基础施工

　　水中预制桩基础一般采用围堰方法施工。

　　以用吊箱围堰建筑深水中的桩基为例,其施工工序可为:浮运吊箱围堰至墩位→插打围堰外定位桩→下放吊箱围堰至设计标高,并固定于定位桩上→插打基桩→灌注水下封底混凝土→抽水→灌注基础承台及墩身混凝土→拆除吊箱围堰上部。

　　采用双壁钢围堰施工钻孔灌注桩基础时,可先浮运围堰就位,下沉到规定标高,在围堰内安装钢护筒,搭设施工平台进行钻孔桩施工,灌注水下封底混凝土,抽水后施工基础承台,

　　2. 组合基础

　　处于特大水流上的桥梁基础工程,墩位处往往水深流急,地质条件极其复杂,河床土质覆盖层较厚,施工时水流冲刷较深,施工工期较长,采用常用的单一形式的基础已难以适应。为了确保基础工程安全可靠,同时又能维持航道交通,宜采用由两种以上结构形式组成的组合式基础。其功能要满足:既是施工围堰、挡水结构物,又是施工作业平台,能承担所有施工机具与用料等;同时还应成为整体基础结构物的一部分,在桥梁运营阶段亦有所作为。

　　桥梁结构中常用的组合基础为沉井加管柱(或钻孔桩)基础,其一般工序为:首先施工管

柱(或钻孔桩),随后沉井至桩顶就位,浇筑封底混凝土实现连接。典型的双壁钢围堰钻孔桩基础是从施工角度考虑而形成的组合基础,其双壁钢围堰可谓施工机具。

3. 重力式深水基础

重力式深水基础(也称深水设置基础)是先在陆地上将基础结构物预制好,然后在深水中下沉就位的一种基础形式,适用于水深、潮急、航运频繁等修建基础甚为困难的场合。目前,重力式深水基础按基础形式基本上有两种,一种是沉井基础,另一种是钟形基础。

采用这类基础形式时,必须首先将海底爆破取平,用挖泥船或抓斗式吊船将残渣清除,形成基底台面,然后再用浮式沉井下沉或大型浮吊吊装等方法,在深水中安置预制的桥梁基础。这种基础施工安全、施工质量有保障、施工速度快,对航运影响甚小。

1.2 墩 台 施 工

桥梁墩台的施工方法不仅取决于墩台的结构形式和受力特性,同时还与桥梁上部结构形式有密切联系。

桥梁墩台施工方法现通常分为三大类:一是现场就地浇筑;二是预制拼装钢筋混凝土或预应力混凝土构件;三是现场就地砌筑块石或混凝土砌块。

近十年来,为了应对在狭窄的施工场地、交通繁忙的城市中和在施工环境恶劣的海上建造桥梁工程的状况,预制拼装桥墩的施工工艺得到了迅速发展。

1.2.1 现浇钢筋混凝土桥墩施工

1. 模板

钢筋混凝土墩台施工主要是指现场就地浇筑混凝土一类的墩台构件,在墩台施工时,往往应根据桥址处的场地条件、墩台的结构形状,以及模板周转使用的经济性来选择墩台施工的模板组合方式。墩台模板的类型主要可分为:拼装式模板、整体吊装模板、滑升模板、爬升模板和翻升模板等几类。

(1) 拼装式模板

拼装式模板是用各种尺寸的标准模板利用销钉连接,并与拉杆、加劲构件等组成墩台所需形状的模板。

(2) 整体吊装模板

整体吊装模板是墩台施工中常用的一种模板形式。它是将墩台按一定模数水平分成若干节段,将每段模板在地面拼装成一个固定的整体,吊装就位。整体吊装模板的优点:安装时间短,可加快施工进度,提高施工质量;在翻模施工时往往在标准节段上设置 $0.5\sim1\,\mathrm{m}$ 高的过渡节段,提高标准节段模板的利用率;将拼装模板的高度作业改为平地作业,有利于保证施工的安全和模板的制作质量;模板刚性大,可少设拉筋,从而改善混凝土表面质量;结构简单,整体拆装方便,对建造高墩较为经济。

(3) 滑升模板

滑升模板是将模板悬挂在工作平台上,沿着所施工的混凝土结构边界组拼装配,并随着混凝土的灌注用千斤顶带动向上滑升。滑升模板的构造由于桥墩类型、提升工具类型的不同而各有差异,但其主要部件与功能大致相同,一般由工作平台、内外模板、混凝土平台、工作吊篮和提升设备组成(图 3-1-1)。

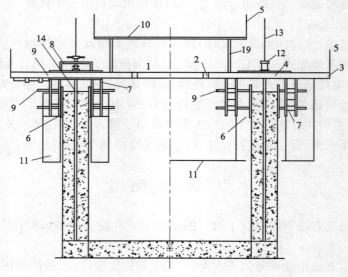

(a)等壁厚斜向滑模　　　(b)不等壁厚收坡滑模

1—工作平台;2—内钢环梁;3—外钢环梁;4—辐射梁;5—栏杆;
6—内、外模板;7—内、外立柱;8—立柱提升架;9—变坡螺杆;10—混凝土平台;
11—作业吊篮;12—千斤顶;13—支承杆(顶杆);14—支承杆导管。

图 3-1-1　滑升模板构造

工作平台由内、外钢环、辐射梁、栏杆、步板等组成,工作平台除提供施工操作场地外,还是整个滑升模板结构的骨架,因此应具有足够的强度和刚度。

内外模板一般采用薄钢板制作,并通过内外立柱固定在工作平台的辐射梁上。对于上下壁厚相同的斜坡空心墩,内外模板固定在立柱上,但立柱架(或顶梁)是通过滚轴悬挂在辐射梁上,并利用收坡丝杆沿辐射梁方向移动。对于上下壁厚不相同的斜坡空心墩,内外立柱固定在辐射梁上,在模板与立柱间安装收坡丝杆,以便分别移动内外模板位置。

混凝土平台由辐射梁、步板、栏杆等组成,利用立柱支承在工作平台的辐射梁上,供堆放及灌注混凝土时使用。

工作吊篮悬挂在工作平台的辐射梁和内外模板立柱上,主要为施工人员操作提供工作平台。

提升设备由千斤顶、顶杆、顶杆导管等组成,通过它顶升工作平台的辐射梁使整个滑模结构提升。

滑升模板组装可按以下步骤进行:

① 在基础顶面搭枕木垛,定出墩中心线。

② 在枕木垛上先安装内钢环,并准确定位,再依次安装辐射梁、外钢环立柱、顶杆、千斤顶、模板等滑模结构。

③ 提升整个装置,撤去枕木垛,再将模板落下就位,随后安装余下设施;模板在安装之前,表面需涂润滑剂,以减少滑升的摩阻力;组装完毕后,应进行全面检查,并同时纠正偏差。

滑升模板施工的主要优点:施工进度快,在一般气温下,每昼夜平均进度可达 5～6 m;模板利用率较高,拆装提升机械化程度高,较为方便,可用于直坡墩身,也可用于斜坡墩身;滑升模板自身刚度好,可连续作业,提高墩台混凝土浇筑质量。

(4) 爬升模板

根据模板的提升设备不同,爬升模板可分为倒链手动爬模、电动爬架拆翻模和液压爬升模板。

液压爬升模板是以墩柱壁为支承主体、以液压顶升油缸为爬升设备主体的施工设施,主要由模板系统、网架工作平台、液压提升系统等组成。模板一般采用大块钢模,以加快模板的支拆速度,提高墩身混凝土表面质量。网架工作平台是整个液压爬升模的工作平台,采用空间网架结构,其上安装中心塔吊,其下安装顶升爬架,四周安装 L 形支架,中间安装各种操纵、控制及配电设备,整个网架结构可采用万能杆件和型钢组合杆件等制作拼装。L 形支架连接在网架平台四周,下部与已完成的塔柱壁连接,以增加爬模的稳定性,并可作为塔身施工养护、表面整修以及塔顶施工的脚手架。液压提升系统中的内外套架是整个系统的顶升传力机构,上下爬架是爬升机械,而液压爬升机构是整个系统的动力设备。

(5) 翻升模板

翻升模板是一种特殊的钢模板,一般由三层模板组成一个基本单元,每层模板均自成体系,自身与桥墩柱或桥塔柱锚固在一起,在混凝土浇筑前及浇筑过程中支撑在下一层模板上,混凝土达到强度后将下层模板拆除并翻上来拼装成第四层模板,浇筑上一层混凝土,如此循环交替上升。混凝土的供应另外设支撑体系。

2. 混凝土浇筑

桥梁墩台具有垂直高度较高、平面尺寸相对较小的特点,因此其混凝土的浇筑方法有别于梁或承台等构件的混凝土浇筑方法。墩台混凝土不仅有水平运输,而且存在施工较为困难的垂直运输。通常,墩台混凝土运输方式式:利用卷扬机械、升降电梯送手推车上平台;利用塔式吊机吊斗输送混凝土;利用混凝土输送泵将混凝土送至高空吊斗等。在混凝土运输过程中,应有足够的初凝时间,以保证混凝土浇筑质量。混凝土的拌和、运输及浇筑的速度应大于墩台混凝土浇筑体积与配制混凝土的初凝时间之比。对于泵送混凝土,应防止堵管现象的发生。大体积墩台混凝土浇筑时应注意分层分块浇筑,同时应控制混凝土水化热。在一般情况下应符合《公路桥涵施工技术规范》的要求:当平截面过大,不能在前层混凝土初凝或被重塑前浇筑完成次层混凝土时,可分块进行浇筑。分块浇筑时应符合下列规定:分块宜合理布置,各分块平截面面积小于 50 m²;每块高度不宜超过 2 m;块与块之间的竖向接缝面,应与基础平截面的短边平行,与截面的长边垂直;上、下邻层混凝土间的竖向接缝,应错开位置做企口,并按施工缝处理。

滑模施工中混凝土浇筑应注意以下几个问题:

(1) 混凝土浇筑方法与出模强度

滑模宜浇筑低流动度或半干硬性混凝土,灌注时应分层、分段对称地进行,分层厚度以 20～30 cm 为宜,浇筑后混凝土表面距模板上缘宜不小于 10～15 cm 的距离。混凝土入模时,要均匀分布,应采用插入式振动器捣固,振捣时应避免触及钢筋及模板,振动器插入下一层混凝土的深度不得超过 5 cm;脱模时混凝土强度应为 0.2～0.5 MPa,以防其在自重压力下坍塌变形。为此,可根据气温、水泥标号经试验后掺入一定量的早强剂,以加速滑模提升,脱模后 8 h 左右开始提升。

（2）提升与收坡

整个桥墩灌注过程可分为初次滑升、正常滑升和最后滑升三个阶段。从开始灌注混凝土到模板首次试升为初次滑升阶段，初灌混凝土深度一般为 60～70 cm，分三次灌注，在底层混凝土强度达到 0.2～0.4 MPa 时即可试升。将所有千斤顶同时缓慢起升 5 cm，以观察底层混凝土的凝固情况。现场鉴定可用手指按刚脱模的混凝土表面，基本按不动，但留有指痕，砂浆不沾手，用指甲划过有痕，滑升时能耳闻"沙沙"的摩擦声，这些现象表明混凝土已具有 0.2～0.4 MPa 的脱模强度，可以再缓慢提升 20 cm 左右。初升后，经全面检查设备，即可进入正常滑升阶段，即每灌注一层混凝土，滑模提升一次，使每次灌注的厚度与每次提升的高度基本一致。在正常气温条件下，提升时间不宜超过 1 h。最后滑升阶段是混凝土已经灌注到需要高度，不再继续灌注，但模板还需继续滑升的阶段。灌完最后一层混凝土后，每隔 1～2 h 将模板提升 5～10 cm，滑动 2～3 次后即可避免混凝土与模板胶合。滑模提升时应做到垂直、均衡一致，顶架间高差不大于 20 mm，顶架横梁水平高差不大于 5 mm，并要求连续作业，不得随意停工。

随着模板的提升，应转动收坡丝杆，调整墩壁曲面的半径，使之符合设计要求的收坡坡度。

（3）接长顶杆，绑扎钢筋

模板每提升至一定高度后，就需要穿插进行接长顶杆、绑扎钢筋等工作。为不影响提升的时间，钢筋接头均应事先配好，并注意将接头错开。对预埋件及预埋的接头钢筋，滑模抽离后，要及时清理，使之外露。

（4）混凝土停工后的处理

在整个施工过程中，由于工序的改变，或发生意外事故，使混凝土的灌注工作停止较长时间，则需要进行停工处理。例如，每隔 0.5 h 左右稍微提升模板一次，以免黏结；停工时在混凝土表面要插入短钢筋等，以加强新老混凝土的黏结；复工时还需将混凝土表面凿毛，并用水冲走残渣，湿润混凝土表面，灌注一层厚度为 2～3 cm 的 1∶1 水泥砂浆，然后再灌注原配合比的混凝土，继续滑模施工。

1.2.2 装配式墩台施工

装配式墩台的主要特点是：可以在预制场预制构件，受周围外界干扰少，构件质量容易保证，但相对来说，运输、起重机械设备要求较高。此外，因为构件接缝的存在，从结构耐久性方面，应更关注海上桥梁受氯离子侵蚀的问题。

预制拼装桥墩的主要形式有预制拼装单柱墩和柱式框架墩；预制拼装钢筋混凝土桥墩；预制拼装预应力混凝土桥墩；预制拼装空心薄壁墩和实心墩。

依据桥型特点、施工条件和所处工程环境等因素，预制拼装桥墩连接构造有多种形式，可归结为：灌浆套筒连接、灌浆金属波纹管连接、插槽式接缝连接、承插式接缝连接、钢筋焊接或搭接并采用湿接缝连接、后张预应力筋连接以及混合连接构造等，以此实现预制桥墩节段之间、预制墩身与盖梁、预制墩身与承台之间的连接。

（1）灌浆套筒连接

灌浆套筒连接构造是指预制墩身节段与承台、预制墩身节段与盖梁或相邻墩身节段之间,由预留的外露钢筋插入预埋套筒内,且借助于高强砂浆与钢筋和套筒的黏结性能实现预制构件连接的构造形式。该连接构造的接缝在墩身与盖梁、墩身与承台之间常铺设砂浆垫层,而在墩身相邻节段之间采用环氧胶接缝的构造。套筒可设置于墩身、承台或盖梁内(图 3-1-2)。该构造的特点是施工精度要求较高,现场施工所需时间短;与后张预应力筋连接构造相比,造价也较低;正常使用条件下其力学性能与传统桥墩相似,具有一定的经济性。

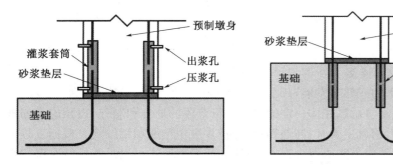

图 3-1-2　灌浆套筒连接设置

(2)灌浆金属波纹管连接

灌浆金属波纹管连接构造中,将预制墩身的外露钢筋插入预埋在盖梁或承台内的灌浆金属波纹管内,通过压注高强砂浆实现构件连接。在墩身与盖梁、墩身与承台之间的接触面往往采用砂浆垫层,墩身节段之间采用环氧胶接缝构造。该构造特点与灌浆套筒类似,现场施工时间短。所不同的是该构造要求连接端外露钢筋具有更大的锚固长度。

(3)插槽式接缝连接

插槽式接缝连接构造(图 3-1-3)的特点是在盖梁预制时在墩柱连接部分设置预留槽,连接施工时,墩柱的所有外露纵筋伸入预留槽,并现浇混凝土或高强砂浆。插槽式连接构造主要用于墩身与盖梁、桩与承台的连接。与灌浆套筒、金属波纹管等连接构造相比,其优点是施工精度要求较低。不足之处是该连接构造需要在现场浇筑一定量的混凝土,施工时间较长。

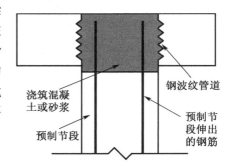

图 3-1-3　插槽式接缝连接构造

(4)承插式接缝连接

承插式接缝连接构造(图 3-1-4)是将预制墩身插入基础的预留孔内,插入长度一般为墩身截面尺寸的1.2～1.5 倍,底部铺设一定厚度的砂浆,周围用半干硬性混凝土填充。该连接构造的优点是施工工序简单,现场作业量少。

(5)钢筋焊接或搭接并采用湿接缝连接

钢筋焊接或搭接并采用湿接缝连接构造是:预制桥墩伸出一定长度的钢筋与相邻节段、承台或盖梁预留钢筋搭接或焊接,然后在钢筋连接部位支模板现浇混凝土,施工时需搭设临时支架。这种连接构造的力学性能与传统现浇桥墩相似。但湿接缝的存在会增加现场钢筋搭接和浇筑混凝土的作业量,施工时间长。

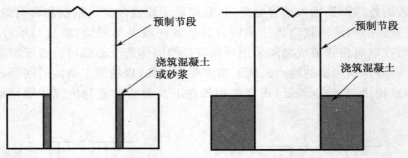

图 3-1-4　承插式接缝连接构造

（6）后张预应力筋连接

随着预应力技术的成熟与发展，预应力开始应用于墩台上。对于预制节段拼装后张预应力混凝土桥墩，通常将桥墩柱按一定的模数进行节段的划分和制作，以预应力筋连接预制节段。采用的预应力钢材主要有：高强钢丝、冷拉Ⅳ级粗钢筋和钢绞线。根据工程需求可设计为有黏结、无黏结预应力筋或混合方式，节段间的接缝形式可以是胶接缝和湿接缝。高强度低松弛钢丝的强度高，张拉力大，预应力束较少，施工时穿束较容易，在预应力钢束连接处受预应力钢束连接器的影响，需要局部加大构件壁厚。冷拉Ⅳ级粗钢筋要求混凝土预制构件中的预留孔道精度高，以利于冷拉Ⅳ级钢筋连接。该构造的实际工程应用较多，施工技术经验成熟。不足的是墩身钢筋用量较大，墩身造价相对传统现浇混凝土桥墩要高许多，同时现场施工需对预应力筋进行穿束、张拉、灌浆等操作，施工工艺复杂，施工时间较长。

后张法预应力钢筋混凝土装配式桥墩的预应力张拉方式有墩顶张拉（图 3-1-5）和墩底张拉（图 3-1-6）两种。

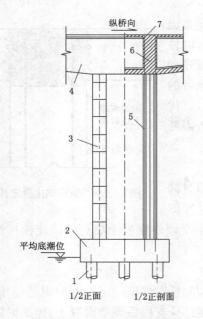

1—桩；2—承台；3—预制节段；4—箱梁；
5—预应力索；6—箱梁隔板；7—预应力张拉锚。

图 3-1-5　采用墩帽顶张拉的装配式桥墩

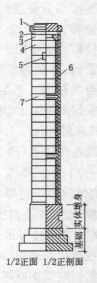

1—顶帽；2—平板；3—顶板；4—预制节段；
5—检查孔；6—预应力钢筋；7—隔板。

图 3-1-6　采用墩底张拉的装配式桥墩

238

在墩顶上张拉预应力钢束的主要特点是:①张拉操作人员及设备均处于高空作业,张拉操作虽然方便,但安全性较差;②预应力钢束锚固端可以直接埋入承台,而不需要设置过渡段;③对受力最大的墩底截面位置可以发挥预应力钢束抗弯能力强的特点。

在墩底实体部位张拉预应力钢束的主要特点是:①张拉操作均为地面作业,安全方便;②在墩底处要设置过渡段,既要满足预应力钢束张拉时千斤顶的安放要求,同时又要布置较多的受力钢筋,满足截面在运营阶段的受力要求;③过渡段构件中预应力钢束的张拉位置与竖向受力钢筋的相互关系较为复杂。

预应力钢束的张拉要求和预应力管道内的压浆要求与预应力混凝土梁的要求一致,不再赘述,应特别注意的是压浆最好由下而上压注。构件装配的水平拼装缝可采用环氧树脂或 C35 水泥砂浆,砂浆厚度为 15 mm,一方面可以起调节作用,另一方面可避免因渗水而影响预制构件的连接质量。

思 考 题

1.何谓深水基础? 桥梁深基础的主要形式有哪些?

2.简述水中预制桩基础的施工流程。

3.试述组合基础的组成和一般施工工序。

4.现浇钢筋混凝土桥墩施工的模板形式有哪几种? 哪几种模板适合斜拉桥和悬索桥主塔的施工?

5.桥梁大体积混凝土工程施工应注意哪些问题?

6.试述装配式桥墩的主要特点以及预制构件的连接构造形式和特点。

2 梁式桥施工

2.1 概 述

对梁式桥而言,所有的桥梁施工方法都能采用。具体根据施工机具设备和结构的形成方式,可将典型的施工方法再细分为:①固定支架整体浇筑法;②逐孔施工法,其中包括移动支架预制安装法和移动模架就地浇筑法;③预制安装施工法,有整孔架设施工法和大节段梁体架设施工法之分,后者可由简支变连续、单悬臂变连续、双悬臂变连续形成全桥结构;④悬臂施工法,有悬臂拼装和悬臂浇筑。悬臂拼装法又分悬臂吊机法、移动式和固定式连续桁架吊机法、起重机拼装法、递增装配法等,而悬臂浇筑法可细分为挂篮浇筑法、移动式和固定式连续桁架浇筑法、挂篮与桁架联合浇筑法等;⑤顶推施工法,有单向顶推法及双向顶推法等;⑥转体施工法,可分为平转法和竖转法等。

桥梁施工方法可视工程结构的跨度、孔数、桥梁总长、截面形式和尺寸、地形、设备能力、气候、运输条件、设备的重复使用等条件综合进行选择。而桥梁施工方法与桥梁结构受力有着十分密切的关系。对不同结构型式的桥梁,施工方法可不同;对同种结构型式也可采用不同的施工方法。对超静定结构的桥梁,采用不同的施工方法,因施工过程中结构受力体系各不相同,结构的内力将随着结构体系的改变而变更,结构运营阶段的受力状况取决于所选用的施工方法,认识这一点尤为重要。

就连续梁桥而言,结构的形成方式可有简支-连续、单悬臂-连续、T构-连续、少跨连续-多跨连续等,成桥时的受力状态受到结构形成方式的影响。对预应力结构,结构形成方式的不同将造成结构上配置的预应力筋各异。

仅就成桥时的结构内力而言,对跨中正弯矩,以简支-连续方式施工的内力为大,悬臂施工的内力小,整体浇筑施工的内力居中;对支点的负弯矩,以简支-连续施工的内力为小,悬臂施工的内力大,整体浇筑施工的内力居中。由于混凝土收缩、徐变的影响,结构的内力会随着时间的推移向整体浇筑施工(一次落架)的内力值靠拢。

无论采用支架现场就地浇筑,还是悬臂施工法或逐孔施工法,对梁式桥而言,施工完成后的恒载包络图与运营状态下的恒载内力图是基本相似的。但如果采用顶推法施工,由于梁的内力控制截面位置在不断地变化,因此,对主梁截面的施工内力也在不断地变化。虽然施工时的荷载仅为梁的自重和施工荷载,其内力峰值没有桥梁在运营状态时的峰值大,但每一截面的内力呈正、负弯矩交替出现,从图 3-2-1 所示的一座六孔连续梁顶推法施工的弯矩包络图中可见,第一孔梁出现较大的正、负弯矩峰值,之后各孔的正、负弯矩值较稳定,而到顶推的末尾几孔的弯矩值较小。

所以,对于运用顶推法施工的连续梁桥,其结构受力及配筋不仅要考虑运营状态时的受力状况,还需兼顾施工时的受力。一般采用的预应力钢束类型有三种:一是兼顾运营与施工要求所需的力筋;二是为满足施工阶段要求而配置的力筋;三是在施工完成之后,为满足运营状态的需要而增加的力筋。

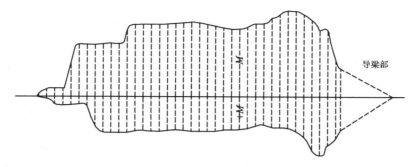

图 3-2-1　连续梁顶推法施工的弯矩包络图

2.2　固定支架整体就地浇筑施工法

固定支架整体就地浇筑施工是一种古老的施工方法,它是在支架上完成安装模板、绑扎及安装钢筋骨架、预留孔道、现场浇筑混凝土养护并施加预应力的施工方法。由于施工需要大量的支架模板,一般仅在小跨径桥或交通不便的边远地区采用。随着桥梁结构型式的发展,出现了一些变宽桥、弯桥等复杂的预应力混凝土结构,又由于近年来临时钢构件、万能杆件和贝雷梁等的大量应用,在其他施工方法都比较困难,或经过比较具有施工方便、费用较低的优势时,也有在中、大型桥梁中采用就地浇筑的施工方法。

2.2.1　支架和模板的分类

1. 支架

支架按其构造方法分为立柱式、梁式和梁-柱式支架;按材料可分为木支架、钢支架、钢木混合支架,其他还有万能杆件、贝雷梁等常备式构件拼装的支架,图 3-2-2 所示为各种支架的构造简图。

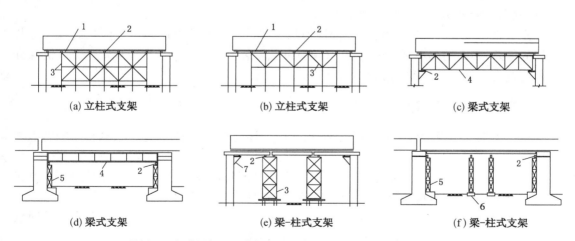

1—纵梁;2—卸落设备;3—支架;4—承重梁;5—立柱;6—基础;7—托架。

图 3-2-2　常用支架的构造

(1) 立柱式支架

立柱式支架构造简单，可用于陆地或不通航河道以及桥墩不高的小跨径桥梁施工。支架通常由排架和纵梁等构件组成。排架由枕木或桩、立柱和盖梁组成[图 3-2-2(a)，(b)]。一般排架间距为 4 m，桩的入土深度按施工设计要求设置，但不应小于 3 m。当水深大于 3 m 时，桩要用拉杆加强。一般需在纵梁下布置卸落设备。

立柱式支架也可采用 φ48 mm、壁厚 3.5 mm 的钢管搭设，水中支架需先设置基础、排架桩，钢管支架设置在排架上。陆地现浇桥梁，可在整平的地基上铺设碎石层或砂砾石层，在其上浇筑混凝土作为支架的基础，钢管排架纵、横向密排，下设槽钢支承钢管，钢管间距依桥高、现浇梁自重及施工荷载的大小而定，通常为 0.4～0.8 m。钢管由扣件接长或搭接，上端用可调节的槽形顶托固定纵、横木龙骨，形成立柱式支架。搭设钢管支架要设置纵、横向水平加劲杆，桥较高时还需加剪刀撑，水平加劲杆与剪刀撑均需用扣件与立柱钢管连成整体。排架顶标高应考虑设置预拱度。

(2) 梁式支架

根据跨径不同，梁可采用工字钢、钢板梁或钢桁梁[图 3-2-2(c)，(d)]。一般工字钢用于跨径小于 10 m、钢板梁用于跨径小于 20 m、钢桁梁用于跨径大于 20 m 的情况。梁可以支承在墩旁支柱上，也可支承在桥墩上预留的托架上，支承在桥墩处的横梁上。

(3) 梁-柱式支架

当桥梁较高、跨径较大或必须保证在支架下通航或排洪时可用梁-柱式支架[图 3-2-2(e)，(f)]。梁支承在桥墩台以及临时支柱或临时墩上，形成多跨的梁-柱式支架。

2. 模板

就地浇筑桥梁的模板主要有木模和钢模。对预制安装构件，除木模和钢模外，也可采用钢木结合模板、土模和钢筋混凝土模板等。模板型式的选择主要取决于同类桥跨结构的数量和模板材料的供应情况。当建造单跨或多跨不等的桥梁结构时，一般采用木模；而对于多跨相同跨径桥梁，为了经济可采用大型模板块件组装或用钢模。实践表明：模板工程的造价与上部结构主要工程造价的比值，在工程数量和模板周转次数相同的情况下，木模为 4‰～10‰；钢筋混凝土模板为 3‰～4‰；钢模为 2‰～3‰。

模板制作宜选用机械化方法，以保证模板形状的正确和尺寸的精度。模板制作尺寸与设计的偏差、表面局部不平整度、板间缝隙宽度和安装偏差均应符合有关规定。尤其需保证模板构造具有足够的强度、刚度和稳定性。

2.2.2 支架、模板的设计

桥梁支架和模板除应符合一般支架、模板的设计与施工要求外，还应根据桥梁的特点注意以下两点：

① 在河道中施工的支架，要充分考虑洪水和漂流物以及通过船只(队)的影响，要有足够的安全措施；在安排施工进度时，尽量避免在高水位情况下施工。

② 支架在受荷后会产生变形与挠度，在安装前要有充分的估计和计算，并在安装时设置预拱度，使就地浇筑的桥跨结构线形符合设计要求。

1. 设计荷载与有关规定

桥梁支架、模板的荷载与普通模板设计荷载基本相同(参见本教材上册"4 混凝土结构

242

工程"),但须注意施工中的堆载、其他圬工结构重力等。此外,对冬季施工的桥梁,须考虑如雪荷载、冬季保温设施等荷载对支架、模板的强度及刚度的影响。模板、支架和拱架的计算荷载组合须根据桥梁施工规范的有关条文进行。

在计算模板、支架和拱架的强度和稳定性时,应考虑作用在模板、支架和拱架上的风力。设于水中的支架,还应考虑水流压力、流冰压力和船只漂流物等冲击力荷载。当验算模板及其支架在自重和风荷载等作用下的抗倾覆稳定性时,验算倾覆的稳定系数不得小于 1.3。

验算模板、支架及拱架的刚度时,其变形值不得超过下列数值:①结构表面外露的模板,挠度为模板构件跨度的 1/400;②结构表面隐蔽的模板,挠度为模板构件跨度的 1/250;③支架、拱架受载后挠曲的杆件(盖梁、纵梁),其弹性挠度为相应结构跨度的 1/400;④钢模板的面板变形值为 1.5 mm;⑤钢模板的钢棱和柱箍变形值为 $L/500$ 和 $B/500$(其中 L 为计算跨径,B 为柱宽)。

2. 预拱度的设置

支架受载后将产生弹性变形和非弹性变形,桥梁上部结构在自重作用下会产生挠度,为了保证桥梁竣工后尺寸准确,支架须设置预拱度。确定预拱度时应考虑下列因素:

① 由结构重力和 1/2 汽车荷载(不计冲击力)所产生的竖向挠度 δ_1。

当恒载和活载产生的挠度不超过跨径的 1/600 时,可不考虑此项影响。

② 支架在荷载作用下的弹性压缩 δ_2。

对满布式支架,其弹性变形为

$$\delta_2 = \frac{\sigma h}{E} \qquad\qquad (3\text{-}2\text{-}1)$$

式中　σ——立柱内的压应力;

　　　h——立柱高度;

　　　E——立柱材料的弹性模量。

当支架为桁架等形式时,应按具体情况计算其弹性变形。

③ 支架在荷载作用下的非弹性变形 δ_3。

此项变形值包括杆件接头的挤压和卸落设备压缩而产生的非弹性变形。

④ 支架基底在荷载作用下的非弹性沉陷 δ_4。

支架基底的沉陷,可通过试验确定或参考经验值估算。

⑤ 由混凝土收缩、徐变及温度变化而引起的挠度 δ_5。

综合考虑上述几项变形计算所得的预拱度为最大值,应设置在跨中,其余位置的预拱度,应以中间点为最大值,以梁的两端为零,按直线或二次抛物线依比例分布。

2.2.3　施工要点

1. 准备工作

现场浇筑施工的梁式桥,在浇筑混凝土前要进行周密的准备工作和严格的检查。一般来说,就地浇筑施工在正常情况下一次灌注的混凝土工作量较大,且需要连续作业,因此准备工作相当重要,不可疏忽大意。

（1）支架与模板的检查

在浇筑混凝土之前应对支架和模板进行全面、严格的检查，核对设计图纸要求的尺寸、位置，检查支架的接头位置是否准确、可靠，卸落设备是否符合要求；检查模板的尺寸、制作是否密贴，螺栓、拉杆、撑木是否牢固，是否涂抹模板油及其他脱模剂等。

（2）钢筋和钢束位置的检查

检查钢筋与预应力孔道是否按设计图纸规定的位置布置，钢筋骨架绑扎是否牢固，预留孔道管端部、连接部分与锚具处应特别注意防止漏浆，检查锚具位置、压浆管和排气孔是否可靠。

（3）浇筑混凝土前的准备工作

检查混凝土供料、拌制、运输系统是否符合规定要求，在正式浇筑前对灌注的各种机具设备进行试运转，以防在使用中发生故障。要依照浇筑顺序布置好振捣设备，检查螺帽紧固的可靠程度。对大型就地浇筑施工结构，必须准备备用的机械和动力。

在浇筑混凝土前，应会同监理部门对支架、模板、钢筋、预留管道和预埋件进行检查，合格后方可进行混凝土浇筑工作。

2. 混凝土的制备

混凝土配合比是决定混凝土强度的关键因素。实际拌制用的配合比需根据设计配合比的数据和资料，综合施工现场的实际情况加以决定。配制的混凝土拌和物应满足和易性、凝结速度等施工技术条件，制成的混凝土应符合强度、耐久性（抗冻、抗渗、抗侵蚀）等质量要求。

为节约水泥和改善混凝土的技术性能，在混凝土中可掺入适量外加剂和混合材料。主要的外加剂类型有普通和高效减水剂、早强减水剂、缓凝减水剂、引气减水剂、抗冻剂、膨胀剂、阻锈剂和防水剂等，混合材料包括粉煤灰、火山灰质材料、粒化高炉矿渣等。应注意在预应力混凝土结构中不得使用加气剂和各种氯盐。

在混凝土拌制过程中，要始终注意稠度的大小，倘若不符合规定，应立即查明原因，予以纠正。

3. 混凝土的浇筑

混凝土的浇筑必须依据施工支架类型的不同，制订合适的混凝土浇筑方案进行施工。当混凝土方量较大，混凝土浇筑质量受到支架变形、混凝土收缩等影响时，桥梁施工规范允许设置临时工作缝。

（1）施工工作缝的设置

悬臂梁、连续梁及刚架桥的上部结构在支架上浇筑时，由于桥墩为刚性支点，桥跨下的支架为弹性支撑，在混凝土浇筑时支架会产生不均匀沉降。因此，在浇筑混凝土时，必须采取有效措施，以防止上部结构在桥墩处产生裂缝。除了采取预压支架的方法外，另一种通常采用的方法是设置临时工作缝。在浇筑混凝土时，在桥墩上设置临时工作缝，待梁体混凝土浇筑完成、支架稳定、上部结构沉降停止后，再将此工作缝填筑起来。根据同样的原因，当支架中有较大跨径的梁式构造时，在该梁的两端支点上也应设置临时工作缝。

此外，受混凝土收缩的影响，如果一次灌注的时间过长，则在梁体中会发生收缩裂缝（纵向分布钢筋和主筋仅能部分避免收缩裂缝）。因此，在施工中采取设工作缝并分段浇筑的方法即可避免收缩裂缝的产生。

工作缝的设置位置须考虑支架的受荷变形对已浇筑混凝土的影响,一般设在桥墩顶部和支架立柱的顶部或其附近。图 3-2-3(a)为跨径 33 m 的单悬臂梁工作缝的设置示例。

工作缝两端以木板与主梁体隔开,并留出分布加强钢筋通过的孔洞,由主梁底一直隔到桥面板顶部,木板外侧用垂直木条钉牢。工作缝宽度一般为 80~100 cm,工作缝两端穿过隔板设置长 65 cm、直径 8~12 mm 的分布钢筋,上下间距 10 cm,其布置如图 3-2-3 所示。

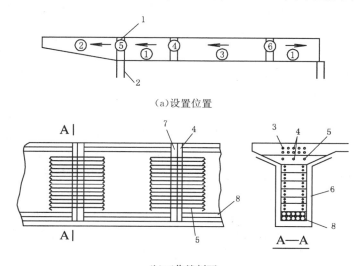

(a)设置位置

(b)工作缝剖面

1—工作缝;2—桥墩;3—主梁钢筋;4—隔板;5—分布钢筋;
6—主梁模板;7—垂直木条;8—穿过隔板的主钢筋。

图 3-2-3　单悬臂梁工作缝的设置

(2) 混凝土的浇筑

为了达到桥跨结构的整体性要求和防止浇筑上层混凝土时破坏下层,浇筑层次的增加需有一定的速度,保证在先浇筑的一层混凝土初凝之前完成次一层的浇筑,其最小增长速度可由式(3-2-2)计算。

$$h \geqslant \frac{s}{t} \qquad (3-2-2)$$

式中　h——浇筑时混凝土面上升速度的最小允许值(m/h);

　　　s——搅动深度(m),以浇筑时的规定为准,一般可为 0.25~0.50 m;

　　　t——水泥实际初凝时间(h)。

混凝土的浇筑方法一般有分层浇筑法、斜层浇筑法、单元浇筑法和分段浇筑法。实际施工时考虑对浇筑的混凝土进行振捣的便利等往往采用几种方法的组合。

在考虑主梁混凝土浇筑顺序时需遵循的原则是使模板和支架均不产生有害的下沉。同时对不同的支架形式,混凝土的浇筑方案应分别对待处理。

以悬臂梁为例,混凝土的浇筑顺序、方向如图 3-2-3 中圆圈内数字和箭头所示。首先施工①②③梁段,待①②③梁段浇筑完毕,并且强度达到标号的 70% 之后,才可浇筑④⑤⑥梁段的工作缝。①段由桥墩以远向墩身进行,可减少沉落应力;因主梁底板有坡度,则②段由墩身以远向桥墩进行,避免浇筑时水泥浆流失;③段从⑥段开始浇筑,因为浇筑③段时,⑥段右边的①段已终凝,不致因使用振捣器而影响①段的凝结。

如上部结构主梁为箱形截面,则混凝土浇筑应依次按腹板和底板的交界区、底板中部、腹板及顶板的顺序进行。

4. 混凝土养护、预应力筋张拉及模板拆除

(1) 混凝土养护

混凝土浇筑完成后进行养护,能促使混凝土硬化,并在获得规定强度的同时,防止混凝土干缩引起的裂缝,防止混凝土受雨淋、日晒、受冻及受荷载的振动、冲击。由于混凝土在硬化过程中发热,在夏季和干燥的气候下应进行湿润养护,而冬期施工则须遵循相应的规定。

冬期施工指的是根据当地多年气温资料,室外日平均气温连续 5d 稳定低于 5℃时钢筋混凝土、预应力混凝土和砌体工程的施工。

冬期施工期间,在混凝土抗压强度未达到设计强度的 40%～50% 时不得受冻,需要采取保温措施。对于寒冷地区宜选用早期强度较高的水泥,使其能较早达到耐冻的强度;使用矿渣水泥时,宜优先考虑采用蒸汽养护。使用其他品种水泥时,为节约水泥并增强混凝土的和易性,可掺入适量的外加剂以提高混凝土的抗冻性。冬期施工混凝土的骨料和水可采用加热拌制,所规定的加热温度与使用的水泥种类有关,可按施工规定处理。

寒冷季节,一般的混凝土养护方法有蓄热法、暖棚养护和蒸汽养护。蒸汽养护通常从混凝土浇筑完成后约 2 h 开始升温,升温速度由表面系数(结构冷却面积与结构体积之比)决定,如表面系数大于等于或小于 6 m^{-1},则升温速度分别为 15℃/h, 10℃/h。养护时间为 8～12 h,最高温度以不超过 65℃为宜。

保温养护终止后拆除模板时,必须使混凝土温度逐步降低。如混凝土表面温度急骤下降,则由于混凝土内外温差影响,将在混凝土表面产生拉应力,并可能出现收缩裂缝。对应上述的表面系数(大于等于或小于 6 m^{-1}),降温速度分别为 10℃/h, 5℃/h。

(2) 预应力筋张拉

对于后张法预应力混凝土梁,须待混凝土强度达到设计要求后才能进行张拉,在无规定时,一般要在混凝土强度达到设计标号的 70% 以上才能进行。

(3) 模板拆除及卸架

当混凝土抗压强度达到 2.5 MPa 时方可拆除侧模;当混凝土强度不小于设计强度标准值的 75% 以后,方可拆除各种梁的模板。但如设计上有规定,则应按照设计规定执行。

对于预应力梁,应在预应力筋张拉完毕或张拉到一定数量后(根据设计要求),再拆除模板,以免梁体混凝土受拉。

梁的卸架程序应从梁挠度最大处的支架节点开始,逐步卸落相邻两侧的节点,并要求对称、均匀、有顺序地进行,同时要求各节点应分多次进行卸落,以使梁的沉落曲线逐步加大。通常简支梁、连续梁及刚架桥可从跨中向两端进行;悬臂梁则应先卸落挂梁及悬臂部分,然后卸落主跨部分。

2.3 预制安装施工法

预制安装法的一般施工过程为:在工厂或现场预制整孔梁或梁节段→预制梁段的起吊、运输和安装→根据桥梁结构要求进行结构体系转换。

2.3.1 预制构件的划分和预制

1. 预制构件的划分

对简支梁桥,预制构件一般以截面形式为划分依据,有空心板梁、T梁和单室箱梁。

对连续梁,预制构件的形式较多,有简支梁组合、单悬臂简支梁和挂孔的组合、双悬臂简支梁和挂孔的组合、桥墩处的平衡悬臂梁和挂孔的组合。以各种预制构件的组合形式而形成简支变连续、单悬臂变连续、双悬臂变连续、双悬臂T形刚构变连续的结构体系。

除了桥梁的结构体系外,预制构件单元的划分很大程度上还取决于施工时安装设备的吊装能力。如加拿大联邦大桥的大型双悬臂构件的总重量达7 500 t,跨中连接段的预制重量为1 200 t。杭州湾跨海大桥的预应力混凝土预制箱梁长70 m、重2 180 t。

2. 梁体预制

预制梁体构件的常用形式为钢筋混凝土梁、先张法预应力混凝土梁和后张法预应力混凝土梁。预应力混凝土构件可分别按先张法和后张法工艺流程施工。

预弯组合梁又称预弯预应力混凝土组合梁,是中国20世纪80年代中期引进的一种新型桥梁结构。以上海莘奉金高速公路上的某一跨线桥为例,桥梁结构为跨径40 m的简支梁,梁高1.3 m,高跨比为1/30。工字形钢骨混凝土组合梁截面如图3-2-4所示,截面内钢骨为整体预制全焊接钢梁,钢材为Q245-C级,下缘底板混凝土标号为C60,腹板、顶板混凝土标号为C40,钢梁的顶板、底板焊有抗剪T形栓钉以提供上下缘混凝土与钢梁间的有效剪切传递。腹板设有加劲肋,保证钢梁的稳定。

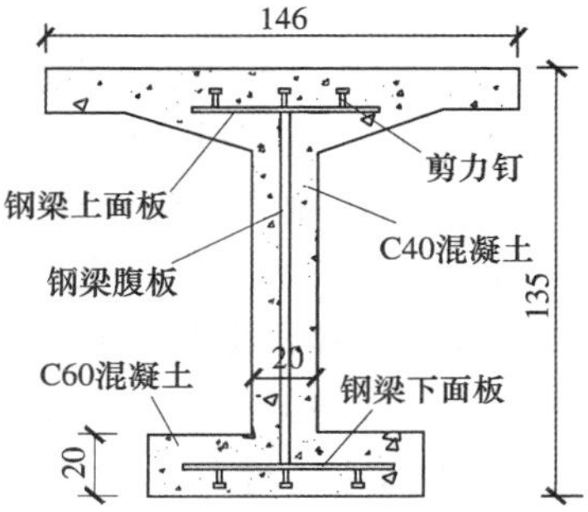

图3-2-4 弯梁截面示意图
（单位:mm）

预弯组合梁的制作工艺为:将屈服强度较高的高强钢材制作成呈抛物线上拱的工字形预弯钢梁,在钢梁两端和距梁端1/4～1/3跨度位置安装千斤顶并分级加载,作用两对大小相同、方向相反的集中荷载,使钢梁产生一个大于结构梁最大设计弯矩的正弯矩,在保证钢梁下缘底板受拉的状态下,浇筑下缘混凝土板,待混凝土的弹性模量和强度都达到设计值的95%以上时,再分级卸载,通过钢梁的回弹,对下缘底板施加预压力,再浇筑腹板及上缘顶板混凝土,形成预弯钢骨混凝土组合梁。

2.3.2 预制梁的安装

预制梁的安装施工方法主要有起重机架设法、架桥机架设法、支架架设法、简易机具组合架设法等,具体根据采取的设备不同还可进行细分。如起重机架设法可细分为塔式起重机架设法、自行式吊机架设法、浮式吊机架设法、缆索起重机架设法等;支架架设法可细分为移动式支架架设法、支架便桥架设法、活动支架横移架设法等;简易机具组合架设法可细分为扒杆导梁法、千斤顶导梁法、简易型钢导梁法等。随着工程机械的发展以及长大桥梁和海上桥梁的建设需要,采用各种架桥机进行预制梁架设的方法越来越多,常用的穿巷式架桥机架设法、拼装式双导梁架桥机架设法、缆索起重机架设法、跨墩式龙门架架设法等是其中典型的几种架设方法。

1. 起重机架设法

（1）缆索起重机架设法

缆索起重机架设法（图3-2-5）是通过缆索起重机的两跑车上设置的起吊设备将预制梁起吊提升、牵拉运行、就位安装。

该方法最大的优点是不受桥孔下的地基、河流水文状态等条件限制，也不需要导梁、龙门吊机等重型吊装设备，而且无扒杆移动等问题。

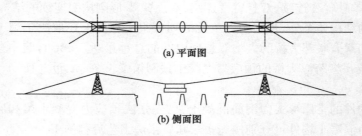

(a) 平面图

(b) 侧面图

图3-2-5　缆索吊装设备架设布置

（2）跨墩式龙门架架设法

跨墩龙门架架设法（图3-2-6）适用于岸上和浅水滩以及不通航浅水区域安装预制梁。

两台跨墩龙门吊机分别设于待安装孔的前、后墩位置，预制梁由平车顺桥向运至安装孔的一侧，移动跨墩龙门吊机上的吊梁平车，对准梁的吊点放下吊架，将梁吊起。当梁底超过桥墩顶面后，停止提升，用卷扬机牵引吊梁平车慢慢横移，使梁对准桥墩上的支座，然后落梁就位，接着准备架设下一根梁。

在水深不超过5 m、水流平缓、不通航的中小河流上的小桥孔，也可采用跨墩龙门吊机架梁。这时必须在水上桥墩的两侧架设龙门吊机轨道便桥，便桥基础可用木桩或钢筋混凝土桩。

在水浅流缓而无冲刷的河上，也可用木笼或草袋筑岛来做便桥的基础。便桥的梁可用贝雷组拼。

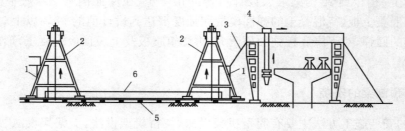

1—桥墩；2—龙门架吊机；3—风缆；4—行车；5—轨道；6—预制梁。

图3-2-6　跨墩龙门吊机安装

（3）浮吊架设法

在通航河道或水深河道上架桥，可采用浮吊安装预制梁（图3-2-7）。该方法施工速度快，高空作业较少，吊装能力强，是大跨多孔河道桥梁的有效施工方法。采用浮吊架设法要配置运输驳船，岸边设置临时码头，同时在浮吊架设时应有牢固锚锭，要注意施工安全。利用浮船进行预制梁安装的另外两种方法是浮船充排水架设法和浮船支架拖拉架设法。

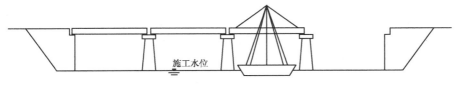

图 3-2-7　浮吊安装预制梁

2. 架桥机架设法

桥梁架设施工中常用的架桥机有:穿巷式架桥机、联合架桥机、拼装式双导梁架桥机、单梁架桥机。在秦沈高速铁路线建设中,采用了吊运架一体式架桥机,提高了施工效率。

(1)穿巷式架桥机架设法

穿巷式架桥机(图 3-2-8)可支承在桥墩和已架设的桥面上,不需要在岸滩或水中另搭脚手架与铺设轨道,因此,它适用于在水深流急的大河上架设水上桥孔。

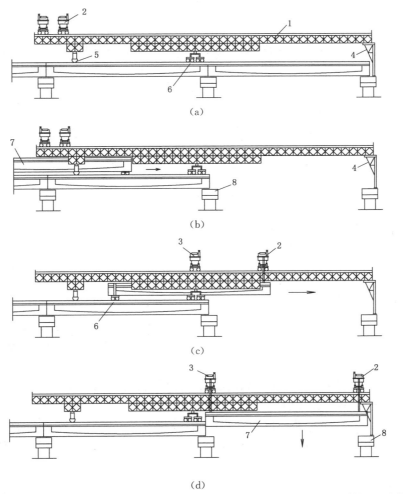

1—穿巷吊机;2—前横梁;3—后横梁;4—前支腿;5—后支腿;6—运梁平车;7—预制梁;8—桥墩。

图 3-2-8　宽穿巷式架桥机架梁步骤

根据穿巷式架桥机的导梁主桁架间净距的大小,可分为宽、窄两种。宽穿巷式架桥机可以进行边梁的吊起并横移就位;窄穿巷式架桥机的导梁主桁净距小于两边 T 梁梁肋之间的距离,因此,边梁要先吊放在墩顶托板上,然后再横移就位。

宽穿巷式架桥机可以进行梁体的垂直提升、顺桥向移动、横桥向移动和吊机纵向移动等四种作业。吊机构造虽然较复杂,但工效较高,横移就位也较安全。

(2) 吊运架一体式架桥机

意大利 Nicola 吊运架一体式架桥机是一种具有吊梁、运梁、架梁的多功能架桥机,由运架梁机和下导梁组成,其结构如图 3-2-9 所示。

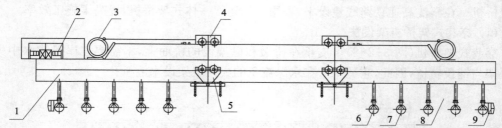

1—主梁;2—发动机及液压站;3—液压卷扬机;4—起吊架及横移机构;5—滑轮组及吊梁;
6—行走轮组;7—15°转向机构;8—90°转向机构;9—驾驶室。

(a) 运架梁机

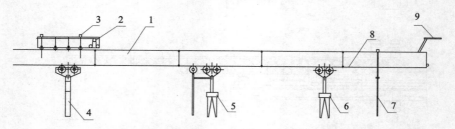

1—导梁节段;2—架梁小车;3—顶升油缸;4—后支腿;5—主支腿;
6—副支腿;7—辅助支腿;8—支腿倒运小车;9—支腿吊梁。

(b) 下导梁

图 3-2-9　Nicola 运架一体式架桥机结构示意图

运架梁机由箱形主梁、两轮胎式台车、8 台起升卷扬机、滑轮组、动力装置、驾驶室和两副导梁组成。行走轮胎可随轴在水平面内回转 90°角,使整机既可纵行供梁到位,又可横行取梁,还可以靠液压联动转向系统在曲线上行进。

下导梁分为 6 个节段,由高强度螺栓连接。导梁支腿包括后支腿、主支腿、前支腿、辅助支腿,另有支腿吊装架和运行小车。

Nicola 吊运架一体式架桥机的架梁程序为:导梁就位→一体式架桥机通过导梁运梁到位→导梁前移腾出架梁空间→落梁→导梁回撤,以便一体式架桥机运行→一体式架桥机后移,下桥至运梁场→导梁纵移至下一架设孔位,准备架梁。

3. 支架架设法

支架架设法可分为固定支架法和活动支架法。

活动支架架设法(图 3-2-10)是在架设孔的地面上,顺桥轴线方向铺设轨道,在轨道上面设置可移动的支架,梁的前端搭在支架上,通过牵引支架,将梁移运到要求的位置后,用龙门架或扒杆吊装,或在桥墩上组成枕木垛,用千斤顶卸下,再横移就位。

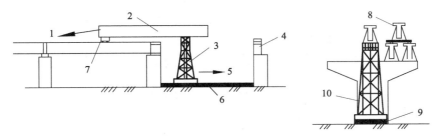

1—后拉绳;2—预制混凝土梁;3—活动支架;4—枕木垛;5—拉绳;6—轨道;
7—平车;8—临时搁置的梁(支架拆除后再架设);9—平车;10—活动支架。

图 3-2-10　活动支架架设法

4. 简易机具组合架设法

采用扒杆、导梁等可以形成多种简易机具组合进行主梁架设,如扒杆导梁法、千斤顶导梁法、主梁纵向拼接伸臂架设法、简易型钢导梁架设法、摆动式支架架设法、钓鱼法和土牛通道法等。

扒杆导梁法是用两套扒杆,分别设置在安装孔的前后两个桥墩上,预制梁从导梁上运到桥孔起吊,移出导梁后,预制梁落在墩上经横移就位。

2.3.3　结构的连接措施

采用预制安装法施工的连续梁和连续刚构,在主梁架设后需进行纵向连接。通常设定的连接部位在墩顶处、$0.2L(L$ 为跨径)处和跨中。

一般墩顶处采用现浇混凝土连接,并配制下弯的负弯矩预应力钢束和顶板直线预应力钢束。

跨内弯矩零点区域的构件连接可采用悬臂梁端与挂孔的连接形式(图 3-2-11),这种连接形式曾在广东容奇大桥中使用。

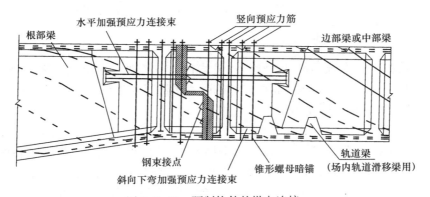

图 3-2-11　预制构件的纵向连接

在跨中的构件连接可以采用现浇混凝土,也可以采用铰连接形式。但对于铰的连接方式,因悬臂梁的变形不一致会损坏连接件并影响行车舒适性。对此,国外曾采用在悬臂端梁

251

体结构内设置一连续短梁(图 3-2-12)的方法,以改善结构受力和行车舒适性。

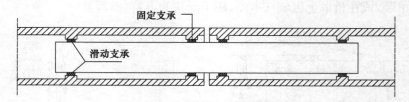

图 3-2-12　悬臂端设置连续短梁的构造示意图

2.4　悬臂施工法

悬臂施工法主要有悬臂拼装法和悬臂浇筑法两种。

悬臂拼装法利用移动式或固定式悬臂拼装吊机逐步将预制梁段起吊就位,以环氧树脂胶作为接缝材料,通过对预应力钢束施加应力,使各梁段连接成整体。

悬臂浇筑法采用移动式挂篮作为主要的施工设备之一,以桥墩为中心,利用挂篮对称向两岸逐段浇筑梁段混凝土,待混凝土达到要求强度后,张拉预应力束,再移动挂篮,进行下一节段的施工。

悬臂拼装和悬臂浇筑两种施工方法各有利弊。在施工进度上,悬臂拼装速度比悬臂浇筑要快得多,悬臂拼装适合于快速施工;但悬臂拼装节段间往往靠环氧树脂胶连接,甚至为干接缝,结构整体性相对差些;悬臂拼装施工要求的起重能力高于悬臂浇筑施工;在施工变形控制方面,由于悬臂浇筑施工中,可采用计算机程序对梁体逐段进行标高的控制和调整,结构线形容易控制,而悬臂拼装施工时,因梁段已预制完成,能调整的余地相对较小,再加上施工中许多不确定荷载等因素,从而施工变形控制难度较大。

从上面几点分析,可以看出悬臂浇筑法结构整体性好,不受桥下地形条件限制,优越性较明显,一般大跨径预应力混凝土桥梁均采用悬臂浇筑法施工。

采用悬臂法进行桥梁结构施工,总的施工顺序是:墩顶梁段 0 号块的浇筑→悬臂节段的预制安装或挂篮现浇→各桥跨间的合龙段施工及相应的结构体系转换→桥面系施工。

2.4.1　墩顶梁段(0 号块)施工

在悬臂法施工中,墩顶梁段(0 号块)一般均在墩顶托架上立模现场浇筑,除刚构桥外,如连续梁、悬臂梁桥均需在施工过程中设置临时梁墩锚固或支承措施,使 0 号块梁段能承受两侧悬臂施工时产生的不平衡力矩。

1. 施工托架

施工托架有扇形、门式等形式,托架可采用万能杆件、贝雷梁、型钢等构件拼装,也可采用钢筋混凝土构件作临时支撑。根据墩身高度、承台型式和地形情况,施工托架可分别支承在墩身、承台或经过加固的地面上。托架的总长度视拼装挂篮的需要而决定,托架横桥向宽度要考虑箱梁外侧模板的要求,托架顶面应与箱梁底面纵向线形一致。

扇形施工托架与门式施工托架形式如图 3-2-13 所示。

为保证在托架上浇筑混凝土的施工质量,应有效防止和减少由于托架变形而产生的不

252

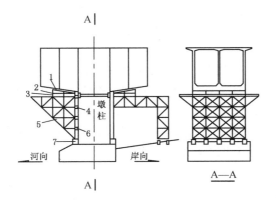

1—三角垫架;2—木楔;3—钢垫梁;4—预埋钢筋;5—托架;6—木垫块;7—混凝土垫块。

图 3-2-13　扇形与门式施工托架

良影响。因此,在设计托架时,除考虑强度要求外,还须尽可能增大托架主桁的刚度和整体性,采用大型型钢、板梁、贝雷梁或节点较少的组合体系进行拼装,并采用预压、抛高(预留沉降度)及调整措施,以减少托架变形对混凝土质量的影响。

2. 0 号节段的临时固结及支承措施

对 T 形刚构及刚构桥,因墩身与梁本身采用刚性连接,所以不存在梁墩临时固结问题。悬臂梁桥及连续梁桥采用悬臂施工法时,为保证施工过程中结构的稳定可靠,0 号块梁段与桥墩之间必须采取临时固结或支承措施。临时固结、支承措施如下:

① 将 0 号块梁段与桥墩用普通钢筋或预应力筋临时固结,待需要解除固结时切断(图3-2-14)。

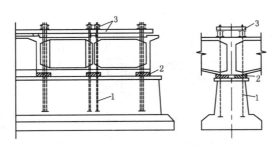

1—预埋临时锚固用预应力筋;2—支座;3—工字钢。

图 3-2-14　0 号块梁段与桥墩的临时固定

② 在桥墩一侧或两侧加临时支承或支墩(图 3-2-15)。

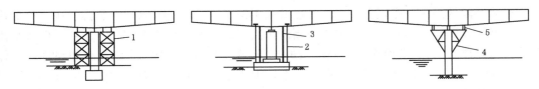

1—支架;2—预应力筋;3—立柱;4—三角撑架;5—砂筒。

图 3-2-15　临时支承措施

③ 将 0 号块梁段临时支承在扇形托架或门式托架的两侧。

临时支承可用硫磺水泥砂浆块、砂筒或混凝土块等卸落设备,以使体系转换时,较方便地撤除临时支承。

在临时梁墩固结或支承的构造设计中,一般应考虑最大悬臂状态时悬臂结构一侧有一梁段施工超前而产生的不平衡力矩,验算临时构件的强度、刚度、稳定性及相应的桥墩强度指标,其中稳定性系数不小于 1.5。

当采用硫磺水泥砂浆块作为临时支承的卸落设备时,在用高温熔化撤除支承时,必须在支承块之间设置隔热措施,以免损坏支座部件。

2.4.2 悬臂拼装法

2.4.2.1 悬臂拼装节段的预制、运输

1. 预制方法

梁体块件制作通常采用长线或短线立式预制方法制作。

(1) 长线预制

长线预制是在预制场或施工现场按桥梁底缘曲线制成的固定底座上安装模板进行块件预制。

形成梁底缘的底座有多种方法:可以利用预制场的地形堆筑土胎,经加固夯实后铺砂石层并在其上面做混凝土底板;山区有石料的地区可用石砌圬工筑成所需的梁底缘形状;地质条件较差的预制场地,需先打短桩基础,再搭设排架形成梁底曲线,排架可用木材或型钢组成。图 3-2-16 所示为预应力混凝土 T 形刚构桥的箱梁预制台座的构造。

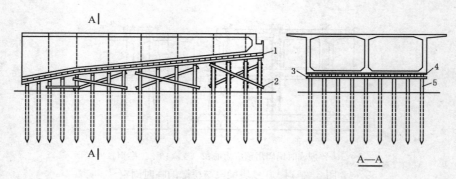

1—底板;2—斜撑;3—帽木;4—纵梁;5—木桩。

图 3-2-16 长线法预制箱梁块件台座

箱梁节段的预制在底板上进行。模板常采用钢模,每段一块,以便于装拆使用。为加快施工进度,保证节段之间密贴,可采用间隔浇筑法和分区连续浇筑法(图 3-2-17),即待某段箱梁浇筑完成后,将其端面作为下一节段的端模,在上面涂刷隔离剂,以致相邻块件在操作时既不黏结又保证节段之间接触密贴。当节段混凝土强度达到设计强度的 70% 以上后,可吊出预制场地。

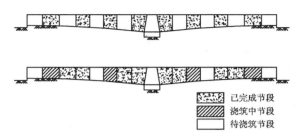

图 3-2-17　长线预制施工方法

（2）短线预制

短线预制箱梁块件的施工是由可调整外部及内部模板的台车与端模架来完成（图 3-2-18）。第一节段混凝土浇筑完成后，在其相对位置上安装下一段模板，并利用第一节段的端面作为第二节段的端模完成混凝土的浇筑工作。

短线预制适合工厂节段预制，设备可周转使用，每条生产线平均 5 d 可生产 4 块，但节段的尺寸和相对位置的调整要复杂一些。

为保证悬臂拼装顺利进行，在预制节段起吊运输前需进行块件整修，即：湿接缝两侧的块件端面混凝土必须凿毛；胶接缝块件端面需要先清洗掉隔离剂，将突出端面的混凝土凿平，使端面平整、清洁，以

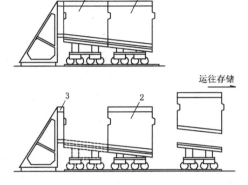

1—浇筑单元；2—配合单元；3—封闭端。
图 3-2-18　短线预制施工方法

免影响环氧树脂胶的黏结效果；检查各锚头垫板是否与预应力孔道垂直，不垂直者须在锚垫上加焊楔形垫板纠正；检查相邻梁段孔道接头是否正位，对错位严重者要分别凿打予以调整；压水检查预应力束孔道是否串孔，凡有串孔现象的要进行修补。

为使预制梁段在拼装时能准确而迅速地安装就位，在预制节段的端面（箱梁的顶板、腹板）设有定位器。有的定位器不仅能起到固定位置的作用，而且能承受剪力，这种定位装置称抗剪楔或防滑楔。

块件预制时，除应注意预埋定位器装置外，还须注意按正确位置预埋孔道形成器和吊点装置（吊环或竖向预应力粗钢筋）等。

2. 节段运输

箱梁节段自预制底座上出坑后，一般先存放在存梁场，节段拼装时由存梁场运至桥位处，预制节段的运输方式一般可分为场内运输、块件装船和浮运三个阶段。

（1）场内运输

根据预制底座与河流的相互关系，预制场的布置有三种：平行式、垂直式和沿河式（图 3-2-19）。

当预制底座平行于河岸时，场内运输应另备运梁平车。栈桥上也必须另设起重吊机，供吊运块件上船。

当预制底座垂直于河岸时，存梁场往往设于底座轴线的延长线上，此时，块件的出坑和

255

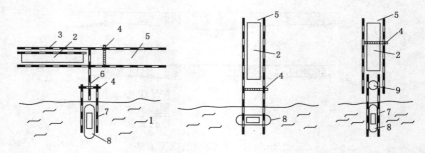

(a) 平行式   (b) 垂直式   (c) 垂直式附块件转向设施

1—河流；2—预制台座；3—轻便轨道；4—龙门吊；5—存梁场；
6—运梁轨道；7—栈桥；8—运梁驳船；9—块件转向设施。

图 3-2-19 预制场的布置

运输一般由预制场上的龙门吊机承担，块件上船也可用预制场的龙门吊机。

当存梁场或预制台座布置在岸边，又有大型悬臂浮吊时，可用浮吊直接从存梁场或预制台座将块件吊放到运梁驳船上浮运。

当预制场与栈桥距离较远时，应首先考虑采用平车运输。起运前要将块件安放平稳，底面坡度不同的块件要用不同厚度的楔形木来调整，块件用带有花篮螺丝的缆索保险。

当采用无转向架的运梁平车时，运输轨道不能设平曲线，纵坡一般应为平坡，当受到地形条件限制时，最大纵坡也不得大于 1%。下坡运行时，平车后部要用钢丝绳牵引保险，不得溜放。

块件的起吊应配有起重扁担。每块箱梁四个吊点，使用两个横扁担用两个吊钩起吊。如用一个主钩以人字千斤绳起吊，还必须配一根纵向扁担以平衡水平分力。

（2）块件装船

块件装船在专用码头上进行。码头的主要设施是施工栈桥和块件装船吊机。栈桥的长度应保证在最低施工水位时驳船能进港起运，栈桥的高度要考虑在最高施工水位时栈桥主梁不被水淹，栈桥宽度要考虑运梁驳船两侧与栈桥之间需有不少于 0.5 m 的安全距离。栈桥起重机的起重能力和主要尺寸（净高和跨度）应与预制场上的吊机相同。

（3）浮运

浮运船只应根据块件重量和高度来选择，可采用铁驳船、坚固的木筏船、水泥驳船，或用浮箱装配。

为了保证浮运安全，应设法降低浮运重心。开口舱面的船应尽量将块件置于船舱底板，必须置放在甲板面上时，要在舱内压重。

块件的支垫应按底面坡度用碎石子堆成，或满铺支垫，或加设三角形垫木，以保证块件安放平稳。此外，还需以缆索将块件系紧固定。

2.4.2.2 节段的悬臂拼装

1. 悬臂拼装方法

预制块件的悬臂拼装可根据现场布置和设备条件采用不同的方法来实现。当靠岸边的桥跨不高且可在陆地或便桥上施工时，可采用自行式吊车或门式吊车来拼装。对于河中桥孔,也可采用水上浮吊进行安装。当桥墩很高,或水流湍急而不便在陆上、水上施工时,可利用各种吊机进行高空悬臂拼装施工。

（1）悬臂吊机拼装法

移动式悬臂吊机外形似挂篮,主要由纵向主桁架、横向起重桁架、锚固装置、平衡重、起重系、行走系和工作吊篮等部分组成,如图 3-2-20 所示。

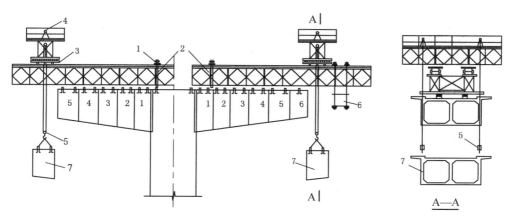

1—锚固横梁;2—锚固吊杆;3—平车;4—绞车;5—葫芦;6—吊篮;7—预制块。

图 3-2-20　吊机构造

纵向主桁架是吊机的主要承重结构;横向起重桁架供安装起重卷扬机和起吊箱梁块件之用;锚固装置和平衡重保证了主桁架在起吊块件时的抗倾覆稳定性;起重系的作用是将由驳船浮运到桥位处的块件提升到拼装高度以备拼装,一般可由 50 kN 电动卷扬机、吊梁扁担及滑车组等组成;悬挂于纵向主桁架前端的工作吊篮是预应力钢丝穿束、张拉、压注灰浆等的操作平台。

为适应不同位置主梁节段的吊装施工,可设立不同受力形式的吊机。当吊装墩柱两侧附近块件时,采用双悬臂形式吊机,当块件拼装至一定长度后,可将双悬臂吊机改装成两个独立的单悬臂吊机;或不拆开墩顶桁架而在吊机两端不断接长进行悬臂拼装,以减少吊机前移的施工工序,但此吊机仅适用于桥的跨径不太大、孔数也不多的情况。

根据箱梁块件的重量和悬臂拼装长度,悬臂吊机可采用贝雷桁架、万能杆件或型钢拼制而成。

当河中水位较低,运输箱梁块件的驳船船底标高低于承台顶面标高,驳船无法靠近墩身时,双悬臂吊机的设计往往要受安装 1 号块件时的受力状态所控制。为了不增大主桁断面以节约用钢量,对这种情况下的双悬臂吊机必须采取特别措施,例如斜撑法和对拉法。

（2）移动式连续桁架拼装法

移动式连续桁架在悬臂拼装施工中使用较多,依桁梁的长度分为两类:第一类,桁梁长度大于最大跨径,桁梁支承在已拼装完成的梁段上和待悬臂拼装的墩顶上,由吊车在桁梁上移运节段进行悬臂拼装;第二类,桁梁的长度大于两倍桥梁跨径,桁梁的支点均支承在桥墩上,而不增加梁段的施工荷载,同时前方墩 0 号块的施工可与悬臂拼装同时进行。采用移动桁式吊进行悬臂拼装施工的节段重量一般可取 1 000～1 300 kN。图 3-2-21 为移动式连续桁架拼装示意图。

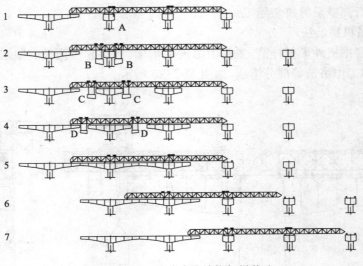

图 3-2-21　移动式连续桁架拼装法

（3）起重机拼装法

能用于悬臂拼装的施工设备可为伸臂吊机、缆索吊机、龙门吊机、人字扒杆、汽车吊、履带吊、浮吊等。根据吊机的类型和桥孔处具体条件的不同，吊机可以支承在墩柱上、已拼好的梁段上或处在栈桥上、桥孔下。

无论是利用现有的起重设备还是专门制作，悬臂吊机需满足如下要求：

① 起重能力能满足起吊最大块件的需要。

② 吊机便于作纵向移动，移动后又能固定在一个拼装位置上。

③ 吊机处在一个位置上进行拼装时，能方便地起吊块件作竖向提升和纵、横向移动，以便调整块件拼装位置。

④ 吊机的结构尽量简单，便于装拆。

2. 接缝处理及拼装程序

梁段拼装过程中的接缝有湿接缝、干接缝和胶接缝等几种。不同的施工阶段和不同的部位，将采用不同的接缝形式。

（1）1号块和调整块用湿接缝拼装

悬臂拼装施工时，防止梁体上翘和下挠的关键在于 1 号块的准确定位，它是基准块件。一般 1 号块与墩顶 0 号块以湿接缝相接。定位后的 1 号块可用下面的临时托架支承，也可由吊机悬吊支承。湿接缝宽度应以便于进行接缝处管道接头操作、接头钢筋的焊接和混凝土振捣作业为准。

0 号块与 1 号块之间湿接缝的施工程序如下：

将桥墩两侧的 1 号块提升到设计标高并初步定位，测量调整 1 号块的轴线，使其纵、横轴线与 0 号块相对应，并保证两块件之间的间距符合设计要求；调整并制作接缝间预应力管道接头；固定 1 号块后，进行接缝的普通钢筋制作和模板安装、混凝土浇筑及养护等工序；最后穿预应力钢束，张拉锚固。

跨度大的 T 形刚构桥，由于悬臂很长，往往在悬臂中部设置一道现浇箱梁横隔板，同时设置一道湿接缝。这道湿接缝除了能增加箱梁的结构刚度外，也可以调整拼装位置。

在拼装过程中，如拼装上翘的误差很大，难以用其他办法补救时，也可以增设一道湿接缝来调整。但应注意，增设的湿接缝宽度必须用凿打块件端面的办法来提供。

（2）环氧树脂胶接缝拼装

除上述位置采用湿接缝外，一般块件之间采用干接缝或胶接缝。

环氧树脂胶接缝可使块件连接密贴，可提高结构抗剪能力、整体刚度和不透水性。

环氧树脂胶由环氧树脂、固化剂、增塑剂、稀释剂、填料等组成。其中，环氧树脂一般选用环氧树脂 E-44(6101)，它具有工艺性能好、施工方便、可加入大量填料等优点；增塑剂能降低树脂的黏度，固化后增加胶体的塑性；稀释剂的主要作用是降低环氧树脂的黏度，增加流动性，便于施工时调配；单纯环氧树脂固化后胶体的弹性模量很低，而温度膨胀系数很大，填料的加入将降低成本及改善环氧树脂胶的性能。

一般对接缝混凝土面先涂环氧树脂底层胶（环氧树脂底层胶由环氧树脂、固化剂、稀释剂按试验决定比例调配），然后再涂加入填料的环氧树脂胶。环氧树脂胶随用随调配。

3. 穿束及张拉

（1）穿束

采用悬臂施工的桥梁，其纵向预应力钢筋布置有两个特点：①较多集中于顶板与腹板交接部位；②钢束布置基本对称于桥墩，并有明槽布设和暗管布设两种。

明槽钢束通常为等间距排列，锚固在顶板加厚的部分（这种板俗称"锯齿板"）。加厚部分预制时留有管道（图 3-2-22）。穿束时先将钢束在明槽内摆放平顺，然后再分别将钢束穿入两端管道之内。钢束在管道两头伸出的长度要满足张拉设备所要求的工作长度。

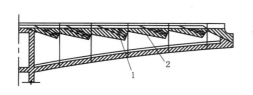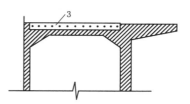

1—预应力钢束；2—顶板加厚部分；3—明槽。

图 3-2-22　明槽钢束的布置

暗管穿束比明槽布设施工难度大。经验表明，60 m 以下的钢丝束穿束一般均可采用人工推送，较长钢丝束穿入端可点焊成箭头状并缠裹黑胶布；60 m 以上的长束穿束时，可先从孔道中插入一根钢丝与钢束引丝连接，然后一端以卷扬机牵引，一端以人工送入。

（2）张拉

钢束张拉次序的确定与箱梁横断面形式、同时工作的千斤顶数量、是否设置临时张拉系统等因素关系很大。在一般情况下，纵向预应力钢束的张拉次序按以下原则确定：

① 对称于箱梁中轴线，钢束两端同时成对张拉；

② 先张拉肋束，后张拉板束；

③ 肋束的张拉次序是先张拉边肋，后张拉中肋（当横断面为三根肋，仅有两对千斤顶时）；

④ 同一肋上的钢丝束先张拉下边的,后张拉上边的;

⑤ 板束的次序是先张拉顶板中部的,后张拉边部的。

每一预应力钢束的张拉应采取张拉力与延伸量双控制,最大张拉应力不得超过设计规定,张拉程序可参见有关后张法预应力张拉工艺。

2.4.3 悬臂浇筑法

悬臂浇筑的施工机具可用常用的悬臂挂篮,也可用落地式纵移托架。

落地式纵移托架有桁架式及塔式等类型,采用此种托架时,所需的起重设备简单,一次浇筑的梁段较长,但由于托架须在陆地上或栈桥上设置和移动,因此,只适用于陆地或浅河滩上架设的桥梁。

如采用挂篮进行悬臂浇筑施工,则当挂篮就位后,即可在上面进行梁段悬臂浇筑施工的各项作业,其施工工艺流程如图 3-2-23 所示。

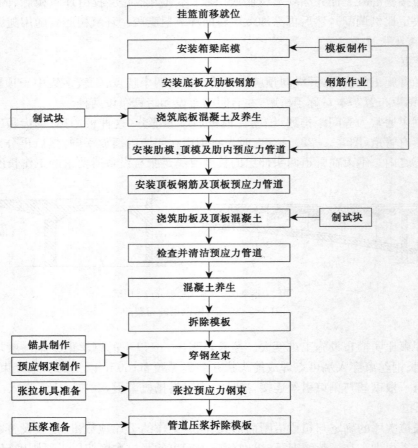

图 3-2-23　悬臂浇筑混凝土施工工艺流程

悬臂浇筑梁段混凝土时需注意以下几点:

① 挂篮就位后,安装并校正模板吊架,并根据实际情况进行抛高,以使施工完成后的桥梁符合设计标高。抛高值包括施工期结构挠度、因挂篮重力和临时支承释放时支座产生的

260

压缩变形等。

② 模板安装应核准中心位置及标高,模板与前一段混凝土面应平整密贴。如上一节段施工后出现中线误差或高程误差需要调整,则应在模板安装时予以调整。

③ 安装预应力预留管道时,应与前一段预留管道接头严密对准,并用胶布包贴,防止灰浆渗入管道。管道四周应布置足够的定位钢筋,确保预留管道位置正确、线形和顺。

④ 浇筑混凝土时,应尽量对称平衡浇筑。浇筑时应加强振捣,并注意对预应力预留管道的保护。

⑤ 为提高混凝土早期强度,以加快施工速度,在设计混凝土配合比时,一般加入早强剂或减水剂。为防止混凝土出现过大的收缩、徐变,应在配合比设计时按规范要求控制水泥用量。

⑥ 梁段拆模后,应对梁端的混凝土表面进行凿毛处理,以加强接头混凝土的连接。

⑦ 箱梁梁段混凝土浇筑,可采用一次浇筑法。当箱梁断面较大时,考虑梁段混凝土数量较多,每个节段可分两次浇筑,先浇筑底板到肋板倒角以上,待底板混凝土达到一定强度后,再支内模,浇筑肋板上段和顶板,其接缝按施工缝要求进行处理。

⑧ 箱梁梁段分次浇筑混凝土时,为了避免后浇混凝土的重力引起挂篮变形,导致先浇混凝土开裂,要有消除后浇混凝土引起挂篮变形的措施。一般可采取下列方法:(a)水箱法,即在浇筑混凝土前先在水箱中注入相当于混凝土重量的水,在混凝土浇筑过程中逐渐放水,使挂篮负荷和挠度基本不变;(b)浇筑混凝土时根据混凝土重量变化,随时调整吊带高度;(c)将底模梁支承在千斤顶上,浇筑混凝土时,随混凝土重量的变化,随时调整底模梁下的千斤顶,抵消挠度变形。

2.4.4 悬臂施工挠度控制

大跨径桥梁悬臂施工过程中,由于混凝土收缩、徐变、温度、施工荷载等诸多因素,以及施工中荷载随时间变化、梁体截面组成也随施工进程中预应力筋的增多而发生变化等等,施工中的实际结构状态将偏离预定的目标,这种偏差严重时将影响结构的使用。

以变截面悬臂主梁的悬浇施工为例,如果在挂篮就位时,仅以结构线形顺畅为目标,则随着施工进程,主梁下挠程度将越来越大,直至两端悬臂施工合龙时,在跨中形成一转折点,形成永久性缺陷。为此,在每一主梁节段前的模板设立时都须根据梁体自重、预应力、混凝土徐变、施工荷载等计算预拱度,并运用于施工中,以保证合龙时梁底高程误差满足桥梁施工规范中关于桥梁挠度允许误差为 20 mm,轴线允许偏位 10 mm 的要求,图 3-2-24 为悬臂主梁施工过程中挠度变化的示意图。

为了使悬臂状态尽可能达到预定的目标,必须在施工过程中逐段进行跟踪控制和调整。这就是桥梁施工控制的内容,也是一个相当大的技术难点。

目前,悬臂浇筑施工中,常采用计算机程序跟踪控制施工挠度,借以提高控制速度和精度,具体步骤为:

① 将施工中实际结构状态信息(如量测的标高、钢束张拉力、温度变化、截面应力)和设计参数的实测值(如混凝土及钢材的容重和弹性模量、构件几何尺寸、施工荷载、混凝土的徐变系数等)输入计算机程序。

② 通过对各种量测信息的综合处理,得到结构的误差。

③ 对成果进行判断,决定是否要采取有效措施来纠正已偏离目标的结构状态。纠正措施主要是调整浇筑梁段的标高。其他如改变预应力束的张拉次序、改变张拉力等,在不改变结构承力的条件下也是可考虑的办法。

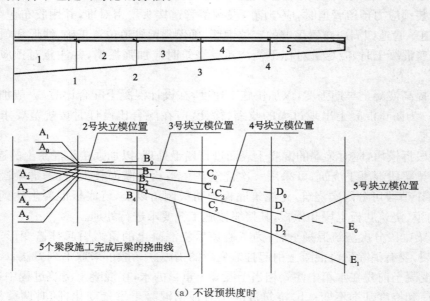

（a）不设预拱度时

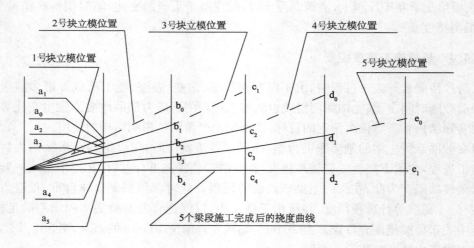

（b）设预拱度时

图 3-2-24　悬臂主梁施工过程中挠度的变化

通过上述每个节段反复循环的跟踪控制调整办法,使结构与预定目标始终控制在很小的误差范围内,最后合龙时,可达到理想目标。

同样,此计算机程序跟踪控制也可应用到悬臂拼装施工中。

悬臂拼装施工中,影响挠度的因素主要是预应力、自重力和在接缝上引起的弹性、非弹性变形,还有块件拼装的安装误差。

影响安装误差的因素很多,最关键的是 1 号块的定位和胶接缝施工。若 1 号块定位不准,则以后拼装的各个块件均将偏离预计位置,其偏离值与该块件距梁根部的距离成正比。胶接缝施工时胶涂层太厚、接缝加压不均匀,势必也会引起梁的意外上翘。

为控制和纠正梁的过大上翘,可采取如下措施:

① 1号块定位时按计算的悬臂挠度及预拱度确定正确的定位位置,并仔细准确地定位;

② 其他块件的胶接缝涂层尽量减薄,并使其在临时的均匀压力下固化;

③ 悬臂拼装过程中发现实际悬臂挠度过大时,需认真分析原因,及时采取措施。按上翘程度不同,可采取的措施大体上有:(a)通过多次涂胶将胶接缝做成上厚下薄的胶接层,以调整上翘度;(b)在接缝上缘的胶层内加垫钢板,以增加接缝厚度;(c)凿打端面,将块件端面凿去一层混凝土,凿去的厚度沿截面的上下方向按需要变化,然后涂胶拼接;(d)增加一个湿接缝,即改胶接缝(或干接缝)为湿接缝,将块件调整到要求的位置。

2.4.5 合龙段施工

用悬臂施工法建造的连续梁、连续刚构桥,需在跨中将悬臂端刚性连接、整体合龙。

结构的合龙施工顺序取决于设计方所拟定的施工方案。通常采用的合龙顺序有:边跨至中跨的顺序合龙;中跨至边跨的顺序合龙;先形成双悬臂刚构再顺序合龙;全桥一次性合龙。

合龙段的施工常采用现浇和拼装两种方法。节段拼装合龙对预制和拼装的精度要求较高。以下主要说明合龙段的现浇施工要点。

在合龙段施工过程中,受到昼夜温差、现浇混凝土的早期收缩和水化热、已完成梁段混凝土的收缩徐变、结构体系的转换及施工荷载等因素影响,因此,需采取以下必要措施以保证合龙段的质量:

① 合龙段长度选择。合龙段长度在满足施工操作要求的前提下,应尽量缩短,一般采用 1.5~2.0 m。

② 合龙温度选择。一般宜在低温合龙,遇夏季应在晚上合龙,并用草袋等覆盖,以加强接头混凝土养护,使混凝土早期结硬过程处于升温受压状态。

③ 合龙段混凝土选择。混凝土中宜加入减水剂、早强剂,以便及早达到设计要求强度,及时张拉预应力束筋,防止合龙段混凝土出现裂缝。

④ 合龙段采用临时锁定措施,采用劲性型钢或预制的混凝土柱安装在合龙段下部作支撑,然后张拉部分预应力钢束,待合龙段混凝土达到强度要求后,张拉其余预应力束筋,最后再拆除临时锁定装置。

为方便施工,也可将劲性骨架作为预应力束筋的预留管道置于合龙混凝土内。将劲性钢管安装在截面顶板和底板管道位置,钢管长度可用螺纹套管调节,两端支承在梁段混凝土端面上,并在部分管道内张拉预应力筋,待合龙段混凝土达到强度要求后,再张拉其余预应力束筋。也可在合龙段配置加强钢筋或劲性管架。

⑤ 为保证合龙段施工时混凝土始终处于稳定状态,在浇筑之前各悬臂端应附加与混凝土质量相等的配重(或称压重),配重需依桥轴线对称施加,按浇筑重量分级卸载。如采用多跨一次合龙的施工方案,也应先在边跨合龙,同时需经充分计算,进行工艺设计和设备系统的优化组合。

2.4.6 结构体系转换

结构体系转换是指在施工过程中,当某一施工程序完成后,桥梁结构的受力体系发生了变化,如简支体系变换为悬臂体系或连续体系等等,这种变换过程简称为"体系转换"。

对采用悬臂法施工的悬臂梁桥和连续梁桥,为保证施工阶段的稳定,结构体系转换应严格按设计要求进行并应注意以下几点:

① 结构由双悬臂状态转换成单悬臂受力状态时,梁体某些部位的弯矩方向发生变化,所以在拆除梁墩锚固前,应按设计要求,张拉部分(或全部)布置在梁体下缘的正弯矩预应力束,对活动支座还需保证解除临时固结后的结构稳定,如采取措施控制单悬臂梁发生过大纵向、水平位移。

② 梁墩临时锚固的放松,应均衡对称进行,确保逐渐均匀地释放。在放松前应测量各梁段高程,在放松过程中,注意各梁段的高程变化,如有异常情况,应立即停止作业,找出原因,确保施工安全。

③ 对转换为超静定结构,需考虑钢束张拉、支座变形、温度变化等因素引起的结构次内力。若按设计要求,需进行内力调整时,应以标高、反力等多因素控制,相互校核。如出入较大,则应分析原因。

④ 在结构体系转换中,临时固结解除后,将梁落于正式支座上,并按标高调整支座高度及反力。支座反力的调整,应以标高控制为主,反力作为校核。

2.5 逐 孔 施 工 法

随着高速公路、城市高架道路、轻轨交通的建设,中、小跨径的梁式桥越来越多,逐孔施工法也应运而生。

逐孔施工法从桥梁一端开始,采用一套施工设备或一、二孔施工支架逐孔施工,周期循环,直到全部完成。逐孔施工法使施工单一标准化、工作周期化,并最大程度地减少了工费比例,降低了工程造价,自 20 世纪 50 年代末期以来,在连续梁桥的施工中得到了广泛的应用和发展。

逐孔施工法从施工技术方面可分为两种类型:

(1) 预制节段逐孔组拼施工

该方法是将每一桥跨分成若干节段,在预制场生产;架设时采用临时支承梁或移动支架(架桥机)承担组拼节段的自重,通过张拉预应力筋,使安装跨的梁与施工完成的桥梁结构按照设计要求连接,完成安装跨的架梁工作;随后,移动支承梁至下一桥跨。

(2) 移动模架逐孔现浇施工法

该方法是在可移动的支架、模板上进行钢筋绑扎、混凝土浇筑,待混凝土达到足够强度后,张拉预应力筋,移动支架、模板,进行下一孔梁的施工。由于此法是在桥位上现浇施工,可免去大型运输设备和吊装设备,使桥梁整体性好,同时它又具有在桥梁预制场生产的特点,可提高机械设备的利用率和生产效率。

由于采用逐孔施工,随着施工的进程,桥梁结构的受力体系在不断地变化,因此,结构内力也随之变更。

2.5.1 预制节段逐孔组拼施工

对逐孔组拼预制节段的施工工艺,关键在于节段的预制、架桥设备的选择和工作原理、预制节段的安装定位以及梁体构件的连接等问题。

1. 节段构造

主梁节段的划分需综合考虑桥梁跨径大小,架桥机的总吊装能力和性能,节段的横断面形状、预制工艺、运输方式,预应力布置和施工工期等因素。

按节段组拼进行逐孔施工,一般的组拼长度为桥梁的跨径;已成梁体与待连接的梁节段的接头设在桥墩处;预应力体系以体外无黏结预应力束居多。为适应主梁受力及预应力钢束布置的要求,一般主梁的构造特点是:在桥墩处,增加截面的顶板、底板和腹板厚度,以适应抵抗负弯矩和剪力的需要;设置较强的横隔板,以配合预应力钢束的接长、锚固和转向的需要;根据预应力钢束的纵向布置,在梁内设置锚固块和转向块。故每跨主梁通常分为桥墩顶节段和标准节段,主梁节段长度取 4~6 m。图 3-2-25 所示为预制节段逐孔组拼的一般构造。

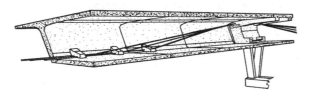

图 3-2-25　预制节段逐孔组拼的一般构造

主梁构造布置的另一特点是节段间的连接部位,一般节段的腹板设有齿键,顶板和底板设有企口缝(图 3-2-26),使接缝剪应力传递均匀,并便于拼装就位。前一跨墩顶节段与安装跨第一节段之间可以设置现浇混凝土封闭接缝,用以调整安装跨第一节段的准确程度。封闭接缝宽 15~20 cm,拼装时由混凝土垫块调整,在施加初预应力后用混凝土封填,这样可调整节段拼装和节段预

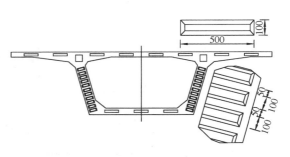

图 3-2-26　节段间的连接构造

制的误差,但施工周期要长些。采用不设湿接缝的节段拼合可加快拼装速度,但对预制和组拼施工精度要求较高。对于逐孔预制拼装施工的桥梁,也有在桥跨中设置多个湿接缝连接预制节段。

2. 拼装架设

在逐孔组拼节段施工中常采用的设备有:上行式架桥机、下行式架桥机、支承桁架辅以起吊运输机械以及悬臂吊机辅以索塔等四种。对应的安装方法为:上行式架桥机安装法(下挂式高架钢桁架法)、下行式架桥机安装法(支承式钢桁架导梁法)、临时支承组拼法和递增装配法。

(1)上行式架桥机安装法

图 3-2-27 为上行式架桥机逐孔组拼施工过程示意图。

施工时,预制节段可由平板车沿已安装的桥孔或由驳船运至桥位后吊装,跨内的各主梁节段分别悬吊在架桥机的吊杆上,经节段位置调整准确后,张拉预应力,并使梁体落在支座上,完成一跨的节段安装。

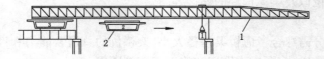

(a) 节段逐段移运、吊装

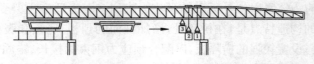

(b) 节段逐段移运、吊装

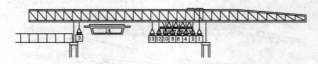

(c) 节段逐段移运、吊装

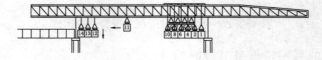

(d) 节段逐段移运、吊装

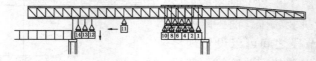

(e) 节段逐段移运、吊装

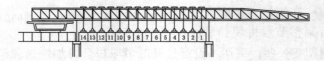

(f) 节段就位,准备施加预应力

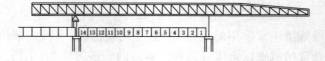

(g) 施加预应力后,一孔梁体安装完成

1—高架钢桁梁;2—预制节段。

图 3-2-27　在上行式高架钢桁梁架桥机逐孔组拼施工

（2）下行式架桥机安装法和临时支承组拼法

这两种施工方法的基本工作原理相同,即按桥墩间跨长所确定的钢承重梁支承在桥墩上的横梁或墩旁支架上,承重梁的支承处设有用于调整标高的液压千斤顶。梁上可设置不锈钢轨,配合置于节段下的聚四氟乙烯板,便于节段在导梁上移动。当节段就位、接缝混凝土达到一定强度后,张拉预应力筋与前一跨梁组拼成整体。

这两种施工方法的不同点在于:下行式架桥机的承重梁前后端都设有配合架桥机前移的导梁,承重梁的前移通过液压千斤顶的顶进完成;而临时支承组拼法中的承重梁则需辅助的施工设备帮助移动至下一安装孔,这就要求钢承重梁便于装拆和移运以适应多次转移进行逐孔拼装。

图 3-2-28 所示为节段组拼的施工程序。图 3-2-29 为福州洪塘大桥滩孔的逐孔拼装施工过程图,桥跨结构为跨径 40 m 的无黏结预应力混凝土连续梁。

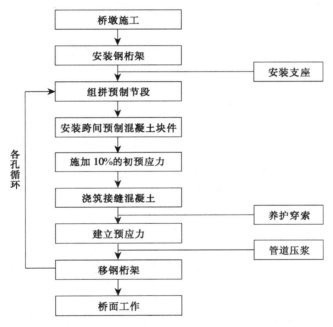

图 3-2-28　在桁式导梁上逐孔组拼节段的施工流程

（3）递增装配法

递增装配法(图 3-2-30)的施工程序大致为:块件经过桥面已完成部分运到正在拼装的悬臂跨前端,靠旋转吊车逐一将块件安放在设计位置,1/3 跨长部分可依靠自由悬臂长以桥墩一侧悬伸挑出,块件靠外部拉杆和预应力钢束张紧就位。为了平衡桥跨,一般在已完成桥跨的前方桥墩上设立可移动式桥塔,在塔架上设置 1 对拉索,拉索一端在安装主梁节段顶缘的适当位置定位拉紧,另一端连续通过塔架并锚固在已完成的桥面上,靠轻型千斤顶调整其中的预应力钢束。

2.5.2　移动模架逐孔施工法

可使用移动模架法进行现浇施工的桥梁结构型式有简支梁、连续梁、刚构桥和悬臂梁桥等钢筋混凝土或预应力混凝土桥,所采用的截面形式可为 T 形或箱形截面等。

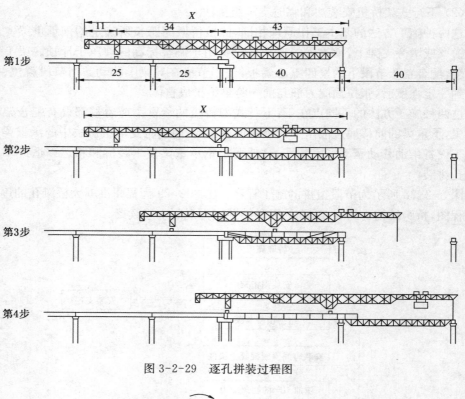

第1步

第2步

第3步

第4步

图 3-2-29 逐孔拼装过程图

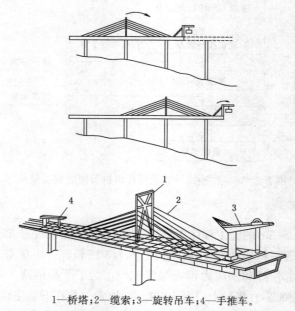

1—桥塔；2—缆索；3—旋转吊车；4—手推车。

图 3-2-30 递增装配法

对中、小跨径连续梁桥或建造在陆地上的桥跨结构，可以使用落地式或梁式移动支架。

当桥墩较高，桥跨较长或桥下净空受到约束时，可以采用非落地支承的移动模架逐孔现浇施工，常用的移动模架可分为悬吊式移动模架与支承式活动模架两种类型。

268

1. 悬吊式移动模架施工

悬吊式移动模架的型式很多,各有差异,其基本结构包括三部分:承重梁、从承重梁上伸出的肋骨状的横梁、吊杆和承重梁的固定及活动支承(图 3-2-31)。承重梁也称支承梁,是承受施工设备自重、模板及悬吊脚手架系统重量和现浇混凝土重量的主要构件,按桥宽大小可有单梁式和双梁式两种。承重梁的前端支承在前方桥墩上,并与前移导梁相连。承重梁的后端通过可移动式支承架落在已完成的梁段上,将重量传给桥墩或直接坐落在墩顶。移动悬吊模架也称为上行式移动模架、吊杆式或挂模式移动模架。

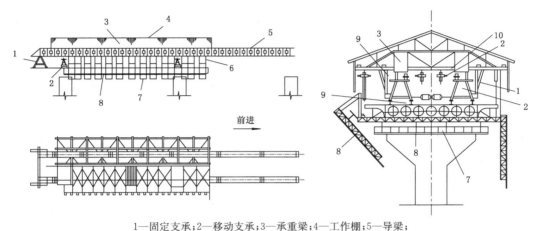

1—固定支承;2—移动支承;3—承重梁;4—工作棚;5—导梁;
6—吊杆;7—悬吊脚手架;8—模板;9—液压千斤顶;10—横梁。

图 3-2-31　移动悬吊模架

在一孔梁施工完成后,承重梁配合导梁带动悬吊模架纵移至下一施工跨。承重梁的设计挠度一般控制在 $L/800 \sim L/500$(L 为跨径)范围内,钢承重梁制作时要设置预拱度,并在施工中加强观测。

从承重梁两侧悬出的许多横梁覆盖桥梁全宽,由承重梁上左右各 2～3 组钢束拉住,以增加其刚度。横梁的两端悬挂吊杆,下端吊住呈水平状态的模板,形成下端开口的框架并将主梁(待浇制的)包在内部。当模板支架处于浇筑混凝土的状态时,模板依靠下端的悬臂梁和锚固在横梁上的吊杆定位,并用千斤顶固定模板进行混凝土浇筑。当模板需要向前运送时,放松千斤顶和吊杆,模板固定在下端悬臂梁上,并转动该梁,使模架运送时可以顺利地通过桥墩。

2. 支承式活动模架施工

支承式活动模架的构造形式较多,其中一种构造是由承重梁、导梁、台车和桥墩托架等构件组成(图 3-2-32)。在混凝土箱形梁的两侧各设置一根承重梁,支撑模板和承受施工重量,承重梁的长度要大于桥梁跨径,浇筑混凝土时承重梁支承在桥墩托架上。导梁主要用于运送承重梁和活动模架,因此需要有大于 2 倍桥梁跨径的长度。当一孔梁施工完成后进行脱模卸架,由前方台车(在导梁上移动)和后方台车(在已完成的梁上移动)沿桥纵向将承重梁和活动模架移送至下一孔,承重梁就位后导梁再向前移动。

支承式活动模架的另一种构造是采用两根长度大于 2 倍跨径的承重梁分别设在箱梁截面的翼缘板下方,兼作支承和移运模架的功能,因此不需要再设导梁。

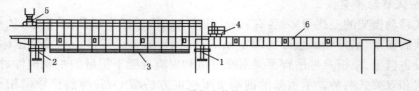

(a) 模架安装构造

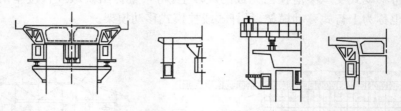

(b) 浇筑混凝土的状态　　(c) 移动时的前支点　　(d) 移动时的后支点　　(e) 移动模架

1—前支承；2—后支承；3—支架；4—前方台车；5—后方台车；6—导梁。

图 3-2-32　支承式活动模架

2.6 顶 推 施 工 法

顶推施工法是在沿桥纵轴方向设立预制场,采用无支架的方法推移就位。此法可用在水深、桥高以及高架道路等情况下的施工,避免大量施工脚手架,不中断现有交通,可在较小的场地上施工,安全可靠,同时,可以使用简单的设备建造长大桥梁。

预推施工法的主要施工工序是在桥台后开辟预制场地,分节段预制梁身并用纵向预应力筋将各节段连成整体,然后通过顶推装置,并借助不锈钢板与聚四氟乙烯模压板组成的滑动装置,将梁逐段向对岸推进,待全部顶推就位后,落梁,更换正式支座,完成桥梁施工。

以梁段制作过程对应顶推作业启动的时刻而言,伴随着主梁每个节段的制作完成随即进行预应力张拉及顶推作业的施工方式常称为阶段顶推;而以桥梁一联整体结构为对象进行的顶推称为全联顶推。

顶推施工法不仅用于连续梁桥(包括钢桥),也可用于其他桥型,如结合梁式桥中的预制桥面板可在钢梁架设后,采用纵向顶推就位,此法在 1969 年首先在瑞士使用,至今有十余座桥施工完成。简支梁桥则可先连续顶推施工,就位后解除梁跨间的连接。拱桥的拱上纵梁,可在立柱间顶推架设。顶推法还可在立交箱涵、地道桥和房屋建筑中使用。

顶推施工法的分类方式很多,一般按顶推力的施加位置和顶推装置的类型进行划分。顶推装置集中设置在桥台上或某一桥墩上时称为单点顶推;在多个桥墩(台)顶部设置顶推装置时称为多点顶推。按顶推装置类型则有水平-竖向千斤顶法和拉杆千斤顶法之分。上述顶推方式的组合又形成了多种顶推方式。

其他的分类方法主要是注重于构件的制作、顶推时的支承装置和为减小顶推时主梁内力而采取的辅助措施。如逐段浇筑或拼装,逐段顶推;设置导梁、临时墩或塔架拉索加劲体系的顶推施工,以及双向顶推,等等。

2.6.1 顶推施工设备

在梁体顶推施工过程中所需的设备有两类,一是主梁的顶推设备和支承设备,二是为减小顶推过程中主梁内力而增设的临时设施。

1. 水平-竖向千斤顶顶推装置

这种装置由水平和竖向千斤顶组成。每一个顶推行程的施工程序为:顶梁→推移→落下竖向千斤顶→收回水平千斤顶的活塞杆,如图3-2-33所示。顶推时,升起竖向千斤顶活塞,使临时支承卸载,开动水平千斤顶去顶推竖向千斤顶,由于竖向千斤顶下面设有滑道,上端装有一块橡胶板,在前进过程中可带动梁体向前移动。当水平千斤顶达到最大行程时,降下竖向千斤顶活塞,使梁体落在临时支承上,收回水平千斤顶活塞,带动竖向千斤顶后移,回到原来位置,如此反复不断地将梁顶推到设计位置。

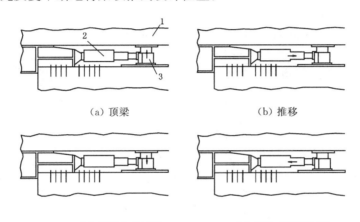

(a) 顶梁   (b) 推移

(c) 落竖向千斤顶   (d) 回收水平千斤顶

1—梁;2—水平千斤顶;3—竖向千斤顶。

图3-2-33 水平千斤顶与竖向千斤顶联用的顶推装置

2. 拉杆千斤顶顶推装置

图3-2-34所示为拉杆千斤顶顶推装置的一种布置形式。水平千斤顶设置在桥墩前侧支架或墩顶支架上,主梁与千斤顶之间通过拉杆相连,拉杆一端由楔形夹具固定,另一端则锚固在设置于梁侧的锚固设备上,通过千斤顶的牵引作用,带动梁体向前运动。千斤顶回程时,固定在油缸上的刚性拉杆便从楔形夹具上松开,在锚头中滑动,随后重复下一循环。

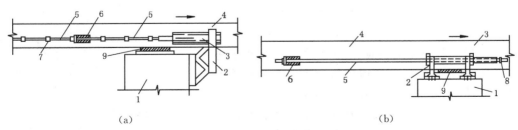

(a)   (b)

1—桥墩;2—传力支架;3—水平千斤顶;4—梁体;5—拉杆;6—锚固器;7—连接器;8—拉杆夹具;9—滑板。

图3-2-34 拉杆式顶推装置

271

顶推装置的另一种布置形式是,在桥墩前侧的主梁底部设置支架并固定千斤顶,在梁体顶板、底板预留孔内插入强劲的钢锚柱,锚柱下端通过钢横梁连接,牵引梁体前进的拉杆两端分别固定在千斤顶和钢横梁上。

3. 常用滑道装置

滑道支承设置在桥墩上的混凝土临时垫块上,由光滑的不锈钢板与组合的聚四氟乙烯滑块组成,其中的滑块由四氟板与具有加劲钢板的橡胶块构成,外形尺寸有420 mm×420 mm,200 mm×400 mm,500 mm×200 mm等数种,厚度也有40 mm,31 mm,21 mm之分。顶推时,组合的聚四氟乙烯滑块在不锈钢板上滑动,并在前方滑出,通过在滑道后方不断喂入滑块,带动梁身前进,如图3-2-35所示。

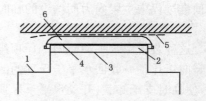

1—竖向千斤顶放置位置;2—预制混凝土板;
3—牛皮纸;4—氯丁橡胶;5—滑板;6—滑床底座。

图 3-2-35　顶推使用的滑道装置

为节省劳动力资源,在桥梁工程建设中,有多种滑道装置相继开发利用,如顶推履带式自动滑道、四氟滚柱式滑道等。其他还有可调式滑道以解决竖向下沉等问题,防止梁体开裂。

4. 使用与永久支座兼用的滑动支承装置

这是一种利用施工时的临时滑动支承与竣工后的永久支座兼用的支承进行顶推施工的方法。它将竣工后的永久支座安置在桥墩的设计位置上,施工时通过改造作为顶推施工时的滑道,主梁就位后不需要进行临时滑动支座的拆除作业,也不需要用大吨位千斤顶将梁顶起。国外把这种施工方法定名为 RS 施工法(Ribben Sliding Method)。它的滑动装置由 RS 支承、滑动带、卷绕装置组成。RS 支承的构造与施工程序如图 3-2-36 所示。RS 顶推装置的特点是采用兼用支承,滑动带自动循环,因而操作工艺简单,省工,省时,但支承本身的构造复杂,价格较高。

5. 横向导向设施

为了使顶推梁体能正确就位,施工中的横向导向是不可少的。通常在桥墩(台)上主梁的两侧各安置一个横向水平千斤顶,千斤顶的高度与主梁的底板位置平齐,由桥墩(台)上的支架固定千斤顶位置(图3-2-37)。在千斤顶的顶杆与主梁侧面外缘之间放置滑块,顶推时千斤顶的顶杆与滑块的聚四氟乙烯板形成滑动面,顶推时由专人负责不断更换滑块。当梁体的横向偏离不大时,依靠放置不同厚度的滑块纠偏;当梁体横向偏离较大时,启动一侧千斤顶使梁体横移。横向纠偏作业需在顶推过程中实施。

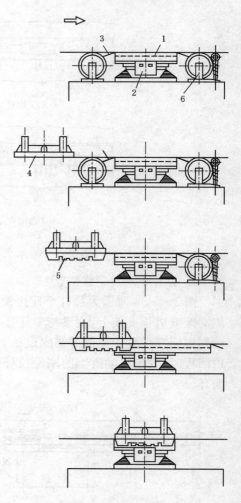

1—支承板;2—RS 支承;3—滑动带;
4—底板;5—连接板;6—卷绕装置。

图 3-2-36　RS 支承的施工顺序

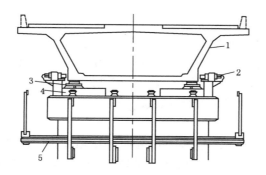

1—预制节段;2—水平千斤顶(侧向制动);3—滑动装置;4—支承垫石;5—临时支架。

图 3-2-37　顶推施工的横向导向设施

6. 导梁

导梁(图 3-2-38)设置在主梁的前端,为等截面或变截面的钢桁梁或钢板梁,主梁前端装有预埋件与钢导梁栓接。导梁在外形上,底缘与箱梁底应在同一平面上,前端底缘呈向上的圆弧形,以便于顶推时顺利通过桥墩。

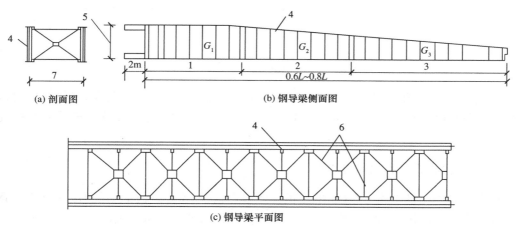

G_1,G_2,G_3—相应各节重力;L—顶推跨径。

1—第一节;2—第二节;3—第三节;4—导梁主桁;
5—箱梁高;6—钢管(型钢)横撑杆;7—主桁宽。

图 3-2-38　钢导梁示意图

导梁的长度、抗弯刚度和重量对主梁在顶推过程中的受力有较大的影响。导梁长度一般取顶推跨径的 0.6～0.7 倍,较长的导梁可以减小主梁悬臂负弯矩,但过长的导梁也会导致导梁与箱梁接头处负弯矩和支反力的相应增加。若导梁过短(如导梁长度为顶推跨径的 0.4 倍),则要增大主梁的施工负弯矩值。合理的导梁长度应是主梁最大悬臂负弯矩与运营状态的支点负弯矩基本相近。导梁的抗弯刚度和重量的取值应使主梁在顶推过程中产生的应力变化最小。导梁的刚度过小,主梁内就会引起多余应力;刚度过大,则支点处主梁负弯矩将急增。

7. 临时墩

由于临时墩仅在施工中使用,在符合要求的前提下,应造价低,便于拆装。目前用得较多的是用滑升模板浇筑的混凝土薄壁空心墩、混凝土预制板或预制板拼砌的空心墩、混凝土板和轻便钢架组成的框架临时墩。临时墩的基础依地质和水深等情况确定,可采用打桩基础等。为了减小临时墩承受的水平力和增加临时墩的稳定性,在顶推前将临时墩与永久墩用钢丝绳拉紧,也可在每墩的上、下游各设一钢束进行张拉,效果较好,施工也很方便。通常在临时墩上不设顶推装置而仅设置滑移装置。

8. 索塔加劲系统

索塔加劲系统由钢制塔架、连接构件、竖向千斤顶和钢索组成,设置在主梁的前端(图3-2-39)。拉索的加劲范围约为2倍顶推跨径。塔架通过钢铰连接并支承在主梁的混凝土固定块上。设置在塔架下端的竖向千斤顶则用于调节索力,以适应顶推过程中不断变化的主梁内力。

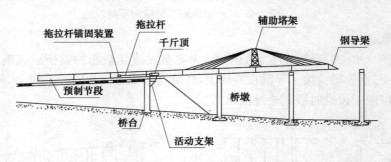

图 3-2-39 用拉索加劲的顶推法施工

需注意的是,采用此种方式加劲主梁,应格外注意塔位处的主梁截面,必要时应对该处的主梁进行加固,以承受塔架的集中竖向力。同时也需要关注施工工序的安排对结构性能的影响。

2.6.2 顶推设备和顶推力的确定

根据拟定的顶推实施方案(如单点顶推或多点顶推、水平-竖向千斤顶或拉杆千斤顶),确定施工中所需的机具、设备(规格、型号和数量)及顶推时的支承、滑道设计。

顶推力 P 可按式(3-2-3)计算:

$$P = W(\mu \pm i)K_1 \tag{3-2-3}$$

式中 W——顶推总重力;

      μ—— 滑动摩擦系数,在正常温度下 $\mu = 0.05$,但在低温情况下,μ 可能达到 0.1;

      i——顶推坡度,当向下坡顶推时用负号;

      K_1——安全系数,通常可取 1.2。

千斤顶的顶推能力 P_f 可按式(3-2-4)计算:

$$P_f = \frac{P}{n}K_2 \tag{3-2-4}$$

式中 n——千斤顶台数;

      K_2——千斤顶的安全系数,一般取 1.2~1.25。

当需要用竖向千斤顶顶升主梁时,每个竖向千斤顶的起顶力 P_v 可由式(3-2-5)计算:

274

$$P_{\text{v}} = \frac{VK}{2} \qquad\qquad (3\text{-}2\text{-}5)$$

式中　V——顶推时的最大反力；

　　　K——安全系数，取 1.4。

在计算顶推力时，如果顶推梁段在桥台后连有台座、台车等需要同时顶推向前时，也应计入这部分的影响。

2.6.3　顶推施工法工艺

顶推施工法主要包括预制场准备、箱梁的预制和拼装、安装顶推装置和滑移装置、顶推梁体、落梁就位、施加预应力等，具体工艺流程如图 3-2-40 所示。

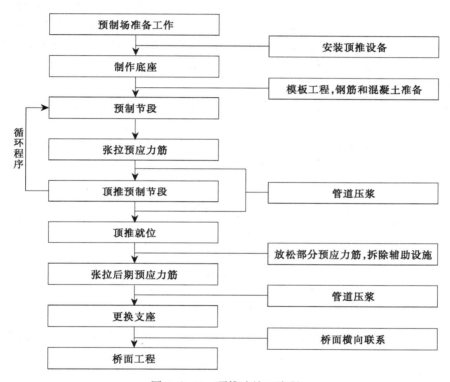

图 3-2-40　顶推法施工流程

为使主梁顶推顺利进行，施工中应注意几个问题：

（1）主梁的分段长度

主梁节段的长度划分主要考虑避免段间的连接处设在连续梁受力最大的支点与跨中截面。同时要考虑制作加工容易，尽量减少分段，缩短工期。因此一般取节段长 10～30 m。柳州二桥为 9×60 m 的连续梁桥，其标准节段长度为 15 m，全桥按 7.5 m＋35×15 m＋7.5 m 划分预制节段。

（2）主梁节段类型

采用顶推施工的主梁节段类型有两种，一种是在梁轴线的预制场上连续现浇制作，逐段顶推,另一种是在工厂制成预制块件,运送到桥位连接后进行顶推,这种制梁方法带来的问题是节段长度和重量取决于运输条件,并且增加了施工中的接头工作。因此,梁体节段制作多以现浇为主,并对桥梁施工质量和施工速度起着决定作用。

（3）预制场地准备

预制场的设置应考虑顶推过程中抗倾覆和抗滑移稳定的安全度、主梁的预制台座、材料堆放场以及辅助施工所需的场地要求等。

在顶推初期,当导梁或箱梁尚未进入前方桥墩,主梁呈最大悬臂状态时,如预制场上没有足够长的主梁节段,则会发生倾覆失稳。此外,在水平力作用下梁体发生滑移失稳也是值得重视的一方面,特别是地震区的桥梁和具有较大纵坡的桥梁。因此,一般顶推施工的预制场地包括预制台座和从预制台座到标准顶推跨之间的过渡段。

主梁预制台座的长度取决于主梁预制方案是节段的全截面一次浇筑完成再顶推,还是分次浇筑分次顶推。如主梁预制方案为前者,预制台座长仅需与节段长相当;如为后者,在一个预制台座上完成箱梁底板的浇筑,张拉部分预应力筋后顶推至第二个预制台座浇筑箱梁的腹板和顶板,或者是底板和腹板第一次预制,顶板部分第二次预制,则预制台座长需有两个节段长。

此外,钢导梁的拼装,模板、钢筋、钢索的加工,混凝土搅拌站以及砂、石、水泥的堆放等都需要场地。

所以,顶推施工的预制场一般设在桥台后,长度需要有预制节段长的 3 倍以上。图3-2-41 所示为预制平台的整体概貌。

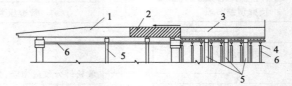

1—钢导梁;2—顶推箱梁;3—顶推箱梁预制台座;4—千斤顶;
5—φ120 cm 钢管临时滑道支承墩;6—φ60 cm 钢管撑
图 3-2-41　预制平台的整体概貌纵向布置图

对于预制台座而言,台座的沉降过大或台座处滑道标高不准确,均会引起梁体顶推困难或使梁体产生二次力而开裂的不良后果,须采取技术措施予以预防。

（4）节段的预制工作

对现场预制主梁节段,由于预制工作是固定在一个位置上进行周期性生产,所以完全可以仿照工厂预制桥梁的条件设临时厂房、吊车,使施工不受气候影响,减轻劳动强度,提高工效。

箱梁模板由底模、侧模和内模组成。一般来说,采用顶推法施工多选用等截面梁,模板可以多次周转使用。因此宜使用钢模板,以保证预制梁尺寸的准确性。

底模板安置在预制平台上,平台的平整度必须严格控制,因为顶推时微小的高差就会引起梁内力的变化,而且梁底不平整将直接影响顶推工作。通常预制平台要有一个整体的框架基础,要求总下沉量不超过 5 mm,其上是型钢及钢板制作的底模和在腹板位置的底模滑道,在底模和基础之间设置卸落设备,要求底模的重量要大于底模与梁底混凝土的黏结力,当千斤顶及木楔的卸落设备放下时,底模能自动脱模,将节段落在滑道上。

节段预制的模板构造与是否为全断面浇筑有关,图3-2-42所示为二次预制的模板构造。

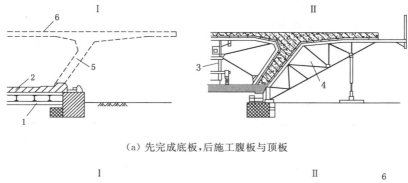

(a)先完成底板,后施工腹板与顶板

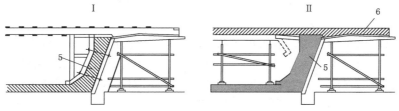

(b)先完成底板与腹板,后施工顶板

1—底模;2—底板;3—内模;4—外模;5—腹板;6—顶板。

图3-2-42 二次预制模板

桥梁采用顶推施工时,其工期主要取决于梁体预制周期。根据统计资料得知,梁段预制工作量占上部结构总工作量的55%~65%,加快预制工作的速度对缩短工期具有十分重要的意义。

为缩短预制周期,在预制时可考虑采取如下措施:

① 组织专业化施工队;

② 采用镦头锚、套管连接器,前期钢束采用直束,加快张拉速度;

③ 在混凝土中加入减水剂,提高混凝土的早期强度,增加施工和易性,是加快施工速度的有效措施;

④ 采用大型模板,提高机械化和装配化程度。

(5)预应力钢束张拉

顶推施工的预应力混凝土连续梁桥有三种预应力钢束:①兼顾运营与施工要求所需的钢束;②为满足施工阶段要求而配置的钢束;③在施工完成之后,为满足运营阶段的需要而增加的钢束。

对于兼顾运营与施工要求的钢束,通常采用镦头锚,并用连接器接长。为了避免使接头集中在同一截面,钢索的长度取两个主梁节段的长度,交错排列,使一半数量的钢索通过某一接头位置,而另一半钢索在该截面处接头。对于为满足施工需要而临时配置的钢束,一般选用短索,在施工完成后拆除。为便于施工,前两种钢束常采用直束,布置在截面的上下缘,对梁施加一个近似于中心受压的预应力。为满足运营阶段需要而增设的钢束有直索和弯

277

索,锚在箱梁内的齿板上。

这三种钢束应严格按照设计规定进行布置、张拉、接长和拆除,不得随意增加或漏拆,更不得漏张拉。钢束张拉时应注意:张拉顺序宜采用先临时索后永久索、先长索后短索、先直索后弯索;为防止因水平扭矩而产生附加内力,顶板和底板钢束应上下交替,左右对称地进行张拉;对主梁顶推就位后需拆除的临时钢束,张拉后不应灌浆,锚具外露的多余钢材不必切除;对梁段间需连接的永久束,应在节段间留出适当的空间供连接器连接。

(6) 施工中的稳定问题

顶推过程中的稳定问题包括倾覆稳定和滑动稳定。

① 主梁顶推时的倾覆稳定

施工时可能发生倾覆失稳的最不利状态发生在顶推初期,导梁或箱梁尚未进入前方桥墩,呈最大悬臂状态时。要求在最不利状态下的倾覆安全系数不小于1.3。当不能保证有足够的安全系数时,应考虑采取加大稳定段长度或在跨间增设临时墩的措施。

② 主梁顶推时的滑动稳定

在顶推初期,由于顶推滑动装置的摩擦系数很小,抗滑能力很弱,当梁受到一个不大的水平力时,很可能发生滑动失稳,特别是地震区的桥梁和具有较大纵坡的桥梁,更要注意计算各阶段的滑动稳定性,安全系数应不小于1.2。此外,对坡桥实施下坡方式顶推架设时需注意防止梁逸走。必要时可设置防止主梁滑移失稳的装置。

(7) 施工挠度控制

随着顶推施工的进行,桥梁结构的受力体系不断变化,主梁挠度也发生相应变化,主梁挠度的大小将直接关系施工是否正常,所以要随时根据设计提供的挠度数值校核施工精度,并调整施工时梁的标高。当计算结果与施工观测结果出现较大不符时,必须查明原因,确定对策,以保证施工顺利进行。

(8) 落梁

在全梁顶推到位后,则需进行落梁工作,将主梁安置在设计支座上。

落梁前的准备工作有:解除梁体外的一切约束,清理永久支座并在支座垫石顶面、滑道旁边就位,在支座垫石上放样画线;在墩上清理千斤顶安放工作面,并准确安装千斤顶;复测墩顶、支座垫石顶面标高。

全桥落梁步骤如下:准备工作→千斤顶举梁→拆除滑道→安装支座→梁下降落在支座上→分别焊固支座上、下部。

思 考 题

1. 固定支架整体现浇施工方法中常用的支架形式有哪几种?

2. 什么是预拱度?为什么在施工中需设预拱度?预拱度设置应该考虑哪些因素?

3. 固定支架整体现浇施工的一般工艺流程是什么?为什么要设施工工作缝?施工工作缝应设置在什么位置?确定混凝土浇筑顺序的原则是什么?

4. 简述预制梁的安装方法及其特点。

5. 简述悬臂施工法的分类和各自特点。

6. 悬臂施工连续梁桥时,为什么要设临时固结和支承措施?

7. 简述悬臂拼装施工连续梁桥的工序要点以及影响梁体挠度的因素。控制悬臂拼装时梁体上挠的措施有哪些?

8. 简述连续梁合龙段混凝土现浇施工要点以及主要采取的措施。

9. 结构体系转换施工中的注意事项有哪些?

10. 试述逐孔施工法的分类和特点。

11. 顶推施工法有哪几种? 简述顶推施工法的主要施工工序。

12. 一座 5×75 m 的预应力混凝土等截面连续梁桥,采用多点顶推施工,各跨中设置一个临时墩,梁自重和施工重量为 100 kN/m。滑移装置的摩擦系数 $\mu = 0.05$,不计导梁的重量。请回答:

① 水平—竖向千斤顶顶推的工作原理。

② 该桥的顶推跨径是多少?

③ 导梁的长度选取多少?

④ 最大的顶推合力是多少?

3 拱桥的施工

3.1 概　述

拱桥的构造形式较多,如简单体系拱、刚架拱、桁架拱、梁拱组合体系等。按主拱圈截面形式可分为板拱、箱拱和肋拱;按桥面与主拱圈的相对位置可分为上承式拱桥、中承式拱桥和下承式拱桥;按主拱圈材料又可分为圬工(砖、石、混凝土)拱桥、钢筋混凝土拱桥、木拱桥、钢管混凝土拱桥及钢拱桥。

拱桥的传统施工方法是满堂支架就地砌筑和浇筑,然而,该施工方法具有很大的局限性。为适应拱桥的大跨度发展,缆索吊装法、悬臂法、转体法以及劲性骨架法等多种无支架施工方法应运而生。

根据施工的机具设备,拱桥施工方法可以进一步细化。在有支架施工中,可细分为:采用各类满堂支架的就地砌筑和浇筑施工、利用劲性钢骨架形成拱架后的就地浇筑施工、利用简易机具进行预制拱肋的安装施工。在无支架施工中,可细分为:利用缆索起重机进行预制拱肋的安装施工、利用斜拉索辅助施工的斜拉桁架式悬臂施工和斜拉扣挂法悬臂施工、利用转动和驱动装置实现的各类转体施工等。

拱桥具体施工方法的选用涉及结构的材料、体系、构造形式以及桥位的地质地形条件等因素。

圬工拱桥的施工一般采用支架就地砌筑和浇筑施工法。钢筋混凝土箱形拱桥可采用缆索吊装施工法、劲性骨架就地浇筑施工法、悬臂桁架法、斜拉扣挂法、塔架劲性骨架联合施工法和转体施工法等。肋拱桥的施工方法多为预制安装,国内应用最多的是缆索吊装施工法,悬臂施工法和转体施工法也是可选择的方法。刚架拱可用支架现浇、少支架现浇结合预制安装、无支架的预制安装和转体等方法进行施工。桁架拱桥一般采用预制安装法,如简易机具安装施工法、多机安装施工法、悬臂拼装法、缆索吊装施工法、转体施工法等。

3.2　拱桥的有支架就地砌筑和浇筑施工

3.2.1　拱架的类型

拱架按结构分有支柱式、撑架式、扇形、桁式、组合式拱架等;按材料分有木拱架、钢拱架、竹拱架和土牛拱胎。

支柱式木拱架[图 3-3-1(a)]:支柱间距小,结构简单且稳定性好,适用于干岸河滩和流速小、不受洪水威胁、无通航的河道。

撑架式木拱架[图 3-3-1(b)]:构造较为复杂,但支点间距可较大,当跨径较大且桥墩较高时,可节省木材并可适应通航。

280

扇形拱架[图 3-3-1(c)]：从桥中的一个基础上设置斜杆,并用横木连成整体的扇形,用以支承砌筑的施工荷载。扇形拱架比撑架式拱架更加复杂,但支点间距可以比撑架式拱架更大些,尤其适合在拱度很大时采用。

钢木组合拱架[图 3-3-1(d)]：在木支架上用钢梁代替木斜梁,可以加大支架的间距,减少材料用量。在钢梁上可设置变高的横木形成拱度,并用以支承模板。也可用钢桁梁或贝雷梁与钢管脚手架组拼形成钢组合拱架。

钢桁式拱架[图 3-3-1(e)]：通常用常备的拼装式桁架拼成拱形拱架,即拱架由标准节段、拱顶段、拱脚段和连接杆等以钢销或螺栓连接而成。为使拱架能适应施工荷载产生的变形,一般拱架采用三铰拱。拱架在横向可由若干组拱片组成,拱片数量依桥梁跨径、荷载大小和桥宽而定,各组间用横向联结系连成整体。桁式钢拱架也可用装配式公路钢梁桁节或万能杆件拼装组成。

土牛拱胎用于缺乏钢木的地区,先在桥下用土或砂、卵石填筑一个土胎(俗称土牛),然后在上面砌筑拱圈,待拱圈完成后将填土清除,形成受力拱圈。

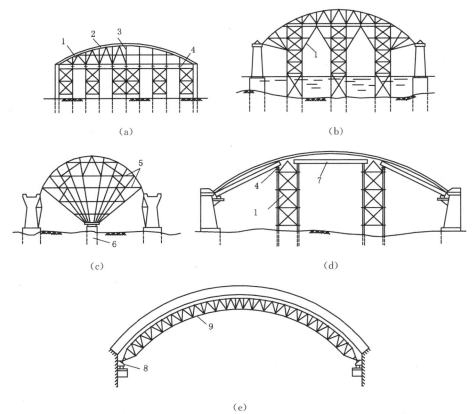

1—斜撑;2—模板;3—立柱;4—卸落设备;5—横木;6—基础;7—钢梁;8—砂筒;9—钢桁架。
图 3-3-1 木、钢拱架的构造

3.2.2 预拱度的设置

拱桥施工时,拱架的预拱度主要考虑以下几方面：

281

① 拱圈自重及 1/2 汽车荷载产生的拱顶弹性下沉；

② 拱圈由于温度降低与混凝土收缩产生的拱顶弹性下沉；

③ 墩台水平位移产生的拱顶下沉；

④ 拱架在承重后的弹性变形和非弹性变形，以及梁式、拱式拱架的跨中挠度；

⑤ 拱架基础受载后的非弹性压缩。

拱架在拱顶处的总预拱度，可根据实际情况进行组合计算。

设置预拱度时，拱顶处应按总预拱度设置，拱脚处为零，其余各点可按拱轴线坐标高度比例或按式(3-3-1)以二次抛物线分配(图 3-3-2)。

$$\delta_x = \delta\left(1 - \frac{4x^2}{L^2}\right) \qquad (3\text{-}3\text{-}1)$$

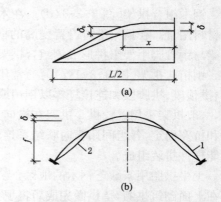

1—设计拱轴线；2—施工拱轴线；δ—预拱度。

图 3-3-2　拱桥施工的预拱度设置方式

式中　δ_x——任意点(跨中距该点的距离为 x 的)预加高度；

　　　δ——拱顶总预拱度；

　　　L——拱圈计算跨径；

　　　x——跨中至任意点的水平距离。

对无支架施工或早期脱架施工的悬链线拱，宜按拱顶新矢高为 $f+\delta$，用拱轴系数降低一级或半级的方式设置预拱度。主要原因是：拱轴线和荷载压力线的偏离程度越大，则主拱受力越不利。而由施工实践证明，裸拱圈的挠度曲线呈"M"形，即拱顶下挠而在八分点处上升。如果仍按抛物线布设预拱度，将会使八分点处的拱轴线偏离设计拱轴线的程度更大。如按新矢高 $f+\delta$ 并降低一级或半级拱轴系数进行主拱圈施工放样，则待裸拱圈产生"M"变形后，刚好符合(或接近)设计拱轴线。

3.2.3　拱桥的砌筑施工

在支架上砌筑施工上承式拱桥一般分三个阶段进行：第一阶段施工拱圈或拱肋混凝土；第二阶段施工拱上建筑；第三阶段施工桥面系。

在拱架上砌筑的拱桥主要是石拱桥和混凝土预制块拱桥。石拱桥按其材料规格分有粗料石拱桥、块石拱桥和浆砌片石拱桥等。

1. 拱圈放样与备料

拱桥的拱石要按照拱圈的设计尺寸进行加工。为了能合理划分拱石，保证结构尺寸准确，通常需要在样台上将拱圈按 1∶1 的比例放出大样，然后用木板或锌铁皮在样台上按分块大小制成样板，进行编号，以便加工。

在划分拱石时需注意(图 3-3-3)：左右两批拱石间的砌缝横贯拱圈全部宽度，并垂直于拱圈中轴，成为贯通的辐射缝。上下两层拱石的砌缝为断续的弧形缝，而前后拱石间的砌缝则为断续的、与拱圈纵轴平行的平面缝。两相邻拱石的砌缝必须错开，错开距离应不小于 10 cm，以利于拱圈传力和具有较好的整体性。

拱石分块的大小依加工能力和运输条件而定。对拱石加工的尺寸规格与误差要求以及

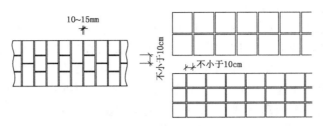

图 3-3-3　石砌拱圈的拱石划分

砂浆、小石子混凝土配比和使用的规定,可按有关设计、施工规范处理。

2. 拱圈的砌筑

(1) 连续砌筑

对跨径小于 16 m 的拱桥采用满布式拱架施工时,可以从两拱脚同时向拱顶依次按顺序砌筑,在拱顶合龙;对跨径小于 10 m 的拱桥采用拱式拱架施工时,应在砌筑拱脚的同时,预压拱顶以及拱跨 1/4 部位。

预加压力砌筑是在砌筑前在拱架上预压一定重量以防止或减少拱架弹性和非弹性下沉的砌筑方法。它可以有效地预防拱圈产生的不正常变形和开裂。预压物可采用拱石,随撤随砌,也可采用砂袋等其他材料。

砌筑拱圈时,常在拱顶预留一龙口,最后在拱顶合龙。为防止拱圈因温度变化而产生过大的附加应力,拱圈合龙应在设计要求的温度范围内进行。设计无规定时,宜选取气温在 10~15℃ 时进行。刹尖封顶应在拱圈砌缝砂浆强度达到设计规定的强度后进行。

(2) 分段多工作面砌筑

对跨径在 16~25 m 之间的拱桥采用满布式拱架施工,或跨径在 10~25 m 之间的拱桥采用拱式拱架施工时,可采用半跨分成三段的分段对称砌筑方法(图 3-3-4)。

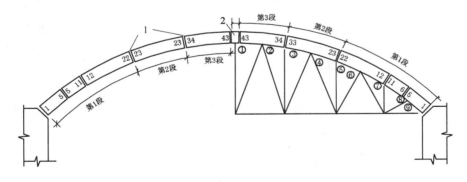

1—预留空缝;2—拱顶尖石。

图 3-3-4　拱圈的分段砌筑

分段砌筑时,各段间可留空缝,空缝宽 3~4 cm。在空缝处砌石要规则,为保证砌筑过程中不改变空缝形状和尺寸,同时也为拱石传力,空缝可用铁条或水泥砂浆预制块作为垫块,待各段拱石砌完后填塞空缝。填塞空缝应在两半跨对称进行,各空缝同时填塞,或从拱脚依次向拱顶填塞。因用力夯填空缝砂浆可使拱圈拱起,故此法宜在小跨径拱中使用。当采用填塞空缝砂浆使拱合龙时,应注意选择最后填塞空缝的合龙温度。为加快施工,并使拱架受力均匀,各段亦可交叉、平行砌筑。

砌筑大跨径拱圈时,在拱脚至 $L/4$(L 为跨径)段,当其倾斜角大于拱石与模板间的摩擦角时,拱段下端必须设置端模板并用撑木支撑(称为闭合楔)。闭合楔应设置在拱架挠度转折点处,宽约 1.0 m,撑木的设置如图 3-3-5 所示[(a)为支撑支顶在下一拱段上;(b)为下一拱段尚未砌筑,三角架支撑在模板上]。砌筑闭合楔时,必须拆除三角架,可分两三次进行,先拆一部分,随即用拱石填砌,一般先在桥宽的中部填砌,然后再拆第二部分。每次拆除闭合楔支撑必须在前一部分填砌的圬工砌缝砂浆充分凝固后进行,如图 3-3-6 所示。

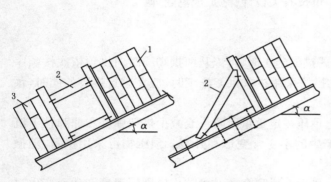

(a) 支撑在下面的圬工上　　　(b) 支撑在拱架上
1—上部拱段;2—支撑;3—下部拱段。

图 3-3-5　闭合楔的支撑

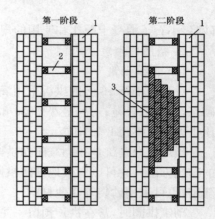

1—拱段;2—闭合楔支撑;3—填砌的拱石。

图 3-3-6　闭合楔的填砌顺序

(3) 分环分段多工作面砌筑

对较大跨径的拱桥,当拱圈较厚、由三层以上拱石组成时,可将拱圈分成几环砌筑,砌一环合龙一环。当下环砌筑完成并养护数日后,砌缝砂浆达到一定强度时,再砌筑上环。

上下环间拱石应犬牙交错,每环可分段砌筑。当跨径大于 25 m 时,每段长度一般不超过 8 m,段间可设置空缝或闭合楔。对分段较多的拱圈砌筑,为使拱架受力对称、均匀,可在拱跨的两个 1/4 处或在几处同时砌筑合龙。

(4) 多跨连拱的砌筑

对多跨连拱的拱圈砌筑,应考虑与邻孔施工的对称、均匀,以免桥墩承受过大的单向推力。因此,当采用拱式拱架时,应适当安排各孔的砌筑程序;当采用满布式支架时,应适当安排各孔拱架的卸落程序。

3. 拱圈合龙

拱圈的合龙方式有三种。

(1) 安砌拱顶石合龙

砌筑拱圈时,常在拱顶预留一龙口,在各拱段砌筑完成后安砌拱顶石完成拱圈合龙。对分段较多的拱圈以及分环砌筑的拱圈,为使拱架受力对称、均匀,可在拱圈两半跨的 1/4 处或在几处同时完成拱圈合龙。

为防止拱圈因温度产生过大的附加应力,拱圈合龙应按设计规定的温度和时间进行。如设计无规定,则拱圈合龙宜选择在接近当地年平均温度或昼夜平均温度时进行。

（2）刹尖封顶合龙

对小跨径拱圈，为提高拱圈应力和便于拱架的卸落，可采用刹尖封顶完成拱圈合龙，即在砌筑拱顶石前，先在拱顶缺口中打入若干组木楔，使拱圈挤紧、拱起，然后嵌入拱顶石合龙。

（3）预施压力封顶

该方法是采用千斤顶施加压力来调整拱圈应力，然后进行拱圈合龙。

4. 拱上建筑施工

当主拱圈达到一定设计强度后，即可进行拱上建筑的施工。施工时应对称均衡地进行，避免使主拱圈产生过大的不均匀变形。

对实腹式拱上建筑，应从拱脚向拱顶对称地进行施工，当侧墙砌完后，再填筑拱腹填料。空腹式拱一般是在腹拱墩或立柱完成后，卸落主拱圈的拱架，然后对称均衡地进行腹拱或横梁、连系梁以及桥面的施工。较大跨径拱桥的拱上建筑砌筑程序应按设计规定进行。

5. 拱架卸落

当拱圈达到一定强度后即可拆除拱架。为使拱架所支承的拱圈重力逐渐转由拱圈自身承受，卸架工作须根据设计要求按一定的程序进行。常用的卸架设备有砂筒和千斤顶。

砂筒（图3-3-7）一般用钢板制成，筒内装以烘干的砂子，上部插入活塞（木制或混凝土制）。通过砂子的泄出量控制拱架的卸落高度。

采用千斤顶拆除拱架常与拱圈内力调整同时进行。一般在拱顶预留放置千斤顶的缺口，千斤顶用来消除混凝土的收缩、徐变以及弹性压缩的内力和使拱圈脱离拱架。

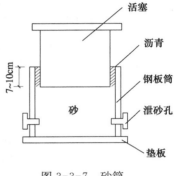

图3-3-7　砂筒

3.2.4 拱桥的就地浇筑施工

在支架上就地浇筑拱桥的施工同拱桥的砌筑施工基本相同。即：浇筑主拱圈或拱肋混凝土→浇筑拱上立柱、连系梁及横梁等→浇筑桥面系。但在施工时还需注意的是后一阶段混凝土浇筑应在前一阶段混凝土强度达到设计要求后进行。拱圈或拱肋的施工拱架，可在拱圈混凝土强度达到设计强度的70%以上时，在拱上建筑施工前拆除，但应对拆架后的拱圈进行稳定性验算。

在浇筑主拱圈混凝土时，立柱的底座应与拱圈或拱肋同时浇筑，钢筋混凝土拱桥应预留与立柱的联系钢筋。

主拱圈混凝土的浇筑方法同砌筑施工方法，如连续浇筑、分段浇筑和分环、分段浇筑。施工方案的选择主要根据桥梁跨径而定。

一般情况下，对跨径在16 m以下的混凝土拱圈或拱肋，主拱高度比较小，全桥的混凝土数量也较少，可采用从拱脚至拱顶的连续浇筑法；对跨径在16 m以上的混凝土拱圈或拱肋，为避免先浇筑的混凝土因拱架下沉而开裂，并为减小混凝土的收缩力，可沿拱跨方向分段浇筑，各段之间预留间隔槽；对大跨径钢筋混凝土拱圈，为减轻拱架负荷，通过计算可采用分环分段多工作面方式浇筑混凝土，即将拱圈沿高度分成若干环，每环按分段方式浇筑合龙，或先分环分段浇筑，最后一次合龙。

3.2.5 劲性骨架施工法

劲性骨架施工法(也称米兰法或埋置式拱架法)是利用先安装的拱形劲性钢桁架(骨架)作为拱圈的施工支架,并将劲性骨架各片竖、横桁架包以混凝土,形成拱圈整个截面构造的施工方法。劲性骨架不仅在施工中起到支架作用,同时它也是主拱圈结构的组成部分,其吊运安装是施工关键。由于拱圈施工完成后无须拆除拱架,故劲性骨架施工法也作为无支架施工方法之一应用于大跨度拱桥施工中。

重庆万县长江大桥的劲性骨架由36个节段5个桁片组成。在半长线台座进行的劲性骨架桁段齿合加工顺序为:精确放样→绘制加工大样图→组焊桁片→检查验收。该桥劲性骨架安装的实质是用缆索吊机悬臂拼装一座由36个桁段组成的拱形斜拉桥(图3-3-8)。

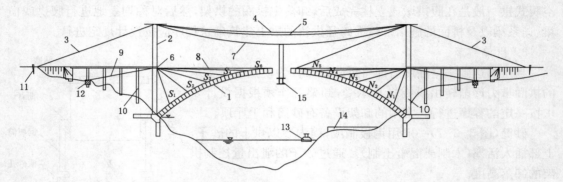

1—劲性骨架;2—缆索吊机;3—索塔后锚索;4—压塔索;5—工作索;
6—墩顶锚梁;7—承重索;8—扣索;9—锚索;10—桥墩;11—主缆地锚;
12—锚锭与锚梁;13—骨架运输驳船;14—骨架临时存放处;15—骨架起吊节段。

图 3-3-8 劲性骨架吊装与扣、锚体系

劲性骨架的安装分拱脚定位段、中间段和拱顶段三个阶段。安装程序为:

① 在主拱座预留孔内埋设起始段定位钢管座;

② 起吊第1段骨架,将各弦管嵌入拱座定位钢管座,安装临时扣索;

③ 起吊第2段骨架,与第1段骨架精确对中,钢销定位,法兰盘螺栓连接,安装临时扣索,初调高程;

④ 第3段骨架吊装就位,安装第1组扣索、锚索,拆除临时扣索,调整高程和轴线;

⑤ 悬臂安装第4段骨架、第5段骨架就位后安装临时扣索;

⑥ 吊装第6段骨架,安装第2组扣索,拆除临时扣索,调整高程和轴线,观测索力和骨架应力;

⑦ 同样的方法安装每岸第7~18段骨架及第3~6组扣索;

⑧ 精确丈量拱顶合龙间隙,据以加工合龙段嵌填钢板,安装拱顶合龙"抱箍",实现劲性骨架合龙;

⑨ 拆除扣、锚索,劲性骨架安装完成。

对劲性骨架而言,混凝土浇筑过程即是拱架的加载过程。为使劲性骨架的受力、变形及稳定状态在允许范围内,避免早期成型的混凝土产生裂缝,保证先期形成的混凝土和劲性骨架共同承载,拱圈施工中常采用锚索加载法、水箱加载法和斜拉扣挂法等外力平衡法及分环

分段多点平衡浇筑法的无外力平衡法控制劲性骨架的变形,以保证拱圈混凝土施工的顺利进行。

万县长江大桥主拱圈采用分环分段多点平衡浇筑法进行混凝土施工,拱圈混凝土的浇筑程序如图 3-3-9 和图 3-3-10 所示。

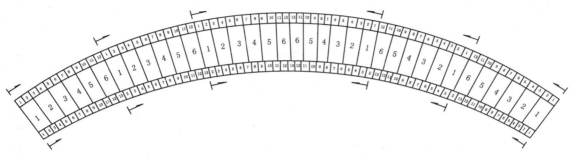

图 3-3-9　纵向浇筑顺序

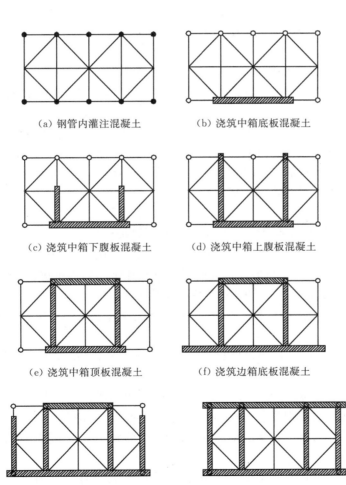

（a）钢管内灌注混凝土　　　　　　（b）浇筑中箱底板混凝土

（c）浇筑中箱下腹板混凝土　　　　（d）浇筑中箱上腹板混凝土

（e）浇筑中箱顶板混凝土　　　　　（f）浇筑边箱底板混凝土

（g）浇筑边箱下腹板(3/4部位)混凝土　　（h）浇筑边箱上腹板及顶板混凝土

图 3-3-10　横向浇筑顺序

3.3 预制安装施工法

预制安装法可分为少支架和无支架施工两种。如整孔吊装或安装下承式钢拱桥、无支架缆索吊装法施工钢筋混凝土肋拱桥、少支架或无支架法施工桁架拱桥和钢管混凝土拱桥等。

3.3.1 装配式钢筋混凝土拱桥的缆索吊装施工

在峡谷或水深流急的河段上，或在有通航要求的河流上，缆索吊装由于具有跨越能力大、水平和垂直运输机动灵活、适应性广、施工较稳妥方便等优点，在拱桥施工中被广泛采用。

采用缆索吊装施工装配式钢筋混凝土肋拱桥的施工工序为：在预制场预制拱肋（箱）和拱上结构→将预制拱肋和拱上结构通过平车等运输设备移运至缆索吊装位置→将分段预制的拱肋吊运至安装位置，利用扣索对分段拱肋进行临时固定→吊运合龙段拱肋，对各段拱肋进行轴线调整，主拱圈合龙→拱上结构施工。

1. 拱肋的分段预制

对跨径在 30 m 以内的拱肋可不分段或分为 2 段；在 30～80 m 范围内的拱肋可分为 3 段；拱肋跨径大于 80 m 时，一般分为 5 段，也可分为 7 段。拱肋的分段点应选择在拱肋自重弯矩最小的位置或其附近。

拱肋的预制方法分立式预制和卧式预制。卧式预制又可分为单片预制和多片叠制。立式预制的特点是：起吊安全、方便；底模可采用土牛拱胎，节省木料；当采用密排浇筑时，占用场地也较少。卧式预制的特点是：可节省木料；拱肋的形状及尺寸较易控制；浇筑混凝土时操作也方便；但拱肋起吊时容易损坏。

2. 拱肋的安装

在合理安排拱肋的吊装顺序方面，需考虑按下列原则进行：

① 单孔桥跨常由拱肋合龙的横向稳定方案决定拱肋吊装顺序。

② 对于多孔桥跨，应尽可能在每孔内多合龙几片拱肋后再推进，一般不少于两片拱肋。但合龙的拱肋片数不能超过桥墩强度和稳定性所允许的单向推力。

③ 对于高桥墩，还应以桥墩的墩顶位移值控制单向推力，位移值应小于 $L/600 \sim L/400$。

④ 对于设有制动墩的桥跨，可以制动墩为界分孔吊装，先合龙的拱肋可提前进行拱肋接头、横系梁等的安装工作。

⑤ 采用缆索吊装时，为便于拱肋的起吊，对拱肋起吊位置的桥孔，一般安排在最后吊装，必要时该桥孔最后几根拱肋可在两肋之间用"穿孔"的方法起吊。

用缆索吊装时，为减少主索的横向移动次数，可将每个主索位置下的拱肋全部吊装完毕后再移动主索。

⑥ 为减少扣索往返拖拉次数，可沿吊装推进方向，按顺序进行吊装。

拱肋安装的一般顺序为：边段拱肋吊装及悬挂→次边段拱肋吊装及悬挂→中段拱肋吊装及拱肋合龙。在边段、次边段拱肋吊运就位后，需施加扣索进行临时固定。扣索有"塔扣"

"墩扣""天扣""通扣"等类型(图 3-3-11)。

3. 拱肋的合龙

拱肋的合龙方式有单基肋合龙、悬挂多段边段或次边段拱肋后单肋合龙、双基肋合龙、留索单肋合龙等。图 3-3-12 为单肋合龙示意图。当拱肋跨度大于 80 m 或横向稳定安全系数小于 4 时,应采用双基肋合龙松索成拱的方式,即当第一根拱肋合龙并校正拱轴线,楔紧拱肋接头缝后,稍松扣索和起重

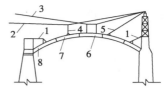

1—墩扣;2—扣索天线;3—主索天线;4—天扣;
5—塔扣;6—顶段;7—间段;8—端段。

图 3-3-11 扣索形式

索,压紧接头缝,但不卸掉扣索,待第二根拱肋合龙并将两根拱肋横向联结固定和拉好风缆后,再同时松卸两根拱肋的扣索和起重索。

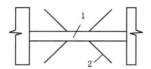
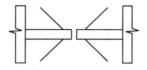

(a) 单基肋合龙

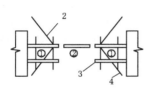
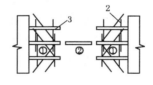

(b) 三段吊装单肋合龙

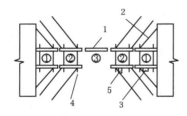
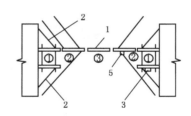

(c) 五段吊装单肋合龙

1—基肋;2—风缆;3—边段;4—横夹木;5—次边段。

图 3-3-12 单肋合龙

拱肋合龙后的松索过程必须注意下列事项:

① 松索前应校正拱轴线及各接头高程,使其符合要求。

② 每次松索均应采用仪器观测,控制各接头高程,防止拱肋各接头高程发生非对称变形而导致拱肋失稳或开裂。

③ 松索应按照拱脚段扣索、次段扣索、起重索的先后顺序进行,并按比例定长、对称、均匀松卸。

④ 每次松索量宜小,各接头高程变化不宜超过 1 cm。松索至扣索和起重索基本不受力时,用钢板嵌塞接头缝隙,再将扣索和起重索放松到不受力,压紧接头缝,拧紧接头螺栓,同

289

时用风缆调整拱肋轴线。调整拱肋轴线时,除应观测各接头高程外,还应兼测拱顶及 1/8 跨点处高程,使其在允许偏差之内。

⑤ 接头处部件电焊后,方可松索成拱。

拱上结构安装时需遵循的原则与无支架拱桥施工的原则相同。

4. 稳定措施

在缆索吊装施工的拱桥中,为保证拱肋有足够的纵、横向稳定性,除要满足计算要求外,在构造、施工上还必须采取一些措施。

一般的横向稳定措施为设置横向风缆和在拱肋之间设置横向联系装置。

横向稳定风缆的主要作用在于:在拱肋吊装中用以调整和控制拱肋中心线;在拱肋合龙时可用以约束各个接头的横向偏移;在拱肋成拱后,用以减小拱肋的自由长度,增大拱肋的横向稳定性;当拱肋在外力作用下产生位移时,也可起到约束作用。

当设计选择的拱肋宽度小于单肋合龙所需要的最小宽度时,为满足拱肋横向稳定的要求,可采用双基肋合龙或多基肋合龙的形式。对较大跨径的拱桥,尤宜采用双基肋或多基肋合龙,基肋与基肋之间必须紧随拱肋的拼装及时联系(或临时连接)。拱肋横向联系方式通常有木夹板、木剪刀撑、钢筋拉杆、钢横梁等。

在拱轴系数过大、拱肋截面尺寸较小、刚度不足等个别情况下,有时需采用加强拱肋纵向稳定的施工措施。如当拱肋接头处可能发生上冒变形时,可在接头下方设置下拉索以控制变形[图 3-3-13(a)];当拱肋截面尺寸较小、刚度不足时,可在拱肋底弧等分点上用钢丝绳进行多点张拉[图 3-3-13(b)]。

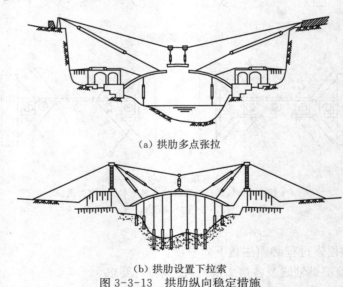

(a) 拱肋多点张拉

(b) 拱肋设置下拉索

图 3-3-13　拱肋纵向稳定措施

3.3.2　桁架拱桥的施工

桁架拱桥的施工主要是构件的预制和安装。

1. 构件的预制

桁架拱片的桁架段构件一般采用卧式预制,实腹段构件采用立式预制,故桁架段构件在吊离预制底座出坑之后和安装之前,需在某一阶段进行预制构件"翻身"(图3-3-14),即由平卧状态转换到竖立状态,其基本步骤是:先将桁架段构件平吊离地,然后制动下弦杆吊索,继续收紧上弦杆吊索,或者制动上弦杆吊索,缓慢放松下弦杆吊索,实现构件的空中翻身。

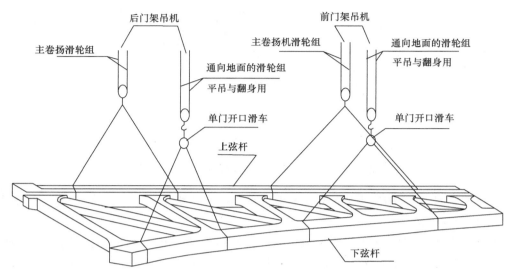

图 3-3-14 桁架段吊点、起吊设备布置

2. 桁架拱片的安装

桁架拱桥的吊装过程包括:吊运桁架拱片的预制段构件至桥孔,就位合龙,处理接头;安装横向联结件使各桁架拱片连成整体;铺设预制微弯板或桥面板;安装人行道悬臂梁和人行道板。

桁架拱片的安装工作分有支架安装和无支架安装。前者适用于桥梁跨径较小和具有河床较平坦、安装时桥下水浅等有利条件的情况;后者适用于跨越深水和山谷或多跨、大跨的桥梁。

(1) 有支架安装

有支架安装法需在桥孔下设置临时排架。排架的位置根据桁架拱片的接头位置确定。每处的排架一般为双排架,以便分别支承两个相连接构件的相邻两端,并在其上进行接头混凝土的浇筑或接头钢板的焊接等。

安装施工时,运送第一片边段桁架预制构件至桥孔后,由浮吊或龙门吊机等起吊安装就位,用斜撑临时固定桁架段(图3-3-15);吊运安装其余边段桁架构件,并用横撑与前片暂时联系;安装跨中实腹段;施工桁架拱片纵向以及与横向联结系构件的接头;当接头混凝土满足强度要求时,拆除临时横撑,进行卸架作业。

(2) 无支架安装

无支架安装是指桁架拱片预制段在用吊机悬吊着的状态下进行接头和合龙的安装过程。常用的有塔架斜缆安装、多机安装、缆索吊机安装、悬臂拼装和拱肋式安装等。

塔架斜缆安装法是在墩台顶部设一塔架,桁架拱片边段吊起后用斜向缆索(亦称扣索)和风缆稳住再安装中段。一般合龙后即松去斜缆,接着移动塔架,进行下一片的安装。

291

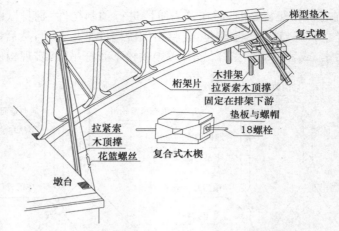

图 3-3-15　第一个桁架段构件的临时稳定装置

多机安装时，一片桁架拱片的各个预制段各用一台吊机吊装，一起就位合龙。待接头完成后，吊机再松索离去。

拱肋式安装法，即将桁架拱片分成下弦杆构件和一些三角形构件进行预制。安装时，按肋拱桥的安装方式先使下弦杆合龙成拱，随后在其上安装三角形构件（图 3-3-16）。

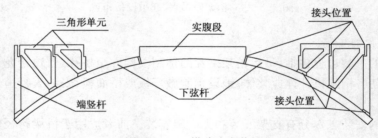

图 3-3-16　拱肋式安装法

3.3.3　钢管混凝土拱桥的施工

钢管混凝土拱桥施工的主要内容是钢管拱肋的制作、安装，管内混凝土的浇筑以及桥面系施工，对无推力的系杆拱等还有系杆的安装。

钢管拱肋制作主要包括：拱肋放样；按拱肋分段长度进行钢管卷制和焊接；钢管防护处理；钢管焊接组装。

钢管拱肋的安装方法主要有无支架缆索吊装、整孔拱肋浮吊安装、支架上组装、转体施工和斜拉扣挂法悬臂拼装等。

钢管拱肋内的混凝土灌注可采用泵送顶升浇灌法和吊斗浇捣法。泵送顶升浇灌法是在钢管拱肋拱脚的位置安装一个带闸门的进料支管，直接与泵车的输送管相连，由泵车将混凝土连续不断地自下而上灌入钢管拱肋，无须振捣。采用吊斗浇捣法灌注时，在钢管拱肋顶部每隔 4 m 开孔作为灌注孔和振捣孔。混凝土由吊斗运至拱肋灌注孔，通过漏斗灌入孔内，由插入式振捣器对混凝土进行振捣。混凝土灌注完成后须采用铁锤敲击、钻孔和超声波等方法检查钢管内混凝土是否灌满、混凝土收缩后与钢管壁是否形成空隙，以便进行后续钻孔压浆补强。

292

中承式和下承式无推力拱的系杆有刚性系杆和柔性系杆之分。刚性系杆为预应力梁，柔性系杆一般由外设 PE 套防护的预应力钢绞线组成。系杆预应力的张拉须根据不同的施工荷载工况分阶段、分批张拉。刚性系杆的体内预应力钢束全部张拉完成后进行压浆封锚。

3.4 悬臂施工法

在拱桥施工中采用悬臂施工法主要有四种形式：①在主拱圈施工中利用塔架、斜拉索和主拱构成斜拉悬臂体系的斜拉扣挂法；②通过斜拉索使主拱圈、拱上立柱和桥面系在施工过程中构成斜拉式悬臂桁架体系的斜吊式悬臂浇筑法；③通过设置斜压杆和上弦钢拉杆与主拱圈、拱上立柱构成斜压式悬臂桁架体系的斜压式悬臂拼装法；④桁架拱桥的悬臂拼装施工。

3.4.1 斜拉扣挂法

斜拉扣挂法（图 3-3-17）是在拱脚墩、台处安装临时的钢或钢筋混凝土塔架，用斜拉索（或斜拉粗钢筋）一端拉住拱圈节段，另一端绕向台后并锚固在岩盘上。这样逐节向河中进行悬臂拼装或悬臂浇筑施工，直至拱顶合龙。斜拉扣挂法是大跨径钢筋混凝土拱桥施工中应用较多的方法之一。

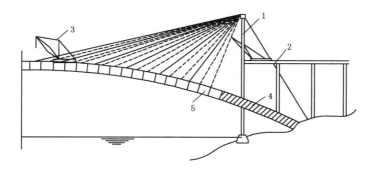

1—塔架；2—桥面；3—吊车；4—现浇拱脚段拱圈；5—悬臂拼装拱圈。

图 3-3-17 斜拉扣挂法施工示意图

拱圈悬臂浇筑施工所采用的挂篮，与梁式桥施工挂篮的区别在于挂篮的定位，由于受拱圈线形的控制，挂篮前移和就位的工作面均为曲面（图 3-3-18），故须在已成拱圈节段上设置支承块以保证挂篮的临时固定和稳定，同时必须设置角度调整装置以适应拱圈的线形变化和施工标高控制。

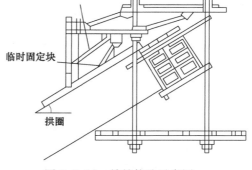

图 3-3-18 挂篮构造示意图

3.4.2 斜吊桁架式悬臂浇筑法

斜吊桁架式悬臂浇筑法（图 3-3-19）是使用专用挂篮，结合使用钢丝束或预应力粗钢筋作为斜吊杆构件，使拱圈、拱上立柱和预应力混凝土桥面板形成悬臂桁架，斜吊杆的力通过布置在桥面上的钢索传至岸边地锚上（也可利用岸边桥台作地锚），由此逐节向跨中进行悬臂浇筑施工，直至拱顶附近，撤去挂篮，用吊架浇筑拱顶合龙段混凝土，当合龙段混凝土达到设计强度后，拆除斜吊杆实现体系转换，进行桥面铺装完成全桥施工。

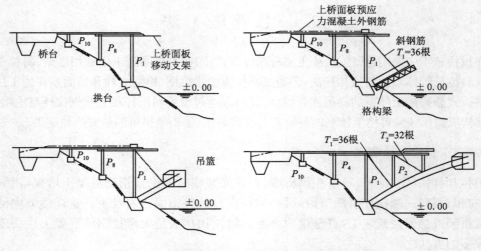

图 3-3-19　斜吊桁架式悬臂浇筑法的主要施工步骤

采用这种方法施工大跨径拱桥时，施工技术管理方面值得重视的问题有斜吊杆预应力钢筋的拉力控制、斜吊钢筋的锚固和地锚的地基反力、预拱度以及混凝土应力的控制等，施工中须对施工质量、材料规格和强度及混凝土的浇筑等进行严格的检查和控制。

3.4.3　斜压桁架式悬臂拼装法

斜压桁架式悬臂拼装法（图 3-3-20）与斜吊桁架式悬臂浇筑法的不同点在于，施工中利用临时的上弦钢拉杆、斜压杆与拱圈和立柱形成斜压式悬臂桁架进行施工。主拱圈施工合龙后，拆除临时工具杆，进行桥面系施工。

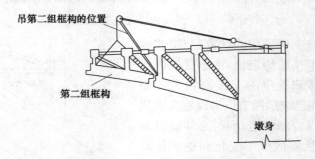

图 3-3-20　斜压桁架式悬臂拼装法

3.4.4　桁架桥悬臂拼装施工

桁架桥的悬臂拼装主要是以桁架节间为预制构件对象的悬臂拼装和分别以组成桁架桥的上、下弦杆和竖杆、斜杆为预制构件对象的悬臂拼装。

294

根据桁架桥跨径大小、起吊设备的吊装能力(臂长、吊重等)、构造上拼装的可操作性,将桁架拱片分为单杆、三角形单片或梯形单片进行预制并预埋纵横向联结件。图3-3-21和图3-3-22是部分已成桥的分块图。

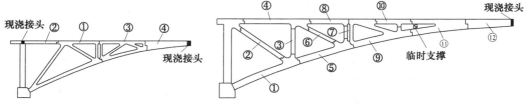

图 3-3-21 l≤100 m 预制构件分类　　　　图 3-3-22 100 m≤l≤200 m 预制构件分块

将预制构件运输至桥位,起吊就位,并根据施工中结构的受力情况及时施加预应力,安装横向联结构件(如 K 撑、横梁等)以保证施工稳定,桁架拱片悬臂拼装合龙后,安装拱片间的微弯板以及桥面栏杆等。

3.5　转 体 施 工 法

桥梁转体施工是 20 世纪 40 年代以后发展起来的一种架桥工艺。典型的平转法施工是在河流的两岸或适当的位置,利用地形或使用简便的支架先将半桥预制完成后,以桥梁结构本身为转动体,使用一些机具设备,分别将两个半桥转体到桥位轴线位置合龙成桥。

转体施工将复杂的、技术性强的高空及水上作业变为岸边的陆上作业,它能保证施工的质量安全,减少了施工费用和机具设备,同时在施工期间不影响桥位通航。

转体施工法不仅用于拱桥的施工,目前在梁式桥、斜拉桥、刚架桥等不同桥型上部结构施工中都得到应用。

转体方法可分为平面转体、竖向转体或平竖结合转体。平面转体又可分为有平衡重转体和无平衡重转体。

以下以拱桥为例,介绍平面转体施工。

3.5.1　有平衡重平面转体施工

有平衡重转体一般以桥台背墙作为平衡重并由拉杆(或拉索)与桥体上部结构形成转体,通过驱动系统实现转动后全桥合龙。

有平衡重转体施工的特点是转体重量大,施工的关键是转体。要把数百吨重的转动体系顺利、稳妥地转到设计位置,主要依靠以下几项措施实现:正确的转体设计;制作灵活可靠的转体装置;布设牵引驱动系统。

3.5.1.1　转动体系的构造

从图 3-3-23 中可知,转动体系主要由底盘、上盘、背墙、桥体上部构造、拉杆(或拉索)组成。底盘和上盘都是桥台基础的一部分。底盘和上盘之间设有能使其互相灵活转动的转体装置。背墙一般就是桥台的前墙,它不但是转动体系的平衡重,而且还是转体阶段桥体上部拉杆的锚碇反力墙。拉杆一般就是拱桥(桁架拱、刚架拱)的上弦杆,或是临时设置的体外拉杆钢筋(或扣索钢丝绳)。

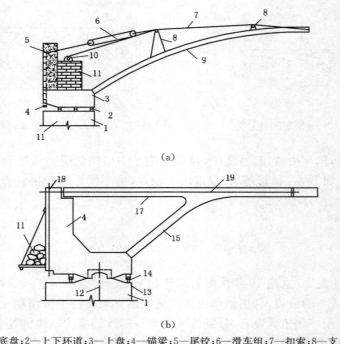

(a)

(b)

1—底盘;2—上下环道;3—上盘;4—锚梁;5—尾铰;6—滑车组;7—扣索;8—支点;
9—拱肋;10—绞车;11—平衡墙;12—轴心;13—轨道板;14—滚轮;
15—斜腿;16—背墙;17—槽梁;18—竖向预应力筋;19—拉杆。

图 3-3-23　转动体系构造

3.5.1.2　转体装置

目前国内使用的转体装置有两种,一是以球面转轴支承辅以滚轮的轴心承重转体;二是以聚四氟乙烯滑板构成的环道平面承重转体。前者多用于中小跨径桥梁,后者则用于大跨径或特大跨径桥梁及转动体系重心较高的桥梁。

1. 聚四氟乙烯滑板环道平面承重转体装置

这种平面承重转体装置由设在底盘和上转盘之间的轴心和环形滑道组成,具体构造如图 3-3-24 所示。其中,图(a)为环形滑道构造,图(b)为轴心构造,其间由扇形板联结。

(1) 环形滑道

环形滑道是一个以轴心为圆心,直径为 7~8 m 的圆环形混凝土滑道,宽 0.5 m,上下滑道高度约 0.5 m。下环道混凝土表面要既平整又粗糙,以便铺放 80 mm 宽的环形四氟板。上环道底面嵌设 100 mm 宽的镀铬钢板。

上转盘用扇形预制板把轴帽和上环道连成一体,并浇筑上转盘混凝土形成。

这种装置平稳、可靠,承受转体重量大,转动体系的重心与下转盘轴心可以允许有一定数量的偏心值。

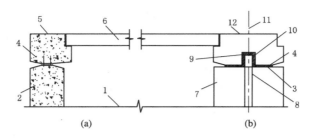

1—底盘；2—下环道；3—四氟板；4—镀铬钢板；5—上环道；6—扇形板；
7—轴座；8—钢轴心；9—四氟管；10—钢套；11—转动中心；12—轴帽。

图 3-3-24　滑板环道构造

（2）转盘轴心

转盘轴心由混凝土轴座、钢轴心和轴帽等组成。轴座是一个直径为 1.0 m 左右的 C25 钢筋混凝土矮墩，它不但对固定钢轴心起定位作用，而且支承上转盘部分重量。合金钢轴心直径为 0.1 m，长 0.8 m，下端 0.6 m 固定在混凝土轴座内，上端露出 0.2 m 车光镀铬、外套 10 mm 厚的聚四氟乙烯管，然后在轴座顶面铺四氟板，在四氟板上放置直径为 0.5 m 的不锈钢板，再套上外钢套。钢套顶端封固，下缘与钢板焊牢，浇筑混凝土轴帽，凝固脱模后轴帽即可绕钢轴心自如旋转。

2. 球面铰辅以轨道板和钢滚轮（或保险支撑）

这是一种以铰为轴心承重的转动装置。它的特点是整个转动体系的重心必须落在轴心铰上，球面铰既起定位作用，又承受全部转体重力，钢滚轮或保险支撑只起稳定保险作用。

球面铰（图 3-3-25）可分为半球形钢筋混凝土铰、球缺形钢筋混凝土铰和球缺形钢铰。前两种由于直径较大，故能承受较大的转体重力。

钢滚轮、轨道板的构造如图 3-3-26 所示。

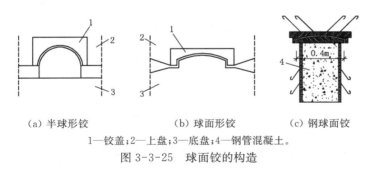

（a）半球形铰　　　　　（b）球面形铰　　　　　（c）钢球面铰

1—铰盖；2—上盘；3—底盘；4—钢管混凝土。

图 3-3-25　球面铰的构造

球铰构造可以是凸铰或凹铰，由图 3-3-27 可见，在相同倾覆力作用下，采用凸铰的转体结构的倾覆力臂总是大于采用凹铰的转体结构的倾覆力臂，因此，为预防结构转体过程中可能发生的倾覆失稳，要针对工程实际情况进行球面铰转动装置构造形式的选择。

3.5.1.3　转体驱动系统

转体施工常用的转体驱动系统有钢索牵引转动或千斤顶顶推转动。

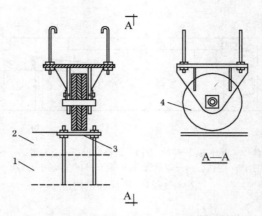

1—二期混凝土;2—三期混凝土;3—轨道板(由弧形钢板组成);4—滚轮。

图 3-3-26　轨道板及滚轮的构造

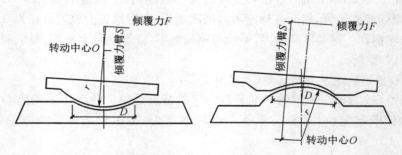

图 3-3-27　凸铰和凹铰的比较

　　钢索牵引转动驱动系统可由卷扬机、倒链、滑轮组、普通千斤顶等机具组成(图 3-3-28),即通过闭合的牵引主索由滑轮组牵引,在上转盘产生一对牵引力偶克服阻力偶而使桥体转动。这种驱动系统的布设占地较大,常受到场地的限制,并存在转体时牵引力的大小无法准确测量控制、作用力不易保持平衡、加载难以同步进行等缺点。

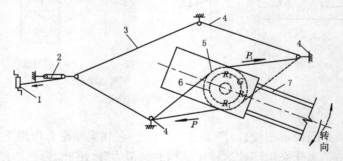

1—绞车;2—滑轮组;3—牵引主索;4—转向轮;5—牵引转盘;6—滚轮轨道;7—拱片。

图 3-3-28　牵引系统的布置

　　自动连续顶推系统(图 3-3-29)作为转动驱动设备的显著特点是转体能实现连续同步、匀速、平稳、一次性到位,结构紧凑,占地面积小,施工方便。

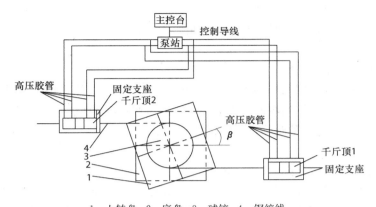

1—上转盘；2—底盘；3—球铰；4—钢绞线。

图 3-3-29　转体动力装置布置图（自动连续顶推）

3.5.1.4　拱桥的转体施工

有平衡重平面转体拱桥的主要施工程序如下：

1. 制作底盘（以球缺形钢铰为例）

底盘设有轴心（磨心）和环形轨道板。轴心起定位和承重作用。磨心顶面上的球缺形钢铰及上盖要加工精细，使接触面达 70% 以上。钢铰与钢管焊接时，焊缝要交错间断并辅以降温措施，防止变形。轴心定位要反复核对，轨道板要求高差不超过 ±1 mm。注意板底与混凝土接触密实，不能有空隙。

2. 制作上转盘

在轨道板上按设计位置放好承重滚轮，滚轮下面垫有 2~3 mm 厚的小薄铁片，此铁片当上转盘一旦转动后即可取出，这样便可在滚轮与轨道板之间形成一个 2~3 mm 的间隙。这个间隙是保证转动体系的重量压在磨心上而不压在滚轮上的一个重要措施。它还可用来判断滚轮与轨道板接触的松紧程度，调整重心。

滚轮通过小木盒保护定位后，可用砂模或木模作底模，在滚轮支架顶板面涂以黄油，在钢球铰上涂以二硫化钼作润滑剂，盖好上铰盖并焊上锚筋，绑扎上转盘钢筋，预留灌封盘混凝土的孔洞，即可浇筑上转盘混凝土。

3. 布置牵引系统的锚碇及滑轮，试转上转盘

要求主牵引索基本在一个平面内。上转盘混凝土强度达到设计要求后，在上转盘前方或后方配临时平衡重，把上转盘重心调到轴心处，最后牵引上转盘到预制上部构造的轴线位置。这是一次试转，一方面可检查、试验整个转动牵引系统，另一方面它也是正式开始上部结构施工前的一道工序。为了使牵引系统能够供正式转体时使用，布置转向轮时应使其连线通过轴心且与轴心距离相等，使正式转体时的牵引力也是一对平行力偶。

4. 浇筑背墙

上转盘试转到上部构造预制轴线位置后即可准备浇筑背墙。背墙往往是一个重量很大的实体，为了使新浇筑的背墙与原来的上转盘形成一个整体，必须有一个坚固的背墙模板支架。

为了保证背墙上部截面的抗剪强度（主要指台帽处背墙的横截面），应尽量避免在此处留施工缝。如一定要留，也应使所留斜面往外倾斜。此外，也可另用竖向预应力来确保该截面的抗剪安全。

5. 浇筑主拱圈上部结构

拱圈混凝土浇筑可利用两岸地形作支架土模，也可采用扣件式钢管作为满堂支架。为防止混凝土收缩和支架不均匀沉降产生的裂缝，浇筑半跨主拱圈时应按规范留施工缝。主拱圈也可采用简易支架，用预制构件组装的方法形成。

6. 张拉脱架

当拱圈混凝土达到设计强度后，即可进行安装拉杆、张拉脱架的工序。为了确保拉杆的安全可靠，要求每根拉杆钢筋都进行超荷载 50% 试拉。正式张拉前应先张拉背墙的竖向预应力筋，再张拉拉杆。在实际操作中，应反复张拉 2～3 次，使各根钢筋受力均匀。为了防止横向失稳，要求两台千斤顶的张拉合力在拱桥轴线位置，不得有偏心。

通过张拉，要求把支承在支架、滚轮、支墩上的上部结构与上转盘、背墙全部联结成一个转动体系，最后脱离支承，形成一个悬空的平衡体系支承在轴心铰上。这是一个十分重要的工序，它将检验转体阶段的设计和施工质量。

当拱圈全部脱离支架悬空后，上转盘背墙下的支承钢木楔也陆续松脱，根据楔子与滚轮的松紧程度加片石调整重心，或以千斤顶辅助拆除全部支承楔子，让转动体系悬空静置一天，观测各部分变形有无异常，并检查牵引体系等，均确认无误后，即可开始转体。

7. 转体合龙

把第一次试转时的牵引绳按相反的方向重新穿索、收紧，即可开始正式转体。为平稳转体，控制角速度为 0.5°/min。当快合龙时，防止转体超过轴线位置，采用简易的反向收紧绳索系统，用手拉葫芦拉紧后慢慢放松，并在滚轮前微量松动木楔，徐徐就位。

轴线对中以后，接着进行拱顶标高调整，在上下转盘之间用千斤顶能很方便地实现拱顶升降，但应把前后方向的滚轮先拆除，并在上下转盘四周用混凝土预制块楔紧、楔稳，以保证轴线位置不再变化。拱顶最后的合龙标高应考虑桥面荷载以及混凝土收缩、徐变等因素产生的挠度，留够预拱度。

轴线与标高调整符合要求后，即可先将拱顶钢筋用绑条焊接，以增加稳定性。

8. 封上下转盘、封拱顶、松拉杆

封盘混凝土的坍落度宜选用 17～20 cm，且各边应宽出 20 cm，要求灌注的混凝土从四周溢流，上下转盘之间密实。封盘后接着浇筑桥台后座，当后座达到设计要求强度后即可选择夜间气温较低时浇封拱顶接头混凝土，待其达到设计要求强度后，拆除拉杆，实现桥梁体系的转换，完成主拱圈的施工。主拱圈完成后，即是常规的拱上建筑施工和桥面铺装。

3.5.2 无平衡重平面转体施工

无平衡重转体（图 3-3-30）是以两岸山体岩土锚洞作为锚碇来锚固半跨桥梁悬臂状态时产生的拉力，并在立柱的上端作转轴，下端设转盘，通过转动体系进行平面转体。由于取消了平衡重，转动体系的重量大大减轻，减少了圬工数量，为桥梁转体施工向大跨径发展开辟了新的途径。但也由于锚碇的要求，此施工方法宜在山区地质条件好或跨越深谷急流处建造大跨桥梁时选用。

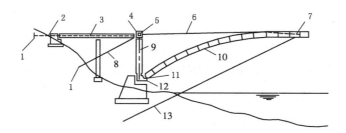

1—锚碇；2—轴向尾索；3—轴平撑；4—锚梁；5—上转轴；6—扣索；
7—扣点；8—斜尾索；9—墩上立柱；10—拱肋；11—下转盘；12—环道；13—风缆。

图 3-3-30 拱桥无平衡重转体构造

3.5.2.1 转体构造

拱桥无平衡重转体施工包括锚固、转动、位控三大体系。转体构造布置如图 3-3-30 所示。

1. 锚固体系

锚固体系由锚碇、尾索、平撑、锚梁（或锚块）及立柱组成。锚碇设在引道或边坡岩石中，锚梁（或锚块）支承在立柱上，轴向平撑、斜向平撑及尾索形成三角形稳定体，使锚梁（或锚块）和上转轴成为确定的固定点。拱箱转至任意角度，由锚固体系平衡拱箱扣索力。

2. 转动体系

转动体系由上转动构造、下转动构造、拱箱及扣索组成。

上转动构造［图 3-3-31(a)］由埋入锚梁（或锚块）中的轴套、转轴和环套组成，扣索一端与环套连接，另一端与拱箱顶端连接，转轴在轴套与环套间均可转动。

下转动构造［图 3-3-31(b)］由下转盘、下环道与下转轴组成。拱箱通过拱座铰支承在转盘上，马蹄形的转盘中部卡套在下转轴上，并支承在下环道上，转盘下安装了许多聚四氟乙烯蘑菇头，转盘的走板可在下环道上绕下转轴作弧形滑动，转盘与转轴的接触面涂有四氟粉黄油，以使拱箱转动。

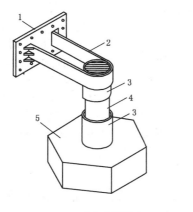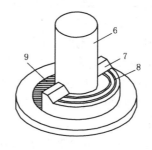

　　（a）上转轴　　　　　　　　　　（b）下转轴

1—扣索连接板；2—环套；3—轴套；4—上轴；5—轴套锚块；
6—下转轴；7—拱座铰；8—转盘；9—下环道。

图 3-3-31 转轴构造

301

扣索常采用 Φ32 mm 精轧螺纹钢筋,扣索将拱箱顶部与上转轴连接,从而构成转动体系,在拱箱顶端张拉扣索,拱箱即可离架转动。

3. 位控体系

位控体系由系在拱箱顶端扣点的缆风索与无级调速自控卷扬机、光电测角装置、控制台组成,用以控制在转动过程中转动体的转动速度和位置。

3.5.2.2 无平衡重转体的施工设计

1. 锚固体系的设计

(1)锚碇设计

锚碇处岩体的抗剪强度、抗滑稳定性的计算值应分别大于对应的使用值,并有足够的安全储备。锚碇是无平衡重转体施工的关键部位,必须绝对稳妥可靠,有条件时可做拔桩试验。当锚碇能力要求不太高时,可通过超张拉尾索来检验锚碇的安全度,虽然这样做会增加一些尾索、平撑的材料用量,但可保证安全、可靠。

(2)平撑、尾索的设计

在双箱对称同步转体时,一般可只设轴向平撑或用引桥的桥面板代替。但在双箱不对称同步转体或对称同步转体时,考虑到施工中可能出现由于拱箱自重误差和转体速度差而在锚梁上引起的横向水平力,还应增设斜向平撑和尾索,或上下游斜向尾索,以平衡横向水平力。

拱箱在转体过程中,随着转出角度的改变,扣索力的方向也随之变化,而轴向平撑与斜向平撑及尾索的内力也随之变化,使整个受力体系在任一转角时均处于平衡状态,图 3-3-32 所示为拱箱扣索在不同位置时,轴向平撑和斜向平撑的受力状态。

尾索一端浇于锚碇中,另一端穿过空心箱及锚块(或锚梁),并在锚块外侧张拉锚固,此时钢筋受拉,混凝土平撑受压。当张拉拱箱扣索时,斜向尾索拉力加大,混凝土平撑压力减小;而轴向混凝土平撑

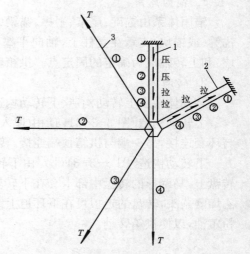

1—轴平撑;2—斜平撑;3—扣索。
图 3-3-32　扣索不同位置时轴平撑
和斜平撑的受力示意

压力加大,尾索内力减小;当拱箱向外转出时,两个方向的平撑及尾索自动调节内力。

设计中,确定平撑及尾索的预加应力大小及锚块位移的大小极为重要,设计的原则是:应满足上转轴铰点的内力平衡与平撑的变形协调条件。平撑要有足够的压力储备,才能防止在转体过程中锚块产生较大的位移。

(3)立柱的设计

桥台拱座上的立柱在转体阶段是用来支承锚块(或锚梁)的。对于跨径在 $100\sim200$ m 的拱桥而言,桥台上立柱高度可达 $30\sim50$ m,下端要承受拱箱的水平推力。构件细长比大,上下端受力大,经过计算比较,立柱按桅杆体系进行设计更合理。当立柱中部设平撑与岩体相连,立柱顶端变形可控制在较小范围内时,也可按刚架计算。

如拱座上无立柱,或立柱位置不符合施工要求时,通常需要在转体所要求的位置上临时

302

设置立柱,柱顶上支承锚块和平撑。临时立柱在转体完成后拆除。

（4）锚梁及锚块的设计

锚梁是一个短梁,锚块是一个节点实体,用以联系立柱、轴向平撑及斜向平撑,并作为扣索与尾索的锚固点。锚梁及锚块可以用钢筋混凝土制作,也可用钢结构作为工具,多次重复使用。

2. 转动体系的设计

（1）拱箱

转体施工过程中,拱箱的设计关键在于结构体系的选择,为了使拱箱受力状态良好和易于操作控制,只在拱箱顶端设一扣点,调整扣点高程可以使拱箱在整个转体过程中完全处于受压状态,不出现拉应力。

（2）上转轴

埋于锚梁中的轴套采用铸钢,内圆光洁度为▽5;转轴采用空心钢管,外圆光洁度为▽5。与转轴配合的环套与扣索连接板焊接[图 3-3-31(a)]。

（3）下转盘

转盘由 3～4 层半环形钢带弯制成的马蹄形构件内灌混凝土形成,转盘与下转轴的接触处光洁度采用▽5,转盘下设走板,走板前后均设倒角,走板开了许多小孔嵌设聚四氟乙烯蘑菇头,使其滑动时摩阻力较小[图 3-3-31(b)]。转盘设计中除考虑拱箱水平推力所产生的拉力外,还应考虑拱座处的剪应力与铰座的局部应力。

（4）下转轴

下转轴位于立柱下端,是呈圆截面的钢筋混凝土柱。下转轴与下转盘接触处外套一个高 0.2 m 的钢环,外圆光洁度为▽5,并涂有摩擦系数较小的滑道材料。设计时应考虑转轴能承受拱箱水平推力所产生的剪应力、弯应力和局部应力。

（5）下环道

在基础顶面、下转轴四周设置宽 50 cm、由机械加工的圆环形钢制下环道,为减少安装变形,最好与下转轴上套的钢环焊在一起加工制作。

（6）扣索

通常选用 Φ32 mm 精轧螺纹钢筋,使用应力为设计强度的 45%～50%。

3. 位控体系的设计

拱箱的转体是靠扣索力和上、下转轴预留的偏心值形成的转动力矩来实现的,故转动位控体系的设计原则就是由扣索力和预先设置的上转轴与下转轴中心偏心值 e 所产生的自转力矩$(M=T \cdot e)$应大于上、下转轴及转盘转动的摩阻力矩$(M_摩)$。

当张拉扣索至设计吨位时,拱箱脱架,并在自转力矩作用下进行转体。在拱箱的转体过程中自转力矩 M 是变化的,当拱箱转至顺河方向与桥轴线垂直时,M 值最大(图 3-3-33)。摩阻力矩 $M_摩$ 启动时为静摩擦,此时 $M_摩$ 值最大,而一经启动,即为动摩擦,$M_摩$ 值减小。特别是以四氟板作滑道材料,静、动摩擦阻力相差较大,因此

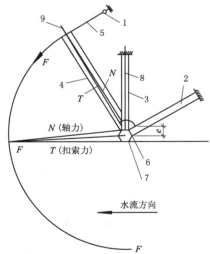

1—卷扬机;2—斜平撑及锚碇;3—平撑;
4—拱箱;5—风缆;6—下转轴;7—上转轴;
8—桥轴线;9—拱箱线;e—偏心值。

图 3-3-33　位控受力分析示意图

303

设计时应使最小的自转力矩大于最大的摩阻力矩。

缆风索及卷扬机系统的选择,应根据所求得的自转分力并考虑风缆不同角度的因素而定。在有些情况下,还应设置反向风索,或者在下转盘前后用千斤顶顶推,辅助转体。

3.5.2.3 无平衡重转体施工

拱桥无平衡重转体施工的主要内容和工艺有以下各项。

1. 转动体系施工

① 设置下转轴、转盘及环道;

② 设置拱座及预制拱箱(或拱肋),预制前需搭设必要的支架、模板;

③ 设置立柱;

④ 安装锚梁、上转轴、轴套、环套;

⑤ 安装扣索。

这一部分的施工主要保证转轴、转盘、轴套、环套的制作安装精度及环道的水平高差的精度,并要做好安装完毕到转体前的防护工作。

2. 锚碇系统施工

① 制作桥轴线上的开口地锚;

② 设置斜向洞锚;

③ 安装轴向、斜向平撑;

④ 尾索张拉;

⑤ 扣索张拉。

其中锚碇部分的施工应绝对可靠,以确保安全。尾索张拉在锚块端进行。扣索张拉在拱顶段拱箱内进行。张拉时,要按设计张拉力分级、对称、均衡加力,要密切注意锚碇和拱箱的变形、位移和裂缝,发现异常现象应仔细分析研究,处理后再做下一道工序,直至拱箱张拉脱架。

3. 转体施工

正式转体前应再次对桥体各部分进行系统全面检查,确认无误后方可转体。启动时放松外缆风索,转到距桥轴线约60°时开始收紧内缆风索,索力逐渐增大,但应控制在 20 kN 以下,若转不动则应以千斤顶在桥台上顶推马蹄形转盘辅助转体。为了使缆风索的受力角度合理,可设置两个转向滑轮。缆风索启动时的速度宜选用 0.5～0.6 m/min,一般运行速度宜选用 0.8～1.0 m/min。

4. 合龙卸扣施工

拱顶合龙后的高差,通过分级张紧或放松扣索来调整拱顶标高到设计位置。封拱宜选择低温时进行。先用 8 对钢楔楔紧拱顶,焊接主筋,预埋铁件,然后先封桥台拱座混凝土,再浇封拱顶接头混凝土。当混凝土达到 70%设计强度后,即可卸扣索,卸索应对称、均衡、分级进行。

3.5.3 竖向转体施工

竖向转体可根据桥位处的场地情况,或利用桥位处无水或水很少的施工现场,将拱肋在桥位处现浇或拼装成半跨,以拱脚为转动轴,用扒杆等起吊安装(图 3-3-34)。或采用类似桥墩施工中的滑模施工法,在竖向现浇半跨拱肋,随后通过转动控制系统使拱肋绕拱脚转动至合龙。

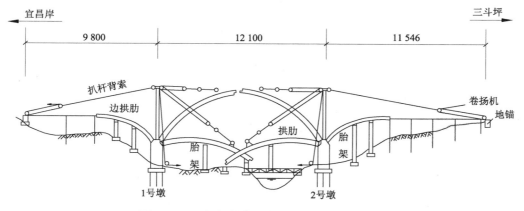

图 3-3-34　扒杆吊装系统总布置图（单位：cm）

采用竖向转体方法进行的拱桥施工中，主要针对的结构对象是主拱肋。当桥位处无水或水很少时，可以将拱肋在桥位处拼装成半跨，然后用扒杆起吊安装，如三峡莲沱大桥施工。当桥位处水较深时，可借鉴浙江新安江大桥和江西瓷都大桥的施工方法，即在桥位附近进行拱肋的拼装，采用船舶浮运至桥轴线位置，再用扒杆起吊安装。

此外，非常具有特点的拱肋转体施工法是用滑模施工法竖向现浇半跨拱肋，随后通过转动控制系统使拱肋绕拱脚转动至合龙，如神原溪谷大桥施工（图 3-3-35）。该施工工艺的特点是：在狭小的施工场地，采用滑模法施工拱肋既省力又比较安全；由于拱肋沿垂直方向施工，因此可以得到填充性能良好的混凝土；不需要使用大型的架桥设备；转体过程中须注意拱圈的受力情况，确保拱圈在强度等方面的要求，必要时须进行局部加固。拱肋的整个施工过程中，结构体系较为简单，便于施工管理。

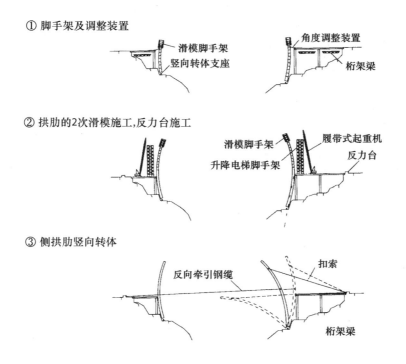

④ 侧拱肋竖向转体

⑤ 拱顶合龙，放松扣索，加固拱座

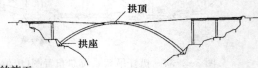

⑥ 吊杆、加劲梁的施工

⑦ 桥面施工

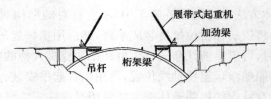

图 3-3-35　神原溪谷大桥的施工顺序

思　考　题

1. 举例说明拱桥的常用施工方法。

2. 拱桥的施工支架有哪几种？其与梁桥的施工支架有何区别？

3. 拱桥支架的预拱度设置应该考虑哪些因素？

4. 试述上承式拱桥采用支架现浇施工的工序，其中主拱圈混凝土的浇筑方法有哪几种？

5. 简述采用缆索吊装法施工装配式钢筋混凝土肋拱桥的施工工序。施工中可采取的稳定措施有哪些？

6. 什么是转体施工法？它有哪几种分类？简述其特点和区别。

7. 有平衡重转体施工法的主要施工步骤是什么？简述有平衡重转体施工的转体装置类型和适用性。

8. 什么是无平衡重转体施工的三大体系？简述各体系的作用。

4 斜拉桥和悬索桥的施工

斜拉桥和悬索桥是缆索承重结构体系。斜拉桥由索、塔、梁三种基本构件组成;悬索桥由主缆、索塔、加劲梁、吊杆、鞍座、锚碇、基础等组成。

斜拉桥的施工有基础、墩塔、梁、索等四部分,其中基础施工与其他类型的桥梁相似;墩塔的施工有别于一般桥墩施工的主要方面是主塔的构造形式较多,而且塔顶索区构造复杂,如何保证各构件准确定位是施工关键问题;主梁的施工方法与梁式桥基本相同;索的施工包括制造、架设和张拉。

悬索桥的施工主要有基础、主塔、锚碇、鞍座、猫道、主缆、加劲梁等。除基础和主塔施工与斜拉桥相同外,其他构件的施工都非常具有独特性。

此外,在斜拉桥和悬索桥施工中,应非常关注施工控制问题。

4.1　斜拉桥的施工要点

4.1.1　主塔施工

索塔的材料可用钢、钢筋混凝土或预应力混凝土。索塔的构造远比一般桥墩复杂,塔柱可以是倾斜的,塔柱之间可能有横梁,塔内须设置管道以备斜拉索穿过锚固,塔顶有塔冠并须设置航空标志灯及避雷器,沿塔壁须设置检修攀登步梯,塔内还可能建设观光电梯。因此塔的施工必须根据设计、构造要求统筹兼顾。

钢索塔施工方法为预制吊装。混凝土索塔施工大体上可分为搭架现浇、预制安装、滑升模板浇筑等几种方法。

斜拉索锚固区的施工应根据不同的拉索锚固形式选择合理的施工方法。一般斜拉索的锚固形式(图 3-4-1)有:实心塔的交叉锚固型、空心塔的钢梁锚固型和预应力锚固型。

交叉锚固型的实心塔锚固区施工的一般步骤为:在塔身中设立劲性骨架→绑扎钢筋→将预制的拉索套筒定位→检查套筒上、下口的空间位置、套筒倾斜度和标高等→立模浇筑混凝土并养护。

对钢梁锚固型的主塔锚固区,除钢横梁外,施工方法与交叉锚固型的施工基本相同。拉索锚固钢横梁根据施工现场的起吊能力决定构件加工形式,并按桥梁钢结构要求进行加工,经严格验收合格后方可使用。

预应力锚固型的主塔锚固区施工程序为:设立劲性骨架→绑扎钢筋→拉索套筒安装就位→安装预应力管道及钢束→安装模板→混凝土浇筑并养护→施加预应力→预应力管道压浆→封锚。

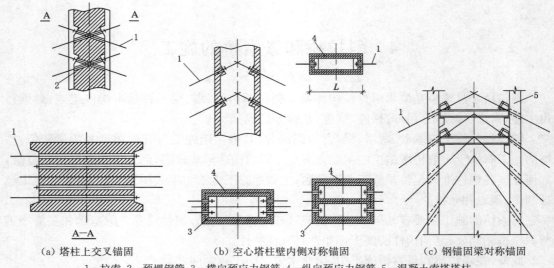

（a）塔柱上交叉锚固　　　（b）空心塔柱壁内侧对称锚固　　　（c）钢锚固梁对称锚固

1—拉索；2—预埋钢管；3—横向预应力钢筋；4—纵向预应力钢筋；5—混凝土索塔塔柱。

图 3-4-1　拉索与桥塔的锚固

4.1.2　主梁施工

主梁施工方法有：在支架上拼装或现浇、悬臂施工、顶推施工、转体施工等，其中悬臂施工是最为常用的施工方法。

1. 在支架上施工

当所跨越的河流通航要求不高或岸跨无通航要求且容许设置临时支墩时，可以直接在脚手架上拼装或浇筑主梁，也可以在临时支墩上设置便梁，在便梁上拼装或浇筑主梁。如果条件允许，这种方法总是最便宜、最简单的。

2. 悬臂施工

现代大跨径斜拉桥主梁施工常用悬臂施工法，利用众多的斜向拉索在施工时吊拉主梁，充分发挥斜拉桥的结构优势，以减轻施工荷载，使结构在施工阶段和运营阶段的受力基本一致。

钢斜拉桥大多数采用悬臂拼装法施工而成。

采用悬臂拼装法施工的混凝土斜拉桥，主梁在预制场分段预制，混凝土龄期较长，收缩、徐变变形小，梁段的断面尺寸和混凝土质量容易得到保证。

斜拉桥特别适合使用悬臂浇筑法。我国在 20 世纪七八十年代大部分斜拉桥悬臂浇筑施工还是沿用一般连续梁常用的挂篮（如桁梁式挂篮、斜拉式挂篮等）进行，该类型挂篮均为后支点形式、单悬臂受力，挂篮自重与所浇筑梁段重力之比一般在 0.7 以上，甚至可能达到 1～2，浇筑节段长度受到很大的限制。

20 世纪 80 年代后期，根据斜拉桥的特点，我国开始研制前支点牵索式挂篮。利用施工节段前端最外侧两根斜拉索，将挂篮前端大部分施工荷载传至桥塔，变悬臂负弯矩受力为简支正弯矩受力，既减轻了挂篮自重，使节段悬臂浇筑长度及承受能力得以提高，又使施工程序得以简化。图 3-4-2 所示为武汉长江二桥悬臂浇筑施工中采用的"短平台复合型牵索挂篮"，它由挂篮平台、三角架和伺服系统（牵索系统、悬吊系统、走行系统、锚固系统、水平支承系

308

统、微调定位系统)三大部分构成。设计构思的目的:采用短平台,以减轻其自重;安装三角架,以解决挂篮平台的走行;设置前吊杆和牵索,二者共同受力,以控制主梁的线形和应力。

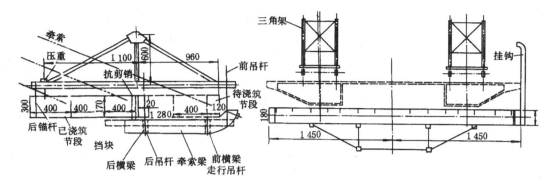

图 3-4-2　短平台复合型牵索挂篮(单位:cm)

根据施工挂篮的承载能力,主梁混凝土的浇筑可采用全断面一次完成或按施工进程逐步形成。

对于单索面布置的箱形截面主梁,为减轻浇筑重量,可将横截面分解成三部分,即中箱、边箱和悬臂板。先完成包含主梁锚固系统的中箱,张拉斜拉索,使之形成独立的稳定结构,然后以中箱和已浇梁段的边箱为依托,浇筑两侧边箱,最后用悬挑小挂篮浇筑悬臂板,使整体单箱按品字形向前不断进行悬臂浇筑。

对于双索面布置的双箱截面主梁,主梁节段的横向可划分为两个边箱和中间行车道板三部分。两个边箱对称悬臂浇筑并张拉拉索,最后以两个边箱为基础施工中间行车道板。

3. 顶推施工

顶推施工法较适用于桥下净空较低、修建临时支墩造价不大、支墩不影响桥下交通、抗压与抗拉能力相同能承受反复弯矩的钢斜拉桥施工。对混凝土斜拉桥主梁而言,考虑施工因素需设置较多的预应力束,在经济上不合算。工程应用中,以斜拉桥整体结构形式进行顶推施工的桥梁实例并不多。

法国米洛桥为多跨连续斜拉桥,其最大塔墩高 336 m,主梁为钢箱梁,采用梁式桥双向顶推法施工,为减小顶推跨径,施工中设置了临时墩,在顶推梁前端安装永久的索塔结构以满足顶推时内力和挠度的要求,当主梁顶推就位合龙后,由桥面运输钢主塔,主塔翻身安装就位,斜拉索挂索张拉。

4. 转体施工

平转法施工是将斜拉桥上部结构分别在两岸或一岸顺河流方向的支架上现浇,并在岸上完成落架、张拉、调索等所有安装工作,然后以墩、塔为轴心,整体旋转到桥轴线位置后合龙。

4.1.3　斜拉索的制造与安装

4.1.3.1　斜拉索的类型

斜拉索由两端的锚具、中间的拉索传力件及防护材料三部分组成,称为拉索组装件。拉索的材料有钢丝绳、粗钢筋、高强钢丝、钢绞线等(图 3-4-3)。

(a) 钢筋索   (b) 钢丝索   (c) 钢绞缆索   (d) 单股钢绞缆   (e) 封闭式钢缆

图 3-4-3　拉索类型

现代斜拉桥中常用的拉索形式为平行钢丝索和平行钢绞线索。

1. 平行钢丝索

常用的高强钢丝直径为 5 mm 或 7 mm,其优点是强度高(1 570~1 860 MPa),弹性模量高(2.0×10^5 MPa),可以做成较长的索而无需中间接头,吨位可大可小,配用冷铸锚可以有较好的耐疲劳性能,缺点是对防锈的要求较高。

挤包护层扭绞型成品拉索采用 φ5 mm 或 φ7 mm 低松弛镀锌高强钢丝作为索材,两端用冷铸锚具,定长下料。索体由若干根高强度钢丝并拢经大节距扭绞,缠包高强复合带,然后挤包单护层或双护层而形成。其工艺流程大致为:下料→排丝→扭绞成束(左旋)→缠包高强复合带(右旋)→挤塑护套→精下料→冷铸锚制作→超张拉→上盘→进库。

2. 平行钢绞线索

随着斜拉桥建造跨度和索力的不断增大,拉索越来越长,自重越来越大,这对运输、起吊、安装、牵引、张拉等都带来了困难,由此钢绞线拉索应运而生。

拉索的基本技术如下:钢绞线逐根穿挂、逐根张拉,以夹片固锁,组合成束后再整体小行程张拉、调整索力,以螺帽锚固。为使拉索组装件的抗疲劳性能得到更可靠的保证,在夹片群锚后端再连接一段适量长度的钢套管,张拉锚固后,在钢套管内压注砂浆或环氧砂浆,使锚具得到可靠防护,并借用砂浆与绞线的黏结力减轻夹片直接承受高幅度应力变化。

当今平行钢绞线拉索防护的常用方案是在单根绞线上逐根外包 PE 护套,然后挂线、张拉,成索后或再外包环氧织物,或不再外包都有成例。

钢绞线拉索的优点是拉索制作、穿挂、牵引、张拉全过程均"化整为零",取消了拉索工厂制造的全部繁杂工艺,避免了大型成品索的起重、运输、吊装、穿挂、牵引等方面的困难,无需大型施工设备,施工便捷,大幅度降低了拉索造价。

4.1.3.2　斜拉索的安装

斜拉索安装大致分为两步:引架作业和张拉作业。

斜拉索的引架作业是将斜拉索引架到桥塔锚固点和主梁锚固点之间的位置上,其作业方法一般有以下五种:

① 在工作索道上引架。这种方法是先在斜拉索的位置下安装一条工作索道,斜拉索沿着工作索道引架就位。

② 由临时钢索及滑轮吊索引架。这种方法是在待引架的斜拉索之上先安装一根临时钢索,称为导向索,斜拉索置于沿导向索滑动并与牵引索相连接的滑动吊钩上,用绞车引架就位。

③ 利用吊装天线引架。

④ 利用卷扬机或吊机直接引架。这个方法最为简捷。即在浇筑桥塔时,先在塔顶预埋

扣件,挂上滑轮组,利用桥面上的卷扬机和牵引绳通过转向滑轮和塔顶滑轮将斜拉索吊起,一端塞进箱梁,一端塞进桥塔。

⑤ 单根钢绞线安装。此方法是针对由多根钢绞线组成的斜拉索,挂索施工时,用轻型张拉设备每次提升一根钢绞线,并张拉锚固,直至一根斜拉索中的全部钢绞线安装完成,或再按设计要求做一次整体张拉。

斜拉索的张拉作业大致有以下三种:

① 用千斤顶将塔顶鞍座顶起。每一对索都支承在各自的鞍座上,鞍座先就位在低于其设计高程的位置,当斜拉索引架就位后,将鞍座顶到预定高程,使斜拉索张拉达到其承载力。

② 在支架上将主梁前端向上顶起。引架斜拉索,并使其处于不受力状态,斜拉索引架完成后放下千斤顶使斜拉索受力。

③ 千斤顶直接张拉。这是最常用也是最方便的方法。

4.1.4 斜拉桥的施工控制

斜拉桥采用斜拉索来支承主梁,使主梁变成多跨弹性支承连续梁,降低了主梁高度。但由于主梁纤细并靠斜拉索"支承"着,任一索力的大小和变形都将对整个结构的状态产生很大影响。因此,需在施工中控制索力,使梁塔处于最优的受力状态,并且使主梁标高符合设计要求,为达到这一目标,施工控制是关键。

斜拉桥施工控制中索力的调整主要有以下几种方法。

1. 一次张拉法

一次张拉法是在施工过程中每一根索都是一次张拉到设计索力。对于施工中出现的梁端挠度和塔顶的水平位移,不用索力调整,任其自由发展,或保持索力为设计值条件下通过下一块件的接缝转角进行调整,直至跨中合龙时挠度的偏差采用施加外力(如压重)的方法强迫合龙。

2. 多次张拉法

多次张拉法是在整个施工过程中对拉索进行分期分批张拉,使施工各阶段的索力较为合理,竣工后索力也基本达到期望值。多次张拉法成桥后的线形和内力状态优于一次张拉法,但施工比较复杂。

3. 设计参数识别修正法

设计参数识别修正法是根据施工中结构应力和挠度等的实测值,对斜拉桥的主要参数,如混凝土的收缩及徐变系数、主梁的抗弯刚度、构件重力等进行估计,然后把修正过的设计参数反馈到控制计算中,求得新的施工索力和挠度的理论期望值,以此消除理论计算值与实测值偏差中的主要部分。

4. 卡尔曼滤波法

卡尔曼滤波法类似一次张拉法,但各阶段索的张拉力不是原来的设计索力,而是根据变位的实测值经过滤波和反馈控制计算后给出索力的修正值。该方法将梁的挠度看作随机状态矢量,索力作为外加控制矢量,通过适当地选择索力以控制最后梁端或塔顶位置达到某一指定值,因此对位置的控制是绝对的,对索力的控制则是在满足设计位置的基础上,以结构内能为最小条件下的最优。

5. 最小二乘法

设可调整的索力为 N,施工管理项目(可以包括索力、梁的挠度、塔的位移或构件截面应力等)数量为 M,并允许 M>N。设 $\boldsymbol{R}$ 为索力调整后管理项目的残余误差列向量,$\boldsymbol{R} = [R_1,$ $R_2, \cdots, R_n]^{\mathrm{T}}$,目标函数 Ω 可表示为

$$\Omega = \sum_{i=1}^{M} R_i^2 \qquad (3\text{-}4\text{-}1)$$

因为残余误差 $\boldsymbol{R}$ 是索力 N_j 的线性函数,故使式(3-4-1)为最小的索力为

$$\frac{\partial \Omega}{\partial N_j} = 0(j = 1, 2, \cdots, N) \qquad (3\text{-}4\text{-}2)$$

由式(3-4-2)得到 N 元联立方程,解方程很容易求出索力 N_j 的值。

4.2 悬索桥的施工要点

现代大跨度悬索桥的施工方法比较有典型性,根据结构特点,其施工步骤主要有五个部分:

① 施工塔、锚碇的基础,同时加工制造上部结构施工所需的构件,为上部结构施工做准备;

② 施工索塔及锚体,其中包括鞍座、锚碇钢框架安装等施工;

③ 主缆系统安装架设,其中包括牵引系统、猫道的架设和主缆索股预制和架设、紧缆、上索夹、吊索安装等;

④ 加劲梁节段的吊装架设,包括整体化焊接等;

⑤ 桥面铺装,主缆缠丝防护,伸缩缝安装,桥面构件安装等。

日本明石海峡大桥上部结构的施工步骤如图 3-4-4 所示。

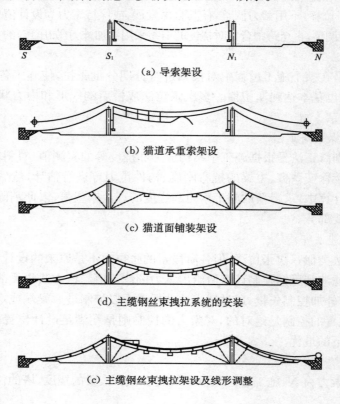

(a) 导索架设

(b) 猫道承重索架设

(c) 猫道面铺装架设

(d) 主缆钢丝束拽拉系统的安装

(c) 主缆钢丝束拽拉架设及线形调整

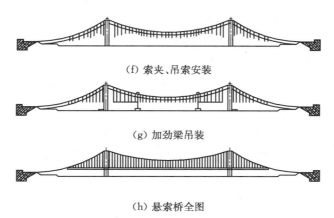

（f）索夹、吊索安装

（g）加劲梁吊装

（h）悬索桥全图

图 3-4-4　悬索桥施工步骤

下面主要说明鞍座、主缆和加劲梁的施工。

4.2.1　鞍　座

悬索桥的鞍座分主索鞍和散索鞍。

主索鞍是布置在塔顶用于支撑主缆的永久性大型构件。其功能是承受主缆的竖向压力，并将主缆的竖向压力均匀地传递到桥塔上，同时也起到使主缆在塔顶处平缓过渡、减少主缆过塔顶时的弯折应力的作用。

散索鞍布置在锚碇前沿，其功能是将主缆索股在竖直方向和水平方向散开，并引入锚面的各个锚固点。

鞍座的制作方式有全铸、铸焊和全焊。

主缆架设时，主鞍座与塔顶为固结状态。随着后期加劲梁的安装，缆力逐渐增大，主缆将带着主鞍座向河侧移动，这将在主塔根部产生较大的弯矩。为减小塔身的施工应力，并使主鞍座两边的主缆水平分力接近相等，须让主鞍座相对于塔顶做有控制的纵向移动。具体的施工措施为：在鞍座下放置辊轴或在鞍座底面涂抹石蜡，在塔顶鞍座旁靠岸侧设置施顶反力架，在主缆架设前，先将主鞍座向岸跨设置预偏量并与主塔固结，主缆架设完成后，在反力架与鞍座间安装千斤顶，随着加劲梁的安装，根据主塔结构的受力情况，渐次地分级对鞍座施顶，直至顶推鞍座到设计位置后再与塔顶固结。

4.2.2　猫　道

猫道系统是施工临时设施，架设在主缆下，平行于主缆线形布置，是操作人员进行主缆作业的高空脚手架，为主缆系统乃至悬索桥整个上部结构的施工提供作业面。

在整个主缆系统施工过程中，猫道担负着输送索股、调股紧缆、安装索夹及吊杆、钢箱梁吊装及缠丝防护等重要任务。

为构筑猫道结构，需先架设先导索，再架设猫道主索和结构以及猫道的抗风体系。

猫道施工流程为：猫道承重索制作→架设猫道承重索施工所需的临时设施——托架系统→架设、调整猫道承重索：在使塔身尽量承受最小的不平衡水平力并保证锚梁受力平衡的

313

前提下,利用牵引系统架设承重索,测定并调整承重索跨中点的标高至设计位置→托架拆除及支承索上移→猫道面层铺设及横向走道安装→调整猫道标高→架设抗风缆,以提供抗风稳定性及结构刚度,调整猫道线型,减小偏载产生的倾斜程度→猫道门架安装→猫道系统完成。

图3-4-5为广东虎门大桥猫道总体布置图。

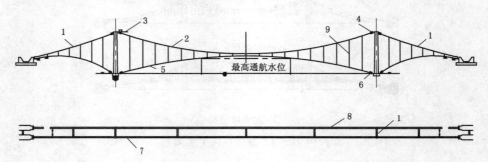

1—横走道;2—承重绳;3—承重绳固定点;4—承重绳调节装置;5—抗风缆;
6—抗风缆调节装置;7—上游猫道;8—下游猫道;9—抗风吊杆。

图3-4-5　猫道总体布置

4.2.3　主缆架设

大跨度悬索桥的主缆形式主要为平行线钢缆,施工程序为:按空中送丝法或预制索股法进行主缆架设→主缆整圆挤紧→缠缆防护。

1. 空中送丝法

空中送丝法是将制索股的工作放在以猫道为工作平台的空中进行,在制索股的同时完成主缆架设。

以图3-4-6为例,在索塔、锚碇等施工完成后,沿主缆设计位置,在两岸锚碇之间布置一无端牵引绳,在牵引绳上设置送丝轮,由送丝轮不停地带着卷筒上的钢丝从一岸到达另一岸,直至形成丝股,将两端都扣接于锚杆上,并在主鞍座、散索鞍处正确定位。

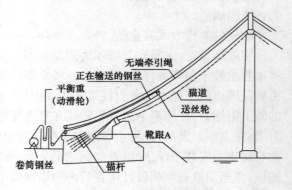

图3-4-6　送丝工艺示意图

预制平行索股法的施工是先在空中布置一牵引系统,再将索股盘吊运至索盘架上,锚头从索盘上引出,连接在牵引系统的拽拉器上,一边施加反拉力,一边沿设置在猫道上的滚筒向对岸进行牵引。待索股牵引至对岸锚碇后,使索股在主鞍座、散索鞍处正确定位,锚固索股(图3-4-7)。

为了使架设后的主缆线形与设计一致,必须在施工中对主缆的形成进行控制。因此,施工时将主缆分成基准索股和非基准索股,其中基准索股是非基准索股调整的基础。主缆线形控制即是主缆中的基准索股的跨中绝对标高和非基准索股的跨中相对标高及锚跨张力的控制。

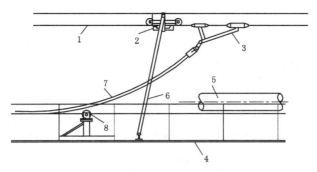

1—牵引索；2—猫道门架导轮组；3—拽拉器；4—猫道；5—大缆；6—猫道门架；7—索股；8—滚筒。

图 3-4-7　门架式拽拉器牵引方式

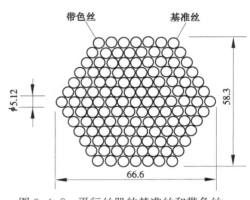

图 3-4-8　平行丝股的基准丝和带色丝
（单位：mm）

空中送丝法基准丝的数目和位置应以能适应钢丝的垂度校核为原则（图 3-4-8）。将每一丝股在安装时的第一根丝（或头几根丝）取为基准丝，随后安装的丝以先前安装的基准丝来校核。校核的原则就是让钢丝处于自由悬挂状态，并使其垂度同基准丝一样。

预制索股法的各索股的长度也不相同，在每一索股中，设有一根基准索股和一根带色索股，基准索股是以后各索股垂度调整的基准，而带色索股用以检查安装在主缆中的丝股是否扭曲。

3. 主缆挤紧

主缆的挤紧作业有主缆初整圆和主缆挤紧。

主缆挤紧是由紧缆机完成的。主缆初整圆后，安装紧缆机（一般需配备四台紧缆机），首先从两主塔向中跨跨中挤紧，然后再从主塔分别向两边跨挤紧，挤紧间距为 1m。挤紧后在挤紧压块前后各用钢带捆扎一道，间距约 0.5 m。挤紧操作完毕后，主缆的直径、截面形式和空隙率均需满足设计要求。

4. 缠缆防护

主缆是易于腐蚀且不可撤换的构件，其防护是施工中十分重要的工序。

根据主缆构造特点和各区段断面形式及所处位置不同，所采取的防护措施各有不同。

虎门大桥的主缆索股在锚跨、鞍槽内采用抽湿机控制环境空气相对湿度进行防护，对于其他外露部分则采用 6 层防护，即：①厚度为 75 μm 的底漆（环氧富锌）干膜；②高出主缆钢丝 2 mm 的封闭腻子（聚氨酯腻子）；③缠丝；④密封腻子，填满缠绕钢丝间的凹缝；⑤厚度为 640 μm 的防水面漆（聚氨酯）；⑥厚度为 250 μm 的防紫外线面漆。其中，缠丝的目的，一是保护主缆钢丝和涂层，二是增强主缆钢丝间的摩阻力，减少钢丝受力不均匀性，起均衡内部应力的作用。

4.2.4　加劲梁架设

主缆紧缆成形，安装好索夹、吊索后，安装缆载起重机，即可按照确定的架设方案将预拼装完成的加劲梁逐段吊装就位、整体化焊接，形成整个结构体系。

加劲梁架设方案的确定取决于多种因素,如航道要求、主缆结构的受力、结构在施工状态下的稳定性等。架设顺序可以从桥塔开始,向主跨跨中及边跨岸边前进(图 3-4-9);也可以从主跨跨中开始,向桥塔方向逐段吊装(图 3-4-10)。

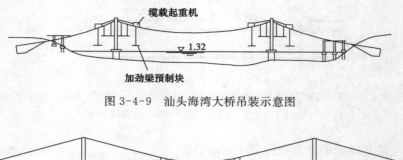

图 3-4-9　汕头海湾大桥吊装示意图

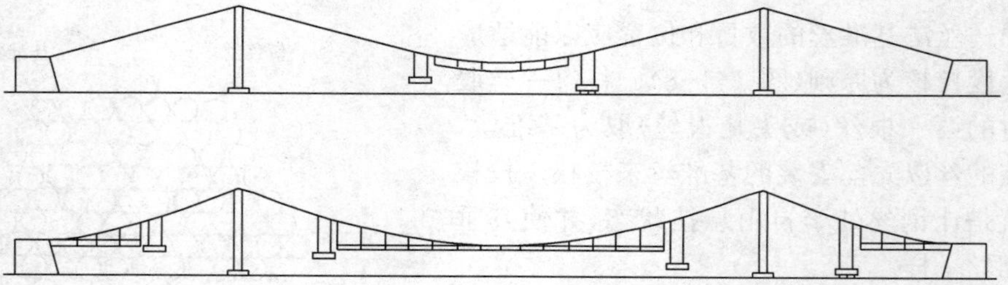

图 3-4-10　从跨中开始吊装示意图

从桥塔开始吊装的优点是施工比较方便,缺点是桥塔两侧的索夹首先夹紧,此时主缆形状与最终几何线形差别最大,因而主缆中的次应力较大。

从主跨跨中开始吊装的优点是:在架设桥塔附近的加劲梁段时,主缆线形已非常接近其最终几何形状,此时将桥塔附近的索夹夹紧,主缆的永久性角变位最小。

4.2.5　悬索桥的施工控制

悬索桥的施工控制由施工前控制和施工中控制两大部分组成。

悬索桥施工前控制包括确定主缆和吊索的无应力长度、加劲梁的无应力三维尺寸、鞍座的预偏量、索夹的预偏量等。

悬索桥施工中控制主要是对工厂预制控制和桥位现场浇筑、拼装、架设的控制。前者控制加工精度。后者的主要控制内容为:施工阶段猫道、主缆、加劲梁等结构几何形状和内力的计算模拟;施工误差量测、反馈及调整;塔顶鞍座的合理顶推;加劲梁段吊装、刚接先后次序的合理选择等。

思　考　题

1. 斜拉桥主梁的施工方法有哪些?其中最常用的是哪种方法?
2. 简述斜拉桥悬臂浇筑施工中采用的前支点牵索式挂篮的特点。
3. 试述悬索桥的主要施工步骤。

5 桥梁支座和伸缩缝施工

5.1 桥 梁 支 座

支座设置在桥梁的上部结构与墩台之间,它的作用是把上部结构的各种荷载传递到墩台上,并能够适应活载、温度变化以及混凝土收缩、徐变等因素所产生的位移,使上、下部结构的实际受力情况符合设计的计算图式。

梁式桥的支座一般分为固定支座和活动支座。固定支座允许梁截面自由转动而不能移动,活动支座允许梁在挠曲和伸缩时转动与移动。

桥梁的使用效果与支座能否准确地发挥其功能有着密切的关系,这其中有对支座施工安装的要求,而正确地确定支座所承受的荷载和活动支座的位移量关系到支座的使用寿命。

5.1.1 支座的类型

根据桥梁跨径、支座反力,支座允许转动与位移不同,支座选用的材料不同,支座满足的防震、减震要求不同,桥梁支座有许多相对应的类型。

随着桥梁结构体系的发展,支座类型也相应得以更新换代,现常用的支座有板式橡胶支座、盆式橡胶支座、球形钢支座、减隔震支座。

5.1.2 支座的安装施工要点

1. 板式橡胶支座

板式橡胶支座的安装是保证支座正常使用的关键。橡胶支座应水平安装,由于施工等原因倾斜安装时,则坡度最大不能超过2%。

支座必须考虑更换、拆除和安装的方便。任何情况下不允许两个或两个以上支座沿梁中心线在同一支承点处一个接一个安装,也不允许把不同尺寸的支座并排安装。

支座要求安装位置准确、支承垫石水平,每根梁端的支座尽可能受力均匀,不得出现个别支座脱空现象,以免支座受力后产生滑移及脱落等情况。对大跨径桥梁或弯、斜、坡桥等,须在支座与所支承的结构之间设置必要的横向限位设施,以使梁体的横向移动控制在容许限度以内。

就具体安装施工而言,应做到如下几点:

① 安装前应根据技术条件对支座本身进行检查、验收,所用的橡胶支座必须有产品合格证书。

② 梁底支承部位要求平整、水平。支承部位相对水平误差不大于0.5 mm。中、小跨度混凝土梁梁端未设支承钢板者,梁底支承面施工时应注意平整,或局部设置钢模底板;对标准设计中梁端有支承钢板者,要求钢板位置准确、水平。钢板本身必须平整,板厚不得小于8 mm。

③ 桥梁墩台的支承垫石顶面高程准确、表面平整、清洁。新制桥梁墩台的支承垫石顶面应使用水平尺测量找平;旧墩台帽支承垫石顶面应仔细校核,不平处用1:3干硬性水泥砂浆找平,每块垫石相对水平误差在1 mm以内。

④ 梁、板安放时,必须细致稳妥,使梁、板就位准确且与支座密贴,勿使支座产生剪切变形。就位不准时,必须将梁板吊起重放,不得用撬杠移动梁、板。

⑤ 当桥梁设有纵、横坡时,支座安装必须严格按设计规定操作。

⑥ 支座的安装最好能在气温略低于全年平均气温的季节里进行,以保证支座在低温或高温时偏离中心位置不致过大。如果必须在高温或低温季节安装,则要考虑顶升主梁,以将支座调整到正常温度时的中心位置。

⑦ 为了便于检查维修,通常采取下列措施:

a. 梁端横隔板设置在与支座平行处,且距梁底有一定距离,以便利用横隔板位置安装千斤顶或扁千斤顶,顶升后纠偏或更换支座。

b. 在支座旁边的空间通常设置各种凹槽,以便安装千斤顶或扁千斤顶,随时纠正或更换支座。

c. 支座垫石可适当接高,接出高度应使梁底与墩台帽顶之间便于安装顶梁千斤顶。支承垫石的平面尺寸,宜按设计要求确定,支承垫石混凝土标号不低于25号。接高部分的支承垫石中应配有 $\phi12$ mm、间距为15 cm的竖向钢筋,埋入墩帽中约30 cm。旧桥改建时支承垫石可不接高。

2. 盆式橡胶支座

① 盆式橡胶支座面积较大,在浇筑墩台混凝土时,必须有特殊措施,使支座下面的混凝土能浇筑密实。

② 盆式橡胶支座的两个主要部分:聚四氟乙烯板与不锈钢板的滑动面和密封在钢盆内的橡胶块,二者都不能有污物和损伤,否则将降低使用寿命,增大摩擦系数。

③ 盆式橡胶支座的预埋钢垫板必须埋置密实,垫板与支座之间平整密贴,支座四周的间隙量不能超过0.3 mm,支座的轴线偏差不能超过2 mm。

④ 支座安装前,应将支座的各相对滑动面和其他部分用丙酮或酒精擦拭干净,擦净后在聚四氟乙烯板的储油槽内注满硅脂润滑剂,并注意保洁。

⑤ 支座的顶板和底板可焊接或用锚固螺栓连接在梁体底面和墩台顶面的预埋钢板上。采用焊接方法时,应注意不要烧坏混凝土;采用螺栓锚固时,须用环氧树脂砂浆将地脚螺栓埋置在混凝土内,其外露螺杆的高度不得大于螺母的厚度。支座的安装顺序为:先将上座板固定在梁上,而后根据其位置确定底盆在墩台上的位置,最后予以固定。

⑥ 安装支座的标高应符合设计要求,平面纵横两个方向应水平。支座承压小于等于5 000 kN时,其四角高差不得大于1 mm;支座承压大于5 000 kN时,其四角高差不得大于2 mm。

⑦ 安装固定支座时,上下各部件的纵轴线必须对正;安装纵向活动支座时,上下各部件的纵轴线必须对正,横轴线应根据安装时的温度与年平均最高、最低温差,由计算确定支座的错位距离;支座上下导向块必须平行,最大偏差的交叉角不得大于5°。

⑧ 在桥梁施工期间,混凝土由于自身的收缩、徐变以及预应力和温差引起的变形会产生位移,因此,要在安装活动支座时,对上下板预留偏移量,变形方向要与桥纵轴线一致,以保证成桥后的支座位置符合设计要求。

5.2 桥梁伸缩缝

桥梁在气温变化时,桥面有膨胀或收缩的纵向变形,此外,车辆荷载也会引起纵向位移。

为使车辆平稳通过桥面并满足桥面变形,需要在桥面伸缩缝处设置一定的伸缩装置,这种装置称为桥面伸缩缝装置。

5.2.1 伸缩缝类型

到目前为止,在我国公路桥梁和城市桥梁工程上使用的伸缩缝种类很多。根据伸缩缝的传力方式和构造特点,伸缩缝可分成 5 大类:对接式伸缩缝、钢制支承式伸缩缝、橡胶组合剪切式伸缩缝、模数支承式伸缩缝和无缝式伸缩缝。

5.2.2 伸缩缝的安装施工

1. 嵌固对接型伸缩装置

嵌固对接型伸缩装置的型式有 RG 型、FV 型、GNB 型、SW 型、SD 型、GQF - C 型等,其结构特点是将不同形状的橡胶条用不同形状的钢构件嵌固起来,然后通过锚固系统将它们与接缝处的梁体锚固成一体。

嵌固对接型伸缩装置的施工安装程序如下:

① 处理好伸缩装置接缝处的梁端,因为梁预制时的长度有一定误差,再加上吊装就位时的误差,使伸缩接缝处的梁端参差不齐,故首先要处理好梁端,以便于伸缩装置的安装;

② 切除桥梁伸缩装置处的桥面铺装,并彻底清理梁端预留槽及预埋钢筋,槽深不得小于 12 cm;

③ 用 4~5 根角铁做定位角铁,将钢构件点焊或用螺栓固定在定位角铁上,一起放入清理好的预留槽内,立好端模并检查有无漏浆可能;

④ 将连接钢筋与梁体预埋筋牢固焊接,并布置两层钢筋网,钢筋网的钢筋直径为8 mm,间距为 10 cm,然后浇筑 C50 混凝土或 C50 环氧树脂混凝土,浇捣密实并严格养护,当混凝土初凝后,应立即拆除定位角铁,以防止气温变化引起梁体伸缩,从而导致锚固系统的松动;

⑤ 安装密封橡胶条。

施工中应注意:桥面铺装完成后,才能进行切缝安装工作,以保证桥面的平整度;伸缩装置的安装一定要按照程序进行,以保证伸缩装置的安装质量;钢构件下的混凝土一定要饱满密实,不可有空洞;伸缩装置安装时一定要根据当时的温度调节缝隙的宽度。

2. 模数式伸缩装置

模数式桥梁伸缩装置的结构共同点是由纵梁、横梁、位移控制箱、密封橡胶带等构件组成的系列伸缩装置。

根据桥面铺装与伸缩装置安装的先或后,伸缩装置的安装工序略有不同,一般如图3-5-1 所示。现场安装的基本要求如下:

① 施工单位一定要按照设计图纸提供的尺寸,在梁端(或板端)与梁端、梁端与桥台处安装伸缩装置的预留槽内,按图纸要求预理好锚固钢筋,锚固钢筋应与梁端或桥台有可靠的锚联,当主筋需焊接时,应满足桥梁施工规范的有关规定。

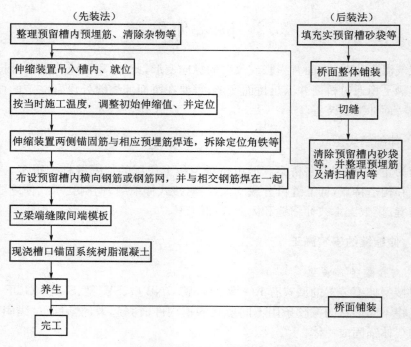

図 3-5-1 模数式伸缩装置安装工序框图

② 工厂组装好的模数式伸缩装置,一般由工厂用专车运往工地现场,运输中应避免暴晒、雨淋和雪浸等,并注意防止变形。伸缩装置在运输过程中,因受运输长度限制或因其他原因需要在工地拼接时,应在生产单位指导下施工。当伸缩装置需在工地存放时,应垫离地面至少 30 cm,并且不得露天存放。

③ 伸缩装置上桥之前,必须首先检查施工完成后的主梁(或板)两端伸缩缝的间隙量与设计值是否一致,预埋的锚固钢筋或构件位置是否准确,若不符合设计要求,就要考虑原来选择的伸缩装置型号是否适用。如不能满足要求,且保证不了可靠锚固时,则必须考虑修正伸缩缝间隙的尺寸或更换伸缩装置型号等必要的补救措施。

④ 模数式伸缩装置在上桥安装之前,必须按安装时的实际气温(当与工厂提供的安装温度有出入时)调整组装定位值,并由施工安装负责人检查签字后方可用专用卡具将其固定。

⑤ 伸缩装置吊装就位前,应将预留槽内混凝土凿毛,清扫干净。模数式伸缩装置出厂时,装卸吊点已用明显颜色标明,工地吊装时必须按照吊点的位置起吊,必要时可再作适当加强措施,确保安全可靠。安装时伸缩装置的中心线与桥梁中心线相重合,偏差最大不能超过 10 mm,伸缩装置顺桥向的宽度值,应对称放在伸缩缝的间隙上。当伸缩装置顶面标高与设计标高吻合并按桥面横坡定位垫平后,穿放横向的连接水平钢筋,将伸缩装置上的锚固钢筋与梁上预埋钢筋两侧同时焊牢,如有困难,可先将一侧焊牢,待达到已确定的安装气温时,将另一侧锚固钢筋全部焊牢,并放松卡具,使其自由伸缩,此时伸缩装置已产生效用。

⑥ 完成上述工序后,安装必要的模板,按设计图纸的要求,在混凝土预留槽内浇筑大于设计标号的环氧树脂混凝土。在浇筑混凝土前需注意将间隙填塞,防止浇筑混凝土时把间

隙堵死,影响梁体伸缩。浇筑混凝土时应采取必要的措施,振捣密实,并防止混凝土渗入模数式伸缩装置位移控制箱内,且不允许将混凝土溅填在密封橡胶带缝中及表面上,如果发生此现象应立即清除,然后进行正常养护。

⑦ 桥面防水层和桥面铺装,一般与整座桥的桥面工程一次完成。在铺装前,伸缩装置应加盖临时保护措施,避免撞击及直接承受车辆荷载。桥面铺装完成后,桥面上不应有裂缝出现。待伸缩装置两侧混凝土强度满足设计要求后,方可开放交通。

思 考 题

1. 桥梁常用的支座类型是什么?简述板式橡胶支座的安装要求。
2. 桥梁常用的伸缩缝类型是什么?简述嵌固对接型伸缩装置的安装工序。

第 4 篇
道路工程施工

1 一般路基
2 特殊路基
3 路基排水、防护、加固
4 路面基层
5 沥青路面
6 水泥混凝土路面

1 一般路基

1.1 土质路堤与路堑

1.1.1 路 堤

1. 路堤的形式

一般路堤的高度不超出原地面以上 20 m,路堤的最小高度必须保证路堤不因地表水、地下水、毛细水及冰胀作用的影响而降低其稳定性。沿河及受水浸淹路堤的高度要超出设计洪水位与波浪侵袭高度之和的 0.5 m 以上。

土质路堤边坡一般为 1:1.5,在边坡稳定或软土地基整体稳定需要时,土路堤可按多级或台阶式填筑,下部边坡可放缓在 1:1.75,水下部分缓至 1:2 外加冲刷防护。对于填石路堤,视填料的粒径大小边坡在 1:0.5~1:1 之间,砌石路堤可以在 1:0.3~1:0.75 之间。根据地形、地质、地貌,路堤有一般路堤、斜坡路堤、挡墙路堤、沿河路堤等形式(图 4-1-1)。

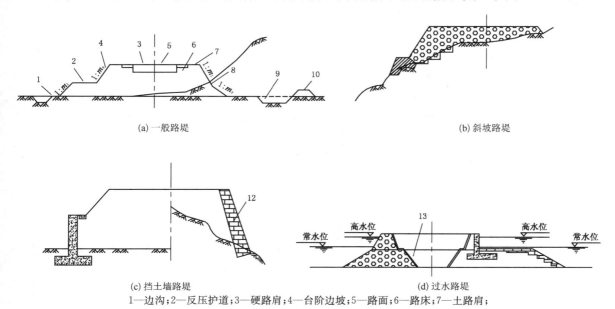

(a)一般路堤   (b)斜坡路堤

(c)挡土墙路堤   (d)过水路堤

1—边沟;2—反压护道;3—硬路肩;4—台阶边坡;5—路面;6—路床;7—土路肩;
8—折线边坡;9—取土坑;10—挡水埝;11—护腰挡墙;12—护肩挡墙;13—反滤层。

图 4-1-1 路堤形式

2. 路堤填筑准备

(1) 技术准备

路堤填筑开工前,要对现场情况进行详细的调查,核对设计文件有关路堤填筑的各项内容要求,掌握场地情况。充分了解工程范围内的地形、地质、水文情况,以及工地沿线需要保护的建筑、植物及测量标志;掌握工程沿线可供取土、弃土的场地,可利用的沟渠、涵管等排水设施,以及施工场地的供水、供电、电信设备,工地运输线路,生产和生活设施设置地点等情况。在城区要掌握地上、地下构筑物及公用事业管线的情况。

根据现场查勘、资料收集情况,核实路堤填筑工程量,再按照业主要求的工期进行施工组织设计。施工组织设计应包括劳动力的使用,材料机具设备供应,土石方材料等的调配、运输、储存,施工技术措施,施工期间的交通组织,施工组织管理机构和设施等内容。

（2）施工放样

施工放样是施工前的一个重要工作环节,为了按设计要求实地确定工程的位置与范围,须进行恢复定线测量,包括中线控制、水准点控制及护桩的设置,定出路边线桩及上下边坡线桩,核对占地和拆迁的需要,核对并标明施工范围内的外露障碍或需保护的构筑物和设施（如文物、植物、测量标志等）的位置,避免施工造成设施的损坏和使用的不便。此外,应按中心桩位置复测横断面,核对工程量;按掌握的资料复核原有桥涵、地下管线的确切位置和标高,核对设计的规定和要求,保护地下设施不受破坏。

（3）材料准备

道路沿线一般因地形地质条件的不同,土石的性质和状态往往会有很大的不同,造成路基的稳定性有很大的差异。填土的可溶性盐含量不得大于5%。550℃的有机质烧失量不得大于5%,特殊情况下不得大于7%。填土的适宜含水量:砂性土为7%～12%,粉性土为7%～18%,亚黏土为5%～16%,黏性土为9%～16%。应尽可能选择强度高、稳定性好的土石材料填筑路堤。

一般来说,碎石土、卵石土、砂石土、中粗砂具有较好的透水性、强度和稳定性,是很好的填筑材料。对于亚砂土、亚黏土、轻亚黏土等,经压实成型后能形成足够的强度和稳定性,也是比较好的填筑材料。对于液限大于50、塑性指数大于26的黏质土,以及含水量超过有关规定的土,一般不能直接作为路堤填料,须加以处理并经检验合格后方可采用。淤泥、沼泽土、冻土、盐渍土及生活垃圾土、含草皮土、树根等含有腐朽特征的土易引起路基变形,不能作为填筑材料。粉煤灰等工业废料用作填筑材料须经专门论证。

填料应具有一定的强度和适当的颗粒大小。公路路堤填料最小强度和最大粒径要求如表 4-1-1 所列。

表 4-1-1　　　　　　　　　　　　填料规格标准

填土位置		填料最小强度（CBR）			填料最大粒径/mm
		高速公路及一级公路	二级公路	三、四级公路	
路堤	上路床(0～0.3 m)	8%	6%	5%	100
	下路床(0.3～0.8 m)	5%	4%	3%	100
	上路堤(0.8～1.5 m)	4%	3%	3%	150
	下路堤(>1.5 m)	3%	2%	2%	150
零路堤及路堑路床	(0～0.3 m)	8%	6%	5%	100
	(0.30～0.80 m)	5%	4%	3%	100

（4）基底处理

路堤基底是路堤填料与原地面直接接触的地基部分。为了使路堤与地基结合紧密，防止发生路堤沿基底滑移、塌陷等不稳定状态，须对基底进行清理。清除路基用地范围内的树木、灌木丛、草皮和杂物，挖除原地面以下的墓穴、井洞、树根、废弃管沟，并将坑穴分层夯填、压实。此外，还需清除路基范围内的地面积水及明暗沟浜的淤泥，以保证路堤的填筑质量。

对于密实稳定的土质基底，当地面横坡缓于 1：5 时，在去除耕植土做清底处理并压实基底后填筑路堤。当地面横坡为 1：2.5～1：5 时，去除耕植土做清底处理后，还应将坡面沿等高线方向挖成宽不小于 1 m、高不小于 30 cm 的台阶，台阶顶面做成内倾 2%～4% 的斜坡，以防止路堤沿原地面滑动。当地面横坡陡于 1：2.5 时，需进行特殊设计处理。软湿地区路堤底部需要设置隔离层，宜采用粗砂、煤渣和砂砾等透水材料填筑。水田、塘堰、沟浜经疏干、清淤、清底之后，还需作相应的处理，如挖台阶、换土、铺设透水性隔离层或土工布，以保证路堤基底的稳定和牢固，从而确保路堤的整体稳定和具备足够的强度。

3. 土质路堤填筑

（1）水平分层填筑

水平分层填筑法是按设计的路堤横断面，将填料沿水平方向分层、自下而上逐层压实填筑路堤的方法。分层填筑可以控制压实层的厚度。一般松铺厚度不超过 0.3 m，以保证压实的质量，使土体易于形成必需的强度和稳定性。

道路沿线的土质一般都会有一定的变化和差异，不同材性填料沿水平方向不能混杂填筑，应沿水平向分层填筑。单一材性的填料易于压实、成型，施工质量易保证。路堤上层应用优质填料填筑。

根据填土推进方向的不同，水平分层填筑有横向分层填筑和纵向分层填筑之分。平坦地区一般均采用横向分层填筑，填料沿线供应堆放，填筑由边缘向中央推进，填料横向应形成一定横坡土路拱（2%～4%），以利于横向排水，如图 4-1-2(a)所示。坑洼地区、纵坡超过12% 的地段、邻近路堑挖方地段，可采用纵向推进分层填筑，如图 4-1-2(b)所示。

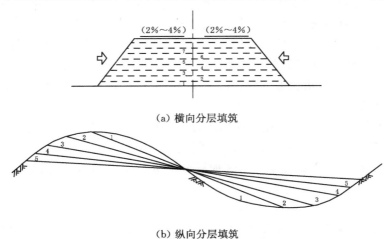

（a）横向分层填筑

（b）纵向分层填筑

图 4-1-2 分层填筑法

采用不同材性填料分层填筑路堤时,不同材性填料的相对分层位置是影响路堤整体强度和稳定性的重要因素。一般来说,为便于堤内水分的蒸发和排除,路堤不宜被透水性差的土层封闭。颗粒粗、透水性好的土填筑在路堤下层可保证路堤不受水害,尤其是在冻胀、地下水位较高等不良水文地质条件地区。当透水性差的土填筑在透水性好的土下层时,土层表面应形成一定的横坡(2%~4%),以利于透水性好的土层中的泄水及时从横向排出,减少水分的滞留时间和对下层土质强度的影响。

不同材性土质间隔填筑,如黏性土和砂砾土、碎石土间隔填筑,可以使土体平均强度提高,整体材性更趋均匀、密实。有水硬性趋向的填料不宜用于薄层间隔填筑,因为软硬夹层很难一起承受荷载的压力,易使水硬层破碎崩解,从而导致路堤整体受损和局部塌陷。不同材料分段填筑时,相邻两段的接头处应处理成斜面或筑成台阶,将透水性差的土(如黏土)填在透性好的土(如砂、砾土)下面,以利于不同土质的压实和紧密衔接。同样,对于一般填料和具有水硬特性的填料接头,应将水硬性填料填在一般土石填料的下面,以防硬化后形成的半刚性板体因土质变形差异引起接头脱空和开裂(图4-1-3)。

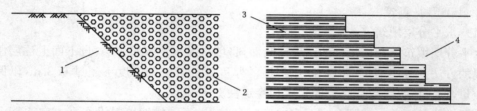

1—弱透水性土(细颗粒土);2—透水性土(细颗粒土);3—半刚性土;4—一般填土。

图4-1-3　路堤接头处理

（2）竖向填筑

竖向填筑方法是从路堤的一侧,从某一高度将填料倾倒至路堤基底上,并沿纵、横向向前填筑推进,形成符合路堤横断面设计要求的路堤(图4-1-4)。

由于竖向填筑法压实厚度大,压实效果差,一般只有在不能采用水平分层填筑时才予采用,如深谷、陡坡、深沟、陡坎地段。为尽可能提高竖向填筑法的填筑质量,应采用高效能振动式压路机,以加深有效压实厚度;选用沉陷量较小且强度较高的砂性土、碎石土或石方等易压实的材料作为填料全断面填筑路堤,这类材料一般靠自身重力及颗粒的嵌锁就能形成一定的强度和稳定性,从而降低对压实效能的要求。此外,在竖向填筑推进的同时,在路堤底部应辅以一定的人工或机械进行夯实,以提高路堤下部填土的压实度和强度。

（3）混合填筑

由于受地形限制不能采用水平分层填筑时,先用竖向填筑法填筑路堤的下部,待路堤下部形成,具备一定施工作业面和有利的施工条件时,再用水平分层填筑法进行路堤上部的填筑(图4-1-5)。在不利地形条件下用这种混合法进行路堤填筑,可保证路堤上部的填土质量。

4. 路堤机械填筑

路堤填方施工一般工程量很大,作业种类繁多,尤其在缺土地区和城市区域地下管线复杂地区。合理选择施工机械并进行周密的机械施工组织,实现多种机械的协同配合,可大大提高劳动生产率。

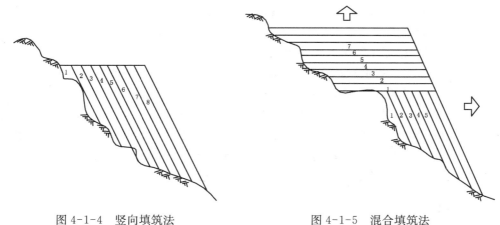

图 4-1-4　竖向填筑法　　　　　　　　　图 4-1-5　混合填筑法

（1）路堤机械

一般路堤施工的作业种类通常有清场挖掘（树根），沟渠挖掘，土石方挖掘、装载、运输、推铺，土石方调整含水量，路基压实、整平等，对应这些填筑作业种类，适宜使用的机械可归纳为表 4-1-2 所列。

表 4-1-2　　　　　　　　　　　　　适宜路基填筑作业的筑路机械

作业种类	筑路机械种类
伐树挖根	推土机
沟渠挖掘	挖沟机、反铲挖掘机
挖掘	铲式挖掘机（正铲、反铲、拉铲挖掘机）、牵引式铲斗装载机、推土机、铲运机、轧碎机
装载	装载机、铲式挖掘机（正铲、反铲、拉铲挖掘机）、牵引式铲斗装载机、旋斗式挖土机、铲运机
挖掘装载	铲式挖掘机（动力铲、反铲、索铲挖掘机、蛤斗式抓岩机）、牵引式铲斗装载机、旋斗式挖土机
挖掘运输	推土机、挖掘机、铲运机
运输	运输车、自卸卡车、皮带式运输机、装载机
推铺	推土机、自动平地机
调节含水量	悬挂犁、圆盘耙、自动平地机、洒水车
压实	轮胎压路机、振动压路机、光轮压路机、羊足碾、冲击式夯实机、夯具、推土机、铲运机
整平	推土机、自动平地机

（2）路堤机械化施工配备

路堤的机械化施工配备应依据作业需要，视施工场地条件、可选设备的适用性、土石方运距、季节气候及工程进度、质量要求而定。同时考虑机械配套及协调联合作业，以发挥各类机械的作用，提高劳动生产率。

机械配置除了要满足施工程序和工艺的需要，还需考虑设备的可靠性及维修、保养的便利性，燃油料和配件的供应渠道。对于主要的施工设备尽可能配备 2 台以上，除了可多开工作面加快进度，更主要的是在单机故障停机时，有调整弥补的余地，不致造成全面停工。燃油料及设备配件要有良好的供应渠道,设备运行应有详细记录,并保证必要的保养时间。

(3) 路堤机械填筑

机械填筑路堤,根据工程量的大小及难易程度采用不同的机械联合作业。对于两侧取土、填土高度在 3 m 以内的路堤,通常采用推土机两侧分层推填,平地机配合分层整平。土的含水量不够时可用洒水车洒水调整,再用压路机分层碾压。

对于工程量大而集中的填方路堤施工,尤其是取土运距在 500~1 000 m 范围内时,通常用铲运机和推土机联合作业,用推土机开道,翻松硬土,平整取土段,清除障碍和推土堆集;用铲运机铲运土方,而后进行填铺作业,包括土方堆填、分层整平及碾压。若取土场运距超过 1 km,宜采用挖掘机和装载机配合自卸汽车运输进行联合取土作业,然后再进行后续填铺作业。

1.1.2 路 堑

1. 路堑的形式

路堑是开挖原地面形成的路基。为了路基排水及挖方边坡的稳定,应在两侧设置边沟和安全边坡。坡顶有风化、软质岩石或松散土石跌落的地段,还需设置碎落台。在挖方边坡的坡顶一般还设有截水沟,如遇多层土质边坡或边坡较高时,需分级设置边坡和平台截水沟。

路堑边坡形状一般为直线形,当挖方边坡较高时,根据土石的性质和边坡稳定的要求,开挖成折线形和台阶形,以形成多级边坡,分级高度一般在 6~10 m。为了减少土石方量、节约用地,或为了边坡防护和稳定,可采用路堑挡土墙护坡。边坡的高度,对于砂类土和细粒土一般不宜超过 20 m,粗颗粒土和石方可以达到 30 m。土质坡坡顶截水沟的位置一般离坡顶 5 m 以上,以利于边坡稳定。边沟、截水沟形状一般为梯形,石方路段则多为矩形,少雨、浅挖地段可为三角形。边沟、截水沟大小视排水量而定。图 4-1-6 所示为路堑结构一般形式。

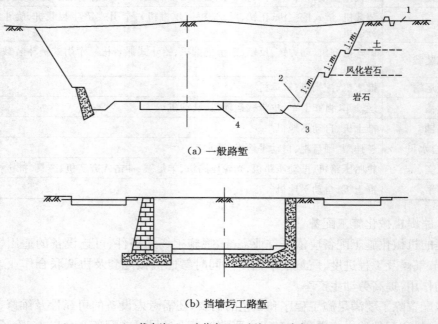

(a) 一般路堑

(b) 挡墙坞工路堑

1—截水沟;2—碎落台;3—边沟;4—路床。

图 4-1-6 路堑结构一般形式

330

2. 路堑开挖准备

路基开挖施工之前,除了与填方施工一样,做好相关的技术准备、施工放样之外,还应特别做好开挖施工的安全防护准备。因为路基的大面积开挖会破坏土体原有的自然平衡,土质不良、开挖太深、排水不良均会引起路堑边坡失稳、滑坍,危及施工安全,延误施工工期。

施工人员应对路基工程范围内的地质水文情况作详细的调查,对岩石的风化、龟裂程度,岩层的层理、节理、片理状态,以及易崩塌地带地质断层、土质变化、水温稳定等工程条件充分掌握,其中水的影响是造成路堑病害的主要原因。

为了引排可能影响边坡稳定的地面水和地下水,须在路堑顶部预先开挖截水沟,并结合路堑永久排水设施(如边沟或地下盲沟等)做好开挖期间的路堑排水,路堑及沿线排水沟沿路堑开挖行进方向应保持一定纵坡以利于排水。若为渗水性土路堑,排水沟需铺砌。地下水位较高地区或软土地区的路堑开挖,需采用开挖排水沟、井点降水、边坡加固防护等措施,以保证边坡的稳定。对于砂、砾类松散土质边坡,或多层土质有松散夹层时,应随挖随防护,并预留碎落台,防止边坡崩塌。

3. 土质路堑开挖

(1) 横向挖掘法

横向挖掘法[图 4-1-7(a)]是从路堑的端部按设计横断面进行全断面挖掘推进的施工方法。对于较深路堑,为了增加作业面,同时也为了施工安全方便,可以将路堑分级开挖,错台推进。人工开挖台阶的深度一般控制在 2 m 左右,机械开挖可深至 4 m 左右。每个台阶作业面上可纵向拉开,有独立的运土通道和临时排水设施,以免相互干扰、影响工效,甚至造成事故。

(2) 纵向挖掘法

纵向挖掘法[图 4-1-7(b)]是沿路线走向,以深度不大的纵向开挖,逐渐向深推进至设计横断面的施工方法。根据一次纵向开挖面的大小有分层纵挖法、通道纵挖法和分段纵挖法。

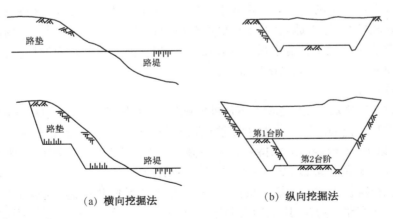

(a) 横向挖掘法   (b) 纵向挖掘法

图 4-1-7 路堑开挖

分层纵挖法是按路堑全宽,沿路堑纵向,逐层挖掘形成设计路堑。当地面较陡时,宜用推土机或斜铲推土作业;当地面较缓时,表面宜横向铲土,下层宜纵向推运;当路堑横向宽度较大时,宜采用多台掘土机横向联合作业。

通道纵挖法是沿路堑纵向,在路堑范围内先开挖有限宽深的通道,然后将通道向两侧拓宽,直至拓宽到路堑边坡后再开挖下层通道。这是一种纵向分条、逐层挖掘至设计基顶标高,最终形成设计路堑路基的施工方法。先开挖的通道往往作为机械通行、土方运输、场内排水及施工便道。通道的顺直、平坦、成形情况,对土方挖掘、出土外运和工程的整体推进起到关键性作用。

分段纵挖法是沿路堑纵向选择一个或几个开工面,先从一侧或两侧挖出若干横向入口,将路堑纵向分成几段,再分别由各个段口沿路堑纵向分头开挖推进。入口即作为运输、临时排水通道。这种纵挖法适用于较长路堑的开挖,可缩短弃土运距,方便土方调配,并可根据路堑沿线的开挖条件灵活掌握开工面的多少,有利于控制施工周期。

（3）混合挖掘法

混合挖掘法是横向挖掘法和纵向挖掘法联合使用的一种挖掘方法。一般在土方工程量较大、路堑长而深时,可以先采用纵向挖掘法挖出纵向通道,再根据施工能力的大小,沿路堑纵向选择一定数量的点按横向挖掘法展开挖掘。先开挖的纵向通道即作为运输及机械流水作业通道。为了有更多的施工作业面,缩短弃土运距,避免各施工面之间的相互干扰,还可以沿纵向开挖出若干横向通道,进行纵向分段开挖,各施工面可以相互独立也可以联合流水作业。多个施工面在纵向分段开挖创造的施工条件的基础上,再采用适当的横向挖掘法推进路堑纵深开挖,直至完成设计路堑断面的开挖。

4. 路堑路基表面处理

（1）基底处理

路堑路基在开挖至接近设计标高之后,路基顶部表层土能否直接作为路床,一般须经土工试验确定。若基顶 $0.3\sim0.5$ m 的土的强度低于 CBR 值 8%,且为有机土、难以翻松晾干的过湿土或是暴露后易风化的软岩时,须用符合填料要求的土石方予以换填,以保证路基具有足够的强度和稳定性。若路堑所处位置地下水丰富,路基顶部土质含水量较高,则需设置必要的横向盲沟或渗水沟（井）等将路基水引出路外,换填透水性良好的粗颗粒土或砂、砾土等,以防路基浸水后失稳、沉陷。对于可以不换填的路基表土,一般需翻松,翻挖深度不小于 0.3 m,在路基表土接近最佳含水量时加以压实,以保证路堑路基顶面的均匀和必要的强度。翻松表土的预留松方高度,通过试压确定。

（2）边坡处理

深挖土质路堑边坡,无论是人工还是机械施工,宜每隔 $6\sim10$ m 的高度设置平台,以提高边坡稳定性和防止局部坍落。对于多层土质路堑,平台宜设在土层分界处。平台的宽度应在 $2\sim3$ m 以上,平台表面应保持一定的内倾,以利于碎落土石的滞留。平台沿路基纵向还应有 $0.5\%\sim1\%$ 的纵坡以利于排水和碎落平台的稳定。

砂、砾类土、巨粒土或有松散夹层的边坡,须采取边坡防护措施,在坡角处预留碎落台,以免碎落土石淤塞路堑边沟,影响边坡稳定。有松石、危石的边坡,应予以刷坡,并使边坡表面顺直、圆滑,大面呈平整状,以防边坡局部失稳、大块跌落,影响交通安全。

5. 路堑机械开挖

（1）开挖机械配备

机械开挖有四个作业环节:推土开挖、装载、运输及弃土。开挖设备的选择要考虑施工条件和机械的适用性。

土方运距小于100 m时,选用推土机挖运是比较适宜的;运距在100～500 m时,用铲运机铲运更为经济合理;运距超过500 m时,应用自卸车运土。遇地形复杂、土质不良及气候条件恶劣时,宜配备越野性能好的运输车辆与挖掘设备协同作业。若土质坚硬,一般的推土机、铲运机刀片很难切入土内,宜选用带松土器的大型推土机开挖。

根据开挖施工流水作业程序特点,通常机械开挖施工作业面宜设置2～3个,每个作业面150～200 m,日完成土方量在1 000～2 000 m³之间。对应每个配套组必须有一名机械保养工,以确保机械正常工作及使用效率。

（2）机械开挖作业

路堑机械开挖作业应做好计划,包括铲运路线、工作面大小、卸土回转场地、对已成型路堤路堑的保护等,避免无规则的开挖和局部形成坑洼积水,以利于机械作业的安全和提高生产率。路堑开挖机械作业可视不同开挖方法及工程量和工程条件,采用不同的机械联合作业。

横向开挖路堑时,若开挖路堑的土用作填筑路堤,且挖填距离较短,使用推土机就能完成土方的挖掘、运输及堆填作业,在推土机的经济运距(100 m)之内尤为如此。若需在500～1 000 m以内运土弃土,则需用推土机推土堆积,再用装载机配合自卸汽车运输进行联合作业,也可采用挖掘机配合自卸汽车运输的联合作业方式。在机械开挖路堑的同时,应配以平地机分层修刮,平整边坡及路堑基顶。

纵向开挖路堑时,若分层纵向挖掘的路堑长度短于100 m,开挖深度不大于3 m,地面坡度较陡,宜采用推土机进行开挖作业。铲挖作业宜顺着下坡方向进行以提高推铲效率。普通土质下坡坡度宜在10%～18%,但不能大于30%;松土坡度宜小于10%,不得大于15%,以保证作业安全。傍山卸土的运道要有内倾横坡,在保证安全作业的同时,留出向外排水的通道,以利于边坡排水和路基稳定。为了提高铲运效率,一次铲土应能满足车辆满载的要求。当路堑长度较长时,宜用推土机配合铲运机联合作业,一般铲运机的作业距离在100～1 000 m以内。铲斗容积在4～8 m³的适宜运距为100～400 m,容积在9～12 m³的适宜运距为100～700 m,自行式铲运机的适宜运距可相应扩大1倍。为了保证铲运作业的安全及必要的作业空间,一般要求铲运车单道宽度不小于4 m,双车道对驶宽度不小于8 m;重载上坡最大纵坡宜控制在8%以内,空驶上坡最大纵坡不得大于30%;弯道尽可能平缓,重载弯道要保持路面平整。为提高铲运效率,铲运机作业面的长度和宽度应易于铲斗达到满载,并充分利用下坡铲装。

1.2　石质路堤与路堑

1.2.1　石质路堤

1. 石质路堤材料要求

天然石料从花岗岩到强风化石或软质岩石,其强度、材性有很大的差异。为了使填石路堤具有必要的强度和稳定性,填石路堤石料强度应不小于15 MPa,对于易压碎分解的石料,压碎分解的碎屑、碎粒须达到土质材料的强度规定CBR值。填石路堤石料的粒径最大不宜超过分层铺砌层厚的2/3,以保证整层材料被均匀压实。对于土石混质材料,强度超过

15 MPa的石料的最大粒径不宜超过2/3的分层层厚。若石料为软质岩,最大粒径不应超过分层填筑厚度。

2. 石质路堤填筑

石质路堤填筑施工方式有倾填(含抛填)和分层填筑两种。

倾填填筑是让石料从高处自然落下,石料间难免犬牙交错,空隙大且不均匀,又不易压实,填筑的路堤稳定性和均匀性较差。只有在二级以下公路遇陡峭险恶地段、分层填筑困难的低等级道路上使用。即使这样,倾填填筑的路堤在顶部1 m范围内仍须分层压实填筑,使路床下有足够厚度的密实层,以保证路床与路面基层的平整联结和均匀传力,为路基的稳定和路面的正常使用提供必要的条件。倾填填筑的路堤应用粒径大于0.3 m的硬质石块,边坡及坡脚应予以码砌,使边坡密实、稳固,弥补倾填石料较松散和无法用机械夯实的不足。码砌厚度应不小于1 m,路堤高度大于6 m时应不小于2 m。

高等级道路的石质路堤应采用水平分层填筑法施工,以使石质路堤尽可能地密实和稳定。对于岩性、石质(尤其是软硬性和透水性)相差悬殊的石料必须进行分层填筑或分段填筑,以免相对软弱石料被硬石挤碎、分解,保证路堤即使在浸水状态下也具有必要的强度和稳定性。分层松铺厚度对于高等级道路不宜大于0.5 m,而对于二级公路和二级以下的其他道路不宜大于1.0 m,以保证路基的有效压实并达到设计要求。

分层填筑石料时,卸料堆料位置及推进路线应先低后高,先两侧后中央,尽可能避免大块石料的二次驳运。填筑石料时,应先填筑大粒径石料,后填筑小粒径石料。对于粒径超过250 mm的石料,应用人工将石料大面向下、小面向上,摆平放稳,以便用小粒径石料填隙、找平和压实。对于级配较差的石料,由于粒径相差悬殊、填层较厚、石块间空隙较大,应在每层石料的表面用石渣、石屑、中粗砂等填隙塞缝、嵌压稳定,必要时借助压力进行充填,直至塞满。为了提高路床顶面的平整度,使其与路面有良好的承托联结,填石路堤路床顶部0.3～0.5 m范围内须用符合路床要求的土填筑。

3. 土石混质路堤填筑

土石混质路堤必须采用水平分层填筑法进行填筑,以最大限度地使土石混质材料均匀压实和稳定,获得路堤必要的强度和水稳性。土石混质填料的每层铺填厚度一般不宜超过0.4 m,具体可随压实要求和机具的不同而有所变化。每层表面的横坡为4%～10%,以利于排水。

对于不同的土石混质填料,当所含石料的岩性或所含石料的数量比率相差悬殊,或土石混质填料压实后具有不同透水性能时,应作为不同材料加以区分,分层填筑,以尽可能保持单层填料的强度等物理性质的均匀一致;且应将含硬质石块的混合料铺填在较软石质混合料的下层,以防较硬石块压砸、挤碎软质石块;还应尽量避免石块的过分集中和重叠,造成土体的不均匀,给路堤的整体稳定留下隐患。

当土石混合料中石料含量超过70%时,填料更趋近于石料,应采用类似填石路堤的方式填筑,先铺填大石块料,且大面向下、小面向上,设置平稳,再铺小块石料,每层表面用石渣、石屑、砾石砂等塞缝嵌压,找平压实。

土石混质路堤的土体材质稳定性不如填石路堤,均匀性不如土质路堤。为保证路基对上层路面有较均匀的支撑联结,在土石混杂路堤的上部,路床顶面以下0.3～0.5 m范围内须用粒径小于0.1 m的匀质、稳定填料分层填筑压实。

1.2.2 石质路堑

石质路堑的开挖方式应视岩石的工程地质类别及其风化和节理发育程度等因素确定。对于软石、强风化岩石,能用机械直接挖掘的石方均应采用机械开挖。若此类石方数量不大,工期允许,也可人工开挖。凡不能使用机械或人工直接开挖的石方,则用爆破法开挖。

1. 爆破计划与工序

爆破开挖作业危险性较大,必须制订详细计划,并上报地方公安部门等有关单位审批,确保架空缆线、地下管线和施工区域边界外建筑物、构筑物的安全。爆破作业(装药、安装引爆器材、起爆、清除哑炮等)必须由具有爆破专业证书的专业人员担任。爆破现场必须布置安全岗哨和施爆区安全员。

爆破作业的施工程序为:①施爆区调查;②炮位设计和报批;③配备专业施爆人员;④用机械或人工清除施爆区覆盖层和强风化岩石;⑤打眼钻孔;⑥爆破器材检查与试验;⑦炮位(或坑道、药室)检查与废渣清除;⑧装药和安装引爆器材;⑨布置安全岗哨和施爆区安全员;⑩炮孔堵塞;⑪撤离施爆区、飞石区和强震区的人、畜;⑫发出起爆信号后起爆;⑬清除哑炮;⑭测定爆破效果,包括地震波的影响和损失。

2. 爆破方法和适用场合

常用的爆破方法有炮孔(眼)爆破、药壶爆破、蛇穴爆破和洞室爆破等。

(1) 炮孔(眼)爆破法

炮孔(眼)爆破是在岩体中钻凿一定深度和直径的圆柱空间——炮孔(眼),然后在炮孔(眼)中装药,封堵后进行起爆。按炮孔的深度又可分为浅孔爆破(孔深<5 m)和深孔爆破(孔深>5 m)两种,浅孔的孔径为25~75 mm,深孔的孔径更大些。

浅孔爆破的一次爆破量小,操作方便,主要用于石方量小、工程量分散的路段,以及整修边坡,开挖边沟、炸孤石或为其他中、大型炮孔(眼)创造有利地形等场合。深孔爆破的一次爆破量较大,对路基边坡的影响比药壶爆破和洞室爆破的小,但炮孔需用大型潜孔凿岩机或穿孔机钻孔。深孔爆破常用于光面爆破和预裂爆破,在开挖限界的周边按一定间隔排列炮孔,控制药量,在有侧向临界面的情况下,起爆后形成一个平整的边坡坡面;在无侧向临界面时,预先炸出一条裂缝,使爆体与山体分开,裂缝作为隔震减震带,以保护开挖限界处的山体和建筑物。

(2) 药壶爆破法

药壶爆破,俗称葫芦炮,是一种先用少量炸药把炮孔底部爆破扩大成葫芦状,然后把炸药集中装于药壶内进行爆破的方法。药壶爆破法一次装药量较大,每炮可炸下数十以至数百方岩石,适用于石方集中、地面自然坡度较陡的场合。

(3) 蛇穴爆破法

蛇穴爆破,俗称猫炮,是集中将药包直接放入直径为0.2~0.5 m、炮孔深2~6 m的基本水平的炮洞中进行爆破的方法,主要用于硬土松动,或在坚石、次坚石爆破中配合炮孔爆破、药壶爆破或软岩爆破。

(4) 洞室爆破法

洞室爆破是用小炮把岩石炸出容积较大的洞室(边长1 m以上),洞室内放置大量炸药(多至数十吨),一次可炸下大量岩石。该方法生产效率高,但对山体稳定性影响较大,不宜在岩石风化严重,结构面产状倾向路线及渗水等工程地质和水文地质条件不良的地段上采用。

1.3 路 基 压 实

路基土在一般情况下是由土颗粒、水分和空气组成的三相体系,其相互的制约和统一构成土的各种物理特性,包括力学强度、渗透性和黏、弹、塑性。土的三相体系组成的变化会改变土的物理性质。土的压实是用机械的方法来改变土的结构,达到提高土的强度和稳定性的目的。通过将土压实,可以将土粒空隙中的大部分空气排出土外,并使土颗粒不断靠近,重新排列,组成新的密实结构,从而提高土的强度,同时降低土的渗透性,提高土的水温稳定性。经压实至接近最大密实度的黏性土,毛细水上升高度可由原来的 $1.5 \sim 2$ m 降至 0.4 m 以下,粉土可由 $0.8 \sim 1.5$ m 降至 0.5 m 以下,砂性土可从 $0.2 \sim 0.6$ m 降至 0.2 m 以下。

1.3.1 影响压实的主要因素

在压实能量、压实机具等外部条件一致的情况下,影响土基压实的主要因素是土的含水量和土的性质。干燥土颗粒呈相互嵌挤状,需很大的外力才能促其位移。含水量的适当增加会增大土颗粒之间的水膜厚度,使土颗粒之间的吸引力减小,易于在外力作用下移动,形成更密实的结构。当土颗粒之间的吸引力继续减小,直至在外力作用下土颗粒间孔隙减至最小并形成最大干密实状态,即嵌挤土颗粒之间的空隙刚好被水充满,此时对应的是土的最佳含水量。当土的含水量超出最佳含水量时,作用于土颗粒的外力能量将被传至包围土颗粒的水和封闭空气并被消散,相同外力下作用于土颗粒的有效能量会减少,土的干密度随之降低。

自然含水量较低状态下土颗粒之间引力较大,外力不易克服,塑性变形较小,强度较高。但由于土还未压实到最大干密度,孔隙较多,一旦含水量增加,水分会迅速充斥孔隙,使土颗粒间的吸引力减小,土的强度便会急剧下降。土在最佳含水量时(一般在土的液限的 0.6 倍左右),处于硬塑状态,压实的土颗粒排列最紧密,相对位置最稳定,饱水状态下强度达到最高,饱水后干密度和强度降低较少(图 4-1-8)。

土的含水量是影响压实效果的决定性因素。土在最佳含水量时处于硬塑状态,最易压实,压实到最大干密度的土体水稳性最好。不同性质的土,其最佳含水量及能达到的最大干密度是不同的。一般来讲,液限较高、黏性较大的土,因土颗粒细、比表面积大并含有亲水性较高的胶体物质,其最佳含水量的绝对值较高,干密度的绝对值较低;粗颗粒、松散状的砂、砾类土,水分极易散失,含水量对压实无多大影响;介于中间的亚砂土和亚黏土则具有较好的压实性能,干密度能达到 18.5 kN/m³ 以上,黏性土一般不超过 17 kN/m³。

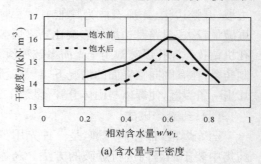

(a) 含水量与干密度

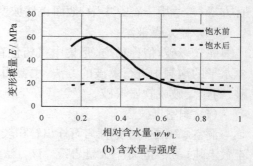

(b) 含水量与强度

图 4-1-8 含水量对强度和干密度的影响

压实功的增加可使土的最佳含水量降低,最大干密度增加。工程上常因土加水困难而采用增加压实功的方法来提高土的干密度,但随着压实功的连续增加,土的干密度增加量减少。当不能用经济的压实功获得设计要求的土的干密度时,工程上往往会采用换土等其他措施。

压实机具和方法对压实效果也有重要的影响。夯击式压实机具压力传播较深,振动式次之,碾压式最浅,对应的有效压实深度由深至浅。压实机具的重量直接影响压力传播的深度,重量越大,压力传播越深。压力传播深度还受到机具压实体表面形状的影响,接触面积越大,压力传播越浅,光面碾较轮胎碾浅,轮胎碾又较羊足碾浅。压实方法对压实效果的影响,主要表现在压实的碾压速度和碾压时间或次数。由于土呈黏、弹、塑性体,碾压速度越快,土压传递越浅,压实效果就越差;压实时间越长,压实次数越多,压实效果越好。但压实时间和次数超出一定范围,压实效果的提高越趋不明显。工程上常以增加压重来节约时间或减少压实次数。

1.3.2 压实度标准

土的压实效果是用压实后土能达到的实际干密度 γ 与土可能达到的最大干密度 γ_{max} 的相对比值 γ/γ_{max} 来衡量,这个相对比值的百分数被称为压实度。公路要求的路基压实度标准如表 4-1-3 所列。

表 4-1-3　　　　　　　　　　土质路基压实度重型标准

填挖类型		路面底面计起深度范围/m	压实度			检查方法和频率
			高速公路、一级公路	二级公路	三、四级公路	
路堤	上路床	0～0.3	≥95%	≥95%	≥94%	密度法每 2 000 m² 每压实层测 4 处
	下路床	0.3～0.8	≥96%	≥95%	≥94%	
	上路堤	0.8～1.5	≥94%	≥94%	≥93%	
	下路堤	>1.5	≥93%	≥92%	≥90%	
零填及路堑路床		0～0.3	≥96%	≥95%	≥94%	
		0.3～0.8	≥96%	≥95%	—	

路基压实施工可以根据土的性质、填筑的位置及道路等级选择不同的压实标准。对于二级以上的高等级公路,当土的天然稠度小于1:1,液限大于40,塑性指数大于18的黏质土用作下路床及上、下路堤,且土经处理后仍难以按重型压实标准压实时,才选用轻型压实标准,除此之外均应采用重型标准控制压实质量。对一般道路,当土基为过湿土,如采用重型压实标准压实时土基易形成弹簧土,即使晾干按重型压实标准压实后土体仍极不稳定,遇水强度会急剧下降,并需重新构造稳定结构时,可采用轻型压实标准控制。

1.3.3 压实前的准备

土的最佳含水量和最大密度,一般是在实验室用标准的击实工具压实、测试得出的。根据测试结果可以控制土的压实含水量。而实际施工时的压实机具选择、压实层厚、压实次数等,需通过铺筑试验路段现场检测确定。

路基土的最佳含水量、最大干密度及其他指标,一般应在施工前半个月,在取土地点每种土质至少取一组代表土样,进行击实试验确定,以利于机具的准备和施工方案的确定。实际施工中遇土质变化则须及时补做全部土工试验,并对压实工艺作出必要的调整。

为寻求达到压实标准所需的最佳铺层厚度和最佳碾压次数,找到最为经济的压实工艺方案,须在地质条件、断面形式等均具代表性的地段,铺设不小于100 m的试验路段,用室内试验确定的最佳含水量控制土的实际含水量,并根据土质和压实机械条件试定松铺厚度,保证压实层的均匀性。然后制订各种不同机具、不同压实次数和压实速度等的压实工艺方案进行试压。通过试压结果确定各种土的适宜铺层厚度、松方系数、所需压实次数,以及相应土的实际含水量,以便在实际施工中能正确控制。

对于需加水的土,宜在取土前一天对取土坑洒水,使水均匀渗入土中。也可将土运至填筑现场,用水均匀浇洒,并拌和均匀后填筑。对于过湿的土,应翻晒或摊铺晾晒,待含水量合适时压实。

各种碾压机械适宜的松铺厚度、一般需要的碾压次数和适用条件如表4-1-4所列。

表4-1-4 松铺厚度及碾压次数

压实机具		每层松铺厚度/m	有效碾压(夯击)次数		适用条件
			非塑性土	塑性土	
羊蹄碾(6~8 t)		0.20~0.30	4	8	碾压段长度不宜小于100 m,宜用于压实塑性土;钢质光轮压路机适用于压实非塑性土
钢质光轮压路机	轻型(6~8 t)	0.15~0.20	4	8	
	中型(9~12 t)	0.20~0.30	4	8	
	重型(12~15 t)	0.25~0.35	4	8	
轮胎压路机	16 t	0.30~0.35	3	8	
振动式压路机	2 t	0.15~0.20	3	5	碾压段长度不宜小于100 m,宜用于压实非塑性土,亦可用于压实塑性土
	4.5 t	0.25~0.35	3	5	
	10 t	0.30~0.50	3	4	
	12 t	0.40~0.55	3	4	
	15 t	0.50~0.70	3	4	
重锤(板夯)	1 t举高2 m	0.65~0.80	3	5	用于工作面受限时,宜用于夯实非塑性土,亦可用于夯实塑性土
	1.5 t举高1 m	0.60~0.70	3	5	
	1.5 t举高2 m	0.70~0.90	3	4	
机夯	0.3 t	0.30~0.50	3	4	用于工作面受限制时,以及结构物接头处
人力夯	0.04 t	0.20~0.25	3	4	
振动器	2 t	0.60~0.75	1~3 min	3~5 min	宜用于压实非塑性土

注:非塑性土指砂、砾石等无塑性土,每层松铺可取高值,塑性土每层松铺取低值。

338

1.3.4 压实工艺

压实工艺一般应遵循以下主要原则:

① 压实机械的选择应根据工程规模、场地大小、填料种类、压实度要求、气候条件、压实机械效率等因素综合考虑确定。

② 压实机具使用应先轻后重,以便土基强度的增长能适应压实能量的增加。

③ 碾压速度宜先慢后快,对于振动压路机先静压一遍后再振动,先弱振后强振,便于松土黏结成型,不致被机械急推松散。起始碾压速度不宜超过 4 km/h。

④ 压实路线一般是沿路线纵向进退式进行。在横断面上先两侧后中间,平曲线有超高段则应由低一侧向高一侧逐渐推进,以便形成路拱和单向超高横坡。

⑤ 相邻两次的轮压印迹应重叠 1/3 左右。对于振动压路机一般在 0.4~0.5 m。对于三轮压路机一般重叠后轮宽的 1/2,前后相邻两段宜纵向重叠 1~1.5 m。对于夯锤压实,首遍夯实位置宜紧靠,间隙不得大于 1.50 m,次遍夯位应压在首遍夯位的间隙处。如此反复,无漏压点或死角,确保碾压均匀,避免土基产生不均匀沉陷。

⑥ 经常注意土的含水量,并视需要采取相应的晾晒或洒水措施。每一压实层检验压实度,抽检频率为每 2 000 m² 检验 8 点,不足 200 m² 检验 2 点,必要时加密,以保证压实质量。

⑦ 施工期间可以让车辆在路基全幅宽度内分散行驶,以尽量利用大型机械的行走对土基进行压实,但须避免车辆长时间在同一线路上行驶,导致过度碾压,甚至形成车辙。

⑧ 当用铲运机、推土机和自卸车推运土料填筑路堤时,应将填料整层平铺,且应按设计断面路拱形成 2%~4% 的横坡,并及时压实,以利于雨季排水。

⑨ 路床断面压密完成后,应进行弯沉检验,每幅双车道每隔 50 m 须测 4 点,左右后轮各一点。考虑季节影响后应符合设计要求,以保证路基强度要求。

填石路堤宜选择工作质量在 12 t 以上的重型振动压路机、2.5 t 以上的夯锤或 15 t 以上的轮胎压路机压(夯)实,压实最大厚度不大于 1 m。若采用重型静载光轮压路机压实,压层厚应控制在 0.5 m 以内。填石的压密程度也应通过试验确定所需压实或夯实的次数。当采用夯锤时,可按重锤下落时不下沉而发生弹跳现象进行压实度检验。

土石路堤压实度的检验可以采用灌砂法或水袋法检测。在填筑前应通过室内试验绘制出各种岩性土石混合料在不同含水量时的标准干密度曲线,以便于现场检验和控制土石压实度。

1.4 冬季与雨季的路基施工

1.4.1 冬季路基施工

反复冻融地区连续 10 天以上昼夜平均温度在 −3℃ 以下,或昼夜平均温度虽然上升到 −3℃ 以上,但冻土未完全融化,在此条件下进行路基施工,属于冬季路基施工。

1. 冬季施工条件

冰冻条件下,泥沼滩涂地带具有一定承载能力,便于修筑施工便道,运输施工机具、设备和材料,软土、淤泥、流砂等的开挖换填及基坑开挖较易。冬季也可以进行路基范围内杂物的清除和平整。因冻融等危害,在泥沼等不良地段,高速公路、一级公路等高等级道路不宜在冬季施工,浸水路堤不能在冬季施工。冰冻对清除地表植被、修补路基边坡、开挖填方台阶等工程不利。

2. 路堤填筑

路基基底在填筑前应清除地面积雪、冰块及地表冰层。

填料取土应选择未冻结的砂类土,碎、卵石土,开挖石方、石渣等透水性良好的土。一级及以上高等级道路禁用冻结填料填筑,其他道路容许部分冻土,但含量不超过 30%,粒径小于 50 mm,并应分散、分层填筑。填筑冻土路段当年不得铺筑高级或次高级路面,路床顶面 1 m 范围内不能用冻土填筑。

冬季填筑路堤应全宽断面平填,松铺厚度比正常施工厚度减少 20%~30%,且不大于 0.3 m;当天铺土当天碾压完毕;每层都应超填 0.3~0.35 m 宽度,以利于正常施工时做削坡、修正、加固;填土高度低于 1 m 的路堤及填方、挖方交界处的路基均不应在冬季施工,以免路基顶部压实不密,发生冻融、翻浆。

3. 路堑开挖

冬季路堑开挖,应视开挖深度、气温、冻土深度等因素选用爆破冻土法、机械破冻法或人工破冻法施工。爆破法炮眼深度取冻土深度的 0.75~0.9 倍,间距取 1~1.3 倍,梅花形交错布置,适用于冻深 1 m 以上的冻土;冻土犁、冻土劈、冻土锯和冻土铲等专用破冻机械适用于破碎开挖冻深 1 m 以内的冻土;人工破冻撬挖只在冻层较薄,破冻面积不大时采用,并需辅助以日光曝晒、火烧、热水开冻、蒸汽放热解冻、电热解冻、化冻等措施。每日开工先挖向阳处,气温回升后再挖背阳处,开挖遇地下水源则应及时挖沟、排水。

冻土开挖应自上而下挖掘,开挖至未冻土后应连续作业,若中间必须停顿较长时间,则须覆雪保温,避免复冻。路堑挖至路基顶面 1 m 处应及时修筑临时排水沟,并停止开挖,覆以雪、松土防冻,路堑边坡也应预留 0.3 m 的厚台阶,不要一次挖至设计线,均待正常施工季节再挖去台阶,削坡、整坡,挖去路堑其余部分土方。弃土堆应远离路堑坡顶 3 m,深路堑或松软地带应在 5 m 以外,弃土堆高度不大于 3 m。

1.4.2 雨季路基施工

1. 雨季施工条件

一般工地可利用雨季修建施工便道、搭建施工设施、准备施工生产资料等,重黏土、膨胀土、盐渣土及平原排水困难地区,雨季土质泥泞,无法进行正常施工作业,丘陵、山岭地区的砂类土、碎砾土、岩石地段和路堑弃方地段可在雨季进行路基施工。雨季应重点构筑路基的边沟排水系统,防止路基范围内积水。

2. 雨季排水

雨季排水的重点是保持施工路段土壤不浸水,场地不积水;填方开始前,应在填方坡脚以外挖掘临时或永久排水沟疏干表层土;路堑开挖前,在距坡顶 2 m 以外开挖截水沟,拦截引排坡顶面水流,保证坡体稳定。

3. 路堤填筑

填料应选择透水性好的碎石、卵石、砂砾、石方碎渣和砂类土,填料取土应远离填方坡脚 3 m 以外,平原区顺路基纵向取土深度不宜大于 1 m。挖方取土填筑应随挖随填及时压密。

340

含水量过大无法疏干的土不能作为雨季填料。路堤填筑应分层进行,填筑土层当天压实成型,每层表面筑成2%～4%的横坡,以利于横向排水。

　　4. 路堑开挖

　　路堑开挖宜分层挖掘,每一层应挖出排水纵横坡及临时排水边沟。开挖至路基顶面以上0.3～0.5 m处应停止开挖,路堑边坡也应留出0.3 m厚的边坡台阶,不要一次挖至设计边坡线,待正常施工季节再进行挖除、削坡。路床土如不符合填料最小强度要求,则高等级道路予以超挖0.5 m,其他道路超挖0.3 m,回填合格填料并压密成型。此外,雨季开挖石方路堑,爆破炮眼应尽量水平设置,避免雨水浸湿炸药而出现哑炮,边坡应自上而下层层刷坡。

思 考 题

1. 填筑路堤和开挖路堑的施工准备的异同点有哪些?
2. 路堤不同填筑方法的适用范围? 它们的技术关键是什么?
3. 土质路堑不同开挖方式的适用范围和技术关键是什么?
4. 试述爆破法开挖石质路堑的施工顺序。
5. 试述爆破作用的基本原理及洞室大爆破的适用范围。
6. 影响路基压实的主要因素有哪些? 试论述含水量、压实功和土干密度三者的关系。
7. 雨季路基施工的注意事项有哪些?

2 特殊路基

2.1 高路堤

中粗颗粒土、石质填方路堤高度超过 20 m，砂砾质路堤高度超过 12 m，软土地区或细粒土路堤高度超过 6 m 均视为高路堤。高路堤对路堤填筑的施工工艺及填筑完工以后如何保持路基的密实、坚固和稳定耐久有特殊要求。

2.1.1 高路堤的工程特征

高路堤的边坡稳定性破坏一般有三种形式（图 4-2-1）：①渗水性土填筑的路堤，当车辆荷载以及高路堤自身重力作用超出土体内摩阻力，或坡脚局部缺失，引起路堤自顶至坡脚处直线滑动破坏；②黏性土填筑的路堤在荷载与重力的作用下，沿圆弧滑动面自路堤顶至坡脚或边坡折点处坍塌；③软土地区高路堤则往往会出现路堤和地基沿圆弧滑动面一起滑坍破坏。因此，高路堤的边坡稳定对路堤填筑材料、边坡坡度和填筑工艺会有特殊的要求。

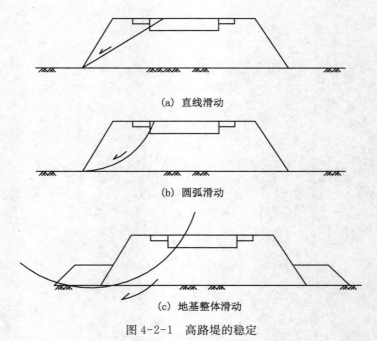

(a) 直线滑动

(b) 圆弧滑动

(c) 地基整体滑动

图 4-2-1　高路堤的稳定

由于路堤土体与基底接触面结合不紧密或接触面因浸水受潮等造成防滑抗力不足时，会引起高路堤在自重作用下沿基底接触面滑动破坏。

2.1.2 高路堤填筑要点

1. 基底处理

清除基底表层松软的覆盖土,尤其是耕植土和植被,对基底进行严格压实,使路堤置于坚实的土层上。若遇软土或其他不够坚实的土基,应进行必要的地基加固处理。此外,在平整基底过程中尽可能放缓基底坡度,减少路堤的下滑力;在斜坡基底地段需按标准挖横向台阶,以增加基底的抗滑动能力。

2. 填料选择

尽可能选择粗颗粒材料填筑高路堤,以增加土体自身的稳定能力;受水浸淹路堤,应选用水稳性高、渗水性好的填料,并应放缓边坡至1:2或更缓,以增大接触面积,提高滑动阻力。

3. 填筑工艺

高路堤应采用分层填筑,分层压实,并根据填料的性质确定相应的分层厚度,最大限度地保证路基的均匀和稳固。高路堤横向应一次填足,防止缺填漏填或边坡贴补填筑。为防止边坡崩坍,高路堤不应分段或纵向分幅施工,避免高路堤沿纵向或斜向形成结构薄弱的各种施工接缝。

4. 路堤压实

高路堤基底的压实度应大于90%,压实机械应视施工场地条件确定。如遇深谷陡坡,宜选用小型手扶式振动压路机或手扶振动夯压实路基。若原土压实后承载力达不到设计要求,则须采取必要的地基处理措施,使地基能够承受高路堤自重和车辆荷载的共同作用。

2.2 特殊土质路基

2.2.1 盐渍土路基

易溶盐含量超过0.3%的土即属盐渍土。按含盐性质的不同分为(亚)氯盐渍土、(亚)硫酸盐渍土和碳酸盐渍土,按含盐量的大小分为弱、中、强、过盐渍土。

各种盐渍土路基的主要病害有溶蚀、盐胀、冻胀和翻浆。氯盐渍土和硫酸盐渍土浸水后土中盐易分解,形成土中空洞,造成路基湿陷、塌陷等溶蚀破坏;硫酸盐渍土随温度变化胀缩剧烈,盐胀常致使路面不平爆裂、路肩疏松、崩解。含盐量的多或少能使盐渍土的冰点变低或提高,在一定条件下会使水分过多聚集而加剧土的冻胀和翻浆,尤其是氯盐渍土。

1. 路堤构造要求

盐渍土的含水量、含盐量受季节影响变化很大,毛细水上升高度大,在冰冻地区易发生冻胀。盐渍土路堤要有一定的高度及较缓的边坡才能维护路基的稳定。不浸水盐渍土路堤边坡一般宜缓于1:1.5,路堤高度超过1.5 m则应放缓至1:2;浸水盐渍土路堤细粒土边坡应缓于1:2~1:3,粗粒土也需缓于1:1.75~1:2。长期浸水路堤不宜用细粒土填筑。

2. 基底处理

盐渍土路基基底0.5~1 m土层含水量超过液限时须全部予以铲除,换填透水性填料,再铺填黏性土;基底土层含水量在液限和塑限之间时,需加铺0.1~0.3 m渗水性土后再填黏性土;基底土含水量低于塑限时可直接填黏性土。长期浸水盐渍土路堤基底须换填渗水性土至水位标高以上 0.5 m 处,并做宽 1 m 以上的护坡道防护,换填土上加铺 0.1～0.2 m 反滤层后再填筑上部路堤,防止上部填土颗粒流失。

表土含盐量超过设计容许规定时须予以铲除,并填筑黏性土隔断层。路堤高度小于 1.0 m 时应换填厚度不小于 0.7 m 的渗水性土,隔断地下水,以防止盐胀、冻胀等破坏。

3. 路基的施工季节

盐渍土路基施工宜选择自然含水量接近最佳含水量的土质,在含盐量最低的季节施工。黏性盐渍土宜于夏季施工,砂性盐渍土宜于春末夏初季节施工;强盐渍土路基在含盐量最低的春季施工为宜;胶碱盐渍土路基则以潮湿的春季或秋季施工为宜。

4. 路基的压实

盐渍土路基宜按重型压实标准压实,在干旱地区宜用加大压实功的办法在最佳含水量状态压实土基,尤其是路基顶层约 0.2 m 的土层,要防止盐分的转移,保证路基的稳定。填土的压实厚度对于黏性土不得大于 0.2 m,对于砂性土不得大于 0.3 m。

2.2.2 黄土路基

黄土是呈黄红色的黏质土,富含碳酸钙成分,以粉颗粒为主,具有多孔隙性。新黄土一般具有原生柱状垂直节理,老黄土中普遍有斜向构造节理发育。黄土渗水性呈各向异性,易在垂直向渗透形成冲沟、暗穴等。黄土自然含水量小,遇水膨胀严重、干燥后收缩,新黄土遇水后会崩解。黄土土颗粒排列疏松,接触点少,几乎没有胶结物质,有湿陷性。

1. 基底处理

对湿陷性黄土路基基底,除了采取防止表面水下渗和引排路基水等措施之外,还应考虑采取一定的措施进行加固处理,如重锤夯实,砂桩、石灰桩挤密,换土等,预先清除沉陷,提高土层承载能力。若为非湿陷性黄土且基底无地下水活动,应做好路基两侧表面排水、压实基底。

2. 路堤填筑

路堤填料宜选用充分扰动的黄土,打碎 0.1 m 以上的土块。一般黄土天然含水量较低,应适当加水,每摊铺一层洒一次水,并待土体吸收水分后用双轮双桦犁反复掺拌后,再予以压实。老黄土的最佳含水量在 15%～20%,新黄土为 10%～15%。边坡应整平拍实,并铺设人工防护层,防止雨水下渗和冲刷坡面形成冲沟。

3. 路堑开挖

黄土具有直立特性,路堑开挖宜采用阶梯形边坡,而不宜采用过缓的直线边坡,以防止形成坡面冲刷。折线边坡自上而下应由缓至陡,而不是由陡至缓。路堑开挖至接近设计标高时,应预留一部分土方,经洒水后用重碾碾压,保证路基顶面有足够的强度。

4. 路基排水

黄土路基要特别加强对水的防范,对地表水应采取拦截、分散、防冲、防渗、远接远送的原则,排水沟渠宜予以加固并加强接缝防渗漏处理,避免渗水沿黄土垂直节理溶蚀、掏空土体,防止因排水不良造成沉陷,导致路基湿陷破坏。

5. 陷穴处理

对于黄土路基沿线的陷穴须予以处理,防止陷穴的发展危害路基。一般视陷穴的发展方向和成因,先找出使陷沉发育的水源并进行封墙或引排,确保断绝水源供给,再根据陷穴的大小和构造,采用灌砂、灌浆、开挖回填等方法填实陷穴,并用不透水填料封填陷穴表面,防止陷穴再次发生。

2.2.3 膨胀土路基

膨胀土的黏土矿物成分中富含亲水性矿物成分蒙脱石、伊利石等,遇水膨胀、失水收缩;具有多裂隙结构,易湿化崩解;大多为超固结土,卸载后会膨胀,呈显著的强度衰减性;土质极易风化;土体自然坡度平缓,无直立陡坡。

1. 施工组织

膨胀土地区路基施工应避开雨季,开工后各道工序要紧密衔接、连续施工,路基填筑完成后应尽早铺路面,避免土体长期暴露。路堤、路堑边坡按设计修整后也应立即浆砌护墙或护坡,防止雨水直接侵蚀。在路基施工前应首先开挖截水沟、排水沟,并铺设浆砌圬工防护,引排路基范围内的水,不得采用坡面排水,以保证地基和已填筑的路基不被水浸泡。

2. 填料要求

强膨胀土稳定性差,不能作为填料,中等膨胀土在用作填料前宜加入稳定剂(石灰)和冲稀材料(砾石或粉煤灰),经改良处理后再使用。直接使用中、弱膨胀土填筑路堤时,应及时对边坡及顶部进行防护。高速公路、一级公路和二级公路要求作填料的膨胀土,包括经处理后的改性膨胀土的总胀缩率不超过 0.7。

3. 基底处理

高出原地面不足 1 m 的路堤,为防止基底膨胀土的胀缩直接反映到路堤顶面和路面,须对基底 0.3~0.6 m 的地表膨胀土换填非膨胀土并按要求压实。若基底为潮湿土,须将土翻开掺入石灰或水泥,稳定后压实,或挖去湿软层,用碎、砾石土和砂砾等换填压实,以保证基底的坚固稳定。

4. 路基填筑

取土坑取得的膨胀土填料很快会成为外硬内塑状态,施工时须将土块打碎至粒径 5 cm以下,并在土块表层含水量略大于最佳含水量时粉碎、铺填,松铺厚度不得大于 0.3 m。当用石灰改良膨胀土时,碾压厚度应控制在 0.25 m 以内。膨胀土路堤两侧须用 0.3 m 以上非膨胀土封闭,路堤顶面须用非膨胀土封层形成包心填方,以保证路基土含水量处于稳定状态,防止膨胀土过分胀缩而影响路基路面稳定。

5. 路基开挖

膨胀土路堑开挖不应一次挖到设计线,边坡和路床一般均留 0.3~0.5 m 土层,待路堑基本挖完时,再削去边坡预留部分,并应立即浆砌护坡封闭,防止膨胀土边坡暴露在空气中太长时间而受风化侵蚀。路床的开挖应在开始铺设路面前再进行,超挖 0.3~0.5 m,用粒料、非膨胀土、掺石灰或(和)水泥改性后的膨胀土填料回填压实。在路堤与路堑的交界地段,应采用台阶方式搭接,搭接长度不应小于 2 m。

2.2.4 杂填土路基

1. 杂填土的特点和使用条件

杂填土通常指建筑垃圾(房渣土)、工业废渣和生活垃圾等,成因不规律,分布不均匀,结构松散,强度低,压缩性高,有湿陷性。房渣土常含有腐木等不稳定物质,用作填土时须进行筛选,最大粒径不应大于 100 mm,烧失量一般不应大于 5%;工业废渣填筑路基前须对其稳定性、粒径大小和对地下水污染影响作出技术鉴定后方能使用;生活垃圾一般不得用作路基材料,只有在垃圾堆场沉积多年且经试验分析确定垃圾已分解稳定时方可不换土,但须采用必要的处理措施。

2. 杂填土路基的施工

杂填土常与土、石混质,不易压实稳定。对于混入软土少、地下水位低且厚度不大的房渣土,可用 0.2~0.3 m 长的片石、块石,尖端向下由疏到密夯入土中,来提高表层土的密实度。对于有较多软土、地下水位高、土质过湿的建筑垃圾或废渣土,先翻松路基,在去除腐木等不稳定物质之后,根据其中土的实际含量,按土的 8% 左右的掺量或通过试验确定最佳掺量,掺入石灰或粉煤灰改善表层土质,分层压实,保证表层路基具有足够的密实度和强度。

对于潮湿的含砂土、黏土、房渣土,可采用重锤夯实法压实路基,尤其是受工作面限制的结构物接头处。杂填土经处理后整体土质稳定、表面密实坚固,才能作为路基基础。

2.3　软土路基和软基处理

2.3.1　软土路基的工程特征

1. 软土特性

软土是在静水或非常缓慢的流水环境中沉积,经生化作用形成的淤泥、淤泥质土和黏性土。天然含水量达 34%~72%,饱和度达 95% 以上,孔隙比为 1~1.9,塑性指数为 1.3~2.0,天然容重为 15~19 kN/m³,渗透系数仅为 10^{-7}~10^{-3} cm/s 或更低,压缩系数 $\alpha_{0.1~0.3}$ 在 0.5~2 MPa^{-1} 之间,呈高压缩性,抗剪强度低,长期抗剪强度只有一般抗剪强度的 40%~80%,流变性显著,且具有触变性和蠕变性。在外荷载作用下地基承载力低、变形大,变形自然稳定时间较长,常达 3~5 年甚至更久。

2. 软土路基特性

在软土地基上填筑路堤主要有两大工程问题:一是当填土高度超过某一高度时骤然发生填土崩塌、基底滑坍,坡脚外侧地基出现隆起,路堤整体滑坡破坏;二是路堤在填筑过程中和填土完成后地基沉降位移过大,除了会增加路堤附加填方量,还会引起桥台、挡土墙、涵洞等道路构造物处产生过大不均匀沉降和水平位移而使结构出现断裂等损坏,路面纵横断面的扭曲、结构开裂等危及交通安全的损坏。

2.3.2　软土路基施工要点

1. 施工前的准备

软土路基施工前应对可能出现的路基盆形沉降、失稳、桥头沉降差以及地基沉降稳定期等有充足的估计,制定相应的对策后方开可工。通常需通过填筑试验路段确定路基填筑工艺、填筑速度等。此外,软基路堤填筑前须做好路基范围内的排水,开挖纵横向排水沟、渗沟,排除地表水,疏干表层土。

2. 路堤填筑

软土地基路堤必须分层填筑,分层压实,分段接头应相互错开,台阶形搭接宽度不宜小于 2 m。桥台背和锥坡填土应同步分层夯实,并宜选用渗水性土,按 0.15 m 厚度分层碾压。高等级道路桥头填土还须辅助其他地基处理措施,以减少工后沉降。路堤填料宜集中取土,在高度低于 2 m 的路堤两侧取土时应离坡脚 20 m 以外,高 5 m 以上的路堤则应离坡脚 40 m 以上。

3. 沉降监测

软土地基路堤填筑过程中应进行沉降和稳定监测,严格控制施工填料和加载速度。沉降板应安装在道路中线上,间距以 200 m 为宜;桥头引道路堤应在中心线和两侧路肩边缘线按 50 m 间距设置沉降板,监测沉降。填筑过程中每填一层应进行一次观测,路堤加载填筑速度以每昼夜水平位移不超过 5 mm、沉降量不大于 15 mm 进行控制,以避免地基失稳。路堤填筑至设计标高后,一般应留出至少 6 个月以上的时间使路堤沉降稳定,超载预压路堤沉降时间不宜少于 3 个月。

2.3.3 软基处理措施

软基处理的目标在于提高路基地基抗滑坍能力、抗变形能力和稳定性,以及减小地基沉降量或提早完成地基沉降。

1. 提高填土路基整体抗滑坍稳定措施

(1)反压护道法

对于路堤高度超过极限高度 1.5～2 倍的路堤,可通过反压护道使路堤下的淤泥趋于稳定,护道宽度一般为路堤高度的 0.3～0.5 倍。

(2)排水砂垫层法

对于路堤高度小于 2 倍极限高度的软基,可铺以厚 0.6～1 m 的表层排水砂垫层,促进表层较薄软土层固结,提高路基强度和稳定性。

(3)加筋路堤法

在地下水位较高,表层软土松湿地带,用土工布或土工隔栅分层垫隔路堤或包裹覆盖堤身,提高路基刚度和稳定性。

2. 加速地基固结沉降措施

(1)粒料桩井法

用砂、碎石、钢渣砂等粒料或袋装砂井,配合地基表面砂垫层排水和填土等,超载预压,促进地基排水固结,提早完成沉降。这种方法适用于软土厚度超过 5 m,地基承载力不足的地基。

(2)塑料排水板法

将塑料排水板竖向排水与土工布、表层排水砂垫层横向排水相结合,加快地基固结沉降,减少工后沉降。这种方法适用于土基松软、地下水位高、泥炭饱和、淤泥地段。

(3)加载预压法

采用比路堤荷载重或接近的荷载预压地基,通过超载大小促进并控制地基固结速率,也可结合塑料排水板、砂井竖向排水加速地基土层固结。

(4)井点降水加载预压法

利用井点抽水降低地下水位,改善上层土质,同时增加土的自重应力,并可结合砂井或塑料排水板竖向排水,加速深层土层固结。

3. 提高地基刚度,减小地基沉降措施

(1) 置换填土法

对厚度小于 2 m 的泥沼软土地基,可挖除软土换填渗水性填料或合格填料,消除软土沉降。

(2) 抛石挤淤法

对滨河、滨海地带厚度小于 3 m、表层无硬壳、呈流动状态的淤泥,采用从路基中线向两侧抛投尺寸大于 0.3 m 的坚硬片石、块石,利用石料重力将淤泥挤出路基范围,构筑坚固稳定的路基。在抛石挤淤的基础上,结合水下爆破挤淤,可使挤淤深度达到 9 m 以上。

(3) 半刚性桩法

在软土地基内打入水泥搅拌桩、粉喷桩,穿透软土层形成复合地基,使桩与软基共同承受填土荷载,并以半刚性桩承载为主,提高地基刚度,降低地基沉降量。这种方法适用于软土层厚不超过 18 m,有硬下卧层地基。

(4) 挤密桩法

利用振动沉管在软土地基中扩孔,挤入石灰土、石灰粉煤灰二灰、水泥粉煤灰碎石等,挤密软土,改善桩四周土质,形成复合地基,提高地基强度,减小地基变形。

4. 填筑轻质路堤,减少总沉降量措施

填筑粉煤灰轻质路堤:基底铺反滤层或隔水层加土工布,用黏土封层包心填筑纯粉煤灰或间隔填筑粉煤灰,侧面按间距 15 m 铺筑宽 1 m 的碎石砂或砾石砂盲沟排水,筑成水稳性好、坚固、自重轻的路堤。

此外,还可使用轻质人工陶粒和 EPS 泡沫料砌块填筑路堤,均可在相同路堤高度下成倍降低填土荷载,减小地基沉降。

2.3.4 软基处理措施的施工要点

1. 反压护道施工

① 填料必须满足路堤填筑材料要求。

② 分层填筑、压实,压实度应达到重型击实标准 90% 以上。

③ 尽可能与路堤同时填筑,分开填筑时,必须在路堤达到临界高度前筑好反压护道。

2. 砂垫层施工

① 填筑材料宜采用级配良好、洁净的中粗砂,最大粒径不大于 50 mm 的天然级配砂砾,也可采用细砂掺 30%～50% 碎石,碎石最大粒径不宜大于 50 mm。

② 砂垫层应分层摊铺压实,压实机具宜采用 60～100 kN 的轻型压路机,压实厚度控制在 0.15～0.2 m 为宜,可适当洒水帮助压实成型,砂砾石不应有粗细粒料分离现象。

③ 砂垫层摊铺填筑宜由两侧逐步向中间推进,以利于形成排水横坡,铺筑的宽度应宽出路基坡脚 0.5～1 m。两侧端应以片石等护砌,防止砂料流失。

3. 土工聚合物加筋路堤

① 土工聚合物材料宜选质量轻、整体连续性好、抗拉强度较高、耐腐蚀性强、抗老化、耐久的土工织物。非编织型土工纤维宜选当量孔隙直径小、渗透性好、质地柔软且能与填筑材料很好结合的土工布。

② 铺筑土工聚合物应紧贴下承层全断面铺平、拉直,在路堤每边留出锚固长度,斜坡基底处应将上坡段土工聚合物搭接在下坡段土工聚合物上,摊铺填料时应先端部后中间。

③ 土工聚合物搭接连接宽度宜为 0.3～0.9 m,缝接连接和粘接连接宽度则应大于 50 mm。

4. 袋装砂井

① 工艺流程:整平原地面→摊铺地基底砂垫层→机具定位→打入套(桩)管→沉入砂袋(加料压密)→拔出套(桩)管→机具移位→埋砂袋头(处理桩顶)→摊铺上层排水砂垫层。

② 材料要求:采用渗水率较高的中粗砂,粒径大于 0.5 mm 的砂含量应占总重的 50％ 以上,含泥量不大于 3％,渗透系数不小于 5×10^{-2} mm/s。袋装砂井袋应选用聚丙烯等编织材料。

③ 主要机具:导管式振动打桩机,采用轨道式、履带臂架式、吊机索架式行进方式。

5. 碎石桩

① 振冲法工艺流程:整平原地面→振冲器就位对中→成孔→清孔→加料振密→关机停水→振冲器移位。

② 材料要求:采用未风化的干净砾石或轧制碎石,粒径宜为 20～50 mm,含泥量应低于 10％。

③ 主要机具:振冲器,100～200 kN 吊机或施工用平车,20 m³/h 水泵。

④ 操作要求:振动器居中后启动电源、打开水源,启动吊机使振动器以 1～2 m/min 的速度徐徐沉入地基。振动器下沉至设计加固深度以上 0.3～0.5 m 时需减少冲水,继续下沉至加固深度以下 0.5 m 处留振 10～20 s。遇硬夹层应每深入 1 m 停留扩孔 5～10 s,至设计孔深后振冲器再往返 1～2 次进一步扩孔。以 1～2 m/min 的速度提升振冲器,并且每提升 0.3～0.5 m 留振 20 s。振密加固后整平场地,桩顶部 1 m 左右的土层应予以挖除,另作垫层。

6. 塑料排水板

① 工艺流程:整平原地面→摊铺下层砂垫层→机具就位→塑料排水板穿靴→插入套管→拔出套管→割断塑料排水板→机具移位→摊铺土层砂垫层。

② 芯板材料:抗拉强度不小于 1 300 N/mm,排水能力不低于 3×10^4 mm³/s,具有足够的耐腐性和柔性,无纺织物滤套应具有隔离土颗粒和良好的透水功能。

③ 施工机械:插板机或砂井打设机具加矩形套管。

④ 操作要求:插入导轨应垂直,钢套管不得弯曲,透水滤套不应被撕破和污染,排水板底部应设锚固以免拔套管时将芯板带出,如拔出 2 m 以上应予以补打。排水板留出孔口长度不小于 0.5 m,并伸入砂垫层。搭接连接应使滤套内芯板对扣、凸凹对齐、平接,搭接长度不小于 0.2 m,并用滤套包裹固定,套管内不得有泥土等杂物。

7. 井点降水、堆载预压结合竖向排水固结

① 施工工艺:整平原地面→摊铺底层砂垫层→打入袋装砂井或塑料排水板→高压射水冲孔→布插井点滤管→填料封顶→摊铺上层砂垫层→填土堆荷→井点排水管接通真空泵启动降水,增加堆载荷重→预压→拆除井点管埋砂填孔→卸超载土继续后续施工。

② 设备材料:用机械真空泵轻型井点抽水,井管滤管长度 1～2 m,滤孔面积应占滤管表

面积 20%～25%，滤管外包两层滤网及棕皮或砂袋，井管周围滤水填料宜采用粗砂、砂砾等透水性粒料。

③ 操作要点：冲孔试水压力以 0.5～10 MPa 为宜，以 0.2 MPa 起冲，逐渐升压，连续冲孔，由土质试冲情况确定适宜水压。冲孔至设计滤管深度以下 0.5 m 停沉，加冲片刻清孔。停冲后迅速拔管，布插滤水管。井管周壁滤料应分层均匀填筑、捣实，填料量与计算量相差不应超过±5%，填料填至地下水位以上 0.5 m 后可改用普通土，填至距地表 1 m 时应用黏土封顶捣实。自水泵进口由高至低，水泵机组宜集于一组井点中部，连接管与井点管用三通支管捆紧并设置截门。井点降水必须保证连续抽水，应采用柴油机或双路供电。运行期间防范出水不畅、跑气、带砂、堵塞等现象。

8. 振动、冲击挤密桩

① 成桩工艺：桩管定位→振动打入套管至设计深度→料斗管内加料→振动拔管出料→套管闭头振动压密→拔管后洞口加料→闭头套管振动压实→重复加料至压实完成。

② 材料要求：用水泥、生石灰、粉煤灰等作结合料。磨细生石灰最大粒径应小于 2 mm；氧化钙、氧化镁含量不小于 85%；水泥可用合格的普通水泥或矿渣水泥；粉煤灰的氧化硅、氧化铅含量应大于 70%，烧失量应小于 10%。配合比应由室内试验确定。

③ 操作要点：套管未入土前宜在套管内投砂（碎石）2～3 斗，振动打入至设计深度时上下复打 2～3 次，管内排料时宜适当加大风压防止排料不畅，套管内料应按规定压入高度计算量控制，松方系数一般在 1：2 以上，排料拔管不宜过快，成桩最后 1 m 用碎石或天然砂砾土填充压密。

9. 加固土桩

① 工艺流程：整平原地面→钻机定位→钻杆下沉钻进→上提喷粉（或喷浆）→强制搅拌→复拌→提杆出孔→钻机移位。

② 材料要求：可用水泥、生石灰、粉煤灰等作加固料，材料要求同挤密加固桩。

③ 操作要求：通过成桩试验确定能满足设计喷入量的各种技术参数，如钻进速度、提升速度、搅拌速度、喷气压力、单位时间喷入量等，成桩试验桩不宜少于 5 根。浆液制备后不得离析，停置时间不得超过 2 h，否则应降低标号使用。供浆必须连续且拌和均匀，一旦断浆应使搅拌机下沉至停浆面以下 0.5 m，待恢复供浆后再喷浆提升。喷浆提升至离地面 1 m 处宜慢速，出地面时应停止提升，搅拌数秒，保证桩头均匀密实。

④ 施工机械：喷浆机械的主机为深层搅拌机，配套机械包括灰浆拌制机、集料斗、灰浆泵、控制柜等。喷粉机械为钻机、粉体发送器、空气压缩机和搅拌钻头。

10. 抛石挤淤

① 材料要求：使用不易风化的硬石料挤淤，片石大小随淤泥稠度而定，粒径小于 300 mm 的硬石料含量不应超过 20%。

② 抛填工艺：采用整式压载挤淤，对于 5 m 以上深厚淤泥须辅以爆破或强夯等措施，使填料下沉至下层坚硬持力层上。为保证抛填体能顺利下沉，应先挖除表层硬壳等障碍物，抛填宜由中间向两侧进行，可采用索铲、抓斗或吸泥泵在抛石两侧挖淤卸荷减少淤泥压力，加大填筑体下沉深度。抛石体应压实均匀，压实度应大于 93%。

2.4 特殊地区路基

2.4.1 水网和水稻田地区路基

水网和水稻田地区一般地势平坦、水道纵横,多雨、潮湿,土壤中有机物含量较高,地下水位高,表层土常年或大部分季节处于过湿状态。路基高度一般以最小高度控制填筑,以减少土方用量和少占农田。

1. 施工前路基排水

为疏干过湿的表层土和防止田间积水渗入,在路基施工前应先沿道路用地两侧筑埂,在埂内开挖纵、横向排水沟以0.5%纵坡引排至出水口,必要时可横向构筑盲沟来疏干表层土。

2. 路基基底处理

去除表层耕植土后,在接近最佳含水量状态碾压密实后,可继续上层填筑。若含水量过大无法压实,或出现"弹簧"应立即停止碾压,翻挖湿土,按掺入量5%~10%掺石灰或二灰(粉煤灰和石灰),吸收多余水分后碾压密实。对深度小于2m的过湿土也可以挖除后换填干土或石渣、天然砂砾分层压实,或挖除0.5m左右湿土后用石方嵌填,再用重型压路机碾压成型后填筑上部路基。对于二级以下低等级道路也可直接抛填砂砾、碎石、片石等夯压挤淤,经压实稳定后继续上层填筑。

3. 路基修筑

尽可能用透水性良好的土填筑路基,不能用含有腐殖质的淤泥填筑。用淤泥质土填筑时,应晒干、打碎并分层填筑、碾压密实。路基施工宜在少雨季节逐段进行,路堤分层填筑中每层表面应做成2%~4%的横坡,以利于横向排水。

2.4.2 沿河和过水路基

沿河和过水路基的主要工程特征是长期经受水的各种侵袭,包括水流冲刷,壅水、水浪侵袭,库水浸泡及渗流过堤甚至泥石流的冲击等。沿河和过水路基填筑重点在于构筑各种防水毁构造及维护路基在长期水浸状态下的稳定。

1. 填料的选择

沿河和过水路堤堤身常水位以下部分、间断浸水部分或受水位涨落影响部分,宜选用水稳性好、塑性指数不大于6且压缩性小、坚硬透水材料作填料;高等级道路宜选用粒径小于0.3m的块石、砾石填筑,以保证路基在长期受水浸泡的条件下具有足够的强度和稳定性。峡谷河流段宜用石料填筑以抵抗洪水或泥石流冲击。

2. 基底处理

沿河和过水路堤须建筑在坚固的基底上,对于松软的基底土层须予以去除换土或加固处理。对于基底下有渗流层、路堤形成后两侧有较大水位差的情况,应先在基底构筑隔渗墙或隔渗层,防止路堤基底发生管涌破坏。峡谷沿河地段基底应挖成向内倾2%~4%、宽1m以上的台阶,以确保基底稳定。

3. 路堤构造要求

路堤长期浸水部分的边坡应缓于1:2,有水位差的路堤下游边坡坡度需缓于上游边坡坡度,并填筑堤身滤水趾和反滤层,路堤边坡须防护加固,可视水流及自然条件采用砌石、混凝土板、石笼、抛石、挡墙等措施。对深水浸泡或急浪冲击的高路堤,在防护设施顶面应设置2 m以上的护坡道。对于山区沿河路堤需考虑防御洪水和泥石流侵袭的特殊措施,如导流堤、拦洪坝等,并在洪水期前完成施工。

2.4.3　岩溶地区路基

岩溶地区地表水、地下水对可溶性岩石的化学溶蚀和机械性的冲蚀、潜蚀作用,使可溶性岩石被水溶蚀,尤其受酸性溶蚀性水的溶蚀而发生迁移、沉积,形成各种岩溶现象。岩溶地区路基施工的重点是对各种形态溶岩的处理、岩溶水的引排和防止岩溶发育。

1. 岩溶水的疏导

岩溶地区水文地质复杂,常与地表水文单元分区不一致,不宜盲目封填岩溶泉或冒水洞,宜因势利导将水流引排至涵洞或暗沟排出路基,防止路基基底出现冒水、水淹、水冲等水毁,避免对基底岩体的进一步溶蚀,影响路基的长期稳定。对于路基上方的岩溶泉或冒水洞可采用排水沟引离路基;对于基底岩溶泉或冒水洞宜修筑涵洞引排;遇有较大水量的暗洞、消水洞或下接暗河溶洞,可采用桥涵跨越通过,以免破坏或恶化上、下游水文条件,引发水患。

2. 岩洞的处理

路堑土方危及路基稳定的干溶洞宜用干砌片石或浆砌片石堵塞;路基基底干溶洞可用砂砾石、碎石回填压实或用干砌片石、浆砌片石填塞密实;基底干溶洞顶板太薄或无破碎,可采用加固或炸除顶板填塞封闭;大溶洞宜用桥涵跨越。此外,位于排水边沟附近的路基溶洞应采用钢筋混凝土板封闭,防止边沟水渗漏到溶洞内。对有较厚覆盖层的基底溶洞,可视情况采用桩基加固、衬砌加固、盖板加固和锚喷封闭加固等措施防止溶洞的沉陷和坍塌。

2.4.4　崩坍与岩堆地段路基

在陡峻斜坡,岩体或土体在自重作用下脱离母岩由高处崩坍坠落,对路基造成损坏。岩体、土体的崩落可能是因岩石节理太过发育受风化崩解,也可能是因岩体受水侵蚀、冲刷和冰冻作用,造成岩体剥落解体。

1. 崩坍地段路基施工

对于原自然坡面或挖方边坡坡面岩石裂缝较多,岩体破碎严重,易受水蚀、风化崩坍坡面,宜采用喷射水泥砂浆稳定,厚度在50～100 mm,气候恶劣地带应在100 mm以上。对于高而陡峻的坡面应铺嵌 Φ2～6@100 mm×200 mm 的铁丝挂网,每平方米内固定1～2处,再喷射水泥砂浆稳定,也可用0.3 m厚的浆砌片块石封面,每2 m²封面应设置一泄水孔。对岩缝较大、节理太过发育而易崩坍的岩体,宜用混凝土块、片块石浆砌铺筑处理,厚度在300～400 mm。

2. 岩堆路基施工

先清除有塌落危险的危岩,再实施相应的加固防护措施。对较稳定岩堆应设置坡面护墙或挡土墙,并设置泄水孔以维护岩堆稳定。岩堆路基开挖应尽可能维护原边坡率,避免采用大、中型爆破,防止扰动岩体而引起岩体滑移。对于稳定性较差的岩堆路基,应先筑护脚挡墙以稳定岩堆脚,再用水泥砂浆分段注入岩体并留出泄水孔;对于较高边坡应分级筑成台阶边坡,并注浆护面或砌筑护面墙以维护岩堆稳定。

2.4.5　滑坡地段路基

斜坡土体受水侵蚀后强度降低,在重力作用下沿土体内软弱面或软弱带整体下滑形成滑坡。水是形成滑坡体的主要成因,特殊的地形地貌(如圈椅谷坡、河谷坡地、积水坡体、鼻形斜坡、凹岸凸坡)和岩土结构(如页岩、泥岩、泥灰岩、滑石片岩、黏性土、黄土及各种遇水软化岩土)是形成滑坡的基本前提。在未处理滑坡体上加载,如停放施工机械、弃土堆料、修筑路堤等,会加速滑坡的发育。

1. 水害防治

在滑动面 5 m 以外开挖截水沟引排坡面水,截水沟应浆砌。补填夯实坡顶坡面,修建坡面树枝形和相互平行的渗水沟和支撑渗沟,防止表面水渗流到滑动土体。修筑渗沟、暗沟,截断、引排滑动土体内的地下水和土层滞水,防止其软化成滑动土体。

2. 减载与加固

在保证土体无进一步水害的基础上,对有滑坡可能、滑动面在发育之中或滑坡尚不严重的土体,采用自上而下刷方减重,修建挡土墙、预应力锚索、钢筋混凝土锚固桩和打入桩,阻止滑坡的进一步发展。墙身基础、桩身、锚索须嵌入滑动面以下可靠深度或硬岩层上。抗滑挡墙墙基和滑坡脚支撑工程基础开挖应采用分段跳槽法施工,并应随挖随填随铺砌。填方路段发生的滑坡还可以采用反压土方护道,压重平衡滑动土体;沿河路基的滑坡则应通过修建水流调治构造物,如导流堤坝、防洪挡墙,并置基础于冲刷线和滑动面以下可靠深度或硬岩体,阻止滑坡的发生。经处理的滑坡体尚需在路基施工期间进行监测,以确保施工安全和路基稳定。

2.4.6　冻土地基路基

在负温条件下处于天然冻结状态持续三年或三年以上的地表土层为多年冻土,或连续整片或岛状分布。多年冻土上限以上常随季节融化、冻结的土层,称为季节冻融层。冻土为矿物颗粒、固态水(冰)、液态水和气体组成的四相体系。土中水结成冰,土颗粒胶结增强,透水性减少,强度提高,短期荷载下抗压缩性增加,而冻土融化,冰胶结会降低,在自重和外荷载作用下产生融化下沉和压密现象。

1. 多年冻土施工要点

以保护冻土为原则,使路基施工前后仍处于热力学稳定状态。

(1)路基排水系统

排水沟应具有防渗措施,远离坡脚,在少冰冻土与多冰冻土地段不小于 2 m,沼泽、湿地地段不少于 8 m。饱冰冻土和含土冰层地段应尽可能避免开挖排水沟和截水沟,宜修建挡水堰截水引排,并距离边坡坡脚或路堑坡顶不小于 6 m,以维护路基周围冻土处于稳定冻结状态。

(2)路基基底处理

对含冰过多的细粒土冻土层及饱冰冻土、含土冰层应予以挖除,用粗粒土换填,换填厚度不小于 0.5 m。低洼沼泽地段应先分层铺筑粗颗粒透水性隔离层至高出水面 0.5 m 以上,再铺筑反滤层,阻止毛细水上升并维护上部路基稳定。泥沼地段基底生长的塔头草可用作隔温层,可不予铲除。

（3）路基填筑

路基填料取土应在路基坡脚 10 m 以外集中取用保温隔水性能好的细粒土,并控制黏性土或不良透水性土的含水量在最佳含水量±2%的范围内压实,按重型击实标准控制。

对饱冰冻土和含土冰层地段路基还需进行侧向保护,在路基底部、路堑边坡铺筑保温材料如草皮、黏土、泥炭等保护护道、护坡和护脚,并保护路基沿线两侧 20 m 范围内的植被和原生地貌不受破坏,以维护路基范围内冻土的热力学稳定状态。

此外,路堑开挖应边挖边修坡,防止边坡鼓肚冻结。路堑边坡按保温要求加固,用草皮水平嵌缝铺砌,并用黏土塞填缝隙,形成护坡整体。

2. 季节性冻融路基施工要点

季节性冻融路基施工时应做好路基排水,防止路表渗水,阻止聚冰水源,充分压实路基以防止路基翻浆破坏。

（1）路堤填筑

使用平地机分层整平路拱再碾压,保证各压实层平整度达到 3 m 直尺 20 mm 标准,以维护良好的路床排水状态。路基填筑高度应满足路基全年处于干燥或中湿状态。修筑低路堤宜采用换填土法、隔离层法、隔温层法、降低水位法、土工布排水法等冻融翻浆防治方法。换填土法是用水稳性、冻稳性好、强度高的黏粒土换填路基上部;隔离层法是用沥青土、沥青砂、沥青油毡、塑料膜等不透水层隔离地下水上渗;隔温层法是用炉渣、矿渣、碎砖在路基上部或路面底基层铺筑 20～50 cm 厚的隔温层防冻;降低水位法是用渗沟降低路基范围内的水位,防止上部路基冻胀翻浆;土工布排水法是在土基上铺垫过滤型土工布,上面铺筑 30～40 cm 厚的砂砾层隔水防冻。

（2）路堑开挖

石质路堤超挖部分应用符合要求的石渣或混凝土找平,用级配碎石或水泥稳定碎石、二灰稳定碎石等半刚性材料整平,不能用劣质开山料或土回填找平。土质路堑按土质予以翻挖整形或换填好土并压实,再采取封闭路肩、浆砌边沟等排水防水措施,以防止路床进水。

2.4.7 风沙地区路基

风沙集中分布在内陆干旱、过干旱地区,气候干燥,降雨量小,温差大,冷热变化剧烈,植物稀疏、低矮,风大、沙多,土质松散无黏聚性,土中常富含易溶盐。风沙对道路工程的危害主要表现在沙埋和风蚀。风沙通过路基时风速减弱,导致沙粒沉落、堆积,沙埋路基。沙丘在特定地段和气候、风况条件下的移动也是沙埋路基的主要原因。风沙直接吹蚀路基,强大且持久的沙土吹袭,使路基土体砂粒或土粒蚀落、吹失,致使路基削低、掏空和坍塌破坏。消缓、减弱、防止风沙对路基的侵袭及提高路基整体抗风吹能力是风沙地区路基施工的主要内容。

1. 施工组织

风沙地区路基施工组织应遵循边施工边防护、分段施工、一次筑成的原则,选择夏秋季节、雨季、少风季节施工。当日不能完工的路基、边坡用芦苇、草席或替代织物覆盖,以防风蚀、沙埋。施工期间应保护好沿线既有的植被,增加抗风沙能力。

2. 填料取土

填料取土宜在路堤下风一侧距坡脚 5 m 以外,有反向交错风时,取土坑应呈宽深比为

10～25 的缓边坡、浅槽形。开挖弃土应在背风坡一侧的低地,离路堑坡顶 10 m 以上,摊平,保持取、弃土地总体平坦、顺适,以免受沙害。

3. 路基填筑

用粉砂或细砂等砂性填料填筑时应分层压实,采用以机械振动压实为主,结合浇水沉实的快速成型施工。路基顶面、边坡面及坡脚外 5～10 m 地面范围内,用黏性土、砾石、卵石、乳化沥青等材料平铺覆盖,即时防护。对缺土、缺水、难易压实的风积沙路基,可用土工织物加固防护。路堤宜填筑成 1∶3～1∶2 以上的缓坡、流线形状,路堤以高出 50 m 范围内沙丘平均高度的 0.3～0.5 m 为宜。

4. 路堑开挖

路堑挖方应控制开挖长度和深度,分别不宜超过 30 m 和 6 m,预留 2～4 m 的积沙平台,并使路堑顶宽与深度比值近 20～30,呈浅槽形。深度小于 1.5 m 的浅路堑也应预留 1～2 m 的积沙平台,边坡坡度还应缓于 1∶4,以减少路堑内的积沙。路肩、边坡坡面及路堑坡顶外 20～30 m 范围内,需随路堑即时开挖即时覆盖防护。

5. 防沙固沙

清除、摊平路基两侧 30～50 m 范围内的沙丘、弃土堆、土丘等突出障碍物,以免引起积沙。采用固、阻、输、导措施综合治理沙害。优先选用植物固沙或利用砾石、卵石、黏质土、柴草、盐盖等平铺固沙;用柴草、土工织物类材料在路基迎风侧外 20 m 处设低立式沙障,或 50 m 处设高立式沙障拦阻外来风沙,也可用墙式、堤式、栅式、带式阻沙障拦截路基迎风侧 200 m 以外的大风沙流;在流动沙地、风沙流及路线与主导风向呈 45°～90° 的流动沙丘地段,宜采用开挖浅槽、填筑风力堤或聚风板等输沙越过路基而不产生堆积;而在路线与主导风呈 25°～30° 的地段,宜在路基迎风侧 50～100 m 以外构筑导流墙、导沙板等,改变风沙流或沙丘的移动方向。植物固沙防护带宜采用草、灌木和乔木,本土植物和引进植物结合或分期种栽,防护带在路基迎风一侧不宜小于 200 m,背风一侧不宜小于 50 m,并应根据风沙严重程度在迎风侧 300 m、背风侧 100 m 范围内增加植被保护带。

思 考 题

1. 试述高路堤的工程特征及填筑的技术要点。

2. 盐渍土和黄土的工程特性中,哪些特性对路堤填筑有不良的影响?

3. 试述粉煤灰路堤的构造要求。如何防止其流失?

4. 软土地基上填筑路基的主要工程问题是什么?

5. 软基处理的措施有哪些?它们的工程特点是什么?

6. 水网地区填筑路基的关键工序是什么?

7. 岩堆与滑坡地段修筑路基的主要注意事项是什么?它们之间的区别何在?

3 路基排水、防护、加固

3.1 路界地表排水

水从地表侵袭道路有三个途径：大气降水，路基上方流经路基的地表水或渗流水，以及大小河流、沟渠流向路基的水。路界地表排水的目标是把路界范围内的表面水有效地汇集并迅速排除出路界，同时把路界外可能流入的地表水拦截在路界范围外（不包括横穿路界的自然水道的水流），防止地表水冲刷、漫流、聚积和下渗危害路基和威胁交通安全，保证路基常处于干燥、坚固和稳定的状态。

3.1.1 地表排水的组成

根据地表水侵害路基的方式及影响的范围，地表排水可以分成 4 个部分：路面范围内的排水、中央分隔带排水、路基坡面排水以及相邻地带流向路基范围内水的排除（图 4-3-1）。

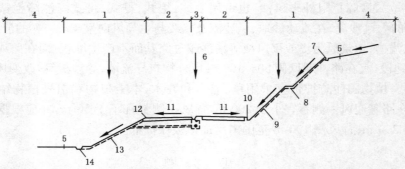

1—坡面排水；2—路面排水；3—中央分隔带排水；4—相邻地带排水；5—路界；
6—降雨；7—坡顶截水沟；8—边坡平台排水沟；9—急流管；10—边沟；
11—路面路肩横坡；12—拦水带；13—急流槽；14—坡脚排水沟。

图 4-3-1 路界地表排水系统

1. 路面范围内的排水

路基施工时，将路基表面筑成 2‰～4‰ 的横坡自然泄水至边坡，对于潮湿地区或雨季土路基施工，通常还沿路基纵、横向设置一定密度的盲沟，以加快水的汇集、排除和降低土的含水量。对于路面修筑后路面范围内的水，公路一般采取路面和路肩横向两侧泄水，路堤较低，汇水量不大，且边坡坡面不会被冲刷时，采取坡面漫流方式排至边沟，否则，在路肩边缘设拦水带汇集水流，沿边坡急流槽排出路基；城市道路通过车行道路缘街沟收集并经管道排除。

2. 中央分隔带排水

中央分隔带排水，根据分隔带的铺面形式、宽度及路拱横坡情况，分别采用直接排水和收集排除的方式。有铺面（沥青或混凝土）且较窄的中央分隔带，可与路面形成一致的横坡直接向两侧或一侧排水;分隔带不宽(如 3 m 以内),表面为草皮铺面,可在中央设置盲沟吸收雨水、雪水,再通过集水井排入两侧边沟;无铺面或简易铺面(摆石、砌块预制块)且较宽的中央分隔带,采用边沟、明沟收集,再用管道横向排至两侧边沟;在平曲线弯道超高地段,中央分隔带的排水还需包括一侧路面范围内的附加水量。

3. 路基坡面排水

路基坡面排水主要包括排除路堤顶面泄下的水、路堑坡面渗水、沿路基边坡泄下的水和进入坡面范围内的其他水。排除路堤顶面泄水,通常是由设在路肩边缘的拦水带收集后,沿路基纵向相隔一定距离(10~20 m),顺路堤边坡修筑凹形急流槽引水至路堤坡脚的边沟;路基边坡的渗水和表面泄水由边沟收集,再由边沟或排水沟把水引到路基以外的自然水体、水道。

4. 相邻地带流向路基范围内水的排除

排除临近区域流向路基范围内的水,一般采用的措施是沿路基纵向设置截水沟,阻止水侵害路基,截水沟的水可直接引入临近水体或水道,或经排水沟排出。

3.1.2 排水结构物

1. 路基边沟

边沟设于路肩的两侧,用于汇集和排除路基范围内边坡、路面、路肩泄下的水,以及流向路基的少量地表水。易受地表水侵害的挖方地段和接近零填地段必须设置边沟。

边沟的构造有梯形、三角形和矩形三种。边沟的深度一般应在 0.4~0.6 m 以上,梯形和矩形边沟的底宽也不应小于 0.4~0.6 m;靠路基内侧土质边坡一般为 1∶1~1∶1.5,岩质边坡为 1∶0~1∶0.5;三角形路堤边沟由机械施工时,边坡为 1∶2~1∶3;矩形边沟适用于岩质路堑或砌体边沟。边沟构造形式如图 4-3-2 所示。

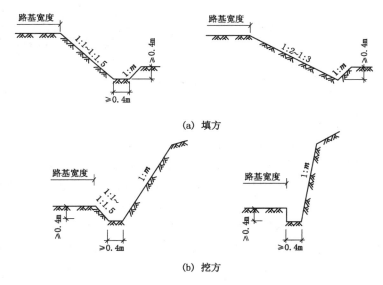

(a) 填方

(b) 挖方

图 4-3-2 边沟构造形式

边沟的排水量有限,为防止漫溢和冲刷,边沟需分段设置出水口,分段长度不宜超过 300 m,三角形边沟不宜超过 200 m。平曲线路段边沟施工时,要使沟底纵坡与平曲线前后段的沟底坡度平顺衔接,且边沟最小纵坡宜大于0.5%,以保持水流畅通。沟底曲线外侧可适当加深,防止因路基超高使半曲线内侧路肩标高降低和因离心作用使沟内一侧相对水位抬高,发生外溢和积水现象,危害路基稳定。在路堑至路堤的过渡段,高路堤的纵向凹形变坡处,大纵坡回头曲线段,临近水体或横向水道、桥涵的出水口处以及边沟纵坡大于3%的地段等,边沟应进行冲刷防护。路堤靠山一侧坡脚的边沟须防渗加固,以防边沟渗水削弱土体强度形成薄弱滑动面,发生路堤滑坡现象。

2. 截水沟

截水沟设置在路堑边坡坡顶上方边缘和山坡路堤上方,以拦截坡面雨水侵入路基范围内。截水沟离路堑坡顶的距离应大于5 m,当坡顶为黄土坡面时则应大于10 m并予以防渗加固。如坡顶上方有弃土堆时,弃土堆坡脚至路堑坡顶应有10 m以上,截水沟应在弃土堆外侧坡脚1~5 m以外(图4-3-3)。截水沟上口离路堤坡脚不应小于2.0 m,截水沟与路堤坡脚之间宜筑成土台,并朝截水沟方向倾斜不小于2%,以利于路堤内侧地面水流入截水沟排出,保护坡脚稳定(图4-3-4)。截水沟的宽度和沟深不应小于0.5 m,纵坡不宜小于0.5%,以保证基本的排水和构造需要。沟壁的边坡坡度和沟底纵坡要求与边沟基本类同。

截水沟每隔500 m左右应选择适当地点设出水口,将水引至临近水体或水道。截水沟一般需加固,以防冲刷和沟底渗水。若遇陡坡,需要设急流槽引排。

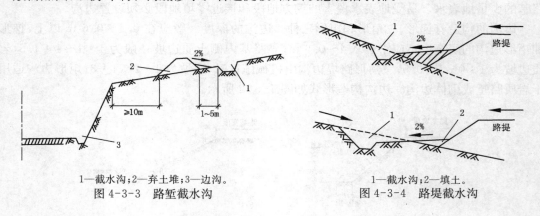

1—截水沟;2—弃土堆;3—边沟。
图4-3-3 路堑截水沟

1—截水沟;2—填土。
图4-3-4 路堤截水沟

3. 排水沟

排水沟一般设置在距路基坡脚3~4 m以外,尽可能远离路基。排水沟的作用是将路基范围内的水包括截水沟、边沟等的水流导入临近的低洼地或水体、水道。

排水沟一般为梯形断面,断面尺寸应由排水量计算确定。若为边沟、截水沟等小水量引水沟时,最小宽、深可以0.5 m控制。排水沟土质边坡的坡度一般为1:1~1:1.5,纵坡应大于0.3%~0.5%,平面线形尽量圆顺,遇连续转弯应设置半径在10 m以上的弧线以保证水流顺畅,分段长度不宜超过500 m,以免流量过多,致使水流漫溢而影响路基稳定。排水沟应顺流接入水道、河流,防止冲刷和淤积。

4. 跌水

排水沟或截水沟在陡坡险峻、水流湍急或突变地带,可通过设置跌水,消减势能,减小水流速度,防止水流冲刷路基和冲毁周围田地。

跌水由进水口、跌水槽和出水口三部分组成,其中跌水槽包含跌水墙、平台和消能构造。

消能构造有消力池、消力槛或消力池槛混合构造。跌水设施一般用混凝土或浆砌块石修筑。在跌水进水口处应设置护墙汇集来水,浆砌圬工的护墙厚度为 0.2～0.4 m,混凝土墙厚为 0.1～0.3 m;护墙的埋深约为水深的 1.2 倍以上,且不小于 1 m,以保证护墙的稳定。跌水槽的边墙结构与护墙大致相同,墙高须高出计算水位 0.2 m 以上,槽底厚度一般为 0.25～0.4 m。消力槛顶宽应大于 0.4 m,槛高由计算确定,并应设置 5～10 cm 的方形、圆形泄水口或矩形缺口,易于排除积水。跌水台阶高度一般为 0.3～0.6 m,台阶宽度以基本接近原地面自然坡度为宜。

5. 急流槽

急流槽用于短陡斜坡、大落差流水的导流和排水,一般设置在路堤边坡坡面和路堑边坡坡面或边坡平台上,引排堤顶或坡顶泄水至低处排水沟或其他水道中。对于低路堤小水量泄水也可沿急流槽经消能后直接引入路基边沟。

急流槽设置汇水进水口和消能出水口,水流紧贴槽底,槽底的纵坡应与自然地面坡度相适应,一般不宜超过 1:1.5,槽身断面宜为矩形或梯形。急流槽用砌体圬工或混凝土修筑,槽体结构构造与跌水基本相同。为保证槽体结构稳定,槽底基础应嵌入地面以下并做成台阶形,防止槽底沿斜坡滑移,台阶的宽度一般为 1.5～2.5 m,台阶处应设护墙,墙身应嵌入基底以下 0.3～0.5 m。急流槽构造如图 4-3-5 所示。

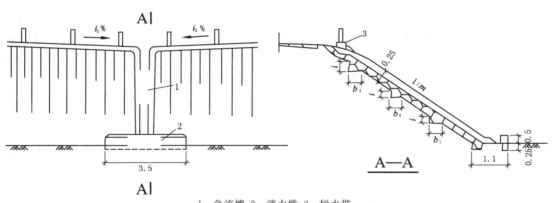

1—急流槽;2—消力槛;3—拦水带。

图 4-3-5　急流槽构造图(单位:m)

路堤边坡的急流槽与路缘石开口的衔接部分应圆顺,以提高急流槽进水的汇水效率,快速排除路肩积水,防止顶面渗水影响路堤稳定。若边坡较长,急流槽应分段修筑、分级引水。级段长度宜控制在 10 m 以内,接头处用防水材料填塞密实。分级坡度自上而下应逐步趋缓。

6. 积水蒸发池

积水蒸发池设在离路基尽可能远的地方,用于收集排水沟、截水沟等路界范围内的地表水,在无其他河流、水道排水时,通过自然蒸发和渗入地下排除路界范围内的水。

积水蒸发池一般可与取土坑配合设置。为保护路基不受侵蚀,积水蒸发池须离路堤坡脚 5～10 m 以上。大水池应离路堤坡脚 20 m 以上,池水标高应低于路基边缘至少 0.6 m,水深应控制在 1.5～2.0 m 以下,池的蓄水量应以当月汇入流量能全部蒸发消散进行控制,一般不宜超过 200～300 m³,并应控制非路界范围的水进入,以免水溢出损害路基。

蒸发池的外形不限,一般为矩形,池底应挖成向中部倾斜0.5%左右的横坡,以方便水的汇集消散;进水口应与排水沟、渠底部平顺相接,防止漫流和冲刷。

7. 拦水缘石

拦水缘石设在路肩边缘,用于汇集路面范围内的水并沿路线纵向将水引至喇叭形出水口,导入急流槽排出,防止水从路肩边缘沿路堤边坡漫流和随意排放,保护路堤边坡不受冲刷,尤其是保护高路堤边坡土体完整。

3.1.3　施工技术要点

1. 系统的整体性和环保性

道路全线的沟渠、管道、桥涵等是一个排水系统整体的有机组成部分。各单项排水设施,除了应满足局部排水要求外,还需与系统流域的总体排水规划相协调。在施工时,应首先校核道路全线的排水系统设计是否完备和妥善,必要时应按要求对设计进行补充或修改。其次,认真做好施工组织设计,无论是临时排水设施还是永久性排水设施,均应满足排水系统的整体性要求。在施工期内,各类排水设施应及时维修和清理,使其保持完好状态,使水流畅通,不产生冲刷和淤塞,以保证路基土石方及附属结构物的正常施工作业,清除路基基底和土体内与水有关的隐患。

在路基施工期间,对地表植被要予以有效的保护,除了能减少水土流失堵塞水路,还可以保持一定的地表径流粗糙度,减缓水流汇集冲刷强度,降低排水要求,同时要特别注重临时性排水设施与永久性排水设施结合,减少开挖废弃工程及对自然环境造成重复危害。不得随意弃土或借方取土,应有效地保护原有天然水系和农田排灌系统。

道路施工期内,水泥、石灰等建筑材料对水污染较大,受污染的水不得直接排入农田灌溉系统和饮用水源,以免危害农作物和居民的健康。

2. 沟渠的冲刷防护和防渗漏

对于土质沟底纵坡大于3%,平曲线弯道地段,边沟和截水沟出水口处,均应进行冲刷防护。常用的冲刷防护措施有:平铺草皮、块石、片石干(浆)砌或混凝土铺砌,夯实沟壁土体,水泥砂浆抹面等。对有跌水现象的出水口处还需设置消能设施。

在地质不良地带和土质松软、透水性较大或裂隙较多的岩石路段,顺流而下的水流在排出路基范围的同时,有相当大的一部分水流会沿着沟渠的周壁渗入土体。若沟渠因纵坡太小或阻塞致使水道不畅,渠沟积水更会增加渗水量。边沟渗水会使路基边坡坡脚湿软,直接危害路基的稳定;路堑边坡坡顶的截水沟渗水,则会使沟槽位置成为边坡滑坍的顶部破裂线。对于易受渗水影响的路基边沟和截水沟,除了要保证边沟纵坡顺适、沟底平整、排水畅通之外,应用砌石或混凝土浇筑护面进行防渗加固。对截水沟在山坡上方一侧砌石与山坡土连接处还应作严密的夯实处理,防止坡面水流进入截水沟前,顺砌石与土体的缝隙渗入,影响边坡稳定。

3. 沟槽接缝处理

圬工砌体或混凝土浇筑的排水沟,为防止不均匀沉降或温度、湿度变化而引起沟槽不规则开裂,应设置沉降伸缩缝。沉降伸缩缝应用沥青麻絮、沥青木板或土工合成的弹塑体材料封缝,防止漏水对地质不良地区的路基造成危害。

3.2 地下水排水

地下水包括上层滞水、潜水、层间水等。它们对路基的危害程度，与其埋藏深度以及地质条件的不同而不同，轻者使路基湿软，强度降低；重者会引起冻胀、翻浆或边坡滑坍，甚至使整个路基沿倾斜基底滑动。地下水排除主要是截断与排除来自山坡、高地流向路基的层间水、泉水等地下水，使其不致侵蚀路基，并且降低地下水位，提高路基的强度和稳定性。

地下水对路基的危害有很大的隐蔽性，要有效防止地下水侵害路基，必须对道路沿线的气候气象情况，路基范围内的地形、工程地质、水文地质进行全面仔细的调查和勘探；研究地下水的平面分布、埋藏深度和运动规律，了解地下水的类型、补给来源及有关水文地质参数；掌握地下水的水位变化、流量、流速和流向，以及季节雨量和冰冻深度等；确立地下水的防治目标，采取切实有效的排水措施。

3.2.1 地下水排水方式

对地下水可分别采取拦截、汇集和直接排除等技术措施排除。路基基底局部范围有泉水外涌的情况，可设置浆砌块石或混凝土泉井限定泉水的影响范围，再设置暗沟或暗管，将泉水引排至路堤坡脚外或路堑边沟内。泉水量较大时，可直接引排至临近排水沟或天然水道。

当地下水位较高、潜水层埋藏不深时，为阻止地下水流向路基，可沿线设置排水明沟或暗埋渗沟拦截含水层的地下水，并引至临近排水沟等水道。排水明沟和暗埋渗沟除了能拦截浅层地下水流向路基，还能按需要拦截、汇集地下水，降低路基范围内的地下水位，减少路基土含水量，有助于提高和保护软土地区低路堤路基强度，以及在冰冻地区防止地下水位高出冻深线造成路基冻胀和春融破坏。排水明沟还可以兼排地表水。

为疏干潮湿的土质路堑边坡坡体和引排边坡上局部出露的上层滞水或泉水，保护坡面平整稳定，可以设置边坡渗沟排水，按带状或分岔形布置集水、汇水，然后排入边沟。

对于山坡土体较深处的地下水，若需解除其静水压力，消除对山坡坡体稳定的隐患（滑坡的危险性），可以通过平式钻孔法排水，即用钻机在挖方边坡平台上水平向钻入坡体含水层，孔内置入多孔管集水排水。

3.2.2 地下水排水设施

1. 明沟

明沟用于拦截和引排浅层地下水或上层滞水，一般设置在路基边坡上侧或边沟位置。尤其适用于分布不广、动态不稳定、受季节影响大以及干旱季节有可能消失的浅埋地下水等场合。明沟断面形式一般为梯形，沟底应埋入不透水层。深度超过 1.2 m 时宜采用槽形截面，底宽约为 0.8 m，最深不能超过 2 m，最小排水纵坡应保持在 0.3% 以上。

明沟通过沟壁外与含水层接触面处设置反滤层及沟壁渗水孔集水排水。反滤层宜用粗粒透水材料或土工布构成，明沟结构宜用砌石砌筑，较深时可用混凝土修筑，所需设置的沟壁渗水孔数量可视地下水流量和含水层性质而定，沟壁最下一层渗水孔的孔压标高应高出沟底 0.2 m 以上。沿沟槽每隔 10～15 m 或遇地质基础软硬分界处设置伸缩缝或沉降缝。

2. 暗沟

暗沟用于收集、引排外涌泉。泉眼处设置泉井以限定泉水影响范围和提高暗沟集水引排效用。暗沟的构造一般为浆砌块石或混凝土砌筑的矩形盖板沟,井宽、井壁厚、井高视泉眼大小而定。为减少路面荷载对暗沟结构的影响,暗沟盖板上覆土层应大于 0.5 m。井壁、沟壁应埋至冻深线以下,以防止冰冻损坏结构。此外,为进一步防止泥土或砂粒落入堵塞泉眼,一般在暗沟盖板顶上由下向上,由粗到细铺设倒滤层。在寒冷地区,暗沟的出水口处须采取适当措施,如加大排水坡度,以防止水流冻结。

3. 渗沟

渗沟的作用比较广泛,若路基地下水位偏高,土质含水量较大时,可在路基两侧或中央分隔带处边沟位置设置渗沟吸收、汇集地下水,降低地下水位和路基土的含水量。当有地下水流向路基范围时,可按垂直渗流方向布置渗沟,拦截并将水流排出路基范围(图 4-3-6)。渗沟还可以按条形或树枝形布置在路堑边坡口,用来截断、收集露出边坡坡面的上层滞水,防止水流冲刷路堑边坡和软化坡体。

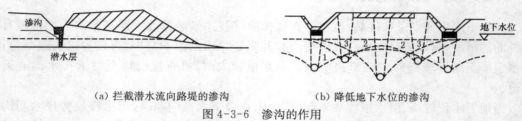

(a) 拦截潜水流向路堤的渗沟　　　　　(b) 降低地下水位的渗沟

图 4-3-6　渗沟的作用

(图中数字 1,2,3 表示渗沟位置不同所降低的不同水位曲线)

渗沟排水构造可以有三种形式:沟槽排水、沟管排水和洞式排水,对应的渗沟即称为填石渗沟或盲沟、管式渗沟和洞式渗沟(图 4-3-7)。

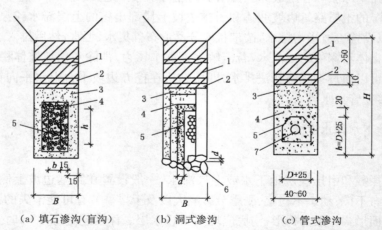

(a) 填石渗沟(盲沟)　　　(b) 洞式渗沟　　　(c) 管式渗沟

1—黏土夯实;2—双层反铺草皮;3—粗砂;4—石屑;5—碎石;6—浆砌片石沟洞;7—预制混凝土管。

图 4-3-7　渗沟构造(单位:cm)

填石渗沟沟槽底采用浆砌片石或混凝土铺砌,槽内直接填充碎石、卵石排水体,排水阻力较大,纵坡控制在 5% 为宜,最小不低于 1%,用于小流量短距离地下水排水。填石渗沟的构造断面一般为矩形,较浅渗沟常为梯形,渗沟的底部和中央填筑较大粒径(30~50 mm)的大碎石或卵石作为排水体,由中央排水体向两侧和上部,按一定厚度(0.15 m左右)分层填筑粒径由粗至细的砾石、粗砂和中砂等较细颗粒渗水材料,形成排水反滤层。反滤层各层粒径比例大致可按4∶1递减,砂石料颗粒粒径小于0.15 mm的含量应低于5%。

管式渗沟通过管道排水,适用于较长距离、较大流量的地下水引水,管道纵坡不小于0.5%,沟长为100~300 m时设置横向出水管引排,以防止水量累积过大而倒灌,排水管可用陶瓷管、混凝土管、石棉管、水泥管或塑料管,管壁设有交错布置的泄水孔,孔距在0.2 m以内。也可采用弹簧管外包土工纤维布的新型软式排水管,其排通量较一般硬质管大,易于开岔、接管,特别适用于引排路堑边坡或山坡坡体坡面的上层滞水,以及按树枝形布置的渗沟排水。

洞式渗沟适用于地下水流量较大的地段,洞壁一般采用浆砌片石砌筑,洞顶用盖板覆盖,盖板之间留有空隙以利于地下水渗入,沟底纵坡满足最小排水纵坡0.5%以上。

渗沟出水口采用端墙式构造。端墙下部留出与渗沟排水通道大小一致的排水沟,渗沟沟底至少高出排水沟沟底标高0.2 m以上,冰冻地区高出0.5 m以上。为检查维修渗沟,每隔30~50 m,在平面转折处、坡底由陡变缓处设置检查井,一般为内径小于1 m的圆井,井底比渗沟沟底低0.3~0.4 m,用混凝土浇筑。

渗沟顶部需设置封闭层,可用双层反铺草皮或土工布铺成,上面用厚0.5 m以上的黏土夯实形成不透水层,以免地面水下渗以及黏土颗粒落入滤层和排水体内。顶部覆土厚小于冻深时使用炉渣、砂砾、碎石或草皮加设保温层。

渗沟基底一般须埋至不透水层,面向渗流水一侧的沟壁设置反滤层,另一侧用黏土夯实或浆砌片石拦截水流。当含水层较厚沟底不能深入不透水层时,两侧沟壁均设置反滤层。

渗沟的施工开挖宜自下游向上游进行,开挖深度超6 m时须做沟槽支撑间隔开挖。

4. 渗井

渗井是一种竖向排水构筑物,尽可能远离路基,用于收集离地面不深处含水层中的地下水或排除渗入较深地下透水层的水量不大的地表水,疏干路基土。平坦地区路基附近无河流、水道或洼地,而距地面不深处有渗透性土层时,可使用渗井排除地面水。

渗井由上部集水构造和下部排水结构组成,井身常见为直径0.7~1 m的圆井或0.6 m×0.6 m~1 m×1 m的方井。上部含水层范围内的集水构造为类似渗沟的滤水层和碎石排水体,下部构造为填充碎石或卵石穿过不透水层直达下含水层。井内滤层构造可用不同直径的套筒分层填筑。

3.2.3 施工技术要点

1. 有效处理施工过程中发现的地下水,切断地下水补给源

由于地下水埋藏隐蔽,在设计时不可能全面了解和掌握。在施工过程中,若发现地下水富集带或泉眼等地下水,必须认真对待,会同设计方查明其类型、补给来源,以及流量、流向等情况,采取切实有效的措施加以处理。对道路毗邻地带尤其是山坡、高地经常进行巡察,发现岩土裂缝及时予以填塞,土质地面的裂缝用黏土填塞捣实,岩石裂缝用水泥砂浆填封;路堑边坡上方的洼地和水塘予以填平;土质疏松地段铺植草皮和种植树木,以切断和减少地下水的补给源。

2. 防止渗沟淤塞

渗沟排除地下水是靠反滤层集水,通过碎石、卵石排水体和沟管槽排出路基范围。若反

滤层中渗入细颗粒泥沙,日积月累致使反滤层失去渗水功能,使渗沟失效。要保证渗沟的正常工作,须从内外两方面防止泥沙的渗入,首先要保证渗沟顶部封闭层和防水层的施工质量,防止土颗粒渗入;其次,应严格选择填充料及各层反滤层材料,并筛选干净,按照先粗后细的顺序铺筑,同一层中粒径均匀一致,防止滤层材料本身夹带泥砂或疏密不均匀导致堵塞。

3. 接缝防渗漏

沉降缝和伸缩缝防渗漏对地下沟槽十分重要,尤其是暗沟埋深较浅、土质较软的透水路段,应用沥青麻絮、沥青木板或土工合成的弹塑体材料封堵沉降缝和伸缩缝,防止漏水。

4. 沟槽防冻

地下排水沟槽的出水口是地下排水系统安全引排路基范围内的水至适当水体、水道的关键部位,除了应予以冲刷防护之外,寒冷地区还应防止水流冻结堵塞通道,致使路基内水量聚集产生冻胀翻浆破坏。在沟槽出水口处,加大末端沟槽纵坡至 10% 以上或采取保温措施,同时保证出口沟底高于出口外沟底 0.5 m 以上,以防止水流冻结。对于因地形限制地下渗沟无法埋设于冻深线以下时,须在上层填筑炉渣、泥炭等予以保温,防止地下渗沟管槽冻裂。

3.3 坡 面 防 护

对于暴露在大气中受到水、温度、风等自然因素的反复作用的路堤和路堑边坡坡面,为了避免出现剥落、碎落、冲刷或表层土溜坍等破坏,必须采取一定措施对坡面加以防护。土质边坡的坡面防护一般采用种草、铺草皮和植树等植物防护措施。对于不宜于草木生长的岩石坡面,可采用抹面、捶面、喷浆、勾(灌)缝和坡面护墙等形式的工程防护措施。

3.3.1 植物防护

1. 种草

种草适用于边坡稳定、坡面冲刷轻微(容许缓慢流水 0.4~0.6 m/s 短时间冲刷)的坡面。草种选择应注意当地的气候和土质,以易生长、根系发达、茎矮叶茂或有匍匐茎的多年生草种为宜。最好选用几种草籽混合播种,较易形成良好的覆盖层。

播种时间以气候温暖且湿度较大的春秋两季为宜。在撒布草籽之前,坡面必须仔细清理,撒布方式可以采用撒播或行播,草籽埋入深度应大于 50 mm。将草籽与砂、干土及肥料或锯末肥料混合播撒,易使草籽均匀分布。若坡面是不易种草的土壤,如砂性土,可在坡面铺撒一层 100~150 mm 厚的耕植土层,并挖成小台阶,以防耕植土层滑动。种草后,适时洒水施肥和清除杂草,直到草成长覆盖坡面。

2. 铺草皮

铺草皮的作用与种草防护相同,但它收效快,适用于边坡较陡和冲刷较重(容许流水速度小于 1.8 m/s)的坡面。草皮应挖成块状或带状,块状草皮尺寸为 0.2 m×0.25 m,0.25 m×0.4 m,0.3 m×0.5 m 三种;带状草皮宽为 0.25 m,长 2~3 m;草皮厚度一般为 60~100 mm,干旱和炎热地区可增加到 150 mm。铺草皮的方式有平铺、平铺叠置、方格式和卵(片)石方格式四种(图 4-3-8)。

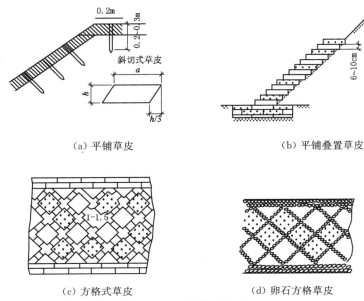

(a) 平铺草皮   (b) 平铺叠置草皮

(c) 方格式草皮   (d) 卵石方格草皮

图 4-3-8　铺草皮方式

当在边坡坡度大于 1∶1.5 的坡面上铺草皮时,每块草皮钉 2～4 根竹尖桩或木尖桩,以防下滑。卵(片)石方格草皮中作为骨架的卵(片)石应竖栽,埋深 0.15～0.2 m,外露 0.05～0.1 m,条带宽 0.2 m 左右。在铺草皮之前,将坡面挖松整平,如有地下水露头,应做好排水设施。

3. 植树

植树可有效地提高路基的稳定性。它能减低水流流速、削弱波浪的冲击,以及防风、防沙和防雪,且可美化路容,调节气候。树种宜选用在当地土壤与气候条件下能迅速生长、根系发达、枝叶茂密和少虫害的树种。植树形式可以是带状或条状,也可以栽成连续式。在树木成长前,应防止流速大于 3 m/s 的水流侵害。

3.3.2　工程防护

1. 抹(捶)面

抹面和捶面适用于易风化但表面比较完整且尚未剥落的岩石边坡,如页岩、泥岩、泥灰岩、千枚岩等软质岩层。抹(捶)面材料常用石灰炉渣混合灰浆、石灰炉渣三合土/四合土及水泥石灰砂浆。其中三合土和四合土需用人工捶夯,故亦称为捶面。抹(捶)面材料的配合比应经试抹、试捶确定,以保证能稳定地密贴于坡面。抹(捶)之前,坡面上的杂质、浮土、松动的石块及表面风化破碎岩体应清除干净,当有潜水出露时,应作引水或截流处理,岩体表面要冲洗干净,表面要平整、密实、湿润。抹面宜分两次进行,底层抹全厚的 2/3,面层抹 1/3。捶面应经拍(捶)打使其与坡面紧贴,并做到厚度均匀、表面光滑。在较大面积抹(捶)面时,应设置伸缩缝,其间距不宜超过 10 m,缝宽 10～20 mm,缝内用沥青麻筋或油毛毡填塞紧密。抹面表面可涂沥青保护层,以防止抹面开裂和提高抗冲蚀能力。抹(捶)面的周边,必须严格封闭,如在其边坡顶部作截水沟,沟底及沟边也应进行抹(捶)面的防护。

2. 勾缝、灌缝

勾缝、灌缝防护措施适用于岩体节理虽较为发育,但岩体本身较坚硬且不易风化的路堑边坡。节理多而细者,可用勾缝;缝宽较大者,宜用混凝土灌缝。在勾缝、灌缝前,岩体表面要冲洗干净,勾缝的水泥砂浆应嵌入缝中,较宽的缝可用体积比为 1∶3∶6 或 1∶4∶6 的小石子混凝土振捣密实,灌满至缝口抹平。缝较深时,用压浆机灌注。

3. 护墙

浆砌片石护墙是路基坡面防护中采用最多的一种防护措施,它能防止比较严重的坡面变形,适用于各种土质边坡及易风化剥落(或较破碎)的岩石边坡。坡面护墙形式有实体式、孔窗式和拱式三种。实体式护墙多用墙厚为 0.5 m 等截面形式,墙高较大时可采用底厚顶薄的变截面形式,顶宽 0.4~0.6 m,底宽为顶宽加 $H/10~H/20$(H 为墙高)。孔窗式护墙常采用半圆拱形,高 2.5~3.5 m,宽 2~3 m,圆拱半径 1~1.5 m。窗孔内可采取干砌片石、植草或捶面防护。拱式护墙适用于边坡下部岩层较完整而上部需防护的情况,拱跨采用 5 m 左右。护墙的施工要点为:

① 坡面平整、密实,线形顺适。局部有凹陷处,应挖成台阶并用与墙身相同的圬工找平。

② 墙基坚实可靠,并埋至冰冻线以下 0.25 m。当地基软弱时,应采用加深或加强措施。

③ 墙面及两端面砌筑平顺。墙背与坡面密贴结合,墙顶与边坡间隙应封严。局部坡面镶砌时,应切入坡面,表面与周边平顺衔接。

④ 砌体石质坚硬。浆砌砌体砂浆和干砌咬扣都必须紧密、错缝,严禁近缝、叠砌、贴砌和浮塞,砌体勾缝牢固美观。

⑤ 每隔 10~15 m 宜设一道伸缩缝,伸缩缝用沥青麻丝填缝。泄水孔后需设反滤层。

3.4 冲刷防护

受经常性或周期性水流冲刷作用的路基,必须采取适当冲刷防护措施加以防护,以保证路基的稳固和安全。冲刷防护措施可分为直接防护和间接防护两大类。直接防护是对坡岸直接进行加固,这种方法基本不干扰原水流的性质,常用的技术措施有干砌片石护坡、混凝土预制块护坡、抛石、石笼、土袋等,其中,抛石、石笼、土袋主要用于防护受水流冲刷和淘刷的路基边坡、坡脚以及挡土墙、护坡的基础。间接防护为改变水流方向以减少水流对路基冲刷作用的导流构造物和河道整治工程。

3.4.1 直接防护

1. 干砌片石和浆砌片石

干砌片石防护,一般分为单层、双层和编格铺砌等几种形式。所用的片石应是未风化的坚硬岩石,护脚应修筑墁石铺砌式基础或石垛基础。干砌铺层底面应设置厚度为 0.1~0.2 m 的碎(砾)石或砂砾石垫层,以防水流将铺石下面的细颗粒土冲走。干砌片石可以平铺或直铺,由下而上逐块拼紧,空隙嵌牢,注意错缝,砌好的任何一片石,手摇应不动。干砌片石用砂浆勾缝,可提高整体强度和防止水浸。

浆砌片石防护砌筑前,坡面应予以整平、拍实,铲除凸处,低洼处用小石子垫平。浆砌片石最小厚度一般不小于0.35 m,护坡底面设置0.10～0.15 m厚的碎石或砂砾垫层。浆砌片石护坡每隔10～15 m,或在土质变化处留一条伸缩沉降缝,缝宽20～30 mm,用沥青麻筋填塞紧密。在护坡的中、下部应设泄水孔,孔后0.5 m范围内设置反滤层。

沿河的干砌片石和浆砌片石基础的埋置深度应在冲刷线以下0.5～1.0 m,否则应有防冲刷措施。

2. 混凝土预制块

混凝土预制块护坡主要用于片石材料缺乏地区,以代替浆砌片石护坡。混凝土预制块防护按使用场合不同可分为混凝土板护坡和柔性混凝土块板防护两种。混凝土板护坡的板尺寸在1 m×1 m以上,厚度在60 mm以上,当流速大于6 m/s时,板尺寸常用2 m×1 m或2 m×2 m,厚度200～300 mm。板间不联结,砌缝宽10～20 mm,缝内用沥青麻筋或沥青木板填塞。板一般带孔,板后背按反滤层要求设置砂砾或碎石垫层,厚度0.1～0.4 m,潮湿边坡取大值。柔性混凝土块板防护一般用于防护路基或导流建筑物的基础。块板平面尺寸较小,常见的有0.5 m×0.5 m,0.75 m×0.75 m及1.0 m×1.0 m三种。厚度一般为200 mm。块与块之间用可自由转动的铰链互相连接。在块体铺设前,应先清除大孤石,并将基底河床整平或铺设一层砂砾石垫层,铺设顺河床地势由河岸向河心做成缓坡。

3. 抛石

抛石防护主要用于防护受水流冲刷和淘刷的路基边坡、坡脚以及挡土墙、护坡的基础。它对基底的承载力要求较高,最好是砾石河床。所抛石料应质地坚硬、耐冻且不易风化崩解,其粒径应大于30 mm,但不大于抛石厚度的1/2。抛石施工除防洪抢险外,应于枯水期进行。在抛石时,宜用不小于计算尺寸的大小不同的石块掺杂抛投,使抛投保持一定的密实度。新建路基的抛石防护,在抛石背后设置反滤层,以防水位变化引起路基细粒土冲淘。

4. 石笼

石笼防护的作用与抛石防护的相同,但其抗冲刷能力更强。它最适用于有大量泥砂及基底水承载力良好的河床。在流速大且有卵石的冲击河流中,不宜用铁丝笼,应采用钢筋混凝土框架石笼或在铁丝石笼内灌小石子混凝土。石笼基底应大致平整,较小孤石应予以清除。石笼安置应正确定位,搭叠衔接稳固、紧密,保证其整体作用。

5. 土袋

在石料缺乏地区,常用土袋代替抛石和石笼进行边坡和坡脚的防护和加固以及桥头引道掏空的填塞,其施工非常方便和快捷。在边坡防护时,土袋紧贴坡面,交错搭接,相互挤紧,不留空隙,以免路基细粒土被冲刷。用于水中坡脚、基础掏空加固时,对正位置投入水中,出水后上下交错叠放至预定高度。装土袋可用草包、麻袋、尼龙编织袋或土布袋,其中草包的耐久性和稳定性较差,只能用于抢险等临时性防护。

3.4.2 导流构造物

根据导流构造物和河道的相对位置可分为三大类:丁坝(挑水坝)、顺坝、格坝。它们的特征与作用如表4-3-1所列。

表 4-3-1　　　　　　　　　　导流构造物的类型和作用

类 型	特 征	作 用
丁坝	坝根与河岸（或河滩）相接，坝头伸向河槽，与水流呈一定角度的横向建筑物	将水流排离路基或河岸，束河归槽，改善流态，保护河岸
顺坝	坝根与河岸（或河滩）相接，坝身与导流线基本重合或平行的纵向导流建筑物	导流、束水，调整航道曲度，改善流态
格坝	建于顺坝与河岸之间，一端与河岸相连，另一端与顺坝坝身相连的横向建筑物	使水流反射入主要河床；防止高水位时水流溢入顺坝与河岸间而冲刷其间的河床及坝内坡脚与河岸，并促使其间的淤积，可以造田

　　永久性的导流构造物一般用石料、土、石笼等材料筑成。常用的结构为干砌片石、堆石〔受水流冲刷面往往用浆（干）砌片（块）石加固〕、石笼、石笼与抛石的复合结构，以及周边用干砌片石加固的填土结构。临时性导流构造物一般用竹子、木梢、柴捆筑成，使用年限为 2～8 年，其主要作用是使河床水流线重新分配，河轴线外移，以减少对路基的冲刷。

　　导流构造物在施工时，需特别重视坝头和坝根的施工质量。坝头受水流冲刷最强烈，且常受排筏和漂木等的撞击。坝头边坡应放缓，并做成圆滑的曲线型，基础埋置深度应在冲刷线以下 0.5～1.0 m，并需做适当的平面防护。坝根需牢固嵌入河岸岸坡，当岸坡土较易冲刷或渗透系数较大时，坝根应开挖基槽，岸坡上、下游适当铺设护坡。

3.5　加筋土挡土墙

　　挡土墙是支承路基填土或山坡土体，防止填土或土体变形失稳的构造物。按其修筑材料可分为石砌挡土墙、钢筋混凝土挡土墙和加筋土挡土墙三大类。石砌挡土墙和钢筋混凝土挡土墙在其他土木工程中经常采用，这里不作介绍。

3.5.1　加筋土挡土墙的组成和工作原理

　　加筋土挡土墙是由填土、带状拉筋和直立墙面板三部分组成的一个整体复合结构（图 4-3-9）。填料要求易压实，对拉筋无腐蚀，水稳性好，优先考虑有一定级配的砾类土、砂类土和黄土。拉筋要求有足够抗拉强度、柔性不脆断、蠕变量小，与填土摩阻系数大，且经济耐久，常用钢带、钢筋混凝土带和聚丙烯土工带。墙面板预制并埋设拉环、钢板锚头或预留穿筋孔，其形状有十字形、槽形、六角形等，厚 80～250 mm，高 300～1 500 mm，宽 500～2 000 mm。

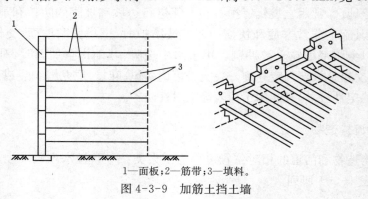

1—面板；2—筋带；3—填料。

图 4-3-9　加筋土挡土墙

加筋土挡土墙就是利用内部稳定的加筋土复合结构抵抗筋条尾部填土所产生的侧压力。它具有以下优点:①构件预制装配化,施工快,质量好;②轻型整体化,对地基变形适应性和抗震性较好;③充分利用材料性能,材料消耗较少,造价低,用地节约,尤其是高墙;④造型美观。

3.5.2 施工技术

1. 施工准备

加筋土挡土墙施工除按路基施工配备压实机械外,还应选备杆子、振动板、蛙式夯、手扶式振动压路机等小型压实机具,用于压实靠近面板 1 m 范围内的填料。

基槽开挖应做好防、排水工作,槽底宽度一般应大于基础外缘 0.5 m。风化岩面应加以处理,未风化岩面应凿成水平台阶,台阶宽度不小于 0.5 m,高宽比不宜大于 1∶2;碎土、砂性土、黏性土的土质基槽需整平夯实。浇筑或砌筑基础时,顶面标高和平整性必须严格控制,以利于面板安装。

混凝土预制面板在运输过程中,应轻搬轻放,平放时板与板之间宜用方木衬垫,堆高不超过 5 m,并注意防止扣环变形以及边角、翼缘损坏。钢筋混凝土带按设计长度分节预制,并埋设连接钢筋,装卸应轻装轻放,堆放时相互垂直平放,堆高不超过 10 层。钢带按设计长度裁料,堆放在高于地面不小于 0.2 m 的木垫上。聚丙烯土工带按设计长度的 2 倍外加穿孔所需的长度裁料,堆放于通风遮光的室内。凡属外露钢筋和面板钢拉环及螺栓等均应作防锈处理,如钢带镀锌、涂漆防锈、裹缠"三油二布"、涂刷沥青、涂塑、拉环使用橡胶等隔离措施。

2. 混凝土面板安装

① 在条形基础顶面划出面板外缘线,并准确定出面板的位置。

② 用砂浆调平基础,安装第一层面板,相邻面板水平误差小于 10 mm,轴线偏差每 20 m 不大于 10 mm,接缝宽度小于 10 mm。

③ 面板安装可用人工或机械吊装就位,安装时单块面板倾斜度一般内倾 1/200～1/100,注意防止角隅损伤和插销孔破裂或插销变形。

④ 沿面板纵向每 5 m 间距设标桩,每层安装时用垂球或挂线核对,每三层面板安装完毕后应测量标高和轴线,容许偏差与第一层相同。

⑤ 为防止相邻面板错位,宜用木螺栓或加斜撑临时固定。

⑥ 水平、垂直安装缝一般不作处理,当缝较大时应用沥青麻丝或低强度砂浆等填塞,必要时墙背设置砂砾反滤层。

⑦ 在未完成填土作业面板上不得安装上一层面板。

⑧ 面板在水平及倾斜向出现误差时应用软木条或砂浆逐层调整,禁止用坚硬石子或铁皮支垫,以免应力集中而损坏面板。

3. 筋带的连接和铺设

① 钢筋混凝土带与面板的拉环连接以及每节钢筋混凝土带之间的钢筋连接,可用焊接、扣环或螺栓连接。筋带可在填料压实至设计标高再挖槽铺设,亦可直接铺设。

② 钢带与面板拉环(片)的连接和钢带的接长,可用插销、焊接或螺栓连接。钢带应平顺铺设于已压实整平的填料上,不得弯曲或扭曲。

③ 对于聚丙烯土工带，一般可将土工带的一端从面板预埋拉环或预留孔中穿过并且折回，与另一端对齐，为了防止筋带抽动，一般可在环上绕成死结或绑扎。聚丙烯土工带应铺成扇形辐射状，下层填料应压实平整，注意不要使土工带与硬质棱角填料垂直接触。铺土工带时应拉紧后用少量填料压稳使土工带位置固定。

4. 填料的摊铺和压实

① 填料应根据筋带竖向间距分层摊铺和压实，卸料位置距面板不小于 1.5 m，并不得在未覆盖填料的筋带上行驶，以免扰动下层筋带。

② 摊铺厚度应均匀，表面平整，并设 3‰横坡。摊铺机械距面板不应小于 1.5 m，在此 1.5 m 范围内，应用人工摊铺。

③ 严格分层碾压，随时检查填料含水量，保证在最佳含水量范围内进行碾压，压实时必须先轻后重，压路机不得在未经压实的填料上急剧改变行进方向或急刹车掉头。

④ 碾压先从筋带中部开始，逐步压至筋带尾部，再碾压最靠近面板部位，在距面板不小于 1 m 的范围内应采用小型机械夯击压实。

⑤ 在靠近面板 0.5 m 范围内宜用砂砾材料回填，以利于水的渗透，尤其在墙底部。

5. 护脚修筑

加筋土挡土墙在加筋体完成后，应及时修筑护脚，护脚宜用块(片)石或混凝土预制块浆砌防护。

思 考 题

1. 路界地表排水的目的是什么？地表排水包括哪四个部分？
2. 路界地表排水设施有哪些？它们的工程作用是什么？
3. 试述地表排水设施的施工技术要点。
4. 对路基有危害的地下水有哪些？试述地下水引排的主要设施及其作用。
5. 简述坡面防护的类型及它们的适用范围。
6. 试述加筋土挡土墙的工作原理和施工工艺。

4 路面基层

4.1 半刚性基层

4.1.1 半刚性材料分类

半刚性基层材料为无机结合料稳定类,主要类型有水泥稳定土、石灰粉煤灰稳定土和石灰稳定土等。这类材料经过拌和、摊铺、压实与养护后具有一定的强度和稳定性,当其使用性能符合设计要求时,可以用作道路路面结构的基层与底基层。

水泥稳定土包括水泥土和水泥稳定粒料;石灰粉煤灰稳定土简称二灰稳定土,包括二灰土(石灰粉煤灰稳定细粒土)、二灰稳定粒料;石灰稳定土包括石灰土和石灰稳定粒料。其中,粒料包括级配碎石、未筛分碎石、砾石和砂砾等。

水泥稳定级配碎石、石灰粉煤灰稳定级配碎石类材料具有较高的强度、刚性和稳定性,可用于重交通和各级道路的基层、底基层。其他水泥稳定粒料、石灰粉煤灰稳定粒料和石灰稳定类材料宜用于各级道路的底基层以及次干路以下的基层。水泥土、石灰土和二灰土禁止用作高级沥青路面或高速公路、一级公路水泥混凝土板下的基层,但可以作为底基层,或一般交通量道路的基层。

4.1.2 原材料的技术要求

1. 结合料

半刚性基层中所用的无机结合料主要为水泥、石灰和粉煤灰等,其质量对半刚性混合料强度和使用性能有重要影响。在使用时应根据集料和土的性质及工程要求进行选择,并在施工过程中严格控制质量,以保证半刚性基层的强度和稳定性。

普通硅酸盐水泥、矿渣硅酸盐水泥和火山灰质硅酸盐水泥均可作为结合料。为了降低从拌和到压实的延迟时间对水泥稳定土密度和抗压强度的影响,宜选用终凝时间较长的水泥。

石灰质量应符合 III 级消石灰或生石灰的技术指标,其中有效钙含量要求:磨细生石灰 70%(钙质)和 65%(镁质),消石灰 55%(钙质)和 50%(镁质)。磨细生石灰在混合料消解过程中释放大量的水化热,有利于石灰与土之间的各种反应,在使用时应优先选择。

粉煤灰中 SiO_2、Al_2O_3 和 Fe_2O_3 的总含量应大于 70%,并有一定的细度。烧失量不宜大于 20%,比表面积宜大于 $0.25 \text{ m}^2/\text{g}$ 或 0.075 mm 筛孔通过率应大于 60%。干、湿粉煤灰均可使用,湿粉煤灰的含水量不宜超过 35%。

2. 土和粒料

对于水泥稳定土类,当土中的塑性指数过高,有机质和硫酸盐含量较高时,会影响水泥的水化速度,降低水泥稳定土的早期强度,故用水泥稳定细粒土时,土的塑性指数不宜超

371

过 6。有机质含量不应超过 2%,硫酸盐含量不应超过 0.25%。用水泥稳定粒径较均匀的砂时,难以碾压密实,可在砂中添加少量塑性指数小于 12 的黏性土(亚黏土)或石灰土(当土的塑性指数较大时)。

对于石灰稳定土类,其强度的形成主要是结合料与细粒土的相互作用,所以土的矿物成分和细度是影响强度的重要因素之一。试验表明,石灰土的强度随土的塑性指数增大而增加,塑性指数在 10 以下的亚黏土和砂土,需要采用较多的石灰进行稳定,难以碾压成型,应采取适当的施工措施,如采用水泥稳定。但塑性指数偏大的黏性土,不易粉碎和拌和,反而影响稳定效果,且易形成缩裂。因此,用石灰稳定土时,土的塑性指数范围宜为 15~20。用二灰稳定土时,土的塑性指数范围宜为 12~20。石灰稳定类所用土的硫酸盐含量不得超过 0.8%,有机质含量不得超过 10%。当用石灰稳定不含黏土或无塑性指数的粒料时,应添加 15%左右的黏性土,该类混合料中集料的含量应在 80%以上,并具有良好的级配,当级配不好时,宜外加某种集料改善级配。

用于半刚性稳定材料中的集料压碎值要求如表 4-4-1 所列。集料的颗粒组成和塑性指数等应满足《公路路面基层施工技术细则》(JTG/T F20—2015)的技术要求。

表 4-4-1 基层、底基层的集料压碎值

材料类型		高速公路、一级公路、城市快速路、主干路	二级公路、城市次干路	三、四级公路
水泥、石灰粉煤灰稳定类		≤30%	≤35%	≤35%
石灰稳定类	基层	—	≤30%	≤35%
	底基层	≤35%	≤35%	≤40%

4.1.3 半刚性材料的配合比设计

1. 配合比设计方法

半刚性基层材料的配合比按无侧限抗压强度试验方法确定。混合料试件成型宜采用振动成型方法,缺乏试验条件时可采用静压成型方法。

通过试验选取最适宜稳定且供应量充足的材料。通过配合比试验确定各种材料的比例和结合料剂量,工地实际采用的结合料剂量应比室内试验确定的剂量多 0.5%~1%。此外,还应通过重型击实试验确定混合料的最佳含水量和最大干密度,作为施工现场碾压时的含水量和应达到的压实度的标准。

2. 集料的最大粒径

水泥稳定类材料,用于基层的骨架密实型混合料的最大粒径不大于 31.5 mm;用于基层、底基层的悬浮密实型混合料的最大粒径分别不大于 31.5 mm 和 37.5 mm。

石灰粉煤灰稳定类材料,用于基层的骨架密实型集料的最大粒径不大于 31.5 mm;用于基层、底基层的悬浮密实型集料的最大粒径分别不大于 31.5 mm 和 37.5 mm。

石灰稳定集料类,用于基层时,最大粒径不大于 37.5 mm;用于底基层时,最大粒径不大于 53 mm。

3. 设计要求和水泥剂量

（1）水泥稳定类

水泥稳定集料的水泥剂量一般为 3％～6％。当砂、砂砾的含泥量较大时,可掺入一定石灰进行综合稳定。当水泥用量占结合料总质量的比例小于 30％时,按石灰稳定类设计。

对集料颗粒较均匀而无级配或含细料很少的砂砾、碎石,或不含土的砂,宜在集料中添加适量的粉煤灰或剂量为 8％～12％的石灰土进行综合稳定。

（2）石灰粉煤灰稳定类

中冰冻、重冰冻区的高速公路、一级公路采用石灰粉煤灰稳定类材料做基层时,应满足抗冻性能要求。石灰粉煤灰稳定类材料中掺入水泥或其他早强剂,以提高该类稳定材料的早期强度或越冬的抗冻性能,掺入的剂量应通过试验确定。

（3）水泥粉煤灰稳定类

水泥粉煤灰稳定类材料的水泥剂量宜为 3％～6％,水泥粉煤灰与集料的质量比宜为 13∶87～20∶80,集料级配要求与石灰粉煤灰稳定类混合料相同。

（4）石灰稳定类

不含黏性土的砂砾、级配碎石和未筛分碎石最好用水泥稳定,若无条件只能用石灰稳定时,应采用石灰土稳定,石灰土与集料的质量比宜为 1∶4,集料应具有良好的级配。

4.1.4　施工准备

1. 试验路段铺筑

在进行大面积施工之前,应铺筑一定长度的试验路段。修筑试验路段的目的是:检验材料组成设计是否合理,确定半刚性材料的松铺系数,选择与材料相适应的施工机械和合理的压实工艺。通过试验路段的铺筑,进行施工工艺优化组合,提出标准施工方法,以保证在大面积施工过程中质量稳定,易于管理操作。

2. 下承层的准备与施工放样

为保证半刚性基层的均匀性和稳定性,下承层的平整度、压实度及各断面的标高应符合设计要求,且具有规定的路拱。当下承层为土基时,不论路堤还是路堑,必须用 12～15 t 三轮压路机或等效的碾压机械进行碾压检验。如发现土过干,表层松散,应适当洒水;如土过湿,发生弹簧现象,应采取挖开晾晒、掺石灰或粒料、换土等措施进行处理。在其他类型的底基层或老路面上,应对低洼和坑洞处仔细进行填补和压实,刮除搓板和辙槽。松散处应耙松洒水,并重新碾压,以达到要求的平整度。新完成的底基层或土基,必须按照规定进行验收。然后按照设计高程要求,在下承层上恢复中线,并在两侧路肩边缘每 15～20 m（直线段）或 10～15 m（曲线段）设置指示桩,用明显标记标出稳定土层的设计高程。

半刚性基层的施工方法有路拌法、厂拌法和人工沿路拌和法。路拌法只适用于二级和二级以下的一般公路。一级公路和高速公路的基层（除直接铺筑在土基上的底基层）,应采用集中厂拌法拌和半刚性混合料。人工沿路拌和法最为简单,它不需要专门的机械,但施工质量不易控制,仅适用于二级以下公路的小工程。

4.1.5　路拌法施工工艺

路拌法使用的施工机械主要有铧犁、圆盘耙和旋转耕作机等农业机械,以及松土机、平地机等。

路拌法施工工序的主要流程为:施工准备→施工放样→准备下承层→备料与拌和→整平与碾压→接缝处理→养护。

1. 备料与拌和

根据材料配合比以及各路段稳定土层的面积、厚度和预定干密度,计算集料或土的用量及每平方米结合料用量,确定每车集料的堆放距离及每袋水泥或石灰的摊铺面积。先将被稳定材料按预定数量运到施工现场,摊铺在下承层上。如利用老路面或原路基上部材料,应使用铧犁、松土机及装有强固齿的平地机或推土机将老路面或原路基上部翻松到预定深度。被稳定的集料或土的松铺系数可通过试验确定,也可参考表4-4-2。摊铺被稳定的材料应在摊铺结合料的前一天完成,摊铺均匀后,宜先用两轮压路机碾压1~2遍,使其表面平整,并有规定的路拱。如果已整平的集料(或粉碎老路面材料)含水量不足,应适量均匀洒水闷料。然后在集料层上用石灰或水泥做卸放结合料位置的标记,再运送并摊铺结合料。结合料应均匀摊开,表面没有空白位置。水泥应在施工当日送至摊铺现场,直接卸在做有标记的位置。

表 4-4-2 半刚性材料松铺系数参考值

材料名称	松铺系数	备注
水泥稳定砂砾	1.30~1.35	
水泥土	1.53~1.58	现场人工摊铺土和水泥,机械拌和,人工整平
石灰土	1.53~1.58	现场人工摊铺土和石灰,机械拌和,人工整平
	1.65~1.70	路外集中拌和,运到现场人工摊铺
石灰砂砾	1.52~1.56	路外集中拌和,运到现场人工摊铺
石灰粉煤灰土	1.5~1.7	
石灰粉煤灰集料	1.3~1.5	
石灰煤渣土	1.6~1.8	人工摊铺,人工整型
石灰煤渣集料	1.4	
石灰工业废渣集料	1.2~1.3	机械拌和及机械整型

2. 混合料的拌和

采用路拌法施工时,基层的质量在很大程度上取决于结合料、集料和土的拌和均匀性。采用稳定土拌和机拌和两遍以上,拌和深度应达到稳定层底,并略破坏下承层的表面,必要时可先用多铧犁紧贴地面翻拌一遍。

严禁在拌和层底部留有"素土"夹层。一旦在半刚性基层下部留有"素土"夹层,将减少稳定土层的厚度,不利于上下层黏结。特别是细粒土和有塑性指数细土的夹层,水稳性较差,路面结构在开放交通后很容易破坏。

在没有稳定土拌和机的情况下,可用以下两种方法进行拌和:①农用旋转耕作机与多铧犁(或平地机)配合进行拌和;②缺口圆盘耙与多铧犁(或平地机)相配合,拌和中粒土和细粒土。两种方法均应拌和均匀,并应注意拌和时间不能过长。

混合料拌和后应色泽一致,水分均匀,没有灰条、灰团和花面,没有粗细颗粒离析现象。

在洒水和拌和的过程中,要及时检查混合料的含水量,混合料的含水量应略大于最佳含水量,以弥补碾压过程中损失的水分。如果混合料含水量不足,应用喷管式洒水车补充洒水,拌和机械应紧跟在洒水车后,再次进行拌和。

当用石灰稳定塑性指数较大的黏土时,应采用两次拌和。第一次加 70%～100%预定剂量的石灰进行拌和,闷放一夜。然后补足需要的石灰剂量进行第二次拌和。

3. 整型和碾压

混合料拌和均匀后,立即用平地机按照规定的坡度和路拱进行初步整型,在直线段上进行初平时,平地机由两侧向路中心进行刮平。在平曲线段,平地机由内侧向外侧进行刮平。在初平的路段上立即用拖拉机、平地机或轮胎压路机快速碾压一遍,以暴露潜在的不足。然后再整型并碾压一遍。整型时,应避免粗细集料离析,切忌在表面光滑的低洼处填补新料,严禁进行薄层补贴,否则会导致其上沥青面层发生推移破坏。

半刚性材料必须充分碾压,必须采用 12 t 以上的振动压路机、三轮压路机或重型轮胎压路机紧跟在摊铺机后面及时进行碾压,其中重型振动压路机的碾压效果最好。当采用 12～15 t 压路机进行碾压时,每层的压实厚度不得超过 150 mm;当采用 18～20 t 压路机碾压时,每层的压实厚度不得超过 200 mm。压实厚度超过上述规定时,应分层铺筑,每层的最小压实厚度为 100 mm,下层宜厚些。对于稳定细粒土,应采用先轻型压路机,后重型压路机进行碾压。

直线段上,压路机由两侧路肩向路中心碾压。平曲线段上,由内侧路肩向外侧路肩碾压时,应重叠 1/2 轮宽,后轮必须超过两段的接缝处,后轮压完路段全宽为 1 遍,一般需要碾压 6～8 遍。压路机的碾压速度:头两遍为 1.5～1.7 km/h,以后控制在 2.0～2.5 km/h。在碾压过程中,混合料的含水量应控制在最佳含水量附近,如果表面水分蒸发较快,应在混合料基本成型后补洒少量的水,但不宜对松散的混合料进行洒水。如果含水量偏高,压实度难以满足,对半刚性基层结构强度和收缩性能均有害,在压实过程中易出现“弹簧”、松散、起皮现象,应及时翻开,加入适量的结合料重新拌和,或采用其他方法处理。

在碾压结束之前,再用平地机终平一次,使稳定层纵向顺适,路拱和超高符合设计要求。终平时,应将局部高出部分刮除并扫出路外,而对局部低洼处,不得再进行找补,留待铺筑上层时再行处理。

当用人工整型时,应先用锹和耙将混合料摊平,用路拱板初步整型。用拖拉机初压两遍后,根据实测的压实系数,确定纵、横断面的标高,并设置标记和挂线。然后进一步整型,如为水泥土,在拖拉机初压之后,可用重型框式路拱板进行整型。对人工摊铺和整型的路段,由于稳定土层较松,需要先用拖拉机或 6～8 t 两轮压路机或轮胎压路机碾压 1～2 遍后,再用重型压路机进行碾压。

4.1.6 厂拌法施工

厂拌法与路拌法的主要区别在于混合料的拌和工艺。厂拌法施工是将土、集料、结合料等按照施工配合比在中心站集中拌和,拌和均匀性较好,可接近实验室得到的结果。常用的拌和设备有强制式拌和机、双转轴浆叶式拌和机、卧式叶片拌和机和自落式拌和机,其中自落式拌和机为小型路拌机械,计量精度和拌和质量相对较差,适用于塑性指数小、含土少的砂砾土、级配碎石、砂石屑等集料。典型的厂拌设备的布置如图 4-4-1 所示。

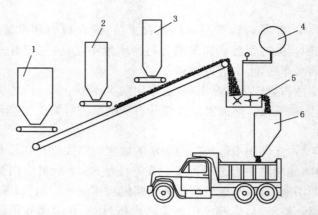

1—集料；2—粉煤灰；3—石灰；4—水；5—连续式卧式双转轴叶片拌和机；6—聚料斗。

图 4-4-1 石灰粉煤灰碎石混合料厂拌设备示意图

厂拌法施工的主要工艺流程为：施工放样→准备下承层→拌和与运输→摊铺与碾压→接缝处理→养护。

1. 拌和

原材料采用分仓存储，集料视级配要求分储于 2～4 个仓中，供料方式有连续式和间断式两种。连续式供料方式的各种材料进料量一般采用体积法控制，即由进料口高度和皮带输送速度控制，当原材料含水量或粒径稍有波动时，进料量容易出现偏差。间断式供料计量精度和均匀性较好，缺点是产量相对较低。间断式供料的计量方式有体积法和质量法两种。体积法采用特制的料斗计量，重量法通过称量传感器进行称重。传感器一般由控制台的计算机控制，每盘料的计量结果可以存储，便于查阅和打印，一旦发生偏差，可立即反馈和修正。

混合料拌和质量除了取决于拌和机设备性能外，拌和过程中的管理和质量检测也是影响混合料质量的主要因素。它主要体现在对原材料进场质量控制，拌和过程中原材料尤其是结合料和细集料质量波动的控制程度，以及混合料在厂内堆放的延迟时间。在正式拌制混合料前，必须调试所用的拌和设备，使混合料的颗粒组成和含水量达到规定的要求，保证配料准确，混合料的含水量应略大于最佳含水量，且拌和均匀。

2. 摊铺

摊铺是半刚性基层施工的重要环节，半刚性材料的摊铺质量会直接影响到半刚性基层的厚度、表面高程、平整度和压实度的均匀性。混合料运到现场后，可以采用沥青摊铺机或水泥混凝土摊铺机进行摊铺。摊铺厚度或摊铺标高应根据基层厚度、混合料配合比及摊铺机的成型密度确定。在摊铺过程中应及时消除粗细集料离析现象，特别是局部的粗集料窝应铲除，并用新拌混合料填补。在二级或二级以下的公路上，当没有上述摊铺机时，可采用摊铺箱或自动平地机摊铺。

摊铺后的整型和碾压等工序，与路拌法施工相同。

3. 施工延迟时间

从加水拌和到碾压结束时的延迟时间对水泥稳定类混合料的强度和所能达到的干密度有明显的影响。延迟时间越长，混合料强度和干密度损失越大，所以应尽可能缩短水泥稳定类混合料的延迟时间。采用路拌法时，延迟时间不应超过 3～4 h，并应短于水泥的终凝时间。集中厂拌法施工时，延迟时间不应超过 2～3 h。

石灰稳定类混合料属于缓凝材料,施工延迟时间对其抗压强度影响不大,但堆置过长时间不进行摊铺碾压,也会影响其可能达到的强度,应尽可能在当天碾压完毕。厂拌法施工时,拌成混合料的堆放时间不应超过 24 h。

4. 施工气候

温度对半刚性材料的强度增长影响很大。当温度低于 5℃时,强度几乎不随龄期增长。因此,半刚性基层应在气温较高的季节组织施工,施工期的气温应在 5℃以上,在有冰冻地区,应在第一次重冰冻(−3～−5℃)到来之前 0.5～1 个月完成施工。石灰稳定类结构层最好能在温暖或热的气候环境中养生半个月以上,并避免在雨季施工。

4.1.7 接缝处理与养生

1. 接缝处理

在半刚性基层施工过程中,由于工序中断或摊铺宽度的限制,将留下一定数量的横缝和纵缝。接缝处理是半刚性基层施工中的重要环节,若处理不当,会使接缝成为基层结构层中的薄弱带,在该薄弱带上的沥青面层会很快产生龟裂破坏。

(1) 横向接缝

路拌法施工的横缝有两种情况。第一种是同日施工的两工作段的衔接处,应搭接拌和。前一段拌和后,留 5～8 m 不碾压。第二段施工时,前段留下未压部分,再加适量水泥,重新拌和后,与第二段一起碾压。第二种是每天施工的最后一段的工作缝,当天经过拌和、整型的混合料应全部压实,在其末端,沿稳定土层的全宽挖一条长约 300 mm 的槽,深度挖至下承层顶面,此槽应与路中心线垂直,靠稳定土的面应切成直线,且垂直向下。将两根方木(厚度与压实层厚度相等)紧靠已完成的稳定土放在槽内,用原来挖出的素土回填槽内其余部分。第二天,摊铺结合料并湿拌后,除去方木,用混合料回填。靠近方木未能拌和的部分,应进行人工补充拌和,在新混合料碾压过程中将接缝修整平顺(图 4-4-2)。

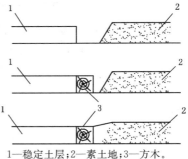

1—稳定土层;2—素土地;3—方木。

图 4-4-2　横向接缝处理示意图

厂拌法施工时,先将末端混合料处理整齐,紧靠混合料放两根高度与混合料的压实厚度相同的方木。在方木的另一侧回填约 3 m 长的砂砾或碎石,高出方木几厘米,将混合料压实。在重新开始摊铺混合料之前,将砂砾或碎石和方木除去。若摊铺中断时间超过 2～3 h,且未按上述方法处理横缝时,应将摊铺机附近及其下面未经压实的混合料铲除,并将已碾压密实的混合料末段切割成垂直向下(与路中心垂直)的断面,接着摊铺混合料。

(2) 纵向接缝

高速公路和一级公路基层分两幅施工时,可采用两台摊铺机一前一后相隔 5～8 m 同步向前摊铺混合料,并一起碾压。当不能避免纵缝时,纵缝必须垂直,严禁斜接。在摊铺前一幅混合料时,靠后一幅的一侧用方木或钢模板做支撑,其高度与稳定土层的压实厚度相同。在摊铺后一幅混合料之前,或在养生结束后,拆除支撑。

2. 养生

半刚性基层的养生,对其强度形成和收缩性有很大的影响。半刚性材料的强度是在一系列物理、化学反应中形成的,这些反应需要一定的温度和湿度条件。若半刚性材料在强度形成的过程严重失水,不仅会影响基层强度的形成,还会导致材料的干缩,使基层出现裂缝。所以,在每个作业段碾压完成并经压实度检验合格后,应立即开始养生。养生期应根据气温而定,但不宜少于 7 d。当基层分层施工,下层碾压完毕后,直接铺筑上层时,不需要经过 7 d的养生期,但上下基层的施工时间间隔应在 24 h 之内,并保持下层表面湿润。

养生可采用湿养或封闭养生。湿养可用潮湿的帆布、粗麻布、稻草、湿砂或不透水薄膜等材料覆盖进行养生。在整个养生期间,应经常洒水,使基层始终处于潮湿状态。养生结束后,必须将覆盖物清除干净。封闭养生可喷洒乳化沥青,使其形成不透水沥青膜以防止基层中水的蒸发。乳化沥青应采用沥青含量为 35% 的慢裂型乳液,使其能渗入基层几毫米,乳液用量为 1.2～1.4 kg/m²,可分两次喷洒。乳液分裂后,均匀撒布 3～8 mm(或 5～10 mm)的小碎(砾)石,撒布面积约占 60%,以防止面层施工时运料车和摊铺机破坏沥青膜。当无上述条件时,可用洒水车经常洒水进行养生,在整个养生期间应始终使稳定土层表面保持潮湿。

养生期结束后,应喷洒透层沥青或做下封层,以保护基层混合料不会过分变干而产生干缩裂缝。沥青面层应在养生后的 5～10 d 内铺筑。即使是水泥混凝土面层,也不宜让基层长期暴晒。

4.2 柔性基层

4.2.1 柔性基层材料类型

柔性基层材料主要有粒料类和沥青混合料类。

粒料类基层材料包括级配型和嵌锁型两种。级配型基层是指用级配碎(砾)石(或符合级配的天然砂砾)铺筑的结构层,其强度形成和抗变形能力取决于集料的级配、最大粒径、集料中粒径在 5 mm 和 0.075 mm 以下颗粒含量,水稳性和冰冻稳定性与集料中 0.5 mm 以下颗粒含量及塑性指数有关。级配碎石适用于各等级公路的基层和底基层,或作为薄沥青面层与半刚性基层之间的中间层。级配砾石、级配碎砾石可用于各类道路的底基层,也可用于二级和二级以下公路、城市次干路、支路的基层。嵌锁型基层包括泥结碎石、泥灰结碎石、填隙碎石等,使用较多的是填隙碎石。填隙碎石结构层是以单一尺寸粗碎石做主骨料,形成嵌锁作用,用石屑,或天然砂砾和粗砂填满粗碎石间的空隙,以增加密实度和稳定性。填隙碎石适用于各等级道路的底基层和三、四级公路与城市支路的基层。

沥青混合料类基层材料有密级配沥青碎石(ATB)或开级配沥青碎石(ATPB)。这类混合料适用于各级道路的基层、底基层,开级配沥青稳定碎石混合料还适用于排水基层。当路面基层为无机结合料类材料时,可在其上铺设薄层的开级配沥青碎石过渡层,以延缓反射裂缝的出现。集料采用公称最大粒径为 25 mm 的 ATB-25 时,基层结构厚度可为 100 mm;采用公称最大粒径为 31.5 mm 的 ATB-30 时,厚度最多可达 150 mm。开级配沥青碎石用于排水基层时,宜选用公称最大粒径为 19 mm 的集料,铺筑厚度为 80 mm 左右。

沥青混合料类基层的施工技术和材料要求与沥青路面面层相同,有关内容可参见本教材"第 4 篇　5 沥青路面",本节只介绍粒料类基层的材料要求与施工技术。

4.2.2　原材料的基本要求

1. 级配碎(砾)石

级配碎(砾)石可由轧制碎石,天然砂砾石和砂,或矿渣(已崩解稳定,质量均匀)集料组配而成。未筛分碎石或天然砂砾的级配符合要求时,可以直接用作底基层。轧制碎石的原料为坚硬岩石或矿渣时,其压碎值应满足表4-4-3的规定。集料中扁平、长条和软弱颗粒的含量不得超20%。

表4-4-3　　　　　　　　　　　粒料类基层用集料的压碎值要求

材料类型		高速公路、一级公路	二级公路	三、四级公路
级配碎石	基层	≤26%	≤30%	≤35%
	底基层	≤30%	≤35%	≤40%
级配或天然砂砾	基层	—	—	≤35%
	底基层	≤30%	≤35%	≤40%
填隙碎石	基层			≤26%
	底基层	≤30%	≤30%	≤30%

在级配集料中,粒径小于0.5mm细料的液限和塑性指数对级配集料的水稳性有很大影响。若在级配集料中加入少量塑性细土,不仅会降低级配集料的承载能力,而且会降低级配集料的刚性和抗变形能力。因此,对于级配碎石以及无塑性指数的级配砾石,不应向其中添加任何塑性土。

级配碎石用作高等级公路沥青路面的基层及沥青面层与半刚性基层之间的中间层时,集料的公称最大粒径宜为19mm;级配砾石用作底基层时,集料的公称最大粒径不超过37.5mm。

2. 填隙碎石

用于填隙碎石基层的粗碎石可用具有一定强度的各种岩石或漂石轧制,也可用干密度(不小于960kg/m³)和质量比较均匀的矿渣轧制。粗碎石压碎值要求符合表4-4-3的规定,其中扁平、长条和软弱颗粒的含量不得超15%。轧制碎石后得到的5mm以下的细筛余料(即石屑)是最好的填隙料,其中小于0.074mm细料的塑性指数不应大于6。

4.2.3　级配碎(砾)石基层的施工技术

级配碎(砾)石基层的施工方法有路拌法和厂拌法两种。级配碎(砾)石基层的施工关键是保证集料拌和均匀、含水量合适均匀、摊铺均匀、压实度达到规定的密度。

1. 路拌法施工

级配碎(砾)石基层路拌法施工的工艺流程为:准备下承层→施工放样→运输和摊铺主要集料→洒水→稳定→运输和摊铺掺配集料→拌和并补充洒水→整型→碾压。

(1) 备料与拌和

当级配碎(砾)石混合料由两种或两种以上集料组成时,应根据混合料的配合比及各路段摊铺面积和厚度计算各档集料的用量。

遵循先粗后细的原则运输和摊铺各档集料,集料的松铺系数可通过试验或参考表4-4-4选用。大粒径的集料铺在下面,中粒径的集料铺在其上,最后是小粒径集料。若粗细集料的最大粒径相差较多,为防止细集料下沉,应使粗集料处于潮湿状态,再摊铺细集料。

表 4-4-4 　　　　　　　　　　　级配(碎)砾石的松铺系数参考值

	人工摊铺	1.40～1.50
摊铺方式	平地机摊铺	1.25～1.35

碎石集料在下承层上的堆置时间不应过长。若含水量合适的集料过早地运至路上,水分会蒸发,使集料变干。在雨季施工时,若碎石过早堆放在路上,下雨时,料堆会变成滞水堆,使下承层的含水量明显增大,影响下承层的强度均匀性,甚至会产生局部弹软现象。

未筛分碎石一定要在潮湿状态下才能往上撒铺石屑,否则一旦开始拌和,石屑就会落到底部。

(2) 现场拌和

摊铺后的集料可以采用三种方法进行拌和。

① 采用稳定土拌和机拌和混合料。拌和深度应达到混合料层,拌和2遍以上。在进行最后一遍拌和之前,必要时先用多铧犁紧贴底面翻拌一遍。

② 采用平地机进行拌和。平地机刀片的安装角度如图4-4-3所示,一般需要拌和5～6遍。每段拌和长度宜为300～500 m。

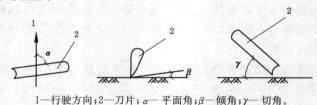

1—行驶方向;2—刀片;α— 平面角;β— 倾角;γ— 切角。

图 4-4-3 　平地机刀片安装示意图

③ 采用多铧犁与缺口圆盘耙相配合进行拌和。多铧犁在前面翻拌,圆盘耙在后面拌和,速度应尽量快,共翻拌4～6遍。第一遍由路中心开始,将混合料向中间翻。第二遍翻拌方向与第一遍的方向相反,从两边开始,将混合料向外翻。在上述拌和过程中,应用洒水车洒足所需的水分。拌和结束时,混合料的含水量应均匀,且比最佳含水量高1%左右,不得有粗细颗粒离析现象。

(3) 整型与碾压

将拌和均匀的混合料用平地机按规定的路拱进行整型。然后用拖拉机、平地机或轮胎压路机在已初平的路段上快速碾压一遍,以暴露潜在的不平整。接着再用平地机进行整型。整型结束后,应立即碾压,碾压工艺与半刚性基层的碾压工艺基本相同。凡含土的级配碎(砾)石层,都应进行滚浆碾压,一直压到层中无多余细土泛到表面为止。泛到表面的浆(或已经变干的薄层土)应清除干净。

2. 厂拌法施工

级配碎石混合料可以在中心站采用强制式拌和机、卧式双轴桨叶式拌和机、普通水泥混凝土拌和机等进行集中拌和。然后将混合料运输至铺筑现场进行摊铺、整型和碾压。

碎石混合料可以用沥青混合料摊铺机、水泥混凝土摊铺机或稳定土摊铺机进行摊铺,在摊铺过程中,应注意消除粗细集料离析现象。

摊铺后用振动压路机或三轮压路机进行碾压。在一般公路上,当没有摊铺机时,也可用自动平地机摊铺混合料,摊铺后的整型及碾压工序同路拌法。

3. 接缝的处理

(1)横向接缝的处理

路拌法施工时,前一段拌和后,留5~8 m不碾压。第二段施工时,前段留下的未压部分与第二段一起拌和、整型后再行碾压。

厂拌法施工时,当天施工结束时前一段未压实的混合料,可与第二天摊铺的混合料一起碾压,但应注意这部分混合料的含水量。必要时,可人工补洒水。

(2)纵向接缝的处理

当摊铺机宽度不够,可采用两台摊铺机一前一后相隔5~8 m同步向前摊铺混合料。若仅有一台摊铺机,可先在一条摊铺带上摊铺一定长度后,再开到另一条摊铺带上摊铺,然后一起进行碾压。当必须分两幅铺筑时,纵缝应搭接拌和。在前一幅摊铺时,在靠后一幅的一侧用方木或钢模板做支撑,方木或钢模板的高度与级配碎(砾)石层压实厚度相同。摊铺后一幅之前,将方木或钢模板除去。如在摊铺前一幅时靠后一幅的一侧未用方木或钢模板支撑,则靠边缘的300 mm难以压实,而且会形成斜坡。在摊铺后一幅时,应先将未压实部分和不符合路拱要求部分挖松并补充洒水,待后一幅级配碎(砾)石摊铺后,一起进行整平碾压。

4.2.4 填隙碎石基(垫)层的施工技术

按照施工方法的不同,填隙碎石层可分为干压碎石和水结碎石。干压碎石是指在碾压过程中,不洒水或洒少量水,依靠压实嵌锁形成结构强度,适合干旱缺水地区。水结碎石在碾压前充分洒水饱和,以降低碎石颗粒之间的摩擦力,在碾压过程中所产生的石粉与水形成的石粉浆具有胶结作用。

填隙碎石基层施工的主要工序如下:准备下承层→施工放样→运输和摊铺粗碎石→初压→撒布石屑→振动压实→第二次撒布石屑→振动压实→局部石屑扫匀→振动压实填满空隙→终压。

根据路段的宽度、厚度及松铺系数计算所需粗碎石的数量,松铺系数为1.20~1.30。填隙碎石的一层压实厚度通常为碎石最大粒径的1.5~2.0倍,碎石最大粒径与压实厚度比值较小(约0.5)时,松铺系数取1.3,比值较大时,松铺系数接近1.2。填隙料的用量为粗碎石质量的30%~40%。

用平地机或其他合适的机具将粗碎石均匀地摊铺在预定的宽度上,表面应力求平整,并有规定的路拱,同时摊铺路肩用料。检验粗碎石层的松铺厚度后,用8 t两轮压路机初压3~4遍,使粗碎石稳定就位。在直线段上,碾压从两侧路肩开始,逐渐错轮向路中心进行。在有超高的路段上,碾压从内侧路肩开始,逐渐错轮向外侧路肩进行。错轮时,每次重叠1/3轮宽。在第一遍碾压后,应再次找平。初压终了时,表面应平整,并具有要求的路拱和纵坡。

用石屑撒布机或相同功能的设备将干填隙料均匀地撒布在已压稳的粗碎石层上,松铺厚度为25~30 mm。必要时,用人工或机械扫(滚动式钢丝扫)扫匀。然后用振动压路机慢速碾压，将全部填隙料振入粗碎石的空隙中。如果没有振动压路机，可用重型振动板。碾压方式同初压，路面两侧应多压 2～3 遍。

再次撒布填隙料，松铺厚度为 20～25 mm。再次用振动压路机碾压。碾压后，如局部表面仍有未填满的空隙，则还需人工进行找补，并用振动压路机再行碾压，直到粗碎石表面空隙全部被填满为止。将局部多余的填隙料铲除或扫出路外。

最后用 12～15 t 三轮压路机再碾压 1～2 遍。若采用干法施工，则在碾压前，表面洒少量水，水量在 3 kg/m² 以上。在碾压过程中，不应有任何蠕动现象。若采用湿法施工，则应用洒水车洒水，直到饱和，但应注意不要使多余水浸泡下承层。用 12～15 t 压路机跟在洒水车后进行碾压。其间，将湿填隙料继续扫入所出现的空隙中。需要时，再添加新的填隙料。洒水和碾压应一直进行到细集料和水形成粉砂浆为止。粉砂浆应有足够的数量，以填满全部空隙，并在压路机机轮前形成微波纹状。碾压完成后的路段要留待一段时间，让水分蒸发。结构层变干后，应将表面多余的细料，以及任何自成一薄层的细料覆盖层扫除干净。

填隙料不应在粗碎石层表面局部自成一层，表面应能见粗碎石。若上层为薄沥青面层，应使粗碎石的棱角外露 3～5 mm。若需在已经铺筑的填隙碎石层上再铺一层时，应将已压成的填隙碎石层表面的填隙料扫除一些，使表面粗碎石外露 5～10 mm，然后在其上摊铺第二层粗碎石，并重复上述工序。

粒料类基层在未洒透层沥青或未铺封层时，禁止开放交通，以保护表层不受破坏。

4.3　基层的施工质量控制

基层的施工质量控制可分为事先控制、施工过程控制和检查验收三个阶段。在基层施工过程中，必须建立、健全工地试验、质量检查及工序间的交接验收等各项制度。各工序完结后，均应通过检查验收，方可进行下一个工序。

4.3.1　事先控制

事先控制是指施工准备阶段的质量控制，主要包括以下几个方面：

对原材料产地、品质、生产能力、运输条件、企业管理水平进行调研和筛选。

对拌和机械性能、计量精度、生产能力、质量体系进行检查，必要时应对拌和设备进行改造。

对原材料进行质量检测，进行混合料配合比设计，并对生产配合比进行性能检验。

审定优化施工方案，考察施工机械能力和完好性。

4.3.2　施工过程控制

施工过程中需监控的内容分为质量控制和外形管理两部分。

首先应对原材料进料及其质量严格控制，包括对原材料合格证、料源证明的验证。在此基础上，按照工程质量进行抽样检验，检验的主要项目有：水泥、石灰或粉煤灰的主要质量指标、集料规格、压碎值、含泥量等。

跟踪检测拌和、摊铺、碾压和养生过程，确保施工方法规范，施工质量达到设计要求。主要的检测项目有：混合料配合比、结合料剂量、混合料无侧限抗压强度、拌和均匀性、延迟试件和养生状况、压实度等。此外还有外形管理项目,如高程、厚度、宽度、横坡度和平整度等,应符合设计要求。

4.3.3 检查验收

检查验收的目的是采用随机抽样的方法,对原材料、施工质量和基层外形进行检测,以判断已竣工基层结构是否满足设计文件和施工规范的要求。检查验收的内容包括对施工原始资料的完整性和可信度作出评价,对主要质量指标进行随机抽样检测,对基层外观鉴定。在检查验收时,应充分考虑基层性能参数为随机变量的特性,不宜排除小概率事件的发生。

思 考 题

1. 水泥稳定类材料与石灰稳定类材料的施工工艺的主要区别是什么?

2. 试述半刚性基层材料的工程特性。

3. 半刚性基层材料养生作用及不同养生方法的技术要点?

4. 试述半刚性基层的接缝处理方法。

5. 试述级配碎(砾)石基层施工工艺及其技术要点。

6. 基层施工质量控制分为事先控制、施工过程控制和检查验收三个阶段,各阶段的控制内容分别是什么?

7. 不同材料和不同施工工艺的松铺系数是多少?

5 沥青路面

5.1 热拌热铺沥青混合料路面

5.1.1 沥青混合料分类

热拌沥青混合料路面是将沥青与矿质集料在热态下拌制成混合料,并趁热摊铺、压实成型。常见的沥青混合料品种有沥青混凝土混合料、沥青玛蹄脂碎石、开级配沥青混合料和沥青稳定碎石等。

沥青混凝土混合料(AC)是按密级配原理设计组成的各种粒径颗粒的矿料,与沥青结合料拌和而成的混合料,设计空隙率较小,按混合料关键性筛孔通过率的不同又可分为细型(F型)、粗型(C型)密级配沥青混合料等。

沥青玛蹄脂碎石混合料(SMA)由沥青结合料与少量的纤维稳定剂、细集料以及较多量的填料(矿粉)组成的沥青玛蹄脂,填充于间断级配的粗集料骨架的间隙,组成一体形成的沥青混合料。

开级配沥青混合料(OGFC)由高黏度沥青结合料与粗集料、少量细集料及填料组成,粗集料形成嵌挤骨架,设计空隙率为 18%~25%。开级配沥青混合料用作沥青路面排水表层时,具有排水、减少水膜厚度、防止水漂及抗滑功能,还可作为减噪表面层降低噪声。

沥青稳定碎石混合料是由矿料和沥青组成的具有一定级配要求的混合料,按空隙率、集料最大粒径、添加矿粉数量的多少,分为密级配沥青碎石(ATB)、开级配沥青碎石(ATPB)和半开级配沥青碎石(AM)。前两种沥青稳定碎石混合料主要用于沥青路面基层或排水基层,而沥青碎石由于空隙率较大,空气和路表水易渗入,路面的耐久性较差,仅适用于高等级道路沥青路面的联结层或整平层,或二级以下公路的面层。

按照矿质混合料的公称最大粒径,热拌沥青混合料可分为特粗式、粗粒式、中粒式、细粒式和砂粒式,相应的矿料公称最大粒径分别为 31.5 mm,26.5 mm,16 mm 或 19 mm,9.5 mm 或 13.2 mm,4.75 mm。在使用时,矿料的公称最大粒径宜由沥青面层的上层至下层逐渐增大。

除了上述沥青混合料类型外,还有富油沥青混凝土(FAC)、多碎石混合料(SAC)、美国 Super 混合料等,近年来在我国高等级沥青路面结构中也有所应用。

5.1.2 原材料的技术要求

1. 沥青材料

(1) 道路石油沥青

沥青路面采用的沥青材料有道路石油沥青、改性沥青等。道路石油沥青质量应符合《公路沥青路面施工技术规范》(JTG F40—2004)中规定的技术要求。道路石油沥青的质量由沥青等级和沥青标号保证,沥青等级分为 A,B,C 三个等级,各等级沥青的适用范围如表4-5-1 所列。

高等级道路,夏季温度高、高温持续时间长、重载交通、山区及丘陵区的上坡路段,服务区、停车场等行车速度慢的路段,尤其是汽车荷载剪应力大的层次,宜采用稠度大、60℃ 动力黏度大的沥青;冬季寒冷的地区或交通量小的公路、旅游公路宜选用稠度小、低温延度大的沥青;日温差、年温差大的地区宜注意选用针入度指数大的沥青。当高温要求与低温要求发生矛盾时应优先考虑满足高温性能要求。

表 4-5-1   道路石油沥青不同等级的适用范围

沥青等级	适用范围
A 级沥青	各个等级的公路,适用于任何场合和层次
B 级沥青	① 高速公路、一级公路沥青下面层及以下的层次,二级及二级以下公路的各个层次; ② 用作改性沥青、乳化沥青、改性乳化沥青、稀释沥青的基质沥青
C 级沥青	三级及三级以下公路的各个层次

（2）改性沥青

改性沥青是将基质沥青与一种或数种改性剂通过特定的加工工艺得到的沥青结合料,通常掺加橡胶、树脂、高分子聚合物、天然沥青、磨细的橡胶粉或其他材料等外掺剂(改性剂),使沥青或沥青混合料的性能得以改善。我国目前常用的改性沥青有 SBS、SBR 和 PE 等聚合物改性沥青。湖沥青和岩沥青等天然沥青也在一些重大工程中得到使用。

改性沥青主要用于延长路面使用寿命、改善或提高沥青路面的特殊路用功能,如抗车辙、抗疲劳、抗滑、抗低温开裂等,特别适合重交通道路沥青路面或特殊工程,如机场跑道面、桥面铺装、停车场和运动场等。或用于具有较高使用性能的沥青混合料,如开级配沥青混合料(OGFC)及沥青玛蹄脂碎石混合料(SMA)等。

施工现场制备改性沥青时,应通过试验确定详细的生产工艺和操作规程,以保证改性沥青的质量稳定并符合设计要求。施工现场制备的改性沥青宜随配随用,需要短时间贮存时,应继续保温并进行不间断搅拌或泵送循环,以保证改性剂在沥青中均匀分布,质量稳定。

聚合物改性沥青质量应符合《公路沥青路面施工技术规范》(JTG F40—2004)中规定的技术要求。使用其他类型的改性沥青或改性剂时,应根据使用要求和试验论证确定相关的技术要求。

2. 矿质材料

沥青混合料所用矿料有碎石、轧制或未经轧制的砾石和矿渣、石屑、砂和矿粉等。

（1）粗集料

在沥青混合料中,粗、细集料以 2.36 mm 为分界。对粗集料的主要技术要求有:强度、磨耗性、颗粒形状、表面纹理及集料与沥青的黏附性等。在选择粗集料时,应考虑沥青混合料类型、结构层位和交通量情况。

沥青面层所用粗集料应接近立方体、多棱角、洁净干燥、无风化、无杂质,级配良好。集料与沥青的黏附程度是影响沥青混合料强度和耐久性的重要因素,当选用酸性集料时,必须采取抗剥落措施,使沥青与集料的黏附性符合要求。

用于高等级道路沥青路面的表面层(或磨耗层)的粗集料应选用坚硬、耐磨、抗冲击性好的碎石或破碎砾石,不得使用筛选砾石、矿渣及软质石料,磨光值应符合《公路沥青路面施工技术规范》(JTG F40—2004)中规定的技术要求。

(2) 细集料

细集料宜选用优质天然砂或机制砂。细集料应坚硬、级配良好,形状接近立方体,洁净而无杂质。有研究指出,在沥青混合料中,细集料的棱角对于提高沥青混合料内摩阻角的作用,往往比粗集料的棱角更为重要,目前对细集料棱角性的要求为40%以上。细集料应与沥青有良好的黏附性。与沥青黏结性能很差的天然砂、用石英岩或花岗岩等石料破碎的机制砂或石屑不宜用于高等级道路沥青路面中。

(3) 填料

填料主要是指0.075 mm以下的粉料。沥青混合料的填料宜采用石灰岩矿粉,并要求矿粉有一定的细度,以增加与沥青的交互作用,提高沥青混合料的强度。要求矿粉中0.075 mm筛的通过率在70%~75%以上,亲水系数小于1。当采用水泥、石灰或粉煤灰作填料时,用量不得超过填料总质量的2%。

3. 纤维稳定剂

在沥青混合料中掺加的纤维稳定剂宜选用木质素纤维、矿物纤维等。纤维应在250℃的温度下不变质、不发脆,必须在混合料拌和过程中能充分分散均匀。

纤维稳定剂的掺加比例以沥青混合料总量的质量百分率计算,通常情况下用于沥青玛蹄脂碎石混合料的木质素纤维不宜低于0.3%,矿物纤维不宜低于0.4%,必要时可适当增加纤维用量。纤维掺加量的允许误差宜不超过纤维掺加量的±5%。

5.1.3　沥青混合料组成设计

1. 混合料的最大粒径

混合料的最大粒径 D 应与路面结构层厚度 h 相匹配。只有 h/D 适当,才能使沥青混合料拌和均匀、易于摊铺,在压实时达到要求的密实度和平整度,保证施工质量。对热拌热铺的密级配沥青混合料,沥青层一层的压实厚度不宜小于集料公称最大粒径的2.5~3倍;对沥青玛蹄脂碎石混合料或开级配沥青混合料等嵌挤型混合料,沥青层一层的压实厚度不宜小于公称最大粒径的2~2.5倍。

2. 混合料配合比设计

沥青路面各结构层所用的沥青混合料类型可以根据道路等级按表4-5-2选用。实际施工时,人工轧制的各档碎石集料往往很难完全符合某一级配范围,必须采用两种或两种以上的集料配合起来,才能符合级配要求。

3. 沥青用量

我国通常用马歇尔试验方法进行沥青混合料配合比设计并确定沥青用量。主要设计指标有:体积参数(空隙率、矿料间隙率、沥青饱和度)、马歇尔稳定度和流值、水稳性检验等。用于高等级道路沥青路面上、中面层的沥青混合料,还需通过抗车辙能力、低温变形能力的检验。

表 4-5-2　　　　　　　　　　　　　　　沥青混合料的适宜层位与常用厚度

沥青混合料类型		集料最大粒径/mm	公称最大粒径/mm	符号	适宜层位	常用厚度/mm
密级配沥青混合料(AC)	砂粒式	9.5	4.75	AC-5	表面层	15～30
	细粒式	13.2	9.5	AC-10	自行车车道与人行道的面层	25～40
		16	13.2	AC-13	表面层	40～60
	中粒式	19	16	AC-16	中面层	50～80
		26.5	19	AC-20	中面层	60～100
	粗粒式	31.5	26.5	AC-25	下面层	80～120
密级配沥青碎石(ATB)	粗粒式	31.5	26.5	ATB-25	基层,双层式面层的下面层	80～120
		37.5	31.5	ATB-30	基层	90～150
	特粗粒式	53	37.5	ATB-40	基层	120～150
沥青玛蹄脂碎石混合料(SMA)	细粒式	13.2	9.5	SMA-10	表面层	25～50
		16	13.2	SMA-13	表面层	35～60
	中粒式	19	16	SMA-16	表面层	40～70
		26.5	19	SMA-20	中面层	50～80
开级配沥青混合料(OGFC)	细粒式	13.2	9.5	OGFC-10	表面层	20～30
		16	13.2	OGFC-13	表面层	30～40

5.1.4　普通热拌沥青混合料路面的施工技术

1. 施工准备

在施工之前,应对各种材料进行调查试验,选择符合沥青路面使用要求的原材料,经确认的材料和料场,不得随意改动。

在沥青路面大面积施工前,应采用计划使用的机械设备和沥青混合料配合比铺筑试验路段。通过修筑试验路段,探讨和明确沥青混合料适宜的拌和时间与拌和温度、现场松铺压实系数、摊铺温度与速度、压实机械组合、压实温度与压实工艺等,从而优化沥青混合料的拌和、运输、摊铺和碾压等施工机械组合和工序衔接,明确人员的岗位职责。最后提出沥青混合料生产配合比和标准施工方法。

在各种基层表面,应喷洒透层沥青,已经做过透层或封层并已开放交通的基层应清扫干净。在旧的沥青路面或水泥混凝土路面的表层上,应喷洒黏层沥青。各种基层的表面绝对不能有任何砂土,水泥稳定土和石灰稳定土基层表面不能用薄层找补,以防止道路投入使用后,引起沥青面层的搓动和脱落(即脱皮)现象。

2. 沥青混合料的拌制和运输

(1) 拌和设备

沥青混合料必须在沥青拌和厂(场、站)采用专门的拌和设备进行拌制。拌和设备应能准确计量,具有防止矿粉飞扬散失的密封性能,并有除尘设备。根据所采用的工艺流程的不同,沥青混合料的拌和设备主要分为两大类:强制间歇式和滚筒式。强制间歇式的生产特点是冷矿料在干燥滚筒内烘干、加热后,经过二次筛分、储存,每种矿料分别累计计量后,与单独计量的矿粉和热沥青,按照预定的程序和配合比,分批投入拌和器内进行强制搅拌,成品料分批卸出。强制间歇式拌和设备的基本结构如图 4-5-1 所示。

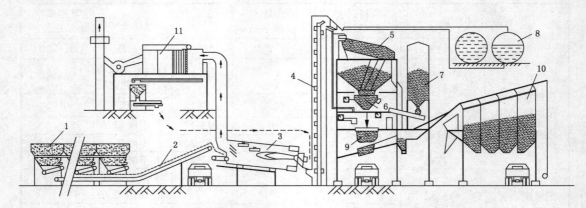

1—冷骨料定量给料装置；2—冷骨料输送机；3—干燥滚筒；4—热骨料提升机；
5—热骨料筛分机和热骨料贮斗；6—热骨料计量装置；7—矿粉贮仓和定量供给装置；
8—沥青保温罐和定量供给装置；9—搅拌器；10—混合料成品贮仓；11—除尘装置。

图 4-5-1　强制间歇式沥青混合料拌和设备示意图

　　强制式拌和机的另一种形式为连续式拌和机，它与间歇式拌和机的主要区别在于集料的加热、烘干及混合料的拌和均为连续进行，由搅拌器强制性拌和，其工作过程如下：从冷料仓进入烘干筒的集料通过容积式定量给料装置被连续不断地送进搅拌器中，同时，矿粉和沥青也由定量供给系统送入搅拌器中。由于搅拌器中的进料是连续进行的，边拌和边出料，也就是进什么料出什么混合料，冷料仓集料规格的变化直接影响沥青混合料的级配组成和质量，只有原材料级配组成和质量稳定，才能保证沥青混合料的质量。

　　强制式拌和机的一个很大的缺点是在工作过程中产生大量的粉尘，对环境污染严重。20 世纪 60 年代末美国研制的滚筒式沥青混合料拌和设备使这个问题得到解决。其工艺特点是，冷集料的烘干、加热及与热沥青的拌和在同一滚筒内完成，可以避免粉尘的飞扬和逸出，其拌和方式是非强制式的，它依靠矿料在旋转滚筒内的自行跌落而实现被沥青的裹覆。滚筒式拌和机的设备简图如图 4-5-2 所示。

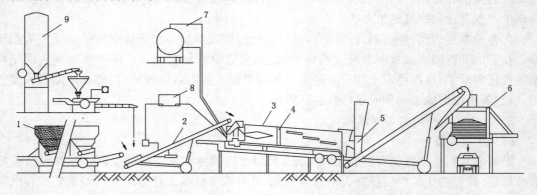

1—冷骨料容积式定量给料装置；2—冷骨料输送机；3—干燥搅拌筒；4—料帘；5—除尘装置及烟囱；
6—混合料成品贮仓；7—沥青供给系统；8—自动控制中心；9—矿粉供给系统。

图 4-5-2　滚筒式沥青混合料拌和设备示意图

388

(2)沥青混合料的拌和

沥青混合料需要在一定的温度下进行拌和,以使沥青达到要求的流动性,良好地裹覆矿料颗粒。但拌和温度过高会导致沥青老化,严重影响沥青混合料的使用性能。施工温度与沥青标号有关,通常以道路石油沥青黏度为(0.17 ± 0.02)Pa·s时的温度为沥青混合料的拌和温度。拌和厂的温度控制包括沥青加热温度、矿料加热温度、沥青混合料出厂温度等(表4-5-3)。当沥青混合料出厂温度高于表4-5-3规定的温度范围时,混合料应予以废弃。

表4-5-3　　　　　　　　　热拌沥青混合料的施工温度(℃)

施工工序		道路石油沥青的标号			
		50 号	70 号	90 号	110 号
沥青加热温度		160~170	155~165	150~160	145~155
矿料加热温度	间隙式拌和机	集料加热温度比沥青温度高 10~30			
	连续式拌和机	矿料加热温度比沥青温度高 5~10			
沥青混合料出料温度		150~170	145~165	140~160	135~155
混合料贮料仓贮存温度		贮料过程中温度降低不超过 10			
混合料废弃温度高于		200	195	190	185
运输到现场的温度不低于		150	145	140	135
混合料摊铺温度不低于	正常施工	140	135	130	125
	低温施工	160	150	140	135
开始碾压的混合料内部温度不低于	正常施工	135	130	125	120
	低温施工	150	145	135	130
碾压终了的表面温度不低于	钢轮压路机	80	70	65	60
	轮胎压路机	85	80	75	70
	振动压路机	75	70	60	55
开放交通的路表温度不高于		50	50	50	45

注:本表不适用于改性沥青施工。

沥青混合料需要一定的时间进行拌和,以保证各种组成材料在混合料中分布均匀,并使所有矿料颗粒全部被沥青裹覆。拌和时间可通过试拌确定,要求所有集料颗粒全部被沥青裹覆,无花白颗粒,颜色均匀一致,无结团成块和粗细颗粒离析现象。拌和后的混合料贮存时间不得超过72 h。

(3)沥青混合料的运输

热拌沥青混合料应采用自卸式汽车运输,为了避免向现场供料不足引起摊铺机停工,运输车的运量应比摊铺机摊铺能力有所富余,保证在现场摊铺机前方有运料车等候卸料。为减少运输途中的热量损失,防雨以及防止污染环境,应在混合料上覆盖遮布。夏季运输时间短于0.5 h时,可不加覆盖。为防止沥青与车厢黏结,车厢侧板和底板上应涂一层掺水柴油,油与水的比例为1:3。运至摊铺地点时,若发现沥青混合料已经结团、被雨淋湿或温度不符合表4-5-3中的规定,应予以废弃。

3. 沥青混合料的摊铺

热拌沥青混合料摊铺作业是保证沥青路面密实度和平整度的关键工序之一,原则上应采用机械摊铺。路面狭窄、曲率半径过小或道路加宽部分以及小规模工程可采用人工摊铺。高速公路、一级公路和城市快速路、主干路应采用机械摊铺,并宜采用两台以上摊铺机呈梯队作业,进行联合摊铺。

(1) 沥青混合料摊铺机

摊铺机由两个基本机械构成:牵引机和熨平板。摊铺机最重要的结构是自动找平的熨平板单元,如图 4-5-3 所示,它决定着路面的外形。当沥青混合料从料斗卸至熨平板前,一对横向螺旋器将材料横向分布于熨平板的整个宽度。摊铺机应具有足够的容量,并可调整宽度,能够调节和控制摊铺厚度,并能对摊铺层进行初步压实。熨平板前的沥青混合料是松散的,但熨平板后的沥青混合料已稍加压实。

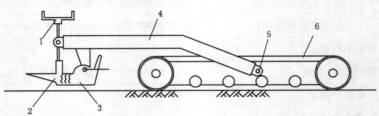

1—厚度控制;2—压实机构;3—熨平板;4—调平臂;5—牵引点;6—牵引单元。

图 4-5-3　自动调节的熨平板单元示意图

(2) 摊铺工艺

当采用两台以上摊铺机进行梯队作业时,两台摊铺机前后错开 10~20 m 呈梯队方式同步摊铺,两幅之间应有 30~60 mm 宽度的搭接,并避开车道轮迹带,上下层的搭接位置宜错开 200 mm 以上,形成热接缝,并用热熨斗将接缝熨平,然后一起进行碾压。铺筑高速公路、一级公路、城市快速路沥青混合料时,一台摊铺机的铺筑宽度不宜超过 6 m(双车道)~7.5 m(三车道以上)。

沥青混合料松铺系数应根据混合料类型、施工机械和工艺等通过试铺或以往的施工经验确定。摊铺过程中应随时检查摊铺层厚度及路拱、横坡。

在沥青混合料的摊铺过程中,在熨平板下的沥青混合料受到一定的重力与压实力,引起混合料密度增加。当摊铺机行走速度增加时,混合料接受压实力的时间短暂,密度较低,达到平衡要求的阻力增加,熨平板下降,所以摊铺机速度的变化会使熨平板上下浮动,将影响路的平整度。为了使摊铺机保持恒定速度,并避免中途停顿,摊铺速度的选择应考虑拌和机产量、摊铺宽度和沥青混合料类型,否则可能导致面层表面粗糙度不一。此外,摊铺速度过快时,可能会引起沥青混合料的离析。摊铺速度一般在 2~6 m/min。

4. 沥青混合料的压实成型

沥青混合料的压实是保证沥青路面结构质量的重要环节,也是沥青面层施工的最后一道重要工序。通过压实,矿料颗粒间相互嵌挤并被沥青黏结在一起,使结构层达到设计密实度、强度和水稳性。

(1) 压实机械

为了产生有效的压实,压路机施加的压实力必须超过混合料中抵抗压实的力。沥青混合料压实机械有 6~8 t 双轮钢筒式压路机、8~12 t 或 12~15 t 三轮钢筒式压路机、12~20 t 或 20~25 t 轮胎压路机、2~6 t 或 6~14 t 振动压路机、1~2 t 手扶式小型振动压路机等,以及振动夯板(质量不小于 180 kg,振动频率不小于 3 000 次/min)和人工热夯等。

目前越来越多的振动压路机被用于碾压沥青混合料,为了获得最佳的碾压效果,合理地选择振幅和振频非常重要。振频主要影响沥青面层的表面压实质量,当振动压路机的振频高于沥青混合料的固有频率时,可以获得较好的压实效果,一般振频在 40~50 Hz 的范围内。振幅主要影响沥青面层的压实深度,通常振幅可在 0.4~0.8 mm 内进行。当沥青层较薄时,宜选用高振频、低振幅,而沥青面层较厚时,可在较低的振频下,选择较大的振幅。

(2)压实温度

碾压温度是指沥青混合料能够支撑压路机而不产生水平推移且压实阻力较小的温度。为了达到良好的压实效果,沥青混合料必须在适当的温度下进行碾压。沥青混合料温度越高,其塑性越大,在外力作用下越容易缩小体积和增加密实度。为了获得较高的碾压温度,初压时,压路机可以紧跟摊铺机进行。但碾压温度也不宜过高,否则混合料会出现发丝状裂纹或推移。压实温度应根据沥青品种、压路机类型、气温和混合料类型经试压确定,一般以沥青黏度为 $(0.28±0.03)$ Pa·s 时的温度为压实温度,压路机的碾压温度应符合表 4-5-3 中的要求。不得在低温状况下作反复碾压,使石料棱角磨损、压碎,破坏集料之间的嵌挤作用。

由于薄层沥青混合料的温度降低较快,影响压实效果,当沥青混合料的温度低于 90℃时,碾压已不能明显增加沥青混合料的密实度,所以对于沥青面层,碾压厚层时比薄层更容易达到高密实度。因此对于较薄沥青面层,在施工时除了加强混合料运输过程中的保温措施外,摊铺后应立即碾压,并适当提高复压时的碾压速度。

(3)压实工序

沥青混合料的压实作业分为初压、复压和终压三个阶段进行,每一阶段均应选择合理的压路机组合方式及碾压步骤,以达到良好的压实效果。

初压的目的是整平和稳定混合料,同时为复压创造有利条件,是整个压实程序的基础。一般采用钢轮压路机静压 1~2 遍,压路机的碾压速度应慢而均匀,并符合表 4-5-3 中的规定。碾压时,压路机的驱动轮应面向摊铺机(图 4-5-4),以驱动轮先压,从外侧向中心碾压,在超高路段则由低向高碾压,在坡道上应将驱动轮从低处向高处碾压,以免从动轮先压而使混合料出现推移。初压应紧跟在摊铺机后碾压,保持较短的初压段长度,尽快使表面压实,减少热量散失。对摊铺后初始压实度较大,经试验证明采用振动压路机或轮胎压路机直接碾压无严重推移而有良好效果时,可免去初压直接进入复压工序。

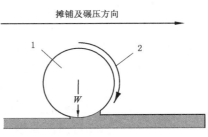

(a)正确做法(驱动轮面向摊铺机)

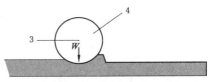

(b)错误做法(从动轮面向摊铺机)

1—驱动轮;2—转动力;3—推力;4—从动轮。

图 4-5-4 压路机碾压方法示意图

复压的目的是使混合料密实、稳定、成型,是决定混合料密实程度的关键工序。复压应紧跟在初压后开始,且不得随意停顿。碾压段的总长度应尽量缩短,通常不超过 60~80 m。密级配沥青混凝土的复压宜优先采用重型的轮胎压路机进行搓揉碾压,以增加密水性。轮胎压路机的总质量不宜小于 25 t,每一个轮胎的压力不小于 15 kN,冷态时的轮胎充气压力不小于 0.55 MPa,发热后的轮胎充气压力不小于 0.6 MPa,且各个轮胎的气压大体相同,相邻碾压带应重叠 1/3～1/2 的碾压轮宽度,碾压至要求的压实度为止。对于以粗集料为主的沥青混合料,尤其是大粒径沥青稳定碎石基层,复压时宜优先采用振动压路机。厚度小于 30 mm 的薄沥青层不宜采用振动压路机碾压。振动压路机的振动频率宜为 35～50 Hz,振幅宜为 0.3～0.8 mm。层厚较大时选用高频率大振幅,以产生较大的激振力;厚度较薄时采用高频率低振幅,以防止集料破碎。相邻碾压带重叠宽度为 100～200 mm。振动压路机折返时应先停止振动。当采用三轮钢筒式压路机时,压路机总质量不宜小于 12 t,相邻碾压带宜重叠后轮的 1/2 宽度,并不应少于 200 mm。

终压的目的是消除轮迹,最后形成平整的压实面,因此,这道工序不宜采用重型压路机碾压,否则会影响路面的平整度,如经复压后已无明显轮迹时可免去终压。一般选用双轮钢筒式压路机碾压 2 遍以上,消除碾压过程中产生的轮迹,使沥青路面表面平整。

(4) 压实速度

合理的压实速度对于减少碾压时间,提高作业效率有十分重要的意义。若碾压速度过快,面层会产生推移、横向裂缝等。若碾压速度过慢,会使压实工序与摊铺工序间断,影响压实质量,从而可能需要增加压实遍数来提高压实度。应以慢而均匀的速度进行碾压,一般压实速度控制在 2～4 km/h。

5. 路面的接缝处理

接缝包括纵向接缝和横向接缝(工作缝)两种。在全宽幅摊铺机全幅摊铺面层的情况下,虽可避免纵向接缝,但横向接缝是不可避免的,至少每天会有一条工作缝。若接缝处理不好,会使路面在接缝处下洼或凸起,并可能由于接缝处压实度不够和结合强度不足而产生裂纹,甚至松散。

(1) 纵向接缝

纵向接缝可以采用热接缝和冷接缝两种方式处理。热接缝是两台摊铺机一前一后呈梯队同步摊铺沥青混合料。冷接缝是在不同时间分幅摊铺时采用的方法。纵向接缝应尽量考虑热接缝的方法。上下层的纵缝应错开 150 mm(热接缝)或 30～40 mm(冷接缝)以上,表层的纵向接缝最好设在路面标线下。

对于热接缝,先行摊铺的热混合料留下 10～20 mm 的宽度暂不碾压,作为后摊铺部分的基准面,然后作跨缝碾压以消除缝迹。

对于冷接缝,先行铺筑的半幅宜设置挡板或采用切刀切齐,铺筑后半幅前必须将接缝边缘清扫干净,并刷黏层沥青。摊铺后半幅混合料时应重叠在已铺层上 50～100 mm,以加热已铺筑的沥青混合料,碾压前将这部分混合料铲掉。碾压时压路机应大部分压在已碾压好的路面上,仅有 100～150 mm 的宽度压在新铺层上,然后逐渐移动跨过纵缝碾压。图 4-5-5 为纵向接缝的碾压示意图。

(2) 横向接缝

横向接缝可采用平接缝和斜接缝两种方法处理。高速公路、一级公路和城市快速路、主干路表面层的横向接缝应采用垂直的平接缝[图 4-5-6(a)]。其他层次,以及其他等级道路的各层次均可采用自然碾压的斜接缝[图 4-5-6(b)]。沥青层较厚时也可做阶梯形接缝[图 4-5-6(c)]。

392

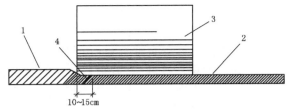

1—新辅部分;2—已压实路面;3—碾压路机;4—接缝。

图 4-5-5 纵向接缝的碾压示意图

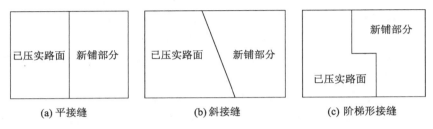

(a) 平接缝   (b) 斜接缝   (c) 阶梯形接缝

图 4-5-6 沥青路面横向接缝处理

相邻两幅及上下层的横缝应错位 1 m 以上。斜接缝的搭接长度与层厚有关,宜为 0.4~0.8 m,搭接处应洒少量沥青;阶梯形接缝的台阶经铣刨而成,并洒黏层沥青,搭接长度不宜小于 3 m;平接缝宜趁混合料尚未冷透时用凿岩机或人工垂直刨除端部层厚不足的部分,使工作缝呈直角连接。当采用切割机制作平接缝时,宜在铺设当天混合料冷却但尚未结硬时进行。刨除或切割不得损伤下层路面。切割时留下的泥水必须冲洗干净,待干燥后涂刷黏层油。铺筑新混合料接缝应使接茬软化,压路机先进行横向碾压,再纵向碾压成为一体,充分压实,连接平顺。

5.1.5 改性沥青混合料路面的施工特点

改性沥青路面施工正式开工前,应铺筑 100~200 m 的试验路段,进行改性沥青混合料的试拌、试铺和试压试验,以确定相关的施工参数:拌和温度、摊铺速度、松铺系数、压实设备及碾压方式和速度等。

1. 施工温度

与普通道路石油沥青相比,改性沥青的高温黏度有较大幅度的提高,为此,改性沥青混合料的拌和、摊铺和压实温度较普通沥青混合料的高。聚合物改性沥青混合料的施工温度通常较普通沥青混合料的施工温度提高 10~20℃。集料的烘干温度也较高,通常达到 200℃以上,对采用冷态胶乳直接喷入法制作的改性沥青混合料,集料烘干温度应进一步提高。当采用其他聚合物改性剂或天然改性沥青时,施工温度由试验确定。

沥青玛蹄脂碎石混合料由于加入的冷矿粉和纤维数量较多,当拌和温度较低时,不能将矿粉和纤维充分分散拌匀。因此,沥青玛蹄脂碎石混合料的施工温度应视纤维品种和数量、矿粉用量的不同,在改性沥青混合料的基础上作适当提高。

2. 开级配沥青混合料和沥青玛蹄脂碎石混合料的拌和与贮存

开级配沥青混合料和沥青玛蹄脂碎石混合料与普通密级配沥青混凝土的最大不同之处在于:粗集料多而且粒径单一,细集料很少。因此,在生产混合料时应注意以下问题:

① 在开级配沥青混合料和沥青玛蹄脂碎石混合料中,粗集料数量达75%左右,可能发生粗集料仓数量不够,而细集料仓经常溢仓的问题。

② 开级配沥青混合料和沥青玛蹄脂碎石混合料所需细集料很少,约为15%,使得细集料冷料仓开启口控制困难,尤其是细集料受潮后,开启口很小时细集料无法漏下来,开启口稍大些就会过量,所以必须采取措施使细集料始终处于干燥状态。

③ 原则上,在这类混合料中不得使用回收粉尘。为了减少拌和机中的回收粉尘,应降低集料的含泥量和含粉量。在采石场用水冲洗,彻底清除泥土、杂物、覆盖物等。

④ 在开级配沥青混合料和沥青玛蹄脂碎石混合料中宜使用纤维,拌和机应配备同步添加投料装置,松散的絮状纤维可在喷入沥青的同时或稍后采用风送设备喷入拌和锅,拌和时间宜延长5 s以上。颗粒纤维可在粗集料投入的同时自动加入,利用粗集料拌和的打击力将纤维打散、拌匀。经5~10 s的干拌后,再投入矿粉。工程量很小时也可分装成塑料小包或由人工量取直接投入拌和锅。

改性沥青及沥青玛蹄脂碎石混合料拌和后,不能像普通沥青混合料那样贮存太长的时间,否则会在混合料表面形成硬壳。沥青玛蹄脂碎石混合料中沥青用量较高,若贮存时间过长,会引起沥青析漏,造成混合料沥青分布不均匀。一般规定,改性沥青和沥青玛蹄脂碎石混合料的贮存不得过夜,即当天拌和的混合料必须当天使用。

3. 摊铺

改性沥青混合料黏度较高,摊铺温度高,摊铺阻力大于普通沥青混合料。当下层洒布黏层油时,轮胎摊铺机可能顶不动运料车,产生打滑现象,一般需要使用履带式摊铺机。为了保证路面的平整度,摊铺过程中不得随意变换速度或中途停顿。由于改性沥青混合料生产式拌和机生产率较低,摊铺机供料不足的问题较为突出,为了保证摊铺的连续性,摊铺机的摊铺速度要慢些,一般不超过3~4 m/min。

4. 压实

改性沥青混合料的压实工艺,除了提高碾压温度外,与普通沥青混合料的压实工艺没有太大区别,对压实机具也没有特别要求。在高温下碾压特别重要,尤其是改性沥青混合料、沥青玛蹄脂碎石混合料或开级配沥青混合料通常用于沥青路面表面磨耗层,厚度较薄,混合料温度下降较快。在工程中,碾压成型的最低温度为130℃,所以压路机必须紧跟在摊铺机后碾压,只有在高温条件下碾压才能取得良好的效果。

开级配沥青混合料和沥青玛蹄脂碎石混合料宜采用振动压路机或钢筒式压路机碾压。除沥青用量较低,经试验证明采用轮胎压路机碾压有良好效果外,不宜采用轮胎压路机碾压,因为轮胎压路机的搓揉作用将使玛蹄脂上浮,造成构造深度降低,甚至泛油。振动压路机应遵循"紧跟、慢压、高频、低幅"的原则,即紧跟在摊铺机后面,采取高频率、低振幅的方式慢速碾压。如发现沥青玛蹄脂碎石混合料高温碾压有推拥现象,应复查其级配是否合适。

碾压速度不得超过4~5 km/h,即人的正常行走速度。大振幅碾压很容易造成碾压过度,使集料压碎或玛蹄脂上浮。高频和低幅碾压对于提高改性沥青的压实度,防止集料损伤,保持棱角性和嵌挤作用很重要。

沥青玛蹄脂碎石混合料一般初压用10 t的刚性压路机紧跟在摊铺机后面碾压1~2遍,复压用钢轮压路机碾压3~4遍,或振动压路机振动碾压2~3遍,最后用较宽的刚性压路机碾压1遍即可结束。开级配沥青混合料宜采用小于12 t的钢筒式压路机碾压。

5.2　其他类型的沥青路面

5.2.1　沥青表面处治路面

沥青表面处治路面是用沥青和细集料铺筑的一种薄层面层,可分为单层、双层和三层。单层表处厚度为 10～15 mm,双层表处厚度为 15～25 mm,三层表处厚度为 25 mm 或 30 mm。沥青表面处治,对路面结构整体强度和刚度提高不多,其主要作用是提高路表面的构造深度、抵抗行车磨耗、增强防水性和提高平整度等。沥青表面处治适用于三级及三级以下公路、城市道路的支路、县镇道路、各级公路的施工便道面层,以及在旧沥青面层或其上加铺罩面或抗滑层、磨耗层。

1. 材料要求

(1) 集料

为了保证集料与沥青之间具有良好的黏结力,应使用洁净干燥的石屑。集料的最大粒径应与处治层厚度相等。若颗粒过小,使用不久就会在车轮作用下埋入表面下层;若颗粒过大,则行驶车辆可能会将它们从路表挤脱。

沥青表面处治施工时,应在路侧另备 2～3 m³/1 000 m²的 5～10 mm 碎石或 3～5 mm 石屑、粗砂或小砾石作为初期养护用料。

(2) 黏结料

沥青表面处治黏结料可采用道路石油沥青、煤沥青或乳化沥青。黏结料的功能是填实集料缝隙并把石屑与下层表面结合起来。黏结料必须有适当的黏度,以使其在摊铺时将石屑充分润湿,防止道路开放交通后石屑脱落,并在长期低温条件下不致脆化。黏结料的用量应保证在表面处治施工后牢固地黏住石屑,在表面处治层使用期间有足够的表面纹理深度。

2. 施工工艺

层铺法表面处治一般采用"先油后料"的方法,即洒布一层沥青,后铺撒一层集料。单层式为洒布一次沥青,铺撒一次集料;双层式为洒布二次沥青,铺撒二次集料;三层式为洒布三次沥青,铺撒三次集料。三层式沥青表面处治的施工程序为:①洒透层→②洒布沥青→③撒集料→④碾压→⑤洒第二层沥青→⑥撒第二层集料→⑦碾压→⑧洒第三层沥青→⑨撒第三层集料→⑩碾压。

表面处治施工的主要机械为沥青洒布机、集料撒布机和压路机。洒布沥青可采用沥青洒布车,小规模沥青表面处治施工也可采用机动或手动的沥青洒布机洒布沥青,乳化沥青可用齿轮泵或气压式洒布机洒布,但不宜采用柱塞式洒布机。沥青的喷洒速度和喷洒量应保持稳定,并在整个宽度内喷洒均匀。喷油嘴应与洒油管成 15°～25°的夹角,喷油嘴距路表的高度应使同一地点接受两个或三个喷油嘴的沥青。石油沥青的洒布温度宜为 130～150℃,煤沥青宜为 80～120℃,乳化沥青可以在常温下进行洒布。

洒布沥青后应紧跟着撒布集料,避免沥青喷洒后等待较长时间才撒布集料。如果使用乳化沥青,集料撒布应在乳液破乳之前完成。撒布集料后应及时扫匀,使厚度一致。

撒布一段集料后立即用 6～8 t 钢筒压路机碾压,碾压时每次轮迹应重叠约 300 mm,并应从路边逐渐移至路中心,然后再从另一边开始移向路中心,以此称为 1 遍,碾压 3～4 遍。

开始时碾压速度不宜超过 2 km/h,以后可适当增加。第二层或第三层的碾压,可采用 8～10 t 的压路机进行。如发现路表泛油,应在泛油处补撒与最后一层集料规格相同的嵌缝料,扫匀,并将浮动的集料扫出路面,不得搓动已经黏着在位的集料。

除乳化沥青表面处治应待乳液破乳、水分蒸发并基本成型后方可通车外,沥青表面处治在碾压结束后即可开放交通。沥青表面处治需要在行车作用下逐渐成型,故施工结束后的初期养护十分重要。在通车初期应设专人指挥交通车辆或设置路障控制行车,以使路面全部宽度得到行车均匀压实。在路面完全成型前应限制车速不超过 20 km/h,严禁兽力车及铁轮车行驶。

5.2.2 沥青贯入式路面

沥青贯入式路面是用碎石(或破碎砾石)和沥青分层铺筑而形成的一种较厚的面层,在初步碾压的集料上洒布沥青,再分层铺撒集料嵌压,并借助行车压实而形成路面。沥青贯入式碎石适用于二级及二级以下的公路、城市道路的次干路及支路面层,也可作为半刚性基本沥青路面的联结层,延缓半刚性基层引起的反射裂缝。

沥青贯入式面层是一种多空隙的结构,尤其是下部粗碎石空隙更大,当其作为路面的最上层时,应撒布封层料或加铺拌和层,以改善路表的渗水情况,提高贯入式面层本身的耐用性。贯入式沥青路面采用黏稠沥青铺筑时,其厚度通常为 40～80 mm,采用乳化沥青时,其厚度不宜超过 50 mm。

1. 材料要求

(1) 集料

沥青贯入式主层集料应选择有棱角、嵌挤性好的坚硬石料,若使用破碎砾石,应有一定的破碎面。沥青贯入层的主层集料最大粒径宜与结构层厚相当,当采用乳化沥青时,主层集料最大粒径可采用结构层厚的 0.8～0.85 倍,数量宜按压实系数 1.25～1.30 计算。主层集料中大于粒径中值的数量不得少于 50%。表面不加铺拌和层的贯入式路面,在施工结束后每 1 000 m² 应另备 2～3 m³ 石屑或粗砂等供初期养护使用。

(2) 结合料

贯入式路面的结合料可采用石油沥青、煤沥青或乳化沥青,其用量应根据施工气温及沥青标号等在规定范围内选用,在施工季节气温较低的寒冷地区,或沥青针入度较小时,沥青用量宜适当增加。

2. 施工工艺

(1) 施工机械

沥青贯入式路面的主层集料可采用碎石摊铺机或人工摊铺。嵌缝料宜采用集料撒布机撒布。沥青洒布机在洒布时要保持稳定的速度和喷洒量,并应在整个宽度内均匀喷洒。压路机宜采用 6～8 t 及 10～12 t 的压路机进行碾压,主层集料宜用钢筒式压路机碾压。

(2) 施工工序

在准备好的基层上,用摊铺机、平地机或人工撒布主层石料,应避免颗粒大小不均,边撒布边检查路拱和平整度。松铺厚度压实系数为 1.25～1.30,经试铺确定。撒布后严禁车辆在铺好的集料上通行。主层集料撒布后,采用 6～8 t 的钢筒式压路机进行初压,速度宜为

2 km/h。碾压时应从路边缘逐渐移至路中心，每次轮迹应重叠约 300 mm，接着从另一侧以同样的方法移至路中心，以此称为碾压 1 遍。然后用 10～12 t 的压路机进行碾压，每次轮迹应重叠 1/2 左右，宜碾压 4～6 遍，直至主层石料嵌挤稳定，无显著轮迹为止。

主层石料碾压完毕后，立即洒布第一遍沥青，洒布方法及要求同沥青表面处治。立即用集料撒布机均匀撒布第一遍嵌缝料。再用 8～12 t 的钢筒式压路机碾压 4～6 遍，直至稳定为止，轮迹应重叠 1/2 左右。然后洒布第二遍沥青，撒布第二遍嵌缝料并进行碾压，依次重复洒布沥青和撒布嵌缝料，并碾压，直至撒布封层料。最后宜用 6～8 t 的压路机碾压 2～4 遍，再开放交通。

铺筑上拌下贯式路面时，贯入层不撒布封层料，拌和层应紧跟贯入层施工，使拌和层与贯入层形成整体。贯入层用乳化沥青时应待乳液破乳、水分蒸发且成型稳定后方可铺筑拌和层，当拌和层与贯入部分不能连续施工，且要在短期内通行施工车辆时，贯入层部分的第二遍嵌缝料应增加 2～3 m³/1 000 m²，在摊铺拌和层沥青混合料前，应作补充碾压，并浇洒黏层沥青。

5.2.3 乳化沥青碎石混合料路面

乳化沥青碎石混合料路面是采用乳化沥青与矿料在常温状态下拌和、铺筑、压实成型而成，其矿料级配与热拌沥青碎石相同，但沥青用量比同规格的热拌沥青碎石的少 15%～20%。采用稀释沥青与矿料在常温下拌和、铺筑的沥青混合料路面与乳化碎石混合料路面属于同一类型，这两种路面材料也称常温沥青混合料。

乳化沥青碎石为嵌挤型结构，乳化沥青与矿料接触后，经过与矿料的黏附、破乳、析水过程，而后乳化沥青恢复其沥青性能，经过机械压实后，形成基本稳定的路面，再经行车的反复碾压，最后形成坚实的路面。乳化沥青碎石混合料适用于三级及三级以下的公路、城市道路支路的沥青面层、二级公路的罩面，以及各级道路沥青路面的联结层或整平层。

1. 乳化沥青材料

乳化沥青是石油沥青或掺加聚合物胶乳的改性沥青与水在乳化剂、稳定剂等的作用下经乳化加工制得的沥青乳液。乳化沥青有撒布型（代号 P-）和拌和型（代号 B-）两类，其质量要求应符合《公路沥青路面施工技术规范》(JTG F40—2004)中规定的技术要求，并根据使用目的、矿料种类、气候条件选用。对酸性集料，且当集料处于潮湿状态或低温下施工时，宜选用阳离子乳化沥青。

2. 施工工序

在乳化沥青混合料施工操作中，除拌和方式外，其他工序与热拌沥青混合料路面的施工技术差别不大。

（1）拌和

乳化沥青与集料的拌和应在乳液破乳之前完成，否则将因乳液的破乳而失去施工和易性。如果在乳液破乳后继续搅拌混合料，会使集料表面黏附的沥青膜剥落。因此掌握好拌和时间是保证混合料质量的重要环节，应根据矿料的级配、乳液类型、拌和机械性能、施工气候等具体情况，通过试拌确定。一般来说，拌和时间宜短不宜长，自矿料中加入乳液起，机械拌和时间不宜超过 30 s，人工拌和时间不宜超过 60 s，但必须保证乳液与集料拌和均匀。乳化沥青混合料的拌和、运输和摊铺应在沥青乳液破乳前完成，否则混合料应予以废弃。

（2）摊铺与压实

乳化沥青混合料可以用摊铺机摊铺，也可以人工摊铺，但人工摊铺时不得扬锹甩料，避免混合料的离散。由于刚拌和好的混合料沥青膜与集料的黏度不牢，在整平摊铺层时，不要过多地用刮板甩料或来回推料。在人工摊铺时，摊铺厚度应大致均匀，稍加整平即可。混合料松铺压实系数一般为 1.2～1.5，应通过试验路段的试验结果确定。

由于乳化沥青混合料含水，碾压受到气温与湿度的影响。当混合料摊铺平整后，可以立即开始碾压，为了防止初期碾压出现波浪推移现象，先采用 6t 左右的轻型压路机碾压 1～2 遍，使混合料初步稳定，初压时压路机应匀速进退，不得在碾压路段上紧急制动或快速启动。初压后，再用轮胎压路机或轻型钢筒压路机碾压 1～2 遍。当乳化沥青开始破乳，混合料由褐色转变成黑色时，即采用 12～15 t 轮胎压路机或 10～12 t 钢筒压路机进行复压，碾压 2～3 遍后，立即停止。待晾晒一段时间、水分蒸发后，再补充复压至密实为止。在压实的过程中，若发现表面开裂和推移现象应立即停止碾压，待晾晒一段时间后再行碾压。如当天不能完成压实，应在气温较高时补充碾压。碾压时发现局部混合料有松散或开裂时，应挖除并换补新料，整平后继续碾压密实。施工遇雨应立即停止铺筑，以防雨水将乳液冲走。

（3）养护

压实成型后的路面应进行早期养护，封闭交通 2～6 h。开放交通初期，应设专人指挥车辆，车速不得超过 20 km/h，并不得刹车或调头。在未稳定成型的路段上，严禁兽力车和铁轮车通过。乳化沥青碎石混合料路面的上封层应在压实成型、路面水分蒸发后加铺。

5.3 封 层

封层是为封闭路面结构层表面空隙、防止水分浸入面层或基层而铺筑的沥青混合料薄层。铺筑在面层表面的称为上封层，铺筑在面层下面的称为下封层。上封层类型根据使用目的、路面的破损程度选择稀浆封层、微表处、改性沥青集料封层、薄层磨耗层或其他适宜的材料。下封层宜采用层铺法表面处治或稀浆封层法施工，厚度不宜小于 6 mm，且做到完全密水。

5.3.1 稀浆封层与微表处

稀浆封层的主要功能在于密封沥青路表，抑制表面松散，封闭细小裂缝并改善表面抗滑性能。微表处可用于任何等级道路的沥青路面，作为修补裂缝、填充车辙、改善路面抗滑性、提高路面行驶质量的养护措施。

1. 材料要求与规格

稀浆封层按照矿料粒径的不同，可分为 ES-1 型、ES-2 型和 ES-3 型。ES-3 型稀浆封层适用于低交通道路的罩面，以及新建道路的下封层；ES-2 型稀浆封层适用于低交通道路以下的罩面，以及新建道路的下封层；ES-1 型稀浆封层适用于支路、停车场的罩面。

微表处按照矿料粒径的不同，可分为 MS-2 型和 MS-3 型。MS-3 型微表处适用于高等级道路路面的罩面，MS-2 型微表处适用于中等交通量道路的罩面。单层微表处适用于旧路面车辙深度不大于 15 mm 的情况，超过 15 mm 时必须分两层铺筑，或先用 V 字形车辙摊铺箱摊铺，深度大于 40 mm 时不适宜选用微表处处理。

根据铺筑厚度、处治目的、公路等级等条件，按照表4-5-4选用合适的稀浆封层或微表处的矿料级配。

表 4-5-4　　　　　稀浆封层与微表处的矿料级配及沥青用量范围

筛孔尺寸/mm	通过筛孔的质量百分率				
	稀浆封层			微表处	
	ES-1 型	ES-2 型	ES-3 型	MS-2 型	MS-3 型
9.5	—	100%	100%	100%	100%
4.75	100%	95%～100%	70%～90%	95%～100%	70%～90%
2.36	90%～100%	65%～90%	45%～70%	65%～90%	45%～70%
1.18	60%～90%	45%～70%	28%～50%	45%～70%	28%～50%
0.6	40%～65%	30%～50%	19%～34%	30%～50%	19%～34%
0.3	25%～42%	18%～30%	12%～25%	18%～30%	12%～25%
0.15	15%～30%	10%～21%	7%～18%	10%～21%	7%～18%
0.075	10%～20%	5%～15%	5%～15%	5%～15%	5%～15%
一层的适宜厚度/mm	2.5～3	4～7	8～10	4～7	8～10

稀浆封层与微表处混合料中用普通乳化沥青或改性乳化沥青的品种和质量应符合《公路沥青路面施工技术规范》(JTG F40—2004)中所规定的技术要求。

稀浆封层和微表处应选择坚硬、粗糙、耐磨、洁净的集料。其中,稀浆封层所用集料中通过4.75 mm筛的合成矿料的砂当量不得低于50%;微表处所用集料中通过4.75 mm筛的合成矿料的砂当量不得低于65%。当用于抗滑表层时,粗集料还应满足磨光值的要求。细集料宜采用碱性石料生产的机制砂或洁净的石屑。对集料中的超粒径颗粒必须筛除。

在稀浆封层和微表处混合料中所用填料通常为水泥、石灰粉、粉煤灰等粉料,主要用于填充空隙,提高封层的强度和耐磨性,也可以调节稀浆混合料的稠度、破乳速度和均匀性。当用水泥做填料时,用料是集料质量的1%左右。

2. 施工工艺要点

稀浆封层和微表处施工前,应根据室内试验确定稀浆混合料的设计配合比,对集料、乳液、填料、水和外加剂等各种材料的用量进行标定。

稀浆封层和微表处必须采用专用的铺筑机进行施工,铺筑机应具备储料、送料、拌和、摊铺和计量控制等功能。铺筑时封层应厚度均匀、表面平整。稀浆封层铺筑后,应待乳液破乳、水分蒸发、干燥成型后方可开放交通。稀浆封层和微表处的最低施工温度不得低于10℃,严禁在雨天施工,摊铺后尚未成型的混合料遇雨时应予以铲除。

稀浆封层和微表处施工前,应彻底清除原路面的泥土、杂物,修补坑槽、凹陷,较宽的裂缝宜清理灌缝。在水泥混凝土路面上铺筑微表处时宜洒布黏层油,过于光滑的表面需做拉毛处理。

稀浆封层和微表处两幅纵向接缝搭接的宽度不宜超过80 mm,横向接缝宜做成对接缝。分两层摊铺时,第一层摊铺后应至少开放交通24 h后方可进行第二层摊铺。

稀浆封层和微表处铺筑后的表面不得有超粒径料拖拉的严重划痕,横向接缝和纵向接缝处不得出现余料堆积或缺料现象,用3 m直尺测量接缝处的不平整度不得大于6 mm。对微表处不得有横向波浪和深度超过6 mm的纵向条纹。经养护和初期交通碾压稳定的稀浆封层和微表处,在行车作用下应不发生飞散,且完全密水。

5.3.2 雾状封层

雾状封层一般作为临时措施,使用寿命仅 1~2 年。当路表出现轻度或中度的松散、氧化、老化现象时,可实施雾状封层养护,为沥青表层增加新的沥青材料,以起到延缓沥青老化硬化、密封微小裂缝、防止松散的作用。

1. 施工要点

铺筑雾状封层之前,应确保路面清洁、干燥,并完成所有必要的修补和修复工作。然后再用沥青洒布机喷油。喷洒量一般为 0.54~0.82 kg/m²,依据路表构造、天气状况及交通量不同而作调整。喷洒速度控制得较慢是为了防止乳化沥青溅出,降低路表抗滑能力。在喷洒结束后,可覆盖一层砂子以增强路表抗滑性。

雾状封层宜在温度较高的季节实施,施工时路表温度不宜低于 10℃。喷洒温度为 50~70℃。当施工条件适宜时,交通延误时间为 2~3 h。而在不利的气候条件下施工时,交通封闭时间将大大延长。雾状封层在未充分养护之前,不可开放交通。开放交通初期,应限制车速,避免车辆行驶时带走表层的沥青。

2. 沥青再生剂的使用

沥青再生剂处治措施类似于雾状封层,只不过是用一些特殊密封材料代替沥青乳液,起到有效治理路表老化、封闭裂缝、改善和恢复原沥青路面性能、延长其服务寿命的作用。如沥再生 RejuvaSeal™,是一种高效的、具有渗透性的沥青再生密封剂,具有抵抗汽油、防水、防化学侵蚀的特性,并有密封和再生的特性,能渗透到沥青表层,与沥青融为一体,共同承受外界作用。它可使沥青路面表层约 15 mm 厚范围内沥青的硬化程度和脆性降低。

5.4 透层和黏层

5.4.1 透层

透层是为了使沥青面层与非沥青材料(如级配砾石、级配碎石、无机结合料稳定类)基层结合良好,在基层上洒布乳化沥青、煤沥青或液体石油沥青而形成的透入基层表面的薄层。它作为铺筑沥青路面的一种预先处治,可以增加基层与沥青面层之间的黏结力、填塞基层表面的空隙以及将基层表面的集料结合在一起。透层沥青洒布后,严禁车辆、行人通过。

沥青路面各类基层都必须喷洒透层油,以保证沥青面层与基层具有良好的结合界面。沥青层必须在透层油完全渗透入基层后方可铺筑。

1. 透层油材料

透层应根据基层类型选择渗透性好的液体石油沥青、乳化沥青、煤沥青作透层油。透层油的黏度通过调节稀释剂的用量或乳化沥青的浓度得到适宜的黏度。喷洒后通过钻孔或挖掘确认透层油渗透入基层的深度宜不小于 5 mm(无机结合料稳定集料基层)至 10 mm(无结合料基层),并能与基层联结成为一体。

2. 透层施工要点

喷洒透层油前应清扫路面,遮挡防护路缘石及避免人工构造物受到污染。在半刚性基层上喷洒透层油时,宜紧接在基层碾压成型后表面稍变干燥但尚未硬化的情况下进行。如果距离基层完工时间较长,表面过分干燥,应对基层进行清扫,并在基层表面少量洒水,待表面稍干后再洒布透层沥青。在无结合料粒料基层上洒布透层油时,宜在铺筑沥青前1~2 d洒布。

透层油宜采用沥青洒布机一次喷洒均匀,二级及二级以下公路、次干路以下城市道路也可采用手工沥青洒布机喷洒。透层油必须洒布均匀,有花白遗漏时应人工补洒,喷洒过量时应立即撒布石屑或砂吸油,必要时作适当碾压。洒布透层油后不得在表面形成能被运料车和摊铺机黏起的油皮,透层油达不到渗透深度要求时,应更换透层油稠度或品种。气温低于10℃、大风或即将降雨时不得喷洒透层油。

透层油洒布后应尽早铺筑沥青面层。当用乳化沥青作为透层油时,洒布后应待其充分渗透、水分蒸发后方可铺筑沥青面层,其时间间隔不宜少于24 h。

在半刚性基层上洒布透层沥青后,可撒布一层石屑或粗砂,用量为2~3 m³/1 000 m²。在粒料基层上洒布透层沥青后,如不能及时铺筑沥青面层且有施工车辆通行时,也应撒布适量的石屑或粗砂,此时透层沥青用量应增加10%左右。撒布石屑或粗砂后,用6~8 t钢筒式压路机碾压一遍,然后将多余的石屑或粗砂扫掉。

5.4.2　黏　层

黏层是为了加强路面中沥青层与沥青层之间、沥青层与水泥混凝土层之间的黏结作用而洒布的沥青材料薄层。当发生以下情况之一时,必须喷洒黏层油:①在水泥混凝土路面、沥青稳定碎石基层或旧沥青路面层上加铺沥青层;②与新铺沥青混合料接触的路缘石、雨水进水口、检查井等结构的侧面;③双层式或三层式的热拌热铺沥青层之间。

1. 黏层材料

黏层油宜采用快裂或中裂乳化沥青、改性乳化沥青,也可采用快凝或中凝液体石油沥青,其规格和质量应符合《公路沥青路面施工技术规范》(JTG F40—2004)中规定的技术要求,所使用的基质沥青标号宜与主层沥青混合料相同。

2. 黏层施工要点

黏层油宜采用沥青洒布车喷洒,选择适宜的喷嘴,洒布速度和喷洒量保持稳定。当采用机动或手摇的手工沥青洒布机喷洒时,必须由熟练的技术工人操作,均匀洒布。喷洒的黏层油必须在路面全宽度内均匀分布成一薄层,不得有洒花漏空或成条状,也不得有堆积。喷洒不足之处要补洒,喷洒过量处应予以刮除。喷洒黏层油后,严禁运料车外的其他车辆和行人通过。

气温低于10℃时不得喷洒黏层油,不得已在寒冷季节施工时可以分两次喷洒。路面潮湿时不得喷洒黏层油,用水洗刷后需待表面干燥后喷洒。

黏层油宜在当天洒布,待乳化沥青破乳、水分蒸发完成或稀释沥青中的稀释剂基本挥发完成后,紧跟着铺筑沥青层,确保黏层不受污染。

5.5　沥青路面的质量控制

在沥青面层施工过程中,必须有专职的质量检测机构负责施工质量的检查和试验,认真做好每一道工序的质量检测工作,以保证路面的施工质量。

5.5.1　施工准备阶段质量控制内容

1. 原材料质量检查

质量好的原材料是保证路面质量的关键因素,施工单位在开工前,应根据设计要求确定原材料的来源、检查材料质量和规格、数量、供应计划、材料堆放场地及储存条件。

2. 设备检查

机械设备是保证沥青路面质量的另一个重要因素。我国国产机械型号复杂,质量差别很大。因此在施工前必须对沥青混合料拌和厂及沥青路面施工机械、设备配套情况、性能、计量精度等进行认真细致的检查。

3. 施工放样及下承层检查

施工放样包括标高测量与平面控制两项内容。

下承层表面应清洁、干燥、坚实、无任何松散的石料、尘土与杂质,并不允许有油污。下承层的表面应平整。当下承层为基层时,应喷洒透层沥青。当下承层为底面层且下面层与表面层铺筑时间间隔较长时,应喷洒黏层沥青。

4. 铺筑试验路段

高速公路和一级公路在正式大面积施工前应铺筑试验路段,其他等级公路在缺乏施工经验或初次使用重大设备时,也应铺筑试验路段。试验路段长度宜为100~200 m,宜选择在正线上,通过试验路段的铺筑,取得各种施工参数。

5.5.2　施工过程中的质量检查及控制

1. 检查内容

施工中的材料检查是在每批材料进场时已进行过检查及批准的基础上,施工过程中再抽查其质量稳定性(变异性)。主要检查:粗集料的级配、压碎值、磨光值、磨耗值、含水量和密度等;细集料的级配、含水量和密度等;矿粉的细度和含水量;沥青的针入度、软化点、延度和含蜡量等;乳化沥青的黏度和沥青含量等。检查频率根据道路等级和进料数量确定。

材料检查的另一项内容是矿料级配的精度和沥青用量计量精度,对称量系统装置应(要)经常进行检查标定。目前较好的拌和设备可使集料的累加计量精度和矿粉计量精度达到±0.5%以上,沥青用量的计量精度达到±0.3%以上。

2. 质量检查及控制标准

施工过程中的质量检查内容包括工程质量及外形尺寸两部分。主要的检测内容有:

(1)沥青混合料拌和厂

检查沥青混合料的拌和均匀性、拌和温度、出厂温度,取样进行马歇尔试验,检测混合料的级配和沥青用量。

(2)混合料铺筑现场

混合料铺筑时,必须对沥青混合料质量及施工温度进行观测,随时检测厚度、压实度和平整度,并逐个断面测定成型尺寸。

施工厚度的检测除应在摊铺及压实时量取,并测量钻孔试件厚度外,还应该校检由每天的沥青混合料总量与实际铺筑面积相除得到的平均厚度。

施工压实度的检查以钻孔法为准,用核磁密度仪检查时应通过与钻孔密度的标定关系进行换算,并增加检测次数。

施工单位的检测结果应按 1 km(公路)或 100 m(城市道路)为单位整理成表。道路施工的关键工序或重要部位宜拍摄照片或进行录像,并作为实态记录保存。当发现异常时,应停止施工,分析原因,找出影响因素,并采取措施。经主管部门同意后方可复工。

思 考 题

1. 试述沥青碎石与沥青混凝土的差别。

2. 试述沥青混凝土的粗集料要求与水泥混凝土的粗集料要求的异同点。

3. 试述沥青混凝土间歇式拌和机与连续式拌和机的工作过程。

4. 热拌沥青混凝土的拌和、摊铺、初碾和终碾温度范围分别是什么?

5. 试述热拌沥青混凝土层的接缝处理工艺。

6. 与普通沥青混凝土路面施工工艺相比,改性沥青路面的施工工艺有哪些特点?

7. 试述沥青表处和沥青贯入的施工工艺的特点。

8. 试述沥青透层、黏层与封层的作用及施工工艺的异同点。

9. 试述沥青路面的质量控制方法。其中,施工过程控制的内容和控制方法分别是什么?

6 水泥混凝土路面

6.1 普通混凝土路面

普通混凝土(亦称无筋混凝土或素混凝土)路面是指除接缝区和局部范围外均不配筋的水泥混凝土路面。

6.1.1 铺筑方法和特点

水泥混凝土面层的铺筑方法主要有小型机具施工法、三辊轴式摊铺机施工法、轨道式摊铺机施工法和滑模式摊铺机施工法四种,其施工工艺的主要特点如表4-6-1所示。

表 4-6-1　　　　　　　　　不同水泥混凝土铺筑方法的对比

参数	铺筑方法			
	小型机具	三辊轴式摊铺机	轨道式摊铺机	滑模式摊铺机
立侧模	需要	需要	需要	不需要
基(垫)层需加宽量/m	0.5	0.5	0.5	1.40~1.60
混凝土级配	无限制	无限制	无限制	连续级配
混凝土坍落度/mm	10~50	10~50	10~50	20~40
振捣方法	插入式＋平板＋振动梁	插入式＋振动梁	插入式＋振动梁	插入式
振动频率/Hz	(150~200)＋50	(150~200)＋50	(150~200)＋(50~100)	100~180
最大工作速率/(m·min^{-1})	0.30	0.4	0.60	2.8
劳动工/(工日·km^{-1})	200	120	72	18

滑模式摊铺机施工法,近几年在我国高等级公路上得到推广应用,该施工法机械化程度高、工程质量均匀稳定、进度快,其中特大型滑模式摊铺机的最大摊铺宽度可达16 m,适合铺筑高等级道路路面。轨道式摊铺机施工法的机械程度也较高,但它需预立侧模,施工便利性不如滑模式摊铺机施工法。三辊轴式摊铺机施工法是对传统小型机具摊铺法的一种改进,它将传统小型机具摊铺法中以人工为主的振捣、整平工序用三辊轴进行,提高了施工效率和工程质量的均匀性。水泥混凝土路面铺筑方法的选择应考虑道路等级、路面结构形式、质量和技术指标要求等因素。《公路水泥混凝土路面施工技术细则》(JTG/T F30—2014)中对铺筑方法作出了如表4-6-2所列的规定。

表 4-6-2   公路等级和适宜的混凝土摊铺工艺

摊铺工艺	公路等级				
	高速公路	一级	二级	三级	四级
滑模式摊铺机	√	√	√	△	○
三辊轴式摊铺机	○	△	√	√	√
小型机具	×	×	△	√	√

注:√指"宜",△指"可",○指"不宜",×指"不可"。

6.1.2 施工准备

混凝土拌和站的设置首先必须保证水、电供应,位置宜设在摊铺路段的中部,以缩短运距。拌和站内部布置应满足原材料储运、混凝土运输、钢筋加工等使用要求。在水泥混凝土面层施工之前,应根据施工进度计划和材料取得的难易程度,分批备好所需的各种符合要求的材料(水泥、砂、大小石料和必要的外掺剂)。砂和大小石料必须抽验含泥量、级配、有害物质含量和坚固性。碎石还应检验其强度、软弱及针状颗粒含量和磨耗性。如含泥量超过允许值,应提前一两天冲刷洗或过筛至符合规定为止。如其他项目不符合规定,应另选料或采取有效的补救措施。砂石料宜储备正常施工 1 个月以上的用量。水泥除应查验其出厂合格证外,还应逐批抽验其 3 d,7 d,28 d 的抗折和抗压强度、细度、凝结时间及安定性,任一指标不合格均不得使用。外掺剂按其性能指标检验,并须通过试验判定是否适用。从经济性和环境保护的角度,应尽可能采用散装水泥。

一般能饮用的水均可作为水泥混凝土拌和用水。工业废水、污水、海水、酸性水和硫酸盐含量多的水不可使用。

在混凝土施工前,应进行试拌或(和)试铺,对混凝土设计配合比的工作性(和易性)和强度加以检验和调整。若混凝土和易性偏小,可酌量增加水泥或减少砂率,反之,减少水泥浆或增加砂的用量;若混凝土抗折和抗压强度不足,则应采取提高水泥标号、降低水灰比或改善集料级配等措施。

在测量放样时,应根据设计图纸放出路中心线、路边线以及混凝土分块线,特别注意平曲线起讫点、纵坡转折点的中心桩和边桩的设置。检查基层顶面标高和路拱横坡,若偏差超出容许值,应整修基层,稍高区域必须凿除,稍低区域禁用松散材料填补,对半刚性基层严禁薄层贴补。在城市道路中的窨井和公用事业检查井必须正确定位,并检查井边距混凝土板块边是否大于 1 m,若不满足,混凝土分块线应予以调整。

6.1.3 模板或基准线设置

轨道式摊铺机、三辊轴式摊铺机和小型机具摊铺时需安设侧模板;滑模式摊铺机需预设基准线。

三辊轴式摊铺机、小型机具的模板宜钢制,高度应与混凝土面层板厚度相同,长度为 3 m,接头处需有牢固拼装配件。模板两侧用铁钎打入基层固定,模板顶面与混凝土板顶面的设计高程一致,模板底面应与基层顶面紧贴,局部低洼有空隙处,应用水泥砂浆填封。模板相接处高度差不得大于 3 mm,内侧应无错位。

轨道式摊铺机的行车轨道是固定在模板上的（图4-6-1）。路面表面的施工质量将主要取决于轨道高程控制精度、铺轨的平直性。轨道模板的安装要求如表4-6-3所列。施工时，当日平均气温高于20℃时，轨道数量按日铺筑进度配置；当日平均气温低于19℃时，轨道数量按日铺筑进度的2倍配置。

滑模式摊铺机的摊铺基准线有单向坡双线式、单向坡单线式和双向坡双线式三种。基准线桩纵向间距不大于10 m，曲线段加密布置，最小为2.5 m；基准线距摊铺边的横向支距应有0.65～1.0 m；基准线上拉力不小1 000 N；基准线的精度要求：高程偏差≤5 mm，横坡偏差≤0.1％，中线平面偏差≤10 mm。

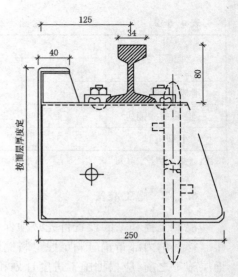

图 4-6-1　轨道模板(单位:cm)

表 4-6-3　　　　　　　　　　　　　　轨道及模板安装质量要求

纵向线型顺直度	顶面高程	顶面平整度（3 m直尺）	相邻轨板间高差	相对模板间距误差	垂直度
≤5 mm	≤3 mm	≤2 mm	≤1 mm	≤3 mm	≤2 mm

6.1.4　混凝土的拌和和运输

水泥混凝土路面的施工质量（密实度、平整度、表面耐磨性等）以及施工操作难易性，在很大程度上取决于水泥混凝土的拌和质量。

路面用的混凝土一般是干硬性的，应选用强制式拌和机械，其中双卧轴强制式拌和机较为常用和经济，二级及二级以上公路用的拌和机应具有计算机自动控制系统。拌和站的混凝土拌和能力应根据混凝土摊铺方式和一次摊铺的车道数而定（表4-6-4）。一般可配备2～3台拌和机（楼），最多不宜超过4台，拌和机（楼）的规格和品牌尽可能统一。

表 4-6-4　　　　　　　　　　　　拌和站的混凝土拌和能力要求（m³/h）

车道数	滑模式摊铺机	轨道式摊铺机	三辊轴式摊铺机	小型机具
单车道	≥100	≥75	≥50	≥20
双车道	≥200	≥150	≥100	≥50
整路幅	≥300	≥200	—	—

混凝土的各组成材料必须准确计量。计量的容许误差（质量计）要求：水和水泥为1％，集料（砂和石子）为2％，外掺剂为2％。小型机具法施工时，计量法可采用磅秤计量，其他均应采用计算机控制的电子秤等自动计量设备计量。拌和机械的计量精度在施工前必须标定，在施工过程中每15 d校核一次。

国产强制式拌和机,拌制坍落度为 10~50 mm 的混凝土,其最佳拌和时间:立轴式为 80~100 s;双卧式为 60~90 s。最短拌和时间不得低于最佳拌和时间的低限;最长拌和时间不宜超过最佳拌和时间高限的 2 倍。拌和引气混凝土时,引气剂应以稀释的溶液加入,并在总用水量中扣除稀释用水量,一次拌和量不大于其额定拌和量的 90%。

混凝土在运输中要防止污染和离析,以及蒸发失水和水化失水。要减小这些因素的影响程度,关键是要缩短运输时间。在高温干燥天气运输时,应用帷布等方法将其表面覆盖。混凝土运输的时间,应以初凝时间和留有足够摊铺操作时间(不宜小于 1 h)为限。当不能满足此要求时,应使用缓凝剂。混凝土运输设备一般可使用机动翻斗车(运输距离<500 m)和自卸式汽车(运距为 500~20 000 m),车厢必须保持干净,并洒水湿润。当混凝土坍落度大于 50 mm 时,宜采用搅拌车运输。

6.1.5 混凝土摊铺、振捣和表面整修

1. 小型机具施工法

在小型机具施工法中,混凝土混合料直接卸在基层上,并尽可能卸成几个小堆,如发现有离析现象,应用铁锹翻拌均匀。混凝土摊铺厚度应考虑振实影响而预留一定高度。用铁锹摊铺时,应用"扣锹"方法,严禁抛掷和搂耙,以防止离析。在模板附近摊铺时,用铁锹插捣几下,使灰浆捣出,以免发生蜂窝麻面现象。

摊铺好的混凝土混合料,应迅即加以振捣和整平。首先,用插入式振捣器在模板边缘和角隅处或全面顺序插振一次。同一位置不宜少于 20 s。振捣器的移动间距不宜大于其作用半径的 1.5 倍,振捣器至模板的距离不应大于其作用半径的 0.5 倍,并应避免碰撞模板和钢筋。其次,用平板振捣器全面振捣,同一位置的振捣时间应以不再冒气泡及泛出水泥浆为准。通常,当水灰比小于 0.45 时,不宜少于 15 s。移动时应重叠 100~200 mm。平板式和插入式振捣器全面振捣后,再用振动梁往返拖拉 2~3 遍,进行滚振和初平,使表面泛浆,并赶出气泡。振动梁移动速度要缓慢而均匀,速度以 1.2~1.5 m/min 为宜,不允许中途停留。对不平处及时补料填平,并加以捣实,补填时应用较细的混合料,但严禁用纯砂浆填补。再次,用平直的滚杠进一步滚揉表面,使混合料表面进一步提浆并调匀,使表面均匀地保持 5~6 mm 的砂浆,以利于密封和作面。在滚揉时,若发现混凝土表面不平或与模板之间有高差,应挖填找平,并重新振滚平整。最后挂线检查平整度,发现不符合要求应进一步处理、刮平。

表面整修主要有两项内容:收水抹面和表面拉毛或压槽。收水抹面可用大木抹多次抹面至表面无泌水为止,普通水泥的收水抹面的间隔时间参考表 4-6-5。随后进行铁抹抹面,其作用是将砂子压入浆面。抹面结束后,即可采用尼龙丝刷或压槽器在混凝土表面进行横向拉毛或压槽。

表 4-6-5 收水抹面间隔时间参考

施工温度/℃	0	10	20	30
间隔时间/min	35~45	30~35	15~25	10~15

2. 三辊轴式摊铺机施工法

三辊轴机组由三辊轴整平机、排式振捣机和(或)拉杆插入机组成。板厚在 0.2 m 以上

时,采用直径为 168 mm 的辊轴,板厚小于 0.2 m 时,可采用直径为 219 mm 的辊轴。轴长应比摊铺宽度长 0.6～1.2 m。

三辊轴式摊铺机施工法和小型机具施工法的差异在于振捣、整平和安置纵向拉杆。

在摊铺混凝土后,将密排插入式振捣棒间歇插入振捣,每次移动距离不超过振捣棒有效作用半径的 1.5 倍,最大不得大于 600 mm,振捣时间宜为 15～30 s。在实施连续拖行振捣时,振捣机行进速度以混凝土中粗集料停止下沉、液化表面不再冒气泡及泛出水泥浆为准。

三辊轴整平机的作业单元长度宜为 20～30 m,与振捣工序的时间间隔不超过 10 min。可被三辊轴滚压振实的料位高差为高出模板顶面 5～20 mm,过高应铲除,过低应补料。振动轴应采用前进振动、后退静滚方式作业,来回 2～3 遍。在振动轴作业段内,应注意混凝土表面的高低情况,及时铲高补低,随后用整平轴静滚整平,直至平整度符合要求,表面砂浆厚度均匀,砂浆厚度不宜超过 4 mm。

摊铺单车道和双车道的外侧时,在侧模留孔处插入拉杆钢筋。一次摊铺双车道路面的中间纵缝部位,在三辊轴整平机作业前,使用拉杆插入机插入拉杆钢筋。

3. 轨道式摊铺机施工法

在轨道式摊铺机施工法中,混凝土的摊铺、振捣和表面整修由成套的专用机械完成。轨道式摊铺机的混凝土摊铺方式有刮板式、螺旋式和箱式三种。

刮板式摊铺机(图 4-6-2)可在模板上前后移动,在前置的导梁(管)上左右移动,刮板本身也可旋转,因此,可将卸在基层的混凝土堆用刮板向任意方向自由地摊铺成型,它重量轻,易操作,使用较普遍,但摊铺能力较小;螺旋式摊铺机(图 4-6-3)是由可正反方向旋转的螺旋杆将混凝土摊开,并有后置的刮板刮平成型,它的摊铺能力较大;箱式摊铺机(图 4-6-4)的摊铺能力较前二者大,摊铺的均匀性也较佳,不过它需要专用的卸料机辅助,混凝土通过卸料机卸在钢制的箱子内,箱子在机械向前行驶时横向移动,同时箱子的下端按松铺高度刮平混凝土。卸料机有侧向卸料机和纵向卸料机两种,如图 4-6-5。侧向卸料机在路面铺筑范围外操作,自卸式汽车不进入路面铺筑范围,需有供卸料机和汽车行驶的通道。纵向卸料机在铺筑范围内操作,由自卸式汽车后退供料,在基层上不能预先设传力杆及支架。

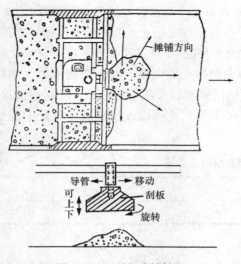

图 4-6-2　刮板式摊铺机

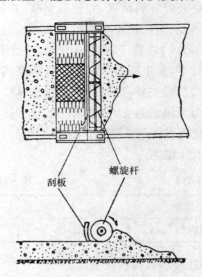

图 4-6-3　螺旋式摊铺机

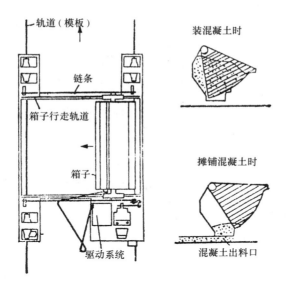

图 4-6-4　箱式摊铺机

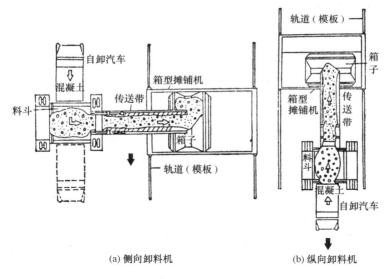

(a) 侧向卸料机　　　　(b) 纵向卸料机

图 4-6-5　卸料机

混凝土的振捣密实,可由振捣机或内部振动式振捣机进行。振捣机的一般构造如图 4-6-6所示。在振捣梁前方有一根与铺筑宽度同宽的复平刮梁,它可使松铺混凝土在全宽度范围内达到正确高度,其次是一道全宽的弧面振捣梁施振,以表面平板式振动将振动力传到全厚度。在靠近模板处,需用插入式振捣器补充振捣。内部振动式振捣机主要用并排安装的振捣棒插入混凝土中,在内部进行振捣密实。振捣棒有斜插入式和垂直插入式两种。

振实后混凝土须进一步整平、抹光,以获得平整的表面。表面修整机有斜向移动和纵向移动两种。斜向表面修整机是通过一对与机械行走轴线呈 $10°\sim13°$ 的整平梁做相对运动来

409

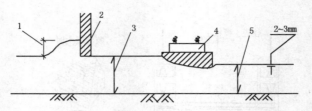

1—堆壅高度<15 cm;2—复平梁;3—松铺高度;4—振捣梁;5—面层厚度。

图 4-6-6　振捣机构造

完成的(图 4-6-7),其中一根整平梁为振动整平梁。纵向表面修整机为整平梁在混凝土表面沿纵向滑动的同时还在横向往返移动,由机体前进而将混凝土表面整平(图 4-6-8)。

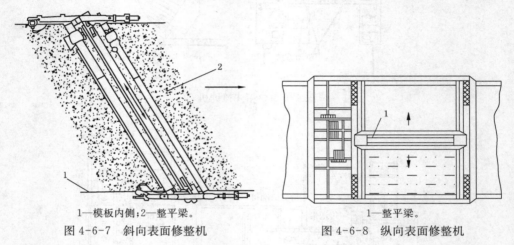

1—模板内侧;2—整平梁。

图 4-6-7　斜向表面修整机

1—整平梁。

图 4-6-8　纵向表面修整机

4. 滑模式摊铺机施工法

滑模式摊铺系统由滑模式摊铺机、布料设备、抗滑构造设备和切缝设备组成。滑模式摊铺机的基本技术参数如表 4-6-6 所示。除了带侧向上料机的滑模式摊铺机之外,其他的需另配备布料设备,可选择的有:①侧向上料的布料机;②挖掘机加料斗侧向供料设备;③吊车加料斗起吊布料设备等。路面宏观抗滑构造可采用拉毛养生机或人工软拉槽制作,高等级道路宜采用硬刻槽机制作。切缝作业可使用软锯缝机、支架式硬锯缝机和普通锯缝机。

表 4-6-6　　　　　　　　　　滑模式摊铺机的基本技术参数

项目	发动机最小功率/kW	摊铺宽度/m	摊铺最大厚度/m	摊铺速度范围/(m·min⁻¹)	最大空驶速度/(m·min⁻¹)	最大行走速度/(m·min⁻¹)	履带数/个
三车道滑模式摊铺机	200	12.5~16.0	0.50	0.75~3.0	5.0	15	4
双车道滑模式摊铺机	150	3.6~9.7	0.50	0.75~3.0	5.0	18	2~4
多功能单车道滑模式摊铺机	70	2.5~6.0	0.40	0.75~3.0	9.0	15	2~4
小型路缘石滑模式摊铺机	60	0.5~2.5	<0.45	0.75~2.0	9.0	10	2~3

滑模式摊铺机的摊铺过程如图 4-6-9 所示。首先由螺旋摊铺器(或刮板)把堆积在基层上的混凝土左右横向铺开(或用布料机摊铺),用松方高度控制板初步刮平,然后用振捣器进行捣实,用挤压板进行振捣后整平,形成密实而平整的表面,再利用搓平板(梁)对混凝土层进行振实和整平,最后用抹平板光面。

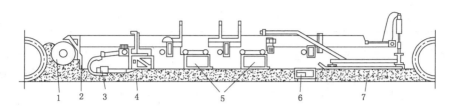

1—螺旋摊铺器;2—刮平器;3—振捣器;4—刮平板;5—搓动式振捣板;6—光面带;7—混凝土面层。

图 4-6-9　滑模式摊铺机的摊铺过程示意图

在摊铺前应做到:①施工设备处于良好状态;②检查板厚,确保其符合要求;③基层局部破损修补整平,表面清扫干净,并洒水湿润。

在摊铺中,滑模式摊铺机应匀速、连续不间断地进行摊铺作业,摊铺速度控制在 $0.5\sim$ 3.0 m/min,主要取决于供料能力;振捣仓内砂浆料位高于振捣棒 100 mm 左右为宜;振捣频率控制在 $100\sim180$ Hz 之间,混凝土稠度偏稀时取低限,反之取高限。若道路纵坡较大(上坡超过 5%,下坡超过 6%)时,应适度调整挤压底板仰角和抹平板压力:上坡时,挤压底板仰角调小,抹平板压力调轻;下坡时,挤压底板仰角调大,抹平板压力调高。抹平板合适压力为板底不小于 3/4 长度接触路表面。

滑模式摊铺机应配备拉杆侧向打入和中间插入装置。摊铺单车道路面,视路面设计要求配置一侧或双侧纵缝打入拉杆的机械装置;同时摊铺 2 条以上车道时,除配置侧向打入拉杆装置之外,还应配置中间拉杆插入装置。

在振捣后,混凝土表面的少量局部麻面和明显缺料部位,应在挤压板后或搓平梁前,最迟在抹平板前补充适量混凝土,由搓平梁和抹平板机械修整。

6.1.6　接缝施工

接缝是混凝土路面最为薄弱部位,若施工质量不佳,会引起板的各种损坏,在施工中应特别重视。

纵缝有平缝加拉杆、企口缝加拉杆和拉杆假缝三种形式。平缝加拉杆和企口缝加拉杆设置的方式有三种:①把拉杆弯成直角形,立模后用铁丝将其一半绑在模板上,另一半浇入混凝土内,拆模后将露在混凝土侧面上的拉杆拉直。这种方式常见于木制模板,但它易使拉杆根部的混凝土松动碎裂,随着钢制模板的普及,它已趋淘汰。②模板上设拉杆孔,立模后将拉杆穿在孔内定位。③采用带螺丝的拉杆,一半拉杆用支架固定在基层上,拆模后另一半带螺丝接头的拉杆与埋在已浇筑混凝土内的半根拉杆相接即可,它成本高,仅见于机械化施工中。

拉杆假缝的施工法与设横向传力杆假缝相近,除滑模式摊铺机采用专用机械安置之外,拉杆钢筋用托架定位,在混凝土结硬后,用锯片锯切成缝。切缝时间在施工时应加以注意,过早则混凝土强度不足,缝缘易碎裂;过迟则可能因收缩应力超出其抗拉强度而出现早期裂

411

缝。合适的切缝时间与混凝土的组成和性质、气候条件等因素有关。表 4-6-7 给出了大致的切缝时间范围。

表 4-6-7 　　　　　　　　　　　　　　　　经验切缝时间

昼夜平均温度/℃	5	10	15	20	25	30
施工后的时间间隔/h	45～50	30～45	22～26	18～21	15～18	13～15

横缝有缩缝、胀缝和施工缝三种。缩缝有不设传力杆假缝和设传力杆假缝两种（图 4-6-10），前者采用在混凝土结硬后锯切或在新鲜混凝土中压入的方式修筑。切缝的质量较好,应尽量采用切缝。横缝的切缝时间把握要比纵缝的更严格些,控制不好更易产生早期裂缝。有时为了防止出现早期裂缝,每隔 3～4 条切缝做 1 条压缝。压缝是用振动刀在新鲜混凝土的预定位置上压入至规定深度,提出压缝刀,用原浆修平缝槽,放入嵌条,再次修平缝槽,待混凝土初凝前泌水后,取出嵌条,用抹缝瓦刀抹修缝槽。设传力杆假缝的传力杆定位可采用前置钢筋支架法或传力杆插入装置法,钢筋支架应具有足够的刚度,传力杆应准确定位,宜先用手持振捣棒振实传力杆高度以下的混凝土,然后摊铺上层。传力杆无防黏层一侧应与支架焊接,有涂料一侧应绑扎。用传力杆插入装置法置入传力杆时,应在路侧缩缝切割位置作标记,以保证切缝位于传力杆中部。

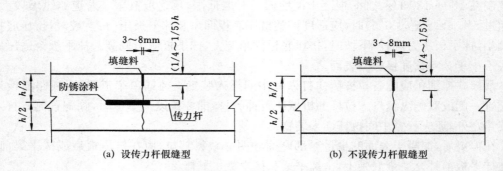

(a) 设传力杆假缝型　　　　　　　　　(b) 不设传力杆假缝型

图 4-6-10 横缝缩缝构造

胀缝的构造如图 4-6-11 所示,胀缝缝隙宽度必须一致,缝中不得连浆。缝隙下部设胀缝板,上部灌填填缝料。传力杆应准确定位定向。胀缝有在一天混凝土浇筑终了时设置和在一天施工过程中设置两种。一天施工终了时设置胀缝,可用带孔(穿传力杆)的端部模板,在浇筑邻板时设置下部胀缝板、木制嵌条和传力杆套管。一天施工过程中设置的胀缝,传力杆用钢筋支架固定,并在胀缝板外侧用端头板支撑,在胀缝两侧摊铺混凝土拌和物至板面,振捣密实后抽出端头板,空隙部分填补混凝土拌和物,并用插入式振捣器振实。填灌嵌缝料的上部槽口可用嵌条预留,也可用锯刀切成型,后者的平整度较好。

施工缝应设于胀缝或缩缝处,设于缩缝处的施工缝为平缝加传力杆型,其构造如图 4-6-12(a)所示;设在胀缝处的施工缝,其构造与胀缝相同。遇有困难需设在缩缝之间时,施工缝采用设拉杆的企口缝形式,其构造如图 4-6-12(b)所示。行车道施工缝应避免设在同一横断面上。

混凝土路面上的各种接缝必须填封。填缝前缝内必须清扫干净,除去可能掉入的砂石

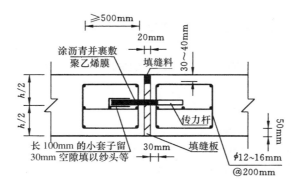

图 4-6-11 胀缝构造

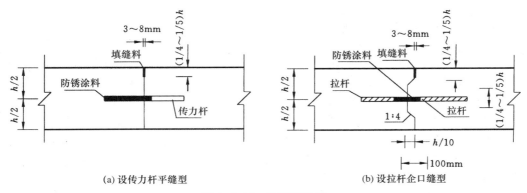

(a) 设传力杆平缝型　　　　　　(b) 设拉杆企口缝型

图 4-6-12　施工缝构造

和浮浆。缝壁保持干燥。填缝料应与混凝土缝壁黏附紧密,不渗水。灌注深度以 25～30 mm 为宜,下部可填入多孔柔性材料。灌注高度,夏天应与板面齐平,冬天宜稍低于板面。根据施工温度,灌缝料可分为加热式和常温式两种。加热式灌缝料有沥青橡胶类、沥青玛蹄脂类等;常温式的有硅酮类、聚氨酯焦油类、氯丁橡胶类和乳化沥青橡胶类等。

6.1.7　养生和早期裂缝的防止

混凝土的养生对混凝土强度和路面质量至关重要。在混凝土表面修整完毕后,应立即进行养生,防止混凝土的水分蒸发和风干,以及减少温度变化,以免产生收缩裂缝和过大的温度内应力。

在多暴雨和炎热的夏季,为减少水分蒸发和防止雨淋,在摊铺时宜采用活动的三角形罩棚将未硬化的混凝土全部遮起来。混凝土养生可采用薄膜养生剂养生和洒水湿养两种方式。养生剂在混凝土表面泌水消失后立即喷洒,纵横方向各洒一次以上,洒布要均匀,洒量要足够。湿养是用湿草帘或麻袋等覆盖在混凝土板表面,每天洒水喷湿至少2～3 次,使混凝土表面始终保持湿润。普通水泥的混凝土养生期为 14 d,早强水泥的养生期为 7 d。

混凝土面板早期裂缝大多是混凝土过大的收缩引起的,在高温、干燥和大风的天气应特别注意。此外,它还与水泥质量、混凝土配合比、养生条件等有关。为防止混凝土出现早期

413

裂缝,应注意以下事项:

① 尽量减少单位水泥用量,使用发热量和收缩性小的水泥;

② 减小水灰比;

③ 降低混凝土拌和温度,曝晒的骨料应洒水降温,不使用高温(60℃以上)水泥;

④ 控制混凝土浇筑温度(<35℃),炎热夏季应避开中午高温时段;

⑤ 基层应充分润湿,或采取防水措施;

⑥ 缩缝尽早锯切,每隔30 m设置一条压缝;

⑦ 传力杆要与道路中心线平行,并确保滑动自如;

⑧ 尽可能缩短混凝土运输和铺筑时间,务必在水泥终凝之前完成混凝土表面修整工作,否则应掺缓凝剂;

⑨ 混凝土表面修整过程中,避免日光直射,减少过多蒸发和温度提高;

⑩ 尽早养生,及时洒水。

6.1.8 高温、低温和雨季的施工

混凝土施工现场(拌和和铺筑场地)的气温大于等于30℃时,即属高温施工。高温会加快混凝土的水化反应,水分蒸发量加大,使混凝土的初、终凝时间提前,混凝土的可工作性下降,以及混凝土的表面出现失水、干缩、开裂。因此,在高温季节施工时,应尽可能降低混凝土的拌和、浇筑温度,缩短从拌和到表面修整完毕的操作时间,及时、充分进行养生。常用的技术措施为:①砂石料洒水降温;②降低水温,如用深井水;③掺加缓凝剂;④模板和基层洒水降温;⑤缩短运输时间,正确估计水分蒸发;⑥搭制遮阳棚,混凝土表面修整在遮阳棚内进行;⑦尽快覆盖草帘、麻袋并及时洒水,以降温和避免曝晒失水。

当混凝土浇筑和养生期的日平均气温小于等于5℃,或日最低气温低于-2℃时,视为低温施工。在低温施工时,混凝土水化速度低,强度增长缓慢,若无相应的技术措施,混凝土易遭冻害。常用的技术措施有:①加热水和砂石料,以提高混凝土的拌和温度,水温不得高于60℃,砂石料应采用间接加热法,如保暖仓储、热空气加热和砂石堆内增设蒸气管等;②尽量减少运输过程中的热量损失,如运输车辆车厢洒热水预热,运输中加盖帆布罩或毛毡等保暖;③蓄热法保温养生,即选用麦秸、稻草、油毡、锯末等保温材料覆盖路面面层,以减少路面热量失散,保温层的厚度应在100 mm以上;④加掺早强剂、减水剂和抗冻剂等外掺剂,以增加混凝土抗冻能力或尽早达到抗冻临界强度。在冬季低温施工的控制温度为:拌和出料温度大于10℃,摊铺振实后的温度大于5℃,养生温度大于10℃(前三天)和大于5℃(后七天)。

雨季施工应采取措施,防止多雨季节和雨天影响水泥混凝土路面浇筑,以及保证铺筑后的路面质量。在雨季施工,应与当地气象台联系,以获得天气变化资料,掌握月、旬的降雨趋势,以及近期的天气预报。制订雨季和雨天施工工艺规程和预防措施。以下几点必须注意:①雨季砂石料的含水量变化大,需经常测定,以调整拌和时的加水量;②水泥储放要防止漏雨和受潮;③混凝土运输时应加以遮盖,严禁淋雨和雨水流入运输车的车厢;④摊铺前基层的积水必须排尽;⑤严禁在雨中进行摊铺作业;⑥在覆盖薄膜或草帘等养生材料之前,不允许雨水直接淋浇在已抹平或正在抹面的路面上,应用雨棚遮蔽。

6.2　水泥混凝土块料路面

6.2.1　块料路面的特点和用途

块料路面历史悠久,用石块铺筑路面最早可追溯到古罗马时代。随着沥青和水泥混凝土路面修筑技术的完善和推广,以及汽车行驶速度的提高,块石的造价高和平整度差的缺点显现而逐渐被淘汰。目前仅见于用作装饰目的的特种路面,以及石料丰富且人工成本低廉的地区。

工厂化生产的水泥混凝土预制块面的出现,使古老的块料路面获得了新的生机。混凝土预制块的形状、尺寸和色彩都可按照使用要求制作,并可结合周围环境铺砌出不同颜色的各种图案、花纹和文字等,景观和视觉效果良好。此外,由于工厂化生产,混凝土预制块的尺寸和强度均得到良好的保证,铺砌成的路面具有良好的承载力和抗滑抗磨性能,平整度也有较大的改进。现主要用于:①车速较低的道路(小于 60 km/h);②重载的厂矿道路、码头堆场;③桥头、陡坡、弯道、匝道、公路站点等对抗滑性能较高的路段;④大剧场、宾馆、体育馆周围的地坪、大厦前的广场、停车场、人行道、景区道路、公园和学校的内部道路等对环境景观要求较高的场所。

按结构的力学行为,混凝土块料路面可分为联锁块结构和独立块结构两类。联锁块结构主要靠块体之间的嵌锁作用来承受和传递荷载;独立块结构指块体之间基本上不传递荷载的结构。

6.2.2　联锁块路面

联锁块结构的块体尺寸较小,长宽比一般为 2,面积在 1 万～3 万 mm² 之间,块间缝隙为 2～3 mm,块体厚度在 60～120 mm,其中用于人行道的块体厚度为 60 mm,行车道一般为 80 mm,港区和厂矿重载铺面为 100～120 mm。在荷载作用下,因块体转动受到嵌挤邻块的限制而产生水平挤压力,进而形成较为明显的"拱效应",使结构具有良好的荷载扩散能力。

联锁块的平面铺砌图式有人字形、平铺、斜铺等方式(图 4-6-13),其中人字形铺砌最为常用,嵌挤作用也最优。

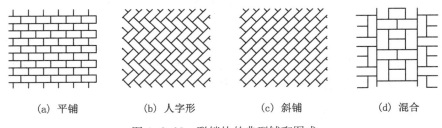

(a) 平铺　　　　(b) 人字形　　　　(c) 斜铺　　　　(d) 混合

图 4-6-13　联锁块的典型铺砌图式

联锁块路面边缘必须设置缘石,以约束边缘块体侧移,防止块体松动。缘石应有足够的埋置深度,其底部和两侧可用低标号混凝土或其他半刚性材料找平和回填。

在铺砌联锁块前,应检查基层平整度和高程是否符合要求,缘石是否整齐牢固。若不符合要求应先予整改。联锁块的铺砌工序为：

① 均匀松铺垫砂层。垫砂层松铺厚度一般为 50 mm,最大不得超过 70 mm。松散系数应经试验确定。

② 定基准线,按设计图案分段分区铺砌块体。用木槌敲实块体使其联锁紧密,块体之间的缝隙控制在 2~3 mm。铺砌作业应站在已铺好的块体上,不得站在垫砂层。当邻近各类井、路缘石等交接处的非标准形状时,可用细粒式水泥混凝土现浇,或用切割机、电锯切割而成。现浇细石混凝土时,应充分捣实抹平,并按联锁块路面的图案进行钩划。

③ 每一分段或分区铺砌完成后,检查各块体对应角点连线的平直度,纵横坡以及平整度。若不符要求,应立即予以整改。

④ 用强力平板振动器(离心力为 16~20 kN,底盘面积为 0.35~0.5 m²,振动频率为 75~100 Hz),或 1~2 t 的小型振动压路机振压,使表面平整,松散的垫砂达到密实,部分砂充实于接缝的下底部。

⑤ 将填缝砂撒在砌块上,用竹扫帚扫入缝隙,填满间隙,再用振动平板依次振实。重复扫砂和振实工序 2~3 遍至填缝砂全部充实。最后,扫净余砂。

6.2.3　独立块路面

独立块路面的块体尺寸较大,长宽比在 1 左右,面积在 5 万~25 万 mm² 之间,形状多为方形或正六方形,其中带孔的块体用于有绿化要求的广场、停车场、公园和居住区的道路。块体的厚度在 60~200 mm 之间。由于块体的面积较大且近似方形,板块之间难以形成嵌锁的整体,缝间传递荷载能力较小,可忽略不计,故称为独立块体。独立块路面主要用于人行道、停车场、公园和居住区低交通量的道路,或行车速度较低的港区和厂矿铺面。

独立块路面的结构组合与联锁路面的相似,基层常见为砾石砂基层和级配碎石基层。由于块与块之间嵌锁程度较差,若用纯砂做垫层,易引起唧泥和块体松动等病害,因此,近年来改用低剂量的水泥砂浆,垫层厚度为 30~50 mm。对于植草的带孔块体,垫层一般用黏土,厚度视植草的品种需要,变化在 50~100 mm 之间。

独立块的铺砌工序和工艺与联锁块的铺砌工艺基本相同,但振压力稍小些,避免振碎块体,尤其是带孔块体。植草的带孔独立块路面无接缝填砂工序。

6.3　其他混凝土路面

除普通混凝土路面和混凝土块料路面之外,还有钢筋混凝土路面、连续配筋混凝土路面、钢纤维混凝土路面、碾压混凝土路面和复合式混凝土路面等形式。它们的施工工艺与普通混凝土路面的施工工艺相似,本节主要介绍它们的施工技术特点。

6.3.1　钢筋混凝土路面

钢筋混凝土路面中设置钢筋的主要目的并不是增加板的抗弯强度,而是把开裂的板拉在一起,避免裂缝张开,进而形成唧泥、错台等影响路面使用性能的病害。它一般用于以下情况:板平面尺寸较大,例如板长 10~20 m;板下埋设地下设施,或路基和基层可能产生不均匀沉陷;板的平面形状不规则,如检查井处、交叉口的锐角板等。当板下有管、箱涵等构造物时,钢筋网布设在距板顶 1/4～1/3 板厚处,若构造物顶距板底之间距离小于 0.3 m,则应布设两层钢筋网,分别设置在距板底和板顶 1/4～1/3 板厚处。除此之外,钢筋网为单层,布设在板中心轴附近。

钢筋网尽可能预制,若在基层上组装,应注意不要损坏基层表面。钢筋的搭接可采用焊接和铁丝绑扎,搭接长度在双面焊时不小于 5d(d 为钢筋直径),单面焊时不小于 10d,绑扎时不小于 35d。钢筋网组装时,钢筋之间的间距应注意均匀。所有的钢筋与钢筋之间交叉点应绑扎牢固,尽量采用焊接。单层钢筋网的安装高度应在面板下 1/3～1/2 板厚处;双层钢筋网的底部距基层表面不小于 30 mm 保护层,顶部离面板顶面不小于 50 mm 耐磨保护层。混凝土的摊铺可一次完成或分两层摊铺,采用一次摊铺时,钢筋网用托架定位,在摊铺和振捣过程中,应注意避免使钢筋移位。分两层摊铺是在摊铺、振捣和粗平下层后铺设钢筋网,然后摊铺上层。这在机械化施工时至少需要两台摊铺机。

与铺筑素混凝土路面相比,混凝土拌和物的坍落度应大 10～20 mm,振捣时间增长 5～10 s。钢筋混凝土路面设置传力杆的施工工艺与普通混凝土路面设置传力杆横缝的施工工艺相同。

6.3.2　连续配筋混凝土路面

连续配筋混凝土路面省去了混凝土板的所有横缝,混凝土板的横向裂缝用纵向钢筋来分散。各条横向裂缝细窄,可通过钢筋和裂缝面上骨料之间的相互嵌锁作用保持板的连续性。由于省去了易损坏和影响平整度的横缝,连续配筋混凝土路面的寿命长、使用性能较好,但造价较高。近几年,我国高速公路、城市快速路已有不少的应用,增长趋势明显。

连续配筋混凝土路面钢筋网布设时,先组装成图 4-6-14(a)所示的钢筋网,在摊铺时按图 4-6-14(b)所示交错配置。钢筋网之间钢筋的搭接长度为钢筋直径的 25 倍以上。混凝土的铺筑工艺同钢筋混凝土路面,即可一次浇筑或分两次摊铺。横向施工缝应尽可能地减少,横向施工缝处的纵向钢筋,可按每 2～3 根钢筋中有一根直径相同、长 1 m 的异形圆钢筋穿入施工缝另一侧的板中。钢筋网的搭接尽量不要选在横向施工缝的位置上。纵缝的布置由施工条件而定,全幅摊铺时,可不设纵缝。如分车道摊铺而设置纵缝,纵缝的拉杆可利用部分横向钢筋延伸至纵缝另一侧板中,不需要另设专用拉杆。

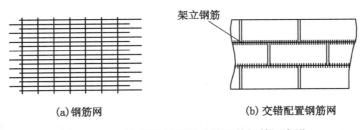

(a)钢筋网　　　　　　　　(b)交错配置钢筋网

图 4-6-14　连续配筋混凝土路面的钢筋网布设

连续配筋混凝土路面端部与构造物相连接,或是与沥青路面、普通混凝土路面相连接均需采取相应措施,以约束或消除纵向位移,保证端部结构正常工作。常用的措施有三种:①端部设置与连续配筋混凝土路面连成一体的矩形地梁锚固或混凝土灌注桩锚固;②钢筋混凝土枕垫板;③连续设置两条以上的胀缝。措施②和③往往一起使用。

6.3.3　钢纤维混凝土路面

钢纤维混凝土的抗拉强度和抗弯拉强度明显高于普通混凝土,它的抗冻、抗冲、抗磨和抗疲劳性能也优于普通混凝土,但造价较高。主要用于桥面铺装、停车场、收费站、公共汽车站和旧混凝土路面的加铺层,以及地面标高受限制地段的路面。

钢纤维混凝土中钢纤维的掺量以体积计,普通钢纤维的掺量为0.7%～1.2%,高强钢纤维的掺量为0.3%～0.8%。混凝土的粗集料尺寸不得超过纤维长度的0.5倍,最大不得大于20 mm。砂率较大,一般采用45%～55%。

钢纤维混凝土路面施工的关键技术是拌和工艺,要确保钢纤维均匀地分散而不结团。拌和时间要较普通混凝土拌和时间长1～2倍。钢纤维的投料宜在砂石料投料之后,投料方式应均匀布洒而不能集中一次投入。在钢纤维投入后,先干拌数秒,再加水泥和水拌和,以保证钢纤维分布均匀。

钢纤维混凝土路面的布料与摊铺应采用机械作业,以保证面板中钢纤维分布的均匀性、一致性及结构的连续性,在一块面板内的浇筑作业不得中断。布料的松铺高度比普通混凝土的高10～20 mm。在振捣时,插入式振捣器要慎用,振捣频率应采用高频或超高频,插入不宜过深,在一处停留的时间不能过长,否则会造成钢纤维"团状集束"。钢纤维混凝土路面的抗滑构造必须采用硬刻槽方式制作。横向缩缝的间距一般为15～20 m。纵缝在全幅摊铺时可不设,若分车道摊铺,纵缝必须设拉杆。胀缝和施工缝的设置原则也与普通混凝土路面的相同,但构造尚无成熟的经验,一般采用普通混凝土路面的形式。

6.3.4　碾压混凝土路面

碾压混凝土路面是采用沥青摊铺机或平地机摊铺,振动压路机和轮胎压路机碾压成型的路面。它的平整度稍差,多用于复合式路面结构的下层,上层为普通混凝土或钢纤维混凝土,或在碾压混凝土路面上加铺沥青磨耗层,直接作为面层。它只适用于车速低的中、低等级道路。

碾压混凝土为嵌挤骨架结构,其配合比是按水泥浆填满细集料空隙、砂浆填充粗集料空隙的原则设计的。集料为最大粒径20 mm以下(我国将最大粒径放宽在40 mm)的连续级配。水泥用量一般为$200～220$ t/m^3,也可掺入一些粉煤灰以减少水泥用量,粉煤灰的掺入量可按等量取代或超量取代法计算。为了增加碾压混凝土的工作性和有足够的时间进行摊铺、碾压和表面加工以及接缝施工,常掺加缓凝型减水剂和缓凝引气剂。

碾压混凝土必须采用强制拌和机拌和,一次拌和量为正常额定量的3/4左右,拌和时间应适当增加。卸料应尽可能减少落差,避免混合料离析。在运输过程中,应采取遮盖措施,防止水分散失。

碾压混凝土路面施工时,除施工缝和路边缘,一般不需要用模板,道路纵向需设置基准线。

在摊铺时,首先要注意拌和、运输和摊铺能力的匹配,使之做到连续摊铺,避免机械过频地停止和启动而造成不平整。其次要正确估计压实系数。

碾压段长度以30～40 m为宜,碾压工序为静压→低频振压→高频振压→静压。即先用6～8 t压路机静压1～2遍,若表面不够平整,应予以铲高垫低;再用10～12 t振动压路机进行低频(29～32 Hz)和高频(42～50 Hz)振压各1～3遍;最后用15～25 t轮胎压路机慢速碾压4～6遍,以消除表面轮迹。

碾压混凝土路面一般全幅施工,不设纵缝。横缝间距可延长至10～15 m,不设传力杆,横缝宜用切缝机锯切,切缝一般在碾压完成后24～48 h内进行。

养生期一般为7 d,初期可用覆盖薄膜养生,后期常用湿润养生。

6.3.5 复合式混凝土路面

复合式混凝土路面是指面板由两层或两层以上不同强度或不同类型的混凝土复合而成的水泥混凝土路面。下层一般为造价较为低廉的贫混凝土和碾压混凝土,上层为耐磨的普通混凝土、钢纤维混凝土;或下层为普通混凝土,上层为具有透水、降噪作用的功能层。为了充分发挥复合式混凝土路面的优点,下层较厚,上层能满足其最小结构厚度即可。

复合式混凝土路面施工技术的关键是必须确保上下层之间的完全结合。它要求尽可能地缩短上、下层铺筑的时间间隔,应控制在下层混凝土终凝之前铺筑上层。若施工节拍安排困难,下层混凝土应添加缓凝剂。应当指出的是,有研究表明,一旦下层硬化,即便采用表面拉毛、压槽或涂刷水泥浆等措施,仍不能保证上下层的结合。

复合式混凝土路面的接缝设置原则与普通单层混凝土路面的相同。下层为碾压混凝土时,因施工工艺的限制,接缝处一般不设拉杆和传力杆。

6.4 质量控制和检验

为了保证水泥混凝土路面的施工质量,在施工过程中,必须健全抽样、试验和质量反馈机制,对原材料和每一道工序进行严格的检验和控制,对已完工的路面进行混凝土强度检验,外观和几何尺寸的检查。

6.4.1 施工过程的检验

水泥混凝土用的水泥、砂、碎(砾)石、水、外掺剂、钢筋等原材料必须按规定进行检查和试验,并做好记录,尤其是不符要求的材料的处理记录。拌和机械的称量精度应进行定期校核,以确保混凝土配合比的正确。

水泥混凝土的强度检验以28 d龄期的小梁抗弯拉强度为标准。制作小梁试件的混凝土料和物应取自摊铺现场。为了有效地控制施工质量,及时反馈信息,必须进行7 d龄期的混凝土强度试验。当普通硅酸盐水泥的混凝土7 d强度不到28 d强度的60%(硅酸盐水泥混凝土为70%,矿渣水泥混凝土为50%)时,应查明原因,并对混凝土配合比作适当的调整。

6.4.2 成品质量控制

混凝土路面完工后,必须进行混凝土强度检验、外观和几何尺寸的检查,以及抗滑构造深度和平整度等的检查。

混凝土强度检验采用现场钻芯,进行圆柱劈裂强度试验,根据已有或本工程建立的劈裂强度与弯拉强度的回归关系推算小梁抗弯拉强度。

外观检查路面的断裂板块数量,表面的脱皮、印痕、裂纹、石子外露和缺边掉角等病害现象,以及接缝是否顺直、贯通,填缝料是否饱满整齐,路缘石是否直顺、圆滑等情况。

混凝土质量好坏可用看、敲、听等方法进行检验,其要点可归结为湿、哑、裂、软四个字。

①"湿":雨后初晴时立即观察,质量好的路面,其表面潮湿或返潮。

②"哑":用小铁锤敲击混凝土表面听声音,发出清晰而响亮的"当当"声,表示混凝土质量好,发出秃哑声,表示质量不佳。

③"裂":用铁锤敲击后,可用裂缝观测仪观察,质量较差的路面在敲击处周围有发丝裂缝。

④"软":质量差的路面表面较软,欠紧密。

思 考 题

1. 普通水泥混凝土路面的施工准备主要有哪些工作?

2. 试述水泥混凝土拌和机械性能要求。其中,各种材料的计量精度为多少?

3. 试述普通水泥混凝土路面小型机具施工法的步骤及各步骤的关键技术。

4. 滑模式摊铺机施工法所需的施工机械是什么?

5. 试述不同施工工艺的接缝拉杆、传力杆设置方法。

6. 避免和减少水泥混凝土路面早期开裂的技术措施有哪些?

7. 试述气候条件对水泥混凝土路面施工的影响。

8. 试述水泥混凝土块料路面的施工工艺。

9. 试述钢纤维混凝土路面施工的关键技术。

10. 水泥混凝土路面成品质量的评定内容和方法分别是什么?

参 考 文 献

［1］中华人民共和国住房和城乡建设部.建筑地基处理技术规范:JGJ 79—2012[S].北京:中国建筑工业出版社,2012.

［2］上海市城乡建设和交通委员会.地基基础设计规范:DGJ 08—11—2010[S].上海,2010.

［3］中华人民共和国住房和城乡建设部,中华人民共和国国家质量监督检验检疫总局.砌体工程施工质量验收规范:GB 50203—2011[S].北京:中国建筑工业出版社,2011.

［4］中华人民共和国住房和城乡建设部.建筑桩基技术规范:JGJ 94—2008[S].北京:中国建筑工业出版社,2008.

［5］中华人民共和国住房和城乡建设部.建筑基坑支护技术规程:JGJ 120—2012[S].北京:中国建筑工业出版社,2012.

［6］上海市勘察设计行业协会,上海现代建筑设计(集团)有限公司,上海建工(集团)总公司.基坑工程技术规范:DG/TJ 08—61—2010[S].上海,2010.

［7］中华人民共和国住房和城乡建设部,中华人民共和国国家质量技术监督检验检疫总局.液压滑动模板施工技术规范:GB 50113—2005[S].北京:中国计划出版社,2005.

［8］中华人民共和国住房和城乡建设部.混凝土结构工程施工质量验收规范:GB 50204—2015[S].北京:中国建筑工业出版社,2015.

［9］中华人民共和国住房和城乡建设部.混凝土泵送施工技术规程:JGJ/T 10—2011[S].北京:中国建筑工业出版社,2013.

［10］中华人民共和国建设部.钢筋混凝土升板结构技术规范:GBJ 130—1990[S].北京:中国计划出版社,1990.

［11］中华人民共和国住房和城乡建设部.地下工程防水技术规范:GB 50108—2008[S].北京:中国计划出版社,2009.

［12］上海市城乡建设和管理委员会.市政地下工程施工质量验收规范:DG/TJ 08—236—2013[S].上海,2014.

［13］中华人民共和国住房和城乡建设部,中华人民共和国国家质量技术监督检验检疫总局.盾构法隧道工程施工及验收规程:GB 50446—2017[S].北京:中国建筑工业出版社,2017.

［14］中华人民共和国铁道部.铁路桥涵施工规范:TB 10203—2002[S].北京:中国铁道出版社,2002.

［15］中华人民共和国交通运输部.公路桥涵施工技术规范:JTG/T F50—2011[S].北京:人民交通出版社,2011.

［16］国家技术监督局,中华人民共和国建设部.沥青路面施工及验收规范:GB 50092—96[S].北京:中国计划出版社,1997.

［17］中华人民共和国交通运输部.公路水泥混凝土路面施工技术细则:JTG/T F03—2014[S].北京:人民交通出版社,2014.

［18］中华人民共和国交通部.公路沥青路面施工技术规范:JTG F40—2004[S].北京:人民交通出版社,2005.

［19］中华人民共和国交通运输部.公路软土地基路堤设计与施工技术细则:JTG/T D31—02—2013[S].北京:人民交通出版社,2013.

[20] 中华人民共和国交通运输部. 公路路基施工技术规范：JTG F10—2006[S]. 北京：人民交通出版社，2006.

[21] 龚晓南. 地基处理手册[M]. 3版. 北京：中国建筑工业出版社，2008.

[22] 《基础工程施工手册》编写组. 基础工程施工手册[M]. 2版. 北京：中国计划出版社，2006.

[23] 赵志缙，应惠清. 简明深基坑工程设计施工手册[M]. 北京：中国建筑工业出版社，2000.

[24] 鲍峰，程效军. 土木工程测量[M]. 北京：高等教育出版社，2001.

[25] 应惠清. 土木工程施工（下册）[M]. 2版. 上海：同济大学出版社，2009.

[26] 上海建工（集团）总公司. 上海建筑施工新技术[M]. 北京：中国建筑工业出版社，1999.

[27] 《建筑施工手册》编写组. 建筑施工手册[M]. 北京：中国建筑工业出版社，1997.

[28] 应惠清. 建筑施工技术[M]. 北京：高等教育出版社，2001.

[29] 赵志缙，叶可明. 高层建筑施工手册[M]. 2版. 上海：同济大学出版社，1997.

[30] 曹善华. 建筑施工机械[M]. 上海：同济大学出版社，1992.

[31] 夏明耀，曾进伦. 地下工程设计施工手册[M]. 2版. 北京：中国建筑工业出版社，2014.

[32] 天津大学，同济大学，等. 土层地下建筑施工[M]. 2版. 北京：中国建筑工业出版社，2006.

[33] 同济大学，天津大学，等. 土层地下建筑结构[M]. 北京：中国建筑工业出版社，1982.

[34] 张庆贺，朱合华，庄荣，等. 地铁与轻轨[M]. 北京：人民交通出版社，2002.

[35] 曾进伦，王聿，赖允瑾. 地下工程施工技术[M]. 北京：高等教育出版社，2001.

[36] 刘建航，侯学渊. 基坑工程手册[M]. 北京：中国建筑工业出版社，1997.

[37] 刘建航，侯学渊. 盾构法隧道[M]. 北京：中国铁道出版社，1991.

[38] 程骁，潘国庆. 盾构施工技术[M]. 上海：上海科学技术文献出版社，1990.

[39] 孙更生，郑大同. 软土地基与地下工程[M]. 2版. 北京：中国建筑工业出版社，2005.

[40] 北京市市政工程局. 市政工程施工手册[M]. 北京：中国建筑工业出版社，1995.

[41] 王毅才. 隧道工程[M]. 2版. 北京：人民交通出版社，2006.

[42] 于文藻. 土木建筑国家级工法汇编[M]. 北京：中国建筑工业出版社，1992.

[43] 黄成光. 公路隧道施工[M]. 北京：人民交通出版社，2002.

[44] 张凤详，傅得明，张冠军. 沉井与沉箱[M]. 北京：中国铁道出版社，2002.

[45] 于书翰，杜谟远. 隧道施工[M]. 北京：人民交通出版社，1999.

[46] 黄绳武. 桥梁施工的组织管理[M]. 2版. 北京：人民交通出版社，2008.

[47] 交通部第一公路工程局. 公路施工手册 桥涵（上、下册）[M]. 北京：人民交通出版社，1985.

[48] 铁道部第三工程局. 铁路工程施工技术手册 桥涵（上册）[M]. 北京：中国铁道出版社，1987.

[49] 日本道路协会. 预应力混凝土公路桥施工手册[M]. 张贵先，译. 北京：人民交通出版社，1988.

[50] 魏红一. 桥梁施工技术[M]. 北京：高等教育出版社，2001.

[51] 长沙铁道学院工程系. 铁路桥梁（上、下册）[M]. 北京：中国铁道出版社，1982.

[52] 范立础. 桥梁工程（上、下册）[M]. 北京：人民交通出版社，1987.

[53] 姚玲森. 桥梁工程[M]. 北京：人民交通出版社，1985.

[54] 范立础. 预应力混凝土连续梁桥[M]. 北京：人民交通出版社，1988.

[55] 浙江省交通局三结合编写组. 装配式钢筋混凝土梁桥[M]. 2版. 北京：人民交通出版社，1983.

[56] 俞同华，林长川，郑信光. 钢筋混凝土桁架拱桥[M]. 北京：人民交通出版社，1984.

[57] 殷万寿. 水下地基与基础[M]. 北京：中国铁道出版社，1994.

[58] 项海帆. 中国桥梁[M]. 上海：同济大学出版社，香港：建筑与城市出版社，1993.

[59] 王文涛. 刚构-连续组合梁桥[M]. 北京：人民交通出版社，1997.

[60] 李德寅，王邦楣，林亚超，等. 斜拉桥[M]. 北京：科学技术文献出版社，1992.

[61] 周念先，杨共树，等. 预应力混凝土斜张桥[M]. 北京：人民交通出版社，1989.

[62] 倪天增. 南浦大桥[M]. 上海:同济大学出版社,1993.

[63] 姚祖康. 道路路基路面工程[M]. 上海:同济大学出版社,1994.

[64] 姚祖康. 公路设计手册 路面[M]. 北京:人民交通出版社,1993.

[65] 交通部第二公路勘察设计院. 公路设计手册 路基[M]. 北京:人民交通出版社,1996.

[66] 杨文渊,钱绍武. 道路施工工程师手册[M]. 2版. 北京:人民交通出版社,2003.

[67] 沙庆林. 高等级公路半刚性基层沥青路面[M]. 北京:人民交通出版社,1998.

[68] 张登良. 沥青路面[M]. 北京:人民交通出版社,1998.

[69] 谈至明,李立寒,朱剑豪. 道路施工技术[M]. 北京:高等教育出版社,2000.

[70] 殷岳川. 公路沥青路面施工[M]. 北京:人民交通出版社,2004.

[71] Roberts F L. 热拌沥青混合料材料、混合料设计与施工[R]. 余叔藩,译. 重庆:重庆交通科研设计院,2000.

[72] 中国公路学会筑路机械学会. 沥青路面施工机械与机械化施工[M]. 北京:人民交通出版社,1999.